X.media.press

Weitere Bände in dieser Reihe
http://www.springer.com/series/4332

X.media.press ist eine praxisorientierte Reihe zur Gestaltung und Produktion von Multimedia-Projekten sowie von Digital- und Printmedien.

Börteçin Ege • Bernhard Humm • Anatol Reibold
(Hrsg.)

Corporate Semantic Web

Wie semantische Anwendungen in Unternehmen Nutzen stiften

Springer Vieweg

Herausgeber
Börteçin Ege
Technische Universität Wien
Wien
Österreich

Anatol Reibold
OntoPort UG und COGIA GmbH
Darmstadt
Deutschland

Bernhard Humm
Fachbereich Informatik
Hochschule Darmstadt
Darmstadt
Deutschland

ISSN 1439-3107
X.media.press
ISBN 978-3-642-54885-7
ISBN 978-3-642-54886-4 (eBook)
DOI 10.1007/978-3-642-54886-4

Die Deutsche Nationalbibliothek verzeichnet diese Publikation in der Deutschen Nationalbibliografie; detaillierte bibliografische Daten sind im Internet über http://dnb.d-nb.de abrufbar.

Springer Vieweg

Gedruckt auf säurefreiem und chlorfrei gebleichtem Papier

Springer Berlin Heidelberg ist Teil der Fachverlagsgruppe Springer Science+Business Media
(www.springer.com)

Vorwort der Herausgeber

„Warum gibt es eigentlich kaum Literatur zu semantischen Anwendungen, die in Unternehmen Nutzen stiften?“ Diese Frage stellten wir uns 2013. Dass es bereits solche Anwendungen gibt, wissen wir aus eigener Projekterfahrung. Aber gerne hätten wir unsere Erfahrungen mit anderen ausgetauscht, die auch bereits erfolgreich semantische Anwendungen für und mit Unternehmen und deren Mitarbeitern und Kunden entwickelt haben.

Als Moderatoren der XING-Arbeitsgruppen „Semantic Web“ (3500 Mitglieder) und „Ontologien in den Informationswissenschaften“ (1250 Mitglieder) streckten wir unsere Fühler aus: das Feedback war enorm. Zum einen gibt es bereits zahlreiche solcher Anwendungen; zum anderen suchen viele nach Hinweisen, Tipps und Tricks zur Entwicklung derselben. Aber trotz der hohen Aufmerksamkeit für Themen rund um das Semantic Web, trotz vieler Artikel und Bücher zu Grundlagen, Standards, Werkzeugen und Visionen, gibt es kaum Literatur, die Architekten, Projektleiter, Ontologie-Modellierer oder Entwickler semantischer Anwendungen bei ihrer Arbeit unterstützt. So war die Idee zum Buch „Corporate Semantic Web – Wie semantische Anwendungen in Unternehmen Nutzen stiften“ geboren.

Corporate Semantic Web – im engeren Sinne bedeutet dies Semantic Web Anwendungen, welche innerhalb eines Unternehmens verwendet werden. Wir möchten den Blick weiten und auch semantische Anwendungen einbeziehen, die in Organisationen aller Art – kommerziell und nicht kommerziell – eingesetzt werden, nicht nur von Mitarbeitern, sondern auch von Kunden oder Partnern. Es geht also um reale Anwendungen für relevante Anwendungsfälle mit echten Anwendern.

Schnell hatten wir über 30 Mitautoren zusammen: Namhafte Experten aus Wissenschaft und Industrie, welche prägende Erfahrungen – positive wie negative – in der Entwicklung semantischer Anwendungen weitergeben. Der Erfahrungshorizont ist groß und umfasst Anwendungen aus so unterschiedlichen Branchen wie Telekommunikation, Logistik, verarbeitende Industrie, Energie, Medizin, Tourismus, Bibliotheks- und Verlagswesen sowie Kultur. Sie berichten über Software-Architektur, Methodik, Projektmanagement, Technologieauswahl, Linked Open Data Sets, Lizenzfragen etc.

Von Anfang an war uns wichtig, dass dieses Buch mehr als eine lose Aufsatzsammlung wird: Ein inhaltlich zusammenhängendes Werk, das Corporate Semantic Web in seinen vielen Facetten beleuchtet. Aus diesem Grund haben wir uns vom 25.-27.6.2014 im renommierten Leibniz-Zentrum für Informatik „Schloss Dagstuhl" zu einem Workshop zusammengefunden, um alle Kapitel und deren Kernaussagen zu besprechen. Dabei haben wir nicht nur dieses Buch entworfen, sondern sind auch als Community zusammengewachsen und haben viel voneinander gelernt.

Ganz herzlichen Dank geht an unsere geschätzten Mitautoren sowie an Hermann Engesser vom Springer-Verlag, der nicht nur durch seine Teilnahme am Dagstuhl-Workshop gezeigt hat, dass ihm das Thema am Herzen liegt.

Wien und Darmstadt
im November 2014

Börteçin Ege
Bernhard Humm
Anatol Reibold

Inhaltsverzeichnis

Corporate Semantic Web 1

Wie semantische Anwendungen in Unternehmen Nutzen stiften

Bernhard Humm, Börteçin Ege und Anatol Reibold

1. Semantische Anwendungen haben Business Potential und stiften bereits heute in Unternehmen Nutzen, z. B. in den Branchen Telekommunikation, Logistik, verarbeitende Industrie, Energie, Medizin, Tourismus, Bibliotheks- und Verlagswesen und Kultur.
2. Zahlreiche Linked Data Sets stehen zur Verfügung, aber die fachliche Passung zum Anwendungsproblem muss sorgfältig geprüft werden. Manchmal ist die anwendungsspezifische Modellierung empfehlenswert.
3. Semantic Web Technologien sind reif für den Unternehmenseinsatz, aber je nach Anforderungen können auch andere Technologien für die Entwicklung semantischer Anwendungen empfohlen werden.
4. Semantische Anwendungen zu entwickeln erfordert zusätzlich zum klassischen Software Engineering besondere Fähigkeiten, z. B. die eines Knowledge Engineers.

B. Humm (✉)
Hochschule Darmstadt, Darmstadt, Deutschland
E-Mail: Bernhard.Humm@h-da.de

B. Ege
Technische Universität Wien, Wien, Österreich
E-Mail: info@bortecin.com

A. Reibold
OntoPort UG und Cogia GmbH, Darmstadt, Deutschland
E-Mail: anatol.reibold@gmail.com

B. Ege et al. (Hrsg.), *Corporate Semantic Web*, X.media.press,
DOI 10.1007/978-3-642-54886-4_1

1.1 Semantic Web

Semantic Web ist seit der Prägung des Begriffs 2001 durch Tim Berners-Lee ein viel benutzter Begriff. Die Vision ist, Daten über Anwendungs-, Firmen- und Ländergrenzen hinweg auszutauschen und wiederzuverwenden. Das World Wide Web Consortium (W3C) hat dazu in den letzten Jahren als Rahmenwerk für das Semantic Web umfangreiche Standards, insbesondere RDF, RDFS, OWL und SPARQL[1], etabliert. Darüber hinaus wurden professionelle Werkzeuge für die Ontologie-Entwicklung sowie für die Speicherung und für den Zugriff auf semantische Daten entwickelt und zur Reife gebracht.

Organisationen weltweit haben zahlreiche so genannte „Linked Open Data Sets" erstellt und veröffentlicht. Die Grundlagen von Semantic Web sind also etabliert und fundiert beschrieben. Auch mangelt es nicht an visionären Artikeln. Überraschenderweise gibt es jedoch wenig Literatur über semantische Anwendungen, die in Unternehmen bereits eingesetzt werden und Nutzen stiften.

Woran liegt das? Gibt es noch gar keine solchen Anwendungen?

1.2 Semantische Anwendungen im Unternehmenseinsatz

Tatsächlich gibt bereits zahlreiche semantische Anwendungen, die in Unternehmen bzw. Organisationen verschiedenster Branchen im Einsatz sind, z. B. Telekommunikation, Logistik, verarbeitende Industrie, Energie, Medizin, Tourismus, Bibliotheks- und Verlagswesen und Kultur. Von solchen Anwendungen handelt dieses Buch. Abbildung 1.1 gibt eine Übersicht über die Branchen und Themenbereiche der in diesem Buch beschriebenen semantischen Anwendungen.

Die Autoren der einzelnen Kapitel haben umfangreiche Erfahrungen in der Entwicklung von semantischen Anwendungen gemacht – positive wie negative. Sie berichten über Software-Architektur, Methodik, Technologieauswahl, Linked Open Data Sets, Lizenzfragen etc. Manche dieser Erfahrungen und die daraus resultierenden Empfehlungen mögen überraschen – umso wichtiger, dass sie von Praktikern für Praktiker aufgeschrieben sind. Nachfolgend fassen wir wesentliche Erkenntnisse zusammen.

1.3 Bereitstellen von Linked Data reicht nicht

Eine der Kernideen des Semantic Web und von Linked Data ist es, das Rad nicht stets neu zu erfinden, sondern Data Sets zwischen Communities auszutauschen und wiederzuverwenden. Damit das immer besser gelingt, stellt Tim Berners Lee Prinzipien für die Veröffentlichung von Linked Data vor [2]. Diese enthalten die Empfehlungen, HTTP-URIs zur

[1] Für eine praxisnahe Einführung in Semantic Web Technologien siehe z. B. [1].

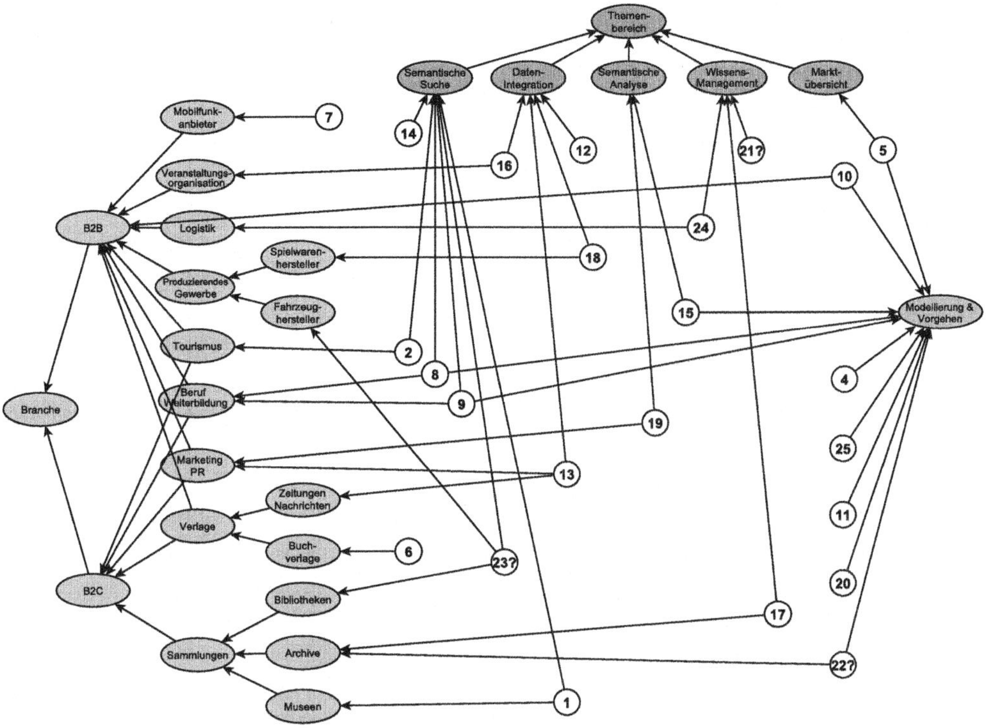

Abb. 1.1 Branchen und Themenbereiche der im Buch beschriebenen semantischen Anwendungen. Die Zahlen sind Kapitelnummern (Graphik von Thomas Hoppe)

Bezeichnung von Objekten zu verwenden, Standards wie RDF und SPARQL zu verwenden sowie zusätzlich zu Objekt-Informationen auch Links auf andere Objekte anzugeben.

Die Festlegung auf Standards ist ein wichtiges Fundament und Design-Prinzipien sind hilfreich, aber reicht das? Wer semantische Anwendungen entwickelt und dabei auf existierende, veröffentlichte Data Sets zugreift, ist mit weiter gehenden Fragestellungen konfrontiert – selbst wenn die o. g. Prinzipien eingehalten wurden.

Da ist zunächst die Frage der *Datenqualität.* Diese kann niemals absolut beantwortet werden, sondern ist immer in Relation zu einem konkreten Nutzungskontext zu sehen. Ein Beispiel: Wie ist die Datenqualität von DBpedia in Bezug auf Künstler und ihre Zuordnung zu kunstgeschichtlichen Epochen? Beispielsweise liefert die Anfrage nach Renaissance-Künstlern nur 19 Resultate[2]. Michelangelo ist vorhanden, Raffael sucht man jedoch vergebens. Statt dessen findet man auch die Resource dbpedia:Leonardo_da_Vinci's_personal_life. Es scheint also, dass derzeit die Datenqualität von DBpedia für semantische Anwendungen im Bereich der Kunstgeschichte nicht ausreichend ist.

[2] SPARQL Query `select ?p where {?p rdf:type yago:RenaissanceArtists}` ausgeführt auf dem SPARQL Endpoint http://dbpedia.org/sparql am 15.7.2014.

Die zweite Frage bezieht sich auf den *Modellierungskontext*. Bowker and Star schreiben ganz richtig in [3], dass Klassifikationen, die in einem Kontext wunderbar natürlich und homogen erscheinen, in einem anderen Kontext gezwungen und uneinheitlich wirken. Es gibt halt nicht „die richtige" Modellierung eines Sachgebiets – es hängt vom Nutzungskontext ab.

Bei der Integration mehrerer Data Sets stellt sich die Frage der *Interoperabilität*. Dies ist eine Frage der der Modellierung, die sich auch stellt, wenn die oben genannten Prinzipien strikt eingehalten wurden. Betrachten wir beispielsweise zwei Thesauri, beide in RDFS modelliert, aber von unterschiedlichen Teams nach unterschiedlichen Modellierungsvorschriften. Im einen Thesaurus sind Begriffe als Instanzen modelliert und die Beziehung zwischen Ober- und Unterbegriffen mittels SKOS [4] (skos:broader bzw. skos:narrower); im anderen Thesaurus sind Begriffe als Klassen modelliert und dieselbe semantische Beziehung über eine andere Property, nämlich rdfs:subclassOf. Werden beide Thesauri integriert, so sind einfache SPARQL-Abfragen über den integrierten Thesaurus nicht mehr möglich. Weitaus schwerwiegender als diese technischen Interoperabilitätsprobleme sind jedoch die fachlichen: Fragen der Redundanz, Konsistenz, Koheränz, des Mappings und der unterschiedlichen Vollständigkeitsgrade der integrierten Thesauri.

Mit diesen Fragestellungen beschäftigen sich u. A. Kapitel 5, 8 und 13.

1.4 Eine global vernetzte Wissensbasis – Fiktion oder Realität?

Zu vielen semantischen Data Sets werden SPARQL Endpoints zur Abfrage bereit gestellt. Beispiele sind DBpedia, DBLP und Gene Ontology Database. Außerdem erlaubt der SPARQL-Standard den Zugriff auf verschiedene Endpoints und die Integration der Ergebnisse. Die Idee ist daher naheliegend, in semantischen Anwendungen auf die lokale Datenhaltung zu verzichten und statt dessen die Daten über verteilte SPARQL Queries zu integrieren – ganz im Sinne einer service-orientierten Architektur. Das spart lokalen Speicherplatz, erübrigt die Installation eines RDF Triple Stores und garantiert einen stets aktuellen Datenbestand.

In semantischen Anwendungen, die im Praxiseinsatz sind, wird diese Form der Integration jedoch selten gewählt. In diesem Buch werden 18 semantische Anwendungen vorgestellt, die in Unternehmen eingesetzt werden. Lediglich zwei davon greifen über SPARQL Endpoints auf verteilte Data Sets zu.

Wie kommt das? Zum Einen erschweren die oben erwähnten Problemfelder Datenqualität, Modellierungskontext und Interoperabilität eine einfache Datenintegration über SPARQL-Endpoints. Dazu kommen Fragen der Performanz und Verfügbarkeit. Hier gilt, dass die Kette nur so stark wie ihr schwächstes Glied ist. Ist nur einer von vielen Endpoints nicht verfügbar, so steht u. U. die ganze Anwendung. Und Performanz aktueller SPARQL-Endpoints ist meist nicht ausreichend für Online-Anwendungen, in denen Endnutzer-Antwortzeiten von höchstens einer Sekunde gefordert sind.

Kapitel 22 behandelt detailliert Vor- und Nachteile von SPARQL-Endpoints.

1.5 Semantik = RDF?

Eine wesentliche Voraussetzung für den Erfolg der Idee des Semantic Web ist die konsequente Standardisierung von Sprachen wie RDF, RDFS, OWL und SPARQL, die wesentlich vom W3C vorangetrieben wurde. Sie erlaubt erst die verteilte, unabhängige Entwicklung von integrierbaren Data Sets im Rahmen eines Community Prozesses. Sie erlaubt auch erst die Entwicklung von Werkzeugen, z. B. Ontologie-Editoren und RDF Triple Stores, deren Daten austauschbar sind.

Viele semantische Anwendungen verwenden direkt diese Standards und Werkzeuge. Von den in diesem Buch vorgestellten 18 Anwendungen verwenden 8 RDF Triple Stores. Das bedeutet aber auch im Umkehrschluss, dass in etwa der Hälfte der Anwendungen bewusst auf andere Technologien gesetzt wird. Beispiele für die Nutzung anderer Technologien finden sich bei der semantischen Suche für Bibliotheken und Museen (Kap. 5), Analyse von Marktdaten (Kap. 12) und einem Semantic Social Network für Sport-Trainer (Kap. 19).

Sind das damit keine semantischen Anwendungen? Wird eine Anwendung semantisch, wenn ein Semantic Web Standard des W3C verwendet wird, und verliert sie diese Eigenschaft, wenn sie dies nicht der Fall ist? Aus unserer Sicht gilt dies keinesfalls. Eine Anwendung kann als semantisch bezeichnet werden, wenn die *Bedeutung* von Inhalten eine wesentliche Rolle spielt. Das betrifft den Anwender und ist unabhängig von der eingesetzten Technologie.

Warum entscheiden sich Architekten solcher semantischer Anwendungen bewusst, bei der Entwicklung auf andere Technologien zu setzen? Dafür gibt es mehrere Gründe. Zum einen können Performanz-Gründe eine Rolle spielen, wenn es sich um sehr große Datenmengen und gleichzeitig hohen Anforderungen an die Antwortzeiten handelt (siehe Kap. 5). Weiterhin kann die Funktionalität von RDF Triple Stores für den Anwendungsfall nicht ausreichend sein. Beispiel sind die Möglichkeiten für Volltextsuche, Teilwortsuche, phonetische Suche oder Toleranz gegenüber Tippfehlern. Die RDF-Technologie kann auch das Know-How des Entwicklerteams übersteigen und der Know-How-Aufbau kann als zu kostspielig eingeschätzt werden. In diesem Fall können einfachere Technologien eingesetzt werden, wenn sie dem Anwendungsfall angemessen sind (siehe Kap. 19). Sich gegen Semantic Web Technologien zu entscheiden kann aber auch Nachteile haben, z. B. ein erschwerter Austausch von Daten oder die Bindung an eine proprietäre Technologie.

1.6 Richtig vorgehen

Wie in jedem Entwicklungsprojekt steht am Anfang der Entwicklung einer semantischen Anwendung die Kundenerwartung. Wer sind die Anwender? Sind sie unternehmensintern oder Endkunden? Was sind die Anwendungsfälle? Und welche Fragen soll die Anwendung beantworten können. Es empfiehlt sich, solche Kompetenzfragen konkret zu sammeln und aufzuschreiben, z. B. „Wie verteilen sich die Fördergelder für Solarkraftwerke auf die Bundesländer?“ (Kap. 6 und 20).

Gerade für semantische Anwendungen gilt, dass sich zukünftige Anwender vorab gar nicht genau vorstellen können, wie die Anwendung funktionieren soll. Daher ist meist ein agiles Vorgehen empfehlenswert: klein anfangen, rasch Prototypen entwickeln, intensiv die Anwender einbeziehen und dann inkrementell ausbauen (siehe Kap. 10 und 24).

In Ergänzung zu den Rollen in klassischen Software-Entwicklungsprojekten wird die Rolle des Knowledge Engineers wichtig. Er ist verantwortlich für die Akquisition und Formalisierung des Wissens in Zusammenarbeit mit den Fachexperten. Meist geschieht dies in Form von Interviews. Dabei empfiehlt es sich, die Fachexperten in Form von „narrativen Stories“ frei über ihre Domäne berichten zu lassen und diese Berichte zu dokumentieren (siehe Kap. 20). Die Arbeit am Modellierungswerkzeug übernimmt dann meist der Knowledge Engineer selbst. Die Erfahrung zeigt, dass Fachexperten selten mit Modellierungswerkzeugen umgehen können. Häufig verstehen sie nicht die Notation, Konzepte und Vorgehensweisen und zeigen auch keine Bereitschaft, sich dieses Wissen anzueignen. Falls Fachexperten doch Werkzeuge benutzen sollen, dann sollten diese Werkzeuge in der Bedienung so einfach wie möglich sein, z. B. ein Spreadsheet, welches in der täglichen Arbeit ohnehin vertraut ist (siehe Kap. 15).

Wichtig ist auch die Qualitätssicherung durch Zurückspielen des entstehenden Modells an die Fachexperten. Wie kann aber Qualitätssicherung des Modells funktionieren, wenn die Fachexperten die Modellnotation nicht verstehen? Hier haben sich Visualisierungswerkzeuge bewährt, wie z. B. hyperbolische Bäume (siehe Kap. 6).

1.7 Modellieren ist einfach (?!)

Make or buy? Diese Frage stellt sich bei der Entwicklung semantischer Anwendungen nicht nur für technische Produkte und Werkzeuge, sondern auch für Data Sets. Linked Open Data Sets beinhalten hundertausende von Begriffen, in jahre- oder jahrzentelanger Arbeit von Experten formalisiert und qualitätsgesichert. Diesen Schatz gilt es zu heben.

Aber dennoch zeigt es sich in der Praxis immer wieder, dass keines der öffentlichen Data Sets genau auf das aktuelle Problem passt. Und dann muss man sorgfältig die Alternativen abwägen, a) mit den Schwächen zu leben, b) verschiedene öffentliche Data Sets zu kombinieren, c) diese anzureichern – evt. im Rahmen eines Community Prozesses – oder d) doch ein anwendungsspezifisches Data Set neu zu entwickeln. In der jetzigen relativ frühen Phase der Technologie hat sich auch bewährt, mit dem Hersteller eines Data Set in Kontakt zu treten, um evtl. Anpassungen direkt zu besprechen.

Die Entwicklung eines Data Sets fordert das Know-How des Knowledge Engineers. Wichtig ist, dass die Modellierung nicht im luftleeren Raum, sondern stets im Kontext einer konkreten Fragestellung erfolgt. Beispielsweise muss eine Ontologie für die semantische Suche von Hotels Konzepte wie Ausstattungsmerkmale, Sehenswürdigkeiten etc. umfassen. Sie braucht aber keine Aussagen zu beinhalten wie „Im Hotel arbeiten Menschen", „Menschen (Homo Sapiens) gehören zur Ordnung der Primaten, zur Klasse der Säugetiere, etc., haben ein Herz, eine Lunge, eine Leber etc. etc." Diese Aussagen – obwohl wahr – in die Ontologie aufzunehmen, wäre nicht nur unnötig, sondern im Sinne der Anwendung sogar falsch. Sie nutzen nicht dem Anwendungszweck und verursachen bei der Entwicklung und Pflege nur unnötige Kosten.

Wichtig ist also nicht nur, zu wissen, was noch fehlt, sondern auch zu wissen, wann man aufhören kann. Ein Plädoyer für „Mut zur Lücke" findet sich in Kap. 4. Werden solche Hinweise beachtet, dann muss Modellieren gar nicht so aufwändig sein, wie gemeinhin vermutet. Mit einem eingespielten Team ist die Modellierung von 4000 Begriffen in ca. 20 Bearbeitertagen realistisch.

1.8 Juristische Fragen

Sollen Linked Data Sets in eine semantische Anwendung eingebunden werden, dann stellt sich die Frage, ob die entsprechenden Lizenzen dies auch erlauben. Vernetzte Datensätze und Werke, die auf diesen Datensätzen aufbauen, sind nach dem Immaterialgüterrecht geschützt. Die Datensätze, aus denen sich Linked Data speist, bedienen sich entsprechend ihrer Offenlegungspolitik einer Vielzahl an Lizenzmodellen mit teils sehr unterschiedlichen Terminologien, Geltungs- und Gültigkeitsbereichen. Bei der Wiederverwendung „offener" Daten ist auf die Kompatibilität der Lizenzbedingungen der Datensätze zu achten. Lizenzkonflikte können die Wiederverwendung einschränken und zu juristischen Folgeproblemen führen. Darauf geht Kap. 26 ein.

1.9 Semantische Anwendungen stiften Nutzen in Unternehmen – nachweislich!

Unternehmen werden nach betriebswirtschaftlichen Gesichtspunkten geführt. Nur was sich lohnt, wird auch gemacht. Semantische Technologien sind noch relativ neu und Know-How-Aufbau kostet Zeit und Geld. Lohnt sich diese Investition? Steht den Kosten ein ausreichender Nutzen semantischer Anwendungen gegenüber? Kann dieser Nutzen gemessen und nachgewiesen werden? Damit beschäftigt sich Kap. 9.

Die Praxis zeigt, dass eine seriöse Quantifizierung des Nutzens semantischer Anwendungen – hier: semantische Suche – gar nicht so einfach ist. Klassische Maße wie Precision und Recall aus dem Information Retrieval, die auf einem Goldstandard basieren, sind nicht geeignet. Semantische Suche liefert einerseits weniger, dafür aber genauere Treffer; andererseits aber auch zusätzliche Treffer. Die Bewertung einer semantischen Suche muss diesen vermeintlichen Widerspruch auflösen. Daher wird ein neues Maß für die quantitative Bewertung der Effizienzsteigerung bei der Suche empfohlen. Empirische Vergleiche zeigen, dass durch semantische Suche Effizienzsteigerungen seitens des Benutzers in der Größenordnung von 10–15 % möglich sind.

1.10 Fazit

Semantische Anwendungen stiften schon heute in Unternehmen Nutzen. Die zugrunde liegenden Technologien haben die dafür notwendige Reife erreicht. Auch sind in den letzten Jahren umfangreiche Linked Data Sets entstanden. Die Entwicklung semantischer Anwendungen erfordert aber Know-How in Ergänzung zum klassischen Software Engineering Know-How.

In den folgenden Kapiteln geben Experten ihre Erfahrungen in der Entwicklung semantischer Anwendungen weiter. Kapitel 1–4 geben einen Überblick über das Feld, jeweils aus unterschiedlichen Gesichtspunkten. Kapitel 5–21 beschreiben semantische Anwendungen und was man daraus lernen kann. Kapitel 22–26 geben Hinweise zu methodischen und querschnittlichen Fragen.

Literatur

1. Dean, Allemang, und James Hendler. 2011. *Semantic web for the working ontologist-effective modeling in RDFS and OWL*. 2nd ed. San Francisco: Morgan Kaufmann Publishers Inc. (978-0-12-385965–385965).
2. Tim, Berners-Lee. Linked data. http://www.w3.org/DesignIssues/LinkedData.html. Zugegriffen: 15. Juli 2014.
3. Bowker, G. C., und S. L. Star. 1999. *Sorting things out: classification and its consequences*. Cambridge: MIT Press.
4. SKOS (Simple Knowledge Organization System). www.w3.org/2004/02/skos/. Zugegriffen: 15. Juli 2014.

Bernhard Humm ist Professor für Software Engineering und Projektmanagement am Fachbereich Informatik der Hochschule Darmstadt und Direktor des Instituts für Angewandte Informatik Darmstadt (aIDa). Seine Forschungsschwerpunkte liegen in den Bereichen Semantic Web, Software Architektur und Programmiersprachen. In diesen Bereichen führt er Forschungsprojekte im Industrie- und Hochschulumfeld durch und publiziert regelmäßig. Prof. Humm arbeitete 11 Jahre beim Software- und Beratungshaus sd&m AG als technischer Senior- und Chefberater, Bereichsleiter und Leiter von sd&m Research. Seine Promotion erhielt er an der University of Wollongong in Australien, sein Diplom mit Auszeichnung an der Universität Kaiserslautern.

Dipl.-Ing. Börteçin Ege studierte Informatik an der Technischen Universität Wien. Er beschäftigt sich seit 2005 mit Semantic Web. In 2007 gründete er die Arbeitsgruppe Semantic Web in XING und ist seit mehreren Jahren in Semantic Web Projekten aktiv tätig. Er ist Doktorand an der TU Wien und auch Autor von zahlreichen wissenschaftlichen Publikationen. Seine Forschungsschwerpunkte sind Corporate Semantic Web, Future Internet und Industrie 4.0. Mehr über seine Arbeiten finden Sie unter http://www.bortecin.com/.

Anatol Reibold studierte Mathematik und Mechanik an der Universität Novosibirsk. Leidenschaftlicher Mathematiker mit Expertise in Ontologien, Semantic Web, Datenanalyse, Data Science, Informationswissenschaften, Kryptographie, GABEK, Polykontexturale Logik, Polyduktive Theorie. Zusammen mit Freunden gründete er den Darmstädter Ontologenkreis sowie die XING-Gruppen „Ontologien in den Informationswissenschaften“ und „Denkkunst Schule.

2 Einordnung und Abgrenzung des Corporate Semantic Webs

Adrian Paschke und Ralph Schäfermeier

1. **Semantic Web** adressiert die Repräsentation und die Bedeutung von Informationen und Wissen im Web
2. **Corporate Semantic Web** (CSW) wendet semantische Technologien im Unternehmenskontext an, sowohl zur Unterstützung interner (Web-basierter) Geschäftsinformationssysteme und –prozesse, als auch in Anwendungen und Diensten, die im öffentlichen Web (**Public Semantic Web**) von Unternehmen angeboten werden
3. Das **Social Semantic Web** oder auch **Web 3.0**, als Verbindung von kollaborativen Web 2.0 mit Semantic Web, unterstützt sozial Interaktionen semantisch und findet insbesondere in der Kollaboration in Unternehmen seine Anwendung im Corporate Semantic Web
4. Das **Pragmatic Web** überlagert die reine Semantik, im Sinne der Bedeutung von Wissen, mit pragmatischen Verständnis und Verpflichtungen, wie sie z. B. in einem Interaktionskontext entstehen, d. h. es geht auch um die Fragen „warum" und „wie" werden Informationen und Wissen (in einem bestimmten pragmatischen Kontext) genutzt.
5. Neben technologischen Aspekten müssen im Corporate Semantic Web auch der pragmatische Kontext der Entwicklung und Nutzung semantischen Wissens im Unternehmen berücksichtig werden, zum Beispiel ökonomischer Kontext wie Kostenmodelle für die Ontologieentwicklung (siehe Kap. 24) oder Rechte und Pflichten entsprechen der Rollen in Projekten, Prozessen, Organisationsstruktur, etc.

A. Paschke (✉) · R. Schäfermeier
AG Corporate Semantic Web, Freie Universität Berlin, Berlin, Deutschland
E-Mail: paschke@inf.fu-berlin.de

B. Ege et al. (Hrsg.), *Corporate Semantic Web,* X.media.press,
DOI 10.1007/978-3-642-54886-4_2

6. Ein möglicher „evolutionärer“ nächster Schritt des Webs kann die Entwicklung hin zu einem aktiven **Pragmatic Web 4.0** sein, in dem z. B., Inhalte nicht länger passiv sind, sondern sich aktiv dem pragmatischen Interaktionskontext anpassen (Stichwort im CSW: **Corporate Smart Content**). Dies würde über die reine Wissensrepräsentation im Semantic Web hinaus eine Weiterentwicklung der Maschinenintelligenz, sowie das Erlernen zugrunde liegender pragmatischer Regeln im Sinn von Weisheit, erfordern.

Das Corporate Semantic Web fokussiert auf die Anwendung semantischer Web Technologien und Methoden im Unternehmensumfeld [1–4]. In diesem Kapitel sollen die Beziehungen des Corporate Semantic Web zu angrenzenden Anwendungsgebieten geklärt werden. Dazu wird zunächst eine grundlegende Begriffsklärung vorgenommen, um darauf aufbauend das Corporate Semantic Web gegenüber anderen verwandten Gebieten, wie dem Public Semantic Web, Social Semantic Web und Pragmatic Web, einzuordnen.

2.1 Grundlegende Begriffe

Von zentraler Bedeutung in Unternehmen sind Informationen und Wissen, welche für Entscheidungen und das Management auf operationaler, taktischer und strategischer Ebene benötigt werden. Bei **Informationen** handelt es sich um **Daten**, die für einen bestimmten (Entscheidungs-)kontext aufbereitet und in Zusammenhang gebracht wurden und so eine Bedeutung und eine Nützlichkeit für einen Informationsnutzer erlangen. Die Interpretation der Informationen erfordert dabei **Wissen**, das entweder implizit oder explizit vorliegen kann. So handelt es sich beispielweise bei den Summen 1 Mio EUR, 1,5 Mio EUR, 2,0 Mio EUR um Daten. Werden diese in Zusammenhang mit den Jahren 2012, 2013, 2014 als Unternehmensgewinn gebracht, stellen diese Informationen über den Unternehmenserfolg dar. Eine Interpretation ist nun mit weiterem Wissen, zum Beispiel über die Entwicklung des Marktes und entsprechender Wettbewerber, möglich, z. B. als dynamischer Gewinnwachstum des Unternehmens. Werden dabei tiefere Zusammenhänge verstanden und können daraus grundlegende Prinzipien abgeleitet werden, wie z. B. Wirkungsprinzipen, spricht man von **Intelligenz** oder auch **Weisheit** (Schlagwort: „Smart …“).

Daten-, Informations- und Wissensrepräsentation beschäftigt sich mit deren maschineller Abbildung, Verarbeitung und Verwaltung. Während **unstrukturierte** Repräsentationsformate, wie z. B. natürlich-sprachlicher Text oder grafische Darstellungen, die Nutzung durch Menschen erleichtern, werden für die effiziente maschinelle Verarbeitung **strukturierte** oder **semi-strukturierte** Formate benötigt. Derartige Formate beschreiben dabei häufig neben der reinen syntaktischen Struktur (**Syntax**) auch explizit deren **Semantik**, so dass Maschinen eine automatische Bedeutungsinterpretation möglich ist. Erlernen Maschinen dabei durch künstliche Intelligenz neben der reinen semantischen Bedeutung auch, wie diese in einem bestimmten Handlungs- oder Interaktionskontext zu verstehen und anzuwenden ist, spricht man von **Pragmatik**. So kann beispielsweise ein automatisches Business Activity Monitoring (BAM) System wichtige Aktivitätsinformationen als eine Ampelschaltung repräsentieren – syntaktisch mit den drei Farben „grün", „gelb" „rot", semantisch mit der Interpretation „grün = unkritisch", „gelb = kritisch", „rot = Störung". Die Pragmatik kann diese semantische Bedeutung zusätzlich mit einem tieferen Verständnis und kontextuellen Handlungen versehen, so z. B., dass trotz einer Störung zwischen Mitternacht und vier Uhr keine sofortige Reaktion nötig ist, da hier typischerweise Wartungsarbeiten am System vorgenommen werden.

In Abb. 2.1 stellt diesen Zusammenhang bei der Transformation von Daten zu Informationen, Wissen und Intelligenz in Beziehung zur Syntax, Semantik und Pragmatik der Repräsentation dar [5]. Mit zunehmenden maschinellen Verständnis erhöhen sich gleichzeitig auch die Dichte der Wissensverknüpfungen und die Beständigkeit der zu Grunde liegenden semantischen und pragmatischen Regeln. Während mit, auf formaler Logik basierenden, Ontologie- und Regelsprachen bereits Repräsentationsformalismen existieren, die ein automatisches Maschinenverständnis erlauben, ist die Frage nach dem Erlernen und Verstehen zu Grunde liegender Pragmatik als Basis für echte künstliche Intelligenz und Weisheit ein offenes Forschungsgebiet, dass über die klassische formale Logik hinausgeht.

Heutige Informationssysteme sind meist Web-basiert. Die Repräsentationssprachen im Web können in unstrukturierte (z. B. HTML), semi-strukturierte (z. B. XML) und strukturierte (z. B. Semantic Web mit RDF, RuleML/RIF, RDFS/OWL) Formate unterschieden werden. Während erstere, wie HTML, auf die Informationsrepräsentation für den Menschen abzielen, ist XML ein industriell weithin akzeptierter Standard für den maschinellen Daten- und Informationsaustausch, welcher die maschinelle Verarbeitung der XML

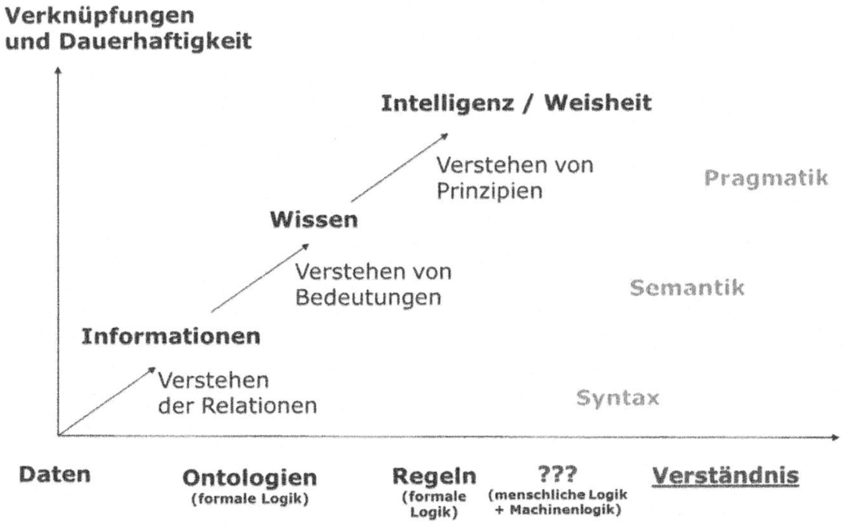

Abb. 2.1 Zusammenhang „Daten-Information-Wissen"

Syntax durch die explizite Schemainformationen ermöglicht. Semantic Web Sprachen können XML als Syntax nutzen und versehen diese auf Basis formaler Logiken um eine für Maschinen auswertbare Semantik mit dem Ziel der expliziten Wissensrepräsentation. Standardisiert im W3C Semantic Web Stack werden dafür insbesondere folgende Wissensrepräsentationstechnologien[1]:

- **Web Daten**: Web Daten werden als verteilte Ressourcen im Web identifiziert und können über Verlinkung (Linked Data) in Relation zu anderen Ressourcen und Datenwerten gebracht werden. Die Semantik wird hierbei häufig in der Form von Metadaten erfasst, d. h. mittels Metadatenvokabulare mit bekannter Semantik.
  Sprachen: Resource Description Framework (RDF); Simple Protocol and RDF Query Language (SPARQL)
- **Web Regeln**: Web Regeln leiten aus vorhandenem Wissen (Fakten, Daten) neues Wissen für Entscheidungen (Entscheidungsregeln) oder Handlungen (Reaktionsregeln) ab.
  Sprachen: Rule Markup Languages (RuleML: RuleML 1.0, Semantic Web Rule Language (SWRL), Rule Interchange Format (RIF))
- **Web Ontologien**: Ontologien beschreiben die Konzepte einer Domäne und deren Relationen untereinander. Sie haben somit das Ziel, Domänenwissen zu repräsentieren, z. B. um damit Typisierungen und Konzeptbeziehungen abzuleiten.
  Sprachen: RDF Schema (RDFS), Web Ontology Language (OWL)

Zusammenfassend kann also auch im Web zwischen unterschiedlichen Repräsentationssprachen unterschieden werden, die in Web-basierten Informationssystemen und Wissensmanagementlösungen in Unternehmen genutzt werden können.

2.2 Corporate Semantic Web

Das Corporate Semantic Web baut auf den existierenden Daten-, Informations- und Wissenssystemen im Unternehmen auf [1–4]. Es unterstützt und erweitert diese, sowohl für die Erzeugung von relevanten Unternehmensinhalten (**Semantic Content**) und semantischen Wissensbasen (**Semantic Knowledge**), als auch für die Anwendungen und Verbraucher (**Semantic Applications**) die diese Informationen und das semantische Wissen nutzen wollen. Dabei kann es sich sowohl um Mitarbeiter als auch automatisierte Dienste z. B. in Geschäftsprozessen handeln.

Die Nutzung semantischer Technologien lässt sich dabei in drei Anwendungssäulen unterteilen: Semantische Entwicklung (**Corporate Semantic Engineering**), semantische

[1] Neben den W3C Semantic Web existieren weitere Standardisierungen, wie z. B. OMG SBVR, OMG PRR, OMG API4KB und OntoIOP, OMG ODM, RuleML, OASIS LegalRuleML, ISO CL, ….

Suche (**Corporate Semantic Search**), semantische Kollaboration (**Corporate Semantic Collaboration**):

- ***Corporate Semantic Engineering***
  - Methoden und Werkzeuge zur Entwicklung semantischer Wissensbasen in Form von Ontologien und Regeln
  - Nutzung semantischer Wissensbasen als Hintergrundwissen in Entwicklungs- und Erzeugungsprozessen wie der Erzeugung von Informationen aus Daten
- ***Semantic Corporate Search***
  - Lösungen zur semantischen Suche in kontrollierten Daten- und Informationsbeständen mit definierter Qualität und Dienstverbesserungen
- ***Semantic Corporate Collaboration***
  - Semantische Kollaborations- und Unterstützungsplattformen für die Zusammenarbeit unterschiedlicher Unternehmensdomänen und Teams

Ein Corporate Semantic Web adressiert aber nicht nur die technologischen, sondern auch die **pragmatischen Aspekte** der Anwendung im Unternehmen. Methoden und Werkzeuge müssen so bereitgestellt werden, dass diese im Unternehmen gut angenommen und leicht in die vorhandene Prozess-, IT-Infra- und Dienststruktur integriert werden können. Von zentraler Bedeutung ist dabei auch der unternehmerische Kontext, z. B. im Sinne ökonomischer Kostenmodelle bei der Entwicklung semantischer Wissensbasen (siehe Kap. 24).

Abbildung 2.2 zeigt diesen skizzierten Aufbau eines Corporate Semantic Web. Entsprechend den Anforderungen moderner Web-basierter Unternehmensanwendungen interagiert ein Corporate Semantic Web dabei auch auf vielfältige Weise mit dem Public Semantic Web, z. B. zur Anreicherung der internen Unternehmensdaten mit öffentlich

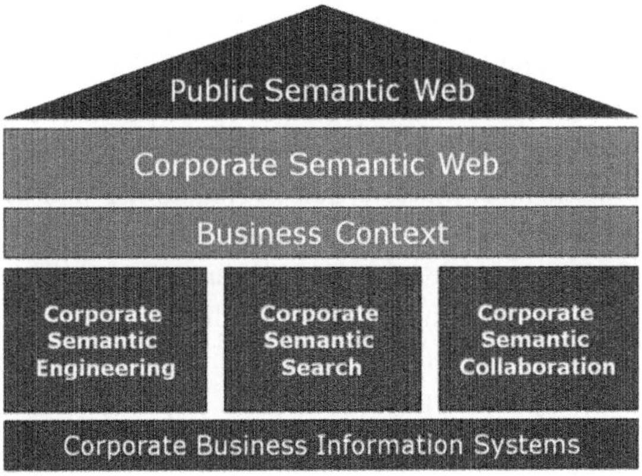

Abb. 2.2 Schematischer Aufbau eines Corporate Semantic Web. (Quelle: [4])

vorhandenen Daten und Wissen (wie z. B. Wikipedia/DBPedia Deutsch[2] aus der Linked Open Data Cloud).

2.3 Public Semantic Web

Das sogenannte öffentliche Semantic Web (**Public Semantic Web**) umfasst alle öffentlich zugänglichen Semantic Web Wissensbasen und Anwendungen. Während „Corporate Semantic Web"-Daten häufig nicht öffentlich oder nur über spezielle Schnittstellen (sog. **Deep Web** Schnittstellen) außerhalb der Unternehmensgrenzen zugänglich sind, liegen die Daten und das Wissen im Public Semantic Web (oder auch Surface Web) öffentlich vor[3]. Hieraus ergeben sie folgende wesentlichen Unterschiede zwischen dem Public Semantic Web und einem Corporate Semantic Web:

- **Geschlossene** Informationssysteme und Intranetlösungen mit im Unternehmen bekannten und dokumentierten Schnittstellen zwischen den Systemen, Diensten und Domänen.
- **Bekannte** Nutzergruppen innerhalb der Unternehmensnetzwerke.
- Nutzung der **existierenden** Unternehmensinfrastrukturen, Daten, Informationen und Wissen beschränkt innerhalb eines existierenden pragmatischen Kontexts, wie Geschäftsregeln, -politiken und -prozesse.
- Datensicht: Geschlossen, oft strukturiert oder zumindest mit Metadaten angereichert, **bekannte Datenmodelle** (z. B. relationale Datenbankschema, Objekt-orientiert Modelle, XML Schemas etc.).
- Logische Sicht: Partielle Annahme einer **geschlossenen Weltsicht** (d. h. Daten werden als vollständig angenommen und nicht vorhandene Daten als falsch), Annahme **eindeutiger Namensbezeichner** (z. B. Datenbankschlüssel), Erzeugung von Informationssichten auf die Daten (z. B. Data Warehouses).

Diese tendenziellen Unterschiede eines Coporate Semantic Webs erleichtern den Einsatz semantischer Technologien im Unternehmen und lassen sich gezielt für effizientere und passgenauere semantische Erweiterungen der existierenden und bekannten IT-System im Unternehmen nutzen. Selbstverständlich sind hier die Übergänge zum Public Semantic Web fließend und mit der Größe eines Corporate Semantic Webs treten ähnliche Herausforderungen wie im Public Semantic Web auf. Umgekehrt erlaubt ein Corporate Semantic Web Unternehmen seine öffentlichen Daten, Informationen und Wissen mit expliziten semantischen Hintergrundwissen anzureichern und so im Public Semantic Web automatisiert nutzbar zu machen.

---

[2] http://de.dbpedia.org.

[3] Was nicht heißt, dass diese frei verfügbar sein müssen, sondern sie können durch Nutzungslizenzen geschützt sein.

2.4 Social Semantic Web 3.0

Während das Semantic Web Wissen[4] und damit Maschinen miteinander verknüpft, unterstützt das soziale Web (**Social Web** oder auch **Web 2.0** [9]) Menschen in ihren sozialen Kommunikationen und Relationen untereinander. Die Erweiterung um semantische Webtechnologien wird dann als **Social Semantic Web 3.0** [10] bezeichnet, in dem Menschen, Dienste und Dinge miteinander interagieren und kommunizieren, d. h. ein Web „kollektiver Wissenssysteme". Im Fokus steht hier somit die soziale Interaktion, unterstützt durch Strategien, Methoden und Technologien des Semantic Webs. Die dabei eingesetzten „Web 3.0"-Werkzeuge ermöglichen insbesondere auch die Entwicklung explizierter semantischer Wissensrepräsentationen, die ausgetauscht und als Basis für ein gemeinsames Verständnis genutzt werden. Nachfolgende Tab. 2.1 zeigt dies exemplarisch anhand dreier typischer Funktionalitäten des Social Webs, den *Tagging, Mesh-Ups* und der *Suche*.

Das Social Semantic Web findet sowohl im Public Semantic Web als auch im Corporate Semantic Web seine Anwendung. Es ist vom Corporate Semantic Web nicht abzugrenzen, sondern fokussiert auf die zu anfangs eingeführten Säulen der semantischen Kollaboration (Semantic Collaboration). Detaillierter ist hier zu unterscheiden zwischen:

- ***Kommunikation***
  - **Wie** kommunizieren Teilnehmer, IT-Dienste oder IT-Agenten/Dinge miteinander?
- ***Kollaboration***
  - **Warum** kollaborieren sie zur Erreichung gemeinsamer Ziele?
- ***Koordination***
  - **Was** wird koordiniert im Daten-/Informations- und Prozessfluss?

Tab. 2.1 Web 2.0 im Vergleich zum Web 3.0. (Quelle: Social-Semantic Web [10])

	Web 2.0 (social web)	Web 3.0 (social semantic web)
Tagging	Annotation mit *mehrdeutigen* Schlüsselwörtern Sprachprobleme: Singular/Plural, Wortstamm, Synonyme, etc. Keine Intelligenz	Annotation mit semantisch *eindeutigen* Entitäten (z. B. aus Ontologien) *Automatische Inferenz* (z. B. Subklassen, Synonyme, …)
Mesh-ups	Manuelle Rekombination von Daten unterschiedlicher Quellen durch „Mesh-ups" im Voraus (d. h. *statisch*)	*Dynamische* Zusammenführung durch Endnutzer und Dienste (*Realzeit*)
Suche	Schlüsselwort- oder Tag-basierte Suche (*syntaktische Suche*)	*Semantische Suche* mit semantischen Ähnlichkeiten und semantischen Vorschlägen

[4] Stichworte: Metadaten, Linked (Open) Data, ontologische Wissensbasen, verteilte Regelsystems und Agenten.

Werkzeuge des Social Semantic Webs, die im Corporate Semantic Web zum Einsatz kommen, sind typischerweise Erweiterungen vorhandener kollaborativer Wissensmanagementlösungen, wie Groupware Systeme, Social Software (Wikis, Weblogs, Social Bookmarking), Document/Content Management Systeme (kollaborative CMS und DMS, Wissensportale), kollaborative Workflow und Prozesssysteme, etc.

Neben der Semantik steht bei sozialen Interaktionen die Pragmatik im Vordergrund.

2.5 Pragmatic Web

Während das syntaktische Web 1.0 und das semantische Web 2.0 und 3.0 auf die Repräsentation und die Wissensbedeutung von Informationen abzielt, befasst sich das pragmatische Web (**Pragmatic Web**) mit den Werkzeugen, Praktiken und Theorien, die beschreiben ***warum*** und ***wie*** Informationen und Wissen in Webinteraktionen (Mensch-Mensch, Mensch-Maschine, Maschine-Maschine) genutzt werden [5, 6]. Dieser **pragmatische Interaktionskontext** führt zu einem situativen **Verständnis** und kontextuellen **Verpflichtungen**. So wird beispielsweise in einer Systeminteraktion auf eine Frage eine Antwort erwartet, selbst dann, wenn die Antwort dem System nicht bekannt sein sollte. Vielfältige Verpflichtungen ergeben sich auch aus dem jeweiligen Kontext, in dem die Interaktion stattfindet, wie z. B. dem Organisationskontext (Organizational Semiotics), der Rolle und deren Rechte und Pflichten, dem Prozesskontext, dem exogenen Geschäftskontext, juristischen Rahmenbedingungen, etc.

Wie das Semantic Web eine Erweiterung des Syntactic Web ist, ist das Pragmatic somit eine Erweiterung des Semantic Webs (insbesondere des Social-Semantic Web 3.0) zu einem interaktiven sozio-technischen System. Die Grundlagen des Pragmatic Webs sind vielfältig und kommen dabei aus verschiedenen Gebieten, wie z. B. Language Action Perpective, Pragmatics, Semiotics, Agententheorien, etc. Überschneidungen gibt es auch mit dem neuen interdisziplinären Gebiet „Web Science".

2.6 Zusammenfassung und Ausblick „Ubiquitous Pragmatic Web 4.0"

Die Entwicklung des Webs erfolgt in Stufen. Hervorgegangen aus der monolithischen Ära der Arbeitsplatzrechner war das erste Web 1.0 auf die Verknüpfung und Präsentation von Informationen für Menschen mit syntaktischen Formaten wie HTML angelegt. Mit dem Web 2.0 und dem zunehmenden Einzug von dynamischen Webanwendungen und -dienste wurde der Bedarf an maschinell bedeutsamer Semantik größer, was zum Semantic Web führte. Das Semantic Web versieht Webinformationen mit explizitem Wissen und einer (formalen) Semantik und verknüpft dieses semantische Wissen im Web, so dass es von Maschinen gefunden und für automatisierte Interpretationen genutzt werden kann. Speziellere Anwendungen semantischer Technologien führten in den letzten Jahren z. B. zum Corporate Semantic Web (Anwendung im Unternehmensumfeld [4]) und dem Social

Semantic Web (Anwendung in sozialen Interaktionen) oder auch semantischen Webdiensten (Semantic Web Services), sowie neuerdings der semantischen Realzeitdatenverarbeitung (wie dem Semantic Complex Event Processing (SCEP), d. h. der Erkennung komplexer Ereignisse mit Hilfe zusätzlicher semantischer Wissensbasen). Im Fokus des aktuellen Webs 3.0 steht dabei die Verbindung und Interaktion von Menschen, Diensten und Dingen mittels neuartiger Webschnittstellen und Werkzeuge, die semantisch unterstützt das Wissen des Webs nutzen können.

Stand 2014 ist das Web mitten in einem weiteren Paradigmenwechsel begriffen, von einem passiven World Wide Web, in dem Anbieter Web-Inhalte erzeugen und zum Abruf als HTML-Dokumente über das Internet anbieten, hin zu einem aktiven alles durchdringenden Pragmatic Web (**Ubiquitous Pragmatic Web 4.0** [5, 6]), welches intelligente Inhalte (**Corporate Smart Content** [11]) über pragmatische Internetdienste (z. B. „end-user programable intelligent agents“ [7, 8]) mit neuartigen Nutzerschnittstellen („smart devices“) und Dingen („smart things“) verbindet. Diese Entwicklung steht in engen Einklang mit der Vision des W3C für eine neuartige W3C „**Open Web Platform**“, welche sich anstelle des klassischen Browser-basierten Zugangs zum Web mit neuen Schnittstellen und deren Technologien (z. B. smart TV) beschäftigt. Abbildung 2.3 zeigt diese Entwicklung des Webs und den Paradigmenwechsel von einem passiven Web der Inhaltsproduzenten zu einem aktiven Web der Informationskonsumenten.

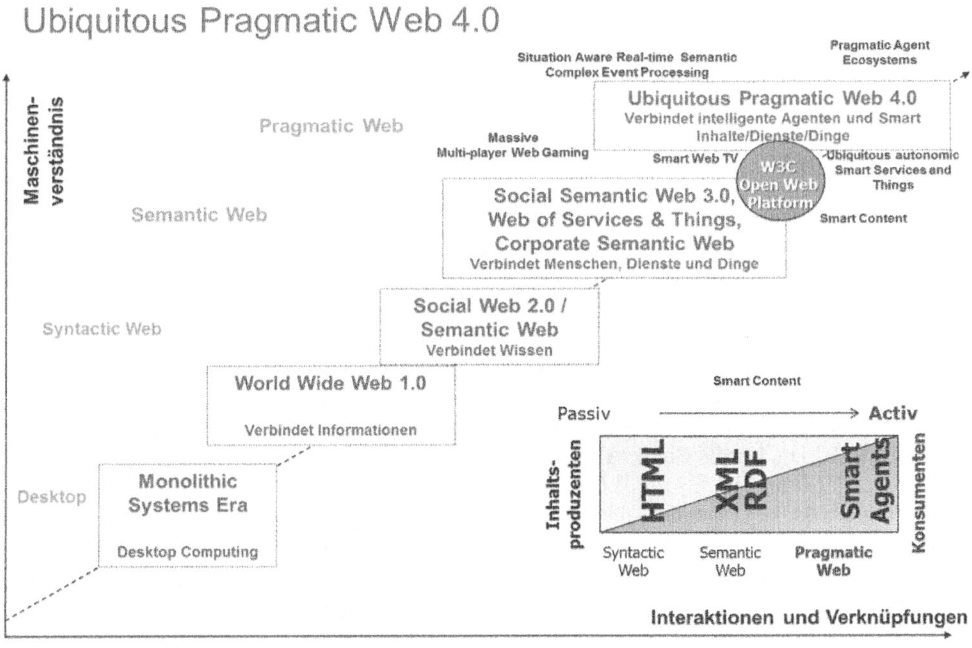

Abb. 2.3 Entwicklung zum allumfassenden Pragmatic Web 4.0. (Quelle: [6])

Von zentraler Bedeutung in diesem neuen interaktiven Web ist dabei der pragmatische Interaktionsrahmen, welcher das kontextuelle und modale Verständnis liefert oder auch die situativen Bedürfnisse und Verhaltensvorschriften vorgibt, wie z. B. Rechte und Pflichten. Erst dieser pragmatische Rahmen ermöglicht eine sinnvolle semantische Filterung und Transformation der Flut an oft multi-medialen Daten in relevante Informationen und Wissen, die in richtiger Form und zum richtigen Zeitpunkt für die Nutzer aufbereitet aktiv über das Internet übermittelt werden können. Beispiele kommen hier nicht nur aus der zunehmend interaktiv werdenden Web-Unterhaltungs- und Werbeindustrie (Stichwort z. B. Smart TV, Google Glass), sondern auch durch neuartige aktive Inhalte (**Smart Content**) und Dienste (Smart Services and Things), wie sie zum Beispiel im Bereich Online-Lehre und -Training in der Ausbildung oder auch im Bereich der aktiven Situationserkennung in einem Corporate Pragmatic Web nutzbar wären. Wie in Abb. 2.1 dargestellt, liegt dabei eine große Herausforderung an dieses „*Smarte Web*" in der Erweiterung klassischer formaler Logiken, wie sie im Semantic Web genutzt werden, mit Logiken, die mit unscharfem Wissen umgehen und induktiv pragmatische „Querschlussfolgerungen" erlernen können.

Literatur

1. Heese, Ralf, Gökhan Coskun, Markus Luczak-Rösch, Radoslaw Oldakowski, Adrian Paschke, Ralph Schäfermeier, und Olga Streibel. 2010. Corporate Semantic Web – Semantische Technologien in Unternehmen. *Datenbank-Spektrum* 10 (2): 73–79.
2. Blumenaur Andreas, Tassilo Pellegrini, und Adrian Paschke. 2010. Corporate Semantic Web – Der Einsatz von Semantic Webtechnologien im Unternehmen. HMD Praxis der Wirtschaftsinformatik 275:105–114. ISSN 1436–3011.
3. Paschke, Adrian, Gökhan Coskun, Ralf Heese, Markus Luczak-Rösch, Radoslaw Oldakowski, Ralph Schäfermeier, und Olga Streibel. 2010. *Corporate semantic web: Towards the deployment of semantic technologies in enterprises*, Hrsg. W. Du und F. Ensan, 105–131. New York: Springer.
4. Paschke, Adrian, et al. Corporate Semantic Web, InnoProfile project funded by the German Federal Ministry of Education and Research (BMBF) and the BMBF Innovation Initiative for the New German Länder – Entrepreneurial Regions. http://www.corporate-semantic-web.de. Zugegriffen: 15. Okt. 2014.
5. The Pragmatic Web Community. http://www.pragmaticweb.info. Zugegriffen: 15. Okt. 2014.
6. Weigand, Hans, und Adrian Paschke. 2012. The pragmatic web: Putting rules in context, 6th International Conference on Rules (RuleML 2012), Montpellier, France, August 27–31, 2012.
7. Paschke, Adrian, Harold Boley, Alexander Kozlenkov, und Benjamin Craig. 2007. Rule responder: RuleML-based agents for distributed collaboration on the pragmatic web, 2nd International Conference on the Pragmatic Web, Tilburg, Netherlands, 2007.
8. Paschke, Adrian, und Harold Boley. 2011. Rule responder: Rule-based agents for the semantic-pragmatic web, in Special Issue on Intelligent Distributed Computing in International Journal on Artificial Intelligence Tools (IJAIT), V0l. 20. Juni 2011.
9. O'Reilly, T. 2005. What is Web 2.0. Design patterns and business models for the next generation of software. http://oreilly.com/web2/archive/what-is-web-20.html. Zugegriffen: 13. Sept. 2014.

10. Breslin, John G., Alexandre Passant, und Stefan Decker. 2009. *The social semantic web*. 1 Aufl. New York: Springer.
11. Paschke, Adrian, et al. Corporate smart content. http://www.corporate-smart-content.de. Zugegriffen: 15. Okt. 2014.

Prof. Dr. rer. nat. Adrian Paschke ist seit 2008 Professor und Leiter der Arbeitsgruppe Corporate Semantic Web an der Freien Universität Berlin. Seine Forschung, u.a. im gleichnamigen BMBF Projekt „Corporate Semantic Web", hat führend zur Entwicklung und Anwendung semantischer Technologien im Unternehmensumfeld beigetragen. In über 120 wissenschaftlichen Publikationen hat er maßgeblich die Entwicklung des Corporate Semantic Web und Pragmatic Web vorangetrieben, u.a. auch in der Standardisierung semantischer Technologien, wie im W3C Semantic Web Stack (RIF), RuleML (Reaction RuleML), OMG (API4KB) , OASIS (LegalRuleML) sowie EPTS (EPTS-RA) und in Open Source Projekten wie DBPedia Deutsch und Prova. Daneben war er aktiv in der Semantic Web Gemeinde in einer Vielzahl an Konferenzorganisationen (z. B. i-Semantics, ESWC, SWAT4LS, RuleML, ICPW, edBPM), Leitung technischer Standardisierungsgruppen, als Direktor von RuleML Inc. und Vizedirektor von STI Berlin, Gründer der Berlin Semantic Web Meetup Gruppe sowie in Forschungsausgründungen, wie der Klickfilm GmbH und Chariteam UG.

Dipl.-Inform. Ralph Schäfermeier ist Wissenschaftlicher Mitarbeiter an der Arbeitsgruppe Corporate Semantic Web der Freien Universität Berlin unter der Leitung von Prof. Dr. Adrian Paschke. Er studierte Informatik und Psychologie an der Technischen und der Freien Universität Berlin und schloss sein Studium an der Freien Universität ab. Er arbeitete als Softwareentwickler in zahlreichen Firmen und Projekten u. a. in den Bereichen Content Management, Credit Risk Management und Software for Life Science. Sein derzeitiger Forschungsschwerpunkt liegt im Bereich des Ontology Engineering, insbesondere in der aspekt-orientierten Ontologie-Entwicklung sowie generell in agilen Entwicklungsansätzen für Ontologien und Ontologie-Modularisierung. Frühere Arbeiten von Ralph Schäfermeier beschäftigten sich mit dem Thema der automatisierten Wissensgewinnung durch die Beobachtung von Nutzern in ihrem kollaborativen Agitationskontext und im Bereich der kollaborativen Evolution von Wissen.

Marktstudie: Welche Standards und Tools werden in Unternehmen eingesetzt? 3

Börteçin Ege

1. Semantic Web Anwendungen beginnen, in der Industrie in verschiedenen Bereichen Fuß zu fassen.
2. Hybride Semantic Web-Anwendungen sind die de facto Standard-Lösungen, da ein sehr großer Anteil der Daten immer noch in relationalen Datenbanken gespeichert ist.
3. SKOS ist meistens die erste Wahl bei der Erstellung von Thesauri.
4. W3C Standards genießen sowohl bei den Software-Herstellern als auch bei Kunden eine hohe Akzeptanz.
5. Die Bedeutung von semantischen Technologien werden in Zukunft sowohl im Bereich Big Data als auch in der Industrie 4.0 zunehmen, da sie die Integration und somit die Interoperabilität vereinfacht.

3.1 Einleitung

Im Folgenden werden Semantic Web Projekte dargestellt, die für den Einsatz in verschiedenen Bereichen entwickelt wurden. Die meisten davon sind bereits in der Produktion, d. h. reale Anwendungen mit echten Nutzern. Auf die Kundenanforderungen für jedes Projekt folgen dann auch die dazugehörigen technischen Lösungen bzw. die Architektur der

B. Ege (✉)
Technische Universität Wien, Wien, Österreich
E-Mail: info@bortecin.com

B. Ege et al. (Hrsg.), *Corporate Semantic Web*, X.media.press,
DOI 10.1007/978-3-642-54886-4_3

Anwendungen und anschließend die bisherigen Erfahrungswerte der Firmen im Umgang mit verwendeten Semantic Web Standards und Tools. Gegen Ende des Beitrags erwartet den Leser die Ergebnisse einer Umfrage mit weiteren Tipps und Hinweisen, dann ein Ausblick und zum Schluss eine Liste von aktuellen Semantic Web Standards und Tools.

3.2 Semantische Suche in Webarchiven (Quantinum AG)

Das erste Beispiel kommt aus der Medienbranche, welches durch die Firma Quantinum AG aus der Schweiz realisiert wurde. Im Rahmen dieses Kundenprojektes musste das Web-Archivierungstool eines Medienunternehmens abgelöst werden. Das abzulösende Tool diente dazu, eine große Anzahl Websites aus dem Bereich Politik zu archivieren und deren Inhalte für spätere Recherchen durchsuchbar zu machen.

3.2.1 Kundenanforderungen

Laut Kundenanforderungen muss das neue Web-Archivierungstool in Kombination mit einer semantischen Lösung der Quantinum AG benutzt werden, um relevante Informationen während der Suche besser aufzuspüren und damit die Recherche zu vereinfachen. In diesem Rahmen soll die Plattform sowohl strukturierte als auch unstrukturierte Daten aus beliebigen Quellen automatisch extrahieren und sie anschließend mit Daten in einem RDF-basierten Knowledge Graph verknüpfen. Für die Annotation der Informationen werden Thesauri verwendet (Abb. 3.1).

3.2.2 Technische Umsetzung

Aufgrund ihrer Erfahrungen aus diversen Kundenprojekten setzt Quantinum AG im Rahmen dieses Projektes auf die folgende Architektur und Technologien:

Die direkt einsätzfähige Quantinum-Lösung nutzt die Modellierungssprachen RDF[1], RDF-S[2] und OWL[3] und setzt das Framework OpenRDF Sesame[4] ein. Im Gegensatz zu relationalen Datenbank-Technologien ermöglichen die verwendeten Modellierungssprachen eine flexible Wissensrepräsentation und durch die entsprechenden Inferenzmechanismen auch die Herleitung neuer Fakten. Als Triple Store wird die Java-basierte Bigdata[5] eingesetzt, nicht zuletzt wegen ihrer Performanz (sehr hoher paralleler Schreib-/Lese-

[1] RDF (Resource Description Framework): http://www.w3.org/2001/sw/wiki/RDF.

[2] RDF Schema (RDF Vocabulary Description Language): http://www.w3.org/2001/sw/wiki/RDFS.

[3] Web Ontology Language (OWL): http://www.w3.org/2001/sw/wiki/OWL.

[4] OpenRDF Sesame: http://rdf4j.org/.

[5] Bigdata: http://www.w3.org/2001/sw/wiki/Bigdata.

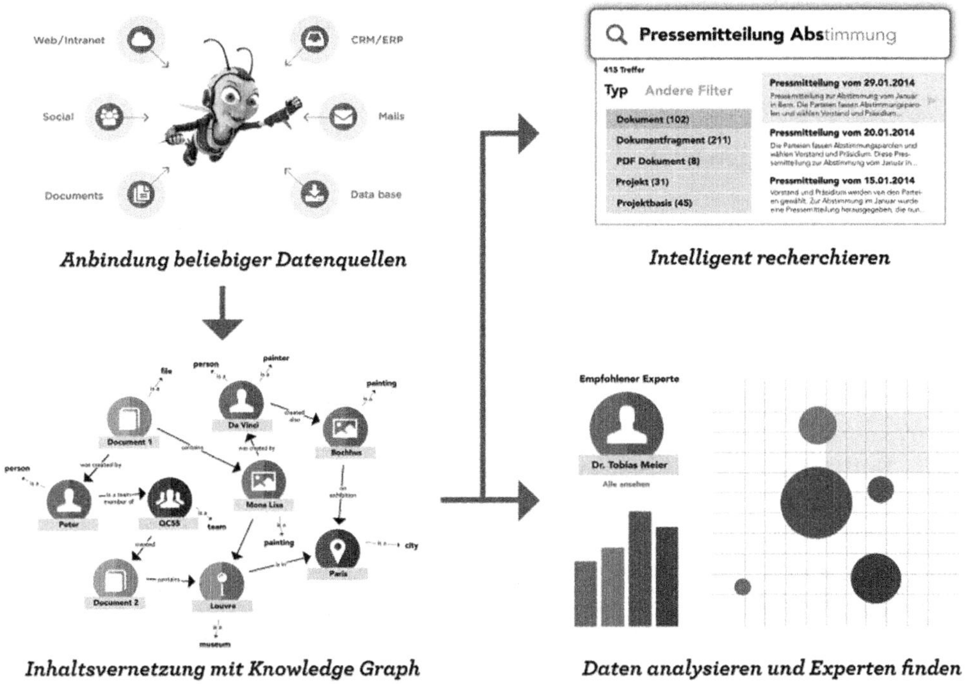

Abb. 3.1 Semantische Suche in Webarchiven im Überblick

Durchsatz), hoher Scale-Out-Fähigkeit (Horizontale Skalierung) und der Kompatibilität zu W3C[6]-Standards. Die dabei verwendete Datenbank-Abfragesprache ist SPARQL[7].

Während für die natürliche Sprachverarbeitung wegen der Verfügbarkeit aktueller NLP Algorithmen und seiner integrierten Entwicklungsumgebung das NLP-Werkzeug GATE[8] benutzt wird, wird sowohl zur Text-Extraktion als auch zur Extraktion von bestehenden Metadaten das Toolkit Apache Tika[9] verwendet. Alle im Rahmen des Systems verwendeten Thesauri werden mit SKOS[10] implementiert. Apache Camel[11] dient als Enterprise Service Bus zur Datenintegration und Datentransformation. Im Rahmen des Projekts kommt der elasticsearch[12] als Suchserver zum Einsatz, der genau sowie seine Konkurrenz Apache

[6] W3C (World Wide Web Consortium): http://www.w3.org/.

[7] SPARQL (SPARQL Query Language for RDF): http://www.w3.org/2001/sw/wiki/SPARQL.

[8] GATE (General Architecture for Text Engineering): https://gate.ac.uk/.

[9] Apache Tika: http://tika.apache.org/.

[10] SKOS (Simple Knowledge Organization System): http://www.w3.org/2001/sw/wiki/SKOS.

[11] Apache Camel: http://camel.apache.org/.

[12] elasticsearch: http://www.elasticsearch.org/.

Solr[13], auf Apache Lucene[14] basiert und in diesem Fall insbesondere wegen seiner hohen Scale-Out-Fähigkeit bevorzugt wird.

3.2.3 Erfahrungswerte

Die Quantinum AG setzt in ihren Projekten auf W3C-Standards, insbesondere auf RDF, RDF-S und OWL für die Ontologie-Modellierung, SKOS für Thesauri-Modellierung, sowie SPARQL als Abfragesprache. Außerdem empfiehlt die Quantinum AG die Verwendung von Triple Stores in Semantic Web Projekten und den Einsatz des Frameworks OpenRDF Sesame.

3.3 Semantische Analyse und Suche in Kundenspezifikationen (Ontos AG)

Das zweite Beispiel ist ein Kundenprojekt aus dem Bereich Maschinenbau, welches wieder durch eine Firma aus der Schweiz realisiert wurde, nämlich durch die Ontos AG. Der Kunde ist die Vertriebsabteilung eines Engineering-Spezialisten für Steuerungslösungen, die bis zu hundert Spezifikationen je Anfrage von internationalen Kunden verarbeiten muss.

3.3.1 Kundenanforderungen

Während der Verarbeitung der Kundenanfragen müssen die Spezifikationen zunächst im Bezug auf deren Relevanz analysiert werden, damit die entsprechenden Angebote vorbereitet werden können. In diesem Rahmen passte die Ontos AG das hauseigene Toolkit Ontos Linked Data Information Workbench (OntosLDIW[15]) den Projektanforderungen entsprechend an. Es wird im Rahmen des Projektes derzeit in folgenden Punkten erfolgreich eingesetzt (Abb. 3.2):

- Automatische Analyse multilingualer Dokumente in verschiedenen Formaten
- Unterstützung der mehrsprachigen Wissensstrukturierung von technischen Konzepten
- Anwenderschnittstellen zur Suche von und in Dokumenten

[13] Apache Solr: http://lucene.apache.org/solr/.

[14] Apache Lucene: http://lucene.apache.org/.

[15] OntosLDIW: http://www.ontos.com/products/ontosldiw/.

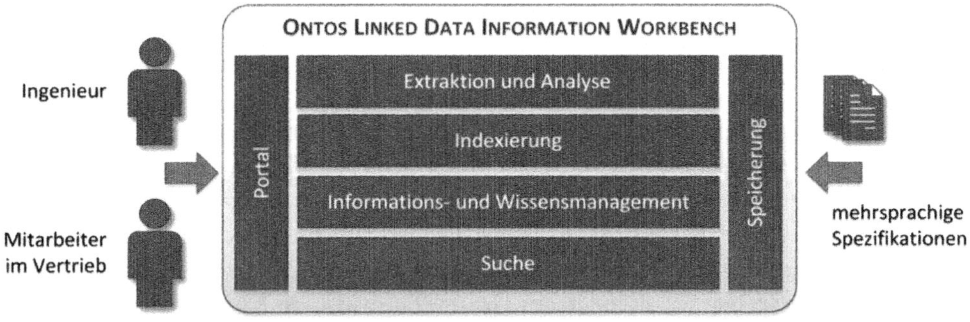

Abb. 3.2 Adaptierte OntosLDIW im Überblick

3.3.2 Technische Umsetzung

Ontos AG verwendet in seiner technischen Lösung das Toolkit Apache Tika für die Textextraktion und Homogenisierung der Dokumente ins PDF-Format, SKOS für die Modellierung des mehrsprachigen Thesaurus, RDF zur Speicherung der Metainformationen, RDF-S als Schemasprache, die hauseigene Datenbank OntoQuad[16] als Triple Store und SPARQL als Abfragesprache. Um eine schnelle Suche und Filterung von Dokumenten zu gewährleisten, wird Apache Solr zusammen mit dem Semantic Vectors Package[17] eingesetzt, welches verschiedene Methoden wie Latent Semantic Indexing (LSI)[18] verwendet. Für das Wissensmanagement kommt der webbasierte und mehrsprachige Ontologie-Editor OntoDix zum Einsatz, der speziell für die Bearbeitung von SKOS-Vokabularen angepasst wurde. Die Suchmasken wurden unter Verwendung des Frameworks Apache Velocity[19] implementiert.

Für die Spracherkennung und die Entfernung von Kopf- und Fußzeilen in Dokumenten werden die hauseigenen NLP-Tools OntosMiner[20] (ein regelbasiertes NLP-System) sowie Eventos eingesetzt, wobei Letzteres auf Machine Learning Algorithmen beruht, die Latent Semantic Indexing (LSI) verwenden.

3.3.3 Erfahrungswerte

Ontos hält die W3C Standards bereits für ausgereift und setzt gerne auf diese, im Speziellen auf RDF sowie SPARQL und ist davon überzeugt, dass sie genau die richtigen Standards für das Web sind.

[16] OntoQuad: http://www.ontos.com/products/ontoquad/.

[17] Semantic Vectors Package (semanticvectors): https://code.google.com/p/semanticvectors/.

[18] Latent Semantic Indexing (LSI): http://de.wikipedia.org/wiki/Latent_Semantic_Analysis.

[19] Apache Velocity: http://velocity.apache.org/.

[20] OntosMiner: http://www.ontos.com/products/ontosminer/.

3.4 Sicherheit für Banken im Risikomanagement (VICO Research & Consulting GmbH)

Die Überprüfung bestimmter Unternehmenskunden ist mit dem Inkrafttreten von „Basel-III" wichtiger geworden. Firmen sehen sich daher gezwungen, ihre Business Intelligence Anwendungen immer mehr mit Daten aus den sozialen Medien mit Geschäfts- und Marktdaten und aus dem Web anzureichern, welche jedoch größtenteils nicht nur aus unstrukturierten textbasierten Daten, sondern unter anderem auch aus Bildern und Audio- und Videomaterialien bestehen. Im Rahmen des von der Europäischen Kommission geförderten Projektes DOPA[21] hat VICO gemeinsam mit einer großen deutschen Bank eine neuartige Lösung entwickelt, mit der Banken bestimmte Unternehmenskunden besser erkennen und somit mehr Sicherheit bei der Bewertung von Kundenrisiken erhalten können.

3.4.1 Kundenanforderungen

Das Ziel des Projektes ist mit Hilfe von semantischen Technologien eine Daten- und Auswertungsplattform für Wirtschafts- und Finanzinformationen in Europa zu schaffen, in welcher mit Extraktionsmethoden mögliche Datenquellen in sozialen Medien automatisch ausfindig gemacht werden. Somit können die aus solchen Quellen gewonnenen unstrukturierten Daten mit vorhandenen strukturierten Daten verknüpft werden, um neuen Erkenntnissen zu gelangen. Die Kundenanforderungen waren:

- Automatisierte Entdeckung verschiedener Datenquellen
- Automatisierte Verlinkung von Datensätzen und Datentöpfen, um verwandte und ähnliche Informationen aus unterschiedlichen Quellen zu verknüpfen
- Visualisierung der verknüpften Daten
- Hochskalierbare Informationsverarbeitung in Form von Data Supply Chains auf einer verteilten Umgebung, um Prozessketten effizient und intelligent zu steuern.

3.4.2 Technische Umsetzung

Wie auch in der Abb. 3.3 dargestellt wird, werden im Rahmen der Lösung über ein Data Supply Chain Environment unterschiedliche Datenquellen beliebiger Anbieter verknüpft. Die semantische Verknüpfung liefert hierbei die Entity Annotation Engine des Partners Okkam[22]. Sie sorgt für eine Annotierung der vorhandenen Datensätze und somit für den semantischen Bezug zwischen unterschiedlichen Datensets. Kunden und Lösungsanbieter

[21] DOPA: http://www.dopa-project.eu/index.php

[22] Okkam: http://www.okkam.biz/.

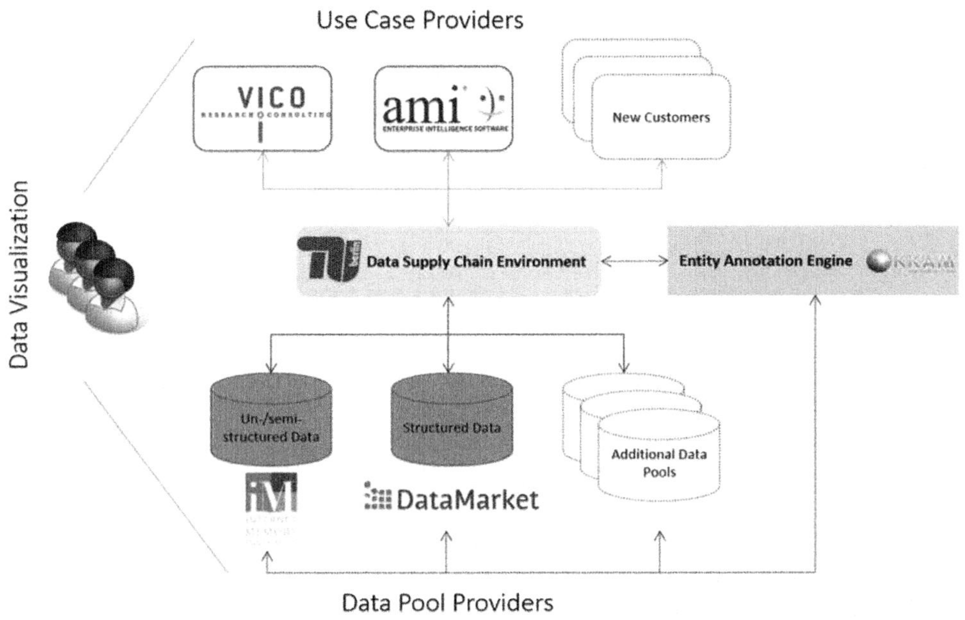

Abb. 3.3 DOPA im Überblick

können darauf basierend beliebige ETL (Extract Transform Load) Prozesse auf den Daten vornehmen, die hochparallelisiert ausgeführt werden.

Die Abb. 3.4 beschreibt die technische Architektur von DOPA, die auf Stratosphere[23] basiert, welches vor kurzem in die Apache Incubator[24] Projekt unter dem Namen Apache Flink[25] aufgenommen wurde und unter diesem Namen weiterentwickelt wird. Die einzelnen Komponenten sind eher im Bereich Big Data als im Bereich Semantic Web angesiedelt. Wichtig ist jedoch, dass die Semantic Web Techniken zur Verknüpfung der Datenquellen unerlässlich sind und somit auf der Anwendungsebene eine der wichtigsten Rollen spielen.

DOPA verwendet als Teil der Matching-Lösung Ontologien, die in RDF und OWL modelliert sind. Da die DOPA Lösung hoch skalierbar ist, verzichtet das Projekt auf Triple Stores und verwendet Big Data Technologien wie bspw. Apache HBase[26] und Phoenix[27]. Dennoch werden über andere Triple Stores mit SPARQL Endpoints semantisch strukturierte Daten im RDF und OWL Format dynamisch abgerufen um eine Anreicherung zu erzielen. Das Projekt ist seit April 2014 erfolgreich abgeschlossen.

[23] Stratosphere: http://stratosphere.eu/.

[24] Apache Incubator: http://incubator.apache.org/.

[25] Apache Flink: http://flink.incubator.apache.org/.

[26] Apache HBase: http://hbase.apache.org/.

[27] Apache Phoenix: http://phoenix.apache.org/.

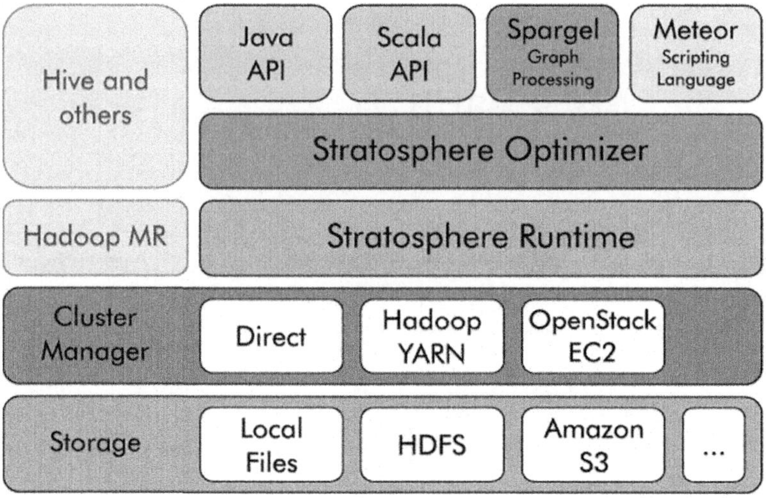

Abb. 3.4 DOPA Architektur basierend auf Stratosphere

3.4.3 Erfahrungswerte

Wie auch oben beschrieben setzt die VICO Research & Consulting GmbH in ihren Semantic Web Projekten auf W3C Standards wie RDF und SPARQL. Die DOPA Lösung führt durch den Partner Okkam eine eigene ID Landschaft ein, die zwar den W3C Standards entspricht, jedoch Duplikate vermeidet. Für eine hohe Skalierbarkeit werden Funktionen von Triple Stores in den Technologien Apache HBase, Phoenix und Apache Solr nachempfunden. Als Entwicklungsumgebung von Semantic Web Projekten empfehlen die Entwickler von VICO Research die Linux-Umgebung, weil gerade im Big Data Bereich serverseitige Entwicklungen in Linux über commandline Tools komfortabler gestaltet werden können. VICO Research geht davon aus, dass Ontologien in Zukunft immer mehr eine zentrale Rolle insbesondere im Big Data Bereich spielen werden, da ohne sie der Zusammenschluss von unstrukturierten und strukturierten Daten sich schwieriger gestalten würde.

3.5 Interaktive Fahrzeugdiagnose (semafora GmbH)

Ein anderes interessantes Beispiel für die technische Umsetzung von semantischen Technologien ist ein Kundenprojekt der Firma semafora GmbH im Bereich Fahrzeugdiagnose in KFZ-Werkstätten. Der Kunde ist ein international renommiertes Unternehmen für die Entwicklung von Antriebssystemen (Verbrennungsmotoren, Getrieben, elektrischen Antrieben) sowie dazugehörige Prüftechnik und Simulation. Das Unternehmen rüstet KFZ-Werkstätten und Prüfzentren mit intelligenten Testsystemen und Diagnosetechnik aus, um einen schnelleren Kundenservice und schnellere Reparaturzeiten von Fahrzeugen unterschiedlicher Hersteller durch interaktive Diagnosen zu erreichen.

3.5.1 Kundenanforderungen

Zu den wichtigsten Kundenanforderungen zählen die Nutzung der Software in der Werkstatt, die Integration eines Bestellsystems, die Anbindung an vorhandene Diagnosewerkzeuge, sowie die Übernahme der Ergebnisse für die Fehlerbehebung.

Die Firma semafora hat in diesem Rahmen das hauseigene Ratgebersystem SemanticGuide[28] bei dem Kunden angepasst und implementiert. SemanticGuide ist ein ontologiebasiertes Ratgebersystem, mit dem beratungs- und wissensintensive Prozesse unterstützt werden können. SemanticGuide sammelt das Wissen von Experten in einer Wissensbasis und stellt dann dieses allen Mitarbeitern des Unternehmens zur Verfügung, in diesem Falle KFZ-Servicetechnikern in Form einer geführten Fehlersuche. Nach Durchführung einer Fehlersuche kann der Techniker Feedback oder Vorschläge zur Problemfindung abgeben. Dies erlaubt die kontinuierliche Verbesserung des Fehlerfindungsprozesses: Das Ratgebersystem lernt durch seine Nutzung und nimmt so nach und nach das Expertenwissen im Team in seiner Wissensbasis auf (Abb. 3.5).

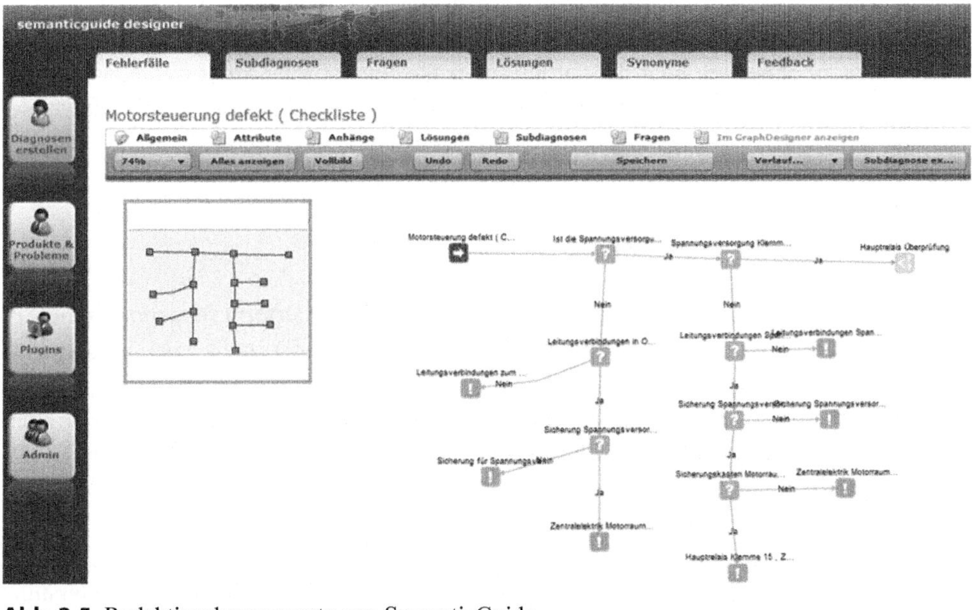

Abb. 3.5 Redaktionskomponente von SemanticGuide

[28] SemanticGuide: http://www.semafora-systems.com/de/loesungen/semanticguide/.

Der Einsatz von SemanticGuide bringt dem Kunden die folgenden Vorteile:

- Schnellerer Kundenservice und somit kürzere Reparaturzeiten durch interaktive Diagnose
- Einfache Integration in bestehende Anwendungen (z. B. Teilekataloge)
- Automatische Auswahl von richtigen Ersatzteilen (automatische Berücksichtigung von Marke, Modell, Motor, Baugruppe und Bauteil)

Eine wichtige Besonderheit von SemanticGuide gegenüber anderen Ratgebersystemen ist, dass er seine Wissensdomäne und den Diagnoseablauf vollständig in Form von Ontologien beschreibt und damit eine mächtige Grundlage für die Verarbeitung komplexer Zusammenhänge schafft, die wiederum von der semantischen Reasoning-Engine OntoBroker[29] verarbeitet werden. So können Schlüsse nicht nur aus dem Vorhandensein von Fehlerkriterien gezogen werden (die Eingrenzung von Lösungen wird durch Anwendung von Inferenzregeln auf einer Ontologie realisiert), sondern zusätzlich lassen sich durch die semantische Modellierung von Produktkategorien, Fehlertypen (Fehlercode, allgemeines Symptom), der Struktur von Baugruppen und deren Funktionszusammenhängen weitere Rückschlüsse ziehen, was die Diagnoseläufe abkürzen kann. Eine weitere Verkürzung der Abläufe lässt sich durch eine vollautomatisierte Abarbeitung der Fehlersuche auf Basis von Maschinendaten realisieren.

Mit der Redaktionskomponente von SemanticGuide können Service-Experten ihr Wissen mit wenig Aufwand in Form einer graphisch editierbaren Baum- bzw. Netzwerkstruktur einpflegen, ohne sich über die darunterliegende semantische Struktur Gedanken machen zu müssen. Diese Vereinfachung der semantischen Modellierung für Endanwender hat sich als wichtige Voraussetzung für deren Praxistauglichkeit herausgestellt.

3.5.2 Technische Umsetzung

SemanticGuide baut auf OntoBroker auf, einer Integrationsplattform für semantische Applikationen. Über Webservice-Schnittstellen (SOA-Framework) sowie Java APIs können Anwendungen wie SemanticGuide auf semantische Daten zugreifen, die in OntoBroker verarbeitet werden. Die Integration von bestehenden Datenquellen erfolgen durch Konnektoren, die neben RDBMS (Oracle, Microsoft SQL Server, MySQL) auch Suchmaschinen, ERP-Systeme uvm. anbinden.

Die zugrundeliegenden Reasoner kombinieren verschiedene Verfahren und erlauben die automatische Auswahl der geeignetsten Verfahren gegeben durch die Ontologie. Dies verbessert das Skalierungsverhalten gerade bei komplexen Regeln. OntoBroker unterstützt

[29] OntoBroker: http://www.w3.org/2001/sw/wiki/OntoBroker.

dabei alle Semantic Web-Empfehlungen des W3C: RDF(S), OWL, SPARQL sowie RIF[30] und verfügt über Reasoningfähigkeiten für OWL RL[31], RDF sowie ObjectLogic[32].

ObjectLogic ist eine formale Beschreibungssprache für Ontologien, die neben den in OWL und RDF(S) möglichen Sprachkonstrukten noch Regeln, Abfragen sowie sogenannte „Builtins" unterstützt. Builtins sind prozedurale Operationen, die z. B. Arithmetik und Datenintegration realisieren und anwendungsspezifisch entwickelt werden können. ObjectLogic baut auf der Wissensrepräsentationssprache F-Logic[33] auf. SemanticGuide führt alle Logikoperationen im OntoBroker aus und verwendet dabei ObjectLogic, wobei Regeln, Abfragen und Datenintegration eine zentrale Bedeutung bei der Umsetzung haben.

3.5.3 Erfahrungswerte

Die Firma semafora setzt auf die semantische Datenintegration, bei der RDBMS-Inhalte als Instanzen einer Ontologie integriert werden können. In diesem Rahmen werden relationale Datenbanken wie Oracle, Microsoft SQL Server, MySQL und das Datenbanksystem H2 als Reasoner Backend verwendet, um Fakten (Inferenzergebnisse) zu speichern. Als semantische Abfragesprachen benutzt semafora F-Logic bzw. ObjectLogic. semafora verwendet in ihren Projekten nicht nur RDF-Vokabulare, sondern auch andere semantische Vokabulare und zwar insbesondere die in F-Logic bzw. ObjectLogic erstellten (nach Angaben von semafora liefern kommerzielle Vokabular-Anbieter zudem häufig nicht in RDF). semafora entwickelt ihre Projekte unter Windows, da nicht zuletzt Windows eine größere Verbreitung in der Industrie als Linux findet. Außerdem setzt semafora in ihren Projekten auf die Inferenzmechanismen OntoBroker und KAON2[34], verwendet als Ontologie-Modellierungstool OntoStudio[35] und empfiehlt für die Erstellung von Thesauri den W3C-Standard SKOS. Laut semafora sind semantische Technologien bereits seit Jahren im Markt präsent, jedoch nur in Nischen.

3.6 Quo Vadis?

Semantic Web ist eine relativ junge Disziplin. Obwohl in diesem Bereich seit Jahren erfolgreiche Projekte realisiert sind, bleiben die meisten nicht nur der Öffentlichkeit, sondern auch den meisten Informatikern verborgen. Denn es gibt wenige Veröffentlichungen über Semantic Web Anwendungen, die in der Praxis eingesetzt werden. Oft kommt dazu,

[30] Rule Interchange Format (RIF): http://www.w3.org/2001/sw/wiki/RIF.

[31] OWL RL: http://www.w3.org/2001/sw/wiki/OWLRL.

[32] ObjectLogic: http://ontorule-project.eu/showcase/ObjectLogic.

[33] F-Logic: http://de.wikipedia.org/wiki/F-Logic.

[34] KAON2: http://www.w3.org/2001/sw/wiki/Kaon2.

[35] OntoStudio: http://www.w3.org/2001/sw/wiki/OntoStudio.

dass ein Teil dieser Projekte nur im militärischen Bereich realisiert und benutzt wird. Dies bedeutet wiederum, dass die Öffentlichkeit von diesen Projekten meistens nichts erfahren darf. So steckt die ganze Disziplin in einem Dilemma: Je weniger bekannt ist, dass es in produktiven Umgebungen laufende Semantic Web Projekte gibt, desto weniger Firmen und potentielle Kunden interessieren sich für die Semantic Web Technologien und deren Anwendungen.

Im Rahmen dieses Beitrages wird ein „Snapshot" des Markts erfasst. Dies hilft hoffentlich dem Leser, sowohl die Architektur von Semantic Web Anwendungen zu verstehen als auch einen Überblick über die verwendeten Tools zu bekommen. Auch die im Rahmen des Beitrags durchgeführte Umfrage gibt einen Einblick in den Markt.

3.7 Umfrage-Ergebnisse

An dieser Umfrage nahmen die folgenden Firmen teil: Quantinum AG (Schweiz) semafora GmbH (Deutschland), Semantic Web Company GmbH (Österreich), Vico Research & Consulting GmbH (Deutschland) und Wolters Kluwer GmbH (Deutschland).

Aus der Umfrage geht als erstes hervor, dass in Semantic Web Projekten neben Triple Stores und der semantischen Abfragesprache SPARQL auch relationale Datenbanken und somit auch die relationale Abfragesprache SQL weiterhin verwendet werden. Die meisten Firmen empfehlen jedoch die Verwendung von nativen Triple Stores in Semantic Web Projekten und bei Bedarf auch den Einsatz von NoSQL-Datenbanken[36], die als Triple Stores implementiert sind. Eine der teilnehmenden Firmen gibt als Hauptargument für die Verwendung von Triple Stores die konzeptionell gegebene große Freiheit und Flexibilität im Datenbankdesign an. So werden zum einen durch die Darstellung als Graphen keine starren Datenbanktabellen benötigt, die insbesondere bei größeren Änderungen und Erweiterungen im Lebenszyklus Nachteile haben. Zum zweiten stellt die einfache und skalierbare Erweiterung der integrierten Datenquellen eine Grundanforderung dar, welche sich mit den RDF-Tripeln gleichfalls leichter umsetzen lässt, insbesondere wenn man berücksichtigt, dass sich auch die Strukturen der Datenquellen stetig ändern und weiterentwickeln.

In der Umfrage haben die meisten Firmen auch angegeben, dass sie RDF als Basis von Semantic Web Vokabularen und Ontologien sehen und verhältnismäßig einfach und dennoch expressiv genug finden. Wie es sich aus der Umfrage auch herauskristallisiert hat, ist SKOS die beliebteste Modellierungssprache für die Erstellung von Thesauri. Als Grund gaben einige Firmen an, dass SKOS nicht nur ein etablierter Standard für Thesaurus-Entwicklung ist, sondern bei Verwendung mit anderen RDF Vokabularen und Ontologien leichter verknüpft werden kann, was wiederum die Ausdrucksstärke eines Thesaurus erweitern kann.

---

[36] NoSQL: http://de.wikipedia.org/wiki/NoSQL.

Aus der Umfrage geht auch hervor, dass mittlerweile auch RDFa[37] in Semantic Web Projekten vermehrt Verwendung findet. So haben zwei der an der Umfrage beteiligten Firmen angegeben, dass sie RDFa zur Extraktion von strukturierten Daten aus Webseiten, zur Veröffentlichung von Linked Data im Web, sowie für Semantic SEO einsetzen.

Auch die Modellierung und Verwendung von OWL-Ontologien in Semantic Web Projekten sind mehr verbreitet als angenommen. So haben vier von fünf beteiligten Firmen angegeben mit OWL-Ontologien gearbeitet zu haben. Eine Firma hat zusätzlich angegeben, dass sie OWL Fragmente dazu verwendet, um Regeln davon abzuleiten, die bei der Modellierung von Wissensgraphen u. a. für Konsistenz-Checks eingesetzt werden. Die gleiche Firma weist aber auch darauf hin, dass mit SPARQL 1.1[38], OWL teilweise obsolet geworden ist (z. B. durch den Einsatz von property paths).

Nicht zuletzt geht aus der Umfrage auch hervor, dass die W3C-Standards eine große Akzeptanz im Markt finden, weil die Kunden und Firmen es für wichtig halten, mit weltweit etablierten Standards zu arbeiten. In diesem Kontext wünschen sich die Firmen jedoch noch mehr Aktivitäten von W3C wie die Standardisierung von RDF-Vokabularen und die Übernahme von Praxisanforderungen in die Standards.

3.8 Semantic Web Standards & Tools

In den letzten Jahren sind sehr viele neue Standards und Tools entstanden sowohl für die Entwicklung von Semantic Web Anwendungen als auch rund um die Semantic Web Technologien. Hier folgt eine allgemeine Übersicht der derzeit wichtigsten Standards und Tools für die Entwicklung von Semantic Web Anwendungen (Tab. 3.1).

Tab. 3.1 Semantic Web Standards & Tools

AllegroGraph	Kommerzieller RDF triple store
Apache Camel	Regelbasierte Routing- und Konvertierungsengine
Apache HBase	Verteilte, skalierbare Big Data Datenbank
Apache Jena	Java-basiertes Semantic Web Framework
Apache Lucene	Programmbibliothek zur Volltextsuche
Apache Solr	Suchserver, der auf Apache Lucene basiert
Apache Stanbol	Wiederverwendbare Komponente für das Semantic Content Management
Apache Velocity	Java-basierte Template-Engine
Apache Tika	Tool zur Extraktion von Text und Metadaten
Bigdata	Kommerzieller RDF Triple Store
Cubeviz	Ein facettierter Browser für statistische Daten
DAML + OIL	Der Vorgänger der Web Ontology Language (siehe OWL)
DBpedia	Ontologie für allgemeines Weltwissen, basierend auf Wikipedia

[37] RDFa (RDF in Attributes): http://www.w3.org/2001/sw/wiki/RDFa.

[38] SPARQL 1.1: http://www.w3.org/TR/sparql11-overview/.

Tab. 3.1 (Fortsetzung)

DBpedia Spotlight	Entity Extraction Tool, das basierend auf DBpedia oder auch auf anderen Ressourcen, Entitäten aus Dokumenten extrahiert
DL-Learner	Werkzeug, um Schemata in Datensets zu identifizieren
Elasticsearch	Suchserver, der auf Apache Lucene basiert
FaCT++	OWL DL Reasoner
FIPA	Standardisierungsgremium, das sich mit den Kommunikationsgrundlagen von Software-Agenten beschäftigt
FOAF	Ontologie von Personen, deren Aktivitäten und Beziehungen zu anderen Personen und Objekten
F-Logic	Formale Sprache ähnlich zu RDF und OWL
GATE	NLP Werkzeug
GeoSPARQL	Standard der Open Geospatial Consortium zur Repräsentation und Abfrage von Geospatial Linked Data
GoodRelations	E-Commerce Vokabular in RDFa
GraphVizdb	Eine datenbankbasierte Plattform für interaktive Visualisierung von umfangreichen Graphen
GRDDL	Gleaning Resource Descriptions from Dialects of Languages: Technik/Format, um aus XHTML- und XML-Dokumenten RDF-Triples zu gewinnen
Hercules	JavaScript-basiertes Framework zur Entwicklung von Semantic Web Anwendungen
HermiT	Reasoner für OWL-Ontologien
Hypertree	Kommerzielle Javascript-Anwendung zur dynamischen Visualisierung von Ontologien
KAON2	Infrastruktur für die Verwaltung von OWL-DL, SWRL und F-Logic Ontologien
LinkedGeoData	Ein Semantic Web Projekt, um Informationen aus OpenStreetMap mit den räumlichen Dimensionen zu verknüpfen
LOD Management Suite	Ein Verwaltungstool zur Durchführung von ETL Jobs (Extract—Transform—Load)
O4Store	SQL-basierte und kommerzielle Implementierung eines Quad-Store-Datenhaltungssystems
ObjectLogic	Deduktive, objektorientierte Datenbanksprache
OntoBroker	Kommerzielle Inferenzmaschine zur Verarbeitung von Ontologien
Ontology4	Kommerzielle Semantic Web Workbench zur Erstellung und Nutzung von Ontologien
OntoMaven	Eine Erweiterung zu Apache Maven für verteilte Ontologie Entwicklung und Ontologie-basierte Software Entwicklung
OntoQuad	Kommerzieller Triple Store
OntosLDWI	Kommerzielles Linked Data Information Workbench für das Verwalten und Steuern des Linked Data Lebenszyklen
OntosMiner	Kommerzielles NLP-Tool
OntoStudio	Kommerzielles Tool zur Erstellung und Bearbeitung von Ontologien
OntoWiki	Metadaten-Tool zum Bearbeiten graphbasierter Daten
OpenLink Virtuoso	Kommerzieller RDF Triple Store

Tab. 3.1 (Fortsetzung)

OpenRDF Sesame	Java-basiertes Semantic Web Framework
ORE	Ontology Repair and Enrichment (ORE) hilft die Inkonsistenzen in der Schemastruktur einer Ontologie zu identifizieren
Oracle Spatial 11 g	Kommerzielle Graphen-basierte Version des Oracle Datenbank Management Systems
OWL	Web Ontology Language (OWL) ist eine Modellierungssprache, die auf RDF und RDF-S aufbaut
OWLIM	Kommerzieller Triple Store
Pellet	OWL 2 – Reasoner
PoolParty	Kommerzielles Metadaten-Werkzeug zum Management kontrollierter Vokabulare
Protégé	Ontologie-Editor
RacerPro	Kommerzieller OWL Reasoner und Inferenzserver
RDF	Resource Description Framework: Modellierungssprache zur Beschreibung von Metadaten
RDFa	Resource Description Framework in Attributes
RDF-S	Resource Description Framework-Schema: Beschreibungssprache für RDF
Redland	RDF Entwicklungsumgebung
RIF	Rule Interchange Format
Rsine Notification Tool	Tool zur Benachrichtigung über Veränderungen innerhalb definierter Bereiche eines Datensets
RuleML	Rule Markup Language
R2RML	Relationale Datenbanken zu RDF – Mapping Language
R2RML Parser	Tool zum Export von relationalen Inhalten als RDF-Graphen
SemanticGuide	Kommerzielles Ontologie-basiertes Ratgebersystem der Firma semafora
Sesame	Siehe OpenRDF Sesame
Silk	Matchingtool, um zwei verschiedene Datenquellen auf gleiche Inhalte zu untersuchen und diese zu verlinken
Sindice Pivot Browser	Browser, um zusammenhängende Daten über mehrere Dimensionen durch eine facettierte Suche zu analysieren
SKOS	Simple Knowledge Organisation System (SKOS): Sprache zur Modellierung von Thesauri und anderen kontrollierten Vokabularen
SPARQL	Simple Protocol and RDF Query Language (SPARQL): RDF-Abfragesprache
TopBraid Suite	Kommerzielle Semantic Web Entwicklungsumgebung
TopicFinder	Kommerzielles Tool zur automatischen Textklassifikation zur Themenerkennung und Dokumentanalyse
Triplfy	RDF-Generator, der den Inhalt einer relationalen Datenbank in die entsprechenden RDF-Triples konvertiert
Valiant	Transformationstool, mit dem die XML-basierten Daten im Batchmodus per XSLT-Script in RDF umgewandelt werden können
Virtuoso	Siehe OpenLink Virtuoso
W3C	World Wide Web Consortium
YAGO	Yet Another Great Ontology (YAGO): Wissensdatenbank ähnlich DBpedia

3.9 Ausblick

Eine vierte Industrie Revolution steht der Welt bevor, nämlich *Industrie 4.0*. Industrie 4.0 ist ein Zukunftsprojekt in der Hightech-Strategie der deutschen Bundesregierung, mit dem die Informatisierung der klassischen Industrien vorangetrieben werden soll. Mit Industrie 4.0 sollen neue Produktionsmethoden eingeführt werden, die bisher so nicht möglich waren. Bei Industrie 4.0 handelt es sich um Intelligente Fabriken, die Produkte höchst autonom herstellen können. Um diesen Zweck zu erreichen, müssen jedoch vor allem die Produktionsmaschinen und deren Produkte untereinander vernetzt werden. Das ist durch den Einsatz semantischer Technologien erreichbar. Denn ohne semantische Interoperabilität der Maschinen ist eine intelligente Produktion nicht realisierbar [1]. Weltweit planen ein großer Teil der klassischen Industrie (z. B. die Produktionstechnik) schon heute, ihre Produktionsmethoden Schritt für Schritt auf Industrie 4.0 umzustellen.

Die Semantic Web Technologien und Anwendungen etablieren sich in der Industrie zunehmend, und ich rechne daher damit, dass die Semantic Web Anwendungen spätestens mit der Einführung der Industrie 4.0 allgegenwärtig sein werden. Die dafür notwendigen Standards sind größtenteils bereits vorhanden und sie werden insbesondere von der W3C ständig weiterentwickelt.

Nur, vom heutigen Standpunkt aus, erweist sich die Entwicklung und Wartung von notwendigen Tools für die Entwicklung von Semantic Web Projekten als Achillesferse der ganzen Disziplin, obwohl mit dem LOD2-Projekt[39] in letzter Zeit auch in dieser Richtung erhebliche Fortschritte erzielt werden konnte. Für die Interessenten bietet das vor kurzem erschienene Buch *Linked Open Data—Creating Knowledge Out of Interlinked Data* [2] einen guten Einblick in die Ergebnisse und im Rahmen des Projektes entwickelte Werkzeuge und Tools. Wie es jedoch auch im Beitrag *Verlage müssen sich neu erfinden* (Dirschl, C., Eck, K.) in unserem Buch betont wird, kommt immer noch ein großer Anteil von Tools nur aus dem akademischen Umfeld und ist meistens nicht für eine industrielle Nutzung gedacht. Dies gefährdet oft die Weiterentwicklung und somit die Verfügbarkeit von Tools. Aus diesen Gründen ist die Weiterentwicklung von Standards allein nicht mehr ausreichend, solange den Entwicklern und Anwendern die notwendigen Tools nicht wirklich zur Verfügung stehen. Das heißt, es gibt in diesem Bereich noch sehr viel zu tun und nachzuholen.

Danksagung Besonderen Dank für die wertvollen Mitwirkungen bei der Erstellung der Beiträge und Umfragen an Daniel Hladky (Ontos AG), Martin Voigt (Ontos AG), Marco Kläy (Quantinum AG), Reto Trinkler (Quantinum AG), Gregor Heinrich (semafora Systems GmbH), Joachim Redmer (semafora Systems GmbH), Andreas Blumauer (Semantic Web Company GmbH), Yasan Budak (Vico Research & Consulting GmbH), Philipp Tiedt (Vico Research & Consulting GmbH), Christian Dirschl (Wolters Kluwer Deutschland GmbH), Katja Eck (Wolters Kluwer Deutschland GmbH).

[39] LOD2: http://lod2.eu/Welcome.html.

Literatur

1. Ege, B. Mai 2014. 4. Endüstri Devrimi (Industrie 4.0), TÜBITAK Bilim ve Teknik Dergisi (The Scientific and Technological Research Council of Turkey), S. 26–29, 2014.
2. Auer, S., V. Bryl, und S. Tramp. Juli 2014. *Linked open data—creating knowledge out of interlinked data*. Heidelberg: Springer Open. http://link.springer.com/book/10.1007/978-3-319-09846-3. Zugegriffen: 27. Okt. 2014.

Dipl.-Ing. Börteçin Ege studierte Informatik an der Technischen Universität Wien. Er beschäftigt sich seit 2005 mit Semantic Web. In 2007 gründete er die Arbeitsgruppe Semantic Web in XING und ist seit mehreren Jahren in Semantic Web Projekten aktiv tätig. Er ist Doktorand an der TU Wien und auch Autor von zahlreichen wissenschaftlichen Publikationen. Seine Forschungsschwerpunkte sind Corporate Semantic Web, Future Internet und Industrie 4.0. Mehr über seine Arbeiten finden Sie unter http://www.bortecin.com/.

4 Modellierung des Sprachraums von Unternehmen

Was man nicht beschreiben kann, das kann man auch nicht finden

Thomas Hoppe

1. Autoren und Nutzer von Informationen artikulieren sich mit Bezeichnungen aus unterschiedlichen Sprachräumen, die sie gegenseitig nicht unbedingt kennen.
2. Mit jeder Suche ist eine Übersetzungsaufgabe zwischen diesen Sprachräumen verbunden.
3. Zur Lösung dieser Übersetzungsaufgabe wird Hintergrundwissen über den Sprachgebrauch benötigt.
4. Dieses Hintergrundwissen kann nicht gelernt werden, es muss manuell, durch Interpretation des Sprachgebrauchs aufgebaut werden.
5. Erfahrungswerte zeigen, dass der Aufwand für eine manuelle Modellierung vertretbar gering ist und bei 20–30 Bezeichnungen pro Stunde liegt.
6. Für die Modellierung dieses Hintergrundwissens empfiehlt sich ein pragmatischer, inkrementeller Ansatz.

Im Gegensatz zur herkömmlichen Bedeutung des Begriffes „Sprachraum" als *geografisch abgegrenztes Verbreitungsgebiet* einer Sprache, verwende ich diesen Begriff in einer allgemeineren Interpretation als *abgegrenzte Menge von Individuen die dieselben Begriffe benutzen.*

T. Hoppe (✉)
Datenlabor Berlin, Berlin, Deutschland
E-Mail: thomas.hoppe@datenlabor.berlin

Ontonym GmbH, Berlin, Deutschland
E-Mail: thomas.hoppe@ontonym.de

B. Ege et al. (Hrsg.), *Corporate Semantic Web,* X.media.press,
DOI 10.1007/978-3-642-54886-4_4

4.1 Hintergrund

Seit den Anfängen des Internets nehmen Suchmaschinen eine wichtige Rolle bei der Suche nach Informationen ein. Ob im Internet, auf Websites oder in den Intranets von Unternehmen, Suche und Suchfunktionen bilden die zentralen Mechanismen, um Informationen zu finden. Suchmaschinen sind gekommen und gegangen, die auf Volltextindexierung basierende Funktionalität dieser Suchmaschinen hat sich jedoch kaum verändert. Erst mit Google kam es zu einer disruptiven Veränderung in der Funktionalität von Suchmaschinen. Durch die Berücksichtigung des „Verlinkungsgrades" von Webseiten, der als Indikator für die Wichtigkeit der Seite resp. der in ihr enthaltenen Informationen betrachtet werden kann, und durch die Analyse der Ankertexte (der auf Webseiten sichtbare Textteil eines Links), die als kurze Inhaltsbeschreibungen der dahinterliegenden Webseite betrachtet werden können, konnte Google die Qualität der Suchergebnisse stark verbessern.

Google hat sich im vergangenen Jahrzehnt zum „goldenen Standard" entwickelt und dominiert mittlerweile die Suche im Internet. Das Verb „googeln" ist mittlerweile im allgemeinen Sprachgebrauch als Synonym für „suche im Internet" etabliert und hat Einzug in Rechtschreiblexika gefunden. Teilweise sind die Ergebnisse, die Google liefert, sehr beeindruckend und die Vorschläge für naheliegende Suchanfragen sehr genau. Dennoch erlebt man als Benutzer, der eine spezifische Information benötigt, dass man seine Suchanfrage häufig mehrfach umformulieren muss, bis man das Gesuchte findet. Als die führende Suchmaschine, die den Großteil des sichtbaren Webs indexiert, besitzt Google einen Vorsprung bei der Analyse von Suchanfragen, Webseiten und dem Suchverhalten von Benutzern: Google kann auf statistischen Analysen großer Datenmengen aufsetzen, um Beziehungen zwischen Bezeichnungen oder Begriffen[1] zu ermitteln und damit – zu mindestens aus statistischer Sicht – einen Teil der Begriffsbedeutung – sprich die Semantik der Begriffe – zu erlernen.

Statistische Verfahren zum Erlernen von Begriffsbedeutungen, die in der Größenordnung einer Suchmaschine im Internet funktionieren, skalieren aber nicht unbedingt herunter auf die Größenordnung von einigen Hunderttausenden oder Millionen von Dokumenten eines Unternehmens, seinen Hunderten bis Tausenden von Produkten oder Mitarbeitern, dem relativ geringen „Verlinkungsgrad" [1] und der Diversität der Informationsquellen in den Intranets. Es ist daher nicht verwunderlich, dass Suchfunktionen auf Unternehmenswebseiten und in Intranets selber bisher kaum an die Qualität Googles heranreichen.

Ein zentrales Problem, welches sich beim Einsatz semantischer Technologien im Unternehmenskontext stellt, ist bedingt durch die Unterschiede im Sprachgebrauch von Unternehmen, seinen Mitarbeitern und externen Kunden oder Lieferanten und durch die Variabilität unserer Sprache. Unternehmen, Mitarbeiter und Kunden leben und artikulieren in

---

[1] Unter „Begriff" oder „Konzept" verstehen wir in diesem Artikel analog zur Definition in Wikipedia (http://de.wikipedia.org/wiki/Begriff) den Bedeutungsinhalt von Objekten, Klassen oder Beziehungen zwischen diesen, der durch eine „Bezeichnung" textuell, bildlich oder wie auch immer geartet repräsentiert wird.

unterschiedlichen Sprachräumen. Sie verwenden Bezeichnungen, die der jeweils andere nicht unbedingt kennt, oder erfinden neue Bezeichnungen.

4.2 Eine Frage der Bedeutung

Das Erkennen der Bedeutung von Bezeichnungen oder deren Semantik stellt eine wichtige Voraussetzung für die richtige Beantwortung einer Frage dar bzw. für die Lieferung der richtigen Ergebnisse. Diese Bedeutung ist den Bezeichnungen und Begriffen nicht inhärent. Das heißt, wir können nicht allein anhand der Zeichenfolge einer Bezeichnung (seiner Syntax) auf die Bedeutung schließen. Für uns Menschen stellt dies in der Regel kein Problem dar, da wir im Laufe unserer Entwicklung und unseres Lebens so viel Wissen erworben haben, dass uns in der Regel mit der Nennung einer Bezeichnung sofort der korrespondierende Begriff präsent ist oder wir eine Hypothese über seine Bedeutung bilden können. Für Computersysteme, die eine eingegebene Zeichenfolge interpretieren müssen, ist dies jedoch ein nicht triviales Problem.

Lassen Sie uns hierzu ein kleines Experiment machen, das ich regelmäßig bei meinen Vorträgen zur Veranschaulichung der Notwendigkeit von Hintergrundwissen verwende. Bevor Sie weiterlesen, bitte ich Sie, sich die sechs Bilder in Abb. 4.1 anzusehen und zu überlegen, was die dargestellten Begriffe verbindet. Bitte nehmen Sie sich die Zeit, darüber nachzudenken, bevor Sie weiterlesen.

Sind Sie zu einer Hypothese gekommen? Falls nicht, sehen Sie sich die Abbildung nochmals an. Dieses Experiment habe ich in zahlreichen Vorträgen benutzt und bisher sind lediglich zwei Zuhörer auf die Lösung gekommen. Oft kommen die Zuhörer darauf, dass die gezeigten Begriffe etwas mit „Natur" zu tun haben oder mit „Mengen". Offensichtlich sind dies verbindende Ideen zwischen den Bildern. Eine „Computermaus" hat

Abb. 4.1 Bedeutungsexperiment. (Quellen: SXC.hu, 123rf)

aber wenig mit „Natur“ zu tun, so dass diese Idee widerlegbar ist. Bei den zwei Mäusen von einer Menge zu sprechen ist mathematisch zwar korrekt, widerstrebt aber unserer intuitiven Vorstellung von einer Menge, zumal beide Mäuse sehr unterschiedlich sind.

Wenn Sie noch nicht auf die Lösung gekommen sind, hilft es vielleicht, wenn Sie die dargestellten Begriffe – sofern Sie alleine sind – laut vorlesen. Falls dies noch nicht reicht, fällt der Groschen vielleicht jetzt, oder wenn ich Ihnen noch mit den Worten „Pinkepinke“, „Zaster“ oder „Mammon“ helfe.

Dies ist eines der wenigen Beispiele, mit dem sich das Konzept „synonymer Begriffe“ rein bildlich veranschaulichen lässt. Das Wesentliche bei diesem Experiment ist, dass die Information, dass diese Bilder Synonyme für den Begriff „Geld“ darstellen, nicht in den Bildern selber enthalten ist, sondern allein durch die Interpretation der Bilder dem Betrachter erst mithilfe seines Hintergrundwissens erkennbar wird.

Als weiteres Beispiel können wir die Bezeichnungen „Boulette“, „Fleischpflanzerl“, „Fleischkücherl“ oder „Frikadelle“ betrachten oder – um in den Unternehmenskontext zu wechseln – „Klempner“, „Flaschner“ und „Spengler“. Auch in diesen Zeichenketten verbirgt sich kein Hinweis, dass diese Bezeichnungen Synonyme sind. Nur durch unsere Erfahrungen und unser Hintergrundwissen betrachten wir diese Bezeichnungen als Synonyme.

Ohne dieses Hintergrundwissen können wir lediglich die Ähnlichkeit der Begriffe anhand ihrer bildlichen oder textuellen Darstellung bestimmen (was Sie vermutlich auch versucht haben). In dieser Hinsicht verhalten wir uns wie ein Computersystem, dem es am nötigen Hintergrundwissen mangelt.

Was lernen wir aus diesem Experiment? 1) Die Bedeutung einer Objektrepräsentation steckt nicht in der Repräsentation selber, 2) ohne zusätzliches Wissen haben wir Schwierigkeiten, die Bedeutung der Objektrepräsentation zu bestimmen, und 3) dieses Wissen muss entweder explizit vorliegen oder ableitbar sein.

4.3 Bedeutung von Begriffen im Unternehmenskontext

Warum aber spielen solche Wortbedeutungen im Unternehmenskontext eine Rolle? An Hand von drei Beispielen zeigen wir, dass das Problem unterschiedlicher Wortbedeutungen bei der Suche auf den öffentlichen Webseiten, bei der Suche im Extranet für Geschäftspartner und bei der Suche im Intranet eines Unternehmens auftritt.

4.3.1 Website-Suche bei einem Industrieunternehmen

Die Suchfunktion der BMW-Webseiten lieferte uns über viele Jahre eines unserer Standardbeispiele[2], auf das wir bei einer Analyse der Top 500 Suchanfragen von BMW

[2] Mittlerweile hat BMW die Funktionalität durch eine Autocompletion verbessert, so dass einige unserer damaligen Beispiele leider nicht mehr so anschaulich funktionieren.

gestoßen sind. In anderer Form lassen sich ähnliche Beispiele auch bei anderen Suchfunktionen finden, dennoch finden wir das BMW-Beispiel am anschaulichsten, um die Problematik der Begriffsbedeutungen aufzuzeigen.

Ich lade Sie nochmals ein, mich bei einem kleinen Experiment zu begleiten. Haben Sie einen Computer, ein Tablet oder ein Smartphone zur Hand? Wenn ja, öffnen Sie doch bitte einmal die Webseite www.bmw.de.

Rechts oben auf dieser Webseite findet sich das Feld für die Suche[3]. Suchen Sie bitte einmal nach „Russfilter", „Rußpartikelfilter" oder – falls Sie Schnelltipper sind – nach „Dieselrussfilter", wie auch andere dies im Rahmen der Top 500 Suchen bereits vor Ihnen taten. Und, sind Sie mit diesen Begriffen fündig geworden? Sehr wahrscheinlich nicht. Vermutlich aber haben Sie schon ein Bild davon im Kopf, was wir bei diesem Experiment gesucht haben, richtig?

Bedingt durch unser Hintergrundwissen über Anwendungsbereiche und Wortbildungsregeln fällt es uns relativ leicht, allein aus einem oder sehr wenigen Begriffen auf das gesuchte Konzept zu schließen.

Probieren Sie nun noch mal die Variante „Partikelfilter" oder tippen Sie „Diesel" langsam, so dass die Autocompletion aktiv wird. Jetzt sehen Sie die Ergänzungsvorschläge „Partikelfilter" oder „Dieselpartikelfilter". Wenn Sie nach diesen Vorschlägen suchen, werden Sie zwar fündig; beide Suchen liefern jedoch unterschiedliche Ergebnisse, obwohl sie doch denselben Begriff bezeichnen.

Aus unserer initialen Analyse der Top 500 Suchanfragen wurde ersichtlich, dass lediglich unter der Bezeichnung „Dieselpartikelfilter" Informationen gefunden werden konnten. „Dieselpartikelfilter" ist quasi die normative Bezeichnung für den Begriff im Sprachraum des Unternehmens. Ohne die korrekte Bezeichnung jemals gehört zu haben, werden wir als firmenexterne Benutzer jedoch Schwierigkeiten haben, unsere Anfrage korrekt zu formulieren und die gewünschte Information zu finden.

Wir können bei der Formulierung unserer Anfragen nur auf uns bekannte Bezeichnungen zurückgreifen oder auf Benennungen, die wir selber aus dem gesuchten Begriff ableiten und kreieren. Als Anfragender drücken wir uns damit aber mit Bezeichnungen aus unserem Sprachraum aus und können nur fündig werden, wenn diese auch zum Sprachraum des Unternehmens gehören.

Wenn das Unternehmen jedoch seinen eigenen Sprachraum besitzt, müssen wir unsere Anfragen solange reformulieren, bis wir eine Bezeichnung aus dem Sprachraum des Unternehmens verwenden oder bis wir unsere Suche vorzeitig abbrechen, da wir zu dem Schluss gelangt sind: „zu diesem Thema gibt es nichts".

Zwar entschärft eine Autocompletion – wie im obigen Beispiel „Partikelfilter"/„Dieselpartikelfilter" – die Problematik etwas, da wir als Nutzer bereits beim Tippen ein Feedback über die Unternehmenssprache erhalten; dennoch verbleibt das Problem, dass wir mit den vom Unternehmen vorgeschlagenen Bezeichnungen jeweils lediglich einen Bruchteil der

[3] Bis Februar 2015 war dies so.

passenden Informationen finden und diese nicht mit den Informationen integriert werden, die über eine andere Bezeichnung gefunden werden können.

4.3.2 Extranet-Suche bei einem Marktforschungsunternehmen

Bei einem Marktforschungsunternehmen hatten wir Gelegenheit, mehr als 4.000 Marktstudien zu analysieren, die sich über die gesamte Lebenswelt von Konsumenten erstreckten, sozusagen von „Aalabsatz" bis „Zylindervertrieb". Diese Studien sollten über eine Suche auch externen Partnern zugänglich gemacht werden. Auch hier fand sich eine Vielzahl von Bezeichnungen, die synonym sowohl innerhalb einer als auch über mehrere Studien verwendet werden, wie beispielsweise „Fernsehgerät", „TV-Gerät", „Fernseher", „Fernsehempfänger", „Farbfernseher" usw. Keine dieser Studien enthielt jedoch alle Bezeichnungsvarianten, sodass bei einer reinen bezeichnungsbasierten Suche lediglich ein Bruchteil der Studien findbar war. Ohne das nötige Hintergrundwissen musste der Suchende auch hier seine Anfragen mehrfach reformulieren.

4.3.3 Intranet-Suche bei einem Fernsehsender

Das Intranet von Unternehmen leidet unter dem gleichen Problem. Bei einem Fernsehsender identifizierten wir in den im Intranet zugreifbaren internen Richtlinien beispielsweise die Begriffe „Kostenerstattung", „Aufwandentschädigung", „Aufwendungserstattung" und „Aufwandserstattung". Auch hier müssen Mitarbeiter unnötig Zeit mit der Reformulierung von Anfragen verschwenden, um das Gesuchte zu finden, oder sie konsultieren eine Kollegin und halten diese von der Arbeit ab.

Wir lernen aus diesen Beispielen: 1) die Sprachwelt eines Unternehmens und der externen Welt können sich sehr stark unterscheiden, 2) auch in Unternehmen werden – oft trotz einer weitgehenden Normierung von Bezeichnungen – unterschiedliche Synonyme genutzt, 3) ohne eine explizite Repräsentation dieser Synonyme kann nur ein Bruchteil der Informationen gefunden werden und 4) die mit unterschiedlichen Bezeichnungen gefundenen Ergebnis können nicht integriert präsentiert werden und vermitteln damit keinen Gesamteindruck.

4.4 Variabilität unserer Sprache und unseres Sprachgebrauchs

> Die Grenzen meiner Sprache bedeuten die Grenzen meiner Welt, Ludwig Wittgenstein [2]

Oben haben wir auf die Informationen in Unternehmen aus der Sicht des Suchenden geschaut. Betrachten wir die Unternehmensinformationen einmal aus Sicht desjenigen, der eine Information, wie z. B. diesen Text, erzeugt. Als Schreibender bin ich zum einen durch

Abb. 4.2 Bedeutungsexperiment. (Quelle: iStockphoto)

meine eigene Sprachwelt und Ausdrucksweise gebunden, zum anderen durch die Bezeichnungen, die unternehmens-, branchen- oder fachgebietsintern verwendet werden.

Wir haben bereits in der Schule gelernt, unsere Ausdrucksweise zu variieren und möchten ungern Dokumente produzieren, die so spannend zu lesen sind wie ein Telefonbuch oder ein juristischer Text. Wir bemühen uns im Allgemeinen, so interessant wie möglich zu formulieren, scheuen aber auch nicht vor „Wortneuschöpfungen" zurück und verwenden – insbesondere in Patentschriften – durchaus auch Bezeichnungen, die das Gemeinte etwas verschleiern. Wir kreieren daher schon mal für eine Stellenausschreibung anstelle des gewöhnlichen „Vertriebsleiters", den Begriff „Sales Manager" oder „Direktor Sales" und bezeichnen im Ausschreibungstext diese Position als „Leiter Verkauf", erfinden die Position eines „Fach-IBS-Leiters" in der Abteilung „Generische Services" oder bezeichnen einen Computer als „Rechengerät mit integrierter Speichereinheit".

Darüber hinaus sind wir in unserem Sprachgebrauch von Natur aus nicht immer präzise. Ich lade Sie zu einem weiteren kleinen Experiment ein. Als Sie das erste Mal das abgebildete Tier sahen, welche Bezeichnung ist Ihnen dazu spontan eingefallen? Bitte nennen Sie wirklich nur den ersten Begriff, der Ihnen in den Sinn kam (Abb. 4.2).

Mit hoher Wahrscheinlichkeit wird Ihnen vermutlich der Begriff „Kamel" in den Sinn gekommen sein, so wie bei ca. 60–75 % der Personen, mit denen ich dieses Experiment durchgeführt habe. Lediglich ein geringerer Teil der Befragten, dachte spontan an die korrekte Bezeichnung „Dromedar" oder „Camelus dromedaries".

In unserer alltäglichen Kommunikation spielen solche Ungenauigkeiten oft eine Rolle – wir bezeichnen da schon mal ein „Auto" mit seinem Oberbegriff „Kraftfahrzeug" oder verwenden anstelle von „Bezeichnung" den verwandten Begriff „Begriff". Diese Ungenauigkeiten erzeugen aber in der Regel kaum Probleme. Entweder können wir den gemeinten Begriff anhand des Umgebungs- oder Gesprächskontextes ermitteln, oder wir leben schlichtweg mit der falschen Bezeichnung und kommen auch so klar.

Bei der Kommunikation mit einem Computer jedoch sind diese Unterschiede gravierend. Solange ein System nicht über das notwendige Hintergrundwissen über Begriffsbeziehungen verfügt, aus dem abgeleitet werden kann, dass es sich bei allen „Dromedaren" auch immer um „Kamele" handelt bzw. dass „Auto" synonym zu „Automobil" ist, und es sich dabei auch immer um „Kraftfahrzeuge" handelt, die im Schweizerischen als „Motorwagen" bezeichnet werden[4], kann das System lediglich rein syntaktisch auf die Eingaben des Benutzers reagieren. Es liefert ihm dann nur Ergebnisse, die die explizit angefragte Bezeichnung oder seine syntaktischen Varianten enthalten.

4.4.1 Konsequenzen des Sprachgebrauchs

Wenn wir über Suche und Suchmaschinen reden, haben wir in erster Linie im Sinn, passende Dokumente zu einer Suchanfrage zu finden. Dokumente und Suchanfragen existieren aber nicht losgelöst von einem Zweck. Einerseits werden Dokumente geschrieben, um damit etwas zu bewirken, andererseits werden Anfragen an Suchmaschinen gestellt, um eine übergeordnete Frage zu beantworten. Sowohl hinter den Suchanfragen als auch hinter den Dokumenten stehen Menschen, die mit den von ihnen gewählten Bezeichnungen ihre Gedanken oder Fragen ausdrücken. Suchmaschinen jedoch können weder die Absicht der Menschen noch deren Gedanken allein aus den eingegebenen Bezeichnungen herauslesen. Um diese „Erkenntnislücke" zu überbrücken, benötigen Suchmaschinen Hintergrundwissen, um die von Autoren und Benutzern benutzten Bezeichnungen interpretieren zu können.

Die obigen Beispiele haben gezeigt, dass:

1. Objekte oder Begriffe mit unterschiedlichen Bezeichnungen benannt werden können,
2. die Bedeutung der Bezeichnungen nicht unbedingt aus den Bezeichnungen selber abgeleitet werden kann,
3. Hintergrundwissen benötigt wird, um die in Suchanfragen und Texten verwendeten Bezeichnungen interpretieren zu können,
4. Hintergrundwissen sowohl synonyme Bezeichnungen als auch Ober-/Unterbegriffsbeziehungen umfassen sollte[5],
5. sich der Sprachraum von Unternehmen vom Sprachraum ihrer Umwelt unterscheiden kann,
6. selbst in einem Unternehmen unterschiedliche Bezeichnungen für ein und dasselbe Objekt oder ein und denselben Begriff verwendet werden, und
7. Hintergrundwissen zur Abbildung der Bezeichnungen eines Sprachraums auf die entsprechenden Bezeichnungen eines anderen Sprachraums benötigt wird.

Fassen wir zusammen: Autoren und Informationssuchende formulieren mit den Bezeichnungen ihres eigenen Sprachraums. Diese Sprachräume werden durch allgemeine, umgangssprachliche Bezeichnungen, durch Fachbegriffe und durch selbst kreierte Benen-

[4] http://de.wikipedia.org/wiki/Kraftfahrzeug (Letzter Zugriff: 12.2.2014).

[5] Daneben erweisen sich auch funktionale Synonyme – Bezeichnungen, die synonym verwendet werden, ohne Synonyme im engeren Sinn zu sein, z. B. Projektleiter und Projektmanager – und Begriffsassoziationen – Begriffe, die zueinander in inhaltlicher Beziehung stehen, als wichtig.

nungen, die Menschen erzeugen, um Konzepte auszudrücken, deren „korrekte“ oder „offizielle“ Bezeichnung sie nicht kennen, aufgespannt.

Solange beide Seiten, Autoren und Informationssuchende, die gleichen Bezeichnungen verwenden, um das Gemeinte auszudrücken, existiert kein Problem und Informationsangebot und Informationsbedarf der beiden Seiten finden zu einander. Wie die obigen Beispiele jedoch zeigen, existiert häufig ein Unterschied im Sprachgebrauch beider Seiten.

Das eigentliche Problem des Findens passender Dokumente wird daher immer durch eine Übersetzungsaufgabe zwischen den unterschiedlichen Sprachräumen und den Begriffsinterpretationen der Autoren und Informationssuchenden begleitet. Wird diese Übersetzungsaufgabe nicht oder nur unvollständig berücksichtigt – wie dies viele Suchfunktionen lediglich durch syntaktische Abgleiche realisieren – kann ein Informationsbedarf in vielen Fällen nicht ausreichend befriedigt werden.

Um diese Übersetzungsaufgabe jedoch durchführen zu können, wird es notwendig, die Grenzen der gelebten Sprache beider Seiten zu überbrücken, z. B. indem Hintergrundwissen über den Gebrauch von Bezeichnungen beiderseits der Sprachgrenzen genutzt wird.

4.5 Terminologiemanagement und Unternehmensthesaurus

Ziel des Terminologiemanagements in Unternehmen ist es, den Sprachgebrauch innerhalb von Unternehmen durch die Schaffung und Nutzung eines normativen Vokabulars zu vereinheitlichen. Der Nutzen des Aufbaus und der Verwaltung einer unternehmenseinheitlichen Terminologie liegt insbesondere in der konsistenten, verbalen Präsentation des Unternehmens nach außen, in präziseren und eindeutigen Dokumentationen und Gebrauchsanleitungen insbesondere technischer Produkte und in einer Vereinfachung automatischer Übersetzungen von Dokumenten und Benutzeroberflächen [3].

Sprache ist jedoch kein starres einmalig fixierbares Gebilde. Sie passt sich immer wieder den Gegebenheiten und der Zeit an (siehe hierzu auch Kap. 23). Auch in Unternehmen werden neue Bezeichnungen kreiert. Das Marketing erfindet neue Begriffe wie z. B. „unkaputtbar“ für bekannte Eigenschaften oder benennt Produkte um, wie z. B. „Twix“ in „Raider“. Bereichs- oder Abteilungsleitungen entwickeln neue Stellenbezeichnungen, wie z. B. „Senior Prozessmanager P & IT“ oder „Fach-IBS-Leiter“, oder im Zuge von Unternehmenszusammenlegungen neue Abteilungsbezeichnungen, wie z. B. „Services on Demand“ oder „Generische Services“. Selbst die Mitarbeiter weichen im täglichen Sprachgebrauch von den festgelegten Produktbezeichnungen ab und benennen mitunter ein Produkt nur noch durch seine zugrundeliegende Technologie.

Zweckmäßigerweise ist Terminologiemanagement daher als kontinuierlicher Prozess in einem Unternehmen zu betrachten, das zwar nicht täglich, jedoch aber in periodischen Abständen erfolgen sollte.

Nimmt man die Konsequenzen des Sprachgebrauchs im Unternehmen und seiner externen Kunden oder Nutzer ernst, dann muss das Terminologiemanagement erweitert werden. Neben der reinen Normung des internen Sprachgebrauchs sollte auch der externe

Sprachgebrauch einbezogen werden. Offensichtlich jedoch kann der Sprachgebrauch externer Nutzer nicht normiert werden. Daher muss eine Abbildung ihres Sprachgebrauchs auf die Terminologie des Unternehmens erfolgen.

4.5.1 Unternehmensthesaurus

Während für die einfachste Form des Terminologiemanagements ein Glossar ausreicht, wenn es nur darum geht, Begriffe und deren Definitionen unternehmensintern festzulegen, wird es für Zwecke der Übersetzung unumgänglich, zu Repräsentationsformen wie z. B. Synonymlisten überzugehen, um Synonyme auf normative Begriffe abzubilden. Werden darüber hinaus Begriffe auf unterschiedlichen Abstraktionsebenen benötigt (vgl. drittes Experiment), ist es unumgänglich von reinen Synonymlisten auf Thesauri überzugehen, um die Beziehung zwischen Ober- und Unterbegriffen zu repräsentieren, Querverweise zwischen Begriffskategorien zu berücksichtigen und umfangreichere Vokabulare stärker zu ordnen und zu strukturieren.

Abbildung 4.3 zeigt einen exemplarischen Ausschnitt aus einem Thesaurus, der für den Begriff „Windenergieanlage" einige mit ihm in Zusammenhang stehende Begriffe darstellt. Auf der rechten Seite sind synonyme Bezeichnungen in der gestrichelten Box zusammengefasst. Die Knoten oberhalb des Begriffs zeigen einige der Oberbegriffe, unter denen der Begriff „Windenergieanlage" eingeordnet werden kann; die Knoten unterhalb zeigen einige seiner begrifflichen Verfeinerungen. Auf der linken Seite stehen weitere Be-

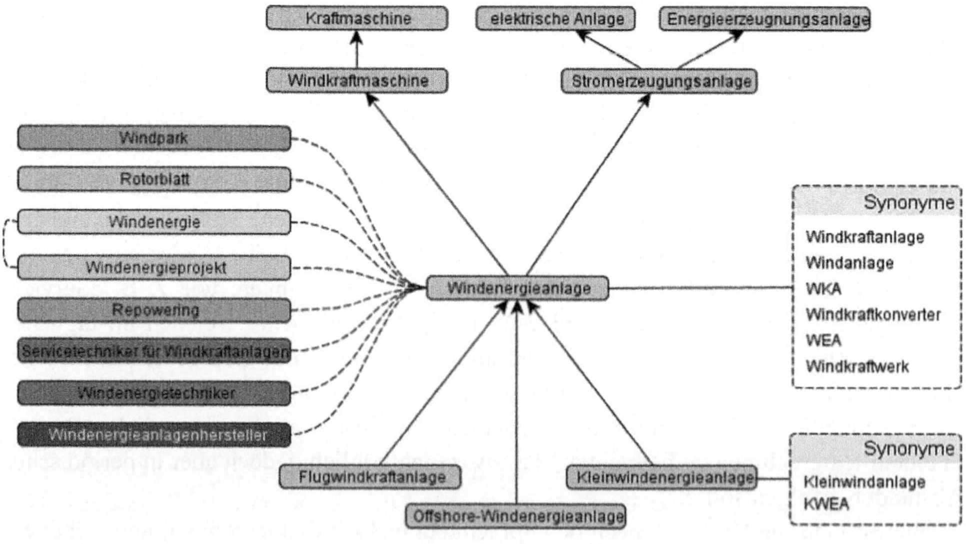

Abb. 4.3 Auszug aus dem Thesaurus der Weiterbildungsdatenbank Berlin-Brandenburg zum Themenbereich „Erneuerbare Energien"

griffe, die mit dem Begriff in Beziehung stehen. Die unterschiedlichen Farben der Knoten symbolisieren hierbei unterschiedliche Begriffskategorien, wie z. B. „Berufs-, Stellen- und Funktionsbezeichnungen von Personen“, „Branchen- und Unternehmensbezeichnungen“ oder „physikalisch/technische Begriffe“.

Ein solcher Unternehmensthesaurus, der den gelebten Sprachgebrauch von Autoren und Informationssuchenden berücksichtigt, stellt das notwendige Hintergrundwissen dar, um zwischen den Sprachräumen beider Seiten zu vermitteln. Darüber hinaus bildet er einen ersten Ansatz, das Unternehmenswissen zu strukturieren.

4.5.2 Mut zur Lücke: Arbeiten mit unvollständigen Terminologien

Am Beispiel der Abb. 4.3 sehen wir, dass einige Beziehungen zwischen Begriffen bereits sehr präzise definiert werden. Die Ober- und Unterbegriffe bilden eine Hyperonym/Hyponym-Beziehung ab und definieren Ober- und Unterklassen von Konzepten. Synonyme repräsentieren semantisch äquivalente Begriffe und bilden äquivalente Konzepte aufeinander ab.

Andererseits sind einige Begriffe in diesem Thesaurus noch sehr unbestimmt bzw. unvollständig. So gibt es viele andere Arten von „elektrischen Anlagen“, „Stromerzeugungsanlagen“ oder „Kraftmaschinen“, die hier nicht abgebildet sind. Wollte man den Anwendungsbereich der „technischen Anlagen und Geräte“ modellieren, wäre der obige Ausschnitt als unvollständig zu bezeichnen. Zur Beschreibung spezieller „technischer Anlagen im Bereich erneuerbarer Energien“ reicht er jedoch in dieser Form vorübergehend aus.

Auch bei den Synonymen ist nicht garantiert, dass alle möglichen Synonyme erfasst sind. Es könnte durchaus passieren, dass die Bezeichnung „Windenergiekonverter“ signifikant oft von bestimmten Benutzergruppen verwendet wird. Auch für Synonyme kann eine Vollständigkeit somit nicht zugesichert werden.

Neben der Verfeinerung von Begriffen kann es sich für bestimmte Anwendungszwecke als notwendig erweisen, die im Beispiel genannten Beziehungen weiter zu verfeinern und von der allgemeineren „steht in Beziehung zu“-Relation zu Relationen überzugehen, die die Art der Beziehung näher charakterisieren. Beispielsweise „umfasst“ ein Windpark mehrere Windenergieanlagen, ist ein Rotorblatt „Bestandteil“ einer Windenergieanlage oder werden Windenergieanlagen von Windenergieanlagenherstellern „produziert“.

Offensichtlich sind in einem Anwendungsgebiet nicht alle Bezeichnungen im Voraus bekannt. Sie können einer kontinuierlichen Veränderung unterliegen und es kann zu einem späteren Zeitpunkt notwendig werden, bestimmte Begriffe weiter zu präzisieren. Für den Aufbau von Thesauri in Unternehmen heißt dies, dass ein pragmatischer Weg beschritten werden muss, um einen Unternehmensthesaurus unter den genannten Randbedingungen und begrenzten Ressourcen aufzubauen und zu pflegen. Dies bedeutet einerseits, mit den aktuell wichtigsten Begriffen und Bezeichnungen zu beginnen, sich im Voraus definierte

Grenzen zu setzen und sowohl Mut zur Lücke zu zeigen als auch andererseits zeitweise bewusst Ungenauigkeiten und Vereinfachungen in Kauf zu nehmen.

4.6 Pragmatischer Aufbau von Unternehmensthesauri

Für den Aufbau von Unternehmensthesauri hat sich über mehrere Projekte eine pragmatische Vorgehensweise am geeignetsten herausgestellt, da man vermeiden möchte, dass irrelevante Bezeichnungen, Konzepte und Beziehungen erfasst und modelliert werden und um möglichst schnell zu einer nutz- und evaluierbaren Modellierung zu gelangen.

4.6.1 Begriffsanalyse des Anwendungsbereichs

Typische Unternehmensanwendungen benötigen oft nur wenige Begriffskategorien. Es ist daher am zweckmäßigsten anhand einer Analyse des Anwendungsbereichs diese Begriffskategorien zu identifizieren.

Beispielsweise spielen im Umfeld von Stellenausschreibungen die Begriffskategorien „Berufs-, Stellen-, Funktionsbezeichnungen", „Skills/Kompetenzen", „Aufgaben/Tätigkeiten", „Branchen" und „Arbeitsergebnisse" eine zentrale Rolle. Namen, Produkte, Orte und Adressen, spielen in Abhängigkeit von der konkreten Anwendung hingegen nur eine nachgeordnete Rolle. Geht es hingegen darum, eine Produktsuche zu verbessern, dann spielen „Produktkategorien und -bezeichnungen", „Eigenschaften", „Einsatzgebiete", „Verwendungsbeschränkungen" die zentrale Rolle; bei einer Suche nach Marktstudien hingegen sind dies „Produktkategorien", „Zielgruppen" und Fachbegriffe aus dem „Marketing" und der „Werbung".

Bereits durch die Analyse des Anwendungsbereichs und der intendierten Nutzung des begrifflichen Hintergrundwissens können relevante Begriffskategorien identifiziert werden und es kann vermieden werden, dass die finale Modellierung in irrelevante Begriffskategorien abdriftet.[6]

[6] Es hat sich gezeigt, dass im Lauf der Entwicklung umfangreicherer Modellierungen zunehmend Begriffe an der Peripherie des Begriffsraums benötigt werden. Beispielsweise musste unser Recruitment-Thesaurus um „Produktkategorien" und viele Begriffe und Bezeichnungen aus dem Bereich der „Technik" erweitert werden. Insofern kann der von uns empfohlene Modellierungsansatz im Gegensatz zu den bekannten „Top-Down"- oder „Bottom-Up"-Ansätzen als „Inside-Out" bezeichnet werden. Ausgehend von den zentralen Begriffen einer Domäne werden nach und nach Ober-, Unter- und periphere Begriffe hinzugenommen, so dass die Modellierung quasi aus der Mitte heraus wächst.

4.6.2 Informationsquellen

Ausgangspunkt für die Modellierung bildet – nach der Analyse des Anwendungsgebiets – die Analyse der in den Informationsquellen verwendeten Bezeichnungen. Diese Informationsquellen können beispielsweise sein:

- existierende externe Glossare, Synonymlisten, Thesauri oder Ontologien, um den fachsprachlichen Begriffsgebrauch abzubilden
- firmeninterne Datenbanken und Strukturen (Produktkataloge, Strukturierungen des Produktportfolios aus Sicht des Vertriebs, der Marketingabteilung oder des Produktmanagements) zur Erfassung und Abbildung des Unternehmenssprachgebrauchs
- Dokumente des Unternehmens und seiner Zulieferer, um den Sprachgebrauch der Autoren zu erfassen
- Analyse der Eingaben in Eingabefelder oder Logdateien von Suchfunktionen und Suchmaschinen, um den gelebten Sprachgebrauch von Mitarbeitern oder externen Benutzern zu erfassen

Durch Verfahren des Text Minings, beispielsweise der Zerlegung von Dokumenten in linguistische Entitäten wie z. B. Sätze, Komposita, Nominalphrasen, Verben, Adjektive, Adverbien, das Ignorieren von Stoppworten und die Wortstammbildung können die in diesen Quellen verwendeten Bezeichnungen bestimmt, gezählt und die Häufigkeiten der Verwendungen der extrahierten Bezeichnungen ermittelt werden.

4.6.3 Häufigkeitsverteilung

Die absoluten Häufigkeiten besitzen nur eine geringe Aussagekraft, ihre Verteilung charakterisiert die Begriffswelt des Unternehmens jedoch gut. Eine solche Häufigkeitsverteilung für die Anfragen an die Stellensuche von *ingenieurkarriere.de* des VDI-Verlags ist beispielhaft in Abb. 4.4 dargestellt. Die rote Kurve zeigt die absolute Häufigkeit der Begriffe (linke vertikale Primärachse). Die grüne Kurve visualisiert den Logarithmus der absoluten Häufigkeit (rechte vertikale Sekundärachse), um darzustellen, dass selbst hinter der 80 %-Schwelle des Paretoprinzips, die beim 1504. Begriff liegt, die Häufigkeit der Begriff noch 20 beträgt.

Wenige Begriffe werden sehr häufig verwendet (linke Seite). Sie bilden in der Regel die zentralen Begriffe der Anwendungsdomäne des Unternehmens und fungieren als Ausgangspunkt für die Modellierung. Der sogenannte „long tail" der Häufigkeitsverteilung wird durch Synonyme und Bezeichnungsvarianten gebildet, die einzeln betrachtet zwar nur relativ selten verwendet werden, die aber zusammengenommen die Sprachvielfalt der Domäne erfassen.

Natürlich finden sich im „long tail" auch viele Begriffe und Bezeichnungen, die nicht unbedingt nützlich sind, von Rechtschreib- und Tippfehlern über sehr exotische

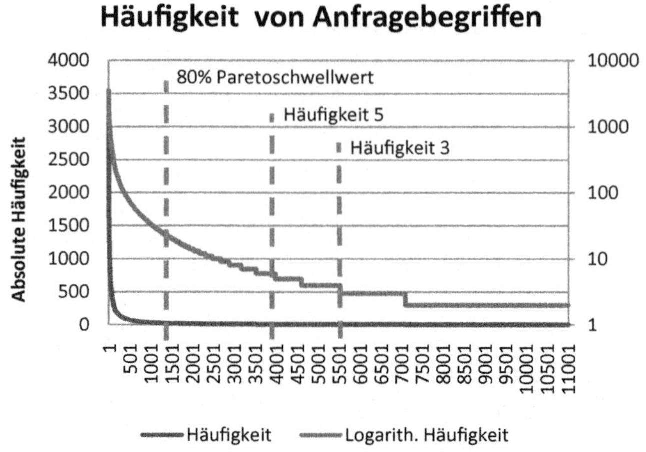

Abb. 4.4 Verteilung von Anfragehäufigkeiten nach Rang der Anfrage (ingenieurkarriere.de des VDI-Verlags)

Formulierungen und Begriffe, die mit dem eigentlichen Informationsangebot überhaupt nicht befriedigt werden können, bis hin zu Analyseartefakten (insbesondere beim Text Mining aus PDF Dateien), so dass Bezeichnungen, die seltener als 3–5 mal auftreten, in der Regel vernachlässigt werden können.

Die obige Abbildung zeigt darüber hinaus, dass zwischen der 80 % Schwelle und einer Begriffshäufigkeit von 5 rund anderthalb mal so viele Bezeichnungen liegen, die zwar selten verwendet werden, die jedoch noch nicht in den zu vernachlässigenden Häufigkeitsbereich fallen. Ob diese Bezeichnungen bei der Modellierung zu berücksichtigen sind, ist in der Regel eine Kosten-/Nutzenabwägung, die anhand des Anwendungsgebiets getroffen werden muss.

Generell jedoch gilt, dass es sich lohnt, die nicht berücksichtigten Bezeichnungen bei einer späteren Überarbeitung des Thesaurus mit in die Bewertung der Begriffshäufigkeiten einfließen zu lassen.

4.6.4 Aufwand und Nutzen

Es stellt sich natürlich die Frage nach dem Verhältnis zwischen Nutzen und Aufwand, der für den Aufbau eines Unternehmensthesaurus nötig ist. Diese Frage wird in der Regel gefolgt von der Frage, ob dieser Prozess automatisiert werden kann bzw. ob der Thesaurus nicht automatisch erlernt werden kann.

4.6.4.1 Automatischer Aufbau des Thesaurus

Unserer Erfahrung und Kenntnis nach gibt es bisher keinen Ansatz, der auf realen Daten basiert und über reine Beispielanwendungen hinausgeht, mit dem ein Unternehmensthesaurus automatisch erlernt werden kann, der gleichzeitig von Menschen verstanden und dessen Richtigkeit beurteilt werden kann. Dies liegt einerseits daran, dass die Datenmengen, die statistischen und maschinellen Lernverfahren oder Data Mining Verfahren zur

Verfügung stehen – wie eingangs erwähnt – in Unternehmensanwendungen in der Regel zu gering sind. Andererseits produzieren diese Verfahren artifizielle Repräsentationen, die zwar performant sind, die aber nicht unbedingt die Realität so abbilden, dass die Ergebnisse auch noch von Menschen interpretiert werden können und als richtig beurteilbar sind.

Wesentlicher aber ist – wie unser Eingangsexperiment gezeigt hat –, dass die Bedeutung einer Bezeichnung nicht immer aus der Bezeichnung selber ermittelt werden kann und dass der Kontext, in dem sie benutzt wird, zu berücksichtigen ist. Damit aber ein Verfahren aus diesen Kontextinformationen lernen kann, müssten die Ausgangsdaten weitestgehend homogen sein. Die im Unternehmenskontext zur Verfügung stehenden Daten besitzen entweder in der Regel keine oder nur geringe Kontextinformationen, noch sind sie homogen genug, dass sie ohne umfangreichere Aufbereitung von maschinellen Lernverfahren nutzbar wären.

4.6.4.2 Aufwand manueller Modellierung

Bedingt durch diese Einschränkungen haben wir uns entschieden, um unsere ersten Demonstratoren und Anwendungen zu bauen, Thesauri von Hand zu modellieren. Dabei hat sich schnell herausgestellt, dass eine manuelle Modellierung von Thesauri doch nicht so aufwendig ist, wie sie von vielen Autoren – insbesondere Wissenschaftlern – dargestellt wird. Solange ein pragmatischer Modellierungsansatz verfolgt wird, der temporäre Unvollständigkeiten und Ungenauigkeiten in Kauf nimmt, Mut zur Lücke zeigt und sich auf das konzentriert, was für die Aufgabenstellung zu erfassen ist, kann der Modellierungsaufwand mit 20–30 Bezeichnungen pro Stunde beziffert werden.

Dieser Erfahrungswert hat sich im Lauf der Zeit über viele Modellierungen als relativ konstant erwiesen. Die Schwankungsbreite hängt einerseits von etwaigen Hintergrundrecherchen ab, die zur Klärung der Begriffsbedeutung notwendig sind, und andererseits von der Vernetzung von Begriffen mit anderen bereits modellierten Begriffen, mit der Beurteilung und Qualitätssicherung bereits modellierter Begriffe im Lichte neuer Begriffe und der Korrektur älterer Begriffe.

Der eigentliche Aufwand zur Modellierung eines Anwendungsgebiets wird viel stärker durch die Breite des Anwendungsgebiets und damit durch die Variabilität der Begriffswelt und der Bezeichnungen bestimmt. Ein Anwendungsbereich wie z. B. Marktstudien über Consumer-Produkte, der alle möglichen Produkte behandeln kann, besitzt eine größere Begriffsvielfalt als eine Unternehmensanwendung, bei der es nur um die im Unternehmen eingesetzten Produkte und Technologien geht. Eine genauere Abschätzung des Aufwands, der zur Modellierung eines Anwendungsbereichs notwendig ist, kann in der Regel im Rahmen eines Vorprojektes erfolgen, in dem

- die anwendungsbereichsspezifischen Begriffskategorien ermittelt werden,
- die zur Verfügung stehenden Daten analysiert werden,

- mittels der Häufigkeitsverteilung eine Stichprobe der ermittelten Bezeichnungen anhand der Begriffskategorien klassifiziert wird,
- die Anzahl der insgesamt zu modellierenden Bezeichnungen aus der Stichprobenklassifikation hochgerechnet wird.

Anhand des obigen Erfahrungswerts kann beispielsweise der Aufwand zur Abschätzung einer Modellierung von 4.000 Begriffen mit durchschnittlich 160 h (20 PT) beziffert werden. Legt man unternehmensinterne Personalkosten von 50 € pro Stunde zugrunde, ergäben sich Kosten von 8.000 € für die Modellierung durch einen bereits geschulten und eingearbeiteten Mitarbeiter.

Es wird ersichtlich, dass weder der Aufwand noch die Kosten ein Argument gegen eine manuelle Modellierung darstellen. Der eigentliche Nachteil manueller Modellierung liegt eher in der sich stark wiederholenden Tätigkeit, die den Charakter einer kaum enden wollenden Fließbandarbeit besitzt, für die es einer bestimmten Mitarbeitereinstellung bedarf.

4.6.4.3 Nutzen von Unternehmensthesauri

Neben dem Nutzen, den das Terminologiemanagement für ein Unternehmen besitzt, können Unternehmensthesauri für die Umsetzung von semantischen Unternehmensanwendungen genutzt werden. Diese reichen von thesaurus-basierten semantischen Suchverfahren, wie sie in Kap. 5–8 beschrieben werden, über die Realisierung von wissensbasierten Benutzeroberflächen und Portalen (Kap. 5, 6) bis hin zur Umsetzung von semantischen Wissensmanagementanwendungen (Kap. 18–20). Der Frage, wie der Nutzen eines Unternehmensthesaurus im Kontext semantischer Suche bewertet und damit auch wie der Nutzen semantischer Suche quantifiziert werden kann, gehen wir in Kap. 9 nach.

Ein Unternehmensthesaurus kann darüber hinaus als Hilfsmittel für Analysen eingesetzt werden. Dies kann – nochmals – am Beispiel des „Dieselpartikelfilters" von BMW skizziert werden. Betrachtet man die Häufigkeit von Suchanfragen als Aussage von Suchenden über Themen, die sie interessieren, dann können durch die Analyse des Rankings der Anfragen die Themen identifiziert werden, an denen die Nutzer interessiert sind. Bei den Top 500 Suchanfragen von BMW beispielsweise belegten die Anfragen folgende Ränge: Partikelfilter (Rang 58), Russpartikelfilter (Rang 214), Dieselpartikelfilter (Rang 221), Russfilter (Rang 255), Rußpartikelfilter (Rang 260 und 309 durch unterschiedliche Kodierung des „ß") und Rußfilter (Rang 348 und 400, ebenfalls durch unterschiedliche Kodierungen).

Durch Verwendung des Hintergrundwissens eines Unternehmensthesaurus können diese synonymen Anfragen zum Thema „Dieselpartikelfilter" zusammengefasst werden. Das Thema würde hierdurch unter den Top 500 Suchanfragen auf Rang 11 erscheinen und aufzeigen, dass es für viele Nutzer von Interesse ist. Solche wissensbasierten Anfrageanalysen bieten für Marketing, PR und Marktforschung interessante Potentiale, um proaktiv die Informationsbedürfnisse und Interessen von Nutzern zu identifizieren und sie in entsprechenden Maßnahmen aufzugreifen.

Literatur

1. Schillerwein, S. 2008. Der ‚Business Case' für die Nutzung von Social Tagging in Intranets und internen Informationssystemen. In *Good Tags-Bad Tags Social Tagging in der Wissensorganisation* [Medien in der Wissenschaft, Bd. 47, Gesellschaft für Medien in der Wissenschaft e. V.], Hrsg. Birgit Gaiser, Thorsten Hampel, und Stefanie Panke. Münster: Waxmann.
2. Wittgenstein, L. 1922. Tractatus Logico-Philosophicus, Project Gutenberg. Kegan Paul, Trench, Trubner & Co., London. http://www.gutenberg.org/files/5740/5740-pdf.pdf. Zugegriffen: 31. Jan. 2014.
3. Keller, N. 2010. Terminologie-Management – ein Erfolgsfaktor für Unternehmen, 12. DTT-Symposion 2010 – Best Practices in der Terminologiearbeit, Universität Heidelberg, 15. April 2010. http://www.iim.fh-koeln.de/dtt/tutorialsundvortraege/Keller-Tutorial1.pdf. Zugegriffen: 20. Jan. 2014.

Dr. Thomas Hoppe studierte Informatik an der Technischen Universität Berlin und promovierte an der Universität Dortmund. Er ist geschäftsführender Gesellschafter der Ontonym GmbH und Inhaber des Datenlabor Berlin. Seit mehr als 20 Jahren arbeitet er als Data Scientist und Knowledge Engineer in den Bereichen Maschinelles Lernen, Data Mining, Wissensrepräsentation, Suchmaschinen, Wissensmanagement und semantische Technologien. 2008 gründete er mit drei Partnern die Ontonym GmbH die innovative semantische Verarbeitungsmethoden entwickelt und vermarktet, und das dafür notwendige Wissen über den gelebten Sprachgebrauch von Nutzern modelliert. 2014 gründete er das Datenlabor Berlin, welches kundenspezifische Datenprodukte für KMUs entwickelt und die Qualität von semantischen Anwendungen und Vorhersagemodellen begutachtet und bewertet.

5 Schlendern durch digitale Museen und Bibliotheken

Vom Umgang mit riesigen semantischen Daten

Bernhard Humm und Timm Heuss

1. Finden ohne zu Suchen: Semantische Ergänzungen einer Anwendung leiten, unterstützen und inspirieren Nutzer und bieten neue Möglichkeiten, Medien zu entdecken und zu erfahren.
2. „Semantik" kommt durch intelligente Nutzerinteraktionen ins System – nicht durch die Wahl einer bestimmten Technologie.
3. Auch bei semantischen Anwendungen treiben die Anforderungen die Technik – nicht umgekehrt.
4. Alle serverseitige semantische Logik verpufft, wenn die Benutzungsschnittstelle nicht anwenderfreundlich und schnell ist.
5. Wir empfehlen die Trennung von Datenaufbereitung (offline) und Datenzugriff (online) in semantischen Anwendungen mit hohen Performance-Anforderungen.

5.1 Einleitung

In einer interessanten Museumsführung weiß der Kunsthistoriker sein Publikum zu fesseln. Er zeigt nicht nur Gemälde, er erzählt dazu Geschichte und Geschichten und geht dabei auf die Besucher ein. Auch ein Bibliothekar, der sein Fach versteht, berät bei der

B. Humm (✉) · T. Heuss
Fachbereich Informatik, Hochschule Darmstadt, Schöfferstr. 8b, 64295 Darmstadt, Deutschland
E-Mail: bernhard.humm@h-da.de

T. Heuss
E-Mail: Timm.Heuss@h-da.de

B. Ege et al. (Hrsg.), *Corporate Semantic Web,* X.media.press,
DOI 10.1007/978-3-642-54886-4_5

Auswahl der passenden Literatur, fragt bei Unklarheiten nach und gibt dem Kunden gute Empfehlungen.

Wie anders sind heutige Bibliotheksportale! Eingabe von Schlagworten in eine Suchmaske, keine Treffer oder – nicht viel besser – Unmengen von Treffern, Hoffen auf den richtigen Begriff, die Suche sinnvoll zu verfeinern, Trial & Error. Noch mehr vermisst man den menschlichen Experten auf einer typischen Website eines Museums: Bilder und Texte – und mehr nicht.

Können semantische Anwendungen einen Schritt in diese Richtung machen? Ähnlich einem menschlichen Museumsführer oder Bibliothekar beim Anwender Interesse wecken, gegebenenfalls rückfragen, ihn beraten und Empfehlungen abgeben?

Für das Städel Museum Frankfurt sowie die Universitäts- und Landesbibliothek Darmstadt wurden in zwei vom Land Hessen geförderten Projekten[1] semantische Abwendungen entwickelt, die einen solchen Weg aufzeigen. So unterschiedlich die beiden Anwendungsfälle aus Nutzersicht sind, so basieren die entwickelten Anwendungen dennoch auf einer gemeinsamen semantischen Medienplattform. In diesem Kapitel wollen wir die Anwendungen vorstellen sowie einige Aspekte der Umsetzung beschreiben. Insbesondere beschreiben wir, wie man auch bei riesigen Mengen semantischer Daten anspruchsvolle Performance-Ziele erreichen kann (siehe auch [1–4] für weitergehende Informationen).

5.2 Anwendungsfall 1: Schlendern durch das Digitale Museum

Wer Kunst liebt, für den ist es etwas ganz Besonderes, vor einem echten Raffael, Dürer oder Botticelli zu stehen; zu wissen, dass der Meister vor mehreren hundert Jahren dieses Original gefertigt hat. Ein digitales Museum kann dieses Erlebnis nicht bieten und eine digitale Kamerafahrt durch das Museum ist nur ein schwacher Abklatsch dessen. Aber im digitalen Museum können Dinge möglich werden, die im physischen Museum unmöglich sind: Gemälde aus verschiedenen Museen der Welt nebeneinanderhängen, die realistisch niemals in einer Ausstellung gemeinsam zu sehen wären, Geschichten um ein Gemälde, den Künstler, seine Zeit sowie die dargestellten Szenen multimedial erfahren und schließlich: Die 99 % der nicht gezeigten Gemälde eines Museums aus dem Archiv der Öffentlichkeit zugänglich machen. Also: Ein ganz neues, anderes Kunsterlebnis.

Das semantische Museumsportal (siehe Abb. 5.1) ist ein Schritt in diese Richtung. Wie bei anderen Medienportalen auch kann die Sammlung für eine gezielte Recherche nach Künstlern und Werken gesucht werden – das klassische Suchfeld. Für das Laienpublikum, welches das Museumsportal aber besonders ansprechen will, gibt es weitergehende

[1] Projekte „Multimediale Bibliotheksplattform“ und „Multimediale Exponateplattform“. Konsortialführer: Hochschule Darmstadt – University of Applied Sciences, Fachbereiche Informatik und Media. Projektpartner: Städel Museum Frankfurt, Universitäts- und Landesbibliothek Darmstadt, Software AG, media Transfer AG, nterra GmbH, House of IT e. V. Gefördert durch das Land Hessen im Rahmen der Landes-Offensive zur Entwicklung Wissenschaftlich-ökonomischer Exzellenz (LOEWE) unter den Projektnummern HA 320/12–10 und HA 320/12–11.

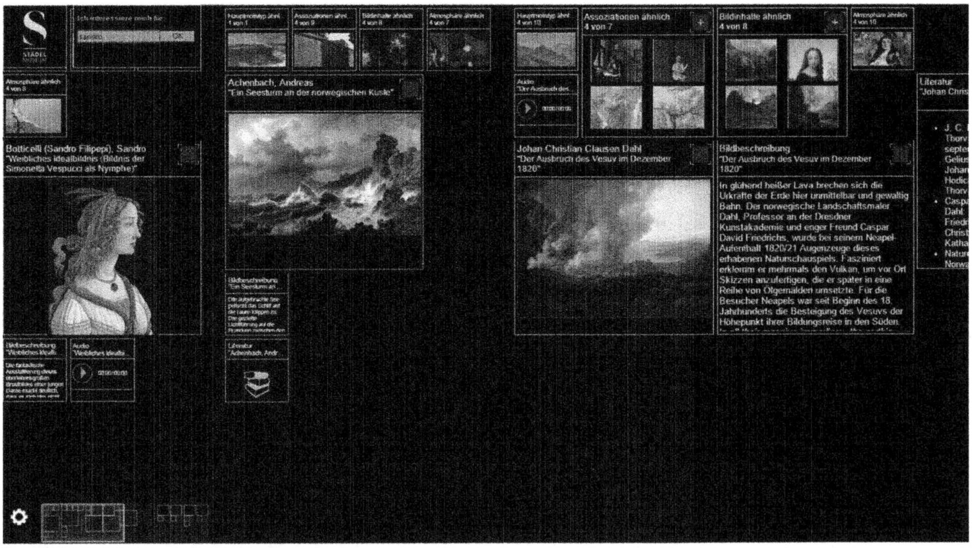

Abb. 5.1 Schlendern durch das digitale Museum

Möglichkeiten der Suche. Zum einen kann nach Bildinhalten, z. B. Hund, gesucht werden und es kann spannend und anregend sein, auf einem Landschaftsbild nach dem kleinen Hund zu suchen. Einzigartig ist aber die Suche nach sogenannten emotionalen Schlagworten, z. B. „beeindruckend", „fröhlich" oder „melancholisch". Und dies ist der Startpunkt für eine ganz neue Form der Kunstvermittlung: Das *digitale Schlendern*, sozusagen ein Finden ohne Suchen.

Denn zu jedem betrachteten Kunstwerk werden nicht nur multimediale Inhalte angeboten: Texte über das Bild, den Künstler, Audios, Videos sowie weiterführende Literatur. Zusätzlich werden optische Hinweise auf verwandte Bilder gegeben. Aber „verwandt" bedeutet nicht einfach nur andere Bilder desselben Künstlers oder der gleichen Zeit, sondern auch emotional ähnliche Bilder, Bilder aus unterschiedlichen Epochen aber mit derselben dargestellten Szene etc. Manchmal sind die Assoziationen überraschend und verführen geradezu dazu, herauszufinden, was das eine Werk mit dem anderen verbindet. Beispielsweise führt das Gemälde „Akt mit Hut" von Ernst Ludwig Kirchner zu Lucas Cranachs „Venus", da diese den Künstler beim Besuch des Städel Museums inspiriert hat. So lädt das Museumsportal zu einem lustvollen Erforschen ihres Medienangebotes ein, eben zum „Schlendern im digitalen Museum".

5.3 Anwendungsfall 2: Literatur in Bibliotheken finden

Wer in einer Bibliothek nach wissenschaftlicher Literatur zu einem neuen Gebiet sucht, seht häufig vor einem Problem. Zwar erlauben Bibliotheksportale die Durchsuchung des Katalogs nach Autoren, Titeln und Schlagworten, aber gerade die sind ja häufig zu Beginn

Abb. 5.2 Das Themenrad

der Recherche noch nicht bekannt. Man hat eine ungefähre Vorstellung des Themas, kann bei Betrachtung eines Buchs entscheiden, ob es passt oder nicht, aber das reicht für eine zielgerichtete Suche nicht aus. Was tun? Es bleibt nichts anderes übrig, als grobe Themen einzugeben, eine Unmenge von Treffern zu erhalten, diese stichprobenweise einzeln durchgehen, dabei hoffentlich Hinweise auf neue Fachbegriffe erhalten, die helfen, die Suche einzugrenzen und so hoffentlich die gewünschte Literatur zu finden.

Das semantische Bibliotheksportal führt das *Themenrad* als innovatives Interaktionselement ein. Im Themenrad werden dem Benutzer passend zu seiner Suchanfrage semantisch relevante, sinnvolle Themen zur Verfeinerung der Suche angeboten – eine intuitiv zu bedienenden Facettierung.

Ein Beispiel (siehe Abb. 5.2): Bei der Suche nach „Java“ bietet das Themenrad nicht nur eine Disambiguierung (Java als Insel in Indonesien oder als objektorientierte Programmiersprache), sondern gleich auch sinnvolle Verfeinerungsmöglichkeiten: Die Geologie der Insel (im gelben Segment) oder Web Services mit der Programmiersprache Java. Durch Selektieren von Kreissegmenten kann der Anwender die Suche verfeinern. Dabei können neben Spezialbegriffen wie „Java Server Pages“ (im äußeren Ring des Themenrads) auch ein Oberbegriffe wie „Informatik, Datenverarbeitung“ (mittlerer Ring, blaues Segment) angewählt werden.

Die *multidimensionale Themennavigation* ergänzt die Themenrad-Logik. So kann ein Anwender beispielsweise bei der Suche nach „Kultur“ mithilfe des Themenrads schrittweise auf Europa (=europäische Kultur), Literatur (Literatur in Europa) und Romantik (romantische Literatur in Europa) verfeinern. Alle diese Dimensionen der Verfeinerung (nach Geographie, nach Stil etc.) können nun unabhängig voneinander modifiziert werden. Deselektiert der Anwender beispielsweise nun „Europa“, so erhält er Treffer zu romantischer Literatur weltweit. Der Effekt erinnert an das Schlendern durch das digitale Museum: Hier kann der Anwender semantisch geleitet im gesamten Bibliotheksbestand schmökern.

5.4 Herausforderungen

So unterschiedlich die beiden Anwendungsfälle auf den ersten Blick erscheinen, so haben sie doch einen gemeinsamen Kern und basieren im Backend auf derselben semantischen Medienplattform. Die wesentlichen Herausforderungen dieser Plattform sind:

- *Heterogene Datenquellen*: Die Mediendaten für Museen und Bibliotheken liegen in einer Vielzahl unterschiedlicher technischer Formate sowie fachlicher Schemata vor. Beispiele sind Pica+[2] für Buchdaten, RDF[3] für den GND Thesaurus der Deutschen Nationalbibliothek[4], XML[5] für Kulturgüter, die mit Adlib[6] verwaltet werden, oder CSV[7] für Synonyme in OpenThesaurus[8].
- *Große Datenmengen*: Z. B. 10 Mio. Buchtitel mit mehr als 17 GB Metadaten, dazu umfangreiche Medien (Bilder, Videos, Audios).
- *Performante semantische Suche*: Suche im Gesamtdatenbestand nicht nur nach Personen, Titeln und Schlagworten, sondern auch nach Synonymen und Oberbegriffen. Zusätzlich eine Empfehlungslogik für semantisch assoziierte Themen (Themenrad bzw. das digitale Schlendern) – und das alles im kleinen Subsekundenbereich. Die Performanceanforderungen der semantischen Portale sehen eine Endnutzer-Antwortzeit <1 s für die meisten Anwendungsfälle vor – das schließt Client-Server Kommunikation, semantische Suche, Datenaufbereitung, Medientransport (Bilder, Videos, Audios) sowie Rendering im Client ein.
- *Erweiterte Suchfunktionalität und Ranking*: Neben der semantischen Suche soll selbstverständlich eine Volltextsuche, Suche nach Teilworten mit Wildcards, Toleranz gegenüber Rechtschreibfehlern, Expertensuche (nach einzelnen Feldern) sowie ein sinnvolles Ranking der Treffer möglich sein.

[2] Pica+: http://www.gbv.de/wikis/cls/PICA-Format

[3] RDF (Resource Description Framework): www.w3.org/RDF/

[4] GND (Gemeinsame Normdatei): http://www.dnb.de/gnd

[5] XML (Extensible Markup Language): http://www.w3.org/XML/

[6] Adlib: http://www.adlibsoft.de/

[7] CSV (Comma-Separated Values)

[8] OpenThesaurus: http://www.openthesaurus.de

5.5 Die Anforderungen treiben die Architektur

In einem ersten, technikgetriebenen Ansatz könnte man versucht sein, die Semantik der Medienplattform mittels eines RDF Triple Store abzubilden. Einige der Datenquellen (z. B. der GND Thesaurus) liegen bereits in RDF vor, andere könnten nach RDF bzw. OWL[9] transformiert werden. Ein Blick auf die Anforderungen zeigt jedoch, dass dieser Ansatz nicht trägt. Die Anzahl der RDF Tripel im Datenbestand wäre im neunstelligen Bereich. Selbst einfache Queries in aktuellen RDF Triple Stores führen bei diesen Datenmengen schon zu Antwortzeiten im Sekundenbereich oder gar im Minutenbereich – also schon deutlich zu hoch. Zudem sind die geforderten Queries nicht einfach: Sie umfassen viele Attribute (Autor, Titel, Schlagworte etc.), Hierarchiesuche über Ober-/Unterbegriffe, Synonymsuche etc. Außerdem werden Suchfunktionen gefordert, die RDF Triple Stores nicht anbieten: Volltextsuche, Suche nach Teilworten mit Wildcards, Toleranz gegenüber Rechtschreibfehlern, sowie ein Ranking der Treffer nach Relevanz.

Aber die Architektur soll nicht von den Semantic Web Technologien, sondern von den fachlichen Anforderungen getrieben werden. Wir haben uns daher bei der Auswahl eines Data Store für Suchmaschinen-Technologie (Apache Lucene[10]) entschieden. Dadurch kann die Antwortzeit im Gesamtdatenbestand bis hinunter in den zweistelligen Millisekundenbereich reduziert werden. Standardfunktionen von Suchmaschinen wie Volltextsuche, Suche nach Teilworten mit Wildcards, Toleranz gegenüber Rechtschreibfehlern, sowie ein Ranking der Treffer kommen frei Haus. Alle geforderten semantischen Suchen (Hierarchiesuche über Begriffstaxonomien, Auflösung von Synonymen, Ähnlichkeitssuche für das digitale Schlendern etc.) werden durch eine anwendungsspezifische Indexierung ermöglicht.

Abbildung 5.3 gibt eine Übersicht über die Software-Architektur.

In der Architektur wird die Datenanlieferung (offline als Batch) getrennt von den Portal-Anwendungen (online). Semantik kommt an zwei Stellen zum Tragen. Zum Einen in der Datenanlieferung, die nach dem Architekturmuster ETL (Extraction, Transformation, Loading) gestaltet ist. Zum Anderen in der Logik-Schicht der Anwendungen, die nach dem klassischen Drei-Schichten-Modell (Präsentation, Anwendungslogik, Datenhaltung) aufgebaut sind.

5.5.1 Semantic ETL

ETL (Extraction, Transformation, Loading) ist bekannt aus datenintensiven Anwendungen im Bereich Data Warehousing/Business Intelligence. Semantic ETL ist unsere Erweiterung des bekannten Architekturmusters um semantische Anreicherung der Daten.

[9] OWL (Web Ontology Language): www.w3.org/OWL/

[10] Apache Lucene: lucene.apache.org/

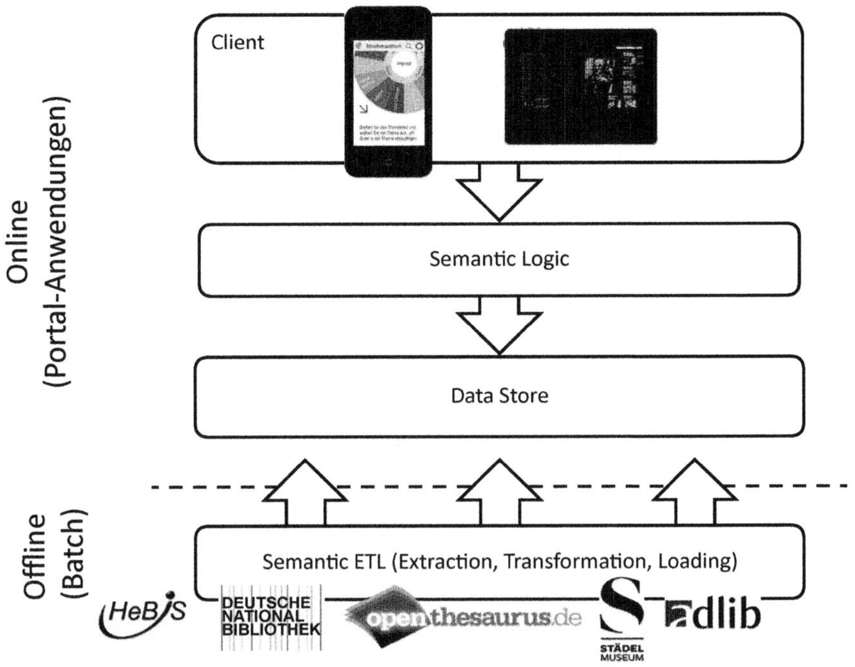

Abb. 5.3 Architektur der semantischen Medienplattform

Extraktion bezeichnet den Abzug der Mediendaten aus den Quellsystemen der Bibliotheken und Museen.

Transformation umfasst zum Einen die Umwandlung unterschiedlicher *technischer Formate* (z. B. Pica+, RDF, XML, CSV etc.) in ein einheitliches technisches Format (z. B. RDF oder JSON[11]). Zum Anderen – und das ist deutlich anspruchsvoller – geht es um die Transformation in ein einheitliches *fachliches Schema.* Was bedeutet das? Betrachten wir beispielsweise zwei Thesauri, beide in RDF (bzw. RDFS/OWL) modelliert, aber von unterschiedlichen Teams nach unterschiedlichen Modellierungsvorschriften. Im einen Thesaurus sind Begriffe als Instanzen modelliert und die Beziehung zwischen Ober- und Unterbegriffen mittels SKOS[12] (skos:broader bzw. skos:narrower); im anderen Thesaurus sind Begriffe als Klassen modelliert und dieselbe semantische Beziehung über eine andere Property, nämlich rdfs:subclassOf. Suchen über Ober-/Unterbegriffe sind in beiden fachlichen Schemata möglich, aber mit unterschiedlichen SPARQL[13] Queries. Soll im gemeinsamen Datenbestand über beide Thesauri uniform und vor Allem performant gesucht werden können, so muss ein Thesaurus in das fachliche Schema des anderen (bzw. beide in ein drittes Schema) transformiert werden.

---

[11] JSON (Java Script Object Notation): http://www.json.org/

[12] SKOS (Simple Knowledge Organization System): www.w3.org/2004/02/skos/

[13] SPARQL (SPARQL Query Language for RDF):www.w3.org/TR/rdf-sparql-query/

*Semantische Anreicherung*macht die spätere semantische Verarbeitung erst möglich, in dem die Daten darauf anwendungsspezifisch vorbereitet werden. Beispiele sind:

- Synonym-Anreicherung: Bei der Suche nach „bunten" Bildern sollen auch „farbenfrohe" gefunden werden.
- Taxonomie-Anreicherung: Bei der Suche nach Büchern über objektorientierte Programmiersprachen sollen Bücher über Java, C++, C#, Smalltalk etc. gefunden werden.
- Ranking-Informationen: Ein Buch, das in den letzten drei Jahren häufiger geliehen wurde als ein anderes, ist relevanter (bei ansonsten gleichen Merkmalen).
- Zusammenführen semantischer Inhalte: Zum Künstler Raffael (1483–1520) kann aus der YAGO Ontologie[14] die Information extrahiert werden, dass er in Urbino/Italien geboren wurde, aus dem Getty ULAN Thesaurus[15] die Information, dass er auch Archäologe war, und aus DBpedia[16], dass er der Hochrenaissance angehörte.

Performance-Optimierung bereitet die Daten zum Laden in den Data Store vor. Beispielsweise werden alle Oberbegriffe zu einem Schlagwort für ein Buch („Java Programmiersprache" → „Objektorientierte Programmiersprache" → „Kunstsprache" → „Sprache") denormalisiert im Datensatz zu einem Buch abgelegt, so dass der Zugriff performant ohne Join-Operationen erfolgen kann.

Laden bezeichnet die Speicherung der transformierten und semantisch angereicherten Daten in einem Datastore, z. B. als Apache Lucene Indizes oder als RDF Tripels in einem RDF Store.

5.5.2 Semantic Logic

Die semantische Logik ist das Herzstück einer semantischen Anwendung. Eine passende Metapher ist die eines intelligenten Agenten, der abhängig vom Umfeld (Anwender, Interaktionshistorie, verfügbare semantische Daten) mit dem Anwender sinnvoll interagiert. Die semantische Logik ist meist anwendungs- und datenspezifisch.

Betrachten wir beispielsweise die Komponente zum Füllen des Themenrads, die wir GuidingAgent nennen wollen, da der GuidingAgent den Anwender zur passenden Literatur leitet.

In jedem Interaktionsschritt erhält der GuidingAgent als Eingabe: (1) Die Interaktionshistorie des aktuellen Vorgangs, d. h. die Suchbegriffe und/oder bisherigen Themenradselektionen des Anwenders; (2) die Trefferliste gefundener Bücher nach den Selektionskriterien incl. der Schlagworte aller gefundener Bücher (z. B. „Java Program-

[14] YAGO: http://www.mpi-inf.mpg.de/yago-naga/yago/

[15] Getty Union List of Artist Names (ULAN): http://www.getty.edu/research/tools/vocabularies/ulan/

[16] DBpedia: http://dbpedia.org

miesprache“). Zusätzlich wird der GuidingAgent konfiguriert mit einem Thesaurus (hier GND), der eine Taxonomie von Schlagworten enthält, z. B. „Java Programmiersprache“ → „Objekt-Orientierte Programmiersprache“ → „Programmiersprache“ → „Kunstsprache“ → „Sprache“. Gesucht ist eine für den Anwender möglichst sinnvolle Befüllung des Themenrads.

Dabei treten die folgenden Fragen und Probleme auf:

1. Was bedeutet „sinnvoll“ in diesem Zusammenhang?
2. Wie kann Information Overflow vermieden werden. Konkret: Bei einer Suche nach „Java“ werden Bücher mit insgesamt mehreren hundert Schlagwörtern gefunden. Wie können diese auf einen handhabbaren Umfang (max. 25 Begriffe im Themenrad) reduziert werden?
3. Wie werden Themen sinnvoll semantisch gruppiert (Farben im Themenrad)? Zu viele Gruppen sind genauso schlecht wie zu wenige. Zu allgemeine Oberbegriffe sind genauso wenig hilfreich wie zu spezielle.
4. Und wie kann das Ganze in ausreichender Performance erreicht werden, konkret mit Anwortzeiten < 1 s für die meisten Suchen?

Ohne auf die Implementierungsdetails einzugehen, sind diese Probleme im GuidingAgent wie folgt gelöst:

1. Ranking von Schlagworten nach einer Relevanz-Heuristik, z. B. Häufigkeit des Vorkommens in der Treffermenge
2. Graphenalgorithmen zur Gruppen-Bildung mit Heuristiken zum Balancieren des Abstraktionsgrads
3. Caching des gesamten Thesaurus sowie von Trefferlisten im Hauptspeicher

Besonders wichtig für das Finden der bestmöglichen Lösung ist es, sich die Daten genau anzuschauen und mit den heuristischen Verfahren zu experimentieren. Beispiel: Die GND Taxonomie bildet einen stark fragmentierten „Wald“ mit Hunderten von Wurzelknoten. Dies resultierte in Themenräder mit zu vielen Gruppen mit zu speziellen Oberbegriffen. Zur Lösung wurde die GND Taxonomie mit einer weiteren Taxonomie, der GND Systematik, kombiniert und die Graphenalgorithmen entsprechend angepasst.

5.5.3 Client

Alle serverseitige semantische Logik verpufft, wenn die Benutzungsschnittstelle nicht anwenderfreundlich ist. Daher liegt unser besonderer Fokus auf der User Experience. Das A und O ist die intensive Zusammenarbeit mit Anwendern, das Experimentieren mit innovativen Interaktionskonzepten sowie die Beobachtung und Auswertung des Nutzerverhaltens. Diese Anwender-Zentrierung führt öfter mal zu Überraschungen. Scheinbare

Kleinigkeiten, die einfach umzusetzen und aus Sicht des Wissenschaftlers „nichts Besonderes“ sind, sind manchmal viel wichtiger als komplizierte Mechanismen.

Beispiel: Dem Bibliotheksnutzer zu einem Buchtreffer mit einem Klick das Inhaltsverzeichnis des Buchs zu zeigen hilft ihm ungemein, die Relevanz einzuschätzen.

5.6 Diskussion

In einem Buch mit dem Titel „Corporate Semantic Web“ Anwendungen vorzustellen, die keinen RDF Triple Store verwenden und auch andere Semantic Web Technologien nur am Rande – ein Sakrileg? Kann man dabei überhaupt von semantischen Anwendungen sprechen?

Nun, wenn man einen eng gefassten, auf die Technologie reduzierten Begriff von Semantic Web verwendet, wird man zu der Antwort „nein“ gelangen. Wir haben einen gänzlich anderen Blick. Aus unserer Sicht handelt es sich selbstverständlich um semantische Anwendungen, da die Anwender nicht nach einem starren Workflow, sondern aufgrund semantischer Zusammenhänge geleitet werden: Relevante Verfeinerungsmöglichkeiten und semantische Gruppierung in der digitalen Bibliothek; interessante Verknüpfungen im digitalen Museum.

Alleine die Art der Nutzerinteraktion, nicht die eingesetzten Technologien sind dafür entscheidend, ob man von einer semantischen Anwendung sprechen sollte oder eben nicht. Ein betriebliches Informationssystem, welches statt einer relationalen Datenbank einen RDF Triple Store verwendet, aber nur Schlüsselwortsuchen erlaubt, ist keinesfalls semantisch. Umgekehrt ist es richtig: Die gewählte Technologie muss den Anwendungszielen folgen. Und das führt uns zu folgenden Empfehlungen.

5.7 Empfehlungen und Fazit

Aus den Erfahrungen in den beschriebenen Projekten sowie Vorgängerprojekten für semantische Anwendungen empfehlen wir das folgende *Vorgehen*.

1. Analysiere genau die Anforderungen an die semantische Anwendung: Datenbezogene, funktionale und nicht-funktionale Anforderungen (z. B. Performance).
2. Wähle Datenquellen, besonders Ontologien, Thesauri und kontrollierte Vokabulare sorgfältig aus. Analysiere sie genau in Hinblick auf die Erfüllung der Anforderungen. Dabei sind die Qualität und Vollständigkeit der Daten viel wichtiger als die verwendeten technischen Datenformate.
3. Wähle Technologien, Softwarewerkzeuge und Bibliotheken passend zu den Anforderungen (besonders nicht-funktionale) aus. Ein besonderes Augenmerk ist auf die Speicherschicht für die semantischen Daten zu legen.
4. Entwickle die Software-Architektur passend zu (1.) – (3.).

Die in Abb. 5.3 gezeigte Architektur ist nicht auf die beschriebene semantische Anwendung für das digitale Museum und die digitale Bibliothek beschränkt. Wir empfehlen sie als *Referenzarchitektur* für eine ganze Klasse von semantischen Anwendungen, falls die folgenden Rahmenbedingungen vorliegen.

1. Bei heterogenen Datenquellen in Bezug auf ihre Formate (technisch) und/oder Schemata (fachlich).
2. Bei hohen Performance-Anforderungen und/oder großen Datenmengen.
3. Falls Datenquellen relativ selten geändert werden (max. täglich) und Änderungen an Datenquellen nicht sofort sichtbar sein müssen.
4. Falls die semantischen Anwendungen read-only auf die Datenquellen zugreifen (bzw. Benutzer-Interaktionen, die eine Auswirkung auf die Daten haben, nicht sofort sichtbar sein müssen).

Die Trennung zwischen dem offline Batch (Semantic ETL) und der online Anwendung ist entscheidend für die Punkte (1.) und (2.). Semantic ETL liefert nicht nur die Möglichkeit, heterogene Datenquellen zu harmonisieren und semantisch anzureichern, sondern auch individuell für die semantische Logik performant aufzubereiten. Diese Trennung ist allerdings nur möglich, wenn auch die Bedingungen (3.) und (4.) gegeben sind.

Fazit: Semantische Anwendungen sind auch IT-Anwendungen. Klassische Software Engineering Prinzipien gelten auch hier: Die Anforderungen treiben die Technik – nicht umgekehrt.

Sind menschliche Museumsführer und Bibliothekare sowie der Besuch des physischen Museums durch semantische Anwendungen ersetzbar? Ganz sicher nicht – weder mit den hier vorgestellten Anwendungen noch in Zukunft. Aber: Mit semantischen Anwendungen können wir eine wertvolle Ergänzung schaffen.

Danksagung Besonderer Dank für wertvolle Beiträge zu den beschriebenen Anwendungen geht an Prof. Dr. Torsten Fröhlich, Tilman Deuschel und Thorsten Greiner (Hochschule Darmstadt), Dr. Chantal Eschenfelder (Städel Museum), Dr. Wolfgang Stille (Universitäts- und Landesbibliothek Darmstadt), Thomas Herth und Frank Blumenberg (mtg AG), Martin Kling (Software AG), sowie das Land Hessen für die Förderung.

Literatur

1. Deuschel, Tilman, Christian Greppmeier, Bernhard Humm, und Wolfgang Stille. 2014. Semantically faceted navigation with topic pies. Proceedings of the 10th International Conference on Semantic Systems (SEMANTiCS 2014), Leipzig, Germany, 2014.
2. Deuschel, Tilman, Timm Heuss, Bernhard Humm, und Torsten Fröhlich. 2014. Finding without searching – A serendipity-based approach for digital cultural heritage. Proceedings International Conference on Digital Intelligence (DI 2014), Nantes, France, 2014.

3. Eschenfelder, Chantal, Karsten Gresch, Thorsten Fröhlich, Bernhard Humm, Thorsten Greiner, Peter Eierdanz, und Frank Blumenberg. 2013. The other way round: From semantic search to collaborative curation. Nordic Digital Excellence in Museums Conference (NODEM 2013), Stockholm, Sweden, Dec. 2013.
4. Heuss, Timm, Bernhard Humm, Tilman Deuschel, Torsten Fröhlich, Thomas Herth, und Oliver Mitesser. 2013. Semantically guided, situation-aware literature research. Workshop on user interaction built on Library Linked data (UILLD 2013). Pre-conference to the 79th World Library and Information Conference, Singapore, 2013.

Prof. Dr. Bernhard Humm ist Professor für Software Engineering und Projektmanagement am Fachbereich Informatik der Hochschule Darmstadt und Direktor des Instituts für Angewandte Informatik Darmstadt (aIDa). Seine Forschungsschwerpunkte liegen in den Bereichen Semantic Web, Software Architektur und Programmiersprachen. In diesen Bereichen führt er Forschungsprojekte im Industrie- und Hochschulumfeld durch und publiziert regelmäßig. Prof. Humm arbeitete 11 Jahre beim Software- und Beratungshaus sd&m AG als technischer Senior- und Chefberater, Bereichsleiter und Leiter von sd&m Research. Seine Promotion erhielt er an der University of Wollongong in Australien, sein Diplom mit Auszeichnung an der Universität Kaiserslautern.

Timm Heuss schloss 2012 sein kooperatives Studium in Informatik an der Hochschule Darmstadt ab und promoviert derzeit an der University of Plymouth in England. Seit 2011 beschäftigt er sich mit dem Semantic Web in unterschiedlichen Projekten und Anwendungen. Gegenstand seiner Promotion sind Architekturen für semantische Anwendungen.

Semantische Suche im Bereich der Energieforschungsförderung

6

Nutzen, Entwicklung und Evaluation einer Fachontologie

Ulrich Schade, Hermann Bense, Michael Dembach und Lukas Sikorski

1. Durch Nutzung einer Fachontologie kann eine "einfache" Suche zu einer Semantischen Suche ausgebaut werden.
2. Die Entwicklung einer Fachontologie erfordert eine enge Kooperation von Fachexperten und Informatikern.
3. Die Kooperation, insbesondere die Evaluation der Ontologie, wird durch die Nutzung geeigneter Ontologievisualisierungen erheblich erleichtert.

6.1 Das Projekt EnArgus®

Das Projekt EnArgus wird von dem Bundesministerium für Wirtschaft und Energie aufgrund eines Beschlusses des deutschen Bundestags gefördert.[1] Mit dem Projekt wird das Ziel verfolgt, staatliche Förderpolitik im Bereich der Energieforschung transparenter zu gestalten und die Bewertung von Technologieentwicklungen zu erleichtern (vgl. hierzu

[1] Das Projekt *EnArgus* wurde bzw. wird in zwei Phasen gefördert durch das Bundesministerium für Wirtschaft und Energie unter dem Förderkennzeichen 03ET1064A (Phase 1: Juli 2011 bis Juni 2013) bzw. unter dem Förderkennzeichen 03ET4010A (Phase 2: Juli 2013 bis Juni 2016 als EnArgus2.0).

U. Schade (✉) · M. Dembach · L. Sikorski
Informationsverarbeitung und Kommunikation, Fraunhofer-Institut für Kommunikation,
Fraunhoferstraße 20, 53340 Wachtberg, Deutschland
E-Mail: ulrich.schade@fkie.fraunhofer.de

H. Bense
[bense.com] Verlagsgesellschaft für Digitales Publizieren mbH, Schwarze-Brüder-Straße 1, 44137 Dortmund, Deutschland

B. Ege et al. (Hrsg.), *Corporate Semantic Web*, X.media.press,
DOI 10.1007/978-3-642-54886-4_6

das 6. Energieforschungsprogramm der Bundesregierung von 2011 [1]). Um dieses Ziel zu erreichen, kooperieren in Anlehnung an die Erstellung des Berichts „Energietechnologie 2050“ [15] bei EnArgus Partner aus den Bereichen Energieforschung und Informatik. In der ersten Phase des Projektes (Juli 2011 bis Juni 2013) waren dies das Fraunhofer-Institut für Angewandte Informationstechnik (FIT), das Fraunhofer-Institut für Kommunikation, Informationsverarbeitung und Ergonomie (FKIE), das Fraunhofer-Institut für System- und Innovationsforschung (ISI), das Fraunhofer-Institut für Umwelt-, Sicherheits- und Energietechnik (UMSICHT), der Lehrstuhl Energiesysteme und Energiewirtschaft (LEE) der Ruhr-Universität Bochum, das Institut für Energie- und Klimaforschung, Abteilung Systemforschung und Technologische Entwicklung (IEK-STE), des Forschungszentrums Jülich und die OrbiTeam Software GmbH (Bonn). An der zweiten, aktuellen Projektphase (bis Juni 2016) sind nach Ausscheiden des IEK-STE zusätzlich das Institut für Wasserversorgung und Grundwasserschutz, Abwassertechnik, Abfalltechnik, Industrielle Stoffkreisläufe, Raum- und Infrastrukturplanung (IWAR) der TU Darmstadt, die Materialprüfungsanstalt (MPA) der Universität Stuttgart, das Zentrum für Beratungssysteme in der Technik, Dortmund e. V. (ZEDO) und die Dortmunder Verlagsgesellschaft für digitales Publizieren mbh (bense.com) beteiligt. Die Gesamtkoordination hat auf der Seite der Projektpartner das Fraunhofer FIT unter Begleitung des Projektträgers Jülich.

In EnArgus wird ein zentrales Informationssystem für Energieforschungsvorhaben aus dem Bereich der Förderung durch Bund und Länder entwickelt. Dadurch erhalten Fachleute, aber auch die interessierte Öffentlichkeit, einen einheitlichen und zentralen Zugang zu Informationen über die Energieforschung in der Bundesrepublik Deutschland. Für die interessierte Öffentlichkeit ist das System als „EnArgus Public“ verfügbar. Fachleute können unter Verwendung spezifischer Zugangsrechte das System als „EnArgus Master“ nutzen. Ein wichtiger Unterschied zwischen den beiden Versionen ergibt sich aus Datenschutzgründen. Das EnArgus-System nutzt die offiziellen Datenbanken zur Forschungsförderung, in denen zum Teil geschützte Daten abgelegt sind, die nicht ohne eine entsprechende Berechtigung angezeigt werden dürfen und die daher in EnArgus Public ausgeblendet werden. In der ersten Projektphase von EnArgus (Juli 2011 bis Juni 2013) wurde ein Demonstrator des Systems entwickelt und dessen Nutzbarkeit nachgewiesen. Der Demonstrator deckt im Schwerpunkt die Themen elektrische Energiespeicher, erneuerbare Energien, CCS und Energieeffizienz in der Industrie sowie Brennstoffzellen ab. In der zweiten Projektphase (Juli 2013 bis Juni 2016) wird das System thematisch um die weiteren Themen der Energieforschung erweitert.

Die Nutzung erfolgt über Anfragen, bei denen der Nutzer zunächst ein Stichwort vorgibt. Ein typisches einfaches Beispiel wäre die Eingabe von „Solarkraftwerk“ unter der Fragestellung „Wie verteilen sich die Fördergelder für Solarkraftwerke auf die Bundesländer?“. Abb. 6.1 zeigt das Ergebnis dieser einfachen Anfrage. Das System (die Abbildung zeigt EnArgus Public) ermittelt 38 Vorhaben, wobei sich diese auf Baden-Württemberg (15 Vorhaben), Bayern (10 Vorhaben), Niedersachsen (1 Vorhaben) und Nordrhein-Westfalen (12 Vorhaben) verteilen. Diese Verteilung ist in den Facetten sichtbar, mit denen die Suche in Bezug auf Vorhabenbeginn, bewilligte Summen und Bundesland eingegrenzt

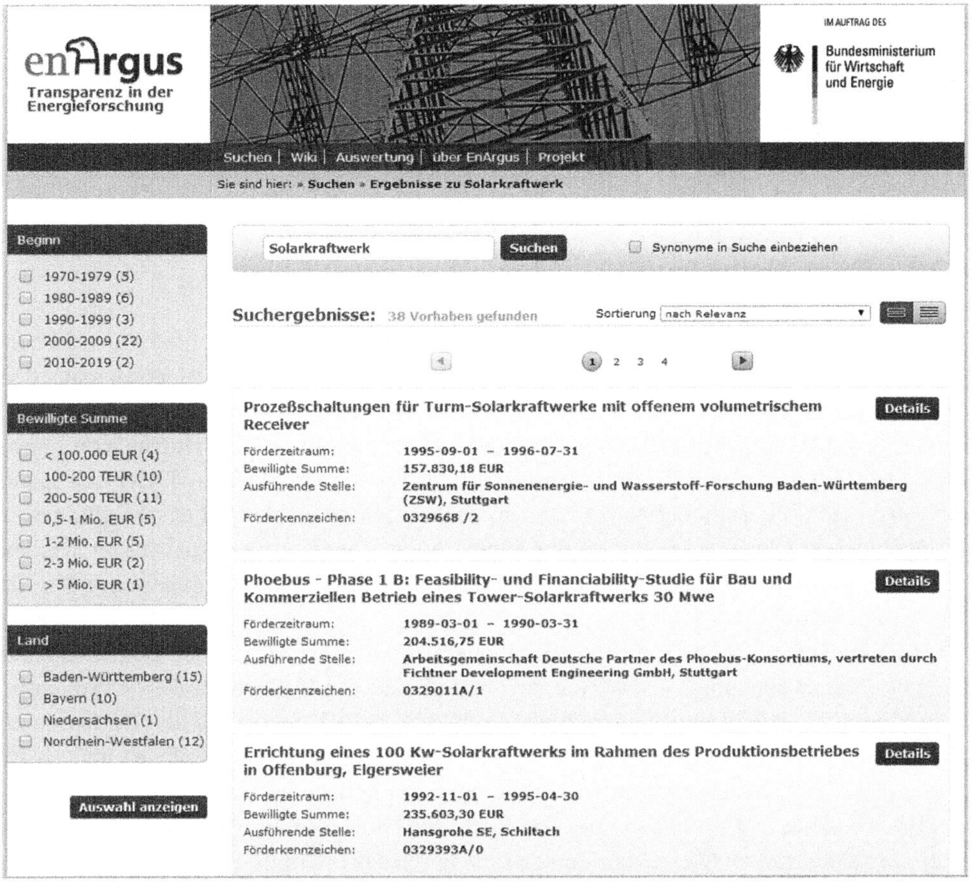

Abb. 6.1 Screenshot des EnArgus-System, public: Angezeigt wird das Ergebnis zum eingegebenen Stichwort „Solarkraftwerk". Über die Facetten auf der linken Seite lässt sich das Ergebnis weiter einschränken bzw. für eine Analyse aufbereiten

werden kann. Zur Ermittlung der Vorhaben wird das eingegebene Stichwort abgeglichen mit dem Vorhabentitel, der Kurzbeschreibung des Vorhabens und – sofern in der Datenbank vorhanden – mit dem Projektantrag des Vorhabens. Das Problem bei diesem Vorgehen wird am Beispiel offensichtlich: Es werden nicht alle der für die Anfrage relevanten Vorhaben gefunden. Im folgenden Unterkapitel 5.2 wird erläutert, wie das EnArgus-System diesem Problem, welches in [6] detailliert diskutiert wird, mit semantischen Mitteln begegnet.

6.2 Die Fachontologie

Dieses Unterkapitel erläutert die im EnArgus-System verwendete, semantische Suche, mit der gewährleistet wird, dass in Bezug auf eine Fragestellung sehr viel mehr der relevanten Vorhaben gefunden werden, als dies bei der einfachen Stichwortsuche der Fall ist.

6.2.1 Semantische Suche

Grundlage der semantischen Suche im EnArgus-System ist eine Fachontologie zur Energieforschung, die in das System eingebunden ist. In dieser Ontologie ist Wissen aus den Bereichen Energie, Energieforschung und Energieforschungsförderung formal hinterlegt, so dass es im Gesamtsystem genutzt werden kann; zum generellen Nutzen von Ontologien als Mittel zur formalen Repräsentation von Wissen vgl. etwa [14]. Bei der Suche mit EnArgus Public kann der Nutzer zu dem eingegebenen Suchbegriff dessen alternative Bezeichnungen (Synonyme) mit in die Suche einbeziehen. In EnArgus Master werden dem Nutzer zudem weitere Begriffe vorgeschlagen, die mit dem eingegebenen Begriff semantisch verwandt sind (Hyponyme, das Hyperonym sowie Begriffe, die sich aus weiteren Relationen ergeben, z. B. aus der Teil-Ganzes-Relation). Unter diesen Begriffen kann dann der Nutzer diejenigen auswählen, die in die Suche mit einbezogen werden sollen.

Abbildung 6.2 zeigt das Suchergebnis, wenn man bei der Suche die als Synonyme zu „Solarkraftwerk" von der Ontologie vorgeschlagenen Begriffe „Solaranlage" und „solar power plant" (relevant bei Projektbeschreibungen in Englisch) mit berücksichtigt. Gefunden werden dann 219 Vorhaben, die sich so auf die Bundesländer verteilen, wie dies aus Abb. 6.3 sichtbar wird. Diese Abbildung wurde durch das EnArgus-System zu der entsprechenden Anfrage erstellt und kann als solche zur Illustration der Antwort genutzt werden.

6.2.2 Repräsentation der semantischen Relationen in der Fachontologie

Es gibt zahlreiche semantische Relationen, die in der Fachontologie hinterlegt sind. In diesem Abschnitt soll ein Überblick gegeben werden, aus dem erkennbar wird, welchen Nutzen die Fachontologie für die semantische Suche und evtl. für andere Anwendungen bietet.

Als Leitlinie für die Repräsentation von Relationen gilt, dass eine repräsentierte Relation für die semantische Suche einen Nutzen bieten sollte. Dies ist besonders für die taxonomischen Relationen (Hyponymie und Hyperonymie) und für alternative Bezeichnungen (Synonymie) der Fall. Über Synonymie findet man einen Begriff, auch wenn er unter einer anderen Bezeichnung auftritt. Über die taxonomischen Relationen, die ohnehin in jeder Ontologie hinterlegt sind [9], findet man den Oberbegriff und die Unterbegriffe. Insbesondere die Unterbegriffe sind von Relevanz, weil ein Vorhaben, das sich auf B bezieht, auch ein Vorhaben ist, das sich auf A bezieht, wenn B Unterbegriff zu A ist. Sucht man

Abb. 6.2 Screenshot des EnArgus-System, public: Angezeigt wird das Ergebnis zum eingegebenen Stichwort „Solarkraftwerk" unter Einbeziehung der alternativen Bezeichnungen „Solaranlage" und „solar power plant". Diese Einstellung ist erkennbar in der „Suchzeile" oberhalb der Suchergebnisse

etwa Vorhaben, die sich auf Windkraftwerke beziehen, sind dabei natürlich auch die Vorhaben zu berücksichtigen, die sich auf Widerstandsläufer, eine spezifische Art von Windkraftwerken, beziehen. Als eine Art von alternativer Bezeichnung kann auch die englische Übersetzung einer Begriffsbezeichnung betrachtet werden, über die Vorhaben gefunden werden, deren Titel und/oder Beschreibung in Englisch verfasst wurde. Die englischen Begriffsübersetzungen sind in der Fachontologie in gleicher Weise abgelegt wie echte Synonyme.

Eine weitere wichtige semantische Relation, die in Teilen der Fachontologie hinterlegt ist, ist die Meronymie, die „Teil-Ganzes-Beziehung". Meronymie ist in der Fachontologie hinterlegt für die Klassen der konkreten Objekte und für die Klasse der Prozesse. In Bezug auf die semantische Suche erfüllt die Meronymie eine ähnliche Funktion wie die Hyponymie. Ein typisches Beispiel ist ein Vorhaben, in dem die Eigenschaften spezifischer Mem-

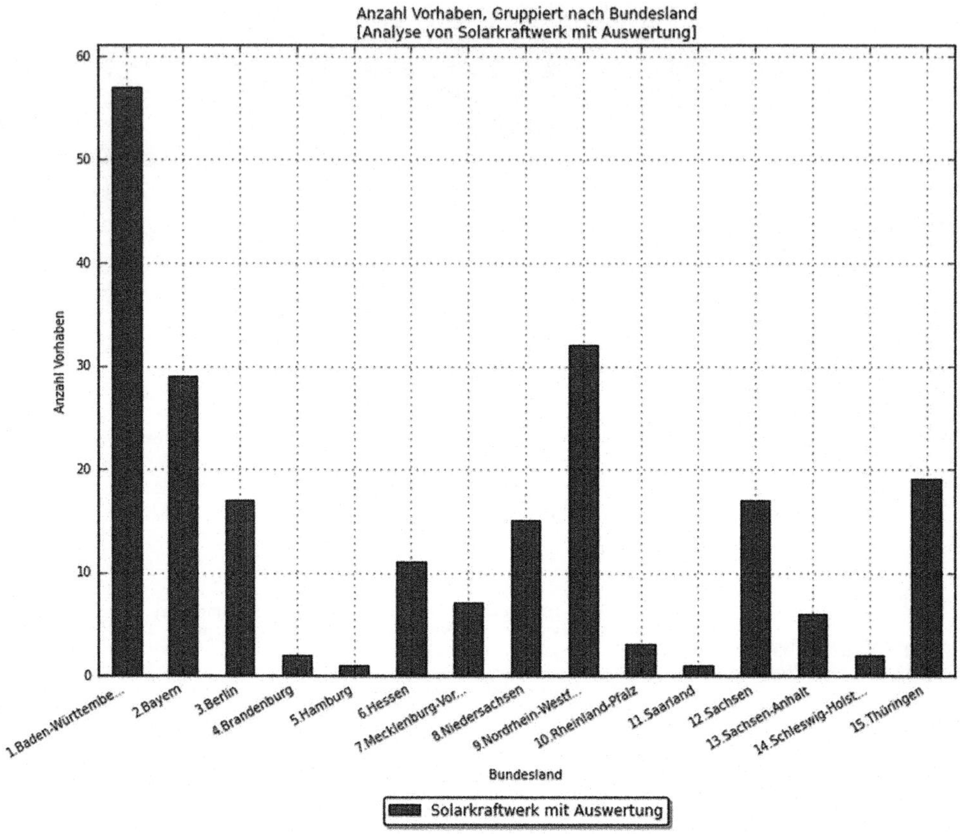

Abb. 6.3 Screenshot der Auswertung zur Verteilung der Vorhaben zu „Solarkraftwerk" auf die Bundesländer

brane untersucht werden, wobei diese Membrane Teile von Batterien sind. Entsprechend sind diese Vorhaben unter den Vorhaben zur Verbesserung von Batterien zu zählen, auch wenn im Vorhabentitel und in den Vorhabenbeschreibungen der Begriff „Batterie" unter Umständen nicht gefunden wird.

Weitere semantische Relationen werden in der Regel nur zwischen spezifischen Klassen definiert und in der Fachontologie hinterlegt. Ein Beispiel für eine solche spezielle Relation ist „verwendet" (eigentlich „verwendet_als_Energieträger"). Diese Relation besteht zwischen Kraftwerken und Energieträgern. Damit wird etwa der Klasse der Solarkraftwerke der Energieträger „Sonne" (in der Fachontologie ebenfalls als Klasse repräsentiert) zugewiesen. Durch diese Repräsentation vererbt sich der genutzte Energieträger „Sonne" auf alle Unterklassen und Instanzen von „Solarkraftwerk", so dass wann immer die Bezeichnung einer Unterklasse von Solarkraftwerk oder die Bezeichnung einer entsprechenden Instanz eingegeben wird, der Begriff „Sonne" dem Nutzer angeboten werden kann.

6.2.3 Evaluation des EnArgus-Systems

Zum Abschluss der ersten Projektphase wurde das EnArgus-System evaluiert. Zunächst wurden dabei einige Musterrecherchen einmal mit einer herkömmlichen Suche und einmal ontologiegestützt durchgeführt. Es zeigte sich, dass die ontologiegestützten Suchen zum Teil erheblich mehr relevante Vorhaben finden und im Ergebnis berücksichtigen konnten; zur Messung des Nutzens einer Semantischen Suche vgl. auch [7].

Des Weiteren wurden so genannte Experten-Workshops veranstaltet, bei denen projektfremde Energieexperten eingeladen waren, das System zu testen und anschließend zu bewerten. Die meiste Kritik zielte auf die Wikitexte (s. unten, Abschn. 6.3.1). Es wurde bemängelt, dass diese eher für Laien geeignet seien, was aber letztlich der Intention dieser Texte entspricht. Ein weiterer Kritikpunkt betraf den Vergleich zwischen der Nutzung der Public-Version und der Nutzung der Master-Version. Während die Public-Version als sehr verständlich und intuitiv nutzbar bewertet wurde, wurden für die Nutzung der Master-Version zahlreiche Verbesserungsvorschläge unterbreitet, von denen die meisten inzwischen umgesetzt werden konnten. Das generelle Prinzip des EnArgus-System wurde als sinnvoll und die Nutzung des Systems wurde als empfehlenswert gewertet.

Als weiterer Indikator für die Qualität von EnArgus wurde die Abdeckungsrate herangezogen, d. h. wie viele aktuelle Projekte, die in der Datenbank des BMWi formal dem Bereich Energieforschung zugewiesen werden, wurden durch Abfragen mit den in der Ontologie vertretenen Begriffen gefunden. Diese Rate lag bei 86 %, was als sehr gutes Ergebnis gewertet werden darf, da die Energieforschung sehr divers ist und da zum Zeitpunkt der genannten Evaluation (am Ende der ersten Projektphase) noch nicht alle Bereiche der Energieforschung detailliert in der Ontologie repräsentiert waren. Auch in diesem Fall führte die Evaluation zu Ergänzungen und Verbesserungen, etwa indem weitere Schreibweisen und Abkürzungen zu den Begriffen hinzugefügt wurden. Es wurde entschieden, regelmäßig Abdeckungsanalysen durchzuführen, um die Qualität der Fachontologie zu gewährleisten.

Die Arbeit an EnArgus belegt, dass die Energiethemen sehr vielfältig und komplex sind und teilweise sehr spezifisches Fachwissen fordern. Deswegen wird es immer wieder nötig sein, das System neu zu evaluieren und an neuste Entwicklungen anzupassen. Gleichzeitig müssen sich die Entwickler und auch die Nutzer bewusst sein, dass in der Fachontologie nicht jedes Detail repräsentiert sein kann, so dass man sich auf diejenigen Aspekte konzentriert, die bei typischen Suchanfragen relevant sind.

6.3 Erstellung und Evaluation der Fachontologie

Wie im vorangehenden Unterkapitel aufgezeigt wurde, kann durch die Nutzung der Fachontologie die Suche im EnArgus-System deutlich verbessert werden. Die Ontologie stellt damit die Lösung für die Suchproblematik dar. Damit ergibt sich aber das Problem der Erstellung der Fachontologie, vgl. hierzu auch [12]. Die Erstellung einer Fachontologie (und eines Expertensystems) kann nur gelingen, wenn die Fachexperten und die Experten der Informationsverarbeitung eng und gut kooperieren. Dies liegt daran, dass nur die Fachexperten über das zu repräsentierende Wissen verfügen und dass nur die Experten der Informationsverarbeitung wissen, wie man Wissen so repräsentiert, dass ein System dieses Wissen in intendierter Weise nutzen kann.

Die Kooperation der Fachexperten und der Experten zur Informationsverarbeitung beim Aufbau der Fachontologie im EnArgus-Projekt beginnt damit, dass die Fachexperten zu den Begriffen, die zentral für die Ontologie sind, sowohl Wiki-Texte erstellen als auch so genannte Mind Maps [2], die für den ersten Rohentwurf von Teilbäumen der Taxonomie genutzt werden können. Im Folgenden beschreibt Abschn. 6.3.1 die Funktion der Wikitexte. Abschnitt 6.3.2 geht dann darauf ein, wie aus den Wiki-Texten die Fachontologie entwickelt wird. Zur Kooperation der unterschiedlichen Experten gehört auch, dass jede Erweiterung der Fachontologie durch die Fachexperten evaluiert werden muss. Dazu muss die Ontologie so visualisiert werden, dass die Fachexperten gut erkennen, welcher Ontologieaufbau sich aus den von ihnen bereitgestellten Fachinformationen ergeben hat. In Abschn. 6.3.3 wird erläutert, wie diese Visualisierung im EnArgus-Projekt erfolgt, so dass dann in Abschn. 6.3.4 beschrieben werden kann, wie die Evaluation, über die die Konsistenz der Fachontologie abgesichert wird, stattfindet.

6.3.1 Das Wiki

Wie erläutert, haben die Fachexperten die Aufgabe, Wikipedia-ähnliche, fachbezogene Texte zu erstellen. Diese glossarähnliche Textsammlung dient als Unterstützung bei der Ontologie-Entwicklung. Darüber hinaus sind die Wikitexte auch im EnArgus-System abgelegt. Dadurch kann ein Nutzer, wenn ihm das System beispielsweise bei einer geplanten Suche Suchbegriffe vorschlägt, deren Bedeutung ihm nicht bekannt ist, im Wiki die Bedeutung der Begriffe nachschlagen.

Bei der Erstellung der Wikitexte wurden die Fachexperten gebeten, bestimmte Vorgaben zu beachten, damit die Wikitexte zum einen einheitlich aufgebaut sind und damit zum anderen die für die Ontologieentwicklung relevante Information in den Texten enthalten ist und so ausgedrückt wird, dass sie auch automatisiert erkannt werden kann. Aus inhaltlicher Sicht sollen die Wikitexte Informationen darüber enthalten, wie der beschriebene Begriff in eine Taxonomie einzuordnen ist. Das bedeutet, dass Unterbegriffe (Hyponyme) und Oberbegriffe (Hyperonyme) des jeweiligen Begriffs explizit genannt werden müssen. Optional können die Fachexperten dann alternative Bezeichnungen sowie real existierende Beispiele des von ihnen beschriebenen, abstrakten Begriffs nennen. Darüber hinaus ist es bei entsprechenden Begriffen vorgesehen, dass Angaben zur Meronymie (A besteht aus B) bzw. zur Holonymie (B ist ein Teil von A) gemacht werden.

Aus sprachlicher Sicht sollen bestimmte Vorgaben an Syntax und Wortwahl eingehalten werden. Bei der Wortwahl sollte insofern ein allgemein verständliches Vokabular verwendet werden, als die Texte auch von Nutzern verstanden werden sollen, die keine Ener-

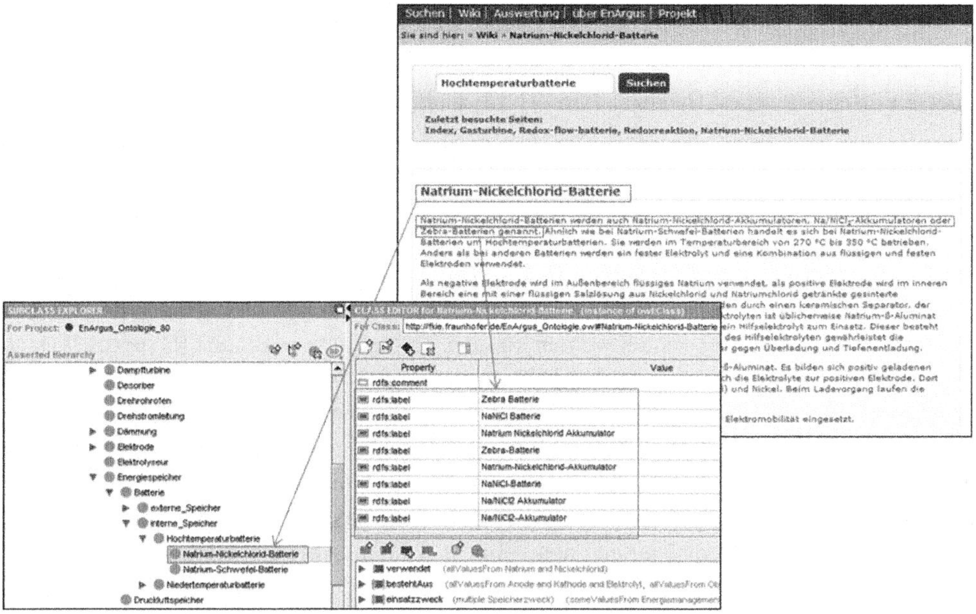

Abb. 6.4 Ausgehend von den Wikitexten werden Informationen in die Ontologie integriert. Der hintere Teil der Abbildung zeigt den Wikitext zu „Natrium-Nickelchlorid-Batterie“, der vordere den entsprechenden Ausschnitt der Ontologie, angezeigt in Protégé

gieforschungsfachexperten sind. In Bezug auf die Syntax soll von komplexen Satzgefügen mit vielen Haupt- und Nebensätzen abgesehen werden, was ebenfalls der Verständlichkeit dient und zudem die automatisierte Textanalyse vereinfacht. Der automatisierten Gewinnung von Ontologieeinträgen aus den Texten dient auch die Vorgabe, Anführungszeichen und Klammern möglichst zu vermeiden. Klammern sind nur vorgesehen, um formelartige chemische Molekülbezeichnungen – etwa „(CO_2)“ – zu formulieren.

6.3.2 Vom Wiki zur Ontologie

Die Wiki-Texte sowie die beigefügten Mind Maps wurden und werden durch die Experten für die Informationsverarbeitung ausgewertet. Die gewonnenen Informationen wurden und werden mit dem Ontologieeditor *Protégé*[2] [11] in die Fachontologie überführt (s. Abb. 6.4). Dies schließt auch die Fälle ein, bei denen aus den Wikitexten heraus relevante Eigenschaften der Begriffe sowie relevante Relationen zwischen den Begriffen entnommen werden konnten. Auch diese werden in Form von Attributen – gegebenenfalls mit Werten – und speziellen Relationen in die Fachontologie übertragen.

[2] Protégé wurde am Institut für Medizinische Informatik an der Stanford University in Kalifornien konzipiert, ist eine Open-Source-Anwendung und nutzt entsprechende

Die automatisierte Analyse der Wikitexte und die daraus erfolgende automatisierte Anreicherung der Fachontologie ist aktuelles Forschungsthema. Wichtige Ergebnisse aus dieser Forschungsarbeit finden sich in [4], [5] und [13], vgl. dazu auch [3] bzw. [16].

6.3.3 Visualisierung

Das in der Ontologie gespeicherte Wissen muss visualisiert werden, damit die Fachexperten die Fachontologie evaluieren können. Es hat sich gezeigt, dass dazu hyperbolische Bäume besonders gut verwendet werden können. Hyperbolische Bäume (Hypertrees) sind eine Darstellungsform, die es ermöglicht, um einen selbst gewählten Begriff (die Wurzel) verwandte Begriffe und Relationen durch Äste und Verzweigungen anzuzeigen. Bei der Evaluation wird der Begriff als Wurzel ausgewählt, in Bezug auf den ein Fachexperte die Ontologieevaluation durchführen will. Im Verlauf einer umfangreicheren Evaluation kann dann die Wurzel immer wieder neu gewählt werden, wodurch sich jeweils ein anderer Fokus ergibt und die Verästelungen neu gebildet werden. Abb. 6.5 zeigt einen hyperbolischen Baum mit der Wurzel „Energiespeicher".

Ein wichtiger Vorteil von hyperbolischen Bäumen ist deren Platznutzung, die sich als wesentlich effizienter erweist, als die einer linearen Darstellung, bei der nicht gleichmäßig um das Element herum, sondern nur neben- und übereinander dargestellt werden kann. Abb. 6.6 zeigt als Vergleich einen Ausschnitt der Ontologie um „Energiespeicher" in linearer Darstellung, wie sie etwa mit Hilfe der Java Bibliothek Prefuse [8] erzeugt werden kann. Die hier gezeigte lineare Darstellung hat darüber hinaus den Nachteil, dass sie nur die taxonomischen Relationen, also Hyponymie und Hyperonymie, anzeigt.

Die Darstellung als hyperbolischer Baum bietet für die Zwecke der Evaluation auch insofern den Vorteil höherer Nutzbarkeit, als immer wieder neue Elemente in den Fokus der Visualisierung gesetzt werden können. Darüber hinaus kann die Art der Verbindungen, also über welche semantische Relation zwei durch Knoten repräsentierte Begriffe miteinander verbunden sind, als Legende hinzugefügt oder generell über eine farbliche Markierung angezeigt werden. In den Abb. 6.5 und 6.7 sind beispielsweise die taxonomischen Relationen und die dazugehörigen Knoten rot eingefärbt („Fabrikationskomponente" ist das Hyperonym zu „Energiespeicher"; die anderen roten Knoten repräsentieren die Hyponyme).

Bei den hyperbolischen Bäumen ist es des Weiteren möglich, mittels einer variablen Suchtiefe zu bestimmen, ob nur die direkten Relationen oder auch weiter entfernte Relationen angezeigt werden sollen, vgl. dazu Abb. 6.7. Anders ausgedrückt ist es möglich, den semantischen Radius, in Bezug auf den eine Überprüfung stattfinden soll, selbst zu bestimmen, so dass ein Nutzer die Darstellung an die zu klärende Fragestellung und an persönliche Vorlieben anpassen kann. Dies hat insbesondere Vorteile, wenn die Ontologie evaluiert werden soll, weil dies mit Hilfe der Visualisierung am besten gelingt.

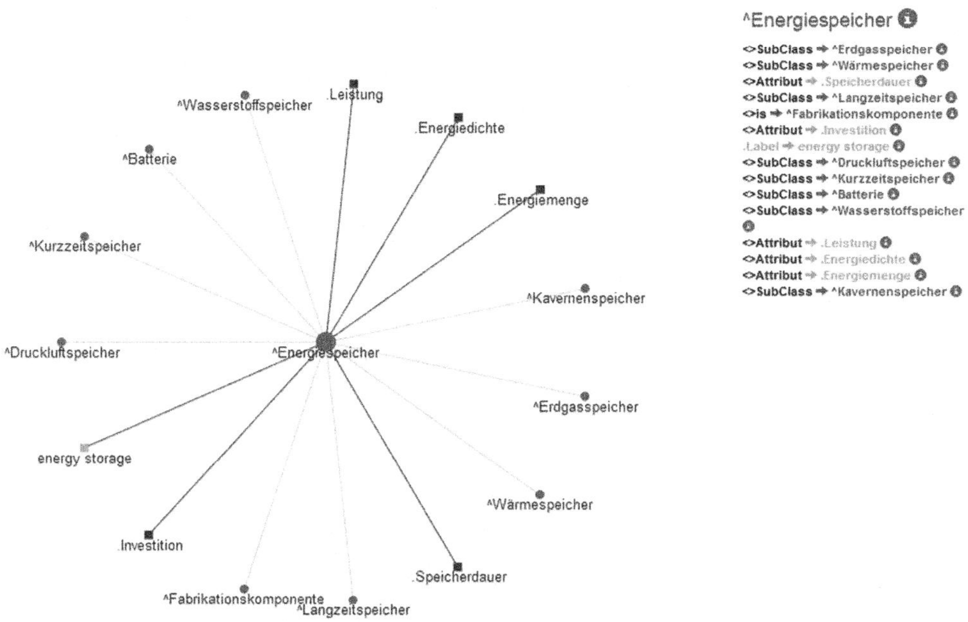

Abb. 6.5 die Fachontologie dargestellt als hyperbolischer Baum, erstellt mit ontology4 [10], mit der Wurzel „Energiespeicher". Die Darstellungstiefe ist hier auf 1 beschränkt, so dass nur die Knoten angezeigt werden, mit denen der Wurzelknoten direkt verbunden ist. Rechts oben neben dem Bild der Ontologie wird aufgelistet, mit welchen anderen Knoten über welche Art von Relation der Wurzelknoten verbunden ist. Auch dies hilft bei der Evaluation (vgl. Abschn. 6.3.4)

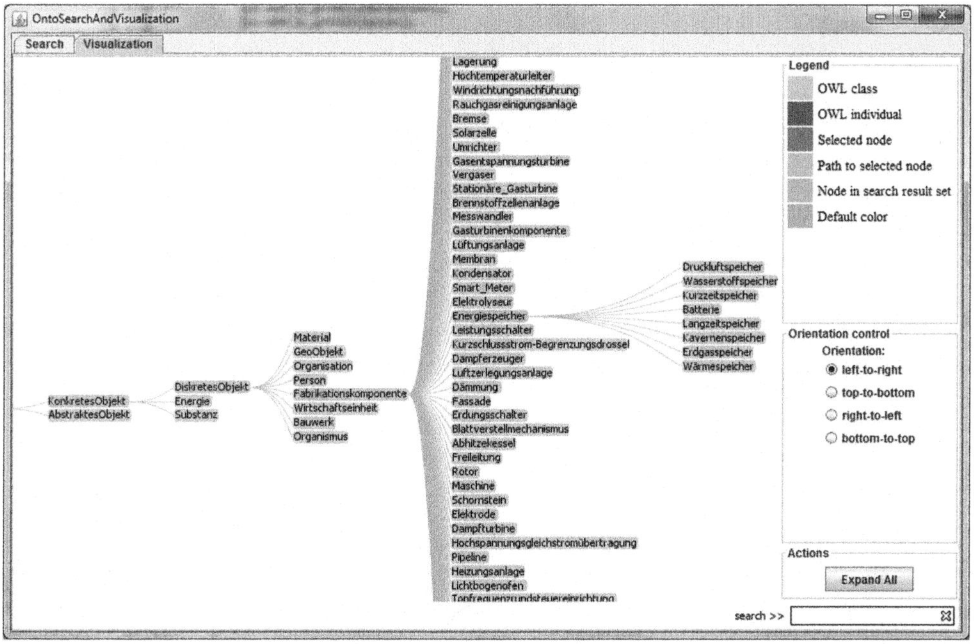

Abb. 6.6 die Taxonomie der Fachontologie in linearer Darstellung, Zielbegriff „Energiespeicher"

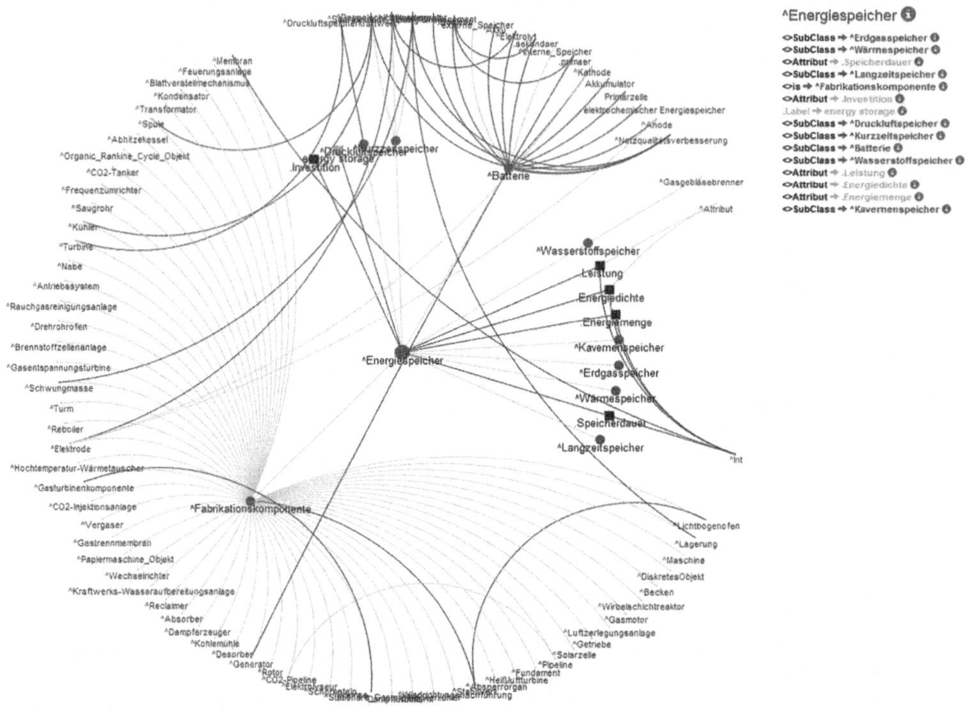

Abb. 6.7 die Fachontologie dargestellt als hyperbolischer Baum wiederum mit der Wurzel „Energiespeicher", hier aber mit der Darstellungstiefe 2

6.3.4 Evaluation der Ontologie

Bei einer Evaluation eines Teils der Fachontologie wählt der Fachexperte eine Abfolge entsprechender Begriffe und überprüft, inwieweit die von ihm intendierten und im entsprechenden Wikitext hinterlegten Informationen korrekt in der Fachontologie abgelegt sind. Dazu wird jeweils der hyperbolische Baum mit dem jeweils zu überprüfenden Begriff als Wurzel erzeugt. Der Fachexperte kann dann die einzelnen vom Begriff ausgehenden Verbindungen überprüfen. Diese Verbindungen repräsentieren jeweils ein Attribut oder eine Relation. Sie enden in dem jeweils dem Attribut oder der Relation zugewiesenen Wert, so dass der Fachexperte die Vollständigkeit und die Korrektheit der Repräsentationen zum gewählten Begriff (Wurzel) direkt erkennen und überprüfen kann.

6.4 Ausblick

In diesem Kapitel wurde die semantische Suche am Anwendungsbeispiel der Energieforschung betrachtet. Für diese Suche wird das so genannte EnArgus-System entwickelt, welches dem Nutzer zu einem vorgegebenen Suchbegriff auf der Grundlage einer Fachontologie weitere Begriffe vorschlägt, die dieser dann in die Suche mit einbeziehen kann. Das Problem der semantischen Suche wird hier also durch die Zuhilfenahme einer Ontologie gelöst. Dies ist ein Lösungsansatz, der für die Suche im „Corporate Semantic Web" ebenfalls genutzt werden kann und sollte. Probleme, wie sie in [6] in Bezug auf das Beispiel von „Rußpartikelfilter" beschrieben sind, treten nicht auf, wenn in die Suche Synonyme und Schreibversionen mit einbezogen werden, oder können durch den Nutzer leicht selbst vermieden werden, wenn das System auf der Grundlage der getätigten Eingabe weitere Eingabemöglichkeiten vorschlägt.

Die Lösung mit der Ontologie führt aber zu dem nachgeordneten Problem, dass eine solche Ontologie zu erstellen ist. Dies ist insbesondere deshalb ein Problem, weil die Fachexperten, die über das notwendige, zu repräsentierende Wissen verfügen, wenig Expertise bei der Entwicklung von Ontologien haben. Daher bedarf die Entwicklung einer Fachontologie der engen Zusammenarbeit zwischen Fachexperten und Experten für Informationsverarbeitung. Im vorliegenden Kapitel wurde beschrieben, auf welcher Grundlage eine solche Zusammenarbeit im EnArgus-Projekt erfolgreich stattfindet. Zentral ist dabei die Visualisierung der Ontologie, in einer Art und Weise, die es den Fachexperten erlaubt, die Fachontologie zu evaluieren. Im EnArgus-Projekt wird dafür auf die Visualisierung mit hyperbolischen Bäumen zurückgegriffen, die – wie gezeigt – gegenüber linearen Visualisierungen Vorteile mit sich bringen.

Literatur

1. 6. Energieforschungsprogramm der Bundesregierung von 2011. http://www.bmwi.de/DE/Mediathek/publikationen, did=427698.html. Zugegriffen: 2. Juli 2014.
2. Buzan, T., und B. Buzan. 2002. *Das Mind-Map-Buch – Die beste Methode zur Steigerung Ihres geistigen Potentials*. 5. Aufl. Landsberg: MVG.
3. Cimiano, P., J. Völker, und R. Studer. 2006. Ontologies on demand? – A description of the state-of-the-art, applications, challenges and trends for ontology learning from text. *Information, Wissenschaft und Praxis* 57:315–320.
4. Haarmann, B. 2014. Ontology on Demand – Vollautomatische Ontologieerstellung aus deutschen Texten mithilfe moderner Textmining-Prozesse, Promotionsschrift, Ruhr-Universität Bochum.
5. Haarmann, B., F. Gottsmann, und U. Schade. 2012. How to make ontologies self-building from Wiki-Texts. In *Proceedings of the 2012 international conference on information and knowledge engineering*, Hrsg. H. R. Arabnia, L. D. Ray, und R. Hashemi. Las Vegas: CSREA.
6. Hoppe, T. 2015. Modellierung des Sprachraums von Unternehmen – Was man nicht beschreiben kann, das kann man auch nicht finden. In *Corporate Semantic Web – Wie semantische Anwendungen in Unternehmen Nutzen stiften*, Hrsg. B Humm, B Ege, und A Reibold. Berlin: Springer.
7. Hoppe, T., und M. Junghans. 2015. Der Nutzen Semantischer Suchen. In *Corporate Semantic Web – Wie semantische Anwendungen in Unternehmen Nutzen stiften*, Hrsg. B. Humm, B. Ege, und A. Reibold. Berlin: Springer.
8. Java Bibliothek Prefuse. http://prefuse.org/. Zugegriffen: 2. Juli 2014.
9. Lassila, O., und D. L. McGuiness. 2001. *The role of frame-based representation on the semantic web, knowledge systems laboratory report KSL-01-02*. Palo Alto: Stanford University Press.

10. Ontology4. http://www.bense.com/deutsch/Produkte/Ontology4/index.html. Zugegriffen: 2. Juli 2014.
11. Protégé. http://protege.stanford.edu/. Zugegriffen: 2. Juli 2014.
12. Schäfermeier, R. 2015. Verteilte und agile Ontologieentwicklung. In *Corporate Semantic Web – Wie semantische Anwendungen in Unternehmen Nutzen stiften*, Hrsg. B. Humm, B. Ege, und A. Reibold. Berlin: Springer.
13. Sikorski, L., B. Haarmann, und F. Gottsmann. 2012. Knowledge for information systems acquired from a co-created text collection. Proceedings of the world academy of science, engineering & technology, 66, Article 193, S. 1092–1095, Paris.
14. Staab, S., und R. Studer, Hrsg. 2004. *Handbook on ontologies in information systems*. Berlin: Springer.
15. Wietschel, M., M. Arens, C. Dötsch, S. Herkel, W. Krewitt, P. Markewitz, D. Möst, und M. Scheufen. 2010. *Energietechnologie 2050 – Schwerpunkte für Forschung und Entwicklung, ISI-Schriftenreihe Innovationspotenziale*. Karlsruhe: Fraunhofer ISI.
16. Wong, W., W. Liu, und M. Bennamoun. 2012. Ontology learning from text: a look back and into the future. *ACM Computing Surveys* 44(4), Article 20.

Apl. Prof. Dr. Ulrich Schade studierte Mathematik (Diplom, 1986) und Linguistik (Promotion, 1990; Habilitation für Computerlinguistik und Psycholinguistik, 1996). Nach Lehrstuhlvertretungen in Bielefeld und Stuttgart arbeitet er seit 2002 als Forschungsgruppenleiter für Informationsanalyse am Fraunhofer-Institut für Kommunikation, Informationsverarbeitung und Ergonomie. Daneben lehrt er an der Rheinischen Friedrich-Wilhelms-Universität im Bereich „Applied Linguistics".

Hermann Bense schloss 1979 sein Studium an der Universität Dortmund als Diplom-Informatiker ab. Heute ist er als Geschäftsführer der in Dortmund ansässigen Firmen [bense.com] – Verlag für digitales Publizieren und der Oleggo GmbH tätig. Seine speziellen Interessengebiete sind Big Data, Ontologien, Semantic Web, Künstliche Intelligenz und Computer-Linguistik. Auf diesen Gebieten ist er Autor zahlreicher wissenschaftlicher Publikationen und Referent auf internationalen Konferenzen und Kongressen.

Michael Dembach wurde am 21.04.1987 in Brampton, Kanada geboren. Nach seinem Abitur begann er zum Wintersemester 2007/08 das Studium der Germanistik und Anglistik mit dem Schwerpunkt in Linguistik an der Universität Bonn, das er im Wintersemester 2013/14 mit dem Master of Arts abschloss. Seit dem November 2013 ist er am Fraunhofer FKIE beschäftigt und u.a. für die Ontologieerstellung und -pflege im Projekt EnArgus® zuständig.

Lukas Sikorski wurde am 05.05.1981 in Bromberg, Polen geboren. Nach seinem Abitur begann er zum Sommersemester 2004 das Studium der Angewandten Informatik mit Schwerpunkten in Entscheidungsunterstützungssysteme, Integrierte Anwendungssysteme, Data Mining und Information Engineering an der Universität Duisburg-Essen, das er im Sommersemester 2009 mit dem Diplom II Angewandte Informatik abschloss. Seit dem August 2010 ist er am Fraunhofer FKIE beschäftigt und u.a. für die Ontologieerstellung und -pflege im Projekt EnArgus® und für die Integration semantischer Suchverfahren in das EnArgus®-Informationssystem zuständig.

Semantische Suche in einer digitalen Bibliothek

7

Wie die Deutsche Digitale Bibliothek von semantischen Technologien profitiert

Natalja Friesen und Christoph Lange

1. Einsatz von Semantic-Web-Technologie in Digitalen Bibliotheken ermöglicht es die vorhandenen Informationsressourcen inhaltlich zu vernetzen und Suchanfragen besser zu interpretieren.
2. Durch Integration und Verlinkung von mehreren Datenquellen wird eine aggregierte Präsentation aller Informationen über ein Objekt (hier: eine Person) erzeugt.
3. Die DDB-Ansätze insbesondere zur Vernetzung über zentrale Referenzdatensätze (Normdateien) sowie zur Indizierung von Facetten zur Steigerung der Suchleistung lassen sich auf Anwendungsfälle in der Unternehmenswelt übertragen, z. B. auf die Intranet-Suche und auf die Vernetzung von Daten über Unternehmen.

7.1 Einführung

Die Hauptzwecke einer Digitalen Bibliothek bestehen darin Kulturgüter einem breiten Publikum nutzerfreundlich verfügbar zu machen. Dazu ist es nötig, verschiedenste Datenquellen und Formate in einem einheitlichen Datenmodell zu harmonisieren, in digitaler Form vorliegende Informationsressourcen leicht auffindbar zu machen, sowie deren

N. Friesen (✉) · C. Lange
Fraunhofer IAIS, Schloss Birlinghoven, 53754 Sankt Augustin, Deutschland
E-Mail: natalja.friesen@gmail.com, math.semantic.web@gmail.com

N. Friesen · C. Lange
Institut für Informatik III, Universität Bonn, Römerstraße 164, 53117 Bonn, Deutschland

B. Ege et al. (Hrsg.), *Corporate Semantic Web*, X.media.press,
DOI 10.1007/978-3-642-54886-4_7

Inhalte miteinander zu verknüpfen. Der Einsatz von Semantic-Web-Technologien eröffnet neue Perspektiven für die Welt der Digitalen Bibliotheken.

Einer der wichtigsten Aspekte ist der Informationsgewinn durch Integration und Verknüpfung mehrerer Datenquellen. Bibliotheks-, Museums- und Archivdaten enthalten wertvolles Wissen über kulturelle Werke, das oft nirgendwo sonst zu finden ist. Eine Informationsressource sollte allerdings nicht nur aus dieser eingeschränkten Perspektive betrachtet werden: Zwar steht das kulturelle Objekt selbst im Mittelpunkt, aber auch die mit ihm zusammenhängenden Personen und Orte sind von Interesse. Ausführliche Informationen über Letztere finden sich oft an anderer Stelle im Web, z. B. in der Wikipedia. Solche Quellen betrachten Personen und Orte oft aus verschiedenen Blickwinkeln, stellen Inhalte in mehreren Sprachen bereit und werden ständig von der Community angereichert. Strukturierte Informationen aus Wikipedia werden unter dem Namen DBpedia[1] als Linked Open Dataset veröffentlicht. Ebenso liegt zahlreiches weiteres Wissen von allgemeinem Interesse, oder auch von speziellem Interesse für Digitale Bibliotheken, in Form von Linked Open Datasets vor, und diese sind oft stark miteinander verlinkt. Dadurch können in den Daten neue Zusammenhänge entdeckt werden, die zuvor nicht erkennbar waren. Die nachfolgenden Abschnitte stellen das Projekt Deutsche Digitale Bibliothek (DDB) vor und zeigen anhand von konkreten Beispielen die Vorteile, die Semantic-Web-Technologien für Digitale Bibliotheken besonders attraktiv machen.

7.2 Die Deutsche Digitale Bibliothek (DDB)

Im Jahr 2005 hat die EU im Rahmen der Initiative *i2010*[2] den Aufbau einer spartenübergreifenden Europäischen Digitalen Bibliothek beschlossen. Ende 2008 ist ein entsprechendes Portal unter dem Namen *Europeana* in Betrieb gegangen, welches die Aufgabe einer virtuellen europäischen Bibliothek erfüllt. Die Europeana dient als Zugangsportal; sie bietet keine eigenen Inhalte an. Sie vernetzt die nationalen Portale (in Deutschland die im Folgenden genauer beschriebene Deutsche Digitale Bibliothek) und schafft einen anwendungsfreundlichen übergreifenden Zugang zu kulturellen und wissenschaftlichen Inhalten in der ganzen EU. Die Entscheidung über Art und Umfang der über die Europeana zugänglichen digitalen Inhalte liegt damit im Wesentlichen auf nationaler Ebene.

Das Projekt *Deutsche Digitale Bibliothek*[3] (DDB) wurde als deutscher Beitrag zum Europeana-Netzwerk im Jahr 2009 ins Leben gerufen. Das Ziel des Projektes wurde wie folgt definiert [1]:

„Ziel der Deutschen Digitalen Bibliothek (DDB) ist es, jedermann über das Internet freien Zugang zum kulturellen und wissenschaftlichen Erbe Deutschlands zu eröffnen, also zu Millionen von Büchern, Archivalien, Bildern, Skulpturen, Musikstücken und anderen Tondokumenten, Filmen und Noten. Als zentrales nationales Portal soll die DDB

[1] http://dbpedia.org.

[2] i2010: Information Society and the media working towards growth and jobs., http://europa.eu/legislation_summaries/information_society/strategies/c11328_en.htm, (besucht am 21.02.2014).

[3] Deutsche Digitale Bibliothek, https://www.deutsche-digitale-bibliothek.de/ (besucht am 21.02.2014).

perspektivisch die digitalen Angebote aller deutschen Kultur- und Wissenschaftseinrichtungen miteinander vernetzen. Mit der DDB soll Deutschland seine Anschluss- und Wettbewerbsfähigkeit in Wissenschaft, Forschung und Bildung sichern, aber auch sein einzigartiges kulturelles Erbe und Wissen für jedermann komfortabel über einen zentralen Anlaufpunkt zugänglich machen. Durch die zentrale Zugänglichkeit, also indem an jedem PC-Arbeitsplatz mit Internetanschluss unabhängig von Ort und Zeit Zugang zur gesamten erforderlichen Information geschaffen wird, werden die Recherchemöglichkeiten in Forschung, Lehre und Wirtschaft grundlegend verbessert."

Das DDB-Projekt ist von hoher inhaltlicher, technischer, rechtlicher und organisatorischer Komplexität, und mit bisher (2014) über 8 Mio. abgedeckten Kulturobjekten aus über 100 Institutionen[4] sehr umfangreich. Perspektivisch sollen *alle* 30.000 deutschen Kultur- und Wissenschaftseinrichtungen (Bibliotheken, Archive, Museen usw.) von der DDB erfasst werden; registriert sind davon schon über 2.000[5]. In der Konzeptionsphase von 2009 wurde geschätzt, dass alle Einrichtungen insgesamt 300 Mio. Kulturobjekte vorhalten.

Semantische Technologien sollten in der DDB von Anfang an eine wichtige Rolle spielen. Die Schwerpunkte wurden auf inhaltliche Vernetzung der Informationsressourcen und auf intuitive Interpretation der vom Nutzer eingegebenen Suchbegriffe gesetzt. Zur Vernetzung der Inhalte wurde der Linked-Open-Data-Ansatz verfolgt, der eine Verknüpfung der DDB Inhalte mit anderen Datenquellen im Internet erlaubt, ohne dass ein geschlossenes Daten-„Silo" entsteht. Zugleich sollten sich die deutschen Bestände digitaler Objekte in die Europäische Digitale Bibliothek Europeana integrieren lassen.

7.2.1 Das Europeana Datenmodel (EDM)

Als Datenmodell für die DDB wurde das Europeana Data Model (EDM) gewählt, da es erstens die Voraussetzungen für die Realisierung eines Wissensnetzes zu einem hohen Grad erfüllt und zweitens ermöglicht, die Inhalte der DDB mit geringstmöglichem Zusatzaufwand für die Europeana bereitzustellen. Die von unterschiedlichen Providern gelieferten Datenmodelle werden somit in der DDB in dem EDM vereinheitlicht. Das EDM wurde für die Europeana neu entwickelt. EDM vereint sowohl eigene Klassen und Eigenschaften als auch Elemente der bewährten Vokabulare Dublin Core (15 universell einsetzbare Kernelemente bibliographischer Metadaten[6]) und SKOS (Simple Knowledge Organization System, geeignet zur Beschreibung kontrollierter Vokabulare wie Thesauri und bibliothekarischer Klassifikationen [2]). Die wichtigsten Entwurfsprinzipien des Europeana-Datenmodells sind [3]:

[4] Exakt sind im Oktober 2014 Daten von 165 Einrichtungen erfasst. Manche von diesen aggregieren wiederum Daten mehrerer anderer Einrichungen; so aggregiert der digiCULT-Verbund (http://www.digicult-verbund.de/; besucht am 21.10.2014) Daten von über 70 Museen.

[5] Institutionen, https://www.deutsche-digitale-bibliothek.de/about-us/institutions (besucht am 21.10.2014).

[6] DCMI (2012). Dublin Core Metadata Element Set. http://dublincore.org/documents/dces/. Besucht am 25.02.2015

- Unterscheidung zwischen einer realen Ressource (Bild, Buch) und seiner digitalen Repräsentation,
- Unterscheidung zwischen einer Ressource und dem Metadatensatz, der diese Ressource beschreibt,
- Mehrere Sichten auf eine Ressource, die einander widersprechende Informationen enthalten können,
- Unterstützung von Ressourcen, die aus mehreren anderen Ressourcen zusammengesetzt sind,
- Verwendung eines Standard-Metadatenformats mit Spezialisierungsoption,
- Maximale Wiederverwendung vorhandener Standards.

Das EDM-Modell erhält die Semantik der Originaldaten ohne Verlust von Interoperabilität; außerdem ermöglicht es die Nutzung von Europeana als Linked Open Dataset. Diejenigen Strukturen, die in der DDB von Bedeutung sind, aber nicht im EDM-Modell ausgedrückt werden können, sind in der DDB-Erweiterung für das EDM definiert (genannt „DDB EDM"). Ein Beispiel für solche Strukturen sind Konzepthierarchien zum Modellieren der verbundenen Objekte ermöglichen. Verbundene Objekte können beispielsweise Folgende sein:

- Karten, Pläne und Zeichnungen, die aus dem Nachlass einer Person stammen,
- Bilder, die zu einer nach Personen sortierten Bildersammlung gehören,
- Dokumente, die in einem Archiv einem bestimmten Thema zugeordnet sind.

Hierarchische Beziehungen werden im DDB EDM z. B. durch die Properties *ddb:aggregationEntity, ddb:aggregator, ddb:hierarchyPosition, ddb:hierarchyType* dargestellt.

Die in der DDB enthaltenen Informationen gehen teilweise über die Inhalte der Europeana hinaus. So wird z. B. in der DDB das EDM-„Event"-Konzept benutzt, das in der aktuellen Umsetzung der Europeana nicht berücksichtigt wird. Auch bei der Einbindung von Normdateien (siehe Abschn. 2.4) ist die DDB der Europeana voraus.

7.2.2 Suche durch Indizierung von Linked Data

Die Suche stellt den zentralen Zugangspunkt zu allen Inhalten der DDB dar und ist das Herzstück des gesamten Portals. Der Schwerpunkt des Einsatzes semantischer Technologien liegt dabei auf der inhaltlichen Vernetzung der vorhandenen Objekte und besseren Interpretation der Suchanfragen. Auch die Aufbereitung der Such-Ergebnislisten einschließlich der Filter (auch Facetten genannt) spielt aus Nutzersicht eine wichtige Rolle. Facetten ermöglichen die Trefferlisten mit Hilfe von Werten aus vorgegebenen Kategorien einzuschränken. Aus Effizienzgründen werden diese Kategorien aber nicht zum Zeitpunkt der Suche erzeugt, sondern schon bei der Transformation der Daten aus ihrem Originalformat ins EDM-Modell vorberechnet. Da sich das EDM-Datenmodell als RDF-Graph

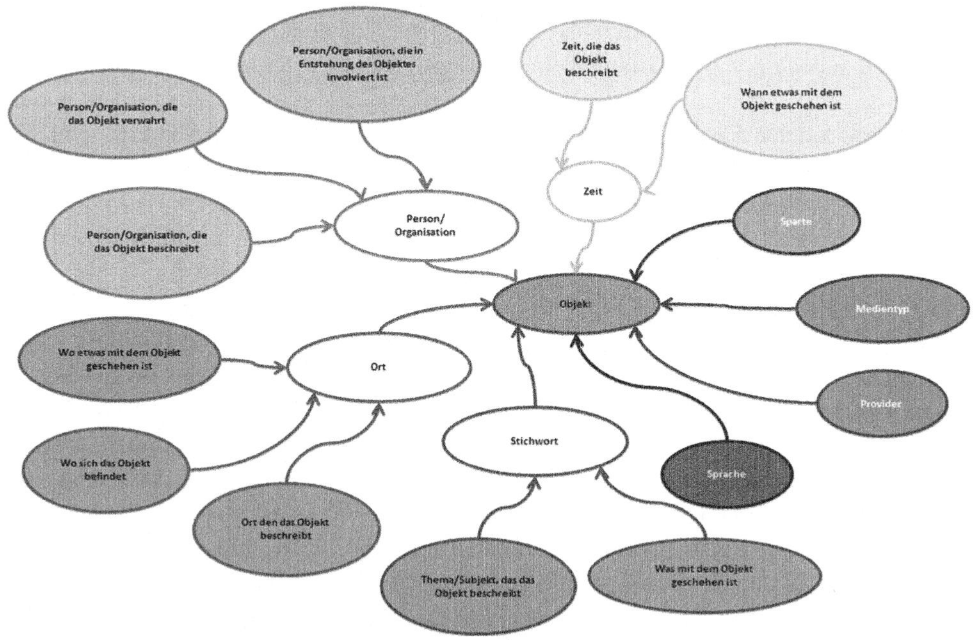

Abb. 7.1 Indexierungsprofil einer Informationsressource in der DDB

modellieren lässt, ist es möglich, die Facetten flexibel zu gestalten. Für jede einzelne Informationsressource wird beim Import in die DDB ein entsprechendes Indexierungsprofil berechnet: Die in EDM abgebildeten Transitionen werden auf einen „künstlichen" Namensraum projiziert, bestehend aus einer Menge von Kategoriebegriffen wie Ort, Zeit usw. So können beispielsweise unterschiedliche konkrete Pfade im RDF-Graphen (vergleichbar mit SPARQL 1.1 *property paths*[7]) unter ein und demselben Namen zusammengefasst werden. Alle im Indexierungsprofil enthaltenen Werte werden zunächst indiziert und in einem Solr[8]-Index gespeichert. Es ist konfigurierbar, ob rollenspezifische Personenfacetten (*creator, publisher, contributor*, …) ausgebildet oder alle involvierten Personen unter einer allgemeinen Personenfacette zusammengefasst werden sollen. Zurzeit sind in der DDB die folgenden 10 Facetten vorhanden: Zeit, Ort, Person/Organisation, Stichwort, Sprache, Rechtsstatus, Verwendbarkeit, Medientyp, Sparte, Datenlieferant (siehe Abb. 7.1). Die Kanten des abgebildeten Graphen weisen zum Objekt hin, um den Ablauf einer Facetten-Suche zu verdeutlichen.

Der Ansatz, Daten aus einem RDF Triple Store separat zu indizieren, ist in der Konzeptionsphase um 2009 gewählt worden, weil *damals* kein Triple Store identifiziert werden konnte, der alleine angesichts der zu erwartenden Datenmengen leistungsfähig genug gewesen wäre, bei den ebenfalls häufigen Updates während des Einspielens neuer Datenquellen alle gewünschten Beziehungen zwischen den Ressourcen zu aktualisieren. In der

[7] Siehe http://www.w3.org/TR/sparql11-query/#propertypaths.

[8] Solr (http://lucene.apache.org/solr/) ist eine Enterprise-Suchmaschine.

Konzeptionsphase sind tatsächlich bis zu 80 mögliche Facetten identifiziert worden. Daraus musste jedoch aus zwei Gründen eine Auswahl getroffen werden:

- Die verwendeten Facetten sollten möglichst allgemeingültig sein. Abmessungen von Objekten sind beispielsweise oft in den Daten von Museen enthalten, nicht jedoch in den Daten von Archiven oder Bibliotheken.
- Eine Anzeige zu vieler Facetten hätte die Benutzerfreundlichkeit der Such-Oberfläche eingeschränkt.

Ein wichtiger Vorteil der DDB ist, dass sie sich nicht nur auf vorhandene Metadaten stützt, sondern mit Hilfe von Semantic-Web-Technologien zusätzliche Informationen aus den externen Datenquellen nutzen kann, um die vorhandenen Objekte inhaltlich zu verknüpfen und besser auffindbar zu machen. So werden beispielweise die Verknüpfungen zwischen DDB-Inhalten und der Gemeinsamen Normdatei[9] (GND) dazu genutzt, die Suche nach einer Person in mehreren Sprachen oder abweichenden Namensschreibweisen zu unterstützen. Außerdem schafft die Vernetzung der Ressourcen die Voraussetzungen dafür, unerwartete Inhalte und Zusammenhänge bei der Suche zu entdecken (*serendipity*). Wenn beispielweise zwischen einem Bild und einem Buch eine Verknüpfung über den Autor erstellt werden kann, gewinnt der Benutzer neues Wissen: Der berühmte Buchautor ist auch ein Maler. Auch wenn es in der DDB primär um Werke geht (Bücher, Bilder, Fotos, …), ermöglicht solche Wissensvernetzung, die Werke und ihre Inhalte auch aus anderen Perspektiven zu betrachten. Der nächste Anschnitt stellt die *Personenseiten* vor, die alle in der DDB vorhandenen Informationen über jeweils eine Person aggregieren.

7.2.3 Personenseiten mit aggregierten Informationen

Eine Personenseite stellt aggregierte Fakten zu der mit DDB-Informationsressourcen verbundenen Personen dar – Künstler/Autoren, die an der Entstehung des Objektes beteiligt sind oder die in dem Objekt erwähnt bzw. beschrieben sind. Dass speziell für Personen diese unterschiedlichen Blickwinkel berücksichtigt werden, war vom für die inhaltliche Gestaltung zuständigen Träger der DDB, einem Kompetenznetzwerk von Kultur- und Wissenschaftseinrichtungen, ausdrücklich gewünscht.

Die Informationen für die Personenseiten werden sowohl aus den DDB-Inhalten (alle mit der Personenressource verlinkten Objekte, z. B. Bücher von einem Autor) als auch aus externen Datenquellen abgerufen. Für jede Person ist auf ihrer Personenseite eine möglichst ausführliche Repräsentation (je nach Verlinkungsgrad und vorhandenen Informationen) zu sehen – Lebensdaten, Geburts- und/oder Sterbeort, Verwandtschaftsbeziehungen zu einer anderen Person usw. (siehe Abb. 7.2). Die personenbezogenen Informationen sowie Bilder/Fotos sind nicht direkt in den DDB-Metadaten enthalten, sondern werden durch die Verknüpfungen zu anderen Datenquellen „nachgereicht“. Die Zusammenhänge

[9] http://www.dnb.de/gnd.

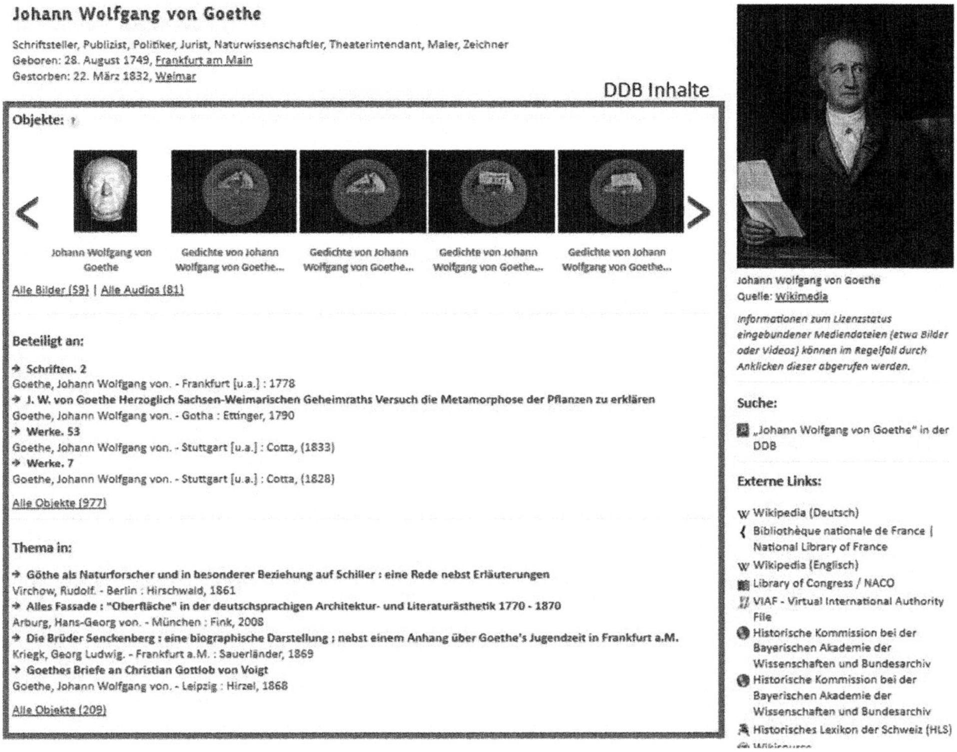

Abb. 7.2 DDB-Personenseite

zwischen den eingebundenen Datenquellen sind schematisch in Abb. 7.2 dargestellt: Eine DDB-Personenressource ist mit der Ressource in der GND verlinkt, die wiederum Verweise auf die entsprechende Person in DBpedia hat, von wo strukturierte Daten zur Person ergänzt werden, wie z. B. Lebensdaten. Aus Wikipedia werden dann nur noch die Bilder bzw. Fotos nachgeladen. Die zentrale Komponente hinter der Personenseite ist der „Entity-Facts"-Dienst. Er fragt für eine GND-Ressource, gegeben als URI, alle notwendigen Informationen aus den eingebundenen Datenquellen ab.

Die Personenseiten sind ein Alleinstellungsmerkmal der DDB. Sie sind ein gutes Beispiel dafür, welche Vorteile Semantic-Web-Technologien Digitalen Bibliotheken bringen können. Die wichtigste Voraussetzung für solch eine aggregierte Präsentation von Informationen ist eine Vernetzung der zugrundeliegenden Daten. Der nächste Abschnitt zeigt, wie man fehlende Links zwischen Ressourcen in Datenbeständen automatisch herstellen kann (siehe Abb. 7.3).

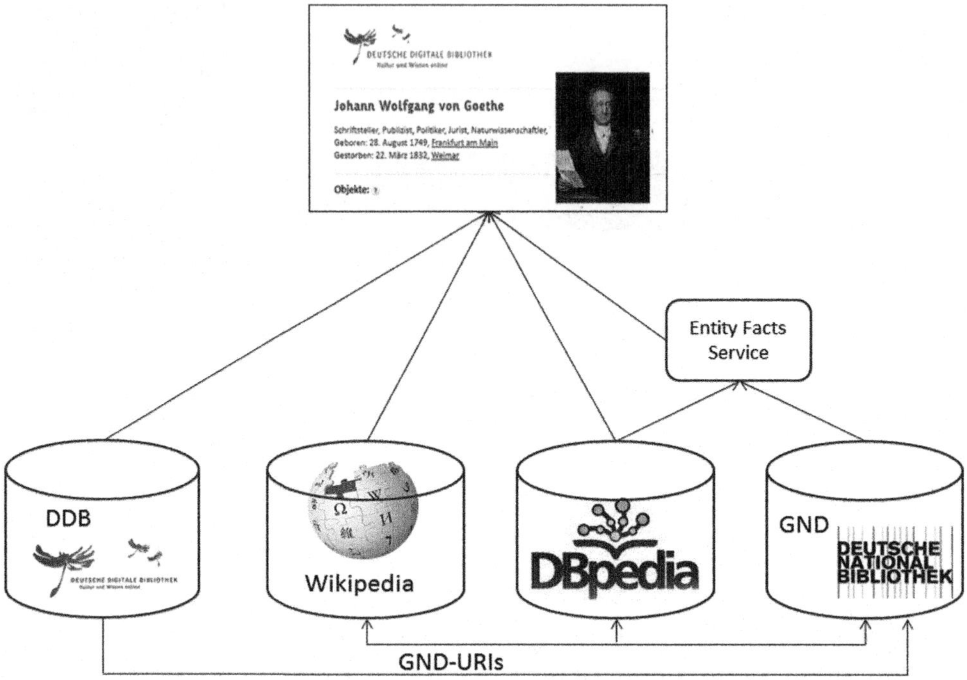

Abb. 7.3 Datenquellen, die in einer Personenseite aggregiert werden

7.2.4 Automatische Verknüpfung mit Normdateien

Das EDM-Datenmodell schafft die wichtigsten Voraussetzungen für die Verknüpfung der Personen-Ressourcen der DDB mit einer *Normdatei* – einem zentral kontrollierten Namens- oder Begriffsverzeichnis. Für die DDB ist vor allem die oben genannte Gemeinsame Normdatei (GND) der Deutschen Nationalbibliothek von Interesse. Durch eine solche Verknüpfung können die Ressourcen in der DDB zuverlässig dauerhaft identifiziert und maschinenverständlich beschrieben werden. Der Autor eines Buches, der Fotograf, der ein Bild von einer bekannten Person gemacht hat, und sogar die Person auf diesem Bild sind nicht mehr nur als Literal-Objekte in einem Metadatenfeld repräsentiert, sondern ihrerseits als Ressourcen. Zur automatischen Verknüpfung der DDB mit der GND ist im Rahmen des DDB-Projekts eine Machbarkeitsstudie durchgeführt worden. Ziel dieser Verknüpfung ist, automatisch festzustellen, ob eine Personen-Ressource in der DDB und eine Personen-Ressource in der GND dieselbe reale Person beschreiben. Je mehr unterschiedliche Informationen zu einem Objekt vorhanden sind, desto besser kann man es verknüpfen. Das RDF-Datenmodell repräsentiert Ressourcen durch die Menge ihrer Eigenschaften; so ist eine Person durch die von ihr geschaffenen Werke (und deren Eigenschaften) sowie durch Namen, Lebensdaten, Orte usw. beschrieben. Man kann deshalb davon ausgehen: Je ähnlicher die Eigenschaften zweier Ressourcen sind, desto höher ist die Wahrscheinlich-

Thematisches Verzeichniß über die Compositionen von I Antonio Vivaldi II Arcangelo Corelli III Giuseppe Tartini IV [leer]

Contributor:	Fuchs, Aloys
Publication type:	Monographie
Published:	1839
Extent:	39 Bl.
PURL:	http://resolver.staatsbibliothek-berlin.de /SBB00003A5100000000
Location:	Staatsbibliothek zu Berlin – Preußischer Kulturbesitz
Legal status: ?	Attribution - NonCommercial - ShareAlike

Abb. 7.4 Repräsentation eines Werkes in der DDB

keit, dass die Ressourcen äquivalent sind. Somit lässt sich das Verknüpfungsproblem auf eine Ähnlichkeitsberechnung reduzieren. Die Ähnlichkeit zweier Ressourcen kann man mit Hilfe von Ähnlichkeitsmaßen oder Distanzmaßen ausdrücken. Ein Ähnlichkeitsmaß ist eine Funktion, die den Grad der Übereinstimmung zwischen den zu vergleichenden Objekten durch einen reellen Wert widerspiegelt. Je näher sich der Ähnlichkeitswert an 1 befindet, desto ähnlicher sind zwei Objekte. Die wichtigsten Schritte bei der Bestimmung der Ähnlichkeit sind:

1. Identifikation der für Ähnlichkeit relevanten Objekt-Eigenschaften (d. h. Properties aus RDF-Vokabularen),
2. Definition geeigneter Distanzmaße,
3. Ermittlung des globalen Ähnlichkeitswertes.

Beim ersten Schritt ist es von entscheidender Bedeutung, möglichst viele zuverlässige Eigenschaften zu identifizieren. Die beiden zu verknüpfenden Datenquellen (DDB und GND) beschreiben Personen bezüglich unterschiedlicher Eigenschaften und mit unterschiedlichem Informationsgehalt. Da die DDB hauptsächlich Informationen über Werke umfasst, betrachtet sie eine Person vor allem aus dem Blickwinkel des Schöpfers von Werken (siehe Abb. 7.4).

Zu den beschreibenden Eigenschaften gehören *‚Personenname'*, *‚Titel eines Werkes'*, *‚Publikationsdatum/Erstellungsdatum'*, *‚Publikationsort'* und *‚Thema eines Werkes'*. Die GND dagegen bietet zusätzlich zur Werk-Sicht die Sicht auf die Person selbst (siehe Abb. 7.5).

GND	
Link zu diesem Datensatz	http://d-nb.info/gnd/118693948
Person	Fuchs, Aloys
Geschlecht	männlich
Andere Namen	Fuchs, Alois Fuchs, Aloys Anton
Quelle	Riemann; LoC-NA; NDB OEML: http://www.musiklexikon.ac.at/ml/musik_F/Fuchs_Aloys.xml
Zeit	Lebensdaten: 1799-1853
Land	Österreich (XA-AT); Deutschland (XA-DE)
Geografischer Bezug	Geburtsort: Raase, Schlesien Sterbeort: Wien
Beruf(e)	Musikwissenschaftler Musikschriftsteller Musiker
Weitere Angaben	Österr. Beamter; Bassist; Sänger; Musikautographensammler
Beziehungen zu Organisationen	Kaiserlich-Königliche Hofmusikkapelle <Wien> (Bassist)
Systematik	14.4p Personen zu Musik
Typ	Person (piz)
Autor von	1 Publikation 1. *Thematisches Verzeichnis der sämtlichen Kompositionen von Joseph Haydn Fuchs, Aloys. - Wilhelmshaven : Heinrichshofen, 1968, Faks.-Nachdr. Hrsg.*

Abb. 7.5 Repräsentation einer Person in der GND

Zusammen decken diese beiden GND-Sichten einen Satz von Eigenschaften ab (unterschiedliche Namensvarianten; Lebensdaten; geographischer Bezug: Geburtsort, Sterbeort; Berufe(e), Beziehungen zu anderen Personen; Werke), die eine gute Grundlage für eine zuverlässige Identifikation von Personen bilden. Die Ähnlichkeit zweier Personen wird bezüglich derjenigen Objekteigenschaften berechnet, die in beiden Datenquellen vorhanden sind. Tab. 7.1 stellt eine Auswahl der Properties dar, die für die DDB-GND-Verknüpfung ausgewählt wurden. Um den Verknüpfungsprozess zu beschleunigen, sollten für den Vergleich irrelevante Eigenschaften, z. B. „Datenanbieter", nicht berücksichtigt werden.

Im zweiten Schritt wird für jede ausgewählte Eigenschaft ein geeignetes Distanzmaß definiert. So werden z. B. für den Vergleich der Namen speziell dafür entwickelte Distanzmaße verwendet (z. B. die Monge-Elkan-[10] oder Jaro-Winkler-Distanzen[11] [4]). Titel werden z. B. mittels der für Texte geeigneten Kosinus-Distanz verglichen. Literale sollten vor dem Vergleich normiert werden: Sonderzeichen werden entfernt, Umlaute ersetzt und Strings in Kleinschreibung umgewandelt. Entsprechend der in Tab. 7.1 ausgewählten Eigenschaften werden 4 Gruppen von Distanzmaßen definiert:

---

[10] Die Monge-Elkan-Distanz ist ein hybrides Distanzmaß, das zeichen- und tokenbasierte Distanzen kombiniert; Token sind z. B. Wörter in einem Text.

[11] Die Jaro-Winkler-Distanz ist ein Distanzmaß, das auf der Anzahl von Operationen basiert, die einen Text in den zu vergleichenden überführen.

Tab. 7.1 Vergleich der RDF-Properties in der DDB und der GND

Aspekt	DDB-Property	GND-Property
Personen-Klasse	*edm:Agent*	*gndo:DifferentiatedPerson*
Personen-name	*skos:prefLabel*	*gndo:variantNameForThePerson* *gndo:preferredNameForThePerson* *gndo:variantNameEntityForThePerson* *gndo:forename* *gndo:prefix* *gndo:surname*
Werktitel	*dc:title* *dcterms:* *alternative*	*gnd:publication* *dcterms:alternative*
Zeit-angaben	*dcterms:issued*	*gnd:dateOfBirth* *gnd:dateOfDeath* *gnd:periodOfActivity*
Thema	*dc:subject*	*gnd:professionOrOccupation* *gnd:preferredNameForTheSubjectHeading* *gnd:variantNameForTheSubjectHeading*

1. auf Namen (Monge-Elkan- und Jaro-Winkler-Distanzen),
2. auf Titeln (Jaccard-Distanz[12] sowie die Kosinus-Distanz[13] auf Trigrammen),
3. auf Zeitangaben (es wird überprüft, ob das Datum der Veröffentlichung von Werken in der bekannten Schaffensperiode einer Person liegt, oder alternativ im Intervall $[Geburtsjahr + 16; Sterbejahr]$).
4. Der Beruf einer Person wird mit dem Themengebiet eines Werks verglichen.

Danach werden die berechneten Einzeldistanzmaße zu einem globalen Wert kombiniert, mittels einer Funktion, die aus Basis-Aggregatfunktionen (z. B. Maximumbildung) und einem Gewichtsmodell besteht. Eine Basis-Aggregatfunktion legt fest, wie die einzelnen Distanzen innerhalb einer Distanzgruppe miteinander kombiniert werden. So wird z. B. der Durchschnitt über die Monge-Elkan- und Jaro-Winkler-Distanzen auf Namen-Properties gebildet. Das Gewichtsmodell definiert höhere Gewichte für die Distanzmaße auf Namen und Titel, während die beiden anderen Distanzmaße (auf Zeitangaben und Beruf) nur wenig zum globalen Ähnlichkeitswert beitragen. Solche komplexen Aggregatfunktionen, im Kontext der Verknüpfung von Datenbeständen auch Verknüpfungsregeln genannt, lassen sich mithilfe von Verknüpfungs-Entdeckungs-Werkzeugen (link discovery tools) wie z. B. Silk [5] oder LIMES [6] auf Daten anwenden.

[12] Die Jaccard-Distanz ist ein tokenbasiertes Distanzmaß.

[13] Die Kosinus-Distanz ist ein vektorbasiertes Distanzmaß, wobei ein zu vergleichender Text als Vektor der Gewichte seiner Tokens repräsentiert wird.

Die endgültige Entscheidung über die Ähnlichkeit der zu vergleichenden Personen-Ressourcen wird anhand des globalen Ähnlichkeitswertes getroffen. Liegt dieser oberhalb eines von einem Fachexperten definierten Schwellwerts, werden die beiden Personen für äquivalent befunden.

Im Rahmen der für die DDB-GND-Verknüpfung bisher durchgeführten *Machbarkeitsstudie* sind die Gewichte der Distanzmaße sowie sinnvolle Schwellwerte experimentell ermittelt worden. Bei der automatischen Verknüpfung großer Datenbestände sollten stattdessen maschinelle Lernverfahren zum Einsatz kommen (siehe z. B. [7]).

7.2.5 Externe Nutzung der DDB-Daten

Zur Weiternutzung in Diensten außerhalb der DDB ermöglicht die DDB ein RESTful Web-Service-API Zugriff auf ihre Daten [8]. Die wichtigste Methode dieses APIs im Kontext des hier behandelten Themas ist*/items/edm*, welche diejenigen Metadaten zu einer Ressource, die unter der freien Lizenz CC0 ohne Einschränkungen zur Verfügung stehen[14], wahlweise als RDF/XML im Europeana-Datenmodell oder als JSON zur Verfügung stellt. Damit werden die meisten Kriterien der populären 5-Star-Open-Data-Klassifikation[15] erfüllt: Daten unter einer freien Lizenz in einem offenen Format, die URIs zur Identifikation von Ressourcen verwenden, und Links auf weiterführende Informationen enthalten (im Wesentlichen auf die GND, die ihrerseits weiter zu DBpedia verlinkt). Allerdings sind diese Daten über eine Ressource nicht direkt im Linked-Data-Stil vom URI = URL der Ressource abfragbar, sondern ausschließlich über das Web-Service-API. Dieses API ist insofern eingeschränkt nutzbar als man einen API-Key benötigt, für den man den Nutzungsbedingungen zustimmen muss, die unter anderem verbieten, das System zu stark zu belasten. Die Bereitstellung echter Linked Open Data steht auf der Tagesordnung; Priorität haben jedoch der stabile Betrieb der DDB und ihre Ausdehnung auf weitere Kultur- und Wissenschaftseinrichtungen.

7.3 Ausblick: Übertragung auf Unternehmensszenarien

Viele der hier im Kontext einer Digitalen Bibliothek vorgestellten Lösungen lassen sich auf Szenarien in Unternehmen oder anderen Organisationen übertragen [9]. Integration von Daten *im* Unternehmen ist beispielsweise von Interesse, wenn unterschiedliche Abteilungen eines großen Unternehmens ihre eigene Datenverwaltung betreiben; Integration

[14] Dies sind nicht unbedingt alle Metadaten, weil die DDB als reines Zugangsportal die Wahl der Lizenz den eigentlichen Rechteinhabern überlässt; vor allem Museen nutzen gern Lizenzen, die ihnen einen urheberrechtlichen Schutz ermöglichen als CC0 (Wie „offen" ist die DDB? https://www.deutsche-digitale-bibliothek.de/content/news/2013-01-08-001, besucht am 21.10.2014.).

[15] http://5stardata.info.

von Daten *über* Unternehmen ist von Interesse für Unternehmen, die Geschäftsbeziehungen mit vielen anderen Unternehmen pflegen, z. B. mit Zulieferern, aber auch für Aufsichtsbehörden. Den für die DDB aufgrund Einschränkungen damals verfügbarer Triple Stores entwickelten Ansatz einer effizienten Facettensuche durch Indizierung von Pfaden im RDF-Graphen verfolgt das Fraunhofer IAIS gleichwohl weiter bei einigen seiner aktuellen Unternehmenskunden. Ähnlich wie Personen in Digitalen Bibliotheken vielfältige Verbindungen zu Werken haben, so sind in der Unternehmenswelt Produkte zentrale Ressourcen: Sie werden von einem Unternehmen hergestellt, ggf. aus zugekauften Komponenten, also wiederum aus Produkten, und sie werden an Kunden vertrieben.

Flächendeckende Normdateien für Unternehmen bzw. juristische Personen gibt es heute noch nicht, wohl aber gibt es Bestrebungen, solche zu schaffen, sowie einzelne vorhandene Datenbanken mit Daten über Unternehmen miteinander zu verknüpfen. Seit 2012 sind die Finanzaufsichtsbehörden der USA und der EU-Mitgliedsstaaten als Reaktion auf die vorausgegangene Finanzkrise dabei, global eindeutige Rechtsträger-Kennungen (*Legal Entity Identifiers*, LEIs) für juristische Personen im Finanzmarkt einzuführen.[16] EU-weit eindeutig vergeben werden Umsatzsteuer-Identifikationsnummern für Unternehmen. *Unternehmensverzeichnis.org*, welches die EBID (European Business Identifier) vergibt, ist eine privatwirtschaftliche Initiative. Weitere Daten über Unternehmen finden sich in nationalen Handelsregistern, sowie in Form von Linked Open Data in DBpedia und der fachspezifischen Datenbank OpenCorporates. Mit den heute verfügbaren Werkzeugen ist es jedoch möglich, auch die anderen vorhandenen Datenbestände über Unternehmen als Linked Data bereitzustellen (siehe [9] für einen Überblick) und, wie in Abschn. 2.4 beschrieben, miteinander zu verknüpfen. Neben Unternehmen auf der Suche nach Geschäftspartnern und Aufsichtsbehörden könnten von besser zugänglichen Daten über Unternehmen auch Arbeitssuchende profitieren.

Danksagungen Die Autoren danken ihren Kollegen Sven Becker und Timm Kißels (Fraunhofer IAIS) für ihre ausführlichen Erklärungen zu den Hintergründen der DDB.

Literatur

1. Bund-Länder-Fachgruppe D. D. B. 21 Mai 2010. Rahmenbedingungen zur Anforderungsanalyse aus politischer, rechtlicher und funktionaler/technischer Sicht. http://www.iais.fraunhofer.de/fileadmin/user_upload/Abteilungen/OK/PDFs/DDB-Rahmenbedingungen_zur_Anforderungsanalyse_2010-05-21.pdf. Zugegriffen: 25. Feb. 2015.
2. W3C. 2012. SKOS: Simple knowledge organization system. http://www.w3.org/2004/02/skos/. Zugegriffen: 13. Dez. 2012.
3. Dublin Core. 2011. http://www.dublincore.org. Zugegriffen: 9. Nov. 2011.
4. Cohen, W. W., P. Ravikumar, und S. E. Fienberg. 2003. A comparison of string distance metrics for name-matching tasks. Proceedings of IJCAI-03 Workshop on Information Integration, S. 73–78.

[16] Für einen ersten Überblick siehe http://de.wikipedia.org/wiki/Legal_Entity_Identifier.

5. Silk Link Discovery Framework. http://silk.wbsg.de/. Zugegriffen: 25. Feb. 2015.
6. LIMES: LInk discovery framework for MEtric Spaces. 2014. http://aksw.org/Projects/LIMES.htm. Zugegriffen: 17. April 2014.
7. Kulis, B. 2012. Metric learning: A survey. *Foundations and Trends in Machine Learning* 5 (4): 287–364.
8. Büchner, M. 12. Dezember 2013. API der Deutschen Digitalen Bibliothek. https://api.deutsche-digitale-bibliothek.de/. Zugegriffen: 27. Aug. 2014.
9. Auer, S., und C. Lange. 2014. Interlinking data and knowledge in enterprises, research and society with linked data. In *Proceedings of the 11th international baltic conference on databases and information systems (Baltic DB & IS)*, Hrsg. H. Haav, A. Kalja, und T. Robal, 3–12. Tallinn: Tallinn University of Technology Press.

Dipl.-Inform. Natalja Friesen hat ihr Studium an der Rheinischen Friedrich-Wilhelms-Universität Bon als Diplom- Informatikerin abgeschlossen. Im Anschluss arbeitete sie sechs Jahre als wissenschaftliche Mitarbeiterin im Fraunhofer Institut für Intelligente Analyse und Informationssysteme (IAIS) im Bereich Data Mining und Maschinelles Lernen. Seit Januar 2014 arbeitet sie an der Rheinischen Friedrich-Wilhelms-Universität Bonn bei der Abteilung Enterprise Information Systems (EIS). Ihre Forschungsinteressen umfassen Entity Linking, Vokabular Entwicklung, Datenqualität und Datenmodellierung.

Dr. Christoph Lange ist seit 2013 Postdoc in der Arbeitsgruppe Enterprise Information Sytems an der Universität Bonn und in der Abteilung Organized Knowledge am Fraunhofer-Institut für Intelligente Analyse- und Informationssysteme (IAIS). Das Thema seiner Promotion an der Jacobs University Bremen war „Enabling Collaboration on Semiformal Mathematical Knowledge by Semantic Web Integration". Sein breites Forschungsinteresse gilt der Repräsentation expressiven Wissens in komplexen Anwendungsgebieten auf eine formale aber dennoch skalierbare Weise mittels Linked Open Data; dies ermöglicht es, Qualitätsbewertung, Information Retrieval, Publikationen, kollaboratives Schreiben usw. maschinell zu unterstützen. Anwendungsgebiete reichen von wissenschaftlicher Kommunikation über Informationsintegration im Unternehmen. Christoph Lange hat zahlreiche Konferenzen, Wettbewerbe und Workshops auf den Gebieten Semantic Web und Intelligent Computer Mathematics organisiert.

8 Semantische Beratung im Tourismus-Sektor

Im Zentrum steht das Vokabular

Bernhard Humm und Oliver Juwig

1. Touristische Produkte können mit einfachen Ontologien umfassend semantisch beschrieben werden.
2. Produktmerkmale müssen mithilfe einer Abbildungsmechanik in das Vokabular der Ontologie überführt werden, die von Fachexperten einfach bedient werden kann.
3. Das resultierende Produktwissen kann bei der merkmalsbasierten Suche (Facettensuche), bei dialogbasierten Beratungsverfahren sowie für die automatische Verarbeitung natürlich-sprachiger Texte genutzt werden. Insofern steht es im Zentrum der semantischen Anwendung.

8.1 Einleitung

Die Nachfrage nach touristischen Angeboten hat im globalen Marktplatz Internet in den letzten Jahren stark zugenommen. Getrieben durch diese Nachfrageexplosion findet sich eine Vielzahl von Portalen, die ihr Angebot den Interessenten darbieten. Die Spanne reicht von Anbietern, die sich auf eine Produktkategorie, z. B. Hotels, spezialisiert haben, bis hin zu Portalen, die komplette Pauschalreisen anbieten. Dazu gesellt sich noch eine ganze

B. Humm (✉)
Fachbereich Informatik, Hochschule Darmstadt, Schöfferstr. 8b, 64295 Darmstadt, Deutschland
E-Mail: bernhard.humm@h-da.de

O. Juwig
arvato Consumer Products
Wohlenbergstraße 4d, 30179 Hannover, Deutschland

B. Ege et al. (Hrsg.), *Corporate Semantic Web,* X.media.press,
DOI 10.1007/978-3-642-54886-4_8

Reihe von so genannten Metasuchmaschinen, die das Angebot unterschiedlicher Portale thematisch gruppieren und die Produkte anbieterübergreifend vergleichbar machen.

Was für die eine Nutzergruppe eine wunderbare Welt der Markttransparenz darstellt, kann für andere schnell zum Albtraum werden. Speziell im Segment der Freizeitreisen fühlt sich der Unentschlossene von der Vielzahl der Angebote und der häufig intransparenten Darstellung oft überwältigt und die Buchung der Urlaubsreise gerät zu der sprichwörtlichen Suche nach der Nadel im Heuhaufen. Die meisten einschlägigen Portale stellen nur einfache, ortsgebundene Suchmöglichkeiten gepaart mit Facettenfilterung zur Verfügung. Es fehlt so gut wie immer eine wichtige Komponente: Die Beratung, also der Dialog mit einem Experten wie im traditionellen Reisebüro, der einem bei der Auswahl des passenden Angebots aus der Vielzahl der augenscheinlich passenden Suchtreffer hilft.

In diesem Kapitel stellen wir ein Verfahren vor, das eine dialogartige Interaktion mit der Suchmaschine eines Portals unterstützt. Ziel ist es, den Suchraum und damit die Zahl der dargebotenen Angebote sukzessive und dabei in Interaktion mit dem Nutzer einzugrenzen. Als Beispiel gehen wir von einer fiktiven Familie aus, die ihren Sommerurlaub plant und diesen gerne im Internet buchen möchte. Die junge, aber finanziell flexible Familie hat 2 Kinder, 3 und 8 Jahre alt. Für die 3-jährige Tochter wird auf jeden Fall eine zeitweilige Kinderbetreuung gewünscht, wohingegen der 8-jährige mit Sicherheit Anschluss in einer Gruppe Gleichaltriger findet. Grundsätzlich ist ein 2-wöchiger Strandurlaub geplant, allerdings möchte der Vater gerne seine Golfkenntnisse vertiefen und die Mutter ist begeisterte Radfahrerin und erkundet gerne mit dem Mountainbike das Hinterland.

Für einen Mitarbeiter eines guten Reisebüros wäre der Fall sofort klar. Für diese Familie ist ein Cluburlaub am Mittelmeer oder auf den Kanarischen Inseln genau das Richtige. Wichtig sind die Lage mit landschaftlich attraktivem, leicht hügeligem Hinterland sowie ein angeschlossener oder zumindest nahe liegender Golfplatz. Mit den Suchmaschinen des Internets oder den Suchverfahren der einschlägigen Reiseportale stellt sich das allerdings deutlich schwieriger dar.

8.2 Reiseportale heute

Wenn man heute im Internet das perfekt passende Angebot finden möchte, helfen einem Suchmaschinen, wie beispielsweise Google, Yahoo oder Bing. Alternativ geht man direkt auf die Seite eines einschlägigen Marktplatzes, in unserem Fall auf ein Reiseportal. Eine Suchanfrage vergleichbar mit „Badeurlaub im Sommer für 4 Personen mit Kinderbetreuung, Golfplatz und bergigem Mountainbiking Gebiet“ wird aber die Technik in der Regel überfordern. Die Suchmaschinen werden einzelne Worte erkennen und vermeintlich passende Dokumente sowie selektierte Werbung präsentieren. Die Suchmöglichkeiten der Reiseportale sind meistens noch deutlich eingeschränkter und erwarten einen Ort und ein Datum als führendes Suchkriterium. Selbst wenn man sich im Vorfeld auf diese Einschränkung einlässt, müssen dann noch die resultierenden, konkurrierenden Angebote miteinander verglichen werden. In der Regel helfen dabei Bilder und die textuelle Beschreibung des Hotels bzw. Resorts. Darüber hinaus kann man häufig noch nach einigen vordefinierten Merkmalen filtern (Facettensuche). Diese Merkmale werden durch den Portalbetreiber festgelegt und stellen damit willkürlich ausgewähltes, wenn auch in der Regel relevantes Wissen über das Produkt dar. Allerdings liegt dieses Wissen häufig lückenhaft und doppeldeutig oder sogar widersprüchlich in einer gewachsenen Struktur vor, die ein Reasoning über dieses Wissen schwierig macht. Wir werden hierauf unten noch näher eingehen.

Ein Golfplatz in der Nähe wird sicher noch auf die eine oder andere Art erwähnt werden, aber ob man sich über das Hinterland informieren kann, unterscheidet sich von Portal zu Portal. In jedem Fall bleibt die letztendliche Eingrenzung und Auswahl der Traumreise ein zeitaufwändiger, manueller Prozess.

Für den unentschlossenen Reisenden auf der Suche nach Inspiration ist die Situation noch schwieriger, da die zur Verfügung stehenden Information selten ausreichen, um ihm bei seiner Willensbildung zu helfen. Deswegen weichen heutzutage viele Nutzer im Vorfeld auf soziale Medien aus und lassen sich damit sozusagen durch die Erfahrungsberichte und Empfehlung anderer beraten. Für einen ersten Eindruck ist dies sicher hilfreich, zur Klärung wichtiger und individueller Fragen, wie sie beispielsweise unsere Familie hat, reicht es häufig aber nicht.

8.3 Herausforderungen an das Reiseportal der Zukunft

Vom Reiseportal der Zukunft erwarten wir das Folgende:

1. Der Kunde kann sein Interesse in natürlicher Sprache formulieren, z. B. „Familienurlaub am Strand + Golf + Mountainbiking".
2. Die Anwendung fragt bei Bedarf sinnvoll zurück, z. B. „Wie alt sind ihre Kinder?" Antwort „3 und 8".
3. Die Anwendung bietet sinnvolle Alternativen an, z. B. konkrete Cluburlaube in verschiedenen Ländern des Mittelmeers sowie auf den Kanarischen Inseln.

Die Angebote kann der Anwender studieren, dazu detaillierte Rückfragen stellen, Alternativen anfordern und schließlich buchen. Abb. 8.1 zeigt eine Beispielsequenz in einem solchen Portal.

Wir beschreiben hier wesentliche Erkenntnisse eines Projekts für ein führendes deutsches Hotelportal, in dem ein Reiseportal der Zukunft wie oben beschrieben pilotiert wurde.

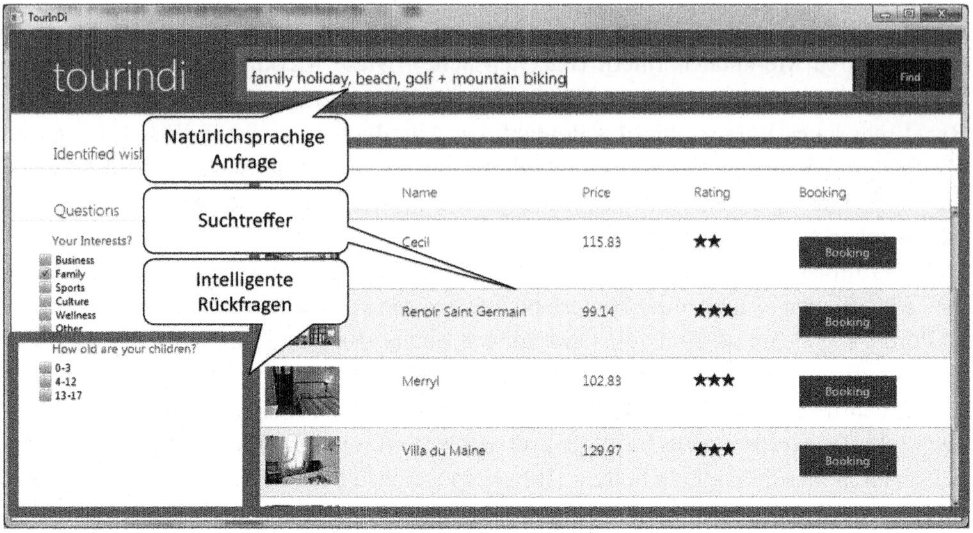

Abb. 8.1 Semantische Hotelberatung am Beispiel

8.4 Wie beschreibt man ein touristisches Produkt?

Wie bereits erwähnt, nutzen Reiseportale neben Bildern und Texten auch Merkmalslisten für die Beschreibung eines Angebots. So kann der interessierte Kunde beispielsweise erkennen, ob das Hotel mit einem Parkplatz ausgestattet ist oder ob WLAN verfügbar ist. So einfach, wie dies auf den ersten Blick erscheint, ist es aber nicht. Viele Merkmale sind attributiert, z. B. kann der Parkplatz kostenlos oder kostenpflichtig sein. Außerdem kann sich die Bedeutung der Merkmale mit der Zeit ändern. Ein Beispiel hierfür ist das Merkmal „Internet". Früher hatten Hotels einen kabelgebundenen Internet-Anschluss auf dem Zimmer. Dann wurde WLAN eingeführt, aber häufig zuerst in der Lobby und zumeist auch kostenpflichtig. Mittlerweile ist es in der Regel kostenfrei auch auf dem Zimmer verfügbar.

Merkmale stehen häufig in Beziehung zueinander. Diese kann hierarchisch sein (z. B. Internet: kabelgebunden, WLAN) oder kontextabhängig (z. B. nur gültig während einer bestimmten Saison).

Trotz der genannten Anforderungen werden Merkmale in aktuellen Reiseportalen intern meist als einfache Schlüssel-/Wert-Paare abgebildet – siehe Abb. 8.2.

Die notwendige Funktionalität, um einem konkreten Merkmal eine Bedeutung zu geben, wird in die Software verlagert. Merkmale, deren Bedeutungen sich über die Zeit verändern, können aus Gründen der Abwärtskompatibilität häufig nicht überarbeitet werden. Stattdessen wird einfach ein neues Merkmal erfunden. Die *semantische* Zusammenführung wird auch hier in die Software verlagert.

Die Problematik der unscharfen oder nicht definierten Bedeutung dieser Merkmale tritt am stärksten zu Tage, wenn Systeme unterschiedlicher Anbieter der Touristikbranche ge-

Hotel		Merkmal	Wert
Zum goldenen Hirsch	⇔	Parkplatz	Ja
		Terasse	Ja
		Kinderbetreuung	Nein
		Wifi	kostenpflichtig
		Rezeption	7:00 – 22:00
Holy Planet	⇔	Rezeption	24 h
		Wifi	Frei in Lobby
		...	...

Abb. 8.2 Merkmalslisten für Hotelbeschreibungen

koppelt werden müssen. In diesem Fall werden teilweise hochkomplexe Transformationsschichten entwickelt, die Merkmale aus der einen Welt in die andere abbilden.

Um diesem Problem zu begegnen, wurde von führenden Anbietern der Tourismus-Branche der Versuch gestartet, einen Standard zu definieren. Dieser wird von der Open Travel Alliance (OTA – http://www.opentravel.org) gepflegt. Wichtiger Bestandteil des Standards ist die Definition von mehreren Tausend Codes mit touristischen Fachbegriffen. Diese gehen weit über so einfache Konzepte wie „Raucher-/Nichtraucherzimmer" hinaus, z. B. „PHY96 Width/diameter of wheelchair turning space in bathroom" (der Wendekreis eines Rollstuhls im Badezimmer). Beim näheren Hinschauen stellt man aber fest, dass hier nur eine weitere Merkmalsliste entstanden ist, die flach strukturiert ist und die daher ebenso mit Doppeldeutigkeiten und Redundanzen zu kämpfen hat.

Im oben erwähnten Projekt zur Pilotierung des Reiseportals der Zukunft haben wir dieses Problem adressiert. Im Zentrum der Anwendung steht eine Ontologie zur Beschreibung von Hotels und dessen Ausstattungsmerkmalen. Hierbei bedienen wir uns für das Ontologie-Schema der HarmoNET Tourism Ontology (HTO) des Harmonisation Network for the Exchange of Travel and Tourism Information (http://euromuse.harmonet.org). Das Ontologie-Schema definiert Klassen wie z. B. Accommodation (eine Unterkunft, z. B. ein Hotel), Unit (eine Unterbringungseinheit, z. B. ein Hotelzimmer), Facility (Ausstattungsmerkmal, z. B. Bad) und Profile (Profildaten, z. B. Hoteladresse). HTO ist konzipiert für die Erweiterung und Harmonisierung verschiedener touristischer Standards. Wir nutzen dies, indem wir das Schema um die Klasse Term zum Referenzieren des touristischen Fachvokabulars anhand des OTA Standards erweitern.

Abbildung 8.3 zeigt das Ontologie-Schema als UML Klassendiagramm.

Basierend auf dem Ontologie-Schema können Ontologie-Fakten definiert werden, z. B. „Hotel 4711 hat einen indoor heated Pool". Siehe Abb. 8.4.

An diesem Beispiel wird eine Schwäche der OTA Codes sichtbar. Für den Sachverhalt sind mehrere Codes definiert: „HAC71 Pool" in der Kategorie „HAC Hotel Amenity Code", „RST122 Indoor pool" in der Kategorie „RST Recreation Srvc Type" sowie

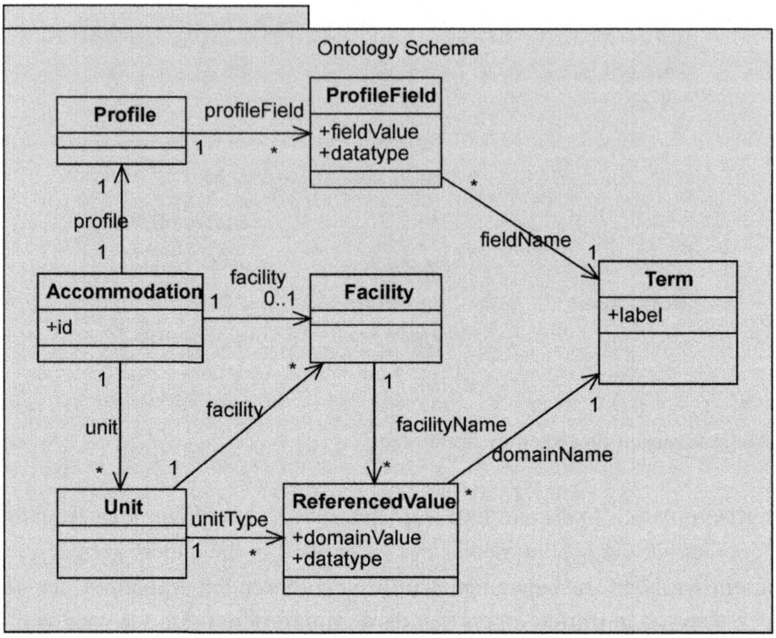

Abb. 8.3 Ontologie-Schema

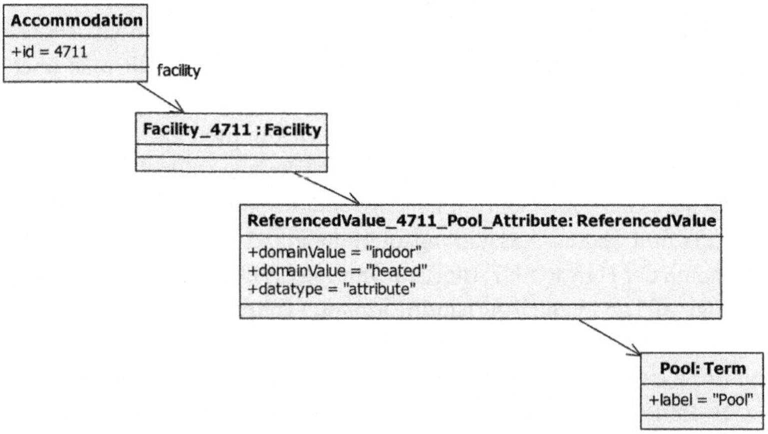

Abb. 8.4 Beispiel für Ontologie-Fakten

„REC30 Heated pool" in der Kategorie „REC Recreation Srvc Detail Code". Ein „indoor heated pool" lässt sich nicht direkt ausdrücken. In der Sprache der Datenmodellierung kann man sagen, dass die OTA Codes nicht normalisiert sind.

Wir haben daher die den OTA Codes zugrunde liegenden Fachbegriffe normalisiert und kategorisiert. Abb. 8.5 zeigt das ausschnittsweise.

1	Attribute	Values	Synonyms	OTA codes
2	Pool	true / false ; heated / indoor / outdoor	Swimming pool	HAC71, HAC66
3	Jacuzzi	true / false	Tub, Whirlpool	HAC55, RMA57
4	Sauna	true / false		HAC79
5	Internet access	true / false ; free / wireless / high speed		RCC18, RMA54
6	Air conditioning	true / false	A/C, air con, climate control	RMA126; HAC5
7	Golf location	true / false		REC53
8	Children's play area	true / false		HAC193
9	Bike trail	true / false	Bicycle trail	RST6
10	Snorkeling	true / false	Skin diving	RST86

Abb. 8.5 Kategorisierung von Fachbegriffen

Der Fachbegriff „Pool" wird kategorisiert als Merkmal mit den möglichen Ausprägungen „heated", „indoor" und „outdoor", neben der einfachen Angabe „true" (vorhanden) bzw. „false" (nicht vorhanden). Somit sind Fakten wie in der Abbildung oben erlaubt. Die Angabe von Synonymen erlaubt die Erkennung anderer Sprechweisen. Schließlich wird auch der Rückbezug zum OTA Standard dokumentiert. Das touristische Fachvokabular lässt sich bequem, z. B. in einem Spread Sheet, durch einen Mitarbeiter der Fachabteilung pflegen.

8.5 Wie spielt alles zusammen?

Die Anwendung bedient drei Arten von Anwendern, siehe Abb. 8.6:

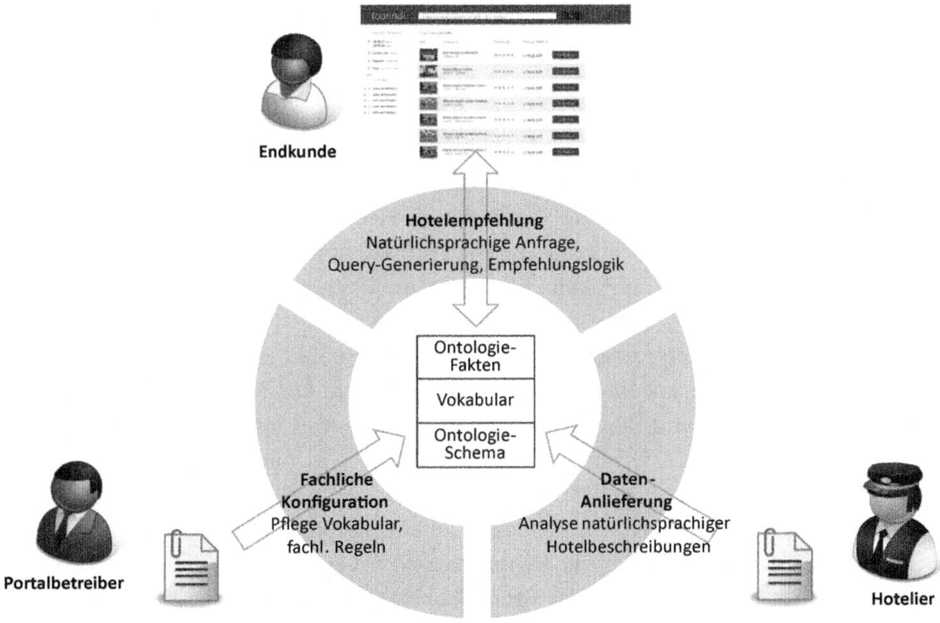

Abb. 8.6 Funktionsweise der Anwendung

1. *Endkunden* nutzen das Hotelportal und werden touristisch beraten wie oben beschrieben.
2. Der *Portalbetreiber* pflegt das touristische Vokabular sowie fachliche Regeln, z. B. welche Bedingungen für Wellness-Hotel, Business-Hotel oder Familienhotel gelten.
3. Der *Hotelier* pflegt seine Hoteldaten, entweder formularbasiert oder komfortabler durch Bereitstellen natürlich-sprachiger Hotelbeschreibungen, die von der Anwendung automatisch analysiert und verarbeitet werden.

Dabei wird die Hotelempfehlung wie folgt implementiert. Zunächst wird die natürlich-sprachige Benutzereingabe analysiert. Dabei wird ein Parser für natürliche Sprache (z. B. deutsch oder englisch) eingesetzt und das kontrollierte Vokabular als Entitätsliste hinterlegt. Das Ergebnis der Textanalyse ist eine Anfrage in einer internen Repräsentation, die letztendlich in eine SPARQL-Query an die Ontologie übersetzt wird. Eine Anfrage „Hotel mit Pool" (Pool als Hotelausstattung) wird eine andere Query erzeugen als „Suite mit Pool" (Pool als Zimmerausstattung). Aufgrund der hinterlegten Synonyme zu den Fachbegriffen muss der Anwender nicht das kontrollierte Vokabular genau kennen, damit seine Anfrage erkannt wird.

Im zweiten Schritt wird die Anfrage regelbasiert analysiert. Ist beispielsweise kein festes Reiseziel angegeben, so werden Themenseiten angeboten wie „Cluburlaub im Mittelmeer" im Beispiel oben.

Anschließend wird die Anfrage in eine SPARQL-Query übersetzt und diese auf den Ontologie-Fakten ausgeführt. Sodann wird das Ergebnis regelbasiert ausgewertet. Zum Einen wird, falls bereits ein fester Reisezeitraum angegeben wurde, die Verfügbarkeit der gefundenen Hotels geprüft. Ein Angebot, das nicht buchbar ist, erzeugt nur Frust beim Anwender. Zum Anderen werden kontextbezogen Rückfragen generiert, z. B. „Wie alt sind Ihre Kinder?" Beantwortet der Anwender die Fragen, so werden die Queries entsprechend verfeinert.

Die natürlich-sprachige Analyse der Hotelbeschreibungen erfolgt ähnlich der Analyse der Nutzeranfragen. In beiden Fällen werden Parser für die deutsche bzw. englische Sprache eingesetzt sowie das kontrollierte Vokabular als Entitätsliste hinterlegt. Das Ergebnis ist jedoch ein anderes. Hier wird keine interne Anfragerepräsentation generiert, sondern eine interne Repräsentation von Fakten, welche letztendlich in RDF-Statements übersetzt der Ontologie hinzugefügt werden.

Damit ergibt sich ein interessanter Zusammenhang. Sobald ein Mitarbeiter der Fachabteilung des Portalbetreibers einen neuen Fachbegriff dem kontrollierten Vokabular hinzufügt und klassifiziert, wird dieser Begriff nun von der Anwendung „verstanden". Das heißt, Hotelbeschreibungstexte, die diesen Begriff bzw. ein hinterlegtes Synonym desselben enthalten, werden nun vollständiger als bisher analysiert und der entsprechende Sachverhalt wird in der Faktenbasis abgelegt. Gleichzeitig können nun Anfragen von Anwendern, die diesen Begriff oder ein Synonym davon verwenden, sinnvoller bearbeitet werden. Man kann also sagen, dass das Fachvokabular im Zentrum der Anwendung steht.

Einige Angaben zu den eingesetzten Technologien: Die Anwendung ist client-seitig mit Java FX und serverseitig mit Java 7 entwickelt. Als RDF Triple Store wird OWLIM eingesetzt und als RDF/OWL API Sesame. FreeMarker wird als Template-Engine für parametrisierte SPARQL Queries und RDF Statements verwendet. Für die Textanalyse wird Apache UIMA mit verschiedenen Plugins, z. B. dem Stanford Parser verwendet. JBoss Drools dient als Regelsprache, sowohl für die Textanalyse als auch für fachliche Regeln wie Hotelklassifikation (Wellness-Hotel, Business-Hotel, Familien-Hotel etc.) und Rückfragen („Wie alt sind Ihre Kinder?" etc.).

8.6 Resümee

Experten einer Anwendungsdomäne verwenden Fachbegriffe korrekt und sinnvoll. Entsprechend steht auch das Fachvokabular im Zentrum einer semantischen Anwendung. „Internet" und „Doppelzimmer" sind unterschiedliche Dinge. Im Kontext von Hotels ist das eine ein Ausstattungsmerkmal und das andere ein Raumtyp. „Wireless" kann sich auf das angebotene Internet beziehen, „nonsmoking" jedoch auf das Zimmer.

Für die meisten Domänen entwickelt sich das Fachvokabular ständig weiter. Internet war vor 20 Jahren neu und ist heute so selbstverständlich wie Fernsehen. Mobile Dienste, z. B. zum Bezahlen, sind heute im Kommen und gehen zunehmend in das touristische Vokabular ein. Praxistaugliche semantische Anwendungen müssen dieser Dynamik gerecht werden. Es ist viel Sorgfalt nötig, die richtige Struktur des Fachvokabulars – also deren fachliches Schema – zu entwerfen, damit semantische Anwendungen daraus Schlussfolgerungen ziehen können. Eine Verlagerung von fachbegriffsspezifischer Logik in den Anwendungscode verbietet sich von selbst – besonders bei vielen tausend Fachbegriffen.

Die Pflege des Fachvokabulars ist aufwändig; das liegt aber in der Natur der Sache. Idealerweise wird diese von Standardisierungsgremien gleich in einem passenden fachlichen Schema vorgenommen. Das Beispiel der OTA-Codes aus dem Tourismus-Sektor zeigt jedoch, dass dies leider nicht immer der Fall ist.

Gelingt das Design des fachlichen Schemas, dann wird die Pflege und Weiterentwicklung semantischer Anwendungen auch bei sich änderndem Fachvokabular praktisch möglich. Das einfache Hinzufügen neuer Fachbegriffe oder Synonyme resultiert dann in neuen semantischen Möglichkeiten – ganz ohne Änderung des Anwendungscodes – z. B. bei der Erkennung von Nutzeranfragen oder der automatischen Analyse von Fachtexten. Dann steht das Vokabular wirklich im Zentrum der semantischen Anwendung.

Bernhard Humm ist Professor für Software Engineering und Projektmanagement am Fachbereich Informatik der Hochschule Darmstadt und Direktor des Instituts für Angewandte Informatik Darmstadt (aIDa). Seine Forschungsschwerpunkte liegen in den Bereichen Semantic Web, Software Architektur und Programmiersprachen. In diesen Bereichen führt er Forschungsprojekte im Industrie- und Hochschulumfeld durch und publiziert regelmäßig. Prof. Humm arbeitete 11 Jahre beim Software- und Beratungshaus sd&m AG als technischer Senior- und Chefberater, Bereichsleiter und Leiter von sd&m Research. Seine Promotion erhielt er an der University of Wollongong in Australien, sein Diplom mit Auszeichnung an der Universität Kaiserslautern.

Oliver Juwig beschäftigt sich bereits seit mehr als 25 Jahren mit der Architektur großer komplexer Anwendungssysteme und ganzer Anwendungslandschaften und kann auf eine lange Karriere in der IT Industrie zurückblicken. In seiner Zeit beim Beratungsunternehmen Capgemini sd&m verantwortete er, neben anderen Aufgaben, das Forschungsinstitut sd&m Research und prägte dabei die methodischen und architekturellen Standards des Unternehmens maßgeblich mit. Anfang 2010 übernahm er die Leitung der IT des bekannten Hotelreservierungsportals www.hrs.com . Unter seiner Führung wurde sehr viel in den Ausbau der personalisierten Services des Portals investiert, u. a. auf Basis semantischer Technologien. Seit Juli 2014 verantwortet Oliver Juwig die IT der arvato Consumer Products, einem End2End eCommerce Service Provider und Logistik Fulfillment Dienstleister innerhalb der Bertelsmann Gruppe.

Messung des Nutzens semantischer Suche 9

Thomas Hoppe und Horst Junghans

1. Precision und Recall sind zur Beurteilung von Suchfunktionen durch die Rahmenbedingungen im Unternehmenskontext ungeeignet.
2. Zur quantitativen Bewertung von Effizienzsteigerungen wird ein neues Maß benötigt.
3. Semantische Suche liefert einerseits weniger, dafür aber genauere Treffer, andererseits aber auch zusätzliche Treffer. Die Bewertung einer semantischen Suche muss diesen vermeintlichen Widerspruch auflösen.
4. Zwei empirische Vergleiche zeigen, dass durch semantische Suche Effizienzsteigerungen seitens des Benutzers in der Größenordnung von 10–15 % möglich sind.

9.1 Motivation

Eine kleine Eingangsfrage: Haben Sie Kinder oder können Sie sich noch an Ihre Schulzeit erinnern? Dann wissen Sie, dass spätestens bei den Abschlusszeugnissen und evtl. beim Antritt einer Ausbildung oder eines Studiums die Frage nach dem Notendurchschnitt eine

T. Hoppe (✉)
Datenlabor Berlin, Berlin, Deutschland
E-Mail: thomas.hoppe@datenlabor.berlin

Ontonym GmbH, Berlin, Deutschland
E-Mail: thomas.hoppe@ontonym.de

H. Junghans
EUROPUBLIC GmbH Werbeagentur, Berlin, Deutschland
E-Mail: Junghans@europublic.de

B. Ege et al. (Hrsg.), *Corporate Semantic Web*, X.media.press,
DOI 10.1007/978-3-642-54886-4_9

wichtige Rolle spielt. Sagt dieser Notendurchschnitt aber etwas über spezifische Fachkenntnisse Ihrer Kinder oder von Ihnen aus?

Bei einem Notendurchschnitt von 1,3 ist die Wahrscheinlichkeit, dass Ihr Kind oder Sie gut in den Naturwissenschaften sind, zwar hoch, sie ist aber nicht garantiert. Unter Umständen ist ein Mitschüler, der nur einen Schnitt von 2,0 hat, viel besser in den entsprechenden Fächern. Der Notendurchschnitt ist eben nur ein Durchschnitt und gibt kaum Auskunft über spezifische Kenntnisse, Fähigkeiten oder Fertigkeiten. Wir kommen später nochmals auf dieses Beispiel zurück, lassen Sie uns jetzt zum eigentlichen Thema dieses Kapitels kommen.

9.2 Bewertung von Information Retrieval Systemen

Im Information Retrieval sind *Recall*, *Precision* und *F-Maß* die Maße der Wahl, wenn es darum geht Information Retrieval Systeme zu bewerten [1, 2]. Diese Maße werden herkömmlicherweise auch zur Bewertung von Suchmaschinen herangezogen, um die Relevanz der Suchergebnisse, den auf Anfragen zurückgelieferten Dokumenten, und damit das Suchverfahren selber zu beschreiben und zu beurteilen.

Unter dem *Recall* versteht man den Anteil der korrekt als positiv (relevant) erkannten Ergebnisse an der Gesamtheit der tatsächlich positiven (relevanten) Ergebnisse. Der Recall beschreibt somit, wie viel Prozent der relevanten Ergebnisse erkannt wurden. Die *Precision* beschreibt den Anteil der korrekt erkannten, positiven (relevanten) Ergebnisse an allen korrekt erkannten Ergebnissen. Sie beschreibt somit, wie groß die Erkennungsgenauigkeit ist. Sowohl Recall als auch Precision sind nicht unabhängig voneinander und werden durch das *F-Maß*; zu einem einzigen Wert kombiniert.[1]

Die mathematischen Details der Berechnung dieser Werte können in der einschlägigen Literatur nachgelesen werden (beispielsweise [1]). An dieser Stelle interessiert uns der Prozess, mit dem diese Werte bestimmt werden, insbesondere in Hinblick auf die Nutzung dieser Maße im Unternehmenskontext im Allgemeinen und zur Beurteilung von semantischen Suchverfahren im Besonderen.

9.2.1 Relevanz, Textkorpora und Goldstandards

Um die Basismaße Recall und Precision bestimmen zu können, die auf die Messung der *Relevanz von Ergebnissen* abzielen, muss natürlich festgelegt werden, was denn die *Relevanz eines Ergebnisses* ist.

Generell kann die Relevanz eines Retrieval-Ergebnisses (i. E. eines gefundenen Dokuments) nur bezogen auf das konkrete Informationsbedürfnis eines Benutzers

[1] Für eine ausführliche, anschauliche Darstellung siehe z. B. http://de.wikipedia.org/wiki/Recall_und_Precision#Anwendung_im_Information_Retrieval.

festgelegt werden; sie ist damit eine subjektive Beurteilung. Natürlich können bei einer Bewertung eines Systems niemals die Informationsbedürfnisse aller Benutzer berücksichtigt werden, sie sind weder bekannt noch verfügbar. Bei der konventionellen Bewertung von Informationssystemen werden daher repräsentative Anfragen (im Kontext von TREC auch als *Topics* bezeichnet[2]) einer Teilmenge der Benutzer im Voraus zusammengetragen.

Um zu einer korrekten Bewertung eines Informationssystems zu gelangen, müsste natürlich die Relevanz aller Dokumente des Anwendungsgebiets hinsichtlich dieser Anfragen bewertet werden. Je nach Umfang der Dokumentenmenge ist dies aus Aufwandsgründen nicht möglich, so dass für die Bewertung nur eine Teilmenge der Dokumente des Anwendungsbereichs herangezogen werden kann. Da die Bewertung weiterer Dokumente zu einem späteren Zeitpunkt Zusatzaufwände nach sich zieht, wird die bewertete Dokumentenmenge in der Regel einmalig festgelegt und hinsichtlich der Relevanz bewertet. Sie ist somit statisch.

Die Relevanzbewertung der Dokumententeilmenge hinsichtlich der Teilmenge der festgelegten Anfragen erfordert es, dass diese Bewertung durch Menschen vorgenommen wird. Da – wiederum aus Aufwandsgründen – nicht alle Benutzer eines Informationssystems diese Bewertung durchführen können und die Bewertung durch einzelne Personen stark subjektiv wäre, muss eine repräsentative, halbwegs objektive Bewertung der Relevanz von einer kleinen Benutzergruppe vorgenommen werden, deren Einzelbewertungen miteinander verrechnet werden.

Zusammengefasst: Um zu einer Relevanzbewertung einer Teilmenge der Dokumente eines Anwendungsgebiets hinsichtlich einer Teilmenge aller Anfragen zu gelangen, muss eine kleine Menge von Personen (die als Teilmenge aller Benutzer betrachtet werden kann) jedes der Dokumente hinsichtlich seiner Relevanz bzgl. der festgelegten Anfragen beurteilen. Diese bewertete Dokumententeilmenge wird in der Regel als *Textkorpus* bezeichnet und definiert zusammen mit der Relevanzbewertung einen *Goldstandard*, mit dem unterschiedliche Verfahren verglichen werden können.

Offensichtlich erzeugt eine solche Relevanzbewertung Aufwand, der nicht für jedes Anwendungsgebiet betrieben werden kann. Für ein neues Anwendungsgebiet ist somit nicht garantiert, dass ein entsprechender Textkorpus und damit der entsprechende Goldstandard existiert.

Für die Bewertung von Informationssystemen ergibt sich damit, dass lediglich eine begrenzte Menge Textkorpora für eine begrenzte Menge von Anwendungsgebieten zur Verfügung stehen, für die die Relevanz bzgl. einer begrenzten Menge von repräsentativen Anfragen von einer Teilmenge von Benutzern bewertet wurde.

[2] TREC (Text REtrieval Conference) ist eine Konferenzreihe, http://trec.nist.gov/.

9.2.2 Rahmenbedingungen des Unternehmenskontextes

Entscheidungen im Unternehmenskontext haben in der Regel betriebswirtschaftliche Konsequenzen, einerseits was Kostenfaktoren, andererseits was Gewinne betrifft. Um sich zwischen mehreren gleichartigen Technologien zu entscheiden oder eine existierende Technologie durch eine neue abzulösen, insbesondere wenn diese auf einer neuen, noch unbekannten technologischen Grundlage basiert, werden fundierte Entscheidungsgrundlagen benötigt. Neben den Vorteilen, die eine neue Technologie bietet, muss daher ihr Nutzen quantifiziert werden können, so dass eine rationale Investitionsentscheidung möglich wird. Unter Umständen müssen dabei – wenn es sich um den Vergleich von funktional äquivalenten, auf unterschiedlichen Technologien basierenden Systemen handelt – auch mal Äpfel mit Birnen verglichen werden, wobei es nicht so sehr auf subjektive Faktoren wie Farbe, Form und Geschmack ankommt, sondern objektivierbare Vergleichsparameter gefragt sind, wie Nährwert, Kosten und Mengen.

Um Aussagekraft für die spezifischen Anforderungen eines Unternehmens zu besitzen, ist es wesentlich, dass ein solcher Vergleich möglichst auf den Dokumentenbeständen des Unternehmens oder in Ausnahmefällen zu mindestens auf Dokumentenbeständen des gleichen Anwendungsbereichs erfolgt. Darüber hinaus sollten Anfragen die für das Unternehmen typischen Benutzerinteressen reflektieren, um ein glaubwürdiges Vergleichsszenario zu schaffen.

Offensichtlich wird kaum einer der existierenden Goldstandards diesen Anforderungen gerecht. Selbst wenn ein Textkorpus des fraglichen Anwendungsbereichs existiert, ist es extrem unwahrscheinlich, dass die für das Korpus genutzten Anfragen Relevanz für das Unternehmen besitzen und gleichzeitig die Relevanzbewertung der Dokumente bzgl. der Anfragen das Informationsbedürfnisse der Unternehmensnutzer widerspiegelt.

Die Nutzung existierender Goldstandards zum Vergleich von Information Retrieval Systemen ist daher kaum möglich, noch lässt es der Unternehmenskontext zu – bedingt durch den damit verbundenen Aufwand – einen eigenen Goldstandard für einen solchen – unter Umständen einmaligen – Vergleich aufzubauen.

9.2.3 Rahmenbedingungen bei der Bewertung von Suchmaschinen

Sie kennen es, die Ergebnisse von Suchmaschinen werden in der Regel in einer linearen Anordnung sortiert angezeigt, wobei die Sortierung auf einem komplexen Ordnungskriterium basiert, welches „Relevanz", „Aktualität", „Wichtigkeit" oder einen vom „Kunden bezahlten Preis für die Position seiner Information" berücksichtigt. Haben wir als Benutzer ein spezielles Informationsbedürfnis, inspizieren wir die Treffer in der angezeigten Reihenfolge mehr oder weniger intensiv, in der Regel aber in ihrer linearen Anordnung, wobei wir ggf. auf Suchergebnisfolgeseiten wechseln, so lange, bis wir entweder den für unser Informationsbedürfnis passenden Treffer finden oder die Suche abbrechen – mit der Schlussfolgerung „dazu gibt es nichts".

Die Maße Recall, Precision und F-Maß nehmen auf die Anordnung der Suchergebnisse keine Rücksicht, sie messen lediglich den Durchschnitt über alle Ergebnistreffer, ohne diese Menge in Blöcke gleicher Anzahl zu zerlegen und sie via Paginierungsmechanismen auf jeweils separaten „Search Engine Result Pages“ (SERP) anzuzeigen, zwischen denen der Benutzer navigieren kann.

Betreiber von Suchmaschinen haben anhand des Benutzerverhaltens herausgefunden, dass Benutzer hierbei nicht alle SERPs inspizieren. Während die erste SERP noch von 68 % aller Benutzer inspiziert wird, inspizieren 17 % noch die zweite SERP. Lediglich 7 % aller Benutzer inspizieren auch noch die dritte SERP. Die folgenden SERPs werden so selten inspiziert, dass die Suchergebnisse auf diesen Seiten als quasi nicht existent betrachtet werden können [3–6].[3]

Darüber hinaus sind Recall und Precision lediglich Durchschnittswerte – Sie erinnern sich an das Notendurchschnittsbeispiel vom Anfang des Kapitels – mit denen keine detaillierteren Aussagen über das Verhalten bei bestimmten Anfrageklassen oder Verarbeitungsarten getroffen werden können.

9.3 Semantische Suche

Wenn wir im Folgenden von semantischer Suche reden, ist hiermit immer eine Thesaurus-basierte semantische Suche gemeint, die Hintergrundwissen über ein Anwendungsgebiet in Form eines Thesaurus oder einer Ontologie verwendet, um die auf Anfragen passenden Suchergebnisse (im weitesten Sinn alle Formen von Dokumenten) zu ermitteln. Zweckmäßigerweise werden diese Suchergebnisse in der Regel nach ihrer „Passgenauigkeit“ auf die Suchanfrage geordnet. Wie konkret diese „Passgenauigkeit“ ermittelt wird, ist an dieser Stelle irrelevant. Wir stellen an das entsprechende Ordnungskriterium lediglich die Anforderung, dass die am besten passenden Ergebnisse vor den weniger passenden Ergebnissen präsentiert werden.

Als Beispiel für eine solche Thesaurus-basierte semantische Suche sei hier die semantische Suche im Suchportal der Weiterbildungsdatenbank Berlin-Brandenburg genannt, die Ontonym in das von EUROPUBLIC im Auftrag des Berliner Senats und der Landesregierung Brandenburgs entwickelte gemeinsame Suchportal integriert hat.[4] Der verwendete Thesaurus über recruitment- und weiterbildungsspezifische Themen, der von Ontonym modelliert wurde und weiter gepflegt wird, umfasst derzeit[5] 9.470 in einer Ober-/Unterbegriffshierarchie angeordnete Konzepte mit 14.680 Bezeichnungen und rund 5.290 wei-

[3] Merke: „the best place to hide a dead body is on page two of Google's search results“ (http://digitalsynopsis.com/tools/google-serp-design/).

[4] Die Entwicklung des WDB Suchportals wird gefördert aus Mitteln des Europäischen Sozialfonds und der Länder Berlin und Brandenburg. „Investition in die Zukunft“ – Ein Angebot der Weiterbildungsdatenbanken Berlin und Brandenburg.

[5] Stand 15.2.2014.

Abb. 9.1 Semantische Suche nach Weiterbildungsangeboten

tergehende, nicht-hierarchische Beziehungen. Durch automatische Mechanismen werden aus den Bezeichnungen 58.635 unterschiedliche Schreibvarianten (getrennt geschrieben, mit und ohne Bindestriche, zusammen geschrieben, mit und ohne Abkürzungen und mit unterschiedlichen Umlautschreibweisen) generiert, mit denen durch Wordstammbildung eine nicht näher bestimmbare, mindestens 6-stellige Anzahl von Schreibweisen in den Weiterbildungsangeboten erkannt werden kann.

Abbildung 9.1 zeigt eine typische Anfrage zu Weiterbildungsangeboten aus dem Bereich „Erneuerbare Energien". Neben der Thesaurus-basierten, semantischen Autocompletion, die den Benutzer bei der Eingabe von Suchanfragen unterstützt, in dem potentielle Begriffsverfeinerungen anhand des Thesaurus vorgeschlagen und die Anzahl der potentiell passenden Weiterbildungsangebote angezeigt werden, zeigt dieser Bildschirmausschnitt darüber hinaus die zusätzlichen Begriffe, die bei der Suche berücksichtigt wurden. Dies sind Synonyme, Unterbegriffe und Begriffe, die zu der Anfrage in enger Beziehung stehen.

9.3.1 Mehr Ergebnisse

Offensichtlich liefern semantische Anwendungen dadurch, dass sie die Bedeutung einer Anfrage anhand von Hintergrundwissen ermitteln, neben Treffern, die allein über die

Anfrage findbar sind (Treffer 1 und 2 in Abb. 9.1, die die Bezeichnung „Windenergieanlage" direkt enthalten), auch Treffer die ähnliche Bezeichnungen oder Synonyme verwenden (Treffer 3 und 4, die die Synonyme „Windenergietechniker" und "Windkraftanlage" enthalten, siehe hierzu auch Abb. 4.3 in Kap. 4). Diese zusätzliche Intelligenz verschafft semantischen Anwendungen einen Mehrwert. Benutzer werden davon entlastet, andere Bezeichnungen selber zu (er-) finden und Anfragen mehrfach zu stellen. Darüber hinaus werden die Einzelergebnisse der Anfragen zu einem einzigen Gesamtergebnis integriert.

Konventionelle Volltextsuchen hingegen probieren ähnliche Effekte durch rein syntaktische Mechanismen zu erzielen, wie z. B. Suche über Wortstämmen, Prefix- oder Wildcard-Matching (bei dem alle Bezeichnungen erkannt werden, die mit dem angefragten Term beginnen) oder Substring-Matching (bei dem auch alle Bezeichnungen gefunden werden, in denen der angefragte Term irgendwo auftritt).

9.3.2 Genauere Ergebnisse

Für jeden Suchenden besteht die Crux reiner Volltextsuche im Allgemeinen jedoch aus den nicht-passenden Treffern. Wenn beispielsweise zu einer Suche nach einer Stelle als „Maler" von einem Stellenportal, dessen Suche sich Wortstammbildung und Substring-Matching bedient, ein Job als Finanzberater vorgeschlagen wird, weil dieser „Beratung hinsichtlich opti*maler* Anlagestrategie" geben soll, oder für jemanden, der eine Stelle als „MTA" sucht, Stellen als Informatiker angezeigt werden, weil in diesen die Rede von einer „Gesa*mta*rchitektur" ist, dann sind diese Treffer weder „passgenau" noch „relevant", sondern schlichtweg falsch. Neben diesen Extremfällen, bei denen zu einfache, veraltete Suchtechniken genutzt werden, finden sich aber auch Fälle, die selbst mit besseren Verfahren kaum zu vermeiden sind. Unser Standardbeispiel ist hier der „Assistent des Geschäftsführers", der bei einer Suche nach „Geschäftsführer" oder „CEO" (falls die entsprechende Suche schon mit Synonymen umgehen kann) zurückgeliefert wird.

Durch die Berücksichtigung von Begriffskontexten, durch linguistische Analysen und durch die Auflösung von mehrdeutigen Begriffen (wie *Bank, Jaguar* oder *Kröten*) können semantische Suchen genauere Ergebnisse erzielen, in dem gravierende Interpretationsfehler der Eingaben vermieden werden.

9.3.3 Widersprüchliche Ziele?

Spätestens bei der Präsentation dieser Argumente in einem Unternehmen fragt sich der Entscheider: Was gilt denn nun? Mehr Ergebnisse? Bessere Kundenzufriedenheit durch weniger Anfrageaufwand und ein integriertes Suchergebnis, das mit höherem Aufwand bei der Trefferinspektion erkauft werden muss? Oder weniger Ergebnisse durch verbesserte Erkennungsverfahren und Auflösung von Mehrdeutigkeiten, was aber das Risiko beinhaltet, dass Benutzer unzufrieden sind, da sie sich bereits an die unzulänglichen, syntaktischen Vergleichsverfahren gewöhnt haben und unpassende Treffer vermissen?

Allein durch die obigen qualitativen Argumente kann der Nutzen semantischer Technologien offensichtlich nicht kommuniziert werden.

9.3.4 Konsequenzen für die Bewertung semantischer Suche

Um einerseits Synonyme und verwandte Begriffe erkennen und andererseits Fehler bei der Erkennung von Bezeichnungen vermeiden zu können, ist – wie in Kap. 4 „Modellierung des Sprachraums von Unternehmen" argumentiert – die Verwendung von Hintergrundwissen über den jeweiligen Anwendungsbereich bzw. die Anwendung notwendig. Ob dieses Hintergrundwissen nun manuell in Form eines Thesaurus oder einer Ontologie modelliert wurde oder spezielle Zugriffs- und Auswahlalgorithmen für die Nutzung von „linked open data" (siehe Kap. 7, 10, 11, 13, 22) genutzt und implementiert werden, für die Bewertung einer semantischen Suche mit den Standardmaßen Recall und Precision müsste zusätzlicher Aufwand getrieben werden. Jedes Textkorpus müsste *zusätzlich* um das für den Anwendungsbereich benötigte Hintergrundwissen erweitert werden. Der bereits hohe Aufwand zur Entwicklung des Goldstandards würde nochmals steigen.

9.4 Vergleich und Bewertung durch Gegenüberstellung

Kommen wir nochmals auf das Eingangsbeispiel zurück: Was können wir unternehmen, wenn wir zwei Personen mit unterschiedlichen Notendurchschnitten vergleichen müssen? Wir können die einzelnen Fachnoten durchgehen und vergleichen, wer in welchem Fach besser abschnitt. Dann stellt sich etwa heraus, dass beide in Geschichte, Erdkunde und Musik gleich gut waren, der 1,3er Kandidat jedoch in Deutsch, Englisch, Latein, Biologie und Kunst viel besser war, während der 2,0-Kandidat in Mathematik, Physik, Biologie und Chemie die Nase vorn hatte. Der 1,3er Kandidat hat in den Wahlfächern Philosophie, Chinesisch und Religion Spitzennoten erhalten, während der 2,0er sich in den Wahlfächern Informatik, Astronomie und Sport seinem Durchschnitt entsprechend gut war.

Wollten Sie mit diesen Kandidaten die Stelle eines naturwissenschaftlich orientierten Mitarbeiters besetzen, wird Ihre Wahl durch die Berücksichtigung der Einzelnoten anders ausfallen.

9.4.1 Vergleichsmodell

Wir legen dem Vergleich von Suchmaschinen anhand ihrer Suchergebnisse ein ähnliches Modell zugrunde. Wir setzen voraus, dass zwei Suchmaschinen $\mathbf{S}_1$ und $\mathbf{S}_2$ miteinander verglichen werden sollen, dass beide Suchmaschinen die gleichen Dokumente indexieren und dass die gleichen Anfragen an beide Suchmaschinen gestellt werden. Rahmenbedingungen die im Unternehmenskontext ohne weiteres erfüllbar sind.

Annahmen: Wir gehen davon aus,

- Dass $\mathbf{S_2}$ qualitativ besser passende Ergebnisse liefert als $\mathbf{S_1}$ und
- Das unabhängig von einzelnen, konkreten Suchanfragen, die durch die Ersetzung von $\mathbf{S_1}$ durch $\mathbf{S_2}$ entstehende Veränderung zusammenfassend beschrieben und dargestellt werden soll.

Wir gehen davon aus, das $\mathbf{S_1}$ die „Referenzsuchmaschine" ist, die entweder bereits im Unternehmen eingesetzt wird oder die im Voraus festgelegt wurde, und dass $\mathbf{S_2}$ gegen diese Referenzsuchmaschine verglichen werden soll.

Bezeichnen wir mit $\mathbf{E_1}$ und $\mathbf{E_2}$ die geordneten Ergebnismengen der Suchmaschinen $\mathbf{S_1}$ und $\mathbf{S_2}$ hinsichtlich einer Anfrage. Dann kann sich sowohl die Gesamtzahl der Treffer beider Suchmaschinen $\mathbf{n}$ bzw. $\mathbf{m}$ als auch die Anordnung der Treffer unterscheiden. Von Interesse sind hierbei insbesondere die folgenden Treffermengen:

- $\mathbf{E_1 \cap E_2 = E}$
- $\mathbf{E_1 \setminus E_2 = A}$
- $\mathbf{E_2 \setminus E_1 = B}$

Die Menge **E** umfasst die Treffer, die von beiden Suchmaschinen zurückgeliefert werden. **A** umfasst die Treffer, die lediglich von $\mathbf{S_1}$ gefunden werden, und **B** die Treffer, die nur von $\mathbf{S_2}$ gefunden werden. Diese Werte sagen uns bereits einiges über die Gemeinsamkeiten und Unterschiede der Ergebnisse beider Suchmaschinen und damit über deren Suchfunktionen selber aus.

Aus eigener Erfahrung kennen Sie auch diese einfache Weisheit: „Das Gesuchte findet man immer zum Schluss". Oder anders ausgedrückt, wenn Sie das Gesuchte finden, war es immer das Letzte. Diese einfache Wahrheit nutzen wir bei unserem Verfahren ebenfalls. Hierzu gehen wir davon aus, dass es für jeden Treffer mindestens einen „virtuellen Benutzer" gibt, den dieser Treffer interessiert, der diesen Treffer finden möchte und der ihn als richtig hinsichtlich seines Informationsbedarfs beurteilt, den er mit der von ihm gestellten Frage ausdrückt.[6] Um diesen Treffer in einem der Suchergebnisse $\mathbf{E_1}$ oder $\mathbf{E_2}$ zu identifizieren, muss dieser Benutzer im schlimmsten Fall alle Treffer in $\mathbf{E_1}$ bzw. $\mathbf{E_2}$ in der ausgegebenen Reihenfolge inspizieren, bis er am Ende diesen Treffer findet. Befindet sich der Treffer am Anfang des Ergebnisses, muss er weniger Zeit aufwenden. Liegt der Treffer eher am Ende der linear geordneten Treffermenge, muss er mehr Zeit investieren.

[6] Zu mindestens der Autor einer Information kann als dieser Benutzer angesehen werden.

Offensichtlich korreliert die Position des Treffers mit dem Zeitaufwand, den der Benutzer für die Trefferinspektion aufbringen muss.[7]

Mathematisch kann dieser Zeitaufwand anhand der Trefferpositionen quantifiziert werden. Für jeden Treffer aus $\mathbf{e} \in \mathbf{E}$ kann die Position in $\mathbf{E_1}$ und $\mathbf{E_2}$ ermittelt werden. Wenn gilt $\mathbf{pos(e,E_1) > pos(e,E_2)}$, dann hat sich die Position von **e** verbessert.[8] Gilt $\mathbf{pos(e,E_1) < pos(e,E_2)}$, dann hat sich die Position von **e** verschlechtert. Gilt $\mathbf{pos(e,E_1) = pos(e,E_2)}$, ist bezogen auf diesen Treffer zwischen beiden Suchmaschinen kein Unterschied ermittelbar. Hieraus kann direkt ein Maß abgeleitet werden, welches angibt wie viele Positionsverbesserungen/-verschlechterungen $\mathbf{S_2}$ gegenüber $\mathbf{S_1}$ bzgl. einer Anfrage über der Dokumentenmenge produziert. Relativiert anhand der jeweils schlechteren Position kann so ein prozentualer Wert für die vom Benutzer erzielbaren Zeitgewinne/-verluste ermittelt werden.

Durch Ermittlung der Positionsverbesserungen über alle Anfragen, durch deren Gewichtung anhand des Umfangs von **E**, durch deren Mittelung über alle Anfragen und durch Gewichtung anhand der Häufigkeit der Anfragen kann ein realistisches Bild der durchschnittlichen, relativen Zeitersparnis ermittelt werden. Darüber hinaus kann dieses Modell auch die unterschiedlichen Wahrscheinlichkeiten berücksichtigen, mit denen Treffer in Abhängigkeit von der Paginierung auf den ersten drei relevanten SERPs gefunden werden.

Die Mengen **A** und **B** geben darüber hinaus Auskunft, wie viele Treffer vermieden, bzw. wie viele Treffer zusätzlich gefunden werden können, und welche Zeitersparnis sich hieraus für den Benutzer ergibt.

Zu beachten ist, dass dieses Modell *nicht* über die Relevanz der Ergebnisse der Suchmaschinen argumentiert, sondern lediglich über die Verbesserungen, Verschlechterungen von Treffermengen und deren Positionen innerhalb von Suchergebnissen. Damit aber ist es unabhängig von konkreten Bewertungen von Benutzern und kann zum direkten, objektiven, reproduzierbaren, automatischen und wiederholten Vergleich von Suchergebnissen und Suchmaschinen auf großen Anfragemengen eingesetzt werden.

9.5 Vergleich einer semantischen Suche mit zwei Volltextsuchen

9.5.1 Experiment für ein Internetportal

Im Jahr 2009 hatten wir die Gelegenheit die semantische Suche Ontonyms mit der Volltextsuche eines – aus gutem Grund ungenannt bleiben wollenden – Internetportals anhand von rd. 6.450 Dokumenten des Portals und rd. 4.000 realen Benutzeranfragen, die 1.300

[7] Wobei wir einige Idealisierungen vornehmen: 1) dass der Benutzer alle Treffer bis zum gesuchten ansieht, 2) dass der Benutzer nur sequentiell vorgeht und 3) dass der Benutzer für die Inspektion jeden Treffers durchschnittlich die gleiche Zeit aufwendet.

[8] Zur vereinfachten Darstellung betrachten wir hier die absoluten Trefferpositionen unabhängig von einer weitergehenden Paginierung der Treffer in unterschiedliche SERPs.

Tab. 9.1 Vergleichsergebnisse Volltext- vs. Semantische Suche für ein Internetportal

	1–3 SERP	Alle SERPs
Zeitersparnis durch weniger Treffer (d. semantischen Suche)	10,5 %	14 %
Zeitersparnis durch verändertes Ranking (d. semantischen Suche)	4,5 %	9 %
Anzahl Treffer der Volltextsuche	38,3	187,8
Anzahl Treffer der semantischen Suche	34,5	138,5
Anzahl unpassender Treffer der Volltextsuche	23,2	97,3
Anzahl passender Treffer, die die Volltextsuche nicht fand	19,4	48

unterschiedliche Suchanfragen beinhalteten, vergleichen zu können. Eine erste Zusammenfassung der Ergebnisse dieses Vergleichs wurde in [7] publiziert.

Die Volltextsuche des Portalbetreibers basierte – und basiert noch heute (!) – auf Substring-Matching und einer kleineren Menge von manuell gepflegten Synonymen. Die semantische Suche Ontonyms umfasste zum damaligen Zeitpunkt einen Thesaurus mit rd. 8.330 Bezeichnungen, Wordstammbildung und thesaurus-basierter Ausnahmeerkennung, Erkennung zusammengesetzter Bezeichnungen und einfacher Rechtschreibfehlerkorrektur.

Tabelle 9.1 fasst die anhand der Anfragehäufigkeit gewichteten und über alle Suchanfragen gemittelten Ergebnisse des Vergleichs zusammen. Die Ergebnisse werden separat für die ersten drei SERPs[9], die Seiten der Suchergebnisse, die vom Großteil der Benutzer noch betrachtet werden, und für alle Treffer gezeigt.

Generell lässt sich feststellen, dass bei der Verwendung einer semantischen Suche durch ein verändertes Ranking und durch weniger Treffer, die aus der Vermeidung der Substring-Suche und die Berücksichtigung des Termkontextes resultieren, auf den ersten drei SERPs durchschnittlich 15 % der Zeit zur Trefferinspektion (bzw. 23 % auf allen SERPs) vom Benutzer eingespart werden können.

Obwohl die semantische Suche zusätzliche Treffer durch die Berücksichtigung von Synonymen, verwandten und ähnlichen Bezeichnungen findet, erzielt sie auf den ersten drei SERPs durchschnittlich 10 % weniger Treffer (bzw. insgesamt 27 % auf allen SERPs). Die rd. 60 % unpassenden Treffer auf den ersten drei SERPs (74 % auf allen) werden durch die semantische Suche durch rd. 50 % passgenauere Treffer ersetzt (25 % auf allen SERPs).

Die Ergebnisse zeigen, dass die Nutzer dieses Internetportals von einer besseren Suchfunktion profitieren könnten. Insbesondere die eingesetzte „Substring-Suche" führt zu suboptimalen Suchergebnissen in diesem Portal[10].

[9] Den SERPs lag bei diesem Experiment eine Paginierung von 25 Treffern pro SERP zugrunde.

[10] Interessanterweise sind die Benutzer mit diesen Ergebnissen – lt. Aussage des Portalbetreibers – zufrieden. Unklar ist, ob die Benutzer bzgl. der schlechten Ergebnisse bereits kapituliert und sich damit arrangiert haben, oder ob andere Marktmechanismen (wie z. B. hohe page impressions zur Steigerung des Marktwerts oder geringe Erfolgsrate, um zahlende Kunden zu binden, etc.) den Betreiber zu dieser Aussage bewegen.

Der Nutzen für die Benutzer besteht eindeutig in

1. präziseren Ergebnissen durch Vermeidung der Substring-Suche und Berücksichtigung des Termkontextes,
2. zusätzlichen Treffern durch Berücksichtigung verwandter und ähnlicher Begriffe, damit
3. Verringerung der vom Benutzer insgesamt zu stellenden Anfragen und
4. Reduktion des Inspektionsaufwands durch Verbesserung der Ergebnisanordnung.

9.5.2 Experiment für das WDB Suchportal für Weiterbildung in Berlin-Brandenburg

Wie bereits oben dargestellt, hat Ontonym gemeinsam mit EUROPUBLIC die Suche im WDB Suchportal Berlin-Brandenburg im Jahr 2013 auf die semantische Suche Ontonyms umgestellt. Im Rahmen dieser Umstellung ergab sich erneut die Möglichkeit, einen Vergleich zwischen der Volltextsuche des WDB Suchportals, die unter anderem eine implizite „Prefix-Suche" nutzt, und der semantischen Suche Ontonyms durchzuführen.[11]

Zum damaligen Zeitpunkt Bestand der Thesaurus der semantischen Suche aus rd. 11.150 Bezeichnungen. Der Versuch wurde anhand von annähernd 28.000 Beschreibungen von Weiterbildungsangeboten und 205.550 über 2 Monate aufgezeichneten, realen Benutzeranfragen, die öfter als 4 mal gestellt wurden, mit rd. 7.200 unterschiedlichen Anfragen durchgeführt.

Bevor wir auf die quantitativen Ergebnisse dieses Vergleichs eingehen, wollen wir anhand von exemplarischen Anfragen und Ergebnissen einige charakteristische Klassen von Vergleichsergebnissen präsentieren, um darzustellen, warum der Nutzen semantischer Suche nicht allein durch qualitative Aussagen wie „mehr Ergebnisse", „korrekte Ergebnisse" etc. zusammengefasst werden kann.

9.5.2.1 Klassen von Vergleichsergebnissen

Die folgenden Grafiken stellen die Suchergebnisse der Volltextsuche (oben) und der semantischen Suche (unten) von links nach rechts in absteigender Reihenfolge geordnet dar. Treffer der Suchmaschinen werden durch Kreise dargestellt. Linien verbinden Dokumente die von beiden Suchmaschinen gefunden wurden (Kreise). Kreise ohne verbindende Linien wurden nur von einer der Suchmaschinen erzielt.

Bei der Anfrage nach „haushandwerker" erzielten beide Suchmaschinen die gleichen Treffer in leicht veränderter Reihenfolge (Abb. 9.2).

Bei der Anfrage nach „pflegebasiskurs" (Abb. 9.3) kommt es zu einer leicht veränderten Reihenfolge der Ergebnisse. Einerseits werden einige Dokumente als relevanter

[11] Bei diesem Vergleich war die Anzahl der maximal zurückgelieferten Treffer bei beiden Suchen durch Vorgabe des WDB Suchportals auf 1.000 Treffer eingeschränkt.

Abb. 9.2 Nahezu identische Ergebnisse

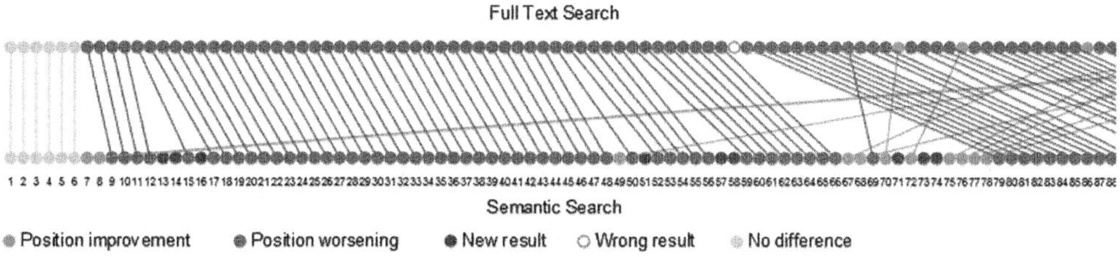

Abb. 9.3 Nahezu identische Reihenfolge

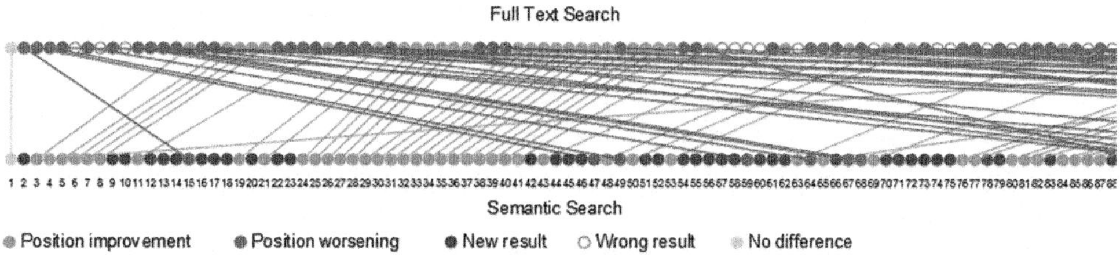

Abb. 9.4 Zusätzliche Treffer

betrachtet, da die matchende Bezeichnung in ihrem Titel stärker gewichtet wird, andererseits da neue Dokumente, die Schreibweisen wie „Pflege-Basiskurs" oder Synonyme wie „Basispflegekurs" enthalten, als passgenauer eingestuft werden.

Wie am Beispiel der Ausgabe für die Anfrage „QM" ersichtlich wird (Abb. 9.4), können zusätzliche Treffer über die Berücksichtigung von Abkürzungen, Synonymen, Schreibvarianten und fremdsprachlichen Bezeichnungen erkannt werden. Durch die Erkennung unterschiedlicher Bezeichnungen im Text kann der gesuchte Begriff eine höhere Bewertung erhalten, so dass viele Treffer als passgenauer identifiziert werden können.

Während der erste Treffer bei der Anfrage noch gleich bewertet wird, kann die semantische Suche durch die Berücksichtigung verwandter und ähnlicher Bezeichnungen zusätzliche Treffer finden. Einige Fehltreffer können ausgeschlossen werden, da die semantische Suche kein Prefix-Matching durchführt.

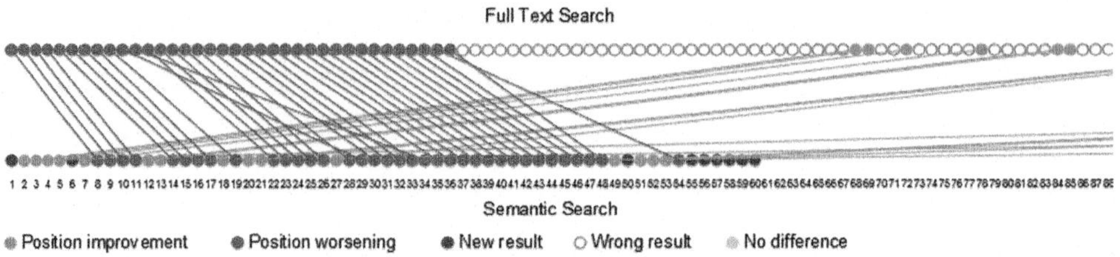

Abb. 9.5 Vermeidung fehlerhafter Erkennung zusammengesetzter Ausdrücke

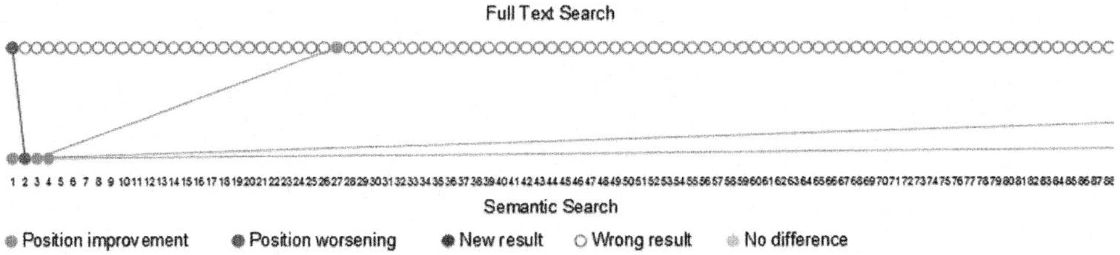

Abb. 9.6 Drastische Reduktion der Treffermenge

Neben der Vermeidung von Prefix-Matching-Fehlern und der Erkennung synonymer Bezeichnungen, können Interpretationsfehler bei Anfragen wie „kreatives schreiben" vermieden werden (Abb. 9.5). Eine konventionelle Volltextsuche betrachtet beide Terme als UND oder UND/ODER verknüpft, so dass auch Treffer gefunden werden, in denen beide Begriff an unterschiedlichen Positionen im Text auftreten. Durch die Nutzung eines Thesaurus kann eine solche Bezeichnung – wie auch der „Assistent der Geschäftsführung" – als zusammenhängend identifiziert werden, so dass viele Fehlinterpretationen vermieden werden können.

Im Fall der Anfrage „Reise Kauffrau" kann dies soweit gehen (Abb. 9.6), dass die Benutzerin lediglich einen Bruchteil der Treffer inspizieren muss.

Es kann jedoch auch ein anderer Fall eintreten, wie z. B. bei der Anfrage nach „radio" welches mehrere Synonyme, wie „Rundfunk" oder „Hörfunk", besitzt und das auch mehrdeutig interpretierbar ist als „Radiogerät" oder „Rundfunkempfänger". Für eine solche isolierte Anfrage kann keine Interpretation bevorzugt werden, so dass alle Bedeutungen und deren Bezeichnungen berücksichtigt werden müssen, was zu einer starken Erhöhung der Treffermenge durch eine semantische Suche führen kann. Andererseits kann eine semantische Suche Prefix-Matching-Fehler ausschließen und irrelevante Treffer zu „Radiologie" oder „Radiologe" vermeiden (Abb. 9.7).

Dies kann so weit gehen, dass bei der Verwendung umgangssprachlicher Bezeichnung, die selten beim Schreiben von Textdokumenten genutzt werden (wie der Anfrage „lokführer", Abb. 9.8), und durch die Berücksichtigung von Benutzer-erfundenen Bezeichnungen, wie der Umschreibung der Bezeichnung „Pflegebasiskurs" durch die vom Benutzer verwendete Bezeichnung „Basispflegekurs" (Abb. 9.9), eine sehr viel größere Treffermenge identifiziert werden kann.

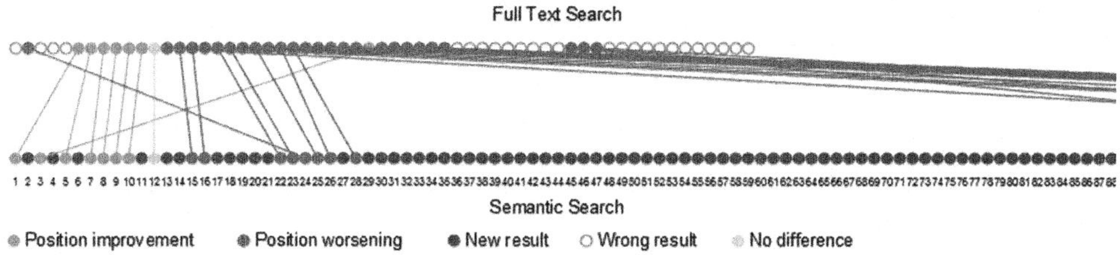

Abb. 9.7 Zusätzliche Treffer durch Synonyme und verwandte Begriffe

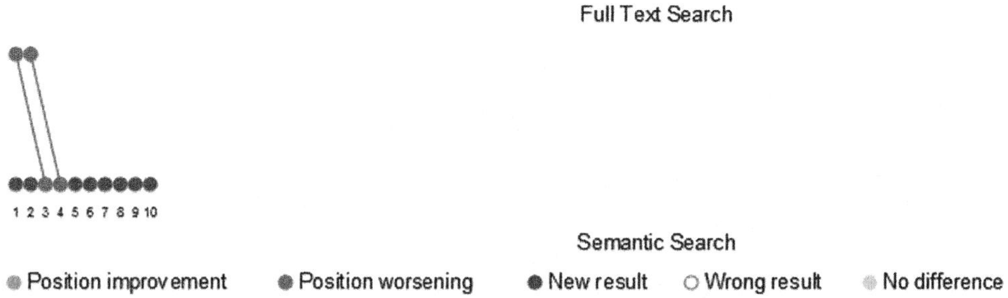

Abb. 9.8 Zusätzliche Treffer durch Erkennung umgangssprachlicher Bezeichnungen

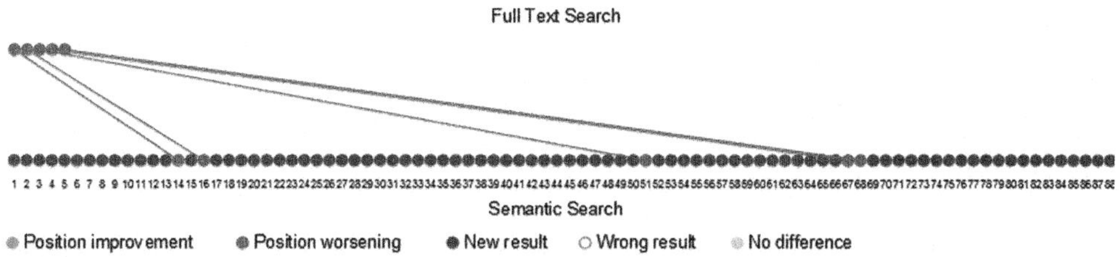

Abb. 9.9 Zusätzliche Treffer durch Erkennung benutzer-erfundener Bezeichnungen

9.5.2.2 Quantitative Ergebnisse

Diese Breite der möglichen Vergleichsergebnisse macht es, wie eingangs beschrieben, schwierig zu beurteilen, ob denn nun semantische Suche durch präzisiere Ergebnisse einen Vorteil gegenüber einer Volltextsuche darstellt oder ob die zusätzlichen Treffer nicht doch den benutzerseitigen Aufwand erhöhen und damit eher von Nachteil sind. Aufschluss gibt wiederum die Darstellung der quantitativen Ergebnisse des Vergleichs in Tab. 9.2.

Auch für dieses Experiment lässt sich generell feststellen, dass durch ein verändertes Ranking und durch weniger Treffer, die bei der semantischen Suche das Resultat der Vermeidung des impliziten Prefix-Matchings, der Berücksichtigung des Termkontextes und der Ersetzung der impliziten ODER- durch eine UND/ODER-Verknüpfung sind, durchschnittlich 20 % der Zeit zur Trefferinspektion auf den ersten drei SERPs (bzw. 50 % auf allen SERPs) vom Benutzer eingespart werden können.

Tab. 9.2 Vergleichsergebnisse: Volltextsuche und Semantische Suche des WDB Suchportals für Weiterbildung in Berlin-Brandenburg

	1–3 SERP	Alle SERPs
Zeitersparnis durch weniger Treffer (d. Semantischen Suche)	10,4 %	13,3 %
Zeitersparnis durch verändertes Ranking (d. Semantischen Suche)	9,6 %	37,2 %
Anzahl Treffer der Volltextsuche	27,7	474,7
Anzahl Treffer der semantischen Suche	24,5	346,1
Anzahl unpassender Treffer der Volltextsuche	15,2	257,5
Anzahl passender Treffer, die die Volltextsuche nicht fand	12,1	129,0

Obwohl die semantische Suche zusätzliche Treffer durch die Berücksichtigung von Synonymen, verwandten und ähnlichen Bezeichnungen findet, erzielt sie durchschnittlich 12 % weniger Treffer auf den ersten drei SERP (bzw. insgesamt 27 % auf allen SERPs). Die rd. 55 % unpassenden Treffer auf den ersten drei SERP (54 % auf allen) werden durch die semantische Suche durch rd. 44 % passgenauerer Treffer ersetzt (27 % auf allen SERPs).

Auch diese Ergebnisse zeigen, dass die Nutzer des WDB Suchportals von einer besseren Suchfunktion profitieren. Auch hier wird der Nutzen für die Benutzer eindeutig durch 1) präzisere Ergebnisse, 2) zusätzliche Treffer durch Berücksichtigung verwandter und ähnlicher Begriffe, 3) damit einhergehend die Verringerung der vom Benutzer insgesamt zu stellenden Anfragen und 4) die Reduktion des Inspektionsaufwands durch Verbesserung der Ergebnisanordnung erzielt.

9.5.3 Vergleich der Ergebnisse

Obwohl sich die Ergebnisse beider Experimente in den Absolutwerten unterscheiden, liegen die relativen Verbesserungen – bis auf eine Ausnahme – in der gleichen Größenordnung.

Die Zeitersparnis durch besseres Ranking weicht beim zweiten Experiment gegenüber dem ersten Experiment signifikant ab. Wir denken, dass diese Abweichung das Resultat der insgesamt auf 1.000 Treffer begrenzten Menge der zurückgelieferten Ergebnisse und der veränderten Interpretation der Verknüpfung nicht-zusammenhängender Anfragebegriffe ist.

9.6 Resümee

Wir haben in diesem Artikel ein automatisierbares Vergleichsverfahren für Suchmaschinen beschrieben, mit dem objektive, reproduzierbare Aussagen über die Veränderungen in den Ergebnismengen ermittelt werden können. Durch den Vergleich einer semantischen Suche mit zwei unterschiedlichen, herkömmlichen Volltextsuchen, haben wir, anhand von zwei unterschiedlichen Dokumenten- und Anfragemengen und unterschiedlichen Ausbaustufen eines Thesaurus, der beide Anwendungsbereiche gleichermaßen abdeckt, einerseits gezeigt, dass die durch semantische Suche erzielbare Verbesserung in beiden Fällen in derselben Größenordnung liegt. Andererseits konnten wir, durch diese sich gegenseitig bestätigenden Werte, unserem Wissen nach erstmals fundierte und reproduzierbare Aussagen über die Wirtschaftlichkeit semantischer Suche ermitteln.

Literatur

1. van Rijsbergen, C. J. 1979. *Information retrieval*. London: Butterworth.
2. Salton, G., und M. J. McGill. 1983. *Introduction to modern information retrieval*. New York: McGraw-Hill.
3. Xu, J. 1999. Internet search engines: Real world IR issues and challenges. Presentation at CIKM 99, Kansas City.
4. Jansen, B. J., A. Spink, und T. Saracevic. 2000. Real life, real users and real needs: A study and analysis of users queries on the Web. *Information Processing and Management* 36 (2): 207–227.
5. iProspect. 2008. Blended search results study. April. http://www.iprospect.com/premiumPDFs/researchstudy_apr2008_blendedsearchresults.pdf, last access 3/1/2014 via http://www.herramientas-seo.com/pdf/estudio-buscadores-iprospect.pdf. Zugegriffen: 26 Mai 2009.
6. Günther, J. S. 2008. Erfolgreiches Onlinemarketing mit Google. Kapitel 2.6 Nutzerverhalten beim Suchen, vwh Verlag Werner Hülsbusch.
7. Tolksdorf, R., und T. Hoppe. 2009. Quantitative Analyse von Ergebnissen Semantischer Suche. KnowTech 2009, 11. Kongress zum IT-gestützten Wissensmanagement, 6.–7. Oktober 2009, Bad Homburg.

Thomas Hoppe studierte Informatik an der Technischen Universität Berlin und promovierte an der Universität Dortmund. Er ist geschäftsführender Gesellschafter der Ontonym GmbH und Inhaber des Datenlabor Berlin. Seit mehr als 20 Jahren arbeitet er als Data Scientist und Knowledge Engineer in den Bereichen Maschinelles Lernen, Data Mining, Wissensrepräsentation, Suchmaschinen, Wissensmanagement und semantische Technologien. 2008 gründete er mit drei Partnern die Ontonym GmbH die innovative semantische Verarbeitungsmethoden entwickelt und vermarktet, und das dafür notwendige Wissen über den gelebten Sprachgebrauch von Nutzern modelliert. 2014 gründete er das Datenlabor Berlin, welches kundenspezifische Datenprodukte für KMUs entwickelt und die Qualität von semantischen Anwendungen und Vorhersagemodellen begutachtet und bewertet.

Horst Junghans ist Fertigungstechnologe und seit 1995 als Auditor und Dozent im Qualitätsmanagement mit Schwerpunkt Bildungswesen tätig. Seit 2003 arbeitet er als Projektleiter bei der EUROPUBLIC GmbH Werbeagentur im Projekt Weiterbildungsdatenbank Berlin (wdb-berlin.de), zuständig für die berufliche Weiterbildung in KMU. Im Prozess der Datenaufbereitung für das Suchportal in der WDB-Berlin analysierte er das Suchverhalten und erarbeitete die Begriffsübersicht zu den Bildungsinhalten der Angebote zur beruflichen Weiterbildung in der Datenbank als auch zu den branchenspezifischen Anforderungen. Im Projekt zur Anwendung der semantischen Suche im WDB Suchportal für Weiterbildung in Berlin-Brandenburg koordinierte er die Test- und Einführungsphase.

Verlage müssen sich neu erfinden 10

Semantic Web unterstützt Veränderungsprozesse

Christian Dirschl und Katja Eck

1. Die Publishing-Industrie befindet sich in einem disruptiven Veränderungsprozess. Dieser ist stark technologisch geprägt und US-dominiert.
2. Antwort kann nur die Technisierung der Branche über den gesamten Wertschöpfungsprozess sein – unter Nutzung der vorhandenen Assets wie Kundenbindung und Domänen-Know-How.
3. Semantic Web Technologien sind prädestiniert dazu, diesen Prozess voranzutreiben, da sie sowohl die Technologie als auch die Zentrierung auf Information und Wissen haben.
4. Durch die Flexibilität der Semantic Web Technologie verbaut man sich nichts, wenn man klein anfängt und sich sukzessive auf Basis der Use Cases weiterentwickelt. Dies gilt auch und gerade für die Wissensmodellierung.
5. Die Technologie ist völlig neu und bedarf bisher nicht vorhandener Skills wie die des Data Engineers. Die Nutzung der Technologie erfordert ein Umdenken in der Antizipation von Information im Verhältnis zum Content.

10.1 Einleitung

Die Medien- und Publishingindustrie befindet sich mitten in einem grundsätzlichen Wandel. Ähnlich der Musikindustrie in den 1990er Jahren oder seit Längerem der Zeitungsbranche, so sieht sich auch die traditionelle Verlagswelt damit konfrontiert, dass etablierte

C. Dirschl (✉) · K. Eck
Wolters Kluwer Deutschland GmbH, Freisinger Str. 3, 85716 Unterschleißheim, Deutschland
E-Mail: cdirschl@wolterskluwer.de

B. Ege et al. (Hrsg.), *Corporate Semantic Web*, X.media.press,
DOI 10.1007/978-3-642-54886-4_10

Geschäftsmodelle und Vertriebskanäle nicht mehr tragfähig sind und neue Geschäftsfelder erschlossen werden müssen. Haupttreiber dieser Entwicklungen sind neue Technologien, die allerdings vorrangig von großen amerikanischen Internetgiganten dominiert werden.

Somit muss die Branche ganzheitlich einen Prozess im Blick haben, der an allen Stellen hilft, die notwendigen und teils drastischen Veränderungen sukzessive umzusetzen, ohne das vorhandene Business zu gefährden. Semantic Web Technologien bieten für diesen Transformationsprozess eine nachhaltige Basis. Deshalb werden im Zentrum dieses Kapitels die technische Infrastruktur und damit verbundene Möglichkeiten und Notwendigkeiten stehen, die internen Prozesse eines Informationsdienstleisters grundlegend weiterzuentwickeln; vor allem mit Hilfe einer Domänenwissensdatenbank.

In einem ersten Schritt werden die Rahmenbedingungen bei Wolters Kluwer[1] näher betrachtet, um die später skizzierte Infrastruktur in den geschäftlichen Kontext stellen zu können. Danach wird kurz über das im Rahmen von FP7[2] durch die Europäische Union geförderte Projekt LOD2[3] berichtet, das es Wolters Kluwer in den letzten Jahren ermöglicht hat, Semantic Web Technologien für einen spezifischen Publishing Use Case auszutesten und diese für dessen Anforderungen zu adaptieren.

Kern dieses Kapitels ist die Darstellung eines neuen Informationsökosystems und der darunterliegenden technologischen Informationsarchitektur, die als Grundlage und Treiber für den Businesstransformationsprozess bei Wolters Kluwer dient. Neben der Beschreibung der wichtigsten Komponenten werden auch einige Kernherausforderungen dargestellt, die im Laufe der Zeit auftraten und die wahrscheinlich durchaus symptomatisch für derartige Veränderungsprozesse im Allgemeinen sind. Am Ende folgt eine kurze Übersicht über die weiteren Planungen sowie eine kurze Zusammenfassung.

10.2 Wolters Kluwer und JURION

Wolters Kluwer ist in Deutschland einer der führenden Wissens- und Informationsdienstleister in den Bereichen Recht, Wirtschaft und Steuern und bietet qualitativ hochwertige Fachinformationen für den professionellen Anwender, immer häufiger integriert in digitale Lösungen und Anwendungen. Damit können die Kunden erfolgskritische Entscheidungen effizient treffen und ihre Produktivität nachhaltig steigern. Weltweit ist Wolters Kluwer n. v.[4] in über 40 Ländern mit rund 19.000 Mitarbeitern vertreten.

Der eingangs angedeutete grundlegende Umbruch in der Medien- und Publishingindustrie lässt sich beispielhaft an drei Trends zeigen: Digitalisierung, Mobilität und Globalisierung.

[1] http://www.wolterskluwer.de/, accessed 18 September 2014.

[2] http://cordis.europa.eu/fp7/home_de.html, accessed 18 September 2014.

[3] http://lod2.eu/Welcome.html, accessed 18 September 2014.

[4] http://www.wolterskluwer.com, accessed 18 September 2014.

Der Siegeszug des Internets brachte die Notwendigkeit, alle relevanten Informationen zu digitalisieren und in elektronischer Form zur Verfügung zu stellen. Darüber hinaus war es aber mit „Book-on-Screen"-Angeboten nicht getan, sondern es mussten Zusatzinformationen in Form von Metadaten sowie Verknüpfungen der Inhalte untereinander mit integriert und hinterlegt werden. Diese neuartigen Arbeiten wurden sukzessive in die vorhandene Organisation integriert und in letzter Zeit ausgebaut, da sie die Voraussetzung dafür darstellen, dass auch in Zukunft die von Kunden geforderte Service-Qualität gewährleistet werden kann.

Der zweite Trend ist die Nutzung mobiler Medien, was nicht nur eine technologische Herausforderung darstellt, sondern vor allem auch Auswirkungen auf die Art der Informationsnutzung hat. Hier seien nur die Schlagwörter Granularität der Informationen, permanente und hochaktuelle Verfügbarkeit der Informationen sowie die Synchronisation der Informationen über mehrere Endgeräte genannt.

Übergreifend stellt das Thema Globalisierung einen Trend dar, der sowohl die Relevanz der Information über Länder und Kontinente hinweg betrifft als auch eine bessere Integration und Vergleichbarkeit in verschiedenen Rechtssystemen beinhaltet. Eine weitere in diesem Kontext relevante Dimension stellen natürlich auch die Anforderungen bezüglich Mehrsprachigkeit bzw. der Umgang mit geschriebener Sprache in verschiedenen Alphabeten dar.

Die Antwort von Wolters Kluwer auf die genannten Herausforderungen ist die Entwicklung von JURION[5]. JURION ist die neue, offene und innovative Wissensplattform des Hauses Wolters Kluwer. Sie ist neu, weil damit ein Werkzeug geschaffen wurde, das die Recherche nach juristischen Fachinhalten nicht losgelöst betrachtet, sondern als integrierten Bestandteil des gesamten juristischen Arbeitsprozesses. Sie ist offen, weil JURION die Inhalte aller juristischen Verlage und Autoren berücksichtigt. Durch einen extrem einfachen und gesicherten Publikationsprozess haben nicht nur Verlage und ihre Autoren, sondern auch Praktiker erstmalig die Möglichkeit zur Kommentierung, Publikation und dem Austausch juristischer Inhalte. Und sie können sich bei juristischen Fragestellungen individuell vernetzen. Sie ist innovativ, weil erstmals die Kompetenzen in den Bereichen Verlagsinhalte, Software, Portaltechnologie und Services in einem einzigen Angebot gebündelt werden, das die Nutzer in ihrem juristischen Arbeitsprozess umfänglich begleitet und produktiver macht (siehe Abb. 10.1).

Als Basisinfrastruktur und als technologischer Rahmen im Aufbau der dafür benötigten Wissensnetzwerke scheinen sich Software-Applikationen und Konzepte rund um das Linked-Data Paradigma zu bewähren. Allgemeine Metadaten sowie domänenspezifische Wissensnetze basierend auf Taxonomien und Thesauri können in Kombination mit Semantic Web Technologien wichtige Teile der Herausforderungen skalierbar und nachhaltig adressieren.

[5] https://www.jurion.de/, accessed 18 September 2014.

Abb. 10.1 JURION E-Akte mit Integration von Verlags-, Kunden- und Webdaten

Wolters Kluwer konnte im Rahmen des LOD2-Projektes genug Know-How in diesem Bereich aufbauen, um inzwischen die konkreten Anwendungsszenarien von JURION nachhaltig zu unterstützen.

10.3 LOD2

LOD2 [1] ist ein im Rahmen des FP7-Rahmenprogramms der Europäischen Union gefördertes integriertes Projekt mit einer Laufzeit von vier Jahren und fünfzehn Partnern aus zwölf Ländern. Die Vielzahl der Partnerländer hilft naturgemäß, wie im vorigen Abschnitt angedeutet, eine der großen Herausforderungen in Europa zu adressieren: Die Vielfalt der Sprachen.

Generelles Ziel des Projekts ist die Entwicklung von Infrastrukturtechnologien und von Best Practices, die die Lücke zwischen strukturierten und verknüpften Daten einerseits und deren Anwendung in Softwareapplikationen andererseits schließen sollen. Dazu werden die Daten in großen Anwendungen ausgewählter Domänen wie der Medienindustrie integriert, miteinander verknüpft und weiter angereichert.

Wolters Kluwer ist in diesem Projekt ein Use Case Partner, der mit seinen Anforderungen die Toolentwicklung aus praktischer professioneller Nutzungssicht vorantreibt. Der dabei benutzte Toolstack (Linked Data Stack) deckt den gesamten Lebenszyklus von Informationen ab, wobei es für jeden Abschnitt wie Search, Interlinking oder Enrichment jeweils ein oder mehrere Open Source Tools gibt, die angewendet werden können [2].

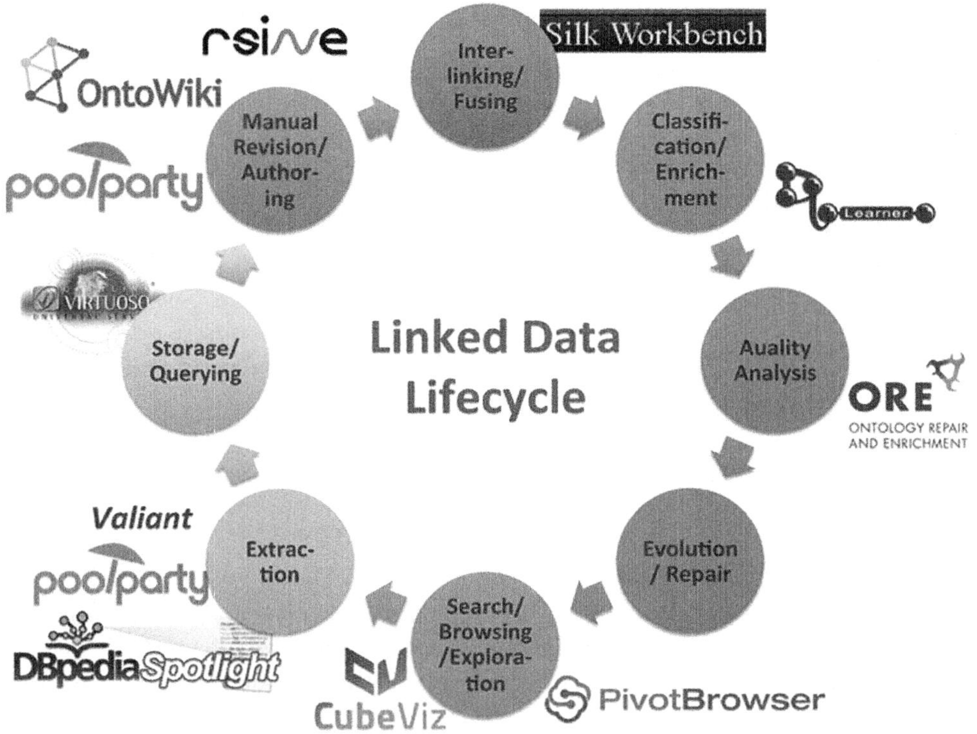

Abb. 10.2 LOD2 Tools im Media & Publishing Use Case

Dieser Toolstack deckt sich dabei fast vollständig mit dem Datenlebenszyklus in der Medienindustrie und die Anwendung einer Vielzahl von Tools (siehe Abb. 10.2) ist somit zumindest prototypisch im Use Case durchgeführt worden [3]. Deshalb stellt dieses Projekt eine Art „Spielwiese" für neuartige Nutzungsweisen von -in diesem Fall- juristischen Inhalten dar. Das hilft nicht nur den Projektpartnern bei der Verbesserung ihrer Anwendungen, sondern zeigt Wolters Kluwer und potentiellen Nutzern zugleich, in welcher Art der Toolstack in einer operativen Umgebung umgesetzt werden kann und welche Herausforderungen dabei zu Tage treten.

Während des Projekts wurden protypisch folgende Tools aus dem sehr viel umfangreicheren Toolstack[6] getestet: *Virtuoso*[7] dient als Triplestore für die Speicherung der semantischen Daten und ist generell der semantische Backbone für die Toolintegration.

Poolparty[8] ist ein Metadaten-Tool zum Management kontrollierter Vokabulare wie Thesauri, Klassifikationsschemata oder Taxonomien (siehe Abb. 10.3) [4]. Der Anwendung liegt das SKOS Format (Simple Knowledge Organisation System) zugrunde. Vom

[6] http://stack.lod2.eu, accessed 18 September 2014.

[7] http://virtuoso.openlinksw.com/, accessed 18 September 2014.

[8] http://www.poolparty.biz/, accessed 18 September 2014.

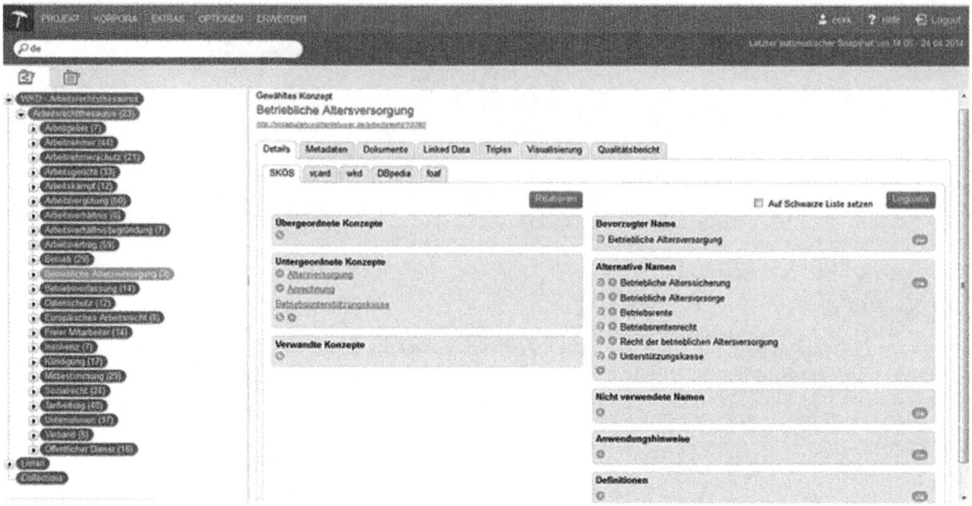

Abb. 10.3 Poolparty als Verwaltungstool für Thesauri und Taxonomien

Erstellen eines Vokabulars über die Anreicherung und Verlinkung mit externen Daten ist es letztlich möglich, diese zu pflegen, zu visualisieren [5] und zu veröffentlichen[9]. Die einfache Bedienbarkeit ermöglicht es dabei auch semantisch ungeübten Nutzern, Konzepte zu bearbeiten.

OntoWiki[10] ist ein Metadaten-Tool zum Bearbeiten graphbasierter Daten, die durch SPARQL-Queries über Virtuoso abgefragt werden. So wird das Anlegen, Editieren und Verlinken der Dokumentmetadaten möglich. Durch spezielle Anforderungen innerhalb des Use Cases entstand daraus *Pebbles*, eine für die spezifischen Bedürfnisse (insb. der Datenstruktur) von Wolters Kluwer individuell erweiterte und modifizierte Version von OntoWiki (siehe Abb. 10.4).

Das *rsine Notification Tool*[11] wird zur Benachrichtigung über Veränderungen innerhalb definierter Bereiche des Datensets genutzt. Bei mehreren Bearbeitern eines Datensets kann es so als Push-Mechanismus und zur Qualitätskontrolle genutzt werden. *Silk*[12] als Matchingtool ermöglicht es, zwei Datenquellen (über SPARQL, Cache, RDF Dump – also eine lokale Kopie der RDF-Daten) auf gleiche Inhalte zu untersuchen und diese zu verlinken. Silk besteht aus drei Arbeitsbereichen, in denen man i) Ressourcen konfigurieren, ii) Matching-Regeln definieren und iii) gefundene Matches evaluieren kann. Konfiguration und Evaluation sind auch für Anfänger leicht zu handhaben. Einzig die Definition der Matching-Regeln verlangt Kenntnisse über die Struktur der Datenquellen und generelles Wissen über Ähnlichkeitsalgorithmen.

[9] http://vocabulary.wolterskluwer.de/, accessed 18 September 2014.

[10] http://aksw.org/Projects/OntoWiki.html, accessed 18 September 2014.

[11] https://github.com/rsine/rsine, accessed 18 September 2014.

[12] http://wifo5-03.informatik.uni-mannheim.de/bizer/silk/, accessed 18 September 2014.

Abb. 10.4 Pebbles als prototypische Redaktionsoberfläche für RDF-Metadaten

ORE[13] (Ontology Repair and Enrichment) hilft, Inkonsistenzen in der Schemastruktur zu identifizieren. *Der DL-Learner*[14] kann in diesem Fall genutzt werden, um Schemata in Datensets zu identifizieren und diese für die Überprüfung mit ORE weiterzuverwenden. Durch diese Methode wurden im Use Case lückenhafte Daten sowie Transformationsfehler in den Datensets identifiziert.

Mit dem *Sindice Pivot Browser*[15] ist es möglich, zusammenhängende Daten über mehrere Dimensionen durch eine facettierte Suche zu analysieren. Diese Funktion eröffnet neue Einblicke in Datensets, ist aber natürlich stark abhängig von der Qualität der Datensätze, insbesondere von deren Konsistenz.

Cubeviz[16] ist ein facettierter Browser für statistische Daten. Er dient dazu, Dokumentstatistiken (im Use Case basierend auf mehr als 800.000 Dokumenten) entsprechend verschiedener Dimensionen wie Dokumenttyp, Rechtsgebiet oder Erscheinungsjahr etc. zu generieren.

DBpedia Spotlight[17] ist ein Entity Extraction Tool, das basierend auf DBpedia[18] oder auch auf anderen Ressourcen Entitäten aus Dokumenten extrahiert. Um für den spezifischen Use Case Ambiguitäten aufzulösen, bedarf es allerdings einer Anpassung (einerseits durch spezifische Einschränkungen, andererseits durch zusätzliche zugrunde liegende Vokabulare).

Mit Hilfe von Vokabularen in Poolparty kann *der Poolparty Extractor*[19] Entitäten aus Textdokumenten extrahieren. Vorteil der Methode für den Use Case ist die direkte Nutz-

[13] http://aksw.org/Projects/ORE.html, accessed 18 September 2014.

[14] http://aksw.org/Projects/DLLearner.html, accessed 18 September 2014.

[15] http://www.sindicetech.com/pivotbrowser.html, accessed 18 September 2014.

[16] http://aksw.org/Projects/CubeViz.html, accessed 18 September 2014.

[17] https://github.com/dbpedia-spotlight/dbpedia-spotlight/wiki, accessed 18 September 2014.

[18] http://de.dbpedia.org/, accessed 18 September 2014.

[19] http://www.poolparty.biz/, accessed 18 September 2014.

barkeit eines domänenspezifischen Vokabulars, wodurch Ambiguitäten in der Entitätenextraktion minimiert werden können.

Valiant ist ein relativ einfaches Transformationstool, mit dem die XML-basierten Daten im Batchmodus per XSLT-Script in RDF umgewandelt wurden.

Die *LOD Management Suite*[20] ist ein Verwaltungstool zur Durchführung von ETL-Jobs (Extract-Transform-Load).

Das LOD2-Projekt endete im September 2014; allerdings werden Teile des Stacks inzwischen kommerziell vertrieben und andere Teile werden in Nachfolgeprojekten wie GeoKnow[21] weiterentwickelt. Bei einigen Tools werden die Nutzungsszenarien zunächst prototypisch bleiben, andere Tools haben inzwischen auch Eingang in die operativen Systeme von Wolters Kluwer gefunden. Details dazu werden im nächsten Abschnitt näher erläutert.

10.4 Status der angestrebten technischen Gesamtinfrastruktur

Das hier unten dargestellte Infrastrukturdiagramm (siehe Abb. 10.5) hat sich als Blaupause, d. h. als sehr konkrete Beispielimplementierung, in der Diskussion mit Verantwortlichen innerhalb des Unternehmens Wolters Kluwer, aber auch mit externen Dienstleistern, potentiellen Partnern oder generell am Thema Interessierten sehr bewährt.

Oben ist der Bereich Content Management, also die Akquisition, Konvertierung, Anreicherung und Speicherung von Informationen dargestellt. Unten ist der Anwendungsaspekt dieser Inhalte in einer Suchumgebung dargestellt, also die Indexierung sowie die gesamte Aufbereitung der Sucheingabe und die Darstellung der relevanten Treffer am Ende.

Im Einzelnen ist der Hauptworkflow der Informationen wie folgt:

Neue Dokumente im XML-Format werden in den Aufnahmeprozess geladen. Dieses XML wird im CMS gespeichert. Parallel werden vorhandene Metadaten aus dem XML extrahiert sowie weitere Metadaten wie Entitäten oder Themen über Klassifikationsmechanismen generiert. Alle Metadaten werden in der Metadatendatenbank gespeichert, wobei man zwei Arten von Metadaten unterscheiden muss. Zum einen sind es Metadaten wie Themen, Dokumenttypen, Gerichte, etc., die einer strengen Kontrolle und Normalisierung unterliegen. Diese werden im Thesaurusmanager verwaltet, wogegen in der Datenbank selbst nur die technischen Identifier und nicht die Klartextnamen gespeichert werden. Dies hat den Vorteil, dass sich diese Namen im Thesaurusmanager verändern und weiterentwickeln lassen, ohne gleichzeitig Änderungen in der Datenbank vornehmen zu müssen. Zum anderen sind dort Metadaten enthalten, die geringer oder keiner semantischen Kontrolle unterliegen, wie z. B. freie Schlagwörter oder Datumsangaben. Das dritte Element in der Datenbank sind die Beziehungen der einzelnen Informationen untereinander, was im End-

[20] https://github.com/lodms, accessed 18 September 2014.

[21] http://geoknow.eu/Welcome.html, accessed 18 September 2014.

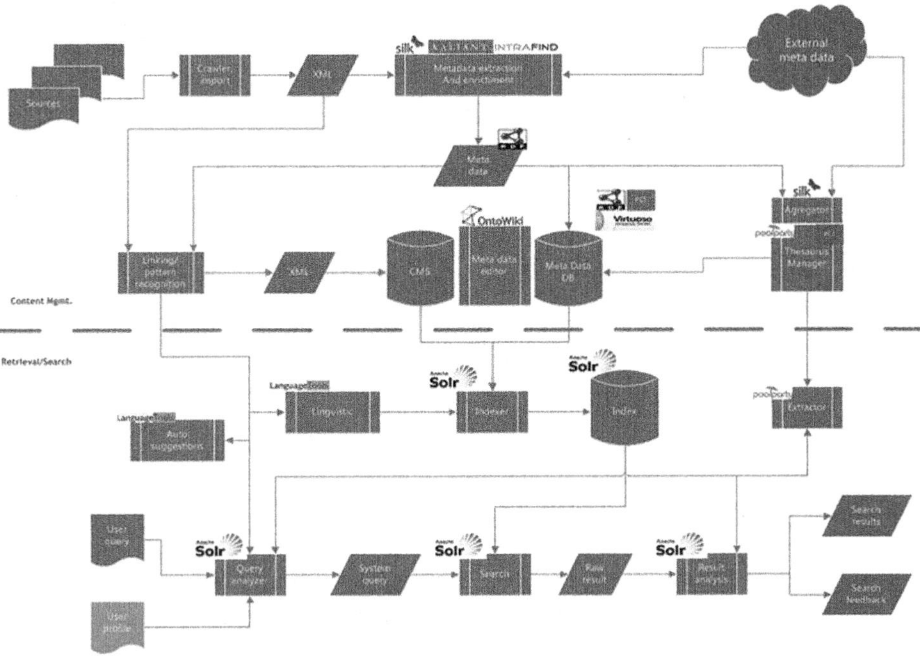

Abb. 10.5 Infrastrukturdiagramm zur Contentverarbeitung

effekt in der Gesamtschau zu einem übergreifenden domänenspezifischen semantischen Netzwerk führt.

Neben Tools aus dem Linked Data Stack wie Virtuoso, PoolParty oder OntoWiki sind weitere Komponenten explizit genannt. Diese umfassen klassische Suchtechnologien wie SolrCloud[22], Klassifikationsverfahren wie den TopicFinder von IntraFind[23] oder auch Linguistikpakete wie die von Language Tools[24].

Aus der Zusammenschau wird klar, dass eine vollständige Implementierung der gesamten Datenpipeline (und auch diese Grafik wird sich die nächsten Monate und Jahre ständig weiterentwickeln!) viel komplexer ist als die klassische auf reine Produktion optimierte sequenzielle Abfolge in Verlagen. Andererseits ermöglicht eine solche Infrastruktur erst, die Rolle als Informationsdienstleister auch in Zukunft ausfüllen zu können.

Eine weitere grundsätzliche konzeptionelle Weiterentwicklung dieser Architektur gegenüber der klassischen Contentverarbeitung ist die Trennung von Text einerseits und den Informationen andererseits. Texte werden im CMS abgelegt, die Informationen selbst dagegen in der Metadatendatenbank und im Thesaurusmanagementsystem, inklusive der Verknüpfung mit externen Datenquellen. Dies hat den großen Vorteil, dass zum ersten Mal eine Domänenwissensdatenbank aufgebaut werden kann. Alle Informationen sind

[22] https://cwiki.apache.org/confluence/display/solr/SolrCloud, accessed 18 September 2014.

[23] http://www.intrafind.de/, accessed 18 September 2014.

[24] http://www.language-tools.com/, accessed 18 September 2014.

einmalig an einer Stelle maschinenlesbar hinterlegt und nicht wie früher redundant in verschiedenen Datenbanken beziehungsweise in den einzelnen XML-Dokumenten enthalten. Somit führt jede Qualitätsverbesserung und jede Anreicherung mit einer neuen externen Quelle automatisch zur Verbesserung des Gesamtsystems, da neue wertvolle Informationen sofort und direkt in den Kreislauf eingebunden werden können.

Erfahrungsgemäß laufen solche innovativen Projekte nicht reibungslos ab. Einige Hauptherausforderungen werden im nächsten Abschnitt gelistet. Vieles davon ist noch nicht vollständig gelöst, da es notwendig ist, neue Prozesse intern und mit externen Partnern zu etablieren.

10.5 Herausforderungen bei der Umsetzung

Die Entwicklung der beschriebenen Infrastruktur war und ist von vielen Herausforderungen begleitet, die oft erst im Nachhinein in ihrer ganzen Tragweite sichtbar wurden. Es mussten neue Technologien erlernt, neue Denkweisen entwickelt und ein neues Miteinander im Umgang mit Informationen erarbeitet werden.

Einige wenige zentrale Herausforderungen, nämlich der Umgang mit Komplexität in der Datentransformation, die Beurteilung der verwendeten Technologien und die Reflektion auf die vorhandenen Informationen sollen hier kurz beleuchtet werden.

Das Ziel der Datentransformation ist es, das Wissen über die Inhalte explizit, möglichst vollständig standardisiert und am Ende in einer maschinenlesbaren Form gespeichert zu haben. Gerade an diesem Prozess lässt sich gut beobachten, dass die vorhandene Organisation Maßnahmen in diesem Bereich aus sich heraus oftmals nicht leisten kann und somit entsprechend den gesetzten Zielen angepasst werden muss. Ein konkretes Beispiel ist hier die Entwicklung ganz neuer Jobprofile, wie die des Data Engineers, der sich um die Integration der internen mit den externen Informationen kümmert. Diese Aufgabe umfasst die Suche nach passenden Datenquellen, die Etablierung einer (wo immer möglich) direkten Kommunikation mit dem Datenproduzenten und die Entwicklung eines Prozesses zur Datenintegration inklusive eines regelmäßigen Aktualisierungs- und Datenbereinigungsworkflows.

Wie bereits gezeigt, ist die Semantic Web Technologie prädestiniert für die Nutzung im Umfeld von Informationsdienstleistern wie Wolters Kluwer. Dies bedeutet allerdings nicht, dass man von einer Plug&Play-Nutzung ausgehen kann. Dies liegt zum einen an der generell immer noch relativ jungen Disziplin des Semantic Web, so dass viele Tools aus dem akademischen Umfeld kommen und nicht für eine industrielle Nutzung gedacht sind. So sind häufig die nötigen Rahmenbedingungen wie professioneller Support oder die Sicherheit einer kontinuierlichen Weiterentwicklung nicht oder nicht vollständig gegeben. Zum anderen haben diese Tools eine Historie, entstammen also oft einer konkreten Idee innerhalb eines konkreten Use Cases und sind deshalb selten generisch genug, um sie in einem anderen Szenario uneingeschränkt nutzen zu können. Dies zeigt sich dann, wenn man z. B. mit großen Datenmengen statt mit „Spieldaten" arbeiten will und das System plötzlich nicht mehr performant arbeitet oder wenn man Nutzer hat, die nicht selbst Softwareentwickler sind, so dass sie mit den Tools als Arbeitsumgebung nicht ohne weiteres zurechtkommen.

Im klassischen Contentverarbeitungsprozess werden Informationen wie z. B. Metadaten als „Anhängsel" wahrgenommen und behandelt, die für eine effiziente digitale Nutzung zwar notwendig, aber eigentlich aus strategischer Sicht nicht zentral sind. Dies spiegelt sich oftmals in der Qualität und Inkonsistenz der Daten wider. Ein Businessprozess, der sich contentunabhängig mit Metadaten befasst – z. B. deren Anreicherung durch externe Informationsquellen – existiert in der Regel nicht (siehe Beschreibung Jobprofil oben). Daraus ergeben sich eine Vielzahl von neuen Prozessschritten, von der Entwicklung eines passenden Datenschemas, über die Qualitätssicherung und Standardisierung vorhandener Daten bis zur Entwicklung einer Strategie im Umgang mit offenen Daten und dem damit verbundenen Ökosystem unter Einbeziehung der dort aktiven Community.

Diese drei Beispiele sollen zeigen, dass man Semantic Web Projekte zwar klein anfangen kann und meist auch sollte (!) – man sich aber im Endeffekt in einen grundlegenden Change-Management-Prozess begibt, der sowohl die Technologie, als auch die Kundenanwendungen und die internen Prozesse und Organisation betrifft. Dies ist nicht den Technologien selbst geschuldet, sondern vielmehr der Tatsache, dass genau diese grundsätzlichen Veränderungen notwendig sind, um in dieser Branche auch zukünftig eine solide Geschäftsbasis haben zu können.

10.6 Öffnung neuer Datenquellen

Aus der Darstellung der Infrastruktur ergeben sich zwei große Synergiepotentiale, zum einen die stärkere Integration der vorhandenen Wissensmodule, zum anderen die effiziente Integration zusätzlicher externer Wissensquellen.

Letzteres stellt einen zentralen Hebel für den beschriebenen Transformationsprozess dar, da man einerseits nicht das ganze Wissen selber generieren und pflegen muss und andererseits durch die Verknüpfung der internen und externen Quellen untereinander neue Assets und Distributionskanäle aufbaut, die man in Zukunft monetarisieren kann.

Konkrete Erfahrungen, z. B. mit der Deutschen Nationalbibliothek[25] oder dem Amt für Veröffentlichungen der Europäischen Union[26] (siehe Abb. 10.6) zeigen, dass in der jetzigen initialen Phase des Entstehens einer Datenökonomie der direkte Kontakt aller Beteiligten unbedingt notwendig ist, um Reibungsverluste zu minimieren und Synergieeffekte zu maximieren. Im Rahmen dieser Datenökonomie wird es eben nicht mehr nur um die reine Publikation im Sinne von „zur Verfügung stellen" von Daten gehen. Es steht vielmehr eine bessere Integration im Vordergrund, was in der Regel auch einen Rückkanal erfordert, der derzeit noch so gut wie nirgends implementiert ist. Dieser Rückkanal wird

[25] http://www.dnb.de/, accessed 18 September 2014.

[26] http://publications.europa.eu/, accessed 18 September 2014.

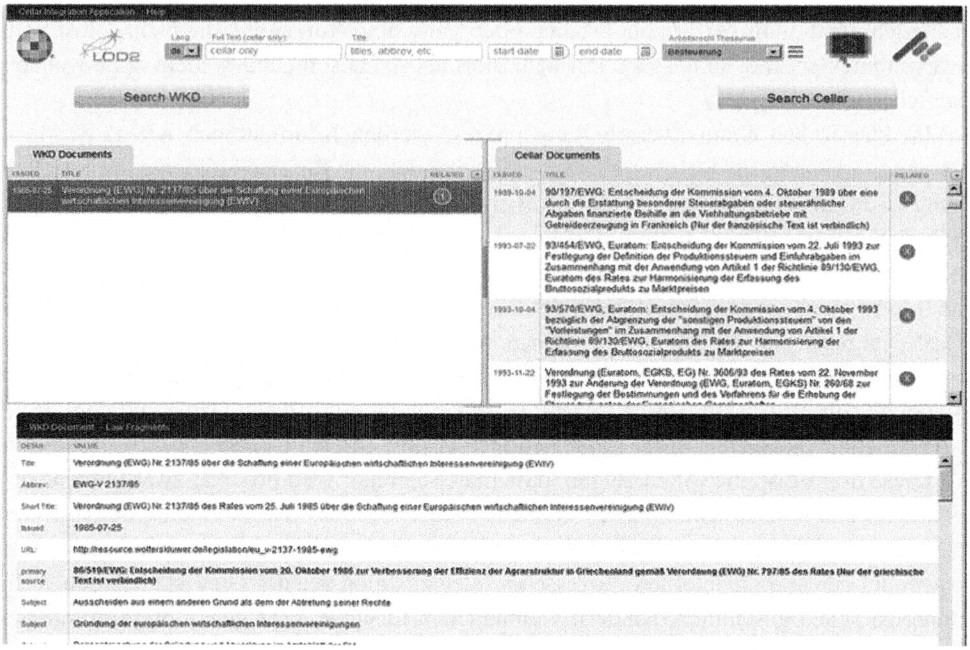

Abb. 10.6 Prototyp zur Verknüpfung von Verlagsdaten mit EU-Daten

benötigt, da z. B. die Datennutzung schnell zu neuen Anforderungen bezüglich Menge und Qualität der Daten führen kann oder auch Fehler und Unzulänglichkeiten viel einfacher gemeldet beziehungsweise über Crowdsourcing-Mechanismen teilweise schon direkt behoben werden können. Ein weiterer kritischer Punkt ist die Einhaltung von Rahmenbedingungen bei der Datenpublikation. Dazu gehören Informationen zu Lizenzen und zu Governance, aber auch eine ausreichende Dokumentation bezüglich Service Level Agreements und genereller Qualitätsstandards [6]. Die Veröffentlichung der Informationen in Semantic Web Standards ist eben nicht einfach nur ein zusätzliches Publikationsformat unter vielen, sondern erfordert durch die „Semantifizierung" der Informationen eigene Mechanismen und Qualitätssicherungsprozeduren.

Einen weiteren Aspekt stellt der kooperative Umgang mit der Open Data Community dar, d. h. der an Offenen Daten Interessierten und Beteiligten wie Publisher oder Entwickler. Es ist unbestritten, dass in der systematischen Öffnung bereits vorhandener öffentlicher Daten ein großes wirtschaftliches Potential steckt. Dieses Potential kommt unter anderem neben den Verwaltungen selber gerade auch Informationsdienstleistern wie Wolters Kluwer zugute. Somit muss die Branche ein großes Interesse daran haben, die Open Data Community nachhaltig zu unterstützen. Wolters Kluwer z. B. veröffentlicht selbst Daten mit einer freien Lizenz[27] und kooperiert zugleich wie oben beschrieben mit großen Playern, um gemeinsam am zukünftigen Ökosystem zu arbeiten. Weiteren, direk-

[27] http://vocabulary.wolterskluwer.de/, accessed 18 September 2014.

ten Aktivitäten in Form von neuen Forschungsprojekten, z. B. im Rahmen von Horizon 2020, steht Wolters Kluwer sehr offen und positiv gegenüber.

Trotzdem ist die freie und unentgeltliche Veröffentlichung von Informationen noch immer fast ein Novum im traditionellen Publishingmarkt. Hier müssen Vorbehalte und historisch bedingte Ängste aufgegriffen und eine proaktive Informationspolitik über die Vorteile für die gesamte Branche initiiert werden. Eine erfolgreiche Entwicklung neuer Geschäftsmodelle, wie hier ansatzweise beschrieben, wird letztendlich der beste Hebel für diesen Prozess sein.

10.7 Weitere Planung

Die Entwicklung einer generischen Architektur auf Basis von Modularisierung, Open Source Technologien und weltweiten Standards wie RDF ermöglichen es, die weitere Entwicklung zügig voranzutreiben.

Somit erfolgt in der nächsten Phase die weitere Integration der Komponenten untereinander, die Verbesserung der semantischen Suche in der Anwendung sowie der potentielle Rollout in weitere Länder mit weiteren Datenquellen.

Bei der Entwicklung der Infrastruktur wurde sehr schnell klar, dass sich viele Komponenten gegenseitig sehr gut ergänzen und befruchten. Die Kopplung des Thesaurusmanagements mit der Metadatendatenbank oder auch mit der Verarbeitung der Suchanfrage waren erste Schritte. Als nächstes wird die Linguistikkomponente im Fokus stehen. Sie kann nicht nur im Bereich der Suchinterpretation sinnvoll genutzt werden, sondern z. B. auch bei der Suchtreffergewichtung, der Dokumentenklassifizierung oder auch bei der Weiterentwicklung der Thesauri und der Metadaten im Allgemeinen.

Wie am Anfang des Kapitels erläutert, stellt die hier erarbeitete Infrastruktur eine Basis für neuartige Geschäftsmodelle dar. Dies gilt natürlich auch für einen Konzern wie Wolters Kluwer als Ganzes, der Kunden in mehr als 175 Ländern betreut. Somit werden demnächst erste Tests unternommen, inwieweit diese Architektur länderübergreifend eingesetzt werden kann, insbesondere welche Komponenten für den Einsatz in neuen Ländern und Sprachen relativ einfach adaptiert werden können und welche ausgetauscht werden müssen.

Grundsätzlich scheint die aufgezeigte Architektur stabil und skalierbar zu sein. Allerdings ist das derzeit implementierte semantische Netz noch verhältnismäßig klein und die Arbeit damit steht erst am Anfang. Dies liegt wie beschrieben sowohl an den damit verbundenen organisatorischen Herausforderungen als auch in der noch nicht sehr umfangreichen Anzahl nutzbarer Quellen. Beides wird sich allerdings in absehbarer Zeit weiterentwickeln, so dass mit einem massiven Ausbau der Wissensnetze zu rechnen ist. Aktuell müssen daher Verfahren entwickelt werden, um sicherzustellen, dass die Infrastruktur auch mit diesen zukünftigen Datenmengen effizient und performant umgehen kann.

10.8 Zusammenfassung und Ausblick

In diesem Kapitel wurde beschrieben, wie ein global aufgestellter Informationsdienstleister wie Wolters Kluwer mit Hilfe von Semantic Web Technologien auf die Disruption seiner bisherigen Geschäftsmodelle und Distributionskanäle reagiert.

Ein zentrales Modul stellt dabei der Aufbau einer Domänenwissensdatenbank dar, die viele geschäftskritische Prozesse von der Kundengewinnung, über die Angebotserstellung bis zur Personalisierung in einer konkreten Anwendung unterstützen kann.

Zentrale Komponenten dieser Datenbank und ihre Einbettung in ein Gesamtökosystem wurden näher beschrieben, wobei auch zentrale Herausforderungen in diesem Prozess näher beleuchtet wurden.

Der letzte Abschnitt listete die nächsten Schritte in diesem mit Sicherheit noch mehrere Jahre andauernden Entwicklungs- und Anpassungsprozess auf.

Es bleibt festzuhalten, dass die beschriebenen Herausforderungen symptomatisch für die gesamte Branche sind; und auch darüber hinaus stellen sich ähnliche Herausforderungen überall dort, wo mit größeren Mengen an Informationen umgegangen werden muss. Somit stammt dieser Use Case zwar aus der Medienbranche, ist aber keinesfalls darauf beschränkt.

Literatur

1. Auer, S., V. Bryl, und S. Tramp. 2014. *Linked open data – creating knowledge out of interlinked data, lecture notes in computer science*. Cham: Springer.
2. Auer, S., L. Bühmann, C. Dirschl, O. Erling, M. Hausenblas, R. Isele, J. Lehmann, M. Martin, P. Mendes, B. van Nuffelen, C. Stadler, S. Tramp, und H. Williams. 2012. Managing the life-cycle of linked data with the LOD2 stack. Proceedings of the 11st International Semantic Web Conference (ISWC), Springer.
3. Dirschl, C., K. Eck, J. Lehmann, L. Bühmann, und S. Auer, Facilitating data-flows at a global publisher using the LOD2 stack. Submitted to the Semantic Web journal.
4. Lassila, O., und D. L. McGuiness. 2001. *The role of frame-based representation on the semantic web, knowledge systems laboratory report KSL-01-02*. Palo Alto: Stanford University Press.
5. Lee, S., P. Kim, D. Seo, J. Kim, J. Lee, H. Jung, und C. Dirschl. 2011. Multi-faceted navigation of legal documents. International conference on and 4th international conference on cyber, physical and social computing.
6. Pellegrini, Tassilo. 2014. Linked Data Licensing – Datenlizenzierung unter netzökonomischen Bedingungen. In *Transparenz. Tagungsband des 17. Internationalen Rechtsinformatik Symposium IRIS 2014,* Hrsg. E. Schweighofer, F. Kummer, und W. Hötzendorfer, 159–168. Wien: Verlag der Österreichischen Computergesellschaft.

Christian Dirschl MA studierte Informationswissenschaften an der Universität Regensburg. Er ist derzeit Bereichsleiter Content Strategy bei Wolters Kluwer Deutschland GmbH. Seit mehr als 20 Jahren beschäftigt er sich mit Suche, Browsing und Navigation in Informationssystemen. Er arbeitet seit ca. sieben Jahren an den Themen automatische Klassifikation von Texten und Semantic Web. Seine weitere Fachschwerpunkte sind die Architektur von Informationssystemen, inkl. Content Management Systeme, XML, Domänentaxonomien und Thesauri. Er leitete den „Media and Publishing" Use Case im sehr erfolgreichen und von der EU geförderten Semantic Web Projekt LOD2.

Katja Eck MA studierte Internationales Informationsmanagement mit dem Schwerpunkt Informationswissenschaft an der Universität Hildesheim. Seit 2011 arbeitet sie als Content Architect im Bereich Content Strategy der Wolters Kluwer Deutschland GmbH. Sie beschäftigte sich im sehr erfolgreichen und von der EU geförderten Semantic Web Projekt LOD2 mit der Nutzung semantischer Technologien für juristische Fachinformationen. Seitdem ist sie an der Integration semantischer Anwendungen für die Verbesserung von Produktionsprozessen beteiligt.

11 Semantische Technologien für Mobilfunkunternehmen

Der Schlüssel zum Erfolg?

Abdulbaki Uzun und Gökhan Coskun

1. Die semantische Modellierung von Mobilfunknetzdaten kann sich als Alleinstellungsmerkmal erweisen, das es Telekommunikationsanbietern ermöglicht, (erneut) in den Markt der Dienstanbieter vorzudringen.
2. Jegliche Sammlung und Verwendung von Daten mittels eines *Crowdsourcing*-Ansatzes erfordert die Definition klarer Datenschutzrichtlinien, die detailliert wiedergeben, welche Daten für welche Zwecke gesammelt und verwendet werden. Hierbei muss den Nutzern eine *Opt-in/Opt-out*-Möglichkeit bereitgestellt werden.
3. Für die Erstellung einer Anwendung, die auf Ortsdaten zugreift und diese anreichert, ändert oder speichert, muss auf offene Datenbanken (wie etwa *OpenStreetMap*) ausgewichen werden, da kommerzielle Anbieter ihre qualitativ hochwertigen Daten nicht zur Speicherung, Anreicherung oder Änderung freigeben.
4. Die Konzepte von *Linked Data* und die Nutzung eines einheitlichen Datenformats (*RDF*) ermöglichen eine einfache Art der Verknüpfung von Mobilfunknetzdaten mit freien und öffentlich zugänglichen Datenquellen und erleichtern die Datenabfrage mittels *SPARQL*.

A. Uzun (✉) · G. Coskun
Service-centric Networking, Telekom Innovation Laboratories, Technische Universität Berlin, Ernst-Reuter-Platz 7, 10587 Berlin, Deutschland
E-Mail: abdulbaki.uzun@telekom.de

B. Ege et al. (Hrsg.), *Corporate Semantic Web*, X.media.press,
DOI 10.1007/978-3-642-54886-4_11

11.1 Einleitung

Mobilfunkunternehmen haben zu ihrer Anfangszeit den Bedarf mobiler Kommunikation allein mithilfe von ortsunabhängiger Telefonie adressiert. Dementsprechend waren die Netze für diesen Dienst optimiert und grundsätzlich keine Trennung zwischen Netzbetreiber und Dienstanbieter möglich. Der Erfolg des Internets und der darauf basierten Datendienste führte zu einer sukzessiven Anpassung der Mobilfunknetze, so dass heutzutage mobile Verbindungsgeschwindigkeiten möglich sind, die mit denen der Festnetze vergleichbar sind.

Die Bereitstellung der Datenkonnektivität sorgte für eine Entkopplung der Netzbetreiber und Dienstanbieter und führte die Mobilfunkunternehmen in ein Dilemma. Denn dadurch wurden sie von Dienstanbietern zu sogenannten *Bit Pipes* degradiert, die nur noch die Infrastruktur zur Verfügung stellen, auf der diese Dienste aufbauen. Dies hat zur Folge, dass der Anteil der Telekommunikationsanbieter am Gesamtvolumen des Marktes stetig sinkt, während die Dienstanbieter den Hauptanteil für sich verbuchen können. Letztere sind netzunabhängige und vor allem global wirtschaftende Unternehmen aus dem Bereich der Informationstechnologie wie z. B. *Google*[1] oder *Facebook*[2]. Aufgrund ihrer frühzeitigen netzwerkagnostischen Fokussierung auf die Dienste haben sie gegenüber den Mobilfunkunternehmen einen signifikanten Vorsprung aufgebaut.

In Anbetracht dieses wirtschaftlichen Drucks besteht die Herausforderung nun darin, neue und innovative Dienste zu entwickeln, die die Konkurrenzfähigkeit der Netzbetreiber stärken und sie wieder zunehmend zu Dienstanbietern und *Service Enablern* werden lassen. Dabei gilt es, die existierenden Daten, Technologien und Infrastrukturen der Mobilfunknetze, welche nur die Netzbetreiber besitzen, in geeigneter Weise zu verwerten. Denn nur so kann der Vorsprung aktueller Dienstanbieter wirksam angegangen werden. Beispielsweise werden die Daten zur Netzinfrastruktur und -topologie fast ausschließlich zum Zwecke der Netzplanung und -bereitstellung verwendet. Dabei können sich vor allem diese Daten in Anbetracht der großen Verbreitung von Smartphones und des (fast) überall verfügbaren Internetzugangs als Alleinstellungsmerkmal erweisen, das es den Netzbetreibern ermöglicht, (erneut) in den Markt der Dienstanbieter vorzudringen. Weiterhin können diese Daten mithilfe von semantischen Technologien mit öffentlich verfügbaren Informationsquellen verknüpft, angereichert und veredelt werden, so dass die größtmögliche Wertschöpfung erreicht werden kann.

In diesem Kapitel beleuchten wir den Mehrwert semantisch angereicherter und verknüpfter Mobilfunknetzdaten für neue innovative Dienste. Wir gehen der Frage nach, ob der Einsatz semantischer Technologien in Mobilfunkunternehmen ein Schlüsselfaktor für den Erfolg sein kann. Dazu stellen wir die offene semantische Datenplattform *OpenMobileNetwork*[3] vor, die die Möglichkeiten einer semantischen Verknüpfung von

---

[1] http://www.google.com/, letzter Zugriff: 22.09.2014

[2] http://www.facebook.com/, letzter Zugriff: 22.09.2014

[3] http://www.openmobilenetwork.org/, letzter Zugriff: 18.09.2014

Mobilfunknetzdaten mit weiteren offenen Datenquellen zur Umsetzung verschiedener Dienste im Umfeld des Mobilfunkbetreibers darstellt. Weiterhin zeigen wir die Machbarkeit innovativer Dienste anhand der *Context Data Cloud for Android (CDCApp)*[4] Anwendung auf.

11.2 Datenbasierte Mehrwertdienste für Mobilfunkbetreiber

Die betriebswirtschaftliche Verwertung existierender Daten ist Gegenstand unterschiedlicher Wissenschaftsdisziplinen und Forschungsvorhaben. In diesem Zusammenhang sind der neuartige Ansatz des *Corporate Semantic Web* [1] und die Prinzipien von *Linked Data* [2] sehr vielversprechend, um eigene Daten mit öffentlich verfügbaren Informationsquellen derart zu verknüpfen und anzureichern, so dass sowohl neue Zusammenhänge erkennbar als auch weiterführende Erkenntnisse schließbar sind.

Die aus den Mobilfunknetzen stammenden Daten können auch mithilfe von semantischen Technologien, *Open Data* im Allgemeinen und den in der *Linking Open Data (LOD) Cloud*[5] enthaltenen Informationen im Speziellen, angereichert und bearbeitet werden. Unter der Voraussetzung, dass Richtlinien hinsichtlich Privatsphäre und Datenschutz eingehalten werden, kann das immense Datenaufkommen in Mobilfunknetzen dazu genutzt werden, einen Mehrwert auf Basis von *Data* und *Location Analytics* zu generieren und Mobilfunkanbieter als *Service Enabler* für innovative Dienste zu etablieren. Die zugrunde liegenden Daten beinhalten Informationen bezüglich der Standorte und Abdeckungsbereiche von Basisstationen, Nutzerbewegungen in Mobilfunkzellen, Datenverkehr, Nutzungsstatistiken von mobilen Diensten, aber auch der technischen Eigenschaften der verbundenen Smartphones. Diese veredelten und mit Semantik angereicherten Daten können ein wertvolles Gut und einen informationstechnischen Vorteil für die Netzbetreiber darstellen, den es zu nutzen gilt. In diesem Rahmen ergibt sich eine Vielzahl von Verwertungsszenarien, von denen hier drei hervorgehoben werden sollen.

11.2.1 In-House-Dienste

Netzbetreiber können ihre Netze in Bezug auf Kosteneinsparung und *Quality of Experience (QoE)* optimieren. Ein Beispiel hierfür wurde im Projekt *Communicate Green*[6] untersucht.

Heutige Mobilfunknetze sind für große Datenmengen vorgesehen und bieten Mobilfunknutzern in einem 24/7-Betrieb auch zu Spitzenlastzeiten gute Konnektivität und

[4] https://play.google.com/store/apps/details?id=org.contextdatacloud.app, letzter Zugriff: 18.09.2014

[5] http://www.lod-cloud.net/, letzter Zugriff: 18.09.2014

[6] http://www.communicate-green.de/, letzter Zugriff: 18.09.2014

schnelle Datenübertragung. Jedoch werden die Kapazitäten dieser Netze vor allem in einigen ländlichen Gebieten oder zu bestimmten Tageszeiten, wie etwa nachts, nicht annähernd ausgereizt. Werden Basisstationen in den Funkzugangsnetzen dem Kapazitätsbedarf entsprechend adaptiv und kontextbasiert de- und reaktiviert, können sowohl Energie als auch Kosten eingespart werden.

Für die Umsetzung eines solchen Energiemanagements ist die Verknüpfung verschiedener Datenquellen unabdingbar. Hierzu gehören unter anderem Informationen über die Mobilfunknetzinfrastruktur (wie z. B. Positionen, Abdeckungsbereiche und Technologien von Basisstationen) in Kombination mit dynamischen Netz- und Nutzerkontextdaten wie etwa Zellauslastungsprofilen, die Anzahl der Nutzer einer Mobilfunkzelle oder Nutzerbewegungen auf Zellebene. Darüber hinaus sind für die Realisierung von komplexen Netzoptimierungsstrategien Informationen über beliebte Orte und Sehenswürdigkeiten (*Points of Interest*, abgekürzt *POI*), Großveranstaltungen oder Wettervorhersagen von besonderer Bedeutung [3].

So kann der Netzbetreiber Mobilfunkzellen mit Sehenswürdigkeiten sowie Veranstaltungsorten (bspw. aus *OpenStreetMap*[7] oder *LinkedGeoData*[8]) in Relation setzen und in Abhängigkeit der Spielzeiten von Sportmannschaften (z. B. aus *Linked Soccer Data* [4]) oder angekündigten Konzerten das Mobilfunknetz proaktiv anpassen, so dass der rapide ansteigende Bedarf an Bandbreite vor und während des Großevents am entsprechenden Veranstaltungsort erfasst sowie befriedigt werden kann und danach Mobilfunkzellen wieder in den Ruhemodus überführt werden können.

11.2.2 B2B-Dienste

Daten zu POIs und Veranstaltungen sind in der Regel statischer Natur und bestehen hauptsächlich aus einem Namen, Geokoordinaten, einer Adresse und Öffnungszeiten. Reichert man diese statischen Daten mit dynamischen Kontextparametern (wie beispielsweise der Anzahl der Nutzer, die eine Veranstaltung besucht haben, den Wetterbedingungen zu der Zeit des Besuches, der Information darüber, ob es ein Feiertag, Wochenende oder ein Werktag war) an und verknüpft diese erneut mit den Topologie- und Signalisierungsdaten im Mobilfunknetz, eröffnen sich neue Geschäftsmöglichkeiten für den Mobilfunkanbieter.

Durch wohldefinierte Schnittstellen kann der Netzbetreiber Dritten *Data* und *Location Analytics* Informationen (siehe Abb. 11.1) für bestimmte Mobilfunknetzregionen im Rahmen einer B2B-Geschäftsbeziehung zur Verfügung stellen. So können unter anderem Geschäfte (anonymisierte und aggregierte) Daten in Bezug auf die an ihrem Geschäft vorbeilaufende Kundschaft (wie z. B. Verteilung auf verschiedene Altersgruppen oder Verweildauer) in Erfahrung bringen und ihr Inventar oder ihre Schaufenster und Werbeflächen dementsprechend anpassen.

---

[7] http://www.openstreetmap.org/, letzter Zugriff: 18.09.2014

[8] http://www.linkedgeodata.org/, letzter Zugriff: 18.09.2014

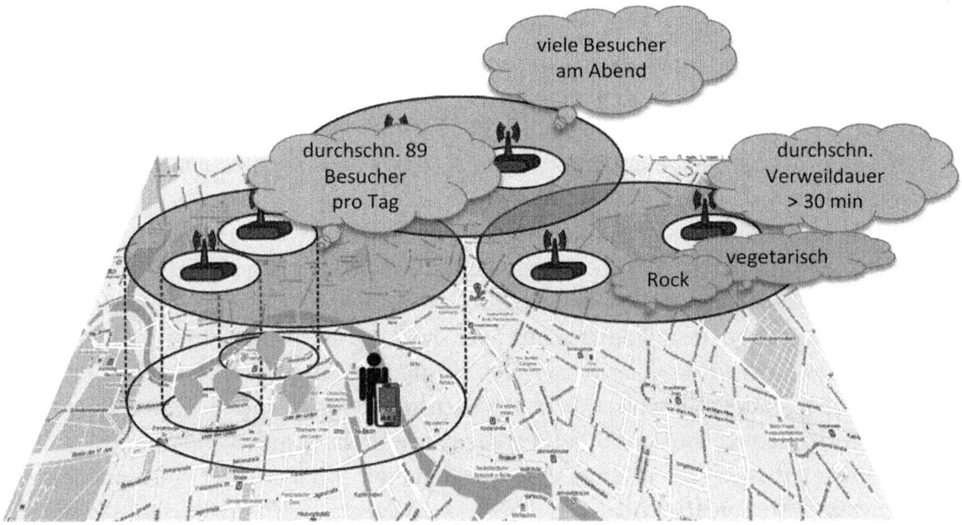

Abb. 11.1 B2B-Dienste – Location Analytics

11.2.3 B2C-Dienste

Im Gegensatz zu klassischen ortsbasierten Diensten verfolgen proaktive ortsbasierte Dienste die Route des Nutzers mittels einer Smartphone-Applikation im Hintergrund, um bei Erreichen eines Ortes eine bestimmte Aktion auszulösen. Diese Aktion kann von der Empfehlung eines Restaurants bis hin zur Benachrichtigung von Freunden in der Nähe variieren. Dazu werden Orte mittels sogenannter *Geofences* (Polygone, die einen geographischen Bereich definieren) „umzäunt", so dass bei Betreten oder Verlassen eines *Geofences* diese Aktion ausgelöst werden kann.

Die Modellierung solcher *Geofences* für die Umsetzung eines bestimmten proaktiven ortsbasierten Dienstes erfordert jedoch erheblichen manuellen Aufwand. Das „Umzäunen" aller Restaurants oder Cafés einer bestimmten Kette in einem Land mittels visueller Editoren oder *Geofencing APIs* bspw. ist relativ zeitaufwendig. Zudem kommt noch hinzu, dass die Dienste hauptsächlich auf geographische Daten in Form von *World Geodetic System (WGS84)* Koordinaten basieren, ohne dabei die Semantik eines Aufenthaltsortes zu berücksichtigen. Semantisch angereicherte Informationen zu einem Ort wie z. B. nutzerspezifische Ortskategorisierungen (z. B. Wohnung, Arbeit oder Schule), Veranstaltungen in der Nähe, die Beziehung zu anderen Nachbarorten und Bezirken oder der Typ des Aufenthaltsortes können aber einen erheblichen Mehrwert bei der Bereitstellung solcher Dienste bieten. Zum Beispiel mag die lange Aufenthaltszeit im Restaurant eine positive Aussage über jenes treffen, wobei dieselbe Aufenthaltszeit beim Friseur eher gegen diesen sprechen würde.

Mittels einer semantischen Anreicherung und Verknüpfung der Netztopologiedaten mit weiteren Datenquellen wie etwa POIs, Veranstaltungen, aber auch nutzerspezifischen Informationen zu Orten kann der Netzbetreiber innovative ortsbasierte Dienste und Schnittstellen anbieten, die sich von anderen vorhandenen Diensten der Konkurrenz abheben. Über die semantischen sowie geographischen Relationen zwischen Mobilfunkzelle, WLAN Access Point und POI kann das Mobilfunkunternehmen zudem in dicht besiedelten Bereichen auf die manuelle Erstellung von *Geofences* verzichten und diese durch die Netztopologie abbilden.

Ein Beispiel für einen solchen innovativen Dienst ist eine semantische Ortung, welche die üblichen Ortungsverfahren, die ausschließlich auf Geodaten basieren, um neue Funktionalitäten ergänzt. Diese Methode nutzt die semantisch angereicherten Netztopologiedaten, um Nutzer auf Basis von semantischen Informationen und Relationen zu orten. Mithilfe dieses Dienstes können Entwickler beispielsweise eine ortbasierte Applikation implementieren, in der sich Nutzer für semantische *Location Events* registrieren, wie z. B. eine Benachrichtigung, sobald die Tochter des Nutzers ihre Schule verlässt.

Neben den üblichen ortsbasierten Diensten kann der Netzbetreiber zudem auch Positionierungsverfahren vergleichbar mit den *Google Location APIs*[9] anbieten, die auf der akkuraten Mobilfunknetztopologie beruhen und daher eine entsprechend höhere Präzision aufweisen.

11.3 OpenMobileNetwork – eine offene Plattform für approximierte und semantisch angereicherte Netztopologiedaten

Um eine semantisch angereicherte Datenanalyse in Mobilfunknetzen zu ermöglichen, ist eine semantische Beschreibung der Netze in Kombination mit einer Verknüpfung zu anderen Datensätzen unabdingbar. Im Gegensatz zu bisherigen Ontologien [5–9], die Telekommunikationsnetze eher basierend auf technologischen Standards modellieren (z. B. unterstützte Frequenzbänder), ist eine Repräsentation der Netze aus topologischer Sicht erforderlich, die konkrete Netzelemente und deren Eigenschaften (z. B. Standorte und Abdeckungsbereiche von Basisstationen und WLAN Access Points sowie Nachbarschaftsbeziehungen zu anderen Mobilfunkzellen) auf geographische Orte abbildet. Zusätzlich sollte diese Repräsentation auch dynamische Informationen, wie z. B. den Datenverkehr oder die Anzahl der Nutzer in einer Mobilfunkzelle, mit berücksichtigen.

Zu diesem Zweck haben wir das *OpenMobileNetwork* [10] realisiert, das eine offene Plattform zur Bereitstellung von approximierten und semantisch angereicherten Topologiedaten für Mobilfunknetze und WLAN Access Points in Form von *Linked Data* ist. Aufgrund der Tatsache, dass Mobilfunkbetreiber ihre Topologiedaten streng vertraulich behandeln und somit nicht zur Verfügung stellen, haben wir uns eines *Crowdsourcing*-Ansatzes [11] bedient, womit wir über Netzmessungen, die mittels unserer Smartphone-Apps

[9] Google Location APIs, https://developer.android.com/google/play-services/location.html, letzter Zugriff: 18.09.2014

OpenMobileNetwork for Android (OMNApp)[10] und *Jewel Chaser*[11] getätigt werden, die Topologien aller weltweit verfügbaren Mobilfunknetze und WLAN Access Points approximieren. Dieser Datensatz ist zudem mit weiteren Datenquellen aus der *LOD Cloud* verlinkt (wie etwa *LinkedGeoData* oder *DBpedia*[12]), um beispielsweise Informationen über POIs bereitstellen zu können, die in den Abdeckungsbereichen der Mobilfunkzellen und WLAN Access Points liegen. Über unseren *SPARQL Endpoint*[13] sind die Daten öffentlich abrufbar und eine Metabeschreibung ist mittels der *Vocabulary of Interlinked Datasets (VoID)*[14] gegeben.

Die Plattform besteht aus zwei Datenspeichern, wobei sowohl die Rohdaten, so wie sie von der *Crowdsourcing*-Community gemessen werden, als auch die daraus berechneten Positionen und Abdeckungsbereiche der Mobilfunkzellen und WLAN Access Points in einer relationalen Datenbank gespeichert werden. Erst in einem letzten Schritt werden die bearbeiteten Daten „semantifiziert" und (mit einer kleinen zeitlichen Verzögerung) in unseren Triplestore überführt. Durch diesen Vorgang stellen wir sicher, dass die Rohdaten (von denen theoretisch Nutzerbewegungsmuster ableitbar sind, die datenschutzrechtlich ein Problem darstellen können) nicht frei zugänglich über unseren *Endpoint* angeboten werden. Zudem hat es den Vorteil, dass der Datenzugriff für die Berechnungsoperationen von möglichen konkurrierenden Datenzugriffen der öffentlichen Nutzer getrennt behandelt wird, welches wiederum die Gesamtbelastung der Datenbankserver reduziert.

Die Verwendung einer relationalen Datenbank parallel zu einem Triplestore ist darin begründet, dass relationale Datenbanken über die Jahre hinweg einen hohen Leistungs- und Reifegrad erreicht haben und zudem Entwicklern sehr vertraut sind. Daher haben wir uns bei der Speicherung und Verarbeitung der Daten für diese entschieden. Für die Veröffentlichung hingegen haben wir uns an den pragmatischen *Linked Data* Prinzipien orientiert und daher auf semantische Technologien gesetzt. Denn die Konzepte von *Linked Data* ermöglichen eine einfache Art der Verknüpfung mit einer Reihe verschiedener und frei verfügbarer Datenquellen. Außerdem bietet die Nutzung des *Resource Description Frameworks (RDF)*[15] Vorteile gegenüber einem Prozess des Extrahierens von Daten aus *Web APIs* sowie des Überführens dieser in ein einheitliches Format und erleichtert zudem die Datenabfrage über *SPARQL*.

[10] https://play.google.com/store/apps/details?id=org.openmobilenetwork.app, letzter Zugriff: 18.09.2014

[11] https://play.google.com/store/apps/details?id=org.openmobilenetwork.jewel, letzter Zugriff: 18.09.2014

[12] http://www.dbpedia.org/, letzter Zugriff: 18.09.2014

[13] http://sparql.openmobilenetwork.org/, letzter Zugriff: 18.09.2014

[14] http://www.openmobilenetwork.org/resource/void/, letzter Zugriff: 18.09.2014

[15] http://www.w3.org/RDF/, letzter Zugriff: 18.09.2014

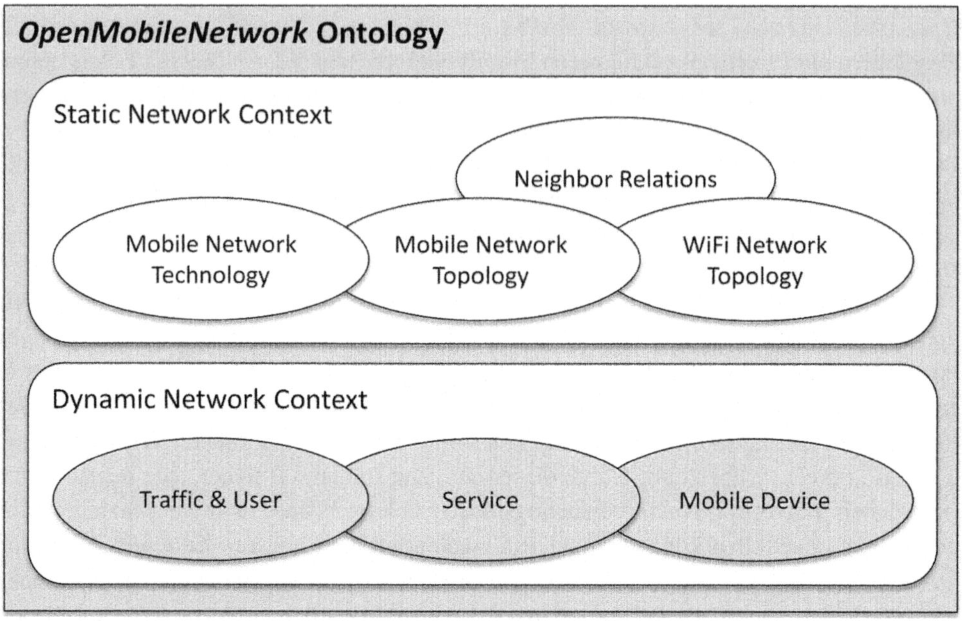

Abb. 11.2 OpenMobileNetwork Ontology – Network Context Facetten

Die Grundlage für das semantische Modell der Topologiedaten bildet die in *RDF(S)*[16] und *OWL*[17] modellierte *OpenMobileNetwork Ontology*[18], die aus einer Menge von sowohl statischen als auch dynamischen *Network Context* Facetten [12] besteht (siehe Abb. 11.2). Die statischen Facetten beschreiben Informationen über das Netz, die sich gar nicht oder nur sehr selten ändern, wie z. B. die Position einer Mobilfunkzelle oder ihre Mobilfunkgeneration. Dynamischer *Network Context* hingegen repräsentiert Daten, die konstant Änderungen unterliegen wie etwa der Datenverkehr in einer Mobilfunkzelle.

Die Anforderungen zu den *Network Context* Ontologiefacetten wurden im Rahmen des Projektes *Communicate Green* unter Verwendung des Energiemanagementszenarios für Mobilfunknetze (*In-House-Dienst*) erarbeitet und stellen eine Liste verschiedener Kontextinformationsklassen (z. B. *Network Context*, *User Context* oder *Third-party Context*) dar, die für die Umsetzung einer Netzoptimierung von Relevanz sind [3]. Zusätzlich haben wir eine Reihe von Parametern identifiziert, die aus einem Smartphone extrahiert werden können, um die Topologie eines Mobilfunknetzes daraus abzuleiten [11]. Dazu gehören unter anderem die *Cell-ID* und der *Location Area Code* der Mobilfunkzelle, mit der der Nutzer verbunden ist, aber auch die potentiellen Nachbarzellen, die ein Smartphone für den Fall eines Zellwechsels erfassen kann. Weitere Beispiele sind der Name des Mobilfunkanbieters sowie die aktuellen WGS84-Koordinaten des Nutzers, an denen die Messung entstanden ist.

[16] RDF Schema, http://www.w3.org/TR/rdf-schema/, letzter Zugriff: 18.09.2014

[17] Web Ontology Language, http://www.w3.org/TR/owl-ref/, letzter Zugriff: 18.09.2014

[18] *omn-owl*, http://www.openmobilenetwork.org/ontology/, letzter Zugriff: 18.09.2014

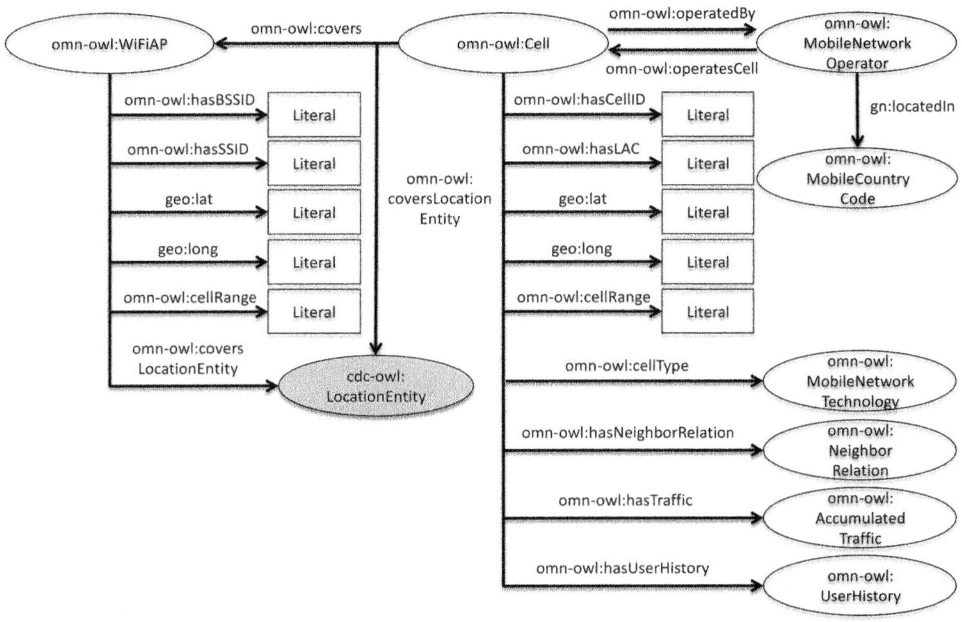

Abb. 11.3 OpenMobileNetwork Ontology – Hauptkonzepte

Bestehende Ontologien orientieren sich eher an Telekommunikationsstandards und definieren dabei Konzepte, die in echten Anwendungen kaum Einsatz finden. Beispielsweise bringt ein Konzept zur Beschreibung von Frequenzbändern (z. B. *Time Division Multiple Access*) keinen Mehrwert bei der Umsetzung eines semantischen Dienstes. Im Gegensatz dazu haben wir bei der Modellierung der *OpenMobileNetwork Ontology* einen *Bottom-Up*-Ansatz verfolgt und dabei die Smartphone-Messparameter als Referenz zur Approximation der Topologie genutzt.

Weiterhin haben wir uns bei der öffentlichen Bereitstellung der Daten an gängige Datenschutzrichtlinien gemäß der Datenschutzbeauftragten der Technischen Universität Berlin gehalten. Hierfür wurden sowohl für die Apps als auch für die Webseite Datenschutzrichtlinien[19] definiert, die im Detail wiedergeben, welche Daten für welche Zwecke gesammelt werden. Mit diesen Richtlinien gewährleisten wir, dass keine Daten akquiriert werden, die einen Nutzer oder ein mobiles Endgerät konkret identifizieren können (wie etwa die *IMEI* oder die *IMSI*). Zusätzlich werden in der Ontologie nur Konzepte beschrieben, die die Daten in aggregierter Form abbilden können wie z. B. statistische Informationen über die Dienstnutzung in einer Mobilfunkzelle.

Abbildung 11.3 ist eine vereinfachte Darstellung der *OpenMobileNetwork Ontology* und gibt die Hauptkonzepte wieder. Innerhalb dieser Ontologie kommen Konzepte aus

[19] http://www.openmobilenetwork.org/measurement/privacypolicy.php, Zugriff: 07.10.2014

bekannten Vokabularen zum Einsatz wie etwa aus der *WGS84 Geo Positioning Ontology*[20] oder der *GeoNames Ontology*[21].

Das Hauptkonzept der Ontologie ist *omn-owl:Cell*, das eine Mobilfunkzelle inklusive ihrer Eigenschaften beschreibt. Zu den Eigenschaften gehören unter anderem die *Cell-ID* (*omn-owl:hasCellID*), der *Location Area Code* (*omn-owl:hasLAC*), die WGS84-Koordinaten (*geo:lat, geo:long*), der Abdeckungsbereich der Mobilfunkzelle (*omn-owl:cellRange*) und die Zugangstechnologie (*omn-owl:cellType*) vom Typ *omn-owl:MobileNetworkTechnology*. Die Mobilfunkzelle wird betrieben (*omn-owl:operatesCell* und *omn-owl:operatedBy*) von einem Mobilfunkanbieter (*omn-owl:MobileNetworkOperator*) mit einem bestimmten *omn-owl:MobileCountryCode*, welcher eine Identifikationsnummer für ein bestimmtes Land darstellt.

Zellen haben zudem Nachbarschaftsbeziehungen zu anderen Mobilfunkzellen (*omn-owl:hasNeighborRelation*), mit denen sie sich im Fall eines Zellwechsels verbinden können. Weiterhin beschreiben die Prädikate *omn-owl:hasTraffic* und *omn-owl:hasUserHistory* den Datenverkehr und die Anzahl der Nutzer in einer Mobilfunkzelle. Ähnliche Konzepte existieren auch für die zellweite mobile Dienstnutzung und die mobilen Endgeräte samt ihrer technischen Gegebenheiten.

Ein weiteres Hauptkonzept der Ontologie ist *omn-owl:WiFiAP*, das eine topologische Repräsentation von WLAN Access Points darstellt. Ähnlich zu einer Mobilfunkzelle wird ein Access Point anhand der *Basic Service Set Identification* (*omn-owl:hasBSSID*), des *Service Set Identifier* (*omn-owl:hasSSID*), der WGS84-Koordinaten und seines Abdeckungsbereiches beschrieben.

Mithilfe des Prädikats *omn-owl:covers* können Mobilfunkzellen und WLAN Access Points geographisch in Relation zueinander gesetzt werden. So deckt eine Mobilfunkzelle mehrere im Abdeckungsbereich der Zelle liegende WLAN Access Points ab. Subprädikate von *omn-owl:covers* (bspw. *omn-owl:coversLocationEntity*) werden hingegen benutzt, um strukturierte Ortsdaten mit den Abdeckungsbereichen von Zellen und WLAN Access Points zu verknüpfen, was die Umsetzung einer Reihe von neuartigen Anwendungsszenarien ermöglicht. Im Moment bestehen Links zu POIs sowohl aus *LinkedGeoData* (*lgdo:Amenity*) als auch aus *Linked Crowdsourced Data*[22] (*cdc-owl:LocationEntity*). Abbildung 11.1 illustriert das Mapping der Netztopologiedaten mit dem darunter liegenden geographischen Bereich, das durch die *OpenMobileNetwork Ontology* beschrieben wird.

[20] *geo*, http://www.w3.org/2003/01/geo/wgs84_pos#, letzter Zugriff: 18.09.2014

[21] *gn*, http://www.geonames.org/ontology/, letzter Zugriff: 18.09.2014

[22] http://www.contextdatacloud.org/lcd/, letzter Zugriff: 18.09.2014

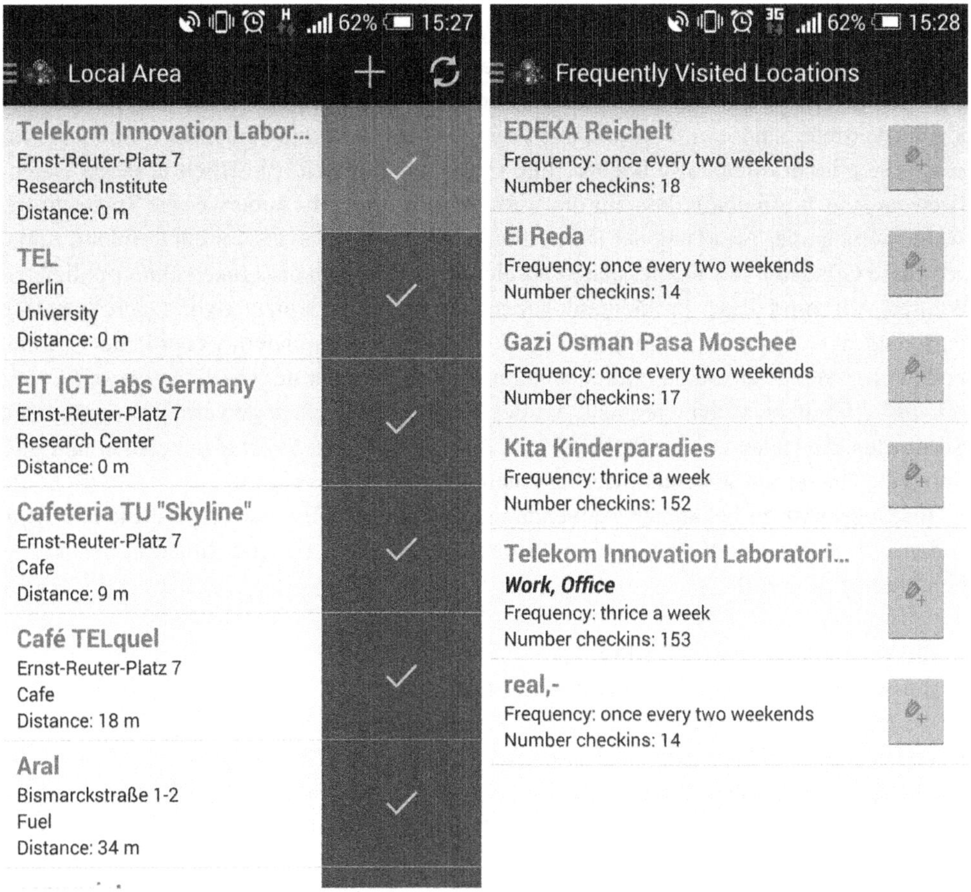

Abb. 11.4 Context Data Cloud for Android (CDCApp)

11.4 Umsetzung semantischer Mehrwertdienste

Basierend auf den Dienstkategorien in Abschn. 11.2 haben wir im Rahmen des Projektes *Context Data Cloud*[23] eine mobile Anwendung implementiert und diese Nutzern im *Google Play Store* zur Verfügung gestellt, die sowohl den Grundstein für die Bereitstellung von *B2B-Diensten* legt als auch Endnutzern direkt semantische Mehrwertdienste (siehe Abschn. 11.4.1) anbietet.

Die *Context Data Cloud for Android* Applikation (siehe Abb. 11.4) ist eine ortsbasierte Community-App zur Sammlung von realen Ortspräferenzen von Nutzern in Kombination mit ihrer kontextuellen Situation. Mithilfe dieser App können Nutzer in POIs ihrer Umgebung *einchecken*, um beispielsweise Freunden oder Familienmitgliedern mitzuteilen, wo sie sich gerade aufhalten.

[23] http://www.contextdatacloud.org/, letzter Zugriff: 18.09.2014

Eine Herausforderung hierbei war die legale Nutzung, Speicherung, Anreicherung und Modifikation bestehender Ortsdatenbestände. Es existieren viele (kommerzielle) Anbieter von Ortsdaten, die diese auch (kostenlos) über Schnittstellen zur Verfügung stellen. Bekannte Vertreter sind u. a. *Foursquare*[24], *Yelp*[25], *Google Places*[26] oder auch *Factual Places*[27], die allesamt qualitativ hochwertige Ortsdaten anbieten. Ein Blick in deren Datenlizenzen jedoch offenbart, dass nur die Nutzung, aber nicht die anderweitige Speicherung, Anreicherung oder Änderung der Daten erlaubt ist. Dies stellte uns vor ein Problem, zumal wir diese Ortsdaten mit Kontextdaten anreichern und zudem als *Linked Data* publizieren wollten. Aufgrund dieser Problematik haben wir uns für die Nutzung von *OpenStreetMap* entschieden, das zwar im Vergleich zu den kommerziellen Anbietern weder in der Qualität noch in der Menge an Daten mithalten kann, dafür aber unter der *Open Database Licence (ODbL) 1.0*[28] steht, welche jegliche Art der Nutzung (u. a. auch gewerblich) ermöglicht. So werden die Daten zu den POIs in der *CDCApp* aus *OpenStreetMap* geladen und ggf. durch die Nutzer um fehlende Informationen oder neue POIs ergänzt.

Im Gegensatz zu bekannten Anwendungen aus diesem Bereich, erfasst die *CDCApp* zudem mit jedem *Check-In* Kontextinformationen, die die aktuelle Situation der Nutzer beschreiben, wie z. B.

- die Verweildauer in diesem POI,
- die Wetterbedingungen[29] zu der Zeit des *Check-Ins*,
- die Information darüber, ob es sich um einen Feiertag[30] handelt,
- ob der *Check-In* innerhalb oder außerhalb[31] eines Gebäudes erfolgte,
- die Liste der erreichbaren WLAN Access Points in der Nähe,
- die Mobilfunkzellen mit denen Nutzer während der *Check-In*-Dauer verbunden waren.

Aus den persönlichen *Check-In*-Historien werden zudem Orte ermittelt, an denen die Nutzer sowohl in der Woche als auch am Wochenende sehr viel Zeit verbringen. Diese Orte können persönlich kategorisiert (z. B. in Schule, Universität oder Arbeit) werden. Zudem können ausgewählte POIs (wie etwa das Lieblingsrestaurant) auch als Favoriten markiert werden. Weiterhin können Nutzer mittels des Namens oder *Nicknames* andere Nutzer dieser App als Freunde hinzufügen und im nächsten Schritt eine Aussage über die Art der Freundschaft oder der Familienbeziehung treffen.

[24] http://www.foursquare.com/, letzter Zugriff: 18.09.2014

[25] http://www.yelp.com/, letzter Zugriff: 18.09.2014

[26] https://developers.google.com/places/, letzter Zugriff: 18.09.2014

[27] http://www.factual.com/, letzter Zugriff: 18.09.2014

[28] http://opendatacommons.org/licenses/odbl/, letzter Zugriff: 18.09.2014

[29] OpenWeatherMap, http://openweathermap.org/, letzter Zugriff: 18.09.2014

[30] Enrico Service, http://kayaposoft.com/enrico/, letzter Zugriff: 18.09.2014

[31] IODetector, http://pdcc.ntu.edu.sg/wands/pfzhou/, letzter Zugriff: 18.09.2014

Auch hier erfolgt die Sammlung und Verwendung dieser Daten ausschließlich unter Einhaltung deutscher Datenschutzrichtlinien gemäß der Datenschutzbeauftragten der Technischen Universität Berlin. Ähnlich zu der Datensammlung im *OpenMobileNetwork* wurden auch hier Datenschutzrichtlinien[32] definiert, die im Detail wiedergeben, welche Daten für welche Zwecke gesammelt und verwendet werden. Zu dieser Auflistung gehört auch etwa die Begründung, wieso neben den Ortsdaten auch persönliche Informationen (wie z. B. Email-Adresse, Name oder Geburtstag) aufgenommen werden müssen. Problematisch hingegen ist das Hinzufügen von Freunden über andere Kanäle als die der eigentlichen Nutzer der App, wie z. B. durch das Auslesen von Adressbüchern, da so ohne Zustimmung persönliche Informationen Dritter auf Servern gespeichert werden. Dies muss für die Einhaltung der Datenschutzrichtlinien ausgeschlossen werden.

Eine kritische Masse realer Ortpräferenzen in Kombination mit weiteren Kontextparamatern und sozialen Beziehungen ermöglicht in Zusammenhang mit dem *OpenMobileNetwork* die Umsetzung verschiedener *Location Analytics* Szenarien für den Mobilfunkanbieter, aber auch die Bereitstellung von Mehrwertdiensten für den Endkunden wie etwa das einer semantische Ortung (siehe Abschn. 11.4.1). Die Grundlage dazu schafft eine umfassende *Context Data Cloud Ontology*[33], bestehend aus einer Reihe von Facetten, die verschiedene Aspekte für die Realisierung dieser Mehrwertdienste modellieren. Diese Ontologie nutzt viele Konzepte aus bekannten Vokabularen (wie z. B. *Good Relations Ontology*[34], *DCMI Metadata Terms*[35] oder *WGS84 Geo Positioning Ontology*) und führt eigene Konzepte mittels des Präfixes *cdc-owl* ein.

Abbildung 11.5 bildet die Hauptkonzepte der *Location* und *Context Situation* Facette ab. *cdc-owl:CheckIn* beschreibt einen *Check-In*, der von einem Nutzer getätigt wurde. Dieser *Check-In* bezieht sich auf (*cdc-owl:refersTo*) eine *cdc-owl:LocationEntity*, die beispielsweise einen POI oder eine Veranstaltung beschreibt. Die *cdc-owl:LocationEntity* wird mithilfe von WGS84-Koordinaten (*geo:lat, geo:long*) einem geographischen Ort zugeordnet und hat zudem noch eine Kategorie (*cdc-owl:LocationCategory*) (z. B. Restaurant). Weiterhin sind mit einem *Check-In* viele Parameter verbunden, u. a. auch die Verweildauer, die mittels der Prädikate *cdc-owl:hasCheckInMinutes* und *cdc-owl:hasCheckOutMinutes* ermittelt werden kann. *dcterms:date* gibt das Datum an, an dem der *Check-In* getätigt wurde. Der zugehörige Tag wird mittels des Prädikats *cdc-owl:occurredDuringDay* und dem Konzept *gr:DayOfWeek* beschrieben.

Die *Check-Ins* werden außerdem mit diversen Kontextinformationen angereichert, die die Situation des Nutzers zu der Zeit des *Check-Ins* beschreiben. *cdc-owl:WeatherSituation* gibt die Wetterbedingungen während des *Check-Ins* an, wobei mittels *cdc-owl:occurredDuringHoliday* eine Relation zu *cdc-owl:Holiday* erstellt wird, sofern der *Check-In* an einem Feiertag stattgefunden hat. Das Prädikat *cdc-owl:measuredNetwork* listet alle

[32] http://www.contextdatacloud.org/index.php?page=privacypolicy, Zugriff: 07.10.2014

[33] *cdc-owl*, http://www.contextdatacloud.org/ontology/, letzter Zugriff: 18.09.2014

[34] *gr*, http://purl.org/goodrelations/v1#, letzter Zugriff: 18.09.2014

[35] *dcterms*, http://dublincore.org/documents/dcmi-terms/, letzter Zugriff: 18.09.2014

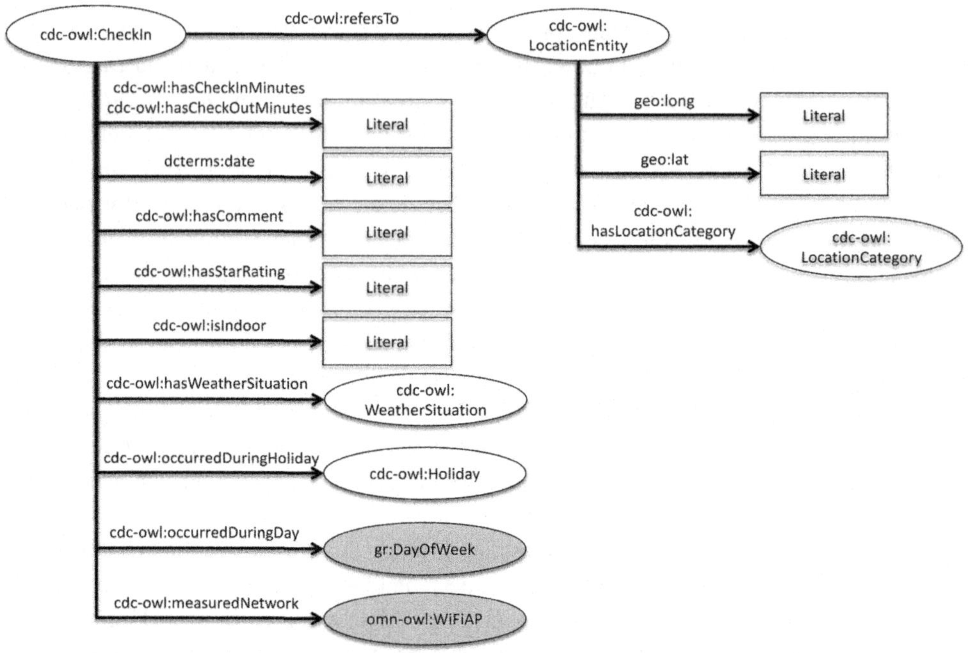

Abb. 11.5 Context Data Cloud Ontology – Hauptkonzepte der Location und Context Situation Facette

erreichbaren WLAN Access Points (*omn-owl:WiFiAP*) auf, wohingegen *omn-owl:Cell* die Mobilfunkzellen beschreibt, mit denen der Nutzer während des *Check-Ins* verbunden war. *cdc-owl:isIndoor* ist ein Boolean-Wert und gibt eine Aussage darüber, ob der *Check-In* innerhalb oder außerhalb eines Gebäudes stattgefunden hat.

Eine anonymisierte Form der Daten aus der *Location* und *Context Situation* Facette, die nicht auf die Nutzer zurückzuführen ist, ist als *Linked Crowdsourced Data*[36] veröffentlicht, so dass auch die *LOD* Community diese Daten verlinken und neue Anwendungen schaffen kann.

Persönliche Profilinformationen werden mittels der *User Profile* Facette der *Context Data Cloud Ontology* repräsentiert. Diese ermöglichen die Bereitstellung personalisierter Mehrwertdienste auf der *CDCApp*. Profilinformationen können beispielsweise die Präferenzen eines Nutzers beinhalten, die hauptsächlich mit den Konzepten der *RECommendations Ontology*[37] beschrieben werden. Ein Beispiel hierfür ist ein *Popular Places* Dienst (als Teil der *CDCApp*), der Nutzer über beliebte Orte in der Nähe benachrichtigt, die ihren Präferenzen bezüglich Tageszeit, Verweildauer oder Wettersituation entsprechen. Hierbei kommt u. a. auch die semantische Ortung zum Einsatz, die in Abschn. 11.4.1 näher erläutert wird.

[36] http://sparql.contextdatacloud.org/, letzter Zugriff: 18.09.2014

[37] *reco*, http://purl.org/reco#, letzter Zugriff: 18.09.2014

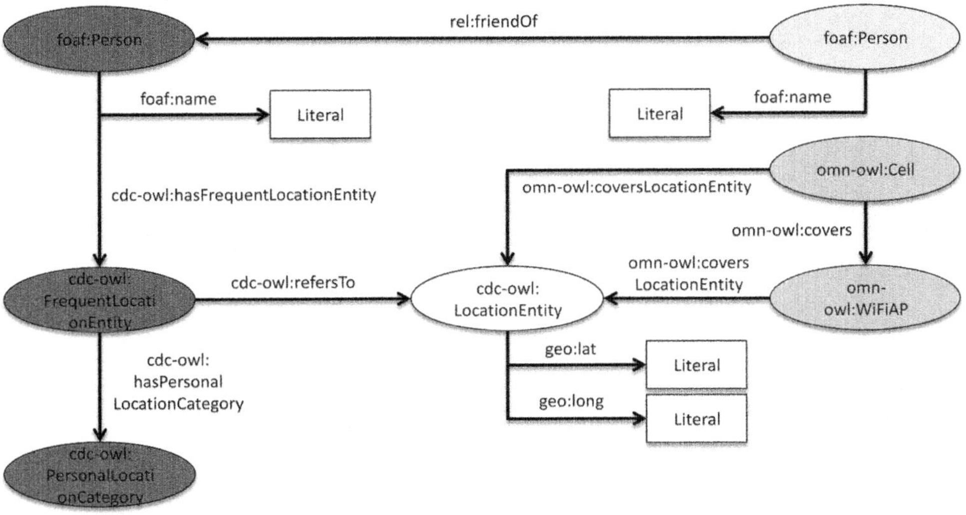

Abb. 11.6 Context Data Cloud Ontology – Hauptkonzepte der User Profile Facette

Weitere Profileigenschaften werden direkt aus den gesammelten Ortsdaten und sozialen Beziehungen extrahiert und mit den Nutzern in Verbindung gesetzt. Abbildung 11.6 zeigt exemplarisch eine Freundschaftsbeziehung zwischen zwei *foaf:Persons*. Diese werden mithilfe von Konzepten der *RELATIONSHIP Ontology*[38] (*rel:friendOf*) beschrieben. Weiterhin werden aus dem *Check-In*-Verhalten des Nutzers (in dunkelgrau) oft besuchte Orte ermittelt (*cdc-owl:FrequentLocationEntity*) und mittels des Prädikats *cdc-owl:hasFrequentLocationEntity* mit der Person in Relation gesetzt. Diese *cdc-owl:FrequentLocationEntitys* nehmen Bezug zu einer konkreten *cdc-owl:LocationEntity* (z. B. einem POI) und können durch den Nutzer persönlich kategorisiert (*cdc-owl:PersonalLocationCategory*) werden.

Die Verbindung dieser Ortspräferenzdaten mit dem *OpenMobileNetwork* geschieht durch das Prädikat *omn-owl:coversLocationEntity*, welches die Mobilfunkzellen und WLAN Access Points mit den *cdc-owl:LocationEntitys* verknüpft, die deren geographischen Ort abdecken. Ausgehend von dem *Popular Places* Dienst kann der Mobilfunkanbieter somit beispielsweise in Erfahrung bringen, in welchen Mobilfunknetzregionen besonders zur Sommerzeit angesagte Restaurants aufzufinden sind, und Endnutzer auf Basis ihrer Essenspräferenzen konkret auf diese hinweisen.

11.4.1 Semantische Ortung

Mithilfe des *OpenMobileNetwork* haben wir eine semantische Ortung [13][14] als B2C-Mehrwertdienst umgesetzt, welches das geographische Mapping der Netztopologiedaten (siehe Abb. 11.1) mit unterschiedlichen Präferenzen (z. B. Essenspräferenzen, Lieblings-

[38] *rel*, http://purl.org/vocab/relationship/, letzter Zugriff: 18.09.2014

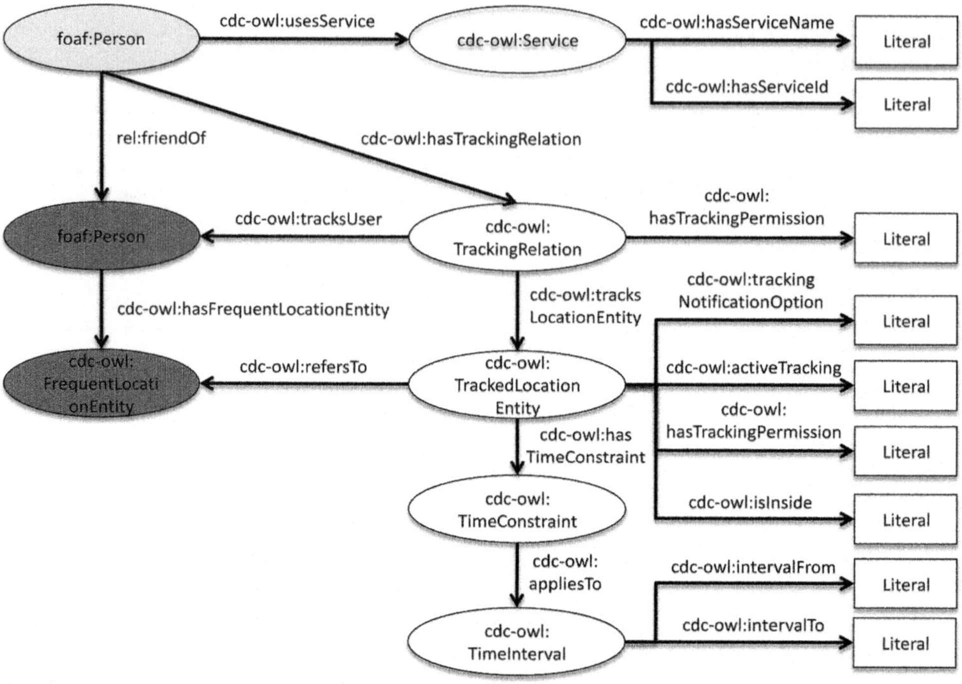

Abb. 11.7 Context Data Cloud Ontology – Hauptkonzepte der Tracking und Service Facette

orte oder Orte, an denen man sehr viel Zeit verbringt) und sozialen Beziehungen der Nutzer verbindet, um diese anhand von semantischen Relationen zu lokalisieren, ohne dabei auf WGS84-Koordinaten oder GPS zurückzugreifen.

Dabei unterstützt unser Ansatz die Ortung der eigenen Person und die von Dritten [15], deren Machbarkeit wir mittels eines *Friend Tracker* Dienstes in unserer *CDCApp* aufgezeigt haben. Bei der Ortung Dritter sind natürlich erneut datenschutzrechtliche Aspekte zu beachten, die wir sowohl in der Applikation als auch in der *Context Data Cloud Ontology* in Form einer *Tracking* Facette berücksichtigt haben.

Abbildung 11.7 illustriert die *Tracking* Facette anhand des *Friend Tracker* Dienstes. Eine *foaf:Person* (in gelbbraun) nutzt einen Dienst (*cdc-owl:Service*, hier *Friend Tracker*), der einen Namen (*cdc-owl:hasServiceName*) und eine ID (*cdc-owl:hasServiceId*) besitzt. Auf Basis einer akzeptierten Freundschaftsanfrage (*rel:friendOf*) hat *foaf:Person* (in gelbbraun) die Möglichkeit über die *CDCApp* eine *Tracking*-Anfrage an seinen Freund zu schicken. Akzeptiert dieser Freund die *Tracking*-Anfrage, so wird eine *cdc-owl:TrackingRelation* zwischen beiden Personen erstellt, die zunächst eine generelle Ortung der *foaf:Person* (in dunkelgrau) ermöglicht. Dieser hat jedoch die Möglichkeit, jederzeit die Ortung komplett aufzuheben (*cdc-owl:hasTrackingPermission*). Ist die Ortung freigegeben, so hat *foaf:Person* (in gelbbraun) Zugriff auf die favorisierten und oft besuchten Orte der *foaf:Person* (in dunkelgrau) und kann zwischen diesen aussuchen, welche es verfolgen möchte. Hierbei kann jedoch *foaf:Person* (in dunkelgrau) die Ortung auf bestimmte Orte (*cdc-*

owl:hasTrackingPermission) oder ein Zeitintervall (*cdc-owl:TimeConstraint*) eingrenzen. Für jeden verfolgten Ort wird eine *cdc-owl:TrackedLocationEntity* Ressource erstellt mit Bezug auf die *cdc-owl:FrequentLocationEntity* oder *cdc-owl:FavoriteLocationEntity*. Mit den Prädikaten *cdc-owl:activeTracking* und *cdc-owl:trackingNotificationOptions* kann wiederum *foaf:Person* (in gelbbraun) die Ortung an- und ausschalten und einstellen, ob die Benachrichtigung bei Erreichen oder Verlassen des Ortes erfolgen soll. Während des gesamten *Tracking*-Prozesses werden keine Daten aufgenommen oder gespeichert.

Die semantische Ortung beruht auf einer mehrstufigen *Background Tracking* Strategie, die für eine Ortungsanfrage eines favorisierten oder oft besuchten Ortes eines Freundes, die Mobilfunkzellen und WLAN Access Points durch die dieser läuft, an das *OpenMobileNetwork* sendet und dabei vergleicht, ob sich der Ort in diesen befindet. Dabei wird zunächst die *Cell-ID*, mit der der geortete Nutzer verbunden ist, an das *OpenMobileNetwork* übermittelt und nach den angefragten Orten in dieser gesucht. Sind diese in der Mobilfunkzelle nicht zu finden, wird eine erneute Anfrage erst bei einem Zellwechsel durchgeführt. Befindet sich der gesuchte Ort in der Mobilfunkzelle, so werden im nächsten Schritt die WLAN Access Points aus dem *OpenMobileNetwork* ermittelt, die sich im Abdeckungsbereich dieser Zelle befinden und selbst wiederum den angefragten Ort abdecken. Liefert diese Anfrage kein positives Ergebnis, so wird davon ausgegangen, dass kein WLAN Access Point diesen Ort abdeckt, und der ortende Nutzer erhält eine Benachrichtigung über einen *Location Event* seines Freundes mit einer zellweiten Präzision. Finden sich jedoch WLAN Access Points in der Zelle, so werden diese mit den drei vom Smartphone (des Freundes) gemessenen WLAN Access Points mit den größten Signalstärken verglichen, um eine möglichst genaue Ortungspräzision zu ermöglichen. Dieser Vergleich erfolgt alle 10 Sekunden bis entweder ein positives Ergebnis gefunden oder der Nutzer die Mobilfunkzelle gewechselt hat, was einen Neustart der Suchanfrage mit sich bringt.

In mehreren Feldversuchen haben wir die Präzision der Ortung anhand des *Friend Tracker* Dienstes evaluiert, in welchem Nutzer Freunde lokalisieren können und benachrichtigt werden, sobald diese einen bestimmten Ort erreicht oder verlassen haben. Dazu haben wir in den Bezirken *Wedding, Charlottenburg, Schöneberg* und *Steglitz* in *Berlin* 51 Lieblingsorte definiert und zur Ortung freigegeben. Die Netztopologie dieser geographischen Bereiche ist aufgrund vieler gesammelter Zell- und WLAN-Messungen im *OpenMobileNetwork* gut nachgebildet worden, welches eine Grundvoraussetzung für die zufriedenstellende Funktionsweise der semantischen Ortung ist.

Sobald der ortende Nutzer eine Benachrichtigung erhalten hat, dass sein Freund den erwünschten Ort erreicht hat, haben wir die Position des Freundes akkurat mittels GPS aufgenommen und die Distanz zu der eigentlichen Position des POIs (wie in *Linked Crowdsourced Data* angegeben) verglichen.

Abbildung 11.8 illustriert das Ergebnis unserer Evaluation in Form eines Boxplots mit insgesamt 329 generierten *Location Events* und durchschnittlich 6,45 Benachrichtigungen pro POI. Hierbei stellt die x-Achse die 51 verschiedenen Lieblingsorte dar, wobei die y-Achse die jeweiligen Distanzen zwischen der Position des Nutzers bei den Benachrichtigungen und der eigentlichen Position des POI wiederspiegelt. Die Interquartilsabstände hingegen zeigen die Verteilung der ermittelten Distanzen für die jeweiligen POIs auf.

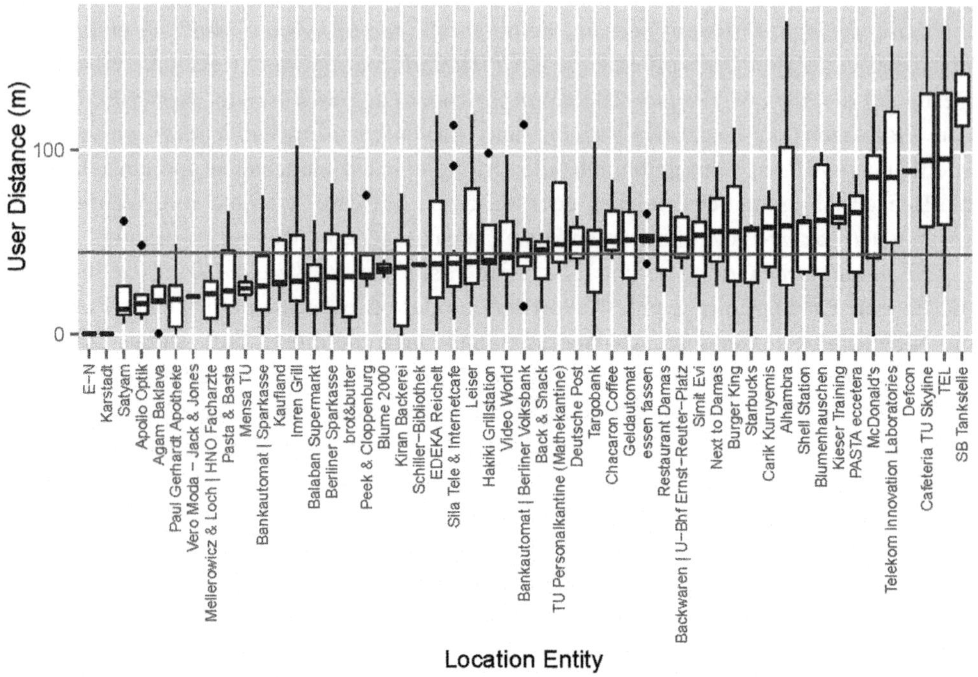

Abb. 11.8 Semantische Ortung – Evaluation der Ortungspräzision

Die Evaluation zeigt, dass eine Durchschnittsdistanz von 44,13 m zu der eigentlichen Position des POIs ermittelt wurde. Es wird deutlich, dass GPS natürlich viel präziser ist als unser semantischer Ortungsansatz. Jedoch verbraucht die reine Nutzung von GPS sehr viel Energie auf einem Smartphone [16] und stellt damit ein Manko für proaktive Dienste mit einer kontinuierlichen Hintergrundpositionierung dar. Bei der Umsetzung ortsbasierter Dienste gilt es deshalb die Balance zwischen Anforderungen an die Ortungspräzision und Energieverbrauch auf dem Mobiltelefon zu finden. Viele Dienste haben relativ grobe Anforderungen an die Ortungspräzision. So ist die Benachrichtigung über ein geeignetes Restaurant in der Nähe oder wenn die Tochter die Schule verlässt, mit einer Ortungsabweichung von 45 m durchaus akzeptabel und hat keinen negativen Einfluss auf das Nutzungserlebnis. In solchen Szenarien eignet sich unser semantischer Ortungsansatz besonders gut und stellt damit in Gebieten mit dichter Netzabdeckung eine gute Alternative zu klassischen *Geofencing*-Methoden dar.

11.4.2 Mehrwert für reale Nutzer

Nach hauptsächlich positiven Ergebnissen in den Feldversuchen steht die *CDCApp* seit August 2014 jedem *Android*-Nutzer im *Google Play Store* zur Verfügung, um zum einen reale Ortspräferenzdaten im Rahmen von *Linked Crowdsourced Data* zu akquirieren, aber auch um Endnutzern den Mehrwert semantischer Dienste auf Basis von Mobilfunknetzdaten aufzuzeigen.

Hierbei ist hervorzuheben, dass die zufriedenstellende Funktionsweise der semantischen Ortung unmittelbar vom Datenbestand des *OpenMobileNetwork* abhängt. Aufgrund der Tatsache, dass weltweit Netztopologien (nur) mittels *Crowdsourcing*-Messungen approximiert werden und diese mit den Ortspräferenzen der Nutzer verknüpft werden, ist eine gute Abdeckung von Mobilfunkzellen und WLAN Access Points Voraussetzung für die gute Nutzbarkeit der semantischen Ortung. Momentan beinhaltet das *OpenMobileNetwork* Messdaten aus 73 Ländern, woraus 20.714 Mobilfunkzellen und 321.045 WLAN Access Points errechnet wurden. In gut abgedeckten Gebieten (wie z. B. in Berlin) werden Nutzer mit relativ hoher Präzision über *Location Events* ihrer Freunde benachrichtigt werden können, jedoch umso unpräziser in weniger gut abgedeckten Gebieten. Um eine gute Nutzbarkeit des *Friend Tracker* Dienstes auf der *CDCApp* zu gewährleisten, haben wir die Netzmessungsfunktion von *OMNApp* mit in die *CDCApp* integriert, so dass parallel zu der Sammlung von Ortspräferenzen auch die notwendigen Netztopologien für das Nutzungsgebiet nachgebildet werden können.

Auf der *Context Data Cloud* Projektwebseite wird der Mehrwert der *CDCApp* auf Basis von Statistiken (wie z. B. die Anzahl der aktiven Nutzer oder der gesammelten *Check-Ins*) und einer Kartenvisualisierung[39] näher beleuchtet und kann jederzeit von Lesern dieses Kapitels eingesehen werden.

11.5 Fazit

In diesem Kapitel sind wir der Frage nachgegangen, inwiefern die Daten der Mobilfunknetze durch semantische Anreicherung und Verlinkung mit öffentlichen Quellen die Realisierung neuartiger und innovativer Dienste ermöglichen. Ausgehend von drei Verwertungsszenarien in den Bereichen der *In-House-Dienste*, *B2B-Dienste* und *B2C-Dienste* wurden Ontologien beschrieben, die den Datenbestand des Netzbetreibers mit Daten zu POIs, nutzerspezifischen Ortspräferenzen und sozialen Beziehungen verknüpfen. Das im Zuge der Machbarkeitsanalyse entwickelte *OpenMobileNetwork* wurde detailliert dargestellt und die konkrete Realisierung einer B2C-Anwendung mit dieser Plattform beschrieben.

Es wurde gezeigt, dass für Mobilfunkanbieter ein Potential in der intelligenten Verwertung ihrer Daten vorhanden ist. Dies setzt voraus, dass ausreichend ausdrucksstarke Modelle in die bereits vorhandenen technischen Systeme und Dienstprozesse integriert werden können. Um die Akzeptanz gegenüber den semantischen Technologien in den Entscheidungsebenen von Mobilfunkunternehmen zu steigern, sind weitere technische Entwicklungen und Machbarkeitsstudien erforderlich. Dabei sind folgende Aspekte kritisch zu betrachten:

Einerseits sind die vorgestellten Ontologien in ihrer Ausdrucksstärke begrenzt, da der Schwerpunkt zunächst auf der Verlinkung mit heterogenen Datenquellen lag. Um den Einsatz der semantischen Technologien voranzubringen, müssen tiefergehende Domänenana-

[39] http://map.contextdatacloud.org/, letzter Zugriff 01.10.2014

lysen durchgeführt werden. Das dabei extrahierte Wissen muss in die Ontologien integriert werden, welche dann mit ausgereiften und effizienten Inferenzmechanismen signifikante Vorteile gegenüber klassischen Alternativen deutlich und unwiderlegbar aufzeigen.

Andererseits sind frei verfügbare Daten, die keiner Qualitätskontrolle unterliegen, anfällig für Fehler. Außerdem existieren keine *Service-Level-Agreements*, die überhaupt Aussagen über die Verfügbarkeit erlauben. Bei der Verknüpfung der eigenen Daten mit denen aus solchen Quellen müssen robuste Systeme zum Einsatz kommen, die sowohl mit verfälschten Daten als auch mit Verfügbarkeitsproblemen umgehen können.

Danksagung Das diesem Beitrag zugrunde liegende Vorhaben (*Context Data Cloud* Projekt) wurde mit Mitteln des *Bundesministeriums für Bildung und Forschung* unter dem Förderkennzeichen 01IS12056 gefördert. Die Verantwortung für den Inhalt dieser Veröffentlichung liegt bei den Autoren.

Literatur

1. Heese, R., G. Coskun, M. Luczak-Rösch, R. Oldakowski, A. Paschke, R. Schäfermeier, und O. Streibel. 2010. Corporate Semantic Web – Semantische Technologien in Unternehmen. *Datenbank-Spektrum* 10 (2): 73–79, Springer.
2. Heath, T., und C. Bizer. 2011. Linked data: Evolving the web into a global data space. In Synthesis Lectures on the Semantic Web: Theory and Technology 1:1, 1–136. Morgan & Claypool.
3. Göndör, S., A. Uzun, und A. Küpper. 2011. Towards a dynamic adaption of capacity in Mobile Telephony Networks using context information. Proceedings of the 11th International Conference on ITS Telecommunications, ITST 2011, 606–612, IEEE.
4. Bergmann, T., S. Bunk, J. Eschrig, C. Hentschel, M. Knuth, H. Sack, und R. Schüler. 2013. Generating a Linked Soccer Dataset. Proceedings of the 9th International Conference on Semantic Systems, I-SEMANTICS '13, 146–149. New York: ACM.
5. Bandara, A., T. Payne, D. D. Roure, und G. Clemo. 2004. An ontological framework for semantic description of devices. Proceedings of the 3rd International Semantic Web Conference, Hiroshima, Japan.
6. Cleary, D., B. Danev, und D. O'Donoghue. 2005. Using ontologies to simplify Wireless Network Configuration. Proceedings of the Formal Ontology Meets Industry, FOMI 2005, Verona, Italy.
7. Foundation for Intelligent Physical Agents. 2002. *FIPA device ontology specification.* Geneva.
8. Hervás, R., J. Bravo, und J. Fontecha. 2010. A context model based on ontological languages: A proposal for information visualization. *Journal of Universal Computer Science* 16 (12): 1539–1555.
9. Villalonga, C., M. Strohbach, N. Snoeck, M. Sutterer, M. Belaunde, E. Kovacs, A. V. Zhdanova, L. W. Goix, und O. Droegehorn. 2009. Mobile ontology: Towards a standardized semantic model for the mobile domain. In *Service-Oriented Computing – ICSOC 2007 Workshops,* 248–257. Berlin: Springer.
10. Uzun, A., E. Neidhardt, und A. Küpper. 2013. OpenMobileNetwork – A platform for providing estimated semantic network topology data. *International Journal of Business Data Communications and Networking* (IJBDCN) 9 (4): 46–64.
11. Uzun, A., L. Lehmann, T. Geismar, und A. Küpper. 2013. Turning the OpenMobileNetwork into a live crowdsourcing platform for semantic context-aware services. Proceedings of the 9th International Conference on Semantic Systems, I-SEMANTICS '13, 89–96, ACM, New York, NY, USA.

12. Uzun, A., M. von Hoffen, und A. Küpper. 2014. Enabling semantically enriched data analytics by leveraging topology-based mobile network context ontologies. Proceedings of the 4th International Conference on Web Intelligence, Mining and Semantics, WIMS '14, 35:1–35:6, ACM, New York, NY, USA.
13. Uzun, A., M. Salem, und A. Küpper. 2013. Semantic positioning – An innovative approach for providing location-based services based on the web of data. Proceedings of the IEEE 7th International Conference on Semantic Computing, ICSC 2013, 268–273, IEEE Computer Society, Los Alamitos, CA, USA.
14. Uzun, A., M. Salem, und A. Küpper. 2014. Exploiting location semantics for realizing cross-referencing proactive location-based services. Proceedings of the IEEE 8th International Conference on Semantic Computing, ICSC 2014, 76–83, IEEE Computer Society, Los Alamitos, CA, USA.
15. Küpper, A., G. Treu, und C. Linnhoff-Popien. 2006. TraX: A device-centric middleware framework for location-based services. *IEEE Communications Magazine* 44 (9): 114–120.
16. Bareth, U., und A. Küpper. 2011. Energy-efficient position tracking in proactive location-based services for Smartphone environments. Proceedings of the IEEE 35th Annual Computer Software and Applications Conference, COMPSAC 2011, 516–521, IEEE Computer Society.

Dipl.-Ing. Abdulbaki Uzun studierte Technische Informatik an der Technischen Universität Berlin und ist seitdem als wissenschaftlicher Mitarbeiter bei den Telekom Innovation Laboratories tätig, wo er in verschiedenen Projekten involviert ist. Seine Forschungsschwerpunkte umfassen die Bereiche der Mobilfunknetze, der kontextsensitiven Dienste und Location Analytics unter Verwendung von semantischen Technologien. Unter anderem entwickelte er hierbei die Plattform *OpenMobileNetwork*, die Mobilfunknetzdaten mittels eines *Crowdsourcing*-Ansatzes approximiert und semantisch aufbereitet, um Dienste aus Sicht des Mobilfunkanbieters bereitstellen zu können. In diesem Zusammenhang ist er Autor zahlreicher Publikationen und darüber hinaus ausgewählter Teilnehmer des vom BMBF initiierten Software Campus Programms.

Dr. Gökhan Coskun studierte Technische Informatik an der Technischen Universität Berlin. Anschließend promovierte er an der Freien Universität Berlin zum Doktor der Naturwissenschaften. Im Rahmen der Promotion beschäftigte er sich mit der strukturbasierten Partitionierung von Ontologien bzw. Vokabularen, um deren Analyse und somit Wiederverwendung zu unterstützen. Er arbeitete mehrere Jahre als wissenschaftlicher Mitarbeiter im Projekt *Corporate Semantic Web*, wo er sich mit der Modularisierung, Integration und Evaluation von Ontologien beschäftigte. Er ist zur Zeit Postdoc an der Technischen Universität Berlin / Telekom Innovation Laboraties, wo er verantwortlich für die Anwendung von semantischen Technologien in den laufenden Forschungsprojekten ist.

Semantische Analyse großer Datenbestände aus unternehmensinternen und externen Quellen

12

Ein Research- und Analyse-System für die Marktforschung

Pascal Lauria und Thomas Reuter

1. Text-Mining-Verfahren ermöglichen in der Marktforschung bei quantitativen Befragungen die automatische Analyse freier Kommentare, die manuell mit vertretbarem Aufwand nicht ausgewertet werden können.
2. Vorgestellt werden verschiedene Text-Mining-Verfahren, die heute schon praxistauglich sind für die Analyse derartiger Kommentare. Gleichwohl haben diese Verfahren Grenzen, insbesondere die Sentiment-Analyse.
3. Aus der Befüllung eines solchen Systems auch mit Web-Daten ergeben sich weitere Herausforderungen. Die mindere Daten-Qualität hier schlägt durch auf die Analyse-Qualität.

12.1 Marktforschung im digitalen Zeitalter

Unternehmen – gerade im Konsumgüterbereich – sind datenhungrig. Sie wollen tendenziell alles wissen über den Konsumenten, über den aktuellen oder potentiellen Käufer ihrer Produkte, über ihre Zielgruppen. Traditionell ist die Beschaffung dieser Daten die Aufgabe der Markt- und Meinungsforschung. Online-Erhebungen, Fragebogen-Aktionen,

P. Lauria (✉) · T. Reuter
Cogia GmbH, Poststr. 2-4, 60329 Frankfurt, Deutschland
E-Mail: p.lauria@cogia.de

T. Reuter
E- Mail: T.Reuter@cogia.de

B. Ege et al. (Hrsg.), *Corporate Semantic Web*, X.media.press,
DOI 10.1007/978-3-642-54886-4_12

Telefon-Interviews – derlei quantitative Befragungen gehören zu den Standardverfahren in der Markt- und Meinungsforschung. Sie werden in der Regel eingesetzt, um Daten zur Zufriedenheit von Kunden mit bestimmten Produkten und Dienstleistungen zu erheben oder um mögliche Zielgruppen für neue Produkte oder Dienstleistungen hinsichtlich ihrer soziodemografischen Merkmale zu analysieren. Derartige Befragungen mögen als persönliche, telefonische, schriftliche oder Online-Befragung auftreten – das Setting ist stets dasselbe: mittels kontrollierter, vorgegebener Fragenschemata sollen statistisch valide Aussagen über die Verteilung der abgefragten Punkte im Rahmen des zugrunde liegenden Samples gewonnen werden.

Den Schwerpunkt quantitativer Befragungen bilden daher die sog. geschlossenen Fragestellungen, die zu einem eindeutig formulierten Fragetext – etwa: „Wie bewerten Sie die Fahreigenschaften des neuen Cabrios von BMW" – eine Auswahl von Antwortmöglichkeiten vorgeben, sei es in Form von Merkmalen („dynamisch", „träge", „unruhig"...), sei es in Form einer Punkteskala (1 = sehr schlecht, 5 = sehr gut). Außerhalb dieser Vorgaben sind keine Antwortoptionen vorgesehen.

Zusätzlich enthalten quantitative Befragungen Felder für die Aufnahme anonymisierter personenbezogenen Daten wie Geschlecht, Alter, Wohnsitz, Schulbildung oder sogar Einkommen. Diese Felder werden vom Interviewer codiert entsprechend einer Code-Tabelle. So können etwa in der Spalte „Alter" die entsprechenden Werte eingetragen werden (1 = zwischen 20 und 30, 2 = zwischen 30 und 40; usw.).

Darüber hinaus jedoch arbeiten quantitative Befragungen auch mit sog. offenen Fragestellungen. Hier können die Befragten persönliche Eindrücke, Meinungen und Wertungen im Freitext formulieren. Antwortmöglichkeiten werden nicht vorgegeben.

Die Auswertung der Fragebögen erfolgt weitgehend automatisiert, zumindest für die geschlossenen Fragestellungen und die codierten Felder. Software für Online-Befragungen bietet in der Regel Reporting-Funktionen für Projektstatistiken mit an; digital erfasste Fragebögen können mit Tools wie GrafStat ausgewertet werden. Liegen die Daten als Excel-Datei vor, lassen sich auch entsprechende Makros erstellen. Mit wenigen Klicks können so Fragen beantwortet werden wie: Wie viele Männer in München zwischen 30 und 40 Jahren finden das neue Cabrio von BMW sehr gut?

Anders bei den offenen Fragestellungen. Hier gibt es natürlich die Möglichkeit, die Kommentare der Befragten nachträglich manuell zu codieren, um sie ebenfalls automatisch auswerten zu können. Doch dies ist zeit- und kostenintensiv und kaum noch zu leisten, wenn die Zahl der Fragebögen die Tausendermarke überschreitet. Will man sich nicht damit begnügen, nur mit Stichproben zu arbeiten, bietet sich daher ein anderes Verfahren an – Text Mining: die automatische Analyse der Kommentar- bzw. Freitextfelder hinsichtlich der dort angesprochenen Themen und des Sentiments, der emotionalen Orientierung oder Färbung eines Kommentars (negativ, positiv, neutral).

Klassische Marktforschung arbeitet mit weitgehend statischen Samples, die zu einem bestimmten Zeitpunkt gezogen und ausgewertet werden. Doch das moderne Internet als

„Architecture of Participation" hat mehr und mehr dynamische Kommunikationsstrukturen erzeugt, in denen sich Konsumenten untereinander, mit Experten sowie direkt mit Unternehmen austauschen. Dies kommt in der rasant anwachsenden Anzahl an Beiträgen in Meinungsforen, Verbraucherportalen, internen und externen Communities und Blogs zum Ausdruck. Die Entwicklung neuer erfolgreicher Geschäfts- und Produktstrategien ist somit nicht nur auf das Instrumentarium quantitativer Befragungen angewiesen, sondern baut verstärkt auf die Analyse der disparaten Kundenerwartungen und Kundenwahrnehmungen, wie sie sich in derartigen Social-Media-Quellen manifestieren. Auch hier verlangt die schiere Menge von Daten den Einsatz von Text-Mining-Verfahren.

Marktforschung im digitalen Zeitalter steht somit vor der Herausforderung, Informationen aus verschiedensten Datenräumen – ob Internet, Intranets oder Datenbanken – in ein homogenes System zu integrieren, automatisiert zu erschließen, thematisch zu organisieren und strukturiert zu präsentieren. Ein solches System, wie es von Cogia aufgebaut worden ist, soll im Folgenden vorgestellt werden, am Beispiel von Dokumenten aus der Automobil-Industrie.

Die Grundlage bilden von einem Marktforschungsunternehmen (im Auftrag eines Automobil-Herstellers) durchgeführte Interviews zur Kundenzufriedenheit mit bestimmten Modellen und zum Service bei der Übergabe, sowohl im Autohaus wie im Werk selbst. Diese Daten wurden ergänzt um äquivalente Nutzer-Kommentare aus dem Web, aus Foren, Blogs, sozialen Netzwerken wie Facebook und Micro-Blogging-Diensten wie Twitter. Die Aufgabe besteht somit darin, die Kommentare in beiden Quellengruppen zu analysieren und miteinander zu vergleichen – und die besondere Herausforderung darin, semantische Interoperabilität herzustellen zwischen diesen Gruppen, die hinsichtlich der Datenqualität komplett heterogen sind.

12.2 Struktur und Import interner Daten

Die Daten aus den Interviews liegen in strukturierter Form vor. Es handelt sich in der Regel um XML- oder CSV-, teilweise auch um Excel-Dateien. In jedem Fall gilt, dass die verwendeten Spalten bzw. Felder eindeutig gekennzeichnet sind. Die jeweiligen Datensätze sind mit Meta-Daten versehen, sind also getaggt – nach Datum (der Befragung), nach Projekt-Nummer, nach zuständigen Abteilungen, nach Fragetypen, nach gewählten Antwortoptionen, nach Geschlecht des Befragten, usw. Die offenen Kommentare sind separat ausgewiesen. Ein typischer Datensatz im XML-Format könnte demnach so aussehen:

<Erhebungszeitpunkt>20140720 </Erhebungszeitpunkt> (JJJJMMTT)

<Abteilung>Sales</Abteilung> (Die auftragsgebende Abteilung)

<Kunde>XYZ</Kunde> (Das auftragsgebende Unternehmen)

<Projektnr>130995</Projektnr> (intern)

<Language>German</Language>

<Country>DEU</Country>

<ZielGruppe>Singles</ZielGruppe> (oder: Familien)

<Modell>4er Cabrio</Modell> (Modell-/Typen-/Produktbezeichnung)

<Name1>München</Name1> (Location)

<Name2>Angestellter</Name2> (Beruf)

<Name3>männlich</Name3> (Geschlecht)

<Numerisch1>3</Numerisch1> (Code für Alter)

<Numerisch2>4</Numerisch2> (Code für Einkommensklasse)

<Numerisch3>5</Numerisch3> (Code für Schulbildung)

<Kommentar>Reichhaltige Serienausstattung, niedrige Leasing- und Unterhaltskosten, hoher Fahrspaß, voll alltagstauglich. Aber die Sportfelgen verkratzen bei Begegnung mit der Bordsteinkante. Die Dachdichtungen sind unsauber eingearbeitet.</Kommentar>

Da die Befragungs-Daten in Unternehmen oder Marktforschungsagenturen auf internen Servern gespeichert sind, auf die externe Dienstleister keinen Zugriff haben, muss eine Handover-Routine verabredet werden. In der Regel besteht diese in der Nutzung eines gesicherten FTP-Servers (da es sich um sensible Daten handelt), auf den die Daten vom Unternehmen oder der Agentur hochgeladen und abgeholt werden. Die Übergabe kann in definierten Zyklen erfolgen, je nachdem, wie viele Daten anfallen: einmal pro Tag, einmal pro Woche, einmal pro Monat...

Die Datensätze werden mit der Übergabe in das System importiert. Dies bedeutet, dass die Kommentarfelder in einer Suchmaschine (genutzt wird hier Solr [1]) im Volltext als Content indiziert werden. Die vorhandenen Meta-Daten bzw. Tags werden dabei als Kategorien verwendet, die dokumentbezogen dem jeweiligen Content-Feld zugeordnet werden. Im Suchmaschinenindex hat somit ein Datensatz folgende Struktur:

"language_id": "de"

"content": *"Reichhaltige Serienausstattung, niedrige Leasing- und Unterhaltskosten, hoher Fahrspaß, voll alltagstauglich. Aber die Sportfelgen verkratzen bei Begegnung mit der Bordsteinkante. Die Dachdichtungen sind unsauber eingearbeitet*

"id": "[1201556]-[0]-[93900101013408211]165746" (systemintern automatisch vergeben)

"title": "Sales" (Es kann frei gewählt werden, welches Feld während des Imports als Titel verwendet wird für die spätere Anzeige des Dokuments.)

"date": "2014-07-20 "

"host": http://example.com/ (Die Basis-URL des Systems)

"url": http://example.com/[1201556]-[0]-[93900101013408211] (Die auf der ID basierende interne URL des Dokuments.)

"clean-text": "Sales XYZ 130995 Singles 4er-Cabrio München Angestellter männlich ",

Das Feld „clean-text" enthält die in den ursprünglichen Datensätzen vorhandenen Meta-Tags für diesen Kommentar. Das Feld „URL" enthält eine interne URL (vom System vergeben), so dass das betreffende Dokumente mit seiner ID im System und seiner Oberfläche aufgerufen werden kann.

Gelegentlich können bei dem Import der Daten manuelle Anpassungen notwendig werden, nämlich dann, wenn der ursprüngliche Datensatz auf mehrere Dateien verteilt ist, die unterschiedliche Aspekte abbilden. In diesem Fall muss vor dem Import eine Tabelle erstellt werden, welche die verwendeten Codes/Tags dateiübergreifend referenziert. Ein Beispiel: Datei1 enthält die Zeitstempel und Fragestellungen, Datei2 die Fragestellungen und die betroffenen Bereiche, Datei3 die betroffenen Bereiche und die Kommentare. Die Tabelle muss also alle Querverweise so abbilden, dass sich etwa die Kommentare aus Datei3 den Zeitstempeln aus Datei1 zuordnen lassen.

12.3 Kategorisierung der internen Daten

Über die Oberfläche des Systems kann jetzt bereits in den Daten, genauer gesagt: in den Content-Feldern gesucht werden. Dies ist eine reguläre Volltextsuche, die alle Dokumente bzw. Kommentare zurückgibt, in denen der jeweils verwendete Suchbegriff vorkommt, und für die Operatoren verwendet werden können – UND, ODER, NICHT sowie Klammerausdrücke und Anführungszeichen zur Markierung von Phrasen. Die Ergebnisse werden entweder auf der Zeitachse sortiert (entsprechend des Zeitstempels) oder nach Relevanz (definiert als Übereinstimmung eines Dokuments mit dem verwendeten Suchbegriff).

Parallel aber kann bereits eine strukturierte Suche genutzt werden. Die vorhandenen Meta-Daten bzw. Codes werden dazu genutzt, um in der Oberfläche eine Taxonomie abzubilden. Unter Taxonomie wird eine Hierarchie von Themen verstanden, die entweder vom Anwender definiert werden können oder aber – wie in diesem Falle – auf die vorhandenen und eingelesenen Codes zurückgreifen (siehe Abb. 12.1).

Somit kann nicht nur im Volltext gesucht werden, sondern es können auch Kategorien für die Suche ausgewählt werden, die den verwendeten Codes entsprechen.

Die Auswahl der Kategorie „Name3: männlich“ gibt so alle entsprechend codierten Dokumente zurück. Die Kategorien können dabei nicht nur miteinander kombiniert werden („Kunde“ + „Modell“ + „Name3“...), sondern die so erzeugte Ergebnismenge lässt sich zusätzlich und parallel im Volltext durchsuchen:

„Kunde“ + „Modell“ + Name3“ + query [Fahrspass]

Zusätzlich ist es jederzeit möglich, neue Themen einzurichten, unabhängig von den durch Meta-Tags vorgegebenen. Das System verwendet dafür eine sog. regelbasierte Kategorisierung, die es dem Nutzer erlaubt, Themen über Keyword-Listen zu definieren. Diese Listen können direkt im System angelegt, aber auch offline als txt-Datei erstellt und ins System hochgeladen werden. Diese Art der Kategorisierung erstreckt sich dabei ausschließlich auf die Kommentarfelder und dient dazu, die jeweiligen Ergebnismengen weiter einzugrenzen, auch in Kombination mit den bereits vorab feststehenden Kategorien.

Abb. 12.1 Taxonomie (Beispiel) – die Zahlen in Klammern zeigen die Anzahl der dem jeweiligen Code bzw. Thema zugeordneten Dokumente bzw. Kommentare

12.4 Sentiment-Analyse: Möglichkeiten und Grenzen

Das bisherige Ergebnis der Verarbeitung ist die Abbildung der internen Datenstruktur – einschließlich der Option einer Volltextsuche. Die nächsten Schritte bestehen darin, die freien Kommentare inhaltlich zu analysieren, zentrale Informationen heraus zu schälen, Bedeutungsstrukturen zu entdecken – und zwar automatisch. Ziel muss es sein, einem Nutzer einen raschen Überblick zu geben über die hier tatsächlich angesprochenen Themen, vertretenen Ansichten und vorherrschenden Einstellungen, also genau die Aufgabe zu bewältigen, die manuell nicht oder nur mit sehr großem Aufwand zu vollbringen ist. Zum Einsatz kommen dabei statistische und linguistische Verfahren bzw. Algorithmen aus dem Bereich Text Mining.

Das erste ist die Sentiment-Analyse – die Bestimmung der emotionalen Orientierung eines Kommentars. Ist er eher negativ? Positiv? Oder nur neutral [2]? Die Grundlage für diese Analyse bildet zunächst der gesamte Text eines Kommentars. Die Analyse selbst erfolgt Lexikon-basiert. Verwendet werden je ein Lexikon mit negativ und ein Lexikon mit positiv konnotierten Termen. Die Lexika wurden redaktionell erstellt und können an den spezifischen Sprachgebrauch in bestimmten Domänen angepasst werden. Alle indizierten Kommentare werden hinsichtlich ihrer Terme gegen diese Lexika verglichen; übereinstimmende Terme werden mit dem entsprechendem Vorzeichen (+/–) markiert. Nun wird die jeweilige Satzstruktur analysiert, um zu erkennen, ob die markieren Terme negiert werden oder nicht. Wenn ja, ändert sich das Vorzeichen. (Es ist ein Unterschied ums Ganze, ob der Kommentar lautet „Das Cabrio ist toll" oder „Das Cabrio ist *nicht* toll" – wobei normalsprachliche Negationen etwas komplizierter sind als in diesem Beispiel.) Im letzten Prozessschritt wird die Relevanz der identifizierten Terme über ihre Vorkommenshäufigkeit in Relation zur Satzlänge berechnet (unter Ausschluss von nicht-sinntragenden Wörtern wie ‚der', ‚die', ‚das', etc.). Ergebnis ist ein Zahlenwert, der logarithmisch auf einer Skala von −100 bis+100 abgebildet wird, also auch als Prozentwert ausgegeben werden kann, und im Index dokumentbezogen rückgespeichert wird.

Alternativ ist die Verwendung von Trainings-Sets möglich, die manuell zusammen gestellt jeweils Beispiele für negativ und positiv konnotierte Dokumente enthalten. Aus diesen Trainings-Sets werden über Support-Vector-Verfahren oder mittels neuronaler Netze Wissensmodelle berechnet, die als Basis für die Sentiment-Klassifikation neuer Dokumente dienen. Allerdings ist diese Vorgehensweise nicht nur intransparent hinsichtlich des Zustandekommens von Sentiment-Werten, sondern bedingt auch höhere Aufwende, da bei jeder Änderung der Trainings-Sets die Modelle neu generiert werden müssen.

Das Sentiment kann auch kontext-sensitiv berechnet werden. In diesem Fall werden nur jene Sätze zur Analyse herangezogen, in denen ein bestimmter Suchbegriff oder ein definiertes Keyword vorkommt. Dies verringert die Zahl der Ergebnisse, sorgt aber zugleich für eine Steigerung der Präzision, insofern exakter ausgewiesen werden kann, mit welcher Tonalität etwa ein Produktname verbunden ist.

Maßgeblich für die Zuordnung eines Dokuments zu einer Sentiment-Kategorie (negativ/neutral/positiv) ist dabei der Wertebereich. Dieser kann vom Nutzer für die Ergebnisausgabe in der Oberfläche festgelegt und im laufenden Betrieb on-the-fly verändert werden. So kann etwa definiert werden: −100 bis −1 gleich negativ, −1 bis+10 gleich neutral; +10 bis+100 gleich positiv. Möglich ist auch die Definition von Abstufungen innerhalb desselben Sentimentbereichs: −100 bis −70 gleich sehr negativ, −70 bis −30 gleich negativ, −30 bis −1 schwach negativ.

Nun ist es möglich, die Kommentare auch nach Sentiment zu gruppieren. Es lassen sich also alle negativen oder positiven Kommentare (oder alle innerhalb eines bestimmten Wertebereichs, je nach Kalibrierung) zu einem bestimmten Thema, einer bestimmten Kategorie oder einem Suchbegriff anzeigen. Auch hier können alle Codes bzw. Themen miteinander kombiniert werden.

Tests und Erfahrungen belegen, dass die automatische Sentiment-Analyse bei den Kommentaren aus quantitativen Befragungen gute Ergebnisse erzielt. Die Genauigkeit der Zuordnung liegt bei 85 bis 90 % – verglichen mit einer manuellen Zuordnung durch einen Redakteur oder Analysten. (Wobei man nicht vergessen sollte, dass in Experimenten zum manuellen Sentiment-Taggen der Übereinstimmungsgrad der Test-Teilnehmer auch nur um die 80 % liegt [3].) Diese hohe Präzision rührt natürlich daher, dass wir es hier mit sehr sauberen, reinen Text-Daten zu haben, die nicht wie Web-Seiten durch Navigations- und Werbe-Elemente oder schlampigen, nicht-validen HTML-Code verunreinigt sind.

Gleichwohl: es gibt auch hier einen Grenzbereich für die Sentiment-Analyse – nämlich Ironie und Sarkasmus. Was dem menschlichen Verständnis in der Regel keine Probleme bereitet (obwohl es auch Menschen geben soll, die unempfänglich dafür sind), ist für die Maschine, für einen Algorithmus oftmals noch ein unüberwindbares Hindernis. Zu viel Welt-, zu viel Kontextwissen ist nötig, um die simple Aussage „Das ist toll" nicht als positive, sondern als ironische oder sarkastische Äußerung zu konnotieren.

12.5 Semantische Analyse von Begriffsbeständen und -relationen

Um sich nun einen raschen Überblick über die Kerninformationen der Kommentare zu verschaffen, stehen innerhalb des Systems weiter Text-Mining-Verfahren zur Verfügung.

Das gängigste ist die Berechnung der Keywords in Form einer Tag Cloud (siehe Abb. 12.2).

Hier werden die in den Kommentaren bzw. in einer bestimmten Dokumentenmenge (selektiert durch die Auswahl von Kategorien bzw. Meta-Daten) vorkommenden Begriffe

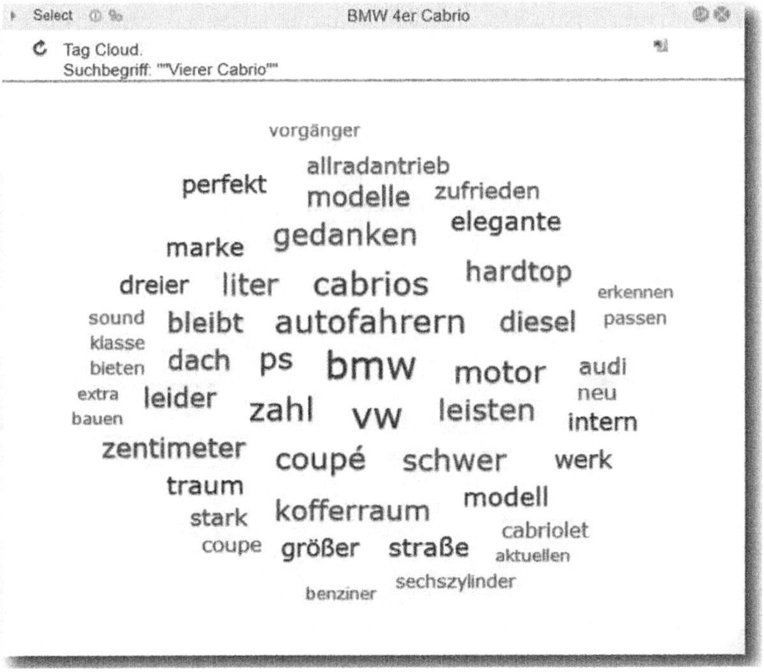

Abb. 12.2 Tag Cloud (Beispiel)

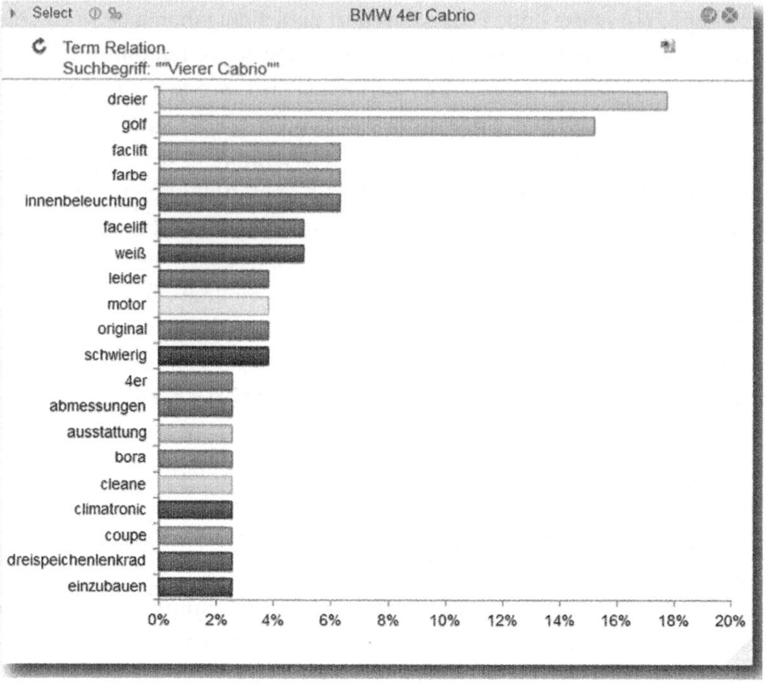

Abb. 12.3 Termrelationen (Beispiel)

nach Häufigkeit gewichtet: je öfter der Begriff vorkommt, desto relevanter und größer dargestellt. Die Größe des Begriffs korreliert mit der Farbe, die so zur visuellen Hervorhebung eingesetzt wird. Die in der Tag Cloud vorhandenen Begriffe sind zudem klickbar; angezeigt werden sodann alle Dokumente, die den geklickten Term enthalten.

Zum Zweiten werden sog. Termrelationen berechnet in Abhängigkeit von einem Suchbegriff bzw. einem Keyword. Es werden diejenigen Terme angezeigt, die in der entsprechenden Dokumentenmenge am häufigsten im unmittelbaren Kontext des Suchbegriffs auftreten (siehe Abb. 12.3). Der Kontext wird über die Distanz berechnet, die variabel eingestellt werden kann. Es wird also auf Satzebene analysiert, welche Begriffe in einem Abstand von 1,2 oder 5 Termen (Stoppwörter werden ignoriert) links und rechts neben dem Suchbegriff stehen. Das Ergebnis ist eine (klickbare) Grafik, die skaliert die Wahrscheinlichkeit angibt, mit der ein bestimmter Term in der Nachbarschaft des Suchbegriffs auftaucht.

Es können weiterhin auf Basis einer gegebenen Dokumentenmenge semantische Netze generiert werden. Ausgehend von einem Suchbegriff wird berechnet, welche Nachbarn zu diesem Begriff in den zurückgegebenen Dokumenten vorkommen. In einem nächsten Schritt werden für diese benachbarten Begriffe wiederum deren Nachbarn berechnet. So entfaltet sich ein Netz, das auf statistischer Basis die Begriffsverästelungen in einer bestimmten Dokumentenmenge aufzeigt (siehe Abb. 12.4).

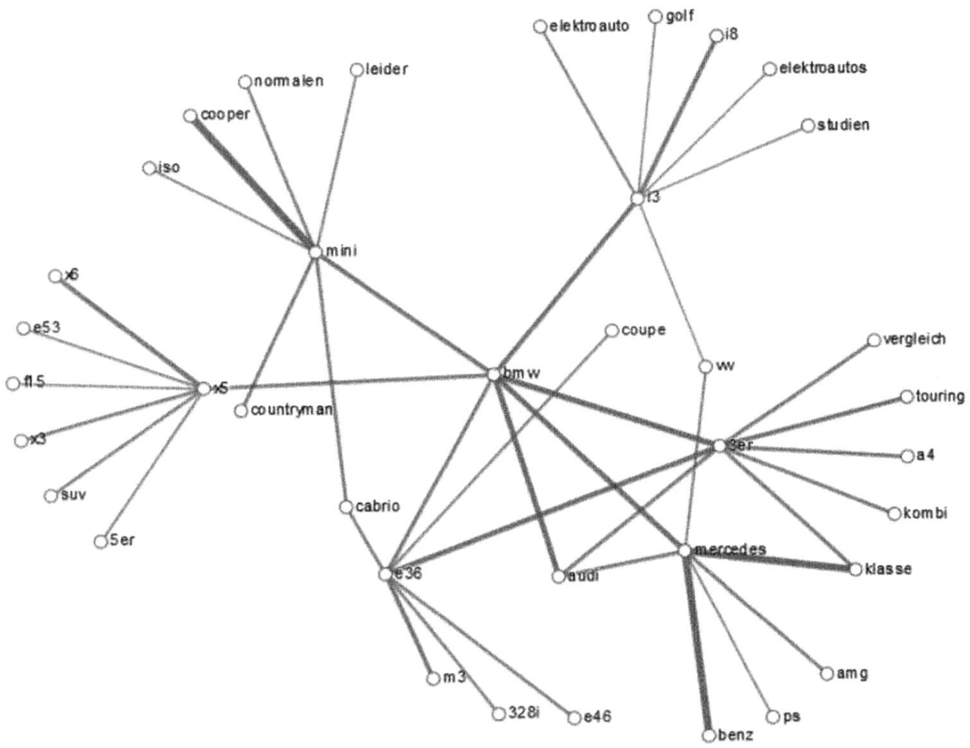

Abb. 12.4 Semantisches Netz (Beispiel)

Die Knoten hier repräsentieren die Terme, die Kanten des Graphen die Relationen zwischen ihnen, deren jeweilige Stärke farblich und durch die Dicke der Linien hervorgehoben wird. Farbe und Linienstärke korrelieren. Die Knoten sind klickbar.

Auch das Verfahren der Named Entity Extraction (NER) kommt zum Einsatz. NER ist eine Vorstufe zur semantischen Annotation von Texten und dient hier vor allem zur Identifikation von Namen, Organisationen und Locations in den Kommentaren. Die extrahierten Entitäten können dann wiederum verwendet werden für eine semi-automatische Kategorienbildung in Hinsicht auf die Klassifikation der Kommentare. Semi-automatisch deshalb, weil es sich aus Qualitätsgründen empfiehlt, die Liste der extrahierten Entitäten manuell zu kontrollierten. Verwendet wird der Named Entity Extractor aus der Stanford Library [4] Dieser liegt auch für Deutsch vor, produziert allerdings hier schlechtere Ergebnisse als die auf einem englischsprachigen Korpus trainierte Version.

Schließlich werden die Kommentare einer sog. Topic Detection unterzogen. Es handelt sich dabei um den Versuch, ohne Vorgaben aus einer Dokumentenmenge Untermengen von Dokumenten zu bilden, die das gleiche Thema behandelt. Man bezeichnet dieses Verfahren auch als Spontan- oder Fuzzy-Clustering: iterativ werden immer kleinere Mengen von Dokumenten gebildet, die ihren Termen nach einen genügend großen Ähnlichkeitsgrad aufweisen. Die Anzahl der Iterationen wird dabei vorab festgelegt, um zu vermeiden, dass die so generierten Dokumentenmengen zu klein werden. Würde die Anzahl der Iterationen nicht beschränkt werden, würde im Endeffekt jedes einzelne Dokument eine eigene Untermenge bilden, weil es sich selbst am ähnlichsten ist.

Spontan-Clustering ist als nicht-überwachtes Verfahren unscharf; die Ergebnisse sind nicht einfach zu interpretieren, unter anderem deshalb, weil die gebildeten Gruppen nicht ohne weiteres benannt werden können. De facto stehen zur Benennung nur die Terme mit der höchsten Relevanz zur Verfügung. Nur eingeschränkt eignen sich daher die Ergebnisse hier für ein automatisches semantisches Tagging; sie müssen in jedem Fall manuell nachbearbeitet werden.

In ihrer Summe führen die vorgestellten Verfahren gleichwohl zur Aufschlüsselung der Kommentare und geben dem Nutzer einen strukturierten Überblick über deren Inhalte. Muster und Auffälligkeiten sind erkennbar; „schwache Signale“ lassen sich identifizieren; das alles visualisiert in Form eines interaktiven Dashboards, das im Browser aufgerufen wird (siehe Abb. 12.5).

Alle Grafiken sind klickbar; es werden dann die dem angeklickten Element zugeordneten Kommentare angezeigt. Es lassen sich so nicht nur Einsichten in die Tiefenstruktur dieser freien Kommentare gewinnen, sondern es werden auch Anhaltspunkte für strategische Planungen im Marketing oder Kundenservice deutlich.

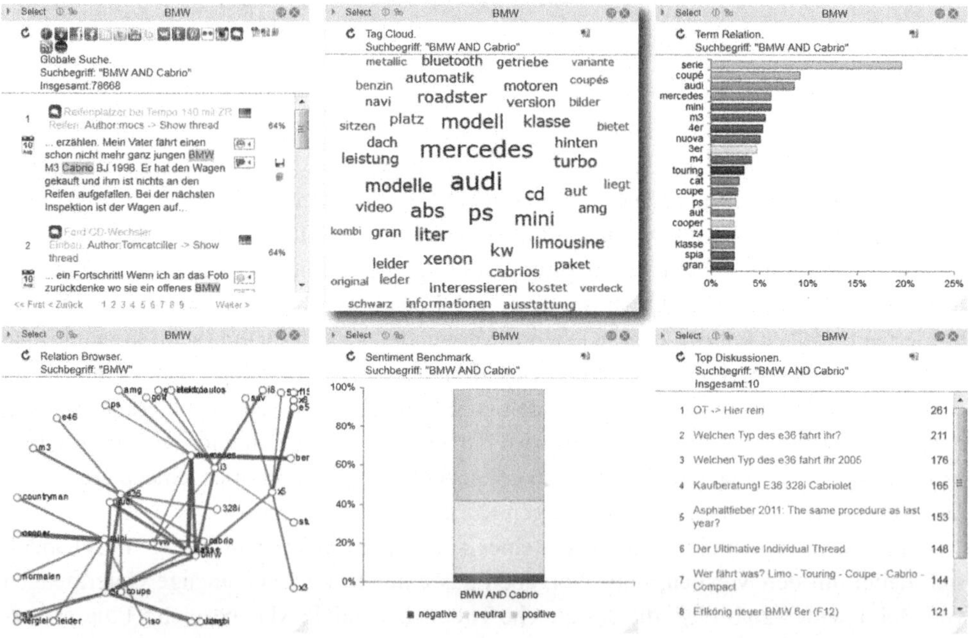

Abb. 12.5 Dashboard (Beispiel)

12.6 Zusammenführung interner und externer (Web-)Daten

Wenn man das Semantic Web versteht als den Versuch, auf Basis einer einheitlichen formalisierten Sprache Dokumente mit Meta-Daten versehen, die Daten also mit Hilfe einer Taxonomie oder Ontologie untereinander zu verknüpfen, dann nähern sich quantitative Befragungen diesem Projekt bereits an. Nur die freien Kommentare stellen gleichsam noch Einsprengsel der ‚realen' Welt dar – als Ausdruck nicht-kontrollierter, individueller Meinungen und Haltungen, die keinen vorgegebenen Sprach- und Terminologie-Regeln folgen.

Eine nachträgliche manuelle Codierung dieser Kommentare ist, wie gesagt, natürlich möglich, aber in der Regel mit vertretbarem Aufwand nicht zu leisten. So werden Text-Mining-Verfahren eingesetzt, um die Inhalte zu erschließen. Sie leisten eine Art Proto-Codierung: sie liefern Bausteine zu einer semantischen Beschreibung, die als Meta-Daten dem Inhalt zugefügt werden. Der Vorteil liegt darin, dass der Zeitbedarf für diese Art der semantischen Analyse im laufenden Betrieb gering ist; der Nachteil darin, dass der Präzisionsgrad (noch) nicht heran reicht an eine manuelle Codierung durch einen ausgewiesenen Domänen-Experten.

Dieses Problem stellt sich verschärft, wenn man dazu übergeht, externe Daten aus dem Web in die Untersuchung einzubeziehen: seien es News, Forenbeiträge oder Social-Media-Posts in Twitter oder Facebook. Ziel dabei ist der Vergleich zwischen den freien Kommentaren und Nutzer-Kommentaren im Web in Hinsicht auf dieselben Thematiken. Gibt es signifikante Unterschiede in der Einschätzung von bestimmten Produkten oder Leistungen? Oder weisen die Kommentare eine ähnliche Tendenz auf?

Die Beschaffung der Web-Dokumente erfolgt auf klassischem Weg: durch Crawlen der relevanten Seiten und durch Nutzung der von Social Media bereitgestellten APIs. Doch damit ist es nicht getan: die Dokumente müssen aufbereitet werden. Hier liegt die größte Schwierigkeit, denn Web-Dokumente fügen sich nach wie vor eben nicht den Regeln eines Semantic Web, sondern sind „schmutzig", unsauber, inkonsistent, unvergleichbar. Sie bieten keinen puren Inhalt, sondern sind überfrachtet mit Navigationselementen, Werbung und Verweisen, die nicht in die Kategorisierung und die semantische Analyse einbezogen werden sollten, da sie in dieser Form das Ergebnis verfälschen. Somit besteht der erste Schritt im Parsing der Webseiten, in der Analyse der Seitenstruktur, um zu identifizieren, wo auf der Seite die relevanten Texte stehen und was Ballast ist. Ein automatisches Parsing ist jedoch nicht 100 % zuverlässig – was zur Folge hat, dass in einigen Fällen auch nicht-relevanter Text extrahiert wird. Somit weisen die Daten, mit denen nun gearbeitet werden muss, einen höheren „Verschmutzungsgrad" auf als Kommentare aus Befragungen, was sich in der geringeren Präzision der semantischen Analysen niederschlägt.

In der Summe der eingesetzten Verfahren (die einander ergänzen) ergibt sich gleichwohl ein Erkenntnisgewinn. Auch wenn gilt, dass sich die jeweiligen Unschärfen nicht wechselseitig neutralisieren oder sich auf wundersamem Wege (minus mal minus gleich plus) zu einem Präzisionsgewinn multiplizieren, so bieten sie doch Orientierung über die Inhalte der Dokumente und unterstützen bei der semantischen Annotation, im Idealfall auch bei der Erstellung einer Ontologie. Die verschiedenen Analysetypen schlagen Keywords vor, die einerseits dafür genutzt werden können, die Dokumente mit zusätzlichen Meta-Tags zu versehen. Andererseits können die Keywords dazu dienen, eine Ontologie anzureichern – und zwar mit dem tatsächlichen Wortbestand realer Dokumente. Ontologien leiden gelegentlich unter dem Umstand, dass sie zwar von Domänen-Experten erstellt werden, aber Fachtermini nutzen, die nicht unbedingt den realen Sprachgebrauch spiegeln. Ein Beispiel: in Auto-Foren taucht immer wieder der Begriff „Der Freundliche" auf; die eingeweihten Nutzer wissen, dass damit der Werkstatt-Mechaniker gemeint ist. Außenstehenden jedoch erschließt sich diese Bedeutung nicht auf Anhieb. Würden sie in dem Forum nach „Werkstatt-Mechaniker" oder „Auto-Mechaniker" suchen, wären sie verblüfft, kaum etwas zu finden. Somit wäre auch eine Ontologie, die nur diese Fachbegriffe verzeichnet, hier ungeeignet als Retrieval-Instrument. Sie müsste vielmehr als Synonyme alle Begriffe auflisten, die tatsächlich von Nutzern zur Umschreibung dieser Profession verwendet werden.

12.7 Das eingesetzte Research- und Analyse-System

Die Zuführung und Indizierung sowohl der internen Daten aus Erhebungen wie der externen Daten aus dem Web erfolgt durch Solr.

Solr ist ein mächtiges Werkzeug, das viele Funktionen bereit stellt, allerdings an die jeweiligen Aufgaben angepasst werden muss. Der wichtigste Grund dafür ist der Umstand, dass Solr als ein Open-Source-Projekt permanent weiter entwickelt wird und daher Funktionen permanent re-engineert und ergänzt werden. Die aus unserer Sicht wichtigste Neuerung ist die Cloud-Fähigkeit, mit der es möglich ist, verteilte und fehlertolerante Suchsysteme zu bauen.

Frühere Versuche, als Crawler Apache Nutch [5] zu verwenden, sind eingestellt worden, da der Solr-eigene Crawler überlegen ist: er verbraucht weniger Ressourcen, ist nicht zwingend auf eine Hadoop-Plattform angewiesen und kann dennoch mit verteilten Crawling- und Processing-Jobs arbeiten. Einige Erweiterungen wurden von uns implementiert, etwa eine verbesserte Version der sog. Re-Crawling-Schedule, die regelt, in welchen Abständen eine Webseite wieder besucht werden soll.

Als Datenbank wird MySQL genutzt, anstelle von HBase, was in den früheren Versionen von Nutch noch zwingend war. (Inzwischen unterstützt Nutch auch andere Datenbanken.)

Der Hardware-Einsatz ist dabei abhängig von der jeweiligen Aufgabe. Für große Anwendungen, die mehr als 10 Mio. Dokumente bewältigen müssen, empfiehlt sich der Einsatz von 4 Servern, die verteilt verschiedene Aufgaben übernehmen, um so eine akzeptable System-Performance zu gewährleisten:

- 1 Server mit 48 GB RAM und 4 Cores. Er ist zuständig für das Web-Crawling, die Datenbank, das Parsen der Dokumente, die Kategorisierung, das Sentiment-Tagging und die GUI.
- 3 Server mit je 32 GB RAM und je 4 Cores. Sie sind zuständig für spezielle Crawling-Aufgaben (etwa nur von Foren), für die Verarbeitung interner Daten, für die Schnittstellen zu Social Media und für die Social-Media-Datenbank.

Diese System-Konfiguration ist so ausgelegt, dass bis zu 100 Mio. Dokumente bewältigt werden können. Semantische Netze oder Tag Clouds über 50 Mio. Dokumente können etwa in weniger als 10 s berechnet werden.

Für mittlere Systeme bis 10 Mio. Dokumente reichen 2 Server mit je 32 GB RAM und 4 Cores oder 2 Server mit 16 GB RAM und je 8 Cores.

Kleinere Systeme bis zu einer 1 Mio. Dokumente können problemlos auf 1 Server mit 4–6 GB RAM und 2–4 Cores gefahren werden.

Die Systemarchitektur selbst, unabhängig von der jeweiligen Hardware-Konfiguration, besteht aus verschiedenen Modulen bzw. Komponenten (siehe Abb. 12.6), die untereinander über interne Schnittstellen verbunden sind.

Wichtig ist: alle Analyse-Ergebnisse, die sich auf Dokumentenebene vorberechnen lassen, nämlich die Kategorie-Zugehörigkeit und das Sentiment, werden im Index rückgespeichert. So lassen sich die Antwortzeiten des Systems auf unter eine Sekunde drücken.

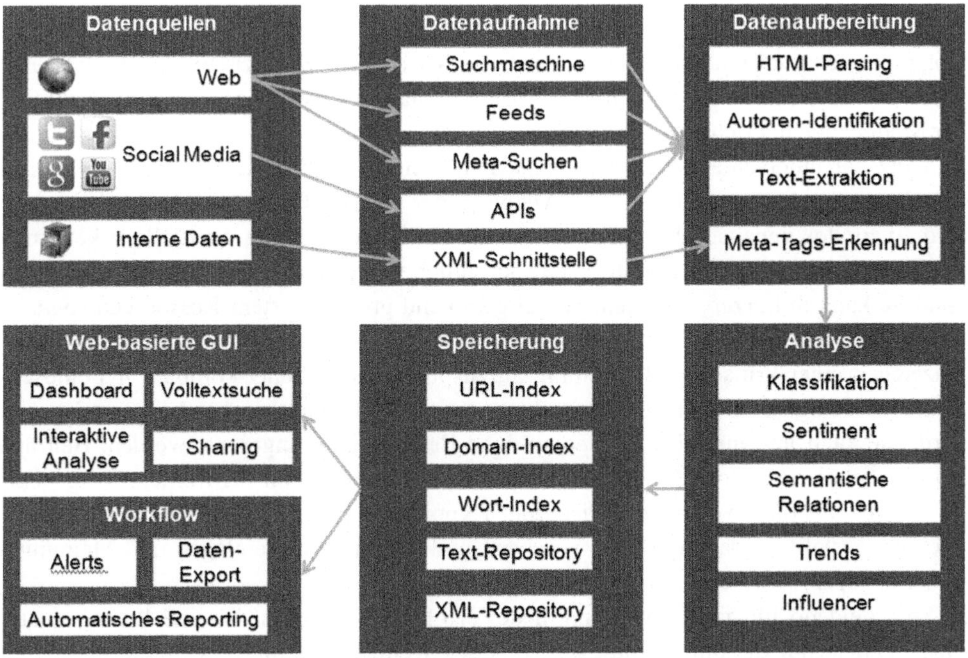

Abb. 12.6 Systemarchitektur

12.8 Erkenntnisgewinne und Kundennutzen

Die Daten aus Erhebungen und dem Web sowie die jeweiligen Text-Mining-Ergebnissen liegen in einem System, unter einer Oberfläche, nur getrennt nach Datenquellen, die einzeln oder zusammen angewählt werden können. Dies eröffnet nun die Möglichkeit, die jeweiligen Ergebnisse aufeinander zu beziehen und miteinander zu vergleichen. Sollten sie homogen sein, so bestätigen sie sich gegenseitig. Die Bewertung von Differenzen aber wirft natürlich einige Probleme auf.

Differenzen können daher rühren, dass sich das Panel einer quantitativen Befragung seiner soziodemografischen Zusammensetzung nach nicht deckt mit der Gesamtheit der Nutzer in den ausgewerteten Web-Beiträgen. Aber kennen wir überhaupt die soziodemografische Zusammensetzung der Nutzer hier? Nein, da die verfügbaren Informationen nicht für eine soziodemografische Analyse ausreichen. (Hier spielt auch der Datenschutz eine große Rolle.) Zwar lassen sich Meinungsführer oder Meinungsmacher identifizieren, also Nutzer, die innerhalb einer Community über größeren Einfluss verfügen; doch die reale Person hinter dem verwendeten Web-Namen bleibt in der Regel unsichtbar.

Wir sehen uns also im Web einer heterogenen Menge von Nutzern gegenüber und wissen nicht, ob deren Kommentare statistisch gesehen repräsentativ sind. Bei den quantitativen Befragungen hingegen können wir davon ausgehen, dass sie zumindest in Hinsicht auf die ausgewählten Fragestellungen und die dazu gehörigen Gruppen (Käufer eines bestimmten Produkts, einer bestimmten Leistung) repräsentativ sind. Diese Lücke lässt sich nicht schließen, sondern nur über das „Gesetz der großen Zahlen" verringern. D. h.: ungeachtet der mangelnden Transparenz der Gruppe der Web-Nutzer lässt sich aus ihren Kommentaren ein Trend destillieren, der belastbar ist. Die Wahrscheinlichkeit, dass eine bestimmte Aussage kontingent, also nicht-repräsentativ ist, verringert sich mit zunehmender Menge gleichgerichteten Aussagen.

Trotz der unterschiedlichen Ausgangsdaten können sich so die jeweiligen Analysen und deren Ergebnisse ergänzen. Die Analysen der offenen Kommentare in Erhebungen sind zweifellos genauer, aber die Analysen der Webdaten können wertvolle Erkenntnisse liefern, insofern sie bestimmte „Schwachstellen" dort kompensieren. Eine Webdaten-Analyse kann in kürzeren Zyklen, ja, bei genügend großen System-Ressourcen sogar in Echtzeit durchgeführt werden. Sie ist in der Lage, früh auch sog. weak signals, also erste Anzeichen einer kritischen Beurteilung aufzuspüren. Sie arbeitet komplett hypothesenfrei, da sie lediglich non-reaktiv beobachtet, was tatsächlich gesprochen bzw. geschrieben wird. Sie kann im laufenden Betrieb an neue Erfordernisse angepasst werden. Beiträge können mit einer Historie bewertet und auf eine Zeitachse projiziert werden. Umgekehrt lassen sich aus diesen Analysen wiederum Hypothesen für künftige Erhebungen bilden. Die dort gestellten Fragen können geschärft und an reale Problemlagen und Meinungsbilder angepasst werden.

Entscheidend für die Entwicklung neuer erfolgreicher Geschäfts- und Produktstrategien ist nicht nur die umfassende Kenntnis des Wettbewerbs und des Marktes, sondern auch die genaue Einschätzung der Kundenerwartungen und Kundenwahrnehmungen von

Marken oder Produkten. Aus Unternehmenssicht bietet damit ein derartiges integriertes Research- und Analyse-System Einsichten, die für erhöhe Planungs- und Handlungssicherheit sorgen, ob im Marketing, im Customer Service oder in der Produktentwicklung.

12.9 Herausforderungen und Grenzen aus Entwicklersicht

Aus Entwicklersicht andererseits stellt der Aufbau eines solchen Research- und Analyse-Systems besondere Anforderungen, die weniger im Bereich der System-Architektur als in der Einbindung und Schärfung der Text-Mining-Komponenten liegen. Natürlich muss im Vorfeld eine Ressourcen-Planung erfolgen, muss die zu verwendende Hardware kalkuliert werden in Hinsicht auf die zu erwartenden Datenmengen (wobei es immer möglich ist, wenngleich aufwendig, bei wachsenden Mengen das System auf größere Server zu migrieren). Doch das zentrale Problem stellt zunächst die Aufbereitung, das Pre-Processing der Daten dar.

Die Optimierung der Analyse-Qualität gerade bei Webseiten ist nur zu erreichen durch manuelle Anpassungen des eingesetzten Parsers, um zu verhindern, dass nicht-relevante Texte extrahiert werden. Wenn wir davon ausgesehen, dass 80 % aller Webseiten so strukturiert sind, dass der Standardparser greift, bleiben immer noch 20 % übrig, für die spezifische Änderungen vorgenommen oder gleich neue Parser geschrieben werden müssen. Dieser Aufwand ist nicht zu unterschätzen. Unseren Erfahrungen nach beträgt er ca. 2 h pro Seite.

Das zweite Problem stellt sich im Kontext der Sentiment-Analyse. Cogia bevorzugt aus Gründen der besseren Transparenz den Lexikon-basierten Ansatz – damit wird in Kauf genommen, dass auch hier manuelle Anpassungen in einem iterativen Prozess nötig sind. Die Ergebnisse der Sentiment-Analyse müssen anhand von Log-Dateien stichprobenartig überprüft werden, um eklatante Fehlzuordnungen zu erkennen und die Lexika entsprechend zu korrigieren. Dies bedeutet: es werden Terme aus den Lexika gelöscht oder ergänzt; gelegentlich kann es auch vorkommen, dass Terme ihr Vorzeichen ändern müssen, also aus dem Negativ-Lexikon in das Positiv-Lexikon wandern, und umgekehrt. (Der Begriff „Risiko“ etwa ist generell negativ besetzt, in einem Dokumenten-Korpus aus dem Bereich Versicherungen jedoch ist er positiv konnotiert.) Sodann werden die Daten neu getaggt. Es werden durchschnittlich 3–4 Durchgänge benötigt, um die Qualität der Sentiment-Analyse zu einem Optimum zu führen, das über den Grenznutzen definiert wird. Das Optimum ist dann erreicht, wenn der zu erbringende Aufwand für nur geringfügige Verbesserungen zu hoch und damit unbezahlbar wird.

Diese Regel gilt generell für den kommerziellen Einsatz von Text-Mining-Verfahren. In akademischen oder universitären Umgebungen, forschungs-getrieben, mag es genügend Ressourcen geben, derartige Verfahren in immer neuen Anläufen und Schritt für Schritt zu testen und zu optimieren. Für ein Unternehmen, das möglichst kontinuierlich Umsätze generieren muss, ist dagegen entscheidend, Text-Mining-Komponenten bis zum

Punkt der Markreife zu entwickeln. Diese ist gegeben, sobald die Ergebnisqualität eine Stufe erreicht, auf der ein direkter Kundennutzen nachweisbar ist, selbst wenn unter wissenschaftlichen Aspekten noch Optimierungsbedarf besteht.

Natürlich wäre es fahrlässig, Forschungsergebnisse zu ignorieren. Daher sind Kooperationen mit Einrichtungen wie Fraunhofer wichtig. Sie verfolgen das Ziel, dort entwickelte neue oder verbesserte Algorithmen und Verfahren in „reale", kundentaugliche Anwendungen umzusetzen – was in der Regel mit umfangreichen Anpassungsarbeiten verbunden ist, allein schon deshalb, weil hier der Zeitbedarf für Analysen limitiert ist. Endanwender sind seit Jahren so konditioniert, dass sie nach einer Eingabe, einem Klick Ergebnisse binnen Sekunden, ja, Sekundenbruchteilen erwarten; viele Analysen aber lassen sich nicht vorberechnen, sondern müssen – abhängig vom jeweiligen Input des Nutzers, etwa einem Suchbegriff – on-the-fly durchgeführt werden. Wir stehen somit vor einem echten Dilemma. Dauert die Analyse zu lange, sinkt die Kundenzufriedenheit, selbst wenn die Ergebnisse gut sind; werden die Ergebnisse schnell angezeigt, sind aber unpräzise, sinkt sie auch.

Alles kommt somit darauf an, eine Balance zu finden zwischen den Erwartungen an die Performance eines Anwender-Systems und der Qualität der produzierten Ergebnisse. Dies ist die größte Herausforderung – ihre Bewältigung entscheidet über den Markterfolg.

Literatur

1. http://lucene.apache.org/solr/. Zugegriffen: 27. Okt. 2014.
2. Vgl. Bing Lui: Sentiment analysis and opinion mining, 2012; http://www.cs.uic.edu/~liub/FBS/SentimentAnalysis-and-OpinionMining.pdf. Zugegriffen: 27. Okt. 2014.
3. Vgl. http://people.cs.pitt.edu/~wiebe/pubs/papers/emnlp05polarity.pdf: vgl. http://www.informationweek.com/software/information-management/expert-analysis-is-sentiment-analysis-an-80–solution/d/d-id/1087919? Zugegriffen: 27. Okt. 2014.
4. http://nlp.stanford.edu/software/CRF-NER.shtml. Zugegriffen: 27. Okt. 2014.
5. http://nutch.apache.org/. Zugegriffen: 27. Okt. 2014.

Pascal Lauria Geschäftsführer der Cogia GmbH, verfügt über eine mehr als Siebzehnjährige Erfahrung im IT, Business Development, Marketing und Vertrieb von IT Produkten und Leistungen, zuletzt als Vice President Sales and Marketing EMEA & APAC bei Xandros. Er hatte maßgeblichen Anteil am Vermarktungserfolg der "Netbook Revolution" mit einem Umsatz von einer Milliarde € für Asus und erhöhte die Mitarbeiterzahl von 40 auf 200. Zuvor erwarb er Kenntnisse im Geschäftsaufbau bei Scalix, Samsung SDS und Ulead Systems. Pascal Lauria hat einen MBA Titel von der German Graduate School of Management & Law in Heilbronn und einen BA in Economics von der Universität Winnipeg in Kanada. Er spricht fließend Deutsch, Englisch, Italienisch und verfügt über fortgeschrittene Kenntnisse in Mandarin.

Thomas Reuter studierte Germanistik, Linguistik, Philosophie und Sozialwissenschaften und arbeitete danach in universitären Forschungsprojekten im Bereich Historische Semantik. Er sammelte Erfahrungen als freier Publizist und Autor, u. a. für den SPIEGEL, Hessischen Rundfunk, Deutschlandfunk und die Bavaria. Seit nunmehr 14 Jahren beschäftigt er sich beruflich mit Suchmaschinentechnologien und Text Mining, insbesondere in Hinsicht auf Social Media.

Intelligente Datenauswertung mit Linked Open Data

13

Heiko Paulheim, Axel Schulz, Frederik Janssen, Petar Ristoski und Immanuel Schweizer

1. Viele Aufgaben in der Datenanalyse lassen sich mit mehr Hintergrundwissen besser lösen.
2. Relevantes Hintergrundwissen liegt oft in semantisch ausgezeichneter und damit maschineninterpretierbarer Form als Linked Open Data vor.
3. Mit geeigneten Werkzeugen können lokale, zu analysierende Daten automatisiert mit Linked Open Data verknüpft und um Hintergrundwissen angereichert werden.

13.1 Einleitung

Viele intelligente Anwendungen drehen sich um die Auswertung von gesammelten Daten. So sammeln beispielsweise Betreiber von Handelsketten Verkaufsdaten aus ihren Filialen, um den Kundenbedarf besser einschätzen und Warenströme gezielt lenken zu können, oder um im Online-Handel Kunden personalisierte Empfehlungen geben zu können [12]. Ebenso werden in der Domäne Krisenmanagement gesammelte soziale Medien

H. Paulheim (✉) · P. Ristoski
Data and Web Science Group, Universität Mannheim, Mannheim, Deutschland
E-Mail: heiko@informatik.uni-mannheim.de

A. Schulz · I. Schweizer
Telecooperation Group, Technische Universität Darmstadt, Darmstadt, Deutschland

F. Janssen
Knowledge Engineering Group, Technische Universität Darmstadt, Darmstadt, Deutschland

B. Ege et al. (Hrsg.), *Corporate Semantic Web*, X.media.press,
DOI 10.1007/978-3-642-54886-4_13

ISBN	Filiale	Verkauft
3-2347-3427-1	Darmstadt	124
3-43784-324-2	Darmstadt	493
3-1		

ISBN	Filiale	Bevölkerung	...	Genre	Verlag	...	Verkauft
3-2347-3427-1	Darmstadt	147925	...	Krimi	Bloody Books	...	124
3-43784-324-2	Darmstadt	147925	...	Krimi	Guns Ltd.	...	493
3-145-34587-0	Roßdorf	12019	...	Reise	Up&Away	...	14
	...						

Abb. 13.1 Beispiel-Datensatz ohne und mit zusätzlichem Hintergrundwissen

durch intelligente Auswertungen nutzbar gemacht [2]. So werden beispielsweise Daten des Online-Dienstes Twitter genutzt um Rettungskräfte schneller zu Unfällen zu lotsen, da oftmals noch bevor der Rettungsdienst benachrichtigt wurde bereits über solche Ereignisse in Tweets kommuniziert wird [1]. Generell geht es dabei einerseits um das Finden von Mustern in den Daten (deskriptive Analyse), zum anderen um Vorhersagemodelle für die Zukunft (prädiktive Analyse). In jedem Fall gilt: es können nur solche Muster in den Daten gefunden werden, die die Daten auch tatsächlich hergeben. Betrachten wir das Beispiel eines Filialbuchhändlers, der für jede Filiale die Anzahl der verkauften Exemplare aller Bücher speichert. Aus dieser Datensammlung lassen sich nur wenige Erkenntnisse ableiten.

Interessantere Muster findet man, wenn man die Daten um weiteres *Hintergrundwissen* anreichert. Typische Muster, die man mit mehr Hintergrundwissen finden könnte, wären zum Beispiel: Krimis verkaufen sich besser in Großstädten, Reiseratgeber dagegen eher im ländlichen Raum. Um ein solches Muster finden zu können, benötigt man Hintergrundwissen sowohl über die Produkte als auch über die Stadt, in der sich ein Buchhändler befindet (siehe Abb. 13.1). Je mehr und je feingranulareres Hintergrundwissen einem Datensatz hinzugefügt wird, desto mehr und detailliertere Muster kann man finden. Ein Beispiel wäre, dass Fachbücher einer bestimmten Fachrichtung in Städten besonders gut verkauft werden, in denen sich Universitäten mit einer großen Fakultät dieser Fachrichtung befinden.

Um solche Muster zu finden, kommen in der Regel Verfahren des Data Minings und des Maschinellen Lernens zum Einsatz. Diese finden Muster in den Daten, indem z. B. Regeln oder Entscheidungsbäume auf Basis der gegebenen *Merkmale* bzw. *Features* gelernt werden.

Da man im Voraus nicht weiß, welche Muster man finden wird (ansonsten bräuchte man keine Datenanalyse), ist es schwer, vorherzusagen, welche Art Hintergrundwissen man in seinen Daten vorhalten sollte. Auf der anderen Seite sind das Sammeln und die Aktualität des Hintergrundwissens teuer, insbesondere, wenn, wie im obigen Beispiel, sehr detailreiche Fakten vorgehalten werden sollen.

Hilfreiches Hintergrundwissen findet man häufig im Web. Jedoch ist eine *automatische* Verknüpfung mit lokalen Daten schwierig, da Daten im Web häufig unstrukturiert und für Maschinen schwer zu interpretieren sind.

Linked Open Data kann hier Abhilfe schaffen, da dort Wissen aus verschiedensten Domänen in einer Form vorliegt, die von Maschinen interpretiert werden kann. Dieses kann mit automatischen Methoden mit den vorliegenden Daten verknüpft werden, so dass es für das Auffinden von Mustern zur Verfügung steht. So kann eine intelligente Datenanalyse durchgeführt werden, ohne dass Hintergrundwissen lokal vorgehalten und gepflegt werden muss.

Im Folgenden stellen wir die RapidMiner Linked Open Data Extension vor, die Daten aus Linked Open Data automatisch mit lokal vorliegenden Daten verknüpfen kann, um die so angereicherten Daten weiteren Analysen zu unterziehen. Anhand von zwei Fallstudien, einer Untersuchung von Statistiken sowie der Analyse von Lärmmessdaten, wird dann gezeigt, wie Hintergrundwissen aus Linked Open Data in der Datenauswertung genutzt werden kann.

13.2 Linked Open Data in der Datenauswertung – die RapidMiner Linked Open Data Extension

RapidMiner[1] ist eine der am häufigsten für das Data Mining, also die intelligente Datenauswertung, eingesetzten Plattformen.[2],[3] Sie bietet eine Reihe von Operatoren zur Visualisierung und Auswertung von Daten sowie zum automatischen Erstellen von Vorhersagemodellen, und bietet die Möglichkeit, durch zahlreiche Erweiterungen weitere Funktionalität hinzuzufügen.

Um Hintergrundwissen aus Linked Open Data in RapidMiner nutzbar zu machen, wurde die Linked Open Data Erweiterung[4] entwickelt, die verschiedene Operatoren enthält, um Hintergrundwissen in bestehende Daten zu integrieren.

Grundsätzlich sind drei Schritte nötig, um Hintergrundwissen aus Linked Open Data mit lokalen Daten zu verknüpfen [6, siehe Abb. 13.2]:

1. Anfangs müssen lokale Datenobjekte (z. B. Bücher oder Städte) mit Datenobjekten in der Linked Open Data Cloud verknüpft werden (Named Entity Recognition).
2. Dann können die Datenobjekte aus der Linked Open Data Cloud abgerufen und Datenwerte dieser Objekte als neue Attribute zu den lokalen Daten hinzugefügt werden (Feature Generation).
3. Da im vorherigen Schritt potentiell sehr viele Attribute erzeugt werden, ist es für die Weiterverarbeitung dann häufig nötig, die Menge der erzeugten Attribute wieder zu reduzieren (Feature Subset Selection)[5].

[1] http://rapidminer.com/.

[2] http://www.kdnuggets.com/polls/2013/analytics-big-data-mining-data-science-software.html.

[3] http://inside-bigdata.com/2014/02/25/gartner-reveals-magic-quadrant-advance-analytics/.

[4] http://dws.informatik.uni-mannheim.de/en/research/rapidminer-lod-extension/.

[5] Hierfür bietet RapidMiner eine eigene Erweiterung an [13], so dass diese Funktionalität nicht in der Linked Open Data Erweiterung vorgehalten werden muss. Allerdings existiert in der Erweiterung ein Operator, der die Auswahl der Attribute unter Ausnutzung von Spezifika von Linked Open Data (d. h., vorhandene Schema- bzw. Ontologieinformation) ermöglicht und verhindert, dass zu spezielle oder zu generische Attribute gewählt werden [11].

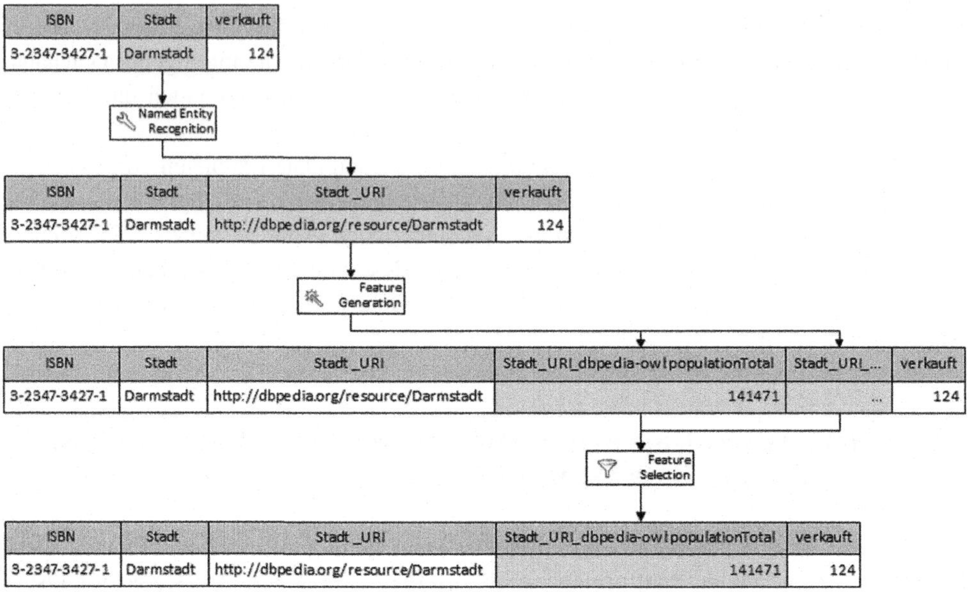

Abb. 13.2 Schematische Darstellung der Anreicherung von Daten mit Hintergrundwissen in drei Schritten: Named Entity Recognition, Feature Generation, und Feature Selection

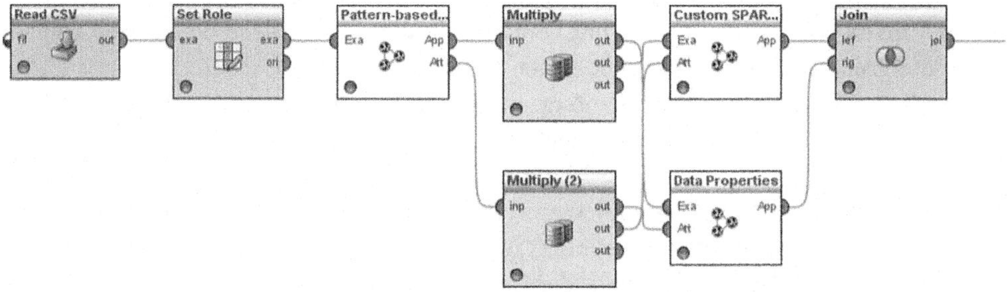

Abb. 13.3 Beispielprozess in RapidMiner, der Operatoren der Linked-Open-Data-Extension nutzt

Abbildung 13.3 zeigt diesen Prozess beispielhaft mit Operatoren der Linked Open Data Erweiterung und weiteren Erweiterungen

Für die Verknüpfung lokaler Daten mit Linked Open Data stehen verschiedene Operatoren zur Verfügung, die je nach Charateristika der zu nutzenden Datenquelle in der Linked Open Data Cloud verwendet werden können:

- Die Verknüpfung kann auf Basis von *URI-Mustern* erfolgen. So kann beispielsweise eine Datenquelle Bücher stets mit URIs der Form http://foo.bar/ISBN beschreiben.
- Liegt die ISBN im Originaldatensatz vor, so kann die Verknüpfung durch Füllen des Musters erfolgen.

- Existiert ein SPARQL-Endpoint, so kann z. B. über Labels oder andere Attribute gesucht werden, um die Verknüpfung zu erstellen. Existiert beispielsweise ein Attribut foo:isbn, so kann eine Abfrage nach diesem Attribut das entsprechende Buch auffinden.

Für manche Datensets wie DBpedia existieren spezielle Werkzeuge, wie DBpedia Lookup[6] oder DBpedia Spotlight[7] [9]. Diese Werkzeuge können ebenfalls mit der Erweiterung angesprochen werden.

Hat man für die lokalen Datenobjekte Pendants in der Linked Open Data Cloud gefunden, so werden im nächsten Schritt weitere Datenattribute abgerufen. In der Linked Open Data Erweiterung gibt es hierfür mehrere mögliche Operatoren:

- Hinzufügen aller gefundenen *Datenwerte*. Zu einem Buch kann so z. B. die Seitenzahl und das Genre hinzugefügt werden.
- Hinzufügen aller *Typen*. Dies ist insbesondere dann interessant, wenn eine Ontologie mit tiefer Typhierarchie, wie etwa YAGO [3] verwendet wird, die auch sehr spezielle Typen wie "Amerikanische Science-Fiction-Romane" definiert.
- Hinzufügen von *Relationen*. Wenn Datenobjekte dadurch unterscheidbar sind, welche Relationen sie mit anderen Objekten eingehen, so können diese Relationen ein Objekt definieren. Bei Büchern kann etwa interessant sein, ob das Buch einen Preis gewonnen hat (d. h., es existiert eine Relation *award* zu einem oder mehreren anderen Objekten).
- Hinzufügen von *qualifizierten Relationen*. Hier werden auch die Typen der Objekte, zu denen ein Datenobjekt in Relation steht, berücksichtigt. Für Bücher sind zum Beispiel die Typen des Autors (z. B. "Science-Fiction-Autor", "Nobelpreisträger") interessant, um das Buch näher zu charakterisieren. Wie für Typen ist das insbesondere bei der Nutzung tiefer Typhierarchien interessant.

Des Weiteren besteht für Expertennutzer die Möglichkeit, mit Hilfe von eigenen SPARQL Statements spezifische Informationen zu extrahieren.

Um Links in Linked Open Data auszunutzen, existiert außerdem ein Operator, der Links zwischen Datensets folgt (insbesondere owl:sameAs), um in anderen Datensets weitere Informationen zu einem Datenobjekt zu entdecken. So kann Hintergrundwissen aus verschiedenen Datensets in der Linked Open Data Cloud genutzt werden, um komplexe Muster zu entdecken und detaillierte Vorhersagemodelle zu erstellen.

[6] http://lookup.dbpedia.org/.

[7] http://spotlight.dbpedia.org/.

13.3 Fallstudie 1: Analyse von Statistiken mit Hintergrundwissen

Statistiken, die bestimmte Phänomene beschreiben, sind allgegenwärtig. Meist wird eine kleine Anzahl numerischer Merkmale für eine gewisse Menge von Subjekten erhoben (und ggf. aggregiert), zum Beispiel die Einspielergebnisse und Zuschauerzahlen von Filmen, die Lebenszufriedenheit in Städten oder die Arbeitslosigkeit in europäischen Regionen. Der letztere Anwendungsfall liegt dieser Fallstudie zugrunde. Besonders interessant sind für den Betrachter einer Statistik nicht die "nackten" Zahlen, sondern vielmehr die Zusammenhänge und die Interpretation der Statistik. Im Falle der Arbeitslosenzahlen ist eine der interessantesten Fragen, *warum* die Arbeitslosenzahl in manchen Regionen höher ist als in anderen, und welche Faktoren zu höherer bzw. niedrigerer Arbeitslosigkeit führen.

Da die Zahl der Indikatoren, die in einer Statistik erhoben werden, üblicherweise klein ist, können aus der Statistik selbst ohne weitere Daten nur wenige Schlüsse gezogen werden. Es ist daher notwendig, die Statistik mit weiteren Hintergrunddaten anzureichern, um zu einer Interpretation zu gelangen. Ein Werkzeug, das hierzu Linked Open Data nutzt, ist Explain-a-LOD [4]. Es basiert auf den Algorithmen der Linked Open Data Extension, mit denen die Subjekte einer Statistik (z. B. Regionen) mit Ressourcen in Linked Open Data verknüpft werden, um dann weitere Attribute zu erzeugen und Zusammenhänge zwischen diesen neuen Attributen und den in der Statistik erhobenen Variablen zu finden. Für das Finden der Zusammenhänge wird einerseits eine Korrelationsanalyse durchgeführt, andererseits kommen auch Regellernverfahren zum Einsatz. Abbildung 13.4 zeigt die Oberfläche des Werkzeugs.

In dieser Fallstudie (siehe auch [10]) werden Arbeitslosendaten aus unterschiedlichen Regionen in Frankreich[8] betrachtet und nach Merkmalen von Regionen mit hoher bzw. niedriger Arbeitslosigkeit analysiert. Die Daten liegen nach 27 Regionen bzw. 101 Départements aufgeschlüsselt vor. Es sind neben den aggregierten Arbeitslosenzahlen auch Unteraufschlüsselungen nach Alter und Geschlecht enthalten. Die Regionen und Départements sind nur mit ihren Klartextnamen enthalten.

Um die Daten besser analysieren zu können, werden sie mit vier Datensätzen in der LOD Cloud verknüpft:

- DBpedia[9] als domänenübergreifendes Datenset [8]
- Eurostat[10] als Quelle statistischer Daten (nur für Regionen)
- GADM[11] als Datenset, das geographische Polygone bereithält
- LinkedGeoData[12] als Quelle von verschiedenen geographischen Objekten mit Koordinaten [14].

[8] Quelle der Daten: http://rdf.insee.fr/demo/rp-stats-en.html.

[9] http://dbpedia.org/.

[10] http://wifo5-03.informatik.uni-mannheim.de/eurostat/.

[11] http://gadm.geovocab.org/.

[12] http://www.linkedgeodata.org/.

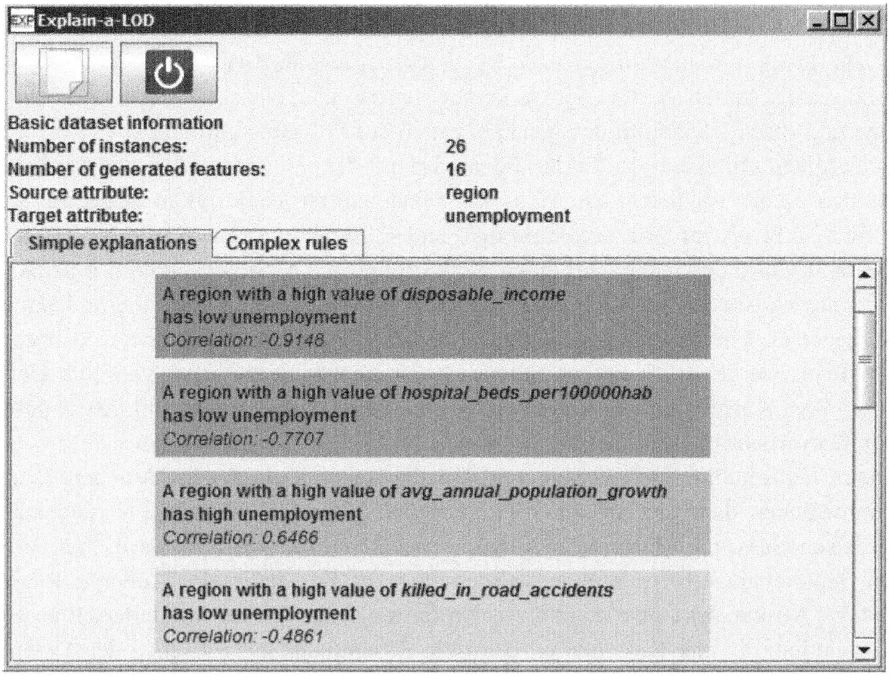

Abb. 13.4 Screenshot des Werkzeugs Explain-a-LOD

Die Verknüpfung der Arbeitslosendaten mit diesen Datensets erfolgt auf unterschiedliche Weise. Für DBpedia wird das Suchinterface DBpedia Lookup genutzt. Die Qualität der Verlinkung ist sehr hoch (F-Measure[13] 96.2 % für Regionen, 98.5 % für Départements). Zur Verlinkung für Eurostat werden SPARQL-Abfragen genutzt, wobei auch nach einzelnen Tokens (z. B. “Rhône” und “Alpes” für “Rhône-Alpes”) gesucht wird, um eine höhere Abdeckung bei alternativen Schreibweisen zu erreichen. Alle Regionen können so korrekt mit Instanzen in Eurostat verlinkt werden. Das Datenset GADM wird auf Basis der in DBpedia gegebenen Koordinaten erreicht. Zunächst wird nach Regionen bzw. Departments auf Basis der genauen Koordinaten gesucht. Da dies nicht immer zum Erfolg führt (z. B. aufgrund von fehlerhaften oder fehlenden Koordinaten in DBpedia), wird als Fallback-Strategie ein künstlicher Schwerpunkt des geographischen Objekts aus den Koordinaten aller mit der DBpedia-Instanz verbundenen Resourcen gebildet. Mit dieser zweistufigen Strategie können alle Regionen und Départements korrekt mit GADM verlinkt werden.

Für LinkedGeoData werden keine expliziten Links erstellt. Stattdessen werden alle Objekte, die in einer Region/einem Départment existieren, ermittelt und nach ihrem Typ aggregiert (z. B.: eine Region enthält 124 Schnellrestaurants). Aus der Verlinkung mit

[13] F-Measure ist das harmonische Mittel zwischen Precision (Korrektheit der vorgeschlagenen Verlinkung) und Recall (Anteil der gefundenen Verlinkungen).

GADM sind die Polygonformen der geographischen Gebiete bereits bekannt. Da LinkedGeoData jedoch nur eine Abfrage nach Rechtecken, nicht aber nach beliebigen Polygonen erlaubt, werden zunächst alle Objekte in einem minimalen einschließenden Rechteck abgefragt und anschließend mit den genauen Daten des Polygons gefiltert.

Die größte Zahl sinnvoller Erklärungen wird mit dem Hintergrundwissen aus Eurostat gewonnen. Neben offensichtlichen Zusammenhängen (Arbeitslosigkeit ist negativ korreliert mit dem Pro-Kopf-Bruttosozialprodukt und -Einkommen einer Region) werden auch interessante Zusammenhänge gefunden. So korreliert die Arbeitslosigkeit mit der Anzahl der Krankenhausbetten pro Einwohner (negativ), Ausgaben für Forschung und Entwicklung (negativ), Energieverbrauch (negativ) sowie Bevölkerungszuwachs (positiv). Darüber hinaus werden auch überraschende Zusammenhänge entdeckt, wie zum Beispiel eine negative Korrelation zwischen der Arbeitslosigkeit und der Anzahl der Todesopfer im Straßenverkehr.[14]

Durch Hinzunahme von Wissen aus DBpedia stehen viele der Erklärungen damit im Zusammenhang, dass die Arbeitslosigkeit in den Übersee-Départements (Guadeloupe, Französisch-Guayana, Martinique, Mayotte und Réunion) höher ist als in den europäischen Départements. Korrelationen werden etwa für die Merkmale "Äußerste Regionen der EU", "Afrikanische Inseln" und "Inseln im indischen Ozean" gefunden. Eine weitere Korrelation, die hier gefunden wird, ist ein Zusammenhang zwischen der Anzahl der Fußballnationalspieler, die in einem Département geboren sind, und der Arbeitslosigkeit – viele Spieler der französischen Nationalmannschaft stammen aus den Übersee-Départements.[15]

Die Daten aus LinkedGeoData zeigen weitere Zusammenhänge auf. So wird eine hohe positive Korrelation der Arbeitslosigkeit mit der Anzahl der Fastfood-Restaurants und Polizeistationen gefunden. Mit Hilfe der Verlinkung auf GADM können diese auch in Karten visualisiert werden, wie in Abb. 13.5 gezeigt.

Naturgemäß können mit dieser Art Analyse nur Korrelationen, jedoch keine Kausalzusammenhänge gefunden werden. Werkzeuge wie Explain-a-LOD sind daher eher geeignet, um Hypothesen zu generieren, die dann von Domänenexperten geprüft werden.

13.4 Fallstudie 2: Analyse von Messdaten mit Hintergrundwissen

Die zweite Fallstudie beschäftigt sich mit der Frage, wie lokal gemessene Umweltdaten mit Hintergrundwissen aus dem Web verknüpft werden können, um Umweltmodelle zu lernen. Diese Modelle werden dann in Gebieten angewendet, für die es keine gemessenen

[14] Eine mögliche Erklärung ist hier, dass bei geringerer Arbeitslosigkeit ein höheres Aufkommen von Pendlerverkehr zu mehr Verkehrsunfällen führt. Natürlich könnte es sich hier auch um eine Scheinkorrelation handeln.

[15] Siehe http://en.wikipedia.org/wiki/France_national_football_team#Representing_multi-ethnic_France.

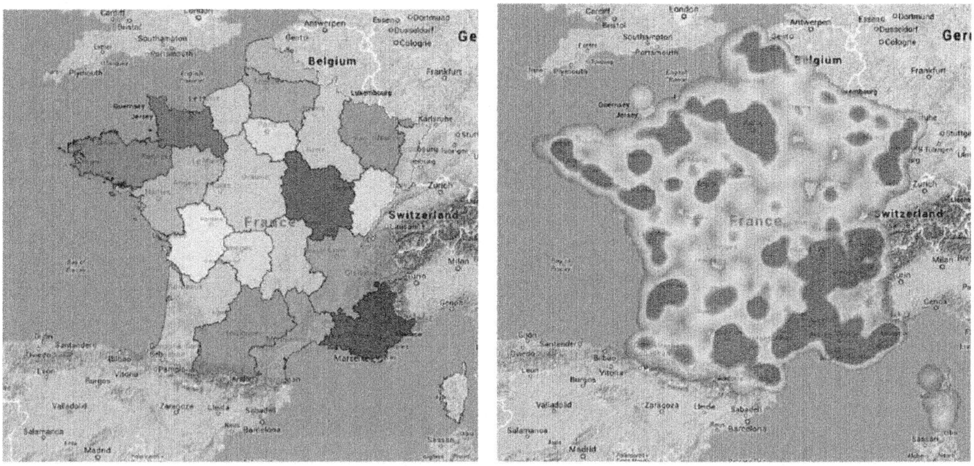

Abb. 13.5 Links: Arbeitslosenrate, rechts: Heatmap der Verteilung von Polizeistationen

Umweltdaten gibt. Außerdem erlauben sie eine Simulation von möglichen Änderungen an der Topologie einer Stadt.

Um diese Frage zu beantworten benötigt man zuallererst große Menge lokal gemessener Umweltdaten. Dann benötigt man eine umfassende Beschreibung der Umgebung, um diese gemessenen Daten zu modellieren. Diese Beschreibung wollen wir mit Hintergrundwissen aus dem Web automatisch erstellen. Schließlich benötigt man eine Verarbeitungs-Pipeline die aus den Eingabedaten möglichst gute Vorhersagemodelle erstellt. Hierzu werden ebenfalls Hintergrundinformationen aus LinkedGeoData und weiteren Datenquellen genutzt. Die Hypothese ist, dass mit Kontextinformation zu einem Messpunkt (z. B. Schulen und Cafés in der Nähe, Distanz zur nächsten Hauptverkehrsstraße, etc.) die Analyse sowie die Modellierung von Lärmmessdaten in höherer Qualität erfolgen können. Mit Hilfe solcher Modelle lassen sich auch Simulationen und Was-wäre-wenn-Studien anstellen, die zum Beispiel zeigen, welche Auswirkung die Änderung von Geschwindigkeitsbegrenzungen in bestimmten Straßen auf die Lärmentwicklung haben.

Da wir in Darmstadt schon seit ca. 2010 Lärmdaten mit einer mobilen Anwendung – Noisemap [7] – sammeln, haben wir diese Verarbeitungs-Pipeline am Beispiel von Lärmdaten umgesetzt. Die Ergebnisse dieser Umsetzung finden sich heute im Prototypen MINI: Mashup for Identifying Noisy Infrastructure wieder. Das Ergebnis von MINI ist eine Lärmkarte, die das Modell sowohl für Städte visualisiert in denen die Lärmmessdaten gesammelt wurden, also auch in Städten für welche solche Daten nicht zur Verfügung stehen. Außerdem besteht bei Verwendung von Vorhersagemodellen die Möglichkeit, dass der Nutzer Änderungen in der Umgebung simuliert (z. B. Hinzufügen von einem Einkaufszentrum oder Verändern der Höchstgeschwindigkeit eines Straßenzuges) und Veränderungen in der Ausgabe des Modells beobachten kann.

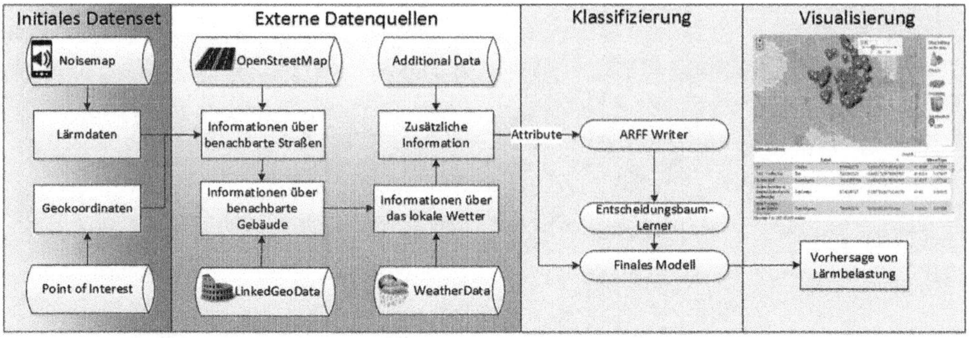

Abb. 13.6 Architektur MINI

Im Folgenden wird die Datensammlung und -integration beschrieben. Um dem Leser eine Orientierung zu geben, ist in der folgenden Abb. 13.6 die Architektur des gesamten Systems dargestellt, an der sich auch die nun folgenden Beschreibungen orientieren.

13.4.1 Initiales Datenset

Noisemap ermöglicht es jedem Nutzer, mit einem modernen Mobiltelefon selbst zur Sammlung von Umweltdaten, wie z. B. dem Schalldruck, beizutragen. In der derzeitigen Implementierung, enthält jede Messung mit Noisemap den Schalldruck (in dBSPL) und den Ort (als Breitengrad und Längengrad). Es war uns möglich für MINI auf einen Datensatz mit 75.884 Messungen zurückzugreifen, die zwischen dem 17. Februar und dem 26. Oktober 2012 aufgenommen wurden. Damit war die Grundvoraussetzung, eine große Menge echt gemessener Umweltdaten, erfüllt. Natürlich fehlen hier sämtliche Daten des Winters. Daher ist der momentane Stand der Datenlage nicht vollständig und nur für eine Vorhersage im gleichen Zeitraum wie der in welchem die Daten gesammelt wurden möglich, da jahreszeitliche Einflüsse wie eine Dämpfung des Lärms durch Schnee etc. nicht berücksichtigt werden konnten.

13.4.2 Externe Datenquellen

Um ein Modell aufzubauen, sind die Lärmmessdaten nicht ausreichend, da hierzu eine möglichst umfassende Beschreibung der Umgebung benötigt wird. Diese Beschreibung wird automatisiert mit Hintergrundwissen aus dem Web aufgebaut. Dabei konzentrieren wir uns auf Datenquellen, die potentiellen Einfluss auf Lärm nehmen. Das ist konkret Hintergrundwissen zu Gebäuden, zu Straßen und zum Wetter.

Als Quelle für Wetter verwenden wir dabei 66 Wetterstation, die über die Webseite des Deutschen Wetterdienstes[16] verfügbar sind. Eine weitere Quelle für Hintergrundwissen ist OpenStreetMap[17] (OSM). OSM ist ein Crowdsourcing-Datenspeicher und bietet eine umfassende Beschreibung geographischer Räume. Für MINI wird OSM genutzt, um die Straßen in der Umgebung zu beschreiben. Die wichtigste Quelle von Hintergrundwissen ist LinkedGeoData und beschreibt die Gebäude in der Umgebung. Um einen Geo-Punkt herum lassen sich in einem gegebenen Radius alle Gebäude eines Typus oder zusätzlich Meta-Informationen extrahieren.

Aus diesen drei Quellen wird eine große Menge von Attributen als Eingabe für das Vorhersagemodell extrahiert. Attribute, die aus den gemessenen Daten und dem Hintergrundwissen genutzt werden, sind im Folgenden kurz zusammengefasst:

- **Wetter**: Temperatur, Niederschlag, Bedeckungsgrad, Feuchtigkeit, Windgeschwindigkeit, Sonnenstunden, Druck
- **OpenStreetMap**: Straßentyp, Anzahl der Spuren, Oberfläche, Höchstgeschwindigkeit
- **LinkedGeoData**: Anzahl der Gebäudetypen, Abstand zur nahesten Instanz eines Gebäudetypus
- **Zusätzliche Attribute**: Zeit, Kalenderwoche
- **Noisemap**: Zeitstempel, Schalldruck in dBSPL, ID des Sensors

Auf Basis dieser Attribute wird ein qualitativ hochwertiges Vorhersagemodell in Form eines Entscheidungsbaumes aufgebaut. Dazu wird auf den gesammelten Daten aus Darmstadt mit Methoden des maschinellen Lernens ein Modell trainiert, um eine Anwendung auf bisher unbekannten Daten zu ermöglichen. MINI wurde in Montepellier, Frankreich auf der AI Mashup Challenge[18] erstmalig präsentiert, wo keine Messungen zur Verfügung stehen. Mit Hilfe des Hintergrundwissens aus Linked Geo Data und weiteren Quellen war es aber möglich, ein plausibles Modell für Montpellier zu erstellen und eine interaktive Lärmkarte (Heatmap) zu generieren. In Abb. 13.7 ist das Endergebnis des MINI Prototypen dargestellt. Rote Bereiche stehen hier für hohe Lärmbelastung während grünliche bzw. hellere weniger Lärm bedeuten. Die Lärmkarte ist in Abhängigkeit der Zeit generiert, so dass leisere Bereiche durchaus in der Innenstadt vorkommen können.

Zusammenfassend konnte in diesem Fallbeispiel gezeigt werden, dass man eine Umgebung mit Daten aus Linked Open Data so gut automatisiert beschreiben kann, dass sich damit Modelle für Umweltphänomene generieren lassen. Das gelernte Modell hat sich für Darmstadt in einer Evaluation als geeignet erwiesen (in vier von fünf Fällen konnte der korrekte Lärmpegel bei sechs möglichen Intervallen vorhergesagt werden). Dies erlaubt es zukünftig sehr viel feingranularer als bisher physikalische und digitale Daten zusammenzuführen und so beispielsweise urbane Räume zu modellieren.

---

[16] www.dwd.de.

[17] http://www.openstreetmap.org.

[18] Siehe http://aimashup.org/aimashup2013/doku.php.

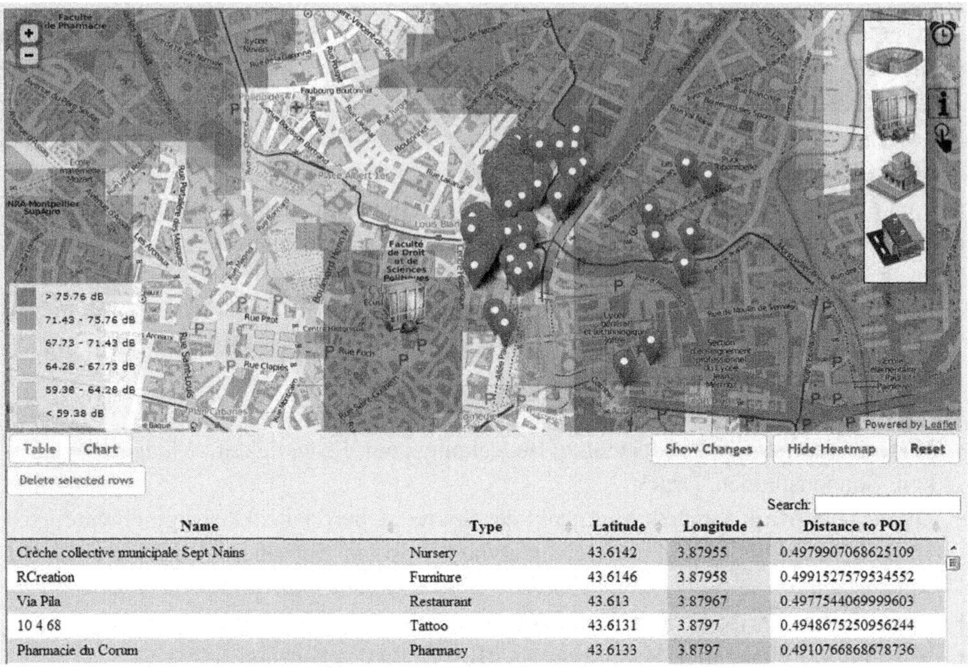

Abb. 13.7 Die Visualisierung des MINI Prototyp

13.5 Zusammenfassung und Ausblick

Um aus Daten nutzbares Wissen zu generieren, reichen die Rohdaten oft nicht aus. Zusätzliches Hintergrundwissen kann helfen, Erklärungen und Modelle aus Daten abzuleiten, die ohne dieses Hintergrundwissen nicht möglich wären. In diesem Kapitel haben wir gezeigt, wie Linked Open Data genutzt werden kann, um Daten mit Hintergrundwissen zu verknüpfen, und wie damit höherwertige Information abgeleitet werden kann.

Während Linked Open Data einige grundlegende Standards definiert, wie Daten zu repräsentieren sind, existiert immer noch eine große Vielfalt an Datenrepräsentationen, was eine vollautomatische Verknüpfung der Daten erschwert [5]. In den Fallstudien in diesem Kapitel wurden die Datensets in der Linked Open Data Cloud manuell gewählt. Das automatische Auffinden von Datensets funktioniert derzeit für die genannten Anwendungsfälle noch nicht zufriedenstellend. Hier sind Lösungen anzuvisieren, die entweder einen intelligenten Suchindex benutzen oder expliziten Links zwischen Datensets selbstständig folgen.

Mit einer wachsenden Menge von Hintergrundwissen steigen auch Probleme der Skalierbarkeit. Dynamische Verfahren, die bereits zur Zeit der Exploration der Linked Open Data Cloud entscheiden, welche Attribute für das zu lösende Problem relevant sind, könnten hier Abhilfe schaffen.

Trotz dieser noch zu lösenden Herausforderungen konnte bereits in unterschiedlichen Fallstudien gezeigt werden, dass Hintergrundwissen aus Linked Open Data nützlich ist, um Daten intelligent auszuwerten. Die RapidMiner Linked Open Data Extension stellt hierzu ein Werkzeug in einer professionellen Umgebung bereit.

Danksagung Wir danken Jakob Karolus sowie Felix Mayer für die Unterstützung bei der Erstellung des MINI Prototypen. Diese Arbeit wurde teilweise vom Bundesministerium für Bildung und Forschung (BMBF, 01|S12054) sowie von der Deutschen Forschungsgemeinschaft (DFG, PA 2373/1–1) finanziert.

Literatur

1. Schulz, Axel, Heiko Paulheim, und Florian Probst. 2012. Crisis information management in the Web 3.0 Age. 9th International Conference on information systems for crisis response and management, Vancuover.
2. Schulz, Axel, Petar Ristoski, und Heiko Paulheim. 2013. I see a car crash: Real-time detection of small scale incidents in microblogs. In *Lecture notes in computer science, The Semantic Web: ESWC 2013 Satellite Events, no. 7955*, Hrsg. C. Philipp, M. Fernández, V. Lopez, S. Schlobach, und J. Völker, 2–33. Berlin: Springer.
3. Suchanek, Fabian M., Gjergji Kasneci, und Gerhard Weikum. 2007. YAGO: A core of semantic knowledge. Proceedings of the 16th International Conference on World Wide Web, WWW '07, 697–706, ACM, New York.
4. Paulheim, Heiko. 2012. Generating possible interpretations for statistics from linked open data. In 9th Extended Semantic Web Conference, ESWC 2012; 560–574. Berlin: Springer.
5. Paulheim, Heiko. 2013. Exploiting linked open data as background knowledge in data mining. Workshop on data mining on linked open data, University of Mannheim, Germany
6. Paulheim, Heiko, und Johannes Fümkranz. 2012. Unsupervised generation of data mining features from linked open data. Proceedings of the 2nd International Conference on Web Intelligence, Mining and semantics, New York.
7. Immanuel Schweizer, Roman Bärtl, Axel Schulz, Forian Probst, Max Mühläuser, NoiseMap–Real-time participatory noise maps, in: PhoneSense 2011 – Second International Workshop on Sensing Applications on Mobile Phones, November 1, 2011, Held at ACM SenSys 2011, Seattle, WA, USA, November 1–4, 2011.
8. Jens Lehmann, Robert Isele, Max Jakob, Anja Jentzsch, Dimitris Kontokostas, Pablo N. Mendes, Sebastian Hellmann, Mohamed Morsey, Patrick van Kleef, Sören Auer, Christian Bizer. DBpedia - A Large-scale, Multilingual Knowledge Base Extracted from Wikipedia. Semantic Web Journal, Vol. 6 No. 2, pp 167–195, 2015.
9. Mendes, P. N., M. Jakob, A. García-Silva, und C. Bizer. 2011. DBpedia spotlight: Shedding light on the web of documents. The Proceedings of the 7th International Conference on Semantic Systems (I-Semantics), Graz.
10. Ristoski, Petar, und Heiko Paulheim. 2013. Analyzing statistics with background knowledge from linked open data. First International Workshop on Semantic Statistics (SemStats 2013).
11. Ristoski, Petar, und Heiko Paulheim. 2014. Feature selection in hierarchical feature spaces. Discovery Science, Lecture Notes in Computer Science Volume 8777, pp 288–300, Springer.
12. Ristoski, Petar, Eneldo Loza Mencía, und Heiko Paulheim. 2014. A hybrid multi-strategy recommender system using linked open data. in: Proceedings of the Semantic Web Evaluation Challenge held at ESWC 2014, Communications in Computer and Information Science Volume 475, pp 150–156, Springer.

13. Schowe, Benjamin. 2011. Feature selection for high-dimensional data with RapidMiner. Proceedings of the 2nd RapidMiner Community Meeting And Conference (RCOMM 2011), Aachen.
14. Auer, Sören, Jens Lehmann, und Sebastian Hellmann. 2009. *LinkedGeoData: Adding a spatial dimension to the web of data. The Semantic Web-ISWC 2009*, 731–746. Berlin: Springer.

Prof. Dr. Heiko Paulheim ist Juniorprofessor für Semantic Web Mining an der Universität Mannheim. Er studierte Informatik an der Hochschule Darmstadt und der Technischen Universität Mannheim. Während seiner Promotion bei SAP Research forschte er über den Einsatz von Ontologien in der Applikationsintegration, seine Forschungsschwerpunkte seit 2012 sind: Die Nutzung von Semantic-Web-Daten als Hintergrundwissen in wissensintensiven Prozessen sowie die automatische Verbesserung der Datenqualität im Semantic Web.

Dr.-Ing. Axel Schulz studierte bis 2011 Wirtschaftsinformatik (Diplom) an der Technischen Universität Darmstadt. Nachfolgend promovierte er mit der Dissertation „Mining User-Generated Content for Incidents" am Fachgebiet Telekooperation der TU Darmstadt in Kooperation mit der SAP SE (2014). Seine Forschung beschäftigt sich mit den Bereichen Data Mining, Maschinelles Lernen, Semantic Web, und Nutzergenerierte Inhalte sowie deren Einsatz im Bereich öffentliche Sicherheit und Krisenmanagement. Weiterhin ist er als freiberuflicher Softwareentwickler und Trainer tätig und Geschäftsführer eines Startups mit dem Schwerpunkt Business Intelligence.

Dr. Frederik Janssen studierte Informatik an der TU Darmstadt. Daran anschließend promovierte er ebenfalls an der TU Darmstadt bei Prof. Dr. Johannes Fürnkranz. In seiner Promotion beschäftigte er sich mit heuristischem Regel-Lernen einem Teilbereich des maschinellen Lernens. Im Anschluss arbeitete er im Studiendekanat des Fachbereichs Informatik als Auslandskoordinator bevor er seit Mitte 2014 als Post-Doc wieder zur Arbeitsgruppe von Prof. Dr. Johannes Fürnkranz wechselte und seitdem in einem BMBF Projekt über Predictive Maintenance arbeitet. Seine Interessen liegen im Bereich Regel-Lernen sowie der Verbindung von maschinellem Lernen und dem semantischen Web. Darüber hinaus beschäftigt er sich mit der Klassifikation von Microblogs und Sensordaten und arbeitet an Problemstellungen der Predictive Maintenance.

Petar Ristoski ist Doktorand in der Forschungsgruppe Data and Web Science an der Universität Mannheim. Er studierte Informatik an der Universität Skopje (Mazedonien) und beschäftigte sich bereits in seiner Bachelor-Arbeit mit Software-Entwicklungs-Frameworks für Semantic-Web-Anwendungen, und arbeitete im Rahmen seines Masterstudiums bei SAP Research an der Nutzung von Semantic-Web-Daten für die Verarbeitung von Social-Media-Nachrichten. In seiner Doktorarbeit untersucht er die Nutzung von Linked Open Data für Data-Mining-Probleme.

Dr. Immanuel Schweizer ist Leiter der Forschungsgruppe „Smart Urban Networks" des Fachgebietes Telekooperation an der Technischen Universität Darmstadt. 2009 begann er bei der Telekooperation als wissenschaftlicher Mitarbeiter nach dem Studium der Informatik an der Technischen Universität Darmstadt. 2012 schloss er seine Promotion über den Einsatz energie-effizienter Sensornetze in den Städten der Zukunft ab. Mit seiner Gruppe forscht er an der Schnittstelle zwischen Kommunikationsnetzen, Sensoren und Datenverarbeitung.

Sicheres Spielzeug für Kinderhände – mit Hilfe semantischer Datenbanken 14

Produktsicherheit durch Rückverfolgbarkeit in der Spielwarenindustrie am Beispiel des Spielwarenherstellers Schleich

Claudia Baumer, Achim Steinacker und Andreas Weber

1. Spielwaren dürfen nicht zur Gefahr für Verbraucher und Umwelt werden. Rückverfolgbarkeit verwendeter Substanzen ist im Fokus des öffentlichen Diskurses und wird von Politik und Gesellschaft eingefordert, um gleichermaßen Verbraucherschutz und Produktsicherheit zu gewährleisten.
2. Um einer Nachweispflicht nachkommen zu können, müssen alle Informationen zur Rückverfolgbarkeit auffindbar gemacht und bereitgestellt werden; ein komplexes Unterfangen für das Materialmanagement im Kontext der Komplexität internationaler Wertschöpfungsketten.
3. Semantische Datenbanken können eine entscheidende Rolle bei der Informationsintegration spielen, denn die Inhaltsstoffe bei Spielwaren wie auch die sie betreffenden rechtlichen Regularien sind über viele unterschiedliche Systeme verteilt.

Das hier beschriebene semantische Modell und die darauf aufbauende webbasierte Arbeitsumgebung wurde im Rahmen eines vom Bundesministerium für wirtschaftliche Zusammenarbeit und Entwicklung (BMZ) beauftragten Kooperationsprojektes der Gesellschaft für Internationale Zusammenarbeit (GIZ) und der Schleich GmbH entwickelt. Teile des folgenden Kapitels wurden bereits in einer von der GIZ herausgegebenen Broschüre veröffentlicht [1].

C. Baumer (✉) · A. Steinacker
intelligent views gmbh, Julius-Reiber-Str. 17, 64293 Darmstadt, Deutschland
E-Mail: c.baumer@i-views.de

A. Weber
Schleich GmbH, Am Limes 69, 73527 Schwäbisch Gmünd, Deutschland

B. Ege et al. (Hrsg.), *Corporate Semantic Web,* X.media.press,
DOI 10.1007/978-3-642-54886-4_14

4. Flexibilität und Anpassbarkeit semantischer Datenbankmodelle sind ein entscheidender Faktor, um den sich permanent ändernden Bedingungen der Spielwarenindustrie und den rechtlichen Bedingungen gerecht zu werden.
5. Die Übertragbarkeit des Projekts wie auch des zu Grunde liegenden semantischen Modells auf andere produzierende Unternehmen mit hohen Anforderungen an die Rückverfolgbarkeit des Produktionsprozesses ist einfach möglich.

14.1 Motivation I

Kinder sind das wertvollste, das eine Gesellschaft besitzt. Eltern überlegen aus diesem Grund genau, welche Produkte gut für ihre Kinder sind. Gerade wenn es um Spielzeug geht, achten die Verbraucher auf einwandfreie Qualität. [2]

14.2 Motivation II

Der Anspruch an Produktsicherheit und Verbraucherschutz bringt gerade in der Spielwarenbranche einen hohen Komplexitätsgrad mit sich. Häufig fragen Endverbraucher direkt nach den Informationen über die Beschaffenheit und Inhaltsstoffe der gekauften Produkte. Dabei soll beispielsweise beantwortet werden:

- Ist sichergestellt, dass ein bestimmtes Produkt weder Blei noch PAK (polyzyklische aromatische Kohlenwasserstoffe) in schädlichen Mengen enthält?
- Wurden gesundheitsschädigende Farbstoffe verwendet?
- Liegt der Anteil eines spezifischen Stoffes oberhalb der gesetzlichen Grenzwerte?
- Welche Belastung verträgt das Material?

Neben einer sensiblen Öffentlichkeit testen zudem Prüfinstitute und Verbraucherschutzorganisationen Spielzeugprodukte auf alle chemischen Eigenschaften und zulässige Grenzwerte und sind in der Lage ihre Ergebnisse öffentlichkeitswirksam zu publizieren, wenn Gefahren entdeckt werden.

Damit drohen dem Hersteller neben massivem Imageverlust auch eklatante Umsatzeinbußen. Hinzu kommen, will sich ein Hersteller gegen Testergebnisse juristisch wehren, lange Gerichtsverfahren über die Zulässigkeit der Prüfmethoden bzw. die Interpretation der Gültigkeit von Grenzwerten.

Ein Spielwarenhersteller in Deutschland hat eine Nachweispflicht seines vollständigen Produktions- und Qualitätsprozesses gegenüber der Öffentlichkeit und dem Gesetzgeber. Er muss jederzeit folgende Fragen beantworten können:

- Aus welchen Substanzen wurden die Produkte (hinab bis auf die Rohstoffebene) gefertigt?
- Welche gesetzlichen Regelungen müssen beim Einsatz dieser Substanzen beachtet werden?
- Woher wurden die Substanzen und deren Inhaltsstoffe bezogen?
- Gibt es in unterschiedlichen Ländern divergierende Grenzwerte für bestimmte Inhaltsstoffe?
- Greifen unterschiedliche Bestimmungen für Produktions- und Auslieferungsstandort?
- Welche Regelungen und Gesetze greifen je nach Land und Produktionsart?
- Wie wirken sich Änderungen von Grenzwerten bestimmter Inhaltsstoffe auf den Export der Produkte aus?
- Welche Auswirkung hat ein Lieferantenwechsel und eine damit einhergehende Änderung verwendeter Substanzen der Produkte hinsichtlich der Einhaltung der gesetzlichen Bestimmungen?

Eine weitere von Spielwarenherstellern einzuhaltende Maßnahme zur Sicherstellung der Qualitäts- und Produktsicherheit sind regelmäßige Qualitätsüberprüfungen bei Materiallieferanten; es werden Prüfberichte erstellt und ausgewertet. Hier werden folgende Fragen geklärt:

- Sind alle notwendigen Messungen vorgenommen worden?
- Liegen die Messwerte innerhalb der Grenzwerte?
- Gibt es für alle verwendeten Komponenten und Substanzen die erforderlichen Prüfnachweise?
- Welche Komponenten benötigen externe oder interne Freigaben bevor sie verwendet werden können?
- Welche Arten von Freigaben werden benötigt (aus der Marketing- oder Rechtsabteilung, dem Produktionsbereich usw.)?

14.3 Die Herausforderung: die Nachverfolgbarkeit bis hin zur Charge

Die Nachverfolgbarkeit bei Schleich ist das Produkt vieler (Prozess-)Schritte, die in Abb. 14.1 am Beispiel der *Bartagame 14675* aufgezeigt werden. Jeder einzelne Schritt zeigt einen Vorgang auf, der zur Beantwortung der soeben gestellten Fragen benötigt wird. Jeder Vorgang benötigt Informationen, benötigt Daten. So wird hier neben den notwendigen Prozessschritten auch aufgezeigt, welche Zusammenhänge, die zwischen den einzelnen Informationen hergestellt werden müssen, bestehen, um einen lückenlose Nachvollziehbarkeit herzustellen.

Übertragen in Text heißt das: Ein Produkt wird über verschiedene Prozessschritte hergestellt, in diesen Prozessschritten werden Materialien verarbeitet, diese bestehen aus unterschiedlichen Substanzen die wiederum aus verschiedenen Chargen entstammen. Die-

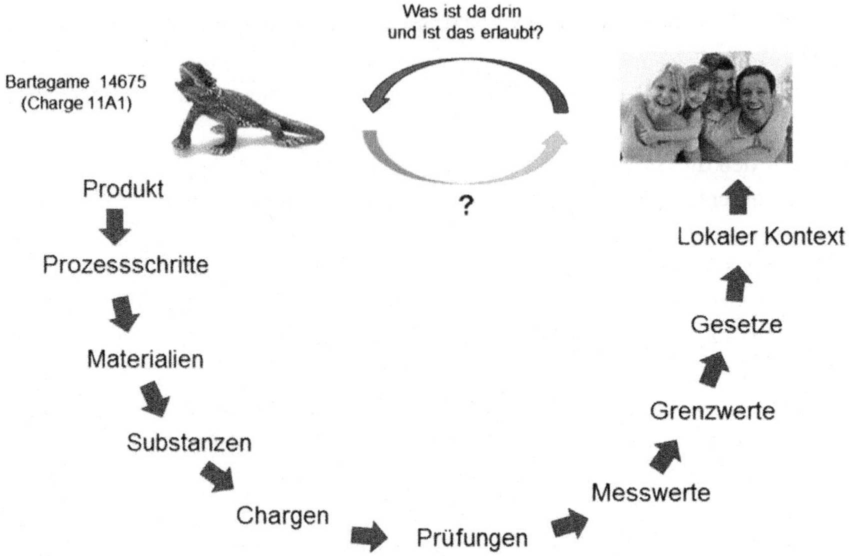

Abb. 14.1 Die Informationskette zur lückenlosen Rückverfolgbarkeit in der Spielwarenproduktion

se Chargen wurden Prüfungen unterzogen, Messwerte wurden erhoben, auf die Einhaltung der Grenzwerte geprüft, hinsichtlich gesetzlicher Regelungen kontrolliert und das alles wiederum im Kontext des Lieferorts.

Übertragen auf die Datenlage heißt das: Ein großer Teil der benötigten Daten liegt bereits in unterschiedlichen Systemen vor: in Datenbanken, in Dokumenten in File-Shares oder in Excel-Listen. Diese Daten müssen nun in Beziehung zueinander gebracht werden, wiewohl sie aber in diesen unterschiedlichen Systemen meist siloartig gehalten werden: die Produktdaten und Datenblätter für die Produktion sowie Tests und Prüfberichte befinden sich beispielsweise im ERP-System, die Produktdatenblätter für den Endverbraucher liegen in einer Marketing-Datenbank, Richtlinien für Maximalmengen bzw. Grenzwerte von Inhaltsstoffen befinden sich im File-System der Abteilung Qualitätssicherung, die Stammdaten der Händler und Zulieferer wiederum stehen z. B. im SAP-System usw. Darüber hinaus führen internationale Wertschöpfungsketten zu einer noch größeren Vielfalt an Daten und Sprachen. Internationaler Ein- und Verkauf von Produkten heißt auch, internationale Gesetze und Vorschriften zu beachten, internationalen Fertigern die jeweils relevanten Informationen zu liefern und beim weltweiten Vertrieb wechselnde Bestimmungen zu beachten.

So war die Beantwortung der komplexen Fragestellungen zwar grundsätzlich möglich, jedoch mit einem hohen Aufwand verbunden. Insbesondere Abhängigkeiten und Wechselwirkungen zwischen Informationen, die in unterschiedlichen Systemen verwaltet werden, ließen sich kaum ermitteln. Mithilfe der hier vorgestellten Anwendung stehen alle relevanten Daten und ihre Zusammenhänge direkt zur Auswertung zur Verfügung.

Dies sei hier an einem Produktbeispiel erklärt. Nehmen wir einen durchaus typischen Fall bei Schleich, eine aufgabenorientierte Frage: Die Grenzwertvorgaben für Cadmium wurden in Europa gerade gesenkt. Ergibt sich durch diese Grenzwertverschärfung für Produkte, hier zum Beispiel für die *Bartagame,* ein Problem? Aus dieser zunächst einfach klingenden Fragestellung leiten sich mehrere Aufgaben ab:

- Die Grenzwertvorgaben müssen in der Datenbank angepasst werden (Datenmanagement).
- Es muss überprüft werden, ob innerhalb aller Wertschöpfungsstufen Materialien verwendet werden, die Cadmium in kritischen Konzentrationen beinhalten (Analyse der *Bill of Substances*[1]).
- Falls dies der Fall ist, müssen alle Zwischen- und Endprodukte ermittelt werden, die davon betroffen sind (bottom-up Analyse der *Bill of Materials*[2]).
- Diejenigen Fertigungsstandorte müssen informiert werden, die diese Produkte herstellen (Publizieren dieser Information auf einer gemeinsamen Arbeitsplattform).
- Es muss geprüft werden, ob das betroffene Material ggfs. durch ein anderes substituiert werden kann.
- Es muss geprüft werden, ob das Substitut mit den anderen verwendeten Materialien homogen ist.
- Ist ein Substitut gefunden, muss wiederum geprüft werden, ob es mit seinen enthaltenen Substanzen allen anderen Grenzwerten – auch denen weiter Lieferregionen – entspricht.
- Die Änderung des Grenzwertes muss in alle relevanten Prüfvorschriften/Prüfprofile einfließen.

Es müssen also alle für die *Bartagame* verwendeten Materialien, Inhaltsstoffe und deren Einzelsubstanzen sowie die entsprechenden gesetzlichen Bestimmungen, die für diese Substanzen gelten, geprüft sowie ihre jeweiligen Abhängigkeiten und Wechselwirkungen betrachtet werden. Und zwar entlang der gesamten Wertschöpfungskette vom Fertiger und weiterverarbeitenden Unternehmen über Zwischenhändler bis zum Direktvertrieb.

Dies zeigt auf, wie problematisch es ist, wenn alle Daten ohne inhaltliche Vernetzung gehalten werden. Die Gefahren liegen in Doppelarbeit, langen Suchzeiten, Schwierigkeiten die richtigen und aktuellen Informationen zur Lösung eines Problems zu finden und darin, nicht alle notwendigen Aspekte und Quellen zu beachten. Die Rückverfolgung wird noch bedeutsamer, wenn sich die Fragestellung um die Unverträglichkeit eines Inhaltsstoffes dreht. Dann muss man nicht nur alle Einzelsubstanzen selbst kennen, sondern auch noch die Charge, die zur Fertigung herangezogen wurde.

Die Herausforderung ist also, alle relevanten Daten so zu vernetzen, dass die oben genannten und ähnliche Fragestellungen mit möglichst geringem Aufwand beantwortet werden können.

[1] Datenhaltung zu chemischen Substanzen und Inhalten bei Schleich

[2] Datenhaltung zu Produkten bei Schleich

14.4 Die Umsetzung: ein semantisches Wissensnetz macht es möglich

Es musste ein Werkzeug gefunden werden, das über alle heterogenen Datenquellen hinweg alle relevanten Informationen auffinden und intelligent zusammenstellen kann, die zur Erledigung einer Aufgabe bzw. Fragestellung notwendig sind.

Hier boten sich semantische Netze an: „Semantisches Netz bezeichnet eine Technik, die Information als Verknüpfung zwischen Objekten ablegt und darstellt. Dabei wird die abgelegte Information möglichst explizit gemacht. Wichtige Mittel der expliziten Darstellung sind unterschiedlich typisierte Verknüpfungen sowie Begriffe, die der natürlichen Sprache und Denkwelt des Nutzers entstammen. [...] Semantische Netze sind ein Weg Informationen so zu strukturieren, dass der menschliche Nutzer genauso etwas damit anfangen kann, wie ein Computerprogramm.“ [3]

Semantische Netze repräsentieren somit Wissen, indem sie Objekte miteinander verknüpfen. Objekte sind typischerweise die wichtigsten Themen des jeweiligen Unternehmens: Produkte, Projekte, Technologien, Mitarbeiter, Kunden, Lieferanten etc.

Relationen verknüpfen diese Objekte: Mitarbeiter sind mit der Relation „leitet" oder „arbeitet mit in" mit Projekten verbunden, sind aber auch Abteilungen zugeordnet. Produkte sind mit der Relation „hat Bestandeil" mit den Substanzen verbunden die wiederum „Eingangskomponente für" einen technischen Vorgang (wie der des Bemalens einer Spielfigur) sein kann. So entsteht ein Netz, das die Informationslandschaft und die spezifischen Zusammenhänge eines Unternehmens abbildet. Dieses Netz wird als semantische Schicht über die relevanten Quellen des Unternehmens gelegt. Je nach dem Blickwinkel, aus dem man auf die Objekte des Netzes schaut, werden die jeweilig maßgeblichen Bereiche des Netzes angesprochen und entsprechende Informationen angeboten.

Die Anwendung, das semantische Modell bei Schleich soll jedoch, anders als bei den meisten anderen in diesem Buch vorgestellten Anwendungen, nicht in der Hauptsache eine Suchfunktion unterstützen. Für die Suchen reicht im Anwendungsfall eine einfache Volltextsuche über alle Elemente des Modells aus, um dem Benutzer direkt das gewünschte Ergebnis zu liefern (gesucht wird typischerweise nach Artikelnummern und Produktbezeichnungen, Lieferantennamen, Substanzen und Prüfungen). Der Hauptaugenmerk und vorrangige Nutzen der Anwendung bei Schleich liegt in der Vernetzung und damit Integration von Daten aus externen Systemen (Abb. 14.2).

In einer ersten groben Sicht lassen sich die verwalteten Daten in drei unterschiedliche Bereiche aufteilen.

- Produkte, Teilprodukte, Komponenten, Chargen, etc.: Bei Schleich die *World of Materials*
- Chemikalien, Farben, Inhaltsstoffe, etc.: Bei Schleich die *World of Substances*
- Grenzwerte, Richtlinien, Gesetze, Schadstoffklassen etc.: Bei Schleich die *World of Regulations*

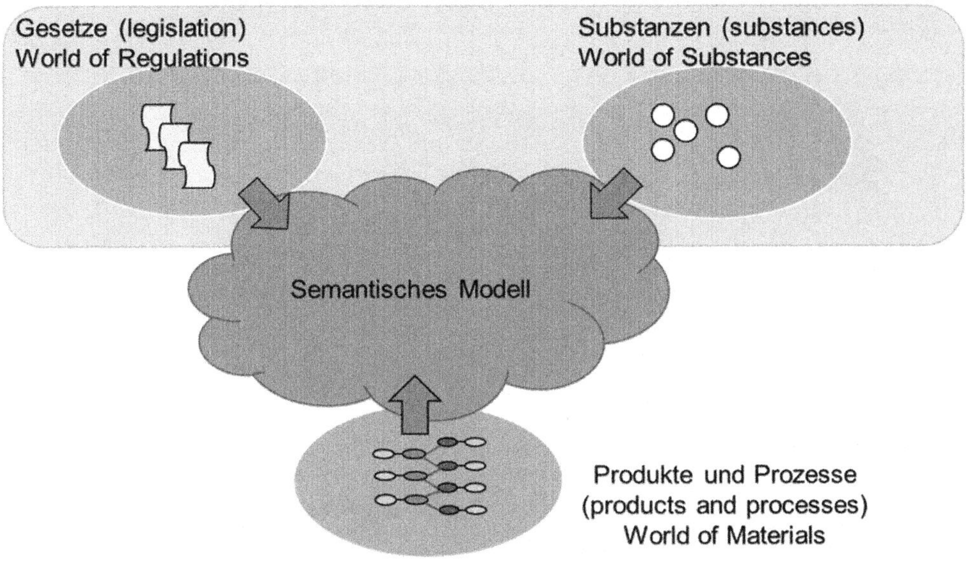

Abb. 14.2 Das Vernetzungs- und Datenintegrationsszenario bei Schleich

Im Bereich der World of Materials werden die Daten gespeichert und verwaltet, die man aus den beschriebenen ERP-Systemen für Produkte und Komponenten kennt. Das Modell enthält damit Objekte, die das Schema des Produktionsprozesses durch Komponenten, Prozesse, Produkte, Varianten und Chargen abbilden. Dabei wurde an dieser Stelle der Schwerpunkt auf eine möglichst generische Repräsentation gelegt. Die generische Repräsentation ist dabei grundständig, um eine Übertragung des Modells für andere (Spielwaren-)Hersteller zu gewährleisten.

Im Gegensatz zu anderen Bereichen im semantischen Modell, werden die Daten aus der *World of Materials* daher auch nicht im System selbst gepflegt sondern aus den bestehenden Systemen in regelmäßigen Abständen (oder dynamisch auf Anforderung) übernommen (Abb. 14.3).

Für ein Schleich-Produkt stehen damit alle Stücklisten der Komponenten, die für die Fertigung benötigt werden, zur Verfügung. Über dieses Schema kann dann über eine Beziehung zwischen Komponenten und Substanzen-der Übergang in die *World of Substances*-geschaffen werden. Dort sind die relevanten chemischen Substanzen für die Produkte von Schleich modelliert. Zudem findet über eine Relation „Charge wird geprüft von Prüfung" eine Verbindung in die *World of Regulations* der Prüfungen und Gesetze statt.

Der Übergang von der *World of Materials* zur *World of Substances* bzw. über die Grenzwerte weiter zur *World of Regulations* wird über eine Beziehung zwischen Substanzen und den entsprechenden Gesetzen hergestellt, in denen die Substanzen behandelt werden. Während die Elemente der *World of Materials* relativ statisch sind und nur gelegentlich geändert werden, gilt dies leider aktuell nicht für Gesetze und die darin regulierten Substanzen und Grenzwerte. Die Übertragung der Zusammenhänge muss daher derzeit durch

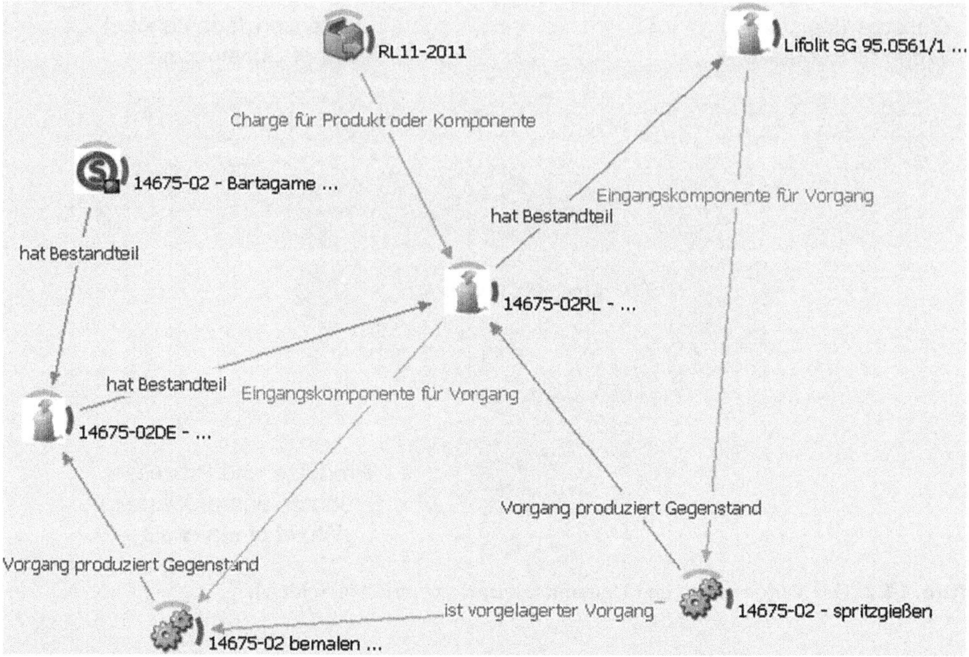

Abb. 14.3 Ausschnitt der semantischen Repräsentation der World of Materials

redaktionelle Arbeit erfolgen. Dabei handelt es sich bei diesen Arbeiten nicht um Schleich spezifische Aspekte. Die Aufarbeitung der für Spielzeug relevanten Gesetze ist für alle Unternehmen der Spielwarenbranche gleich und kann daher auch durch eine unabhängige externe Institution erfolgen. Zusammen mit der Verwaltung der Freigaben und der Dokumentation der externen Prüfungen bilden die Gesetze den vollständigen Inhalt der *World of Regulations*. Mühevolle und lange Recherchen bei einer akuten Nachweispflicht, werden durch aggregierte Sichten auf alle relevanten Prüfungen, Nachweise und Dokumente ersetzt, die über Generierung von Berichten jederzeit nachgewiesen werden können.

14.5 Agilität und Übertragbarkeit

Grundsätzlich zeichnet sich das semantische Modell dadurch aus, dass die modellierten Schemata alle Zusammenhänge abdecken in denen Produkte, Materialien, Chargen, Messwerte, Prüfberichte, Grenzwerte, Substanzen und Gesetze zueinander stehen können – und zwar unter Berücksichtigung aller Abhängigkeiten.

Wichtig für Schleich waren Flexibilität und Agilität die semantische Datenmodelle (hier: die Software k-infinity) mitbringen. Ein semantisches Datenmodell kann jederzeit durch Fachanwender verändert werden, je nach den Bedarfen sich stetig verändernder Anforderungen. So unterstützt die semantische Datenbank mit ihren Modellierungswerkzeugen passgenau iterative Projektumsetzungen (das Projekt bei Schleich wurde mit SCRUM[3] umgesetzt).

So ist das Modell nicht auf Schleich beschränkt und auch nicht nur auf die Spielwarenindustrie anwendbar, sondern kann prinzipiell auf beliebige Produkte ausgerichtet werden. Für die Übertragung auf andere Unternehmen besteht nur ein sehr geringer Anpassungsbedarf des Modells im Bereich der *World of Materials*. Die Verwaltung von Prüfungen und Prüfberichten kann vollständig aus dem bestehenden Modell übernommen werden.

Im März 2014 wurde das System auf der Spielwarenmesse in Nürnberg in Kooperation mit der GIZ und der Schleich GmbH im Rahmen eines Workshops der Spielwarenindustrie vorgestellt. Aus dieser Veranstaltung ergaben sich zwei weitere Installationen bei deutschen Spielwarenherstellern, die aktuell in der Erprobungsphase sind. Das verwendete semantische Modell wird bei den neuen Installationen ohne jegliche Anpassung weiterverwendet. Damit zeigt sich, dass der Anspruch ein generisches und allgemein gültiges Datenmodell zur Rückverfolgbarkeit zu entwickeln, das weder speziell auf Schleich ausgerichtet ist und auch nicht auf die Spielwarenindustrie fokussiert, erfüllt werden kann.

Doch kommen wir zu unserem Beispiel zurück: Bei einem eventuell notwendigen Austausch eines Materials der *Bartagame* zieht das Netz nunmehr alle relevanten Informationen zusammen (z. B. wo das Material verarbeitet wird, welche gesetzlichen Vorschriften bei der Produktion beachtet werden müssen, welchen Chargen es angehört, welche Fertiger mit welchen Informationen versorgt werden müssen usw.) und bietet darüber hinaus aus dem Zusammenhang abgeleitet Inhalte an, die möglicherweise berücksichtigt werden müssen (z. B. rechtliche Restriktionen des Lieferlandes bzgl. des eingesetzten Substituts).

14.6 Rechtemodell des semantischen Netzes

Für den Modellierer eines Wissensnetzes ist es wichtig, jederzeit den Gesamtblick auf das Netz zu besitzen. Nur so kann ein sinnvolles Geflecht aus Begriffen, Objekten und Relationen aufgebaut werden.

Für die einzelnen Nutzer eines Wissensnetzes ist dieser Gesamtblick jedoch oftmals nicht nötig, in bestimmten Fällen sogar hinderlich (zu viele Informationen) oder nicht erwünscht, z. B. bei einem Wissensnetz mit sensiblen Informationen. Um solche Fälle im Umgang mit einem Wissensnetz handhaben zu können, sollte ein umfangreiches Rechtesystem (Leserechte, Schreibrechte etc.) bestehen, das für die verschiedenen Erfordernisse zielgenau konfiguriert werden kann.

Im vorliegenden Anwendungsfall ergibt sich die Notwendigkeit eines detaillierten Rechtemodells aus der Vielzahl der unterschiedlichen Rollen und Beteiligten, die Daten für das System liefern und auslesen. Entlang des Produktionsprozesses müssen Zulieferer Daten in das System einpflegen. Damit muss sichergestellt sein, dass ein Zulieferer Zugriff auf die *Bill Of Material* der Produkte hat. Gleichzeitig darf der Zulieferer aber natür-

[3] SCRUM, engl. für *Gedränge* ist ein Vorgehens-Framework für Projektmanagement

lich keinen Zugriff auf die Informationen anderer Zulieferer haben. Das gleiche gilt für die verschiedenen internationalen Produktionsstätten von Schleich. Auch hier muss durch das Rechtemodell gewährleistet sein, dass ein Produktionsstandort nur die für ihn benötigten Daten pflegen und auch sehen kann.

Auch bei den Gesetzen und den sich daraus ergebenden Restriktionen und Grenzwerten für Substanzen ist ein kontrollierter Zugriff auf die Informationen dringend erforderlich, da der mögliche Schaden durch falsche Informationen an dieser Stelle für einen Produzenten sehr hoch sein kann.

Die bisher beschriebenen Anforderungen beziehen sich dabei nur auf einen internen Einsatz der Anwendung bei einem Produzenten. Sobald die Anwendung als Plattform für verschiedene, unabhängige Produzenten angeboten wird, müssen weitere Beschränkungen realisiert werden um firmeninterne Informationen vor dem Zugriff anderer Produzenten zu schützen. Auch der geplante Betrieb als Informationsportal für Endnutzer stellt zusätzliche Anforderungen an das Rechtemodell um einerseits die Transparenz des Produktionsprozess und Rückverfolgbarkeit des Produkts für den Endverbraucher anzubieten, aber andererseits keinen unbeabsichtigten Zugriff auf firmeninterne Daten zu ermöglichen.

14.7 Aktuelle Situation und Erfahrungen

Zum Stand Juli 2014 ist das System bei Schleich seit mittlerweile 2 Jahren produktiv im Einsatz und deckt mit seinen aktuell knapp 10.000 verwalteten Freigaben den kompletten Produktions- und Vertriebsprozess aller Produkte ab. Internationale Zulieferer dokumentieren ihre Komponenten und Inhaltsstoffe direkt im System und tragen damit zu einer lückenlosen Dokumentation bei. Aus diesem Grund steht für das Web-Frontend neben Deutsch und Englisch auch Simplified Chinese zur Verfügung.

Schleich benennt folgende Haupterfolgsfaktoren:

- Schnellere Berichterstattung bzgl. gesetzlichen Vorschriften
- Gelebte Transparenz in Richtung Endverbraucher und dadurch eine Erhöhung des Verbrauchervertrauens
- Vollständige und transparente Rückverfolgbarkeit aller Produkte auf Knopfdruck
- Effizientes Monitoring des Produktionsablaufes
- Dezentral/verteilt und browserbasiert
- Einbindung aller externen Firmen durch Einsatz eines strikten, rollenbasierten Rechtemodells
- Verteilung der Arbeitslast: verschiedene Teile des Modells können von unterschiedlichen Organisationen eingebracht werden (Inhalte zur Gesetzgebung z. B. von Verbänden oder öffentlichen Institutionen)
- Kostenersparnis: Durch die Ausrichtung der Prüfungen an der detaillierten Stückliste der Produkte konnte die Effektivität der Prüfungen signifikant verbessert werden. So werden bspw. nicht mehr einzelne Farben durch ein externes Institut getestet, sondern nur noch die Basiskomponenten aus der alle Farben bestehen. Aus diesem Grund entstehen deutlich weniger Kosten für Prüfaufträge an externe Institute.

Literatur

1. Deutsche Gesellschaft für Internationale Zusammenarbeit (GIZ) GmbH., Hrsg. 2014. Vom Materialmanagement zur Produktsicherheit in der Spielwarenherstellung – Projekt-Schnappschuss eines semantischen Datenmodells, Juli 2014.
2. Website der Schleich GmbH. 2014. http://www.schleich-s.com/de/AT/unternehmen/qualitaet-sicherheit/. Zugegriffen: 8. Okt. 2014.
3. *Reichenberger, K. 2011. Kompendium semantische Netze: Konzepte, Technologie, Modellierung.* Heidelberg: Springer.

Claudia Baumer ist als Marketing Communication Manager bei der intelligent views gmbh für die Konzeption und Umsetzung der Marketing-Strategie sowie die interne und externe Kommunikation verantwortlich. Sie beschäftigt sich seit 2001 mit semantischen Technologien und betreut die inhaltliche wie fachliche Ausgestaltung von Wissensmanagement-Lösungen in Kundenprojekten. Seit 2011 ist sie in den Vorstand des Arbeitskreises „Knowledge Engineering & Bussiness Collaboration“ beim BITKOM berufen worden und seit 2013 als stellv. Vorstandsvorsitzende für IT FOR WORK aktiv. Zudem ist sie Lehrbeauftragte für Begriffssysteme an der Hochschule Darmstadt.

Dr. Achim Steinacker ist seit 2002 als Presales Manager bei der intelligent views gmbh für die technische Beratung bei Kunden und alle Forschungsaktivitäten verantwortlich. Nach seinem Studium der Wirtschaftsinformatik an der Universität Mannheim, promovierte er im Bereich Wissensmanagement am Multimedia Communications Institut der Technischen Universität Darmstadt über den Einsatz von semantischen Modellen bei web-basierten Lernsystemen und war maßgeblich am Aufbau der Forschungsgruppe „Multimedia Semantics“ beteiligt.

Dr. Andreas Weber studierte Fertigungstechnik an der FAU Erlangen-Nürnberg und beschäftigt sich seit über 20 Jahren mit Prozessoptimierung und -dokumentation zunächst in der Kosmetikindustrie und in jüngster Vergangenheit auch für die Spielwaren der Schleich GmbH. Dabei hat er maßgeblich die Gestaltung semantischer Datenmodelle für das Abbilden einer Produktrückverfolgbarkeit vorangetrieben.

Markttopologien mit semantischen Netzen 15

Wie semantische Werkzeuge iterative, kollaborative Arbeits- und Auswertungsprozesse unterstützen können

Klaus Reichenberger und Martin Kirsch

- Die Harmonisierung von Daten, wichtigste Voraussetzung für Data Analytics, ist eine Aufgabe für semantische Technologie.
- Semantik kann zwischen Schatten-IT und „echten“ IT-Lösungen vermitteln.
- Fachanwender einzubeziehen ist kein methodisches Detail, sondern der eigentliche Zweck einer semantischen Lösung.

15.1 Die Situation heute

Marketing, Vertrieb und Business Development in Unternehmen agieren immer stärker datengetrieben – in Echtzeit, ausgerichtet an präzisen, individuellen Kundenprofilen. Die Menge an erfassten Daten und damit die Information über den einzelnen Kunden wächst an, die anfallenden Informationen werden immer schneller und granularer erfasst und ausgewertet.

K. Reichenberger (✉)
intelligent views GmbH, Julius-Reiber-Straße 17, 64293 Darmstadt, Deutschland
E-Mail: K.Reichenberger@i-views.de

M. Kirsch
kirsch:kontakt GmbH, Ringbahnstraße 12, 12099 Berlin, Deutschland
E-Mail: kirsch@kirschkontakt.de

B. Ege et al. (Hrsg.), *Corporate Semantic Web*, X.media.press,
DOI 10.1007/978-3-642-54886-4_15

Die Beziehungen zwischen dem eigenen Unternehmen und dem Kunden (inkl. Vertriebshistorie und zukünftiger Opportunitätsplanung) lassen sich so immer besser analysieren und steuern.

Getrieben vom aufkommenden Online-Business erfolgte in den letzten Jahren im Bereich der genutzten CRM- und Big-Data-Anwendungen eine Konzentration auf die Steigerung der Performance sowie auf die Auswertung der Vertriebsaktivitäten. Fragestellungen wie *Welche Plattform ist für den Absatz unseres Produkts im Kundensegment x die erfolgreichste?* oder *Wie viele Warenkorbabbrüche erfolgen beim einzelnen Kunden, bevor er wirklich kauft?* lassen sich so heute schnell und zuverlässig beantworten.

Das hilft, um das operative Geschäft zu betrachten, aber genügt es auch, um ein Unternehmen im Markt strategisch zu steuern? Scheinbar einfache Fragen, die eine Leitungsebene stellt wie: *Was macht unser wichtigster Mitbewerber in den Segmenten, in denen auch wir aktiv sind? Welche Themen werden unsere Kunden und Interessenten in Zukunft beschäftigen?* oder *Wer sind die Entscheider in einem Markt?* lassen sich mit den aktuell genutzten Systemen nicht beantworten. Und so klagen die Unternehmen, dass ihre Systeme zu großen Datenfriedhöfen verkommen, auf denen die Informationen vielleicht irgendwo abgelegt sind aber kaum gefunden, geschweige denn sinnvoll genutzt werden können.

Während die operativen Fragen meist aus den täglichen Prozessen bekannt sind, entstehen Fragestellungen in den strategischen Bereichen häufig abhängig von der Projektsituation. Sie entstehen sozusagen erst im Laufe der Zeit. Für ihre Beantwortung müssen neben den intern bereits verfügbaren Daten zusätzliche interne und externe Quellen herangezogen und vernetzt werden. Für eine einfache Frage wie *Wie viele der Top-400-Unternehmen im Segment X von Markt A bereits sind unsere Kunden?* müssen die eigenen Daten mit Marktdaten abgeglichen werden, die thematisch entsprechend gegliedert sein müssen, um ein Matching zu erlauben.

Das erfordert ein Modell, in dem einerseits die Struktur einer Anwendung flexibel anpassbar und andererseits die Integration verschiedener Quellen schnell und einfach umsetzbar sein muss. Beides ist mit aktuellen Lösungen nur schwer realisierbar. Konsequenz ist, dass in der Regel Einzelanwendungen für jeden Einsatzzweck, für jede Fragestellung entstehen.

Doch die Aufteilung von einerseits Datenhaltung (in z. B. CRM-, ERP- und ähnliche Systeme) und andererseits Analyse (in Business Intelligence Tools) bringt mehr Flexibilität in die Auswertungen, macht aber das Gesamtkonstrukt auf Dauer immer komplizierter und unhandlicher, da mit immer mehr Einzelanwendungen, Datenquellen etc. hantiert werden muss.

An dieser Stelle entsteht zudem das Problem, dass die Arbeit mit den Daten zum Zwecke der Analyse von Geschäftsprozessen zunehmend weiter weg vom Business-Analysten hin zum IT-Spezialisten wandert. Da dieses Vorgehen die Analysen erheblich verzögert, führt es nicht selten zur Kapitulation des Business-Analysten, der dann sein Heil in Excel sucht.

Zusammengefasst benötigen wir Lösungen, die:

- die Fähigkeit zur schnellen und einfachen Integration von Daten aus vielen verschiedenen Quellen (z. B. auch externen Marktdaten) haben,
- es uns ermöglichen, Informationen qualifiziert zueinander in Beziehung zu setzen,
- eine Möglichkeit zur Anreicherung um Themenbezügen bieten, um den Informationen einen inhaltlichen Bezug zu geben,
- einfache Abfrage- und Auswertungsmechanismen zur Verfügung stellen können und

eine Oberfläche bieten, die es den inhaltlich verantwortlichen Bearbeitern erlaubt, die Schritte Integration und Auswertung selbst vorzunehmen.

15.2 Ein semantisches Beispiel

Den Bedarf an flexibler Integration und Vernetzung sowie den Beitrag, den ein semantisches Netz bei der Deckung dieses Bedarfs leisten kann, möchten wir an einem weiteren Beispiel veranschaulichen:

Ein Marketing-Dienstleister führt seit einiger Zeit Vortragsveranstaltungen zu seinen Schwerpunktthemen durch, um neue Kunden zu gewinnen. Aktuell werden die Veranstaltungen für den Anfang des kommenden Jahres geplant und dazu die letzten Veranstaltungen ausgewertet: *Was war in der Vergangenheit erfolgreich? Was sollten wir beibehalten, was sollten wir ändern?* In unserem Beispiel konzentrieren wir uns der Übersicht halber auf die letzten zwei Veranstaltungen, die das Unternehmen durchgeführt hat. Eine klassische Vortragsveranstaltung zum Thema *Native Advertising* mit einem bekannten Keynote Speaker und ein Workshop zum Thema *Personalisierung.* Beide haben im Abstand von ein paar Tagen stattgefunden. Die erste Veranstaltung wurde in Fachzeitschriften beworben und fand in einem Tagungshotel statt, die zweite wurde in Webforen, Blogs und mit einer Ad-Words-Kampagne beworben, und fand in den Firmenräumen des Unternehmens statt. Bei beiden Veranstaltungen wurden die Teilnehmer speziell auf vertiefendes Material hingewiesen, das auf den Webseiten zum Download zur Verfügung steht. Jetzt will das Unternehmen wissen, welche der beiden Veranstaltungen erfolgreicher war. Welches ist das Erfolgsmodell, das es zu kopieren gilt? (Abb. 15.1)

Ein Blick in die Registrierungsdatenbank liefert eine erste Antwort: die Veranstaltung *Native Advertising* hatte fast doppelt so viele Teilnehmer wie der Personalisierungsworkshop. Wenn wir es uns einfach machen wollen, haben wir damit bereits unser Ergebnis: Doppelt so viele Teilnehmer bedeutet doppelt so erfolgreich. Also machen wir bei den nächsten Veranstaltungen alles ganz genauso wie bei der Native-Advertising-Veranstaltung.

Nun konnten die Teilnehmer auf den Webseiten vertiefendes Material herunterladen. Wie sieht es aus, wenn wir die Daten der Downloads in unsere Auswertung mit einbeziehen? Erhalten wir einen Hinweis darauf, welche Veranstaltung nachhaltiger war, in dem

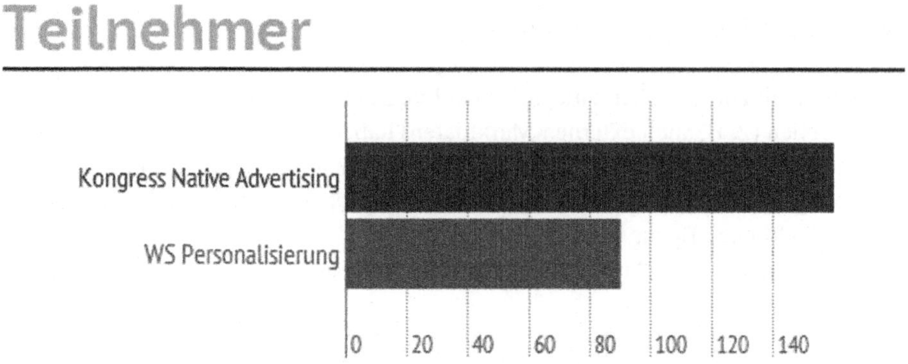

Abb. 15.1 Vergleich der Veranstaltungen allein auf Basis der Registrierungen

Sinne, dass sie zu mehr Downloads geführt hat? Das ist nicht ganz einfach. Denn nicht nur die Veranstaltungsteilnehmer, sondern auch alle anderen Besucher der Webseite können Materialien herunterladen – welche der Downloads ordnen wir also der Veranstaltung zu? Hier wählen wir zunächst einen sehr einfachen Weg und zählen die Downloads der auf die Veranstaltungen folgenden vier Wochen, weil wir davon ausgehen, dass die Downloads in diesem Zeitraum maßgeblich von den Veranstaltungen beeinflusst werden. Unten sehen wir die entsprechenden Zahlen aus der Web-Statistics-Datenbank (Abb. 15.2).

Wenn wir aus diesen Zahlen ableiten wollen, welche der beiden Veranstaltungen besser funktioniert hat, müssen wir eine Vorstellung davon haben, welche Downloads mit welcher Veranstaltung korrespondieren. Hier stoßen wir auf das Problem mangelnder Daten-

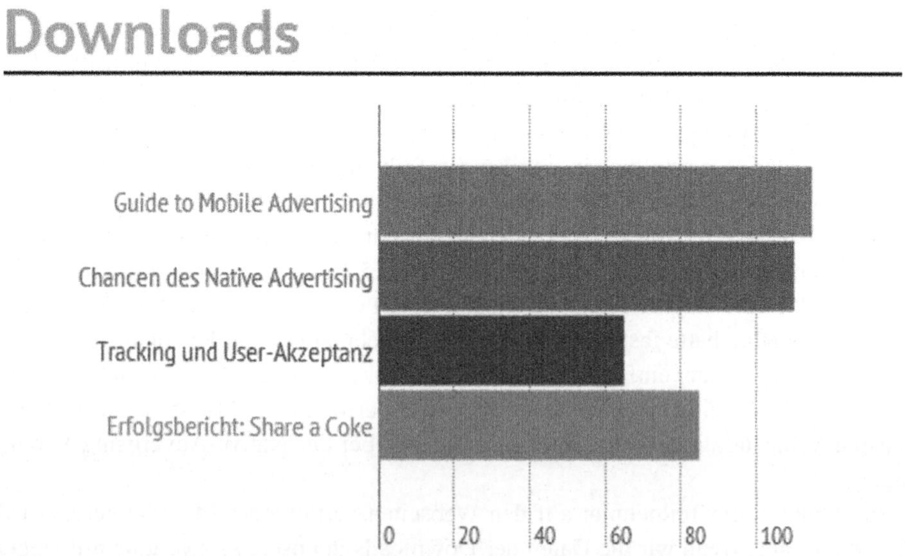

Abb. 15.2 Anzahl der Downloads in den Wochen nach den Veranstaltungen

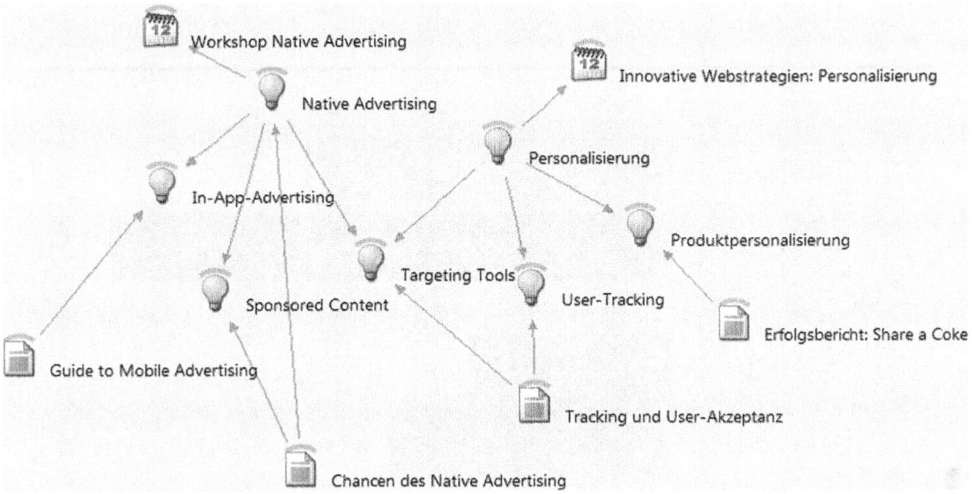

Abb. 15.3 Die Themen der Veranstaltungen und die der Download-Materialien werden im semantischen Netz zusammengeführt

integration: Die Materialien haben zwar Tags wie *user tracking* oder *sponsored content*, aber unter diesen Tags finden wir die Themen der Veranstaltungen nicht direkt wieder.

Hier müssen wir die Daten für die Auswertung inhaltlich anreichern indem wir den thematischen Zusammenhang zwischen Veranstaltungsthemen und Dokument-Schlagworten (der für einen Fachexperten offensichtlich ist) für das System nachvollziehbar machen. Dazu eignet sich gut ein semantisches Netz, in dem wir

die Whitepaper und die Veranstaltungen über ihre Schlagworte zusammenführen (Abb. 15.3).

Solche thematischen Zuordnungen enthalten oft eine gewisse Unschärfe: In unserem Fall lässt sich beispielsweise das Whitepaper *Tracking und User-Akzeptanz*, nicht eindeutig zuordnen: Eines seiner beiden Schlagworte, nämlich *Targeting Tools* weist sowohl auf das Thema *Native Advertising* als auch auf das Thema *Personalisierung* hin. Hier profitieren wir davon, dass wir mit einem semantischen Netz nicht auf eine Einordnung in Schubladen beschränkt sind, sondern das Thema „Targeting Tools" gleichzeitig mehreren Oberthemen zuordnen können. So können wir in diesem Fall die Download-Zahlen entsprechend der Stärke der Hinweise zwischen den Veranstaltungen splitten (Abb. 15.4)

Die Gegenüberstellung der Teilnehmer und der Downloadzahlen bestätigt zunächst unsere Einschätzung, dass wir das erfolgreiche Modell der ersten Veranstaltung kopieren sollten.

Aber: haben wir es uns nicht zu einfach gemacht, wenn wir pauschal alle Downloads der auf die Veranstaltungen folgenden vier Wochen den Teilnehmerzahlen gegenüberstellen? Könnten wir nicht ermitteln, wie viele der Downloads *tatsächlich* von der Veranstaltung kommen? Hier stehen wir vor der Herausforderung, dass unsere Webseite zwar mit einer Registrierung arbeitet, es aber keine Verbindung mit den Teilnehmerlisten der

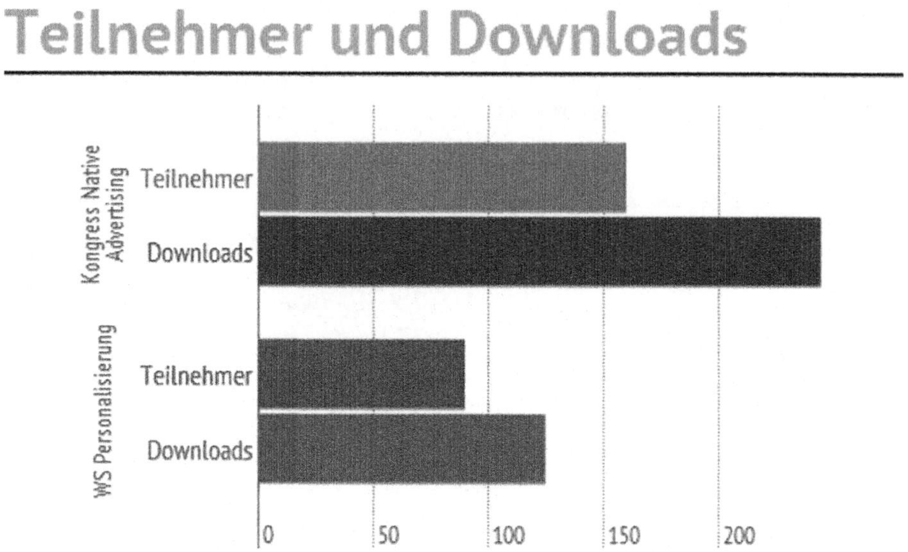

Abb. 15.4 Gegenüberstellung von Teilnehmern und zugeordneten Downloadzahlen

Veranstaltungen gibt, folglich auch keine logische Identität der Teilnehmer und der Webbesucher (Abb. 15.5).

Das bedeutet: Auch hier müssen wir „Intelligenz investieren". Somit kommt das semantische Netz auch hier ins Spiel. Mit Heuristiken über Namen, über die Organisation, den Ort etc. können wir die Personen aus der einen Quelle mit Personen aus der anderen abgleichen. In der abgebildeten Situation finden wir beispielsweise vier Faktoren, die dafür sprechen, dass es sich bei *Mueller, Fritz* und *Friedrich Müller* um dieselbe Person handelt:

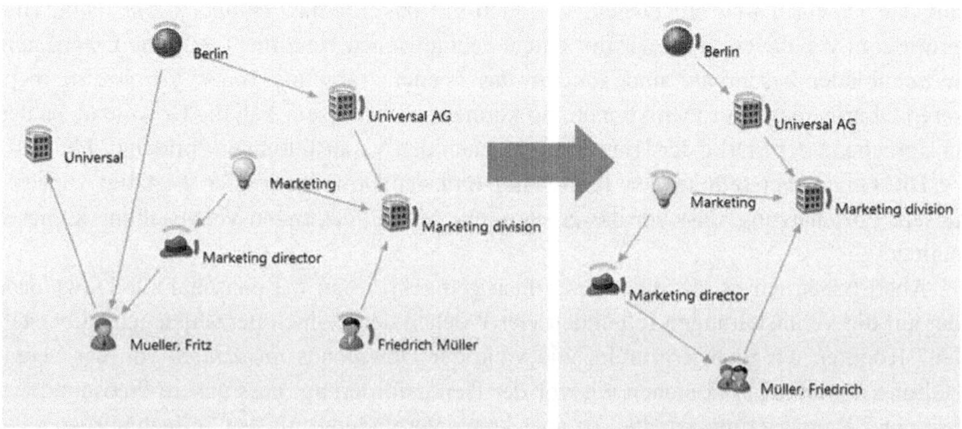

Abb. 15.5 Abgleich von Personen aus zwei unterschiedlichen Quellen im semantischen Netz

- die Ähnlichkeit des Nachnamens
- die Ähnlichkeit des Firmennamens
- die Verbindung der Position des einen und der Abteilung des anderen über das gemeinsame Thema Marketing
- der gemeinsame Ort: Mueller, Fritz kommt aus Berlin, Friedrich Müllers Firma hat dort ihren Standort
- Abbildung 15.6: Der Abgleich der Personen erlaubt uns auszuwerten, wie viele der Teilnehmer tatsächlich Information heruntergeladen haben

Wenn wir so die Teilnehmer der Veranstaltung in den Downloads identifiziert haben, ändert sich das Ergebnis unserer Auswertung zum ersten Mal – wir sehen, dass die Überlappung bei der ersten Veranstaltung sehr klein, bei der zweiten relativ groß ist. Das weist darauf hin, dass die zweite Veranstaltung ihre Teilnehmer besser erreicht und zum Download von vertiefender Information motiviert hat.

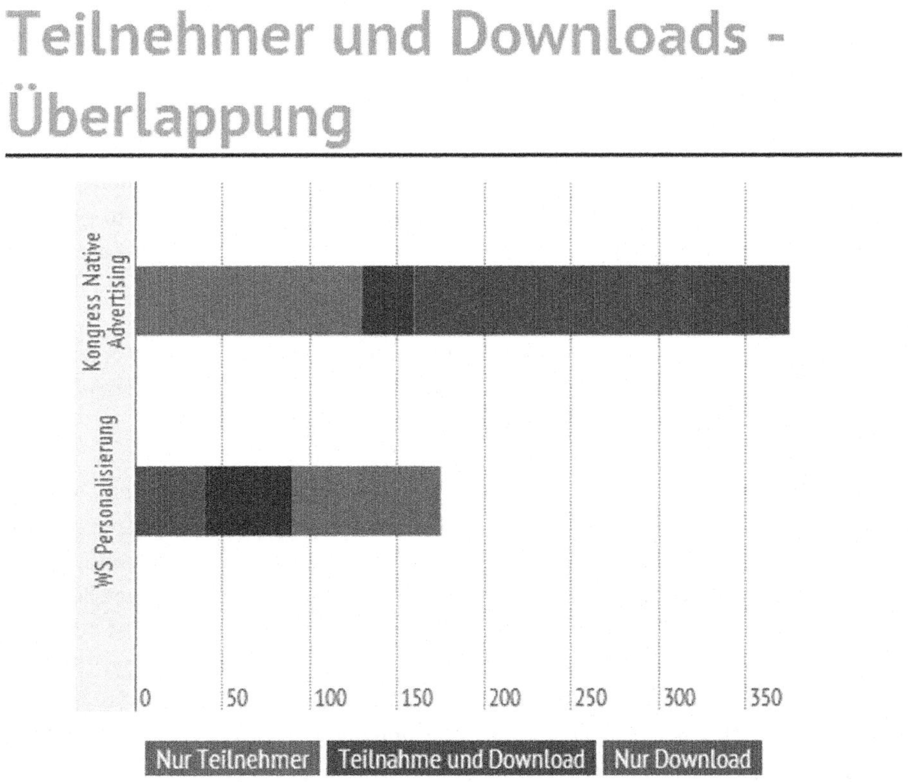

Abb. 15.6 Der Abgleich der Personen erlaubt uns auszuwerten, wie viele der Teilnehmer tatsächlich Information heruntergeladen haben

15.3 Abgrenzung

Wie jede andere Anwendung einer neuen, wenig etablierten Technologie, muss sich auch diese die Frage gefallen lassen *Warum mit semantischen Netzen?* Wie oben beschrieben, rücken Unternehmen Aufgaben dieser Art eher mit BI-Lösungen oder mit Excel zu Leibe. Und genau in dieser Bandbreite liegt auch bereits die Antwort.

Schauen wir uns an obigem Beispiel einmal im Detail an, wie es aussieht, wenn wir versuchen, diese Aufgabe mit Mitteln der Business Intelligence zu lösen.

Was wir in unserem Beispiel durchgespielt haben, ist in der BI-Welt das sogenannte ETL (Extract, Transform, Load). Hier werden die Daten aus den unterschiedlichen Systemen extrahiert, in unserem Fall aus der Registrierungsdatenbank, der Webstatistik und der Kundendatenbank. Der *Transform*-Schritt hat das Ziel, die Daten aus den unterschiedlichen Systemen vergleichbar zu machen – hier werden z. B. Kundennamen in Vor- und Nachnamen auf gesplittet oder umgekehrt zusammengeführt, Datumsangaben in unterschiedliche Formate übersetzt etc. Die Ergebnisse werden in ein Data-Warehouse abgelegt und ggf. in Data-Marts repliziert, d. h. für Analysezugriffe optimiert.

Die Schwierigkeiten in der Praxis sind:

- Zunächst muss dazu die Fachseite ein *Business Requirements Document* schreiben; die IT-Seite muss das Schema des Data-Warehouse und der Data-Marts vorab modellieren.
- Hinzu kommen die organisatorisch bedingten Schwierigkeiten der Datenintegration: Die Daten zu Bestandskunden kommen vielleicht aus einem operativen CRM-System, einer SAP- oder Salesforce-Installation und der Fachbereich hat zumeist nicht die *ownership* dieser Daten. D.h. es ist für ihn nicht immer einfach, an die Daten zu gelangen und er hat vor allem keine Möglichkeiten, die Quelldaten zu ändern. Eine Zusammenführung und Anreicherung der Daten muss daher immer außerhalb dieser Quellen geschehen.
- Insbesondere die Auflösung semantischer Differenzen ist keine Stärke klassischer ETL-Tools, genauso wenig wie der Umgang mit Themen oder das Identifizieren identischer Personen über unterschiedliche vernetzte Zusammenhänge.

Wie oben erwähnt, kommt spätestens an dieser Stelle beim Business Analysten Excel ins Spiel. Hier gibt es viele Parallelen zum klassischen BI-Prozess: Daten müssen extrahiert werden, und wenn wir in Excel Werte vergleichen oder sortieren wollen, müssen wir auch hier die Personennamen oder die Datumsangaben vereinheitlichen. Der entscheidende Vorteil von Excel: Sind die Daten einmal aus den Quellsystemen ausgeleitet, ist der Fachbereich in seiner Arbeit unabhängig. Die Mitarbeiter aus dem Marketing, dem Business Development etc., die den Auswertungsbedarf haben und die meistens auch die Daten am besten kennen, können jederzeit (ohne von der IT abhängig zu sein) an der Qualität und Harmonisierung ihrer Daten arbeiten.

Nur: Was in der BI-Welt als Transformationsregel ausgedrückt und festgehalten wird, verschwindet im Verschmelzen von zwei Excel-Zeilen, im Verrechnen von Zellen, im

Bilden von Gruppen und Summen. Der Fachbereich reichert zwar einen Datensatz an, baut damit aber kein explizites, übertragbares Wissen über die Daten auf – nichts, was automatisch auswertbar wäre. Folge: Bei der nächsten (und auch bei der 500sten) Veranstaltung muss immer wieder die gleiche Arbeit geleistet werden.

Die Leistung des semantischen Netzes liegt in erster Linie darin, die Zugänglichkeit von Excel mit der Nachhaltigkeit eines „echten" IT-Systems zu kombinieren.

Ein semantisches Datenmodell erlaubt es uns, mit minimalem technischen Aufwand zu starten: Über konkrete Auswertungen bauen wir eher nebenbei eine umfassende Markttopologie auf und ordnen existierende Daten bzw. erschließen neue Datenquellen.

Harmonisierungsentscheidungen können vom Fachbereich getroffen werden, Transformationen können von denselben Marketingmitarbeitern durchgeführt werden, die sonst die Daten in Excel bearbeiten. Der entscheidende Unterschied ist das objektorientierte Modell, in dem nicht nur die Auswertungen bearbeitet werden, sondern auch die Objekte und Zusammenhänge hinter den Auswertungen.

Die Welt besteht im semantischen Netz nicht nur aus einer Menge von Registrierungen, die für eine bestimmte Auswertung mit einer Menge von Downloads teilweise verschmolzen wird. Stattdessen führen wir die Personen dahinter zusammen – das bringt uns auch für zukünftige Downloads und Registrierungen einen Nutzen. Wir führen Dokumente und Veranstaltungen im semantischen Netz über ihre Themen zusammen, nicht auf Ebene des einzelnen Dokuments. So müssen diese Zuordnungen nicht immer wieder neu gemacht werden, sondern sind auch für zukünftige Fälle brauchbar. Deswegen versuchen wir bei der Herstellung der Personenidentität gleichzeitig etwas über die Firma zu lernen.

Neben der Zugänglichkeit für Fachanwender und der Objektorientierung helfen uns auch andere Fähigkeiten semantischer Netze:

- Die Fähigkeit, Themen zu organisieren, in eine Abstraktionshierarchie zu bringen und zu vernetzen – wie die Themen der Veranstaltungen und der Whitepaper-Downloads
- Die Fähigkeit, dabei auch mit unscharfem Wissen zurecht zu kommen
- Die Fähigkeit, komplexe Vernetzung abzubilden und verschiedene „Daten-Wirklichkeiten" parallel zu beherbergen – wie die der Teilnehmerliste und die der Website-Statistik und die Fähigkeit auf diesen Parallelwelten zu arbeiten und sie schließlich zusammenzuführen
- Die Fähigkeit, möglichst viele der Zusammenführungsoperationen als Regeln und als generische Verknüpfungen zu realisieren und so die Datenintegration mit jedem Mal stärker zu automatisieren

15.4 Über ETL und Excel hinaus

Bisher haben wir uns darauf konzentriert, Fähigkeiten zur Datenintegration und -analyse in die Hände der Fachbereiche zu legen und ein inkrementelles Vorgehen zu unterstützen, ohne die Nachhaltigkeit damit aufzugeben. Aber ein semantisches Netz bringt auch neue

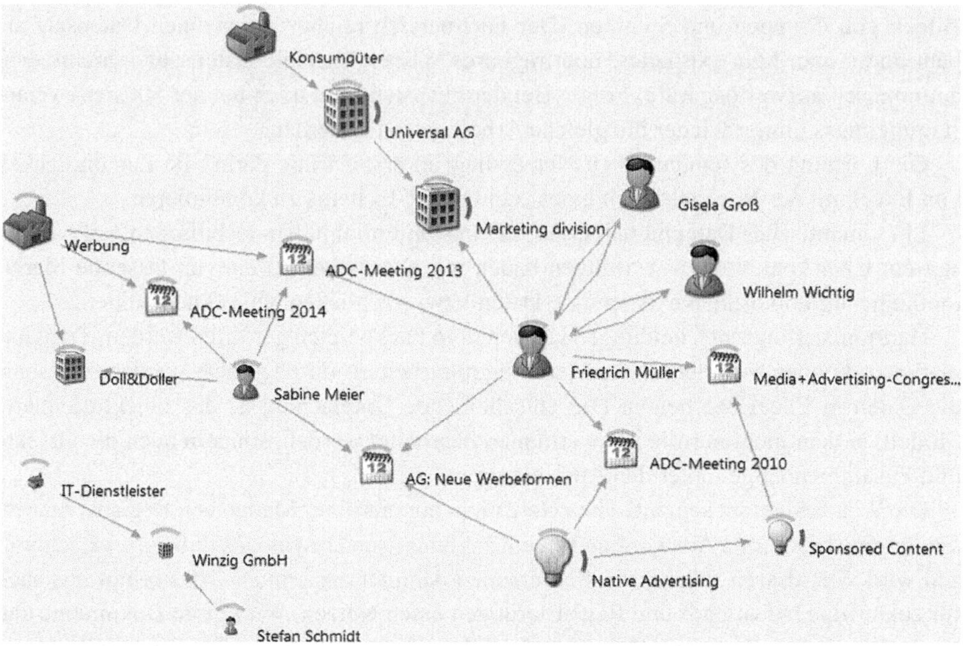

Abb. 15.7 Relevanzbewertung von Teilnehmern auf Basis ihrer Vernetzung

Auswertungsmöglichkeiten mit, z. B. für die wichtigste und auch schwierigste Frage, deren Beantwortung in unserem Beispiel noch aussteht, die Frage nach der Relevanz der Teilnehmer. Haben wir die Teilnehmer, die wir haben wollen? Dazu reicht der Abgleich mit existierenden Quellen nicht – hier brauchen wir Information aus externen Quellen, z. B. aus dem Web, von Verbänden, aus Linked Data-Beständen oder von Information Providern, um uns Fragen zu beantworten wie:

Zu welcher Branche gehört das Unternehmen? Welche Größe hat es?

In welchen thematischen Zusammenhang können wir einen Teilnehmer einordnen?

Wie aktiv ist der Teilnehmer bei anderen Veranstaltungen? Wie gut ist er vernetzt? (Abb. 15.7 und 15.8)

Wenn Firmen, Personen, Themen und Veranstaltungen zusammengeführt und verknüpft sind, können wir im semantischen Netz Schwerpunkte und Qualitäten identifizieren:

In dem abgebildeten kleinen Ausschnitt unseres Netzes sehen wir beispielsweise dass Friedrich Müller ein sehr relevanter Teilnehmer ist, denn er weist eine hohe Aktivität auf, z. B. als Sprecher auf Veranstaltungen. Außerdem ist er gut vernetzt, und vertritt ein großes Unternehmen aus einer relevanten Branche. Eine mittlere Relevanz hat Sabine Meier: ihr Unternehmen ist als Werbeagentur ein möglicher Partner, sie ist ebenfalls recht aktiv, aber offenbar wenig vernetzt. Bei Stefan Schmidt schließlich ist das Unternehmen weder aufgrund der Branche noch aufgrund seiner Größe relevant und es ist keine Aktivität und keine Vernetzung (in der relevanten Community) festzustellen.

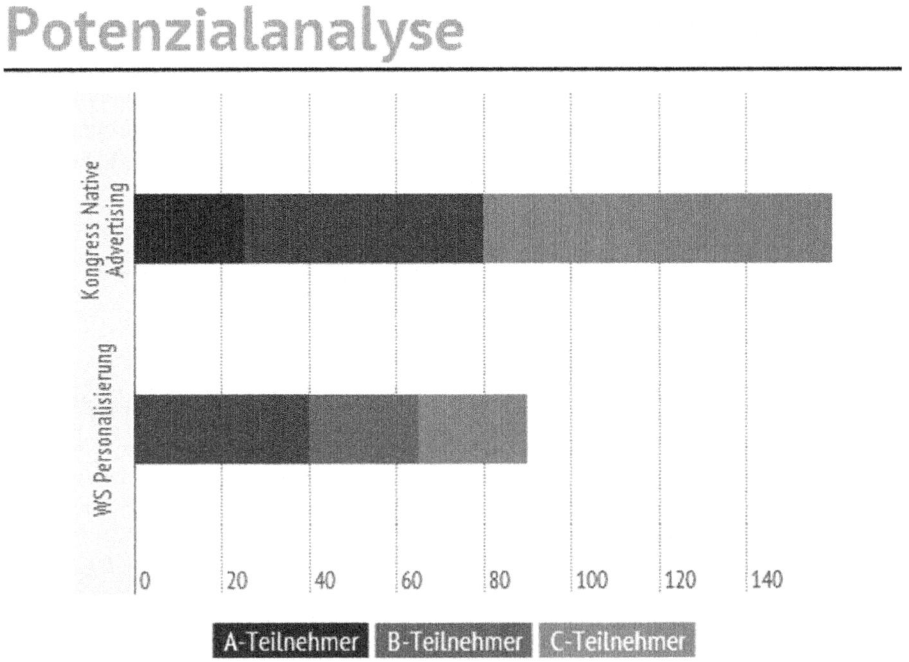

Abb. 15.8 Relevanz der Teilnehmer in der Gegenüberstellung der beiden Veranstaltungen

Ordnen wir die Teilnehmer nach diesem Schema in A, B und C, kann sich die gesamte Beurteilung unserer beiden Veranstaltungen umkehren. So stellt sich im Endeffekt vielleicht heraus, dass die Veranstaltung zum Thema Native Advertising besser beworben wurde, aber viel weniger Effekt hatte und diesen dann auch noch bei den „falschen" Leuten.

Diese Feststellung könnte nahelegen, die erfolgreichen Marketing-Maßnahmen der ersten Veranstaltung mit der zielgenauen Ansprache und Nachhaltigkeit der zweiten zu kombinieren. Dazu würden wir gern noch wissen, über welche Kanäle die Teilnehmer von der Veranstaltung erfahren haben. Auch würden wir gern den Einfluss des Standorts und des Wochentags aus den Daten „herausrechnen". Oder sogar Szenarien durchspielen: Was wäre wenn wir an Stelle von zwei Veranstaltungen eine große durchgeführt hätten? Die Menge möglicher weiterer Auswertungen auf den Daten ist unbegrenzt, aber alle diese Fragen bringen den Hunger nach weiteren Metadaten mit sich.

15.5 Fazit

Das semantische Netz ist keine Wundermaschine – in die Zusammenführung von Informationen müssen wir unsere Intelligenz und unser Fachwissen investieren. Aber: Fachbereiche gießen ihr Wissen schon seit vielen Jahren immer wieder in Excel-Tabellen, Powerpoint-Präsentationen oder sogar gelegentlich in ein Wiki ohne damit ihren Zugang zu aussagekräftigen Daten nachhaltig zu verbessern. Mit dem semantischen Netz kann sich der Fachbereich die Quellen, die er braucht, bis zu einem gewissen Grad „zurückerobern".

Das erfordert aber auch ein Umdenken bei uns Semantikern. Wir haben lange Zeit Semantik und Ontologien als die fundiertesten aller Datenmodelle positioniert und den ganz großen Wurf versprochen. Es wird Zeit zu akzeptieren, dass unsere eigentliche Stärke in den kleinen Schritten liegt.

Literatur

1. Kirsch, Martin, und Claudia Baumer . Vom CRM zum semantischen Key-Opinion-Leader-Management, erschienen in wissensmanagement. Das Magazin für Führungskräfte Ausgabe 2/2010. Artikel 1716-02-2010, S. 40–42.
2. Sankar, Shyam. 2014. The rise of human-computer cooperation, TED 2014. http://www.ted.com/talks/shyam_sankar_the_rise_of_human_computer_cooperation. Zugegriffen: 18. Juli 2014.
3. Phil, Simon. 2014. *The visual organization. data visualization, big data, and the quest for better decisions*. Hobeken: Wiley.
4. Reichenberger, Klaus. 2010. *Kompendium semantische Netze: Konzepte, Technologie, Modellierung*. Heidelberg: Springer.
5. Stegmüller, W. 1973. *Probleme und Resultate der Wissenschaftstheorie und Analytischen Philosophie, Bd. II: Theorie und Erfahrung, Teil D: Logische Analyse der Struktur ausgereifter physikalischer Theorien, ‚Non-statement view' von Theorien*. Berlin: Springer.

Klaus Reichenberger ist Mitgründer und Geschäftsführer der intelligent views gmbh, wo er neben Vertrieb und Marketing den Bereich Knowledge Engineering verantwortet. In den letzten Jahren hat Klaus Reichenberger ein Team von Knowledge Engineers aufgebaut, das einmalige Erfahrung in der praktischen Umsetzung semantischer Technologie versammelt: Von der Modellierung semantischer Netze und Konfiguration intelligenter Applikationen (Knowledge Portals) bis zur Verknüpfung von Ontologien mit Suchmaschinen, Text-Mining-Techniken und user generated semantics. Vor der Gründung von intelligent views forschte er bei der Fraunhofer Gesellschaft in den Bereichen Visualisierung und Semantik.

Martin Kirsch betreut als Gründer und Geschäftsführer der kirsch:kontakt GmbH seit 15 Jahren Projekte aus den Bereichen Content-, Knowledge- und Customer Relationship Management an der Schnittstelle zwischen Informationstechnologie und den Marketing-/ Vertriebs-Bereichen. Im Mittelpunkt steht für ihn die Frage, wie die für eine Entscheidung wichtigen Informationen gefunden bzw. erzeugt und an der richtigen Stelle zum richtigen Zeitpunkt den richtigen Personen zur Verfügung gestellt werden können. Seine Fachschwerpunkte sind die Zusammenführung und Konsolidierung von Informationen aus verschiedenen Quellen und deren Weiterverarbeitung in kollaborativen Umfeldern.

16 Ontologien als Schlüsseltechnologie für die automatische Erzeugung natürlichsprachlicher Texte

Hermann Bense und Ulrich Schade

1. Verfahren zur automatisierten Generierung von natürlich-sprachlichen Texten werden heute schon im industriellen Maßstab eingesetzt.
2. Ontologie-basierte Verfahren zu Textgenerierung entlasten Redakteure von Routinearbeiten.
3. Template-basierte Textgenerierungsverfahren sind gleichmächtig zu konventionellen Verfahren.
4. Ergebnisse der Anfragen an Suchmaschinen wie Google (Knowledge Graph) und innerhalb des Corporate Semantic Web erhalten durch Micro-Storytelling mehr Relevanz und vermindern die Absprungraten.
5. Die Normierung des Wissens innerhalb von Ontologien ist die Voraussetzung für die automatisierte Übersetzung in andere Landessprachen.

H. Bense (✉)
[bense.com] Verlagsgesellschaft für Digitales Publizieren mbH, Schwarze-Brüder-Straße 1, 44137 Dortmund, Deutschland
E-Mail: hb@bense.com

U. Schade
Fraunhofer-Institut für Kommunikation, Informationsverarbeitung und Kommunikation, Fraunhoferstraße 20, 53340 Wachtberg, Deutschland

B. Ege et al. (Hrsg.), *Corporate Semantic Web,* X.media.press,
DOI 10.1007/978-3-642-54886-4_16

16.1 Einleitung

Die Generierung natürlichsprachlicher Texte (NLG = Natural Language Generation) ist wie die Analyse natürlichsprachlicher Texte (u. a. Part-of-speech tagging, IE = Information Extraction, Discourse Analysis) ein Teilbereich der natürlichsprachlichen Verarbeitung (NLP = Natural Language Processing). Texte werden dabei auf Basis von Fakten, Tabellen und Wörterbüchern automatisch per Software erzeugt.

Die ersten Ansätze zur Generierung von Texten gab es schon um 1952 in der Stuttgarter Gruppe um Max Bense. Dort wurden im Bereich der Bildenden Kunst und Literatur mittels eines Zuse Z22-Rechners unter Hinzunahme eines Lexikons und einer Anzahl syntaktischer Regeln Texte automatisch synthetisiert. Um die gleiche Zeit entstanden sogenannte Phrasendreschmaschinen (Bullshit-Generatoren). Im Vergleich zu dem hier vorgestellten Ansatz arbeiteten solche Programme nach sehr einfachen Methoden. Dabei wurden oft nur Satzteile und Begriffe aus Listen genommen, miteinander verknüpft und in Bezug auf eine korrekte Grammatik korrigiert.

Das Erstellen von (redaktionellen) Texten ist dagegen in der Regel mit erheblichem Rechercheaufwand verbunden und stellt auch hohe fachliche und sprachliche Anforderungen an die Texteschreiber. Je weniger Zeit zur Verfügung steht, desto kürzer und schlechter werden auch die Texte.

Als Anwendungsbereiche kommen in Frage die Produktion technischer Dokumente in mehreren Sprachen, z. B. Produktbeschreibungen, oder die automatische Generierung von Nachrichtentexten, Wetterberichten, Börsenberichten, Firmenprofilen, Personenprofilen, Sportberichten, Veranstaltungskalendern und Veranstaltungsberichten, Immobiliendossiers oder die Erzeugung von Informationen über regionale Interessensschwerpunkte wie Städte, Flughäfen, Stadien, Veranstaltungsorte u.v.m. Abbildung 16.1 zeigt in Form eines Netzwerk-Graphen einen Ausschnitt der Ontologie für die Generierung von Spielberichten.

Im Folgenden sind einige wichtige Anwendungsbereiche aufgelistet, in denen sich NLG-Systeme einsetzen lassen:

Anwendungsbereich Medienunternehmen Bei (Zeitungs-)Verlagen gehen die Einnahmen aus dem traditionellen Anzeigengeschäft und aus Abonnements stetig zurück. Dennoch erwarten die Leser weiterhin Nachrichten und Informationen im gewohnten Umfang. Der Kostenanteil zur Erzeugung von einzigartigen Inhalten erhöht sich und damit sinken zwangsläufig die Erträge. Automatisieren lässt sich hier die Erzeugung von Nachrichtentexten für Sportereignisse, Börsennachrichten, Wetterinformationen und Wirtschaftsnachrichten usw.

Anwendungsbereich Big Data Durch die zunehmende Digitalisierung fallen bei Handelsunternehmen, Herstellern und in der Forschung immer mehr Daten an, die ausgewertet und interpretiert werden müssen, um die Wettbewerbsfähigkeit zu erhalten oder sogar

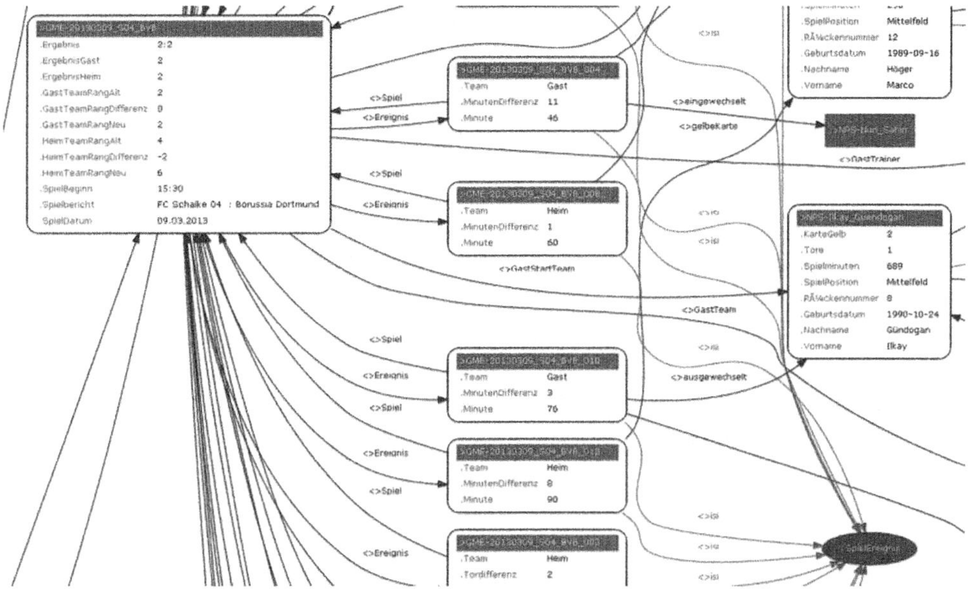

Abb. 16.1 Grafische Darstellung der Vernetzung von Wissenselementen

zu steigern. Die Verdichtung von Verkaufs- und Absatzzahlen, das Zusammenfassen von Test- und Messreihen, sowie die Erstellung von Trends und Prognosen sind Anwendungsmöglichkeiten in diesem Bereich. Eine weitere Einsatzmöglichkeit für die automatisierte Erstellung von Analysen ist die Auswertung des Besucherverhaltens von Internetseiten auf Basis der Zahlen, die u. a. von Google Analytics geliefert werden.

Anwendungsbereich Suchmaschinenoptimierung Ein Schlüsselfaktor für die bessere Berücksichtigung der Platzierung von Websites (SEO = Suchmaschinenoptimierung) in Suchmaschinen wie Google, BING, YAHOO etc. ist die Bereitstellung immer neuer und möglichst noch einzigartiger Neuigkeiten, Veranstaltungsankündigungen, Produkt- und Presseinformationen etc. Für die Bereitstellung auf Firmenwebsites, in Shop- und Ticket-Systemen können die Texte für Produktinformationen, Firmenprofile und Personenprofile automatisch erzeugt werden. Mit **schema.org** [6] wurde vor einigen Jahren eine von den großen Suchmaschinenbetreibern unterstütztes Ontologie-Schema eingeführt. Bei der Modellierung und Erfassung von Wisseneinheiten für die Textgenerierung werden die in schema.org definierten Klassen, Attribute und Relationen herangezogen. Die bei der Textgenerierung erzeugten Webseiten werden zusätzlich um die durch schema.org definierten Metatags angereichert. Damit ist die Extraktion der für Textgenerierung verwendeten Informationen durch Auslesen der Tags sowohl für Suchmaschinen, als auch für andere Programme leicht möglich.

Die automatische Erzeugung einfacher Aussagetexte in einer beliebigen Sprache wird inzwischen gut beherrscht. Dagegen ist die Erzeugung variantenreicher Texte, die die Besonderheiten einer Sprache wie Flexionen, Tempi, Modi, Pluralbildungen, unregelmäßige Verben etc. berücksichtigt, sehr schwer. Noch schwerer wird die Generierung von Texten, wenn Wiederholungen vermieden und wenn Zusammenhänge (Kontexte, roter Faden) zu bereits erwähnten Inhalten oder zu noch zu erwähnenden Inhalten berücksichtigt werden sollen.

Die traditionellen NLG-Ansätze versuchen, Sprache über ein komplexes Regelwerk mit linguistischen Verfahren zu erzeugen. Das setzt voraus, dass alle potenziell vorkommenden Textvarianten bereits im System vorgedacht sein müssen. Solche Systeme müssen also versuchen, den menschlichen Intellekt weitgehend vollständig nachzubilden, um qualitativ hochwertige Texte für beliebige Anwendungsgebiete zu erzeugen. Zudem sind sie praktisch nur durch „Programmierung" zu erweitern. Wegen des enorm hohen Entwicklungsaufwandes gibt es kaum kommerziell verfügbare NLG-Systeme. Bekannt sind zwei kommerzielle Systeme [7, 8], die derzeit noch auf den englisch-sprachigen Markt ausgerichtet und beschränkt sind. „Deutsch" oder z. B. andere, stark flektierende Sprachen, etwa die romanischen Sprachen, werden von diesen Anbietern derzeit nicht unterstützt. Im Jahresrückblick für 2013 gibt automatedinsigths.com an, dass sie bereits 300 Mio. personalisierte Texte erzeugt haben und für 2014 eine Steigerung auf eine Milliarde Texte für den englisch-sprachigen Markt planen.

16.2 Das Template-basiertes Generierungsverfahren

Ausgangspunkt der Entwicklung des hier beschriebenen Verfahrens war zunächst die Generierung von Literaturlisten, wie sie typischerweise bei wissenschaftlichen Artikeln eingesetzt werden. Auf dieser Basis wurde das Generierungsverfahren in den letzten Jahren Schritt für Schritt ausgebaut und verallgemeinert.

Im Gegensatz zu klassischen NLG-Systemen wird hier ein Template-basiertes Verfahren eingesetzt. In [9] werden Template-basierte Textgenerierungsverfahren mit klassischen Verfahren (*real*) zur Textgenerierung verglichen und es wird herausgearbeitet, dass beide Verfahren gleich mächtig sind: „*We have argued that systems that call themselves template based can, in principle, perform all NLG tasks in a linguistically well-founded way and that more and more actually systems of this kind deviate dramatically from the stereotypical systems that are often associated with the term* ***template***."

Für die zu erzeugenden Sätze und Aussagen werden Text-/Satzmuster, so genannte Templates erstellt. Dabei können unterschiedliche Formulierungen für beliebig viele Satzvarianten hinterlegt werden. Innerhalb eines Satz-Templates können Satzteile als vertauschbar spezifiziert werden. Um Wiederholungen zu vermeiden, kann über das Geschlecht eines Agenten für den Folgesatz das Personalpronomen (er/sie) herangezogen werden. Zudem kann über die Templates der Blickwinkel festgelegt werden, d. h., ein Fußballspiel kann aus der Sicht der Heim- oder der Gastmannschaft beschrieben werden. Durch intelligente Analyse der Rohdaten und Verknüpfung mit den Hintergrundinformationen können die generierten Texte durch weitere Einsichten, Trends und Prognosen

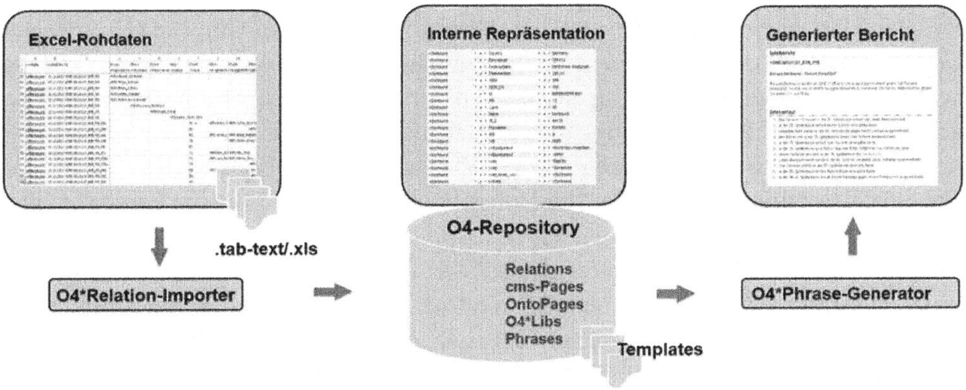

Abb. 16.2 Workbench & Workflow zur Textgenerierung

angereichert werden. Texte, Absätze und Satzbestandteile werden über Textabschnitte in den Templates definiert. Sie bestimmen dann die Reihenfolge und den Detaillierungsgrad eines Textes. Die zu generierenden Texte und Varianten davon können jederzeit auf Basis der hinterlegten Daten und der damit verknüpften Hintergrundinformationen praktisch in Realzeit erzeugt werden. Werden die Daten für ein soeben zu Ende gegangenes Fußballspiel in die Wissensbasis importiert, so ist sofort eine Vielzahl von Berichtsvarianten dazu verfügbar. Realzeit bedeutet in diesem Zusammenhang auch, dass die Importdaten sukzessive erhoben werden können und auch Teilberichte sofort abrufbar sind. Zudem sind die erzeugten Texte immer einzigartig.

Die Grafik in Abb. 16.2 zeigt die wesentlichen Systemkomponenten der Textgenerierungsplattform und die Vorgehensweise zum Import von Daten und zur Bereitstellung der generierten Texte. Die Textgenerierung und die Ontologie dazu wurden mit dem KB-CMS (Knowledge Based Content Management System) Ontology4 [10] entwickelt. Im Vergleich zu anderen Ontologie-Entwicklungssystemen wie Protégé [11] verwendet Ontology4 ein um wichtige Daten erweitertes Basisdatenmodell. Während Werkzeuge wie Protégé auf RDF/OWL-Triple Stores basieren, verwendet Ontology4 einen Quadrupelstore, der nicht nur für jedes Tupel zusätzliche Zeitbereichsinformationen, sondern auch noch weitere wichtige Metainformationen enthält. Die Ontology4-Wissenbasis kann auch durch Import aus Excel-Tabellen oder aus den von Protégé erzeugten OWL-Dateien gefüllt werden. Ein Tupel des Quadrupelstores wird im Folgenden als ***Wissenseinheit*** bezeichnet. Die Zeit-Dimension des Tupels erleichtert die Berücksichtigung der zeitlichen Gültigkeit einer Information. Z.B lässt sich so in einer Wissenseinheit abbilden, von wann bis wann eine Person mit einer anderen Person verheiratet war. Die zusätzlichen Metainformationen enthalten Angaben über den Autor und den letzten Bearbeiter der Wissenseinheit, sowie Angaben darüber, wann die Informationen eingestellt oder geändert wurden. Weitere Metainformationen enthalten die Zuordnung zu einer bestimmen Teilontologie (u. a.: Geographie, Thesaurus, Industrie) und Angaben zur Sprache der Wissenseinheit. Andere Datenhaltungssysteme für Ontologien verwenden ebenfalls sogenannte Quadstores. Dort beinhaltet die 4. Dimension den Namen von benannten Graphen (NG=Named Graph). Auch dieses Konzept ist zusätzlich in Ontology4 realisiert und ermöglicht den beschleunigten Zugriff auf die Ergebnisse von vorher durchgeführten Abfragen und Regelverarbeitungen. In der Ontology4-Datenbank sind alle für die Generierung benötigten Informationen, also Daten, Fakten und die Phrasen für die Generierung in einem vereinheitlichten Format „*schemalos*" hinterlegt. Auf das benötigte Wissen kann also ohne komplizierte Datenkonvertierungen zugegriffen werden. Zudem können die Ontologien jederzeit ohne Änderung des unterliegenden SQL-Datenbankschemas erweitert werden.

Die funktionale Abfragesprache OQL von Ontology4 benötigt keine Variablen und ist relativ einfach zu erlernen. Sie bietet zudem Regelverarbeitungen, Wissensvervollständigung (Entailment) und die Ermittlung der transitiven Hülle wie in „*Suche alle Unterklassen von Fahrzeug*". OQL-Abfragen werden in Sequenzen von SQL-Abfragen übersetzt [12]. Der OQL-Optimizer legt dabei die Reihenfolge der Abarbeitung der einzelnen SQL-Abfragen fest. Da bei der Durchführung der SQL-Abfragen auf aufwendige Join-Operationen verzichtet werden konnte, sind die Ausführungszeiten bereits ohne Anwendung weiterer Optimierungsmaßnahmen sehr schnell. Zusätzlich wurde mit O4Store [13] ein optional zuschaltbares skalierbares Cache-System entwickelt, welches Zugriffszeiten vergleichbar mit denen von native Triple-Stores ermöglicht. SQL wurde als System-nahe Abfragesprache verwendet, weil sie als Datenbankabfrage- und Datenbankmanipulationssprache einer sehr großen Anwendergruppe vertraut ist. Die technologische Einstiegsbarriere für Semantic-Web-Anwendungen kann damit sehr niedrig gehalten werden, ohne auf die Vorteile von Ontologie-Entwicklungsumgebungen verzichten zu müssen.

Da viele Ontologien mit Protégé und der Abfragesprache SPARQL entwickelt werden, erhält Ontology4 derzeit eine SPARQL-Erweiterung. Diese wird die von OQL bereitgestellte Funktionalität aus mehreren Gründen nicht ganz abdecken können. So sind keine Anfragen möglich, die Wissenseinheiten mit der 4. Zeitdimension berücksichtigen oder Updates der Ontologie durchführen sollen. Zudem unterstützen nicht alle SPARQL-Implementierungen die Bildung von transitiven Hüllen. Da es derzeit keinen Konsensus über die in SPARQL verwendeten Standards gibt, wird in [14] empfohlen, die Merkmale von SPARQL 1.0 *nicht zu überschreiten*. Im Vergleich zu OQL ist SPARQL syntaktisch aufwendiger und erzeugt unter bestimmten Voraussetzungen nicht die erwarteten Ergebnisse (vergl. [15], S. 13: „*What Could Go Wrong?*"). Im konkreten Anwendungsfall kann daher jeweils entschieden werden, welche Abfragesprache für die Ermittlung der Wissenselemente für die Textgenerierung herangezogen soll. Wesentliche Kriterien dafür sind Funktionalität, Performance und Vertrautheit des Programmierers mit dem jeweiligen Programmierkalkül.

Die für die Textgenerierung benötigten Wissenseinheiten können durch OQL, SQL oder SPARQL-Abfragen gewonnen werden. In die Generierung können dann zusätzliche beliebige Informationen aus externen Quellen mit einbezogen werden. Als wesentlicher Bestandteil enthält der Thesaurus der Ontologie derzeit mehrere hunderttausend deutsche und englische Einträge. Zu den einzelnen Wortarten (Substantive, Verben, Adjektive, Präpositionen etc.) werden u. a. Informationen hinterlegt wie Wortstamm, Geschlecht, Plural-

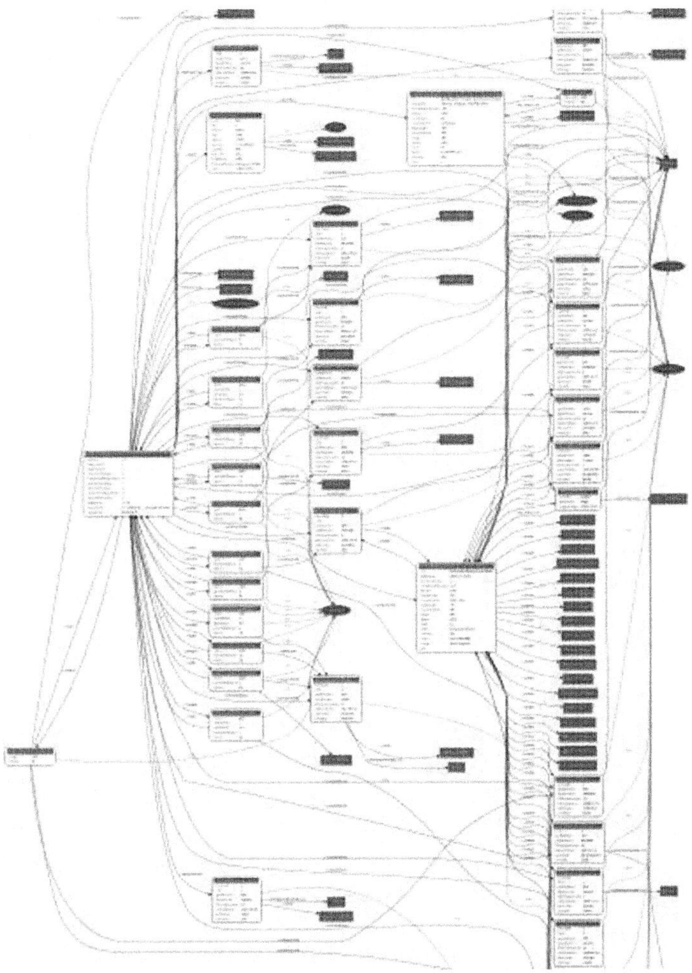

Abb. 16.3 Vernetzung der Wissenseinheiten

formen, Synonyme, Antonyme, etc. und die Übersetzungen. Zu unregelmäßigen Verben werden neben dem Präsens auch Präteritum und Partizip Perfekt gespeichert. Analog werden die Steigerungsformen für unregelmäßige Adjektive verwaltet. Über Tabellen wird die Sonderbehandlung von unregelmäßigen Ordinalzahlen (erste, dritte, siebte,..., first, second, third etc.) gesteuert. Die Ausgabe von Datumsangaben für verschiedene Sprachen und bzgl. unterschiedlicher Formatierungen wird über Parameter in den Phrasen festgelegt. Der nachstehende Spielbericht [16] wurde aus den Daten generiert, die als XML-Dateien von einem Verlag für Sportinformationen geliefert wurden. Abbildung 16.3 veranschaulicht die komplexe Vernetzung der Wissenseinheiten, die für die Generierung der Texte herangezogen werden. Für die Textgenerierung muss das komplette Netzwerk der Hintergrundinformationen über das Durchlaufen von Attribut- und Relationen-Ketten durchlaufen werden.

```
<strong>$Relation_Subject.Spielbericht$</strong><br><br>
$Relation_Subject<>HeimTeam.Name$ spielte am $Relation_Date;de$ 'in einem
':$Relation_Subject.Bewertung$:' Match' gegen $Relation_Subject<>GastTeam$.

\\Anstoß war $Relation_Time$ Uhr im $Relation_Subject<>Stadion.Name$ in
$Relation_Subject<>Stadion.Stadt$.
\Das Spiel wurde um $Relation_Time$ Uhr im $Relation_Subject<>Stadion.Name$ in
$Relation_Subject<>Stadion.Stadt$ angepfiffen. \\

\\Das Spiel endete $Relation_Subject.Ergebnis$.
\Die beiden Mannschaften gingen mit einem $Relation_Subject.Ergebnis$ vom Platz.
\\
```

Abb. 16.4 Template-Phrase für die Generierung eines Spielberichtes

Von großer Bedeutung ist in diesem Zusammenhang die einheitliche Behandlung und Darstellung der Wissenseinheiten. Dazu wurden spezielle Konventionen vereinbart, die Klassen, Prozesse, Relationen, Instanzen und Thesaurus-Elemente der Ontologien eindeutig unterscheidbar machen [17, 18]. ^**Arbeit** kennzeichnet eine Klasse und <>**Arbeit** eine Relation. Das Wort „***Arbeit***" wird damit lediglich als Name der Klasse ^**Arbeit** und als Name der Relation <>**Arbeit** verwendet. Nach einer schrittweisen systematischen Einführung von Prädikatoren in der Methodik von [20] ist eine Verwechslung von Konzepten weitgehend ausgeschlossen und die Problematik des homonymen Gebrauchs von Bezeichnern kann größtenteils umgangen werden.

Der Spielbericht besteht aus einer Spielzusammenfassung, die über das Template in Abb. 16.4 erzeugt wird, und aus einem Abschnitt, der den Spielverlauf schildert. Bei der Textgenerierung der Spielerwechsel wird damit berücksichtigt, ob es sich um ein Ereignis handelt, welches sich auf das Heimteam oder auf das Gastteam bezieht. Die Angaben zum Stadion oder zur Staatsangehörigkeit der Spieler werden aus dem Netzwerk der Hintergrundinformationen gewonnen. Die Wissensbasis enthält ferner Fremdsprachenwörterbücher und Basisinformationen über Länder, Städte, Stadien, Gebäude, (Kunst-)werke, Personen (Wissenschaftler, Sportler, Schauspieler…) u.v.m. Der generierte Bericht zeigt nur eine von kombinatorisch Tausenden von Möglichkeiten, die über das Textgenerierungsverfahren erzeugt werden können. Jeder Aufruf der Webseite erzeugt eine neue Variante [16].

16.2.1 Anwendungsbeispiel Fußballbundesligaspielbericht Borussia Dortmund: SC Freiburg

Borussia Dortmund spielte am 16.03.2013 gegen den *SC Freiburg*. Anstoß war 15:30 Uhr im *Signal Iduna Park* in Dortmund. Die beiden Mannschaften gingen mit einem 5:1 vom Platz. Der BVB wurde von Jürgen Klopp gecoacht, während für den SCF Christian Streich am Spielfeldrand stand. Die Gastmannschaft verbesserte sich trotz dieser hohen Niederlage in der Tabelle um einen Rang von 9 auf 8. Borussia Dortmund behielt den aktuellen Tabellenplatz 2 bei.

Der BVB kassierte durch Jonathan Schmid den ersten Gegentreffer zum 0:1 in der 28. Spielminute. Das 1:1 wurde in der 41. Spielminute erzielt von Robert Lewandowski. Sahin verwandelte in der 44. Spielminute zum 2:1 und brachte die Borussen damit zum ersten Mal in Führung. Das 3:1 wurde anfangs der Verlängerung der 1. Halbzeit von Robert Lewandowski erzielt. Sahin brachte den Ball in der 72. Spielminute über die Linie und baute mit dem 4:1 die Führung weiter aus. Das 5:1 zum deutlichen Endergebnis für das Heimteam machte Leonardo Bittencourt in der 78. Spielminute.

Julian Schuster wurde in der 71. Spielminute gegen Fallou Diagne ausgewechselt. Kevin Großkreutz wurde wenige Minuten später (76.) für Robert Lewandowski eingewechselt. Gleichzeitig wechselte Heimtrainer Klopp Mario Götze gegen Leonardo Bittencourt aus. In der 79. Spielminute holte Gasttrainer Streich Oliver Sorg vom Platz und schickte dafür Mensur Mujdza aufs Feld. Marco Reus ging in der 81. Spielminute für Julian Schieber vom Platz. In der 81. Spielminute kam dann noch Daniel Caligiuri für Karim Guede ins Spiel.

Julian Schuster erhielt in der 40. Spielminute eine gelbe Karte. In der 74. Spielminute sah auch Neven Subotic gelb. Die letzte gelbe Karte des Spiels erhielt Mensur Mujdza in der 79. Spielminute.

16.3 Funktionsweise der Textgenerierung auf Basis von Templates

Der Phrasen-Generator von Ontology4 [21] generiert Texte auf Basis von Templates. Neben Phrasen-Templates, die auf einfachen Attribut-Wertebeziehungen basieren, können auch komplexeste Templates gebildet werden, die ohne zu programmieren das Traversieren von Beziehungsnetzen ermöglichen. Das folgende einfache Beispiel zeigt die Grundfunktionalität des Phrasengenerators auf. Die Information, dass Pablo Picasso am 24.10.1881 in Malaga geboren wurde, soll als Satz ausgegeben werden. Der Aufruf des Phrasengenerators wird über die Relationsnamen gesteuert, hier also über den Attributnamen. **PlaceOfBirth**.

Auf die vorstehende ontologische Information wird dann die folgende Phrase angewendet:

DateOfBirth.Phrase = $Relation_Subject.Firstname$ $Relation_Subject.Lastname$ was born in **$Relation_Object$** ' on ':$Relation_Date;date_en$.

Die Phrase erzeugt den Satz ***Pablo Picasso was born in Malaga on 10/24/1881***. Die Textersetzung fügt die jeweiligen Werte aus dem Object-Feld der Wisseneinheit für die Variablen wie **$Relation_Subject.Lastname$** in das Template ein, hier also **Picasso**. Bei der Ausgabe können diverse Formatierungs- und Berechnungs-Filter auf den auszugebenden Wert angewendet werden. Im obigen Beispiel wird das Datumsfeld mit dem Filter; **date_en** in der angelsächsischen Formatierung ausgeben. Der Satzteil mit der Angabe des Geburtsdatums wird nur dann ausgeben, wenn der Wert für **$Relation_Date$** existiert.

Die bedingte Ausgabe von Textteilen wird über den Doppelpunkt mit vorausgehenden oder folgenden Textteilen in einfachen Apostroph angegeben. Bei Verwendung von zwei Doppelpunkten wird bei Existenz des Wertes nur der Textteil in Apostroph ausgegeben.

Texte wie Kurznachrichten, Produkt-, Personen- und Firmenbeschreibungen, Artikel oder gar Bücher bestehen aus Textteilen wie Titel, Kapiteln, Abschnitten, Absätzen, Sätze, Aufzählungen etc. Die Struktur von Texten kann eins zu eins über die Templates abgebildet werden, die für die Generierung herangezogen werden. Ein Template kann wiederum andere Templates benutzen. Somit kann eine beliebig feingliedrige Strukturierung erreicht werden. Außerdem können Templates dadurch leicht wiederverwendet werden. Auf der Ebene der Sätze können in einem Template mehrere Varianten in der Form **SatzVar**$_1$\ **SatzVar**$_2$\...**SatzVar**$_n$\\ hinterlegt werden, die unterschiedliche Formulierungsmuster für den gleichen Sachverhalt abbilden. Zum Zeitpunkt der Generierung wird dann entweder zufallsmäßig oder nach statistischen Verteilungen eine Satzvariante ausgewählt. Je mehr Varianten vorformuliert sind, desto höher ist logischerweise die Varianz des Textes. Innerhalb eines Satzes kann über die so genannte Konstituentenvertauschung variiert werden. Bei der Aufzählung von Merkmalen und Eigenschaften spielt die Reihenfolge in der Regel keine Rolle. Damit besteht die Beschreibung der Stadt Hannover „***Hannover ist Hauptstadt des Bundeslandes Niedersachen, hat die Postleitzahl 30159, hat eine Fläche von 204,14 Quadrat-km, liegt im Kreis Region Hannover, der zum Bundesland Niedersachsen gehört, und hat 519619 Einwohner.***“ aus 6 Einzelmerkmalen, woraus über das Vertauschen von Konstituenten 6! = 720 potenzielle Satzvarianten entstehen.

Im Gegensatz zu den konventionellen Verfahren zur Textgenerierung ermöglicht das Template-basierte Verfahren auf relativ einfache Art und Weise die Erzeugung von Texten für andere Ländersprachen. Dazu sind die bereits erstellten deutschen Templates jeweils für jede gewünschte Zielsprache zu duplizieren. Nach Übersetzung der sprachabhängigen Anteile der Templates ist es dann möglich, den gleichen Sachverhalt in vielen Variationen der jeweiligen Zielsprache zu generieren.

Neben den Grundfunktionen der Textgenerierung gibt es noch eine Reihe von zusätzlichen Funktionen, über die auf die Varianz und Reichhaltigkeit der generierten Texte Einfluss genommen werden kann: **Vergleichsfilter** überprüfen das Vorliegen eines Sachverhaltes und erlauben dann die Anwendung verschiedener Teile eines Templates. Aufgrund der Tordifferenz eines Fußballspiels können Textteile erzeugt werden wie „siegte überlegen“, „unterlag deutlich mit“, „kam die Heimmannschaft nicht über eine Unentschieden hinaus“ usw. **Rechen- und Aggregationsfunktionen** erlauben es, Informationen abzuleiten, die in der Wissensbasis nicht explizit vorhanden sind. Die Detaillierung der Generierung eines Personenprofils kann darüber gesteuert werden, ob Angaben zu den Geschwistern vorhanden sind. Der Ausdruck **$Relation_Subject;count(<>Bruder)$** ermittelt die Anzahl der Brüder des Subjekts. Zufallsfunktionen ermöglichen die Auswahl aus einer Liste von gleichwertigen Kandidaten, also findet **>ShortStory<>Kontinent;random(<>his);random(<>Hauptstadt))** über die 3-stufige Relationen-Kette

(<>Kontinent<>his<>Hauptstadt) auf einem zufällig ausgewählten Kontinent eine zufällig ausgewählte Hauptstadt.

Für eine bessere Qualität der generierten Texte ist zudem wichtig, die Aspekte des inhaltlichen Zusammenhängens (**Kohärenz**) und des grammatikalischen Zusammenhängens (**Kohäsion**) zu unterstützen. Eine fundierte Erläuterung zum Unterschied dieser Konzepte findet sich in [22]. **Zu Kohäsionsmitteln werden Pronominalisierungen, das Auftreten von Konjunktionen oder lexikalische Phänomen gezählt, die einen Zusammenhang zwischen Textteilen herstellen. In den beiden aufeinander folgenden Sätzen „*Lewandowski* wurde in der 56. Minute eingewechselt. Wenige Minuten danach erzielte *er* das Tor zum 1:0“** wird der Bezug auf den Akteur über das Personalpronomen **er** hergestellt. Dazu ist lediglich die Information über das Geschlecht des Akteurs notwendig. Wenn in diesem Fall auch die Kenntnis über seine polnische Staatsangehörigkeit vorliegt, so lässt sich als alternatives Kohäsionsmittel die aus der Ontologie gewonnene Zusatzinformation wie folgt einsetzen: *„**Lewandowski** wurde in der 56. Minute eingewechselt. Wenige Minuten danach erzielte **der Pole** das Tor zum 1:0“*. Da also in diesem Fall nicht nur eine rein syntaktische, sondern auch eine inhaltliche Verbindung zwischen den beiden Sätzen hergestellt wurde, hat auch das Maß an Kohärenz zugenommen. Die „Spannweite“ der Kohärenz ist hier allerdings relativ gering. Interessanter ist daher die Frage, ob sich bei der Textgenerierung die Kohärenz auf den gesamten Text erweitern lässt. Zu diesem Zweck unterstützt das hier beschriebene Verfahren die Parametrisierung von Texttemplates. Für das strukturell höchste Template können mehrere Parameter übergeben werden wie Textlänge, Textstil und Kontext. Kontextparameter für eine Kurzgeschichte wären etwa das Thema (Beinahekatastrophe), Wetterbedingungen (Schnee, Regen, Sonne), Verkehrsart (Schienen-, Straßen-, Luftverkehr), Region (in der Nähe einer Hauptstadt auf einem beliebigen Kontinent) etc. Auf diese Parameter kann zur Generierungszeit an beliebigen Stellen zugegriffen werden. Dadurch wird ein „roter Faden“ in den Text eingesponnen.

Von hoher Wichtigkeit ist die Aktualität der generierten Texte. Bevor die Texte erzeugt werden, sollten daher die Informationen in der Wissensbank aktualisiert oder ergänzt werden. Dazu werden spezielle Filter in den Templates aufgerufen, die Datenbankaktualisierungen durchführen. Mit $Relation_Subject;**set(.Alter)(59)**$ kann das Alter des aktuellen Subjektes auf 59 Jahre gesetzt werden. Oft ist die Generierung von Textpassagen davon abhängig, ob die dafür benötigen Informationen überhaupt vorliegen. Ein Abschnitt zu den Kindern oder Geschwistern einer Person sollte nur dann erzeugt werden, wenn Kinder oder Geschwister vorhanden und deren Zahl bekannt ist. Mit den folgenden Templatezeilen wird die Anzahl der Brüder und Schwester einer Person ermittelt und den Attributen **.AnzahlBrueder** und **.AnzahlSchwestern** zugewiesen. Danach wird die Summe beider Werte dem Attribut **.AnzahlGeschwister** zugewiesen.

$Relation_Subject;count(<>Bruder);**set(.AnzahlBrueder)**$

$Relation_Subject;count(<>Schwester);**set(.AnzahlSchwestern)**$

$Relation_Subject;**add(.AnzahlBrueder);add(.AnzahlSchwestern); set(.AnzahlGeschwister)**$

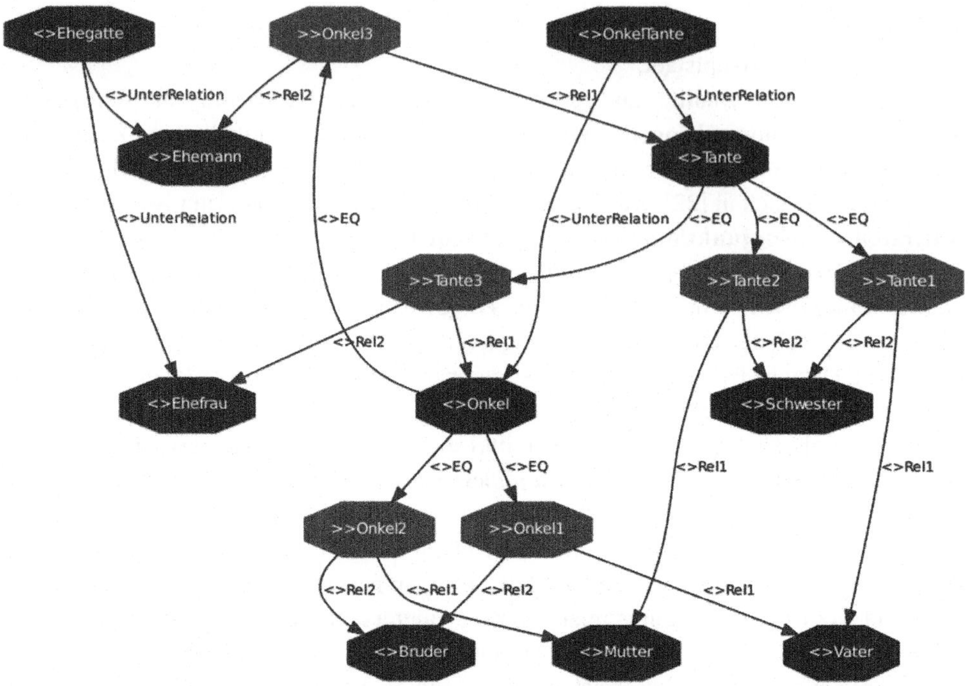

Abb. 16.5 Definition von Regeln für Verwandtschaftsrelationen

Zu dem aktuellen Subjekt wird die Anzahl der Brüder und Schwestern über die Funktionen **count(<>Bruder)** bzw. **count(<>Schwester)** ermittelt und den Attributen **.AnzahlBrueder** bzw **.AnzahlSchwester** zugewiesen und die Summe davon schließlich auf**.AnzahlGeschwister**. Danach kann durch Abfrage des Filters **$Relation_Subject.AnzahlGeschwister;gt(0)$** die Ausgabe unter die Bedingung gestellt werden, dass es tatsächlich Geschwister gibt. Wenn also zwischenzeitlich neue Geschwister oder Kinder hinzugekommen sein sollten, so stellen diese Funktionen sicher, dass im Text die stets aktuellen Anzahlen verwendet werden. Unter der Bedingung **$Relation_Subject.AnzahlKinder;gt(0)$** kann dann folgender Text generiert werden: *„Prince William hat einen Sohn, der auf den Namen George getauft wurde"*.

Des Weiteren können Regeln folgender Form angewendet werden:

- >>Onkel1 = <>Bruder (<>Vater)
- >>Onkel2 = <>Bruder (<>Mutter)
- >>Onkel3 = <>Ehemann (<>Tante)
- <>Onkel = {<>Onkel, >>Onkel1, >>Onkel2, >>Onkel3}

Die dafür benötigten Onkel- und Tante-Relationen werden in der Fachontologie über n-stellige Relationen modelliert und sind im Ontologie Graphen der Abb. 16.5 dargestellt:

Die Abfrage getObjects(‚>Prince_William‘, ‚<>Onkel‘) würde durch den OQL-Inferenzmechanismus automatisch erweitert zur Abfrage:

```
Union (
getObjects (‚>Prince_William‘, ‚<>Onkel‘),
getObjects (getObjects (‚>Prince_William‘, ‚<>Vater‘), ‚<>Bruder‘),
getObjects (getObjects (‚>Prince_William‘, ‚<>Mutter‘), ‚<>Bruder‘),
getObjects (getObjects (getObjects(‚>Prince_William‘,‚<>Vater‘), ‚<>Schwester‘), <>Ehemann),
getObjects(getObjects(getObjects(‚>Prince_William‘,‚<>Mutter‘), ‚<>Schwester‘), <>Ehemann)
)
```

Die zusätzlichen abgeleiteten Informationen können optional mit einem Verfallsdatum versehen als Named Graphs (NG) in der Ontologie hinterlegt werden. Bei der nächsten Textgenerierung kann dann direkt auf die abgeleiteten Informationen zugegriffen werden, ohne noch einmal den Inferenzmechanismus anzuwenden.

16.4 Originalität, Quantität, Qualität und Lesbarkeit der generierten Texte

Aufgrund der Natur des beschriebenen Verfahrens kann davon ausgegangen werden, dass alle erzeugten Texte einzigartig sind. Gerade bei längeren Texten wäre eine Übereinstimmung mit Texten anderer Autoren zum gleichen Thema extrem unwahrscheinlich. Die für die Texterzeugung eingesetzten Templates werden nicht aus „fertigen" Texten gewonnen und dann nur mit neuen Daten parametrisiert. Vielmehr werden die Texte aus einem komplexen Beziehungsnetzwerk von Informationen über ein intelligentes Syntheseverfahren unter Berücksichtigung von Formulierungsalternativen zusammengesetzt. Für jeden Anwendungsbereich arbeiten geschulte Redakteure mit computergestützten Verfahren an der Gewinnung der Texttemplates. Je mehr Texttemplates für ein Thema bzw. Sachverhalt hinterlegt sind, umso vielfältiger und lesbarer werden die erzeugten Texte. Daher können auch Anwendungsbereiche erschlossen werden, die sonst aus Rentabilitätsgründen für eine redaktionelle Tätigkeit nicht geeignet wären. Interessant ist hier die Frage des Copyrights für die Texte. Da Textvorlagen für die Templates niemals 1:1 übernommen werden und bei der Generierung stets neue Textvarianten entstehen, kann davon ausgegangen werden, dass Konflikte mit Texten, die von anderer Seite erstellt wurden, weitgehend ausgeschlossen sind.

Die Erzeugung eines Textes im Umfang von ca. 500 bis 1000 Worten, der auf mehrere dutzende Einzel- und Hintergrundinformationen zugreift, dauert in der Regel nur wenige tausendstel Sekunden. Daher können täglich mit nur einem Server mehrere hunderttausend Texte neu generiert werden. Bei Realzeit-Anwendungen ist das Ergänzen von Einzelinformationen und daraus erzeugten Kurzinformationen sogar noch wesentlich schneller. So können auch Kanäle wie Twitter, Facebook und RSS-Feeds in nahezu Echtzeit versorgt werden. Die generierten Texte werden zusätzlich zwischengespeichert und können nach der Generierung verzögerungsfrei ausgeliefert oder über permanente Link-URLs abgerufen werden. Da für die Textgenerierung in der Regel nur lesende Zugriffe auf die Ontologie durchgeführt werden, kann die Geschwindigkeit der Textgenerierung durch Server-Cluster nahezu beliebig skaliert werden. Der einzig limitierende Faktor ist dann die Bandbreite der Abnehmer im Internet.

In [24] wird ebenfalls ein Template-basiertes Verfahren zur Fließtexterstellung beschrieben. Die generierten Texte wurden von Probanden daraufhin bewertet, ob sich „*die computergenerierten Texte von den menschlichen Texten unterscheiden*“. Wegen der Fehler in den generierten Texten konnten die Probanden „*in fast allen Fällen*“ die generierten Texte identifizieren. Das lässt den Schluss zu, dass das zugrundeliegende Generierungsverfahren noch nicht ausgereift war. Weiterhin sind die dort beschriebenen Templates von relativ einfacher Struktur und verfügen offensichtlich auch nicht über die Möglichkeit, auf Hintergrundinformationen über komplexe Relationen zuzugreifen. Mit einfachen Ansätzen zur Textgenerierung kommt man demzufolge nicht über die Generierung einfacher Sachverhalte hinaus. Dies bestätigt im Umkehrschluss, dass die Generierung umfangreicherer und detaillierter Texte ein recht komplexes Rahmensystem erfordert. Interessant in diesem Zusammenhang ist, dass die Probanden auch typische von menschlichen Autoren erstellte Wikitexte nicht mit perfekten Noten bewertet haben.

Im Gegensatz dazu sind die mit dem hier beschriebenen Verfahren generierten Texte in der Regel syntaktisch und orthographisch fehlerfrei, variantenreich und semantisch korrekt. Dort, wo ggf. Wiederholungen auffallen, weil wie bei Spielereignissen in einem Fussballspiel sehr viele Sachverhalte gleichen Typs beschrieben werden müssen, lässt sich der Variantenreichtum relativ einfach durch Ergänzung der Templates um weitere Formulierungsalternativen ergänzen. Je mehr Aufwand in die Templateerstellung investiert wird und je mehr Hintergrundinformationen erfasst werden, umso vielfältiger werden die Texte. Natürlich erhebt das hier beschriebene Verfahren zur Textgenerierung nicht den Anspruch, Texte auf journalistischem Höchstniveau erzeugen zu können. Andererseits lassen sich in vielen Bereichen heute bereits Texte im industriellen Maßstab automatisch erstellen, für die eine Erstellung durch menschliche Redakteure unökonomisch wäre. Ein Anwendungsbereich ist u. a. die Erstellung von Beschreibungen von Firmen, Veranstaltungen, Orten und Branchen für Internetportale. Das gleiche gilt für die Beschreibungen von Produkten und Dienstleistungen. Vielfach werden heute Texte für die Suchmaschinenoptimierung von Websites bei Redaktionsportalen bestellt. Oft ist es auch hier zu beobachten, dass aufgrund der niedrigen Budgets für Texte nur wenige Euro bezahlt werden können. Die Texte sind dann häufig von minderer Qualität und einem menschlichen Leser oft nicht zuzumuten. In den nächsten Jahren wird daher der Einsatz von Systemen zur automatisierten Texterstellung aufgrund des schnell steigenden Bedarfes zwangsläufig zunehmen.

16.5 Ausblick und weitere Entwicklungen

Mittels intelligenter Verfahren können bereits heute aus dem Datenmaterial und den Hintergrundinformationen weitergehende Einsichten und Erkenntnisse gewonnen werden, die für die Anreicherung und Ausschmückung der generierten Texte herangezogen werden können. Dazu zählen u. a.

die Aufbereitung der Rohdaten durch Ergänzung statistischer Angaben wie ***„verbesserte sich im Vergleich zur Vorwoche um 4 Plätze“*** oder ***„konnte seinen Umsatz im Vergleich zur Vorjahresperiode um 17 % steigern“***;

die Anwendung von Regeln, die das Eintreten bestimmter Ereignisse feststellen und daraus Schlussfolgerungen ermöglichen wie ***„konnte damit erstmalig seinen wichtigsten Mitbewerber überflügeln“***;

die Erkennung von Trends und Entwicklungen wie ***„aufgrund des stetigen Kundenwachstums innerhalb der letzten 5 Jahren gehen wir auch im nächsten Jahr von einer Erhöhung des Markanteils um 3 % aus“***.

Durch automatische Textgenerierung kann schließlich noch ein wichtiger, neuer Bereich im Semantic Web erschlossen werden, die Erzeugung von Wörterbuch-ähnlichen Kurzeinträgen (stubs). Diese können dann in Lexika wie Wikipedia oder bei Suchmaschinen eingesetzt werden. Der Schwede Sverker Johansson [25] zeichnet inzwischen für ca. 2,7 Mio. Wikipedia-Artikel verantwortlich. Dazu verwendet er offensichtlich auch Template-basierte Generierungsverfahren. Bis zu 10.000 *rudimentäre Kurzeinträge* pro Tag werden dann mittels seines ***Lsjbots*** bei Wikipedia eingetragen. Ein ähnliches Verfahren kommt beim rambot [26] zum Einsatz. Dieser erzeugt automatisch Informationen zu US-Städten und Landkreisen. Sein Autor Derek Ramsey zeichnet inzwischen für 200.000 Edits auf Wikipedia verantwortlich.

Im englischen Wikipedia-Artikel zu Googles Knowledge Graph [27] findet sich ein Hinweis darauf, dass nach Einführung des Knowledge Graph für eine Reihe wichtiger Wikipedia-Sprachversionen die Besucherzahlen erheblich abgenommen haben. Allein die Besucherzahlen der deutschen Wikipedia sind in 2013 um 30 % zurückgegangen. Die Google-Ergebnisseiten zeigen zu bestimmten Themen wie Unternehmen, Künstler, Technologien etc. Infoboxen, die Wikipedia-ähnlich strukturierte Kurzinformationen enthalten. Diese ähneln sehr den zuvor beschriebenen automatisch erzeugten Kurztexten mit Lexikoneintrag-Charakter.

Nach dem gleichen Ansatz wird auch das in diesem Beitrag beschriebene Verfahren eingesetzt, um Kurzberichte von Spielen, Profile von Unternehmen, Beschreibungen zu Städten, Ländern, Flughäfen, Vereinen etc. zu erzeugen. In der Abb. 16.6 zum Knowledge Graph zur Firma Bayer AG wird die Firmenbeschreibung und sämtliche Verknüpfungen zu anderen Wissenssubjekte (Städte, Management- und Aufsichtsratsmitglieder etc.) über die automatische Textgenerierung aus der Ontology4-Ontologie gewonnen. Bei jedem Seitenaufruf werden die Texte variiert.

Daher wird diese Methode als **Micro-Storytelling** bezeichnet. Motivation für diesen Ansatz ist, Unternehmen zu ermöglichen, analog zu Google für die Suchfunktion ihrer

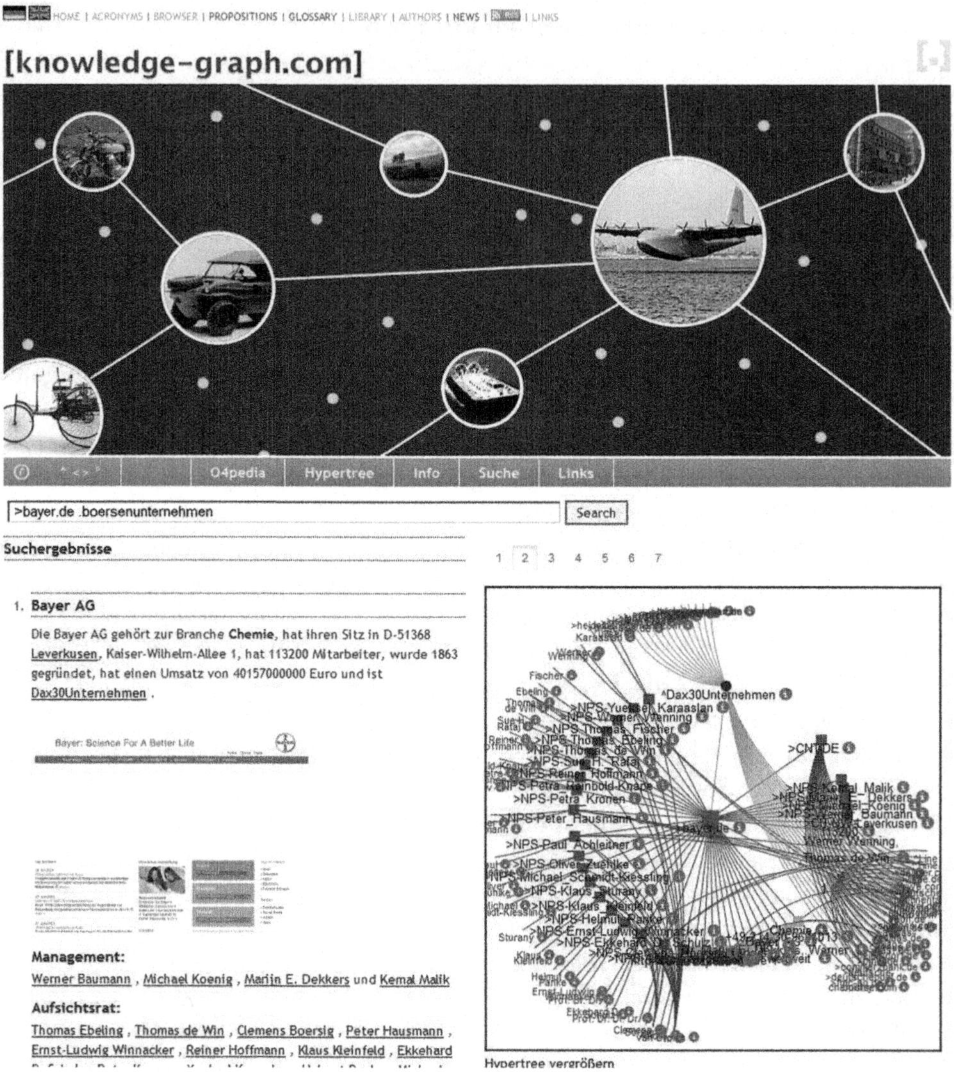

Abb. 16.6 Generierte Firmenbeschreibung mit Knowledge Graph

Firmenwebsites ebenfalls einen Knowledge Graph anzubieten. Auch hier ist zu erwarten, dass die Absprungraten erheblich verringert werden können, da die Besucher relevantere Informationen vorfinden, als nur Suchergebnislisten von Webseiten, die den Suchbegriff enthalten. Die Suche nach „Bayer Aufsichtsratsmitglied“ würde dann gleich die Liste der Aufsichtsratsmitglieder anzeigen und die Namen der Unternehmen listen, in denen die betreffenden Personen sonst noch im Aufsichtsrat sitzen oder Mitglied des Managementteams sind.

Zusätzlich zeigt der Hypertree [28] auf der rechten Seite an, welche semantischen Verknüpfungen zu anderen Wissenselementen existieren. Die Hypertree-Darstellung in

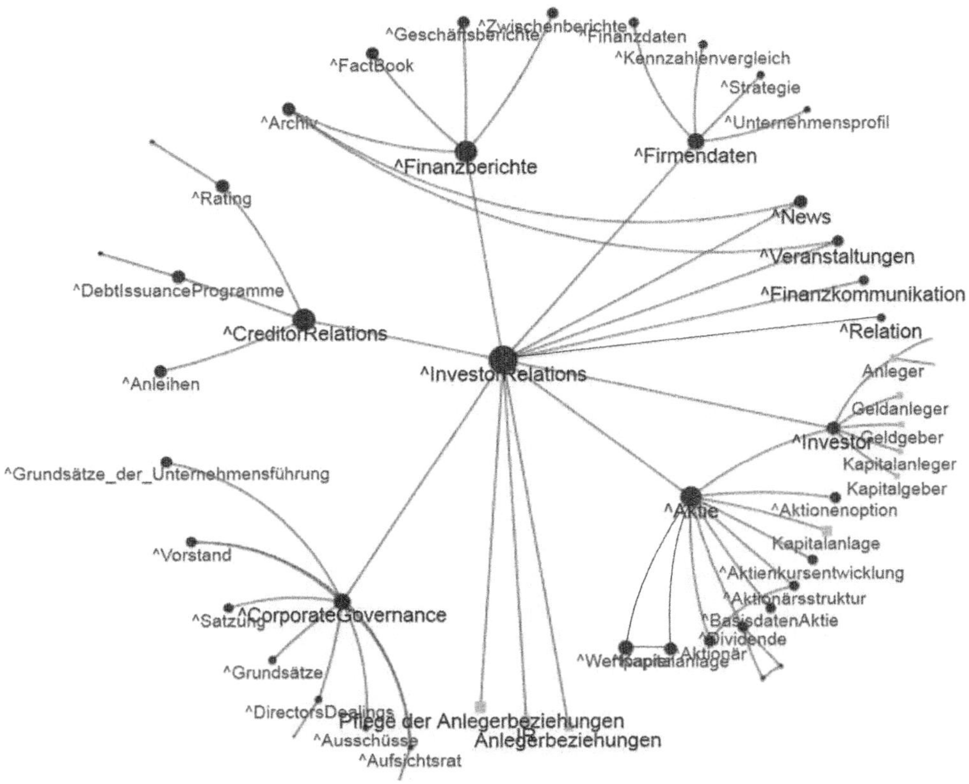

Abb. 16.7 Hypertree-Darstellung zum Thema Investor-Relations

Abb. 16.7 wurde automatisch aus der Sitemap einer Website eines Finanzdienstleisters gewonnen und liefert eine Vielzahl von Unterbereichen, die etwa nach folgendem Schema in die Textgenerierung mit einbezogen werden können: „*Der Bereich Coporate Governance teilt sich auf in Grundsätze der Unternehmensführung, Vorstand, Satzung, Grundsätze, Directors Dealings, Ausschüsse und Aufsichtsrat*".

16.6 Fazit

Das hier beschriebene Verfahren zur automatisierten Textgenerierung hat sich in der Praxis bereits in einer Vielzahl von Projekten bewährt. Insbesondere wird es eingesetzt zur Suchmaschinenoptimierung durch Erzeugung von einzigartigen (*unique*) Texten für Unternehmens-Websites. Derzeit müssen die Templates weitgehend noch manuell durch (Meta-)Redakteure erstellt werden. Künftig wird es mehr und mehr möglich sein, durch automatisierte Textanalyseverfahren Template-Vorschläge zu ermitteln [29], die dann lediglich noch durch die Redakteure zu verfeinern oder anzureichern sind. Es ist aber davon auszugehen, dass automatisierte Textgenerierung in Zukunft mehr und mehr eingesetzt werden wird, weil in vielen Bereichen, insbesondere im Bereich der Suchmaschinenoptimierung, die manuelle Erstellung zu unökonomisch ist. Das hier beschriebene Verfahren macht nicht nur umfangreichen Gebrauch von Technologien und Konventionen des Semantic Web. Vielmehr ist es auch geeignet, Semantic Web-konforme Inhalte im großen Maßstab zu erzeugen. Im Vergleich zu klassischen Verfahren der Textgenerierung lässt es sich sehr schnell für neue Anwendungsbereiche konfigurieren. Die Qualität der Texte kann Schritt für Schritt über die Verfeinerung der Templates und die Anreicherung der Wissensbasis skaliert werden.

Literatur

1. http://www.w3.org/TR/2004/REC-rdf-primer-20040210/. 2014. Zugegriffen: 05. Nov 2014.
2. http://www.w3.org/TR/2004/REC-rdf-schema-20040210/. 2014. Zugegriffen: 05. Nov 2014.
3. http://www.w3.org/standards/semanticweb/. 2014. Zugegriffen: 05. Nov 2014.
4. http://natural-language-generation.com. 2014. Zugegriffen: 05. Nov 2014.
5. Willem, J. M. L 1989. *Speaking—From intention to articulation*, 537. Cambridge: MIT Press ISBN: 13 978-0-262-12137-8.
6. http://schema.org/. 2014. Zugegriffen: 05. Nov 2014.
7. http://automatedinsights.com. 2014. Zugegriffen: 05. Nov 2014.
8. http://narrativescience.com/. 2014. Zugegriffen: 05. Nov 2014.
9. Kees, van Deemter, Emiel Krahmer, und Mariet Theune. 2005. Real versus template-based natural language generation: A false opposition? 23. http://delivery.acm.org/10.1145/1130000/1122626/s2.pdf?id=1122626.
10. http://www.ontology4.com. 2014. Zugegriffen: 05. Nov 2014.
11. http://protege.stanford.edu/. 2014. Zugegriffen: 05. Nov 2014.
12. MQL. 2014. SmarQL – Query Optimizer for OQL http://schematik.de/s1/Abfragen/MQL/. Zugegriffen: 05. Nov 2014.
13. O4Store – SQL-based Implementation of Quad Store. 2014. http://schematik.de/s1/Relationen/O4Store/. Zugegriffen: 05. Nov 2014.
14. Markus, Luczak-Rösch. 2015. Die Rolle der Anfragesprache SPARQL im Kontext von Linked Data. In: *Corporate Semantic Web – Wie semantische Anwendungen in Unternehmen Nutzen stiften*, Hrsg. B. Humm, B. Ege, und A. Reibold. Berlin: Springer.
15. Bob DuCharme. 2013. Learning SPARQL—querying and updating with SPARQL 1.1, O`Reilly Media, ISBN: 978-1-449-37143-2.
16. http://www.schreib-maschine.info/t1/Ontopage/Spielbericht/sub_GME-20130316_BVB_SCF.html. 2014. Zugegriffen: 05. Nov 2014.
17. Hermann, Bense, und Bastian Haarmann. 2013. A richer notation for the representation of ontological knowledge, ICCESSE 2013: International conference on computer, electrical, and systems sciences, and engineering, London.
18. Hermann, Bense. 2014. The unique predication of knowledge elements and their visualization and factorization in ontology engineering, in [19] 241–250.
19. Pawel, Garbacz, und Oliver Kutz. 2014. Formal ontology in information systems. Proceedings of the Eighth International Conference (FOIS 2014), Rio de Janeiro, Brazil, Sept. 22–25, 2014, ISBN: 978-1-61499-437-4.
20. Wilhelm, Kamlah, und Paul Lorenzen. 1996. *Logische Propädeutik – Vorschule des vernünftigen Redens*, 237. Stuttgart: Verlag ISBN: 978-3-476-01371-2.

21. http://www.ontology4.us/manual/Phrasen-Generator/. 2014. Zugegriffen: 05. Nov 2014.
22. Gert Rickheit, und Ulrich Schade. 2000. Textkonstitution II: Grammatische Aspekte in [23], 275–283. Berlin: Walter de Gruyter.
23. Klaus, Brinker, Gerd Antos, und Wolfgang Heinemann. 2000. Linguistics of text and conversation—An international handbook of contemporary research. 1 Vols. Berlin: Walter de Gruyter.
24. Christian, Hensel. 2011. *Automatische Fließtexterstellung aus Entitätsfaktoren in einer Wissensbasis, Großer Beleg*. Dresden: Technische Universität Dresden, Fakultät Informatik. http://www.rn.inf.tu-dresden.de/uploads/Studentische_Arbeiten/Belegarbeit_Hensel_Christian.pdf.
25. http://t3n.de/news/schwede-10000-wikipedia-artikel-557610/. 2014. Zugegriffen: 05. Nov 2014.
26. http://en.wikipedia.org/wiki/User:Rambot. 2014. Zugegriffen: 05. Nov 2014.
27. http://en.wikipedia.org/wiki/Knowledge_Graph. 2014. Zugegriffen: 21. Juli 2014.
28. Hypertree. 2014. Dynamische Darstellung vernetzter Ontologie-Strukturen. http://hyperbolictree.com/hypertree/?max_depth=3subject=%3EW3C_OWL_Ontology, Zugegriffen: 05. Nov 2014.
29. Lukas, Sikorski, Bastian Haarmann, und Ulrich Schade. 2011. Computational linguistics tools exploited for automatic threat recognition. Proceedings of the NATO RTE IST-099, Madrid.

Hermann Bense schloss 1979 sein Studium an der Universität Dortmund als Diplom-Informatiker ab. Heute ist er als Geschäftsführer der in Dortmund ansässigen Firmen [bense.com] – Verlag für digitales Publizieren und der Oleggo GmbH tätig. Seine speziellen Interessensgebiete sind Big Data, Ontologien, Semantic Web, Künstliche Intelligenz und Computer-Linguistik. Auf diesen Gebieten ist er Autor zahlreicher wissenschaftlicher Publikationen und Referent auf internationalen Konferenzen und Kongressen.

Prof. Dr. Ulrich Schade studierte Mathematik (Diplom, 1986) und Linguistik (Promotion, 1990; Habilitation für Computerlinguistik und Psycholinguistik, 1996). Nach Lehrstuhlvertretungen in Bielefeld und Stuttgart arbeitet er seit 2002 als Forschungsgruppenleiter für Informationsanalyse am Fraunhofer-Institut für Kommunikation, Informationsverarbeitung und Ergonomie. Daneben lehrt er an der Rheinischen Friedrich-Wilhelms-Universität im Bereich „Applied Linguistics".

Semantische Technologien und Standards für das mehrsprachige Europa

17

Georg Rehm und Felix Sasaki

1. Sprachverarbeitende, mehrsprachige Anwendungen benötigen Sprachressourcen (statistische Sprachmodelle, Lexika, Terminologiedatenbanken, Trainingskorpora, etc.). META-SHARE hilft, diese Ressourcen zu sammeln – und zu finden.
2. Die Initiative META-NET und ihre Strategische Forschungsagenda für das mehrsprachige Europa 2020 zeigen, wo unser Kontinent durch gezielte Investitionen in Sprachressourcen und Sprachtechnologien signifikante wirtschaftliche und gesellschaftliche Vorteile erzielen kann.
3. Metadaten über Sprachressourcen sowie die Sprachressourcen selbst, verfügbar als Linked Data, lassen sich mit anderen Bestandteilen der Linked Data Cloud verknüpfen. Auf diese Weise werden sie über die Sprachtechnologie-Community hinaus sichtbar und gewinnen an Relevanz für Forschung und Vermarktung.
4. Sprachübergreifende Linked-Data-Quellen als Hilfestellung für Übersetzer – dies ist nur ein exemplarisches Anwendungsszenario, in dem semantische Technologien und Standards die Erstellung mehrsprachiger Inhalte erleichtern.

G. Rehm (✉) · F. Sasaki
DFKI GmbH, Alt-Moabit 91c, 10559 Berlin, Deutschland
E-Mail: georg.rehm@dfki.de

F. Sasaki
E-Mail: felix.sasaki@dfki.de

B. Ege et al. (Hrsg.), *Corporate Semantic Web,* X.media.press,
DOI 10.1007/978-3-642-54886-4_17

17.1 META-SHARE und META-NET

17.1.1 Zugang zu Sprachressourcen: META-SHARE

META-SHARE ist eine offene, verteilte Infrastruktur für den Austausch von Sprachressourcen [1]. Sprachressouren sind Komponenten, die für sprachtechnologische Anwendungen benötigt werden. Sie umfassen Basiskomponenten wie z. B. maschinenlesbare Lexika, Trainingskorpora für maschinelle Übersetzung oder Terminologiedatenbanken, sowie darauf aufbauende Werkzeuge wie automatisierte Übersetzungstools, Frage-und-Antwort Systeme, Text-to-Speech Anwendungen, etc.

Die Erstellung von Sprachressourcen ist ein zeitaufwändiger und kostenintensiver Prozess. Deshalb ist ihre Wiederverwendbarkeit von großer Bedeutung. An diesem Punkt setzt META-SHARE an: es stellt ein nachhaltiges Netzwerk von Datenbanken und Repositorien mit derzeit mehr als 2200 Sprachressourcen und Werkzeugen dar, wobei jeweils einheitliche Metadaten zur Beschreibung verwendet werden. Entwickler von Sprachtechnologieanwendungen können via META-SHARE die notwendigen Ressourcen finden. Von hoher Relevanz sind dabei auch Lizenzinformationen, um zu entscheiden, unter welchen rechtlichen Rahmenbedingungen eine Ressource eingesetzt werden kann. META-SHARE fokussiert existierende, aber auch neue Ressourcen, Werkzeuge und Technologien. In diesem Sinne spielt die Wiederverwendung, Kombination, Nutzbarmachung und das Re-Engineering von Sprachdaten und Werkzeugen eine zentrale Rolle.

META-SHARE wird mittel- bis langfristig eine zentrale Komponente eines europäischen Marktes für Sprachtechnologien darstellen und für Forschung und Entwicklung, sowie für kleine und mittelständische, aber auch große Unternehmen von großer Relevanz sein. META-SHARE wird den kompletten sprachtechnologischen Entwicklungszyklus unterstützen, von der Forschung hin zu innovativen Produkten und Dienstleistungen. Ein erster Prototyp von META-SHARE wurde beim META-FORUM 2010 in Brüssel präsentiert, die 2013 vorgestellte Version 3.0 ist derzeit auf mehr als 20 META-SHARE-Knoten, die mehr als 2200 Ressourcen anbieten, im produktiven Einsatz.

Das universelle META-SHARE Metadatenschema dient der Beschreibung von Sprachressourcen und Sprachtechnologien. Gemeinsam mit Rechtsexperten wurde eine Art Lizenzbaukasten entwickelt, um insbesondere das freie Teilen von Ressourcen zu unterstützen. META-SHARE favorisiert die wachsende Bewegung um offene Daten und Werkzeuge und präferiert die Creative Commons Initiative.

META-SHARE schließt eine jahrzehntelang offene Lücke. Die erfolgreiche Implementierung und insbesondere Etablierung eines Netzwerkes für die Verteilung und gemeinsame Nutzung von Sprachressourcen und Sprachtechnologien versetzt Forscher, kleine und mittelständische Unternehmen und große industrielle Player in die Lage, effizient Systeme zu bauen, die einzelsprachige, sprachübergreifende oder mehrsprachige Sprachtechnologie verwenden.

Derzeit wird der Funktionsumfang von META-SHARE erweitert. Dabei geht es unter anderem um die Möglichkeit, Sprachressourcen via standardisierten Verfahren –

Repräsentation in RDF, Abfrage via SPARQL – als Linked Open Data zur Verfügung zu stellen. Im folgenden Abschnitt werden die Motivation für diesen Schritt, relevante Standards sowie ein detailliertes Anwendungsszenario diskutiert.

17.1.2 Hintergrund: Ziele von META-NET

META-SHARE wurde von der Initiative META-NET entwickelt. In diesem europäischen Exzellenznetzwerk haben wir 2012 im Rahmen der Studie „Europas Sprachen im digitalen Zeitalter" 30 europäische Sprachen unter die Lupe genommen [2, 4]. Die Studie, an der mehr als 200 Experten aus Industrie und Forschung beteiligt waren, zeigt, dass die meisten Sprachen Europas vom digitalen Aussterben bedroht sind. Für diese Sprachen – beispielsweise Isländisch, Lettisch, Litauisch und Maltesisch – existiert keine ausreichende informationstechnologische Unterstützung, um ihr Überleben in der digitalen Welt zu sichern. Es fehlen nicht nur ausgereifte und einsetzbare Werkzeuge für Anwendungen wie robuste Spracheingabe und natürliche Sprachausgabe, sondern auch grundlegende Tools etwa für die Satzsegmentierung und Tokenisierung oder auch semantische Ressourcen wie z. B. Konzeptnetze, die semantische Beziehungen zwischen Wörtern repräsentieren.

Die Sprachenvielfalt beeinträchtigt nicht nur massiv die internationalen Handels- und Finanzbeziehungen, sie erschwert auch die europäische Integration und Binnenkommunikation. So können EU-Bürger wichtige Probleme oder Themen nicht grenzübergreifend diskutieren: Debatten über die Finanzkrise, z. B. zwischen Griechen und Deutschen, finden nur über die Medien und Politiker statt. Gerade soziale Netzwerke verändern den Prozess politischer Diskussionen und Entscheidungsfindungen fundamental, doch kann die EU derzeit auf Grund der Sprachenvielfalt kaum davon profitieren. Nach dem Reaktorunfall in Fukushima im März 2011 wurde in ganz Europa über die Vor- und Nachteile von Atomkraft diskutiert – allerdings jeweils nur innerhalb der Sprachgemeinschaften. Auf europäischer Ebene hat eine solche Diskussion nie stattgefunden. Benötigt werden Technologien, die es Europa ermöglichen, derartige Debatten über Sprachgrenzen hinweg zu führen und en passant vielleicht auch positive Effekte für die europäische Identität, das jeweilige Selbstverständnis als Bürgerin oder Bürger Europas ausüben.

Ein Europa ohne Sprachbarrieren zu errichten, in dem Informationen, Wissen und Ideen ungehindert verbreitet werden und neue internationale Märkte entstehen können, ohne die kulturelle und sprachliche Vielfalt Europas zu gefährden, sondern sie, im Gegenteil, noch zu fördern – das ist das Ziel von META-NET.

META-NET hat zu diesem Zweck die „Strategische Forschungsagenda für das mehrsprachige Europa 2020" [3] entwickelt. Dieses Dokument ist das Ergebnis von mehr als zwei Jahren intensiver Zusammenarbeit von 200 Forschern aus Wissenschaft und Industrie, die einen Weg aufzeigen, wie durch gezielte Investitionen signifikante wirtschaftliche und gesellschaftliche Vorteile erzielt werden können. Hochqualitativ und präzise arbeitende mehrsprachige Technologien sind der Schlüssel zur Erreichung des Ziels eines großen, gemeinsamen, digitalen Marktes. (Abb. 17.1)

Abb. 17.1 Mehrsprachige Sprachtechnologien als zentrale Schlüsseltechnologie für den gemeinsamen digitalen Binnenmarkt

Die strategische Forschungsagenda erläutert, wie Europa seine Sprachvielfalt als Wettbewerbsvorteil nutzen kann. Die europäische Forschung erfüllt mit ihrer Kompetenz im Bereich mehrsprachiger Technologien die besten Voraussetzungen, um eine führende Rolle in der bevorstehenden IT-Revolution zu spielen.

17.2 Von Sprachressourcen zu Linked Data – und zurück

17.2.1 Motivation für die Bereitstellung von Sprachressourcen als Linked Data

Es gibt mehrere Gründe, die dafür sprechen, Sprachressourcen als Linked Data zu repräsentieren. Hierbei ist zu differenzieren zwischen den Metadaten über Sprachressourcen und den Ressourcen an sich.

Integration von Metadaten – Das universelle META-SHARE Metadatenschema liegt als XML-Schema vor. Für die Erzeugung, Validierung und den Austausch von META-SHARE Metadaten ist XML die angemessene Technologie. Die Linked Data basierte Modellierung der in META-SHARE gesammelten Metadaten über Sprachressourcen soll das XML-Schema nicht ersetzen. Via RDF wird nur ein zusätzlicher Distributionskanal der Metadaten zur Verfügung gestellt. Die Hauptmotivation hierfür liegt im Potential für

Informationsintegration. Metadaten über Sprachressourcen, verfügbar als Linked Data, lassen sich einfach mit anderen Metadaten über Sprachressourcen oder anderen Bestandteilen der Linked Data Cloud integrieren.

Standards sind eine zentrale Voraussetzung für nachhaltige Informationsintegration. Grundlegend ist die Repräsentation als RDF. Zudem ist die Nutzung standardisierter, RDF-basierter Vokabulare von Bedeutung. In der Linked Data Community haben in den letzten Jahren mehrere Vokabulare Verbreitung gefunden. Ein Beispiel ist FOAF („Friend of a Friend"), mit dem Personen und ihre Beziehungen erfasst werden. Darüber hinaus gibt es beispielsweise Vokabulare für die Beschreibung von Katalogen, z. B. DCAT. Dieses Vokabular definiert Metadaten für zahlreiche, öffentlich verfügbare Datenkataloge, die im europäischen Raum produzierte Daten erfassen.

Die Verknüpfung von in META-SHARE bereitstehenden Metadaten über Sprachressourcen mit allgemeinen, d. h. domänenunabhängigen DCAT-Definitionen bietet für die Entwickler von sprachtechnologischen Anwendungen einen hohen Mehrwert. Über DCAT werden potentielle Anwender von Sprachressourcen auf META-SHARE aufmerksam. Die RDF-basierte Linked Data-Repräsentation von META-SHARE kann somit die Verbindung zwischen Entwicklern von Sprachtechnologien und Anwendern erleichtern.

Repräsentation von Sprachressourcen als Linked Data – Nicht nur für ihre Metadaten, sondern auch für die Sprachressourcen selbst existieren standardisierte Linked Data Vokabulare. Für die Repräsentation von Lexika wurde das LEMON-Modell[1] entwickelt. LEMON erlaubt nicht nur Lexikondefinitionen als Linked Data bereitzustellen, das Modell ermöglicht auch die Integration der Lexikoninformation mit anderen Quellen in der Linked Data Cloud. Eine Vielzahl lexikalischer Ressourcen liegt bereits in Form von LEMON-Repräsentationen vor, wie zum Beispiel das englischsprachige WordNet, WordNet-Versionen in anderen Sprachen oder auch BabelNet.

Im Bereich textueller Sprachkorpora ist das Linked Data Vokabular NIF (Natural Language Processing Interchange Format)[2] von großer Bedeutung. NIF erlaubt es, für jede Einheit in einem Korpus – das Korpus selbst, eine Sammlung von Korpora, Korpusabschnitte, einzelne Wörter etc. – einen eindeutigen Identifikator als URI bereitzustellen. Auf diese Weise können linguistische Annotationen und Workflows der Sprachverarbeitung transparent und in wiederverwertbarer Form konstruiert werden. Zur Zeit werden umfangreiche NIF-basierte Korpora entwickelt, beispielsweise auf Basis der Wikipedia.

17.2.2 Sprachtechnologie hilft Linked Data – ein Anwendungsszenario

Die Diskussion um Sprachressourcen – Metadaten sowie die Ressourcen selbst –hat gezeigt, dass Linked Data für Sprachtechnologie in vielerlei Hinsicht eine unterstützende

---

[1] Das Modell wird in der W3C OntoLex Community Group diskutiert, vgl.http://www.w3.org/community/ontolex/.

[2] Details zu NIF finden sich unterhttp://persistence.uni-leipzig.org/nlp2rdf/ontologies/nif-core#.

Rolle spielt. Die Sprachtechnologie bietet ebenfalls einen Mehrwert für die Linked Data-Community. Dies soll am Beispiel standardisierter Übersetzungsworkflows gezeigt werden, in denen Linked Data und Sprachtechnologie eng miteinander verzahnt sind.

Das Anwendungsszenario sieht folgendermaßen aus: Für Übersetzer ist die Mehrdeutigkeit von Ausdrücken eine oftmals zeitintensive Herausforderung. Beispielsweise über eine Online-Recherche muss der Übersetzer herausfinden, welches Konzept mit einem Ausdruck gemeint ist oder wie der Ausdruck in der Zielsprache geschrieben wird. Linked Data Quellen wie DBpedia bieten eine Vielzahl eindeutiger Identifikatoren für Personen, Organisationen, Orte und andere Entitäten.

Damit sie zur Disambiguierung eingesetzt werden können, müssen die Entitäten in Texten identifiziert und mit Linked Data Quellen verknüpft werden. Genau diesen Schritt leisten sprachtechnologische Tools zur automatischen Erkennung von Eigennamen (Named Entity Recognition). NER-Tools müssen dabei jedoch nicht notwendigerweise die identifizierten Eigennamen mit Linked Data Quellen verknüpfen. De facto tun dies jedoch bereits schon heute viele Werkzeuge und erzeugen Verknüpfungen mit DBpedia.

Das Zusammenspiel von Sprachtechnologie und Linked Data im beschriebenen Anwendungsszenario soll nun in einem Tool-spezifischem Workflow beschrieben werden, der mit dem XML-Editor oXygen für ePub-Inhalte umgesetzt wurde. Mit dieser Arbeitsumgebung können Inhalte mit Linked Data-Informationen angereichert werden, um die Aufgabe des Übersetzers zu erleichtern.

Zusammengefasst sieht der Workflow wie folgt aus:

1. Den Ausgangspunkt bilden eine Komponente zur Eigennamenerkennung (DBpedia Spotlight) und die zu übersetzenden Inhalte.
2. Als Ergebnis der Eigennamenerkennung werden in den Inhalten Entitäten markiert und Identifikatoren generiert, welche auf DBpedia verweisen. Der Autor startet die Eigennamenserkennung und kann gegebenenfalls falsche Markierungen korrigieren, um die Qualität der nachfolgenden Verarbeitung zu erhöhen.
3. In DBpedia und anderen strukturierten Quellen gibt es eine Vielzahl sprachübergreifender Informationen. Im vorliegenden Fall werden anhander dieser Informationen Übersetzungsvorschläge erzeugt.
4. Diese Vorschläge werden ebenfalls im Text gespeichert.

Abbildung 17.2 zeigt das Endergebnis der Verarbeitung.

Die Anreicherung der Inhalte – die Speicherung von Informationen zu Eigennamen und Übersetzungsvorschlägen – greift ebenfalls auf einen Standard zurück: ITS (Internationalization Tag Set) 2.0[3]. ITS 2.0 definiert Metadaten (ITS Data Categories), um den Prozess mehrsprachiger Inhaltserstellung zu automatisieren. Im vorliegenden Fall wird die ITS Data Category „Text Analysis“ genutzt, um eindeutige Identifikatoren auf DBpedia in standardisierter Form zu speichern, vgl. die Markierung its-ta-ident-ref. Die ITS Data

[3] Vgl. http://www.w3.org/TR/its20/.

```
<p>Welcome to Dublin, the home of <span its-annotators-ref="..."
        its-ta-ident-ref="http://dbpedia.org/resource/Samuel_Beckett"
        its-ta-confidence="0.2866092324256897"
        its-loc-note="TRANSLATION SUGGESTIONS:
        1) wikidata: サミュエル・ベケット 2) dbpedia: サミュエル・ベケット"
        its-loc-note-type="description">Samuel Beckett</span></p>
```

Abb. 17.2 Disambiguierung von Eigennamen und Generierung von Übersetzungsvorschlägen

Category „Localization Note" wird genutzt, um die Übersetzungsvorschläge zu speichern, vgl. die Markierung its-loc-note. Die Tools zur Eigennamenserkennung und zur Generierung von Übersetzungsvorschlägen werden durch die Markierung its-annotators-ref identifiziert. Idealerweise kommen hier eindeutige Identifikatoren für Sprachtechnologietools zum Einsatz, die über META-SHARE bereitgestellt werden.

Man kann kaum erwarten, dass Autoren oder Übersetzer den Umgang mit RDF oder SPARQL lernen. Sie sind aber jetzt schon in der Lage, Tools zur Eigennamenserkennung oder zur Generierung von Übersetzungsvorschlägen zu bedienen und das Ergebnis der automatischen Verarbeitung zu korrigieren. Die in diesem Abschritt beschriebene Umsetzung macht aus dem oXygen Editor ein solches Tool.

Das Ergebnis dieses Workflows kann als Eingabe für weitere Verarbeitungsschritte dienen: Aus den angereicherten ePub-Dokumenten können NIF-basierte Korpora generiert werden. Darin ist jedes Vorkommen eines Eigennamens eindeutig identifiziert und im Gesamtkontext erfasst. Ein derartiges Korpus kann wiederum zum Training von NER-Tools genutzt werden. Damit schließt sich der Kreis von sprachtechnologischem Tooling und Linked Data.

17.2.3 Auf dem Weg zu weiteren Anwendungsszenarien und mehrsprachigen Linked Data Ressourcen

Das im vorherigen Abschnitt beschriebene Szenario ist nur realisierbar, wenn zwei Ressourcen vorliegen. Zum einen werden Tools zur Eigennamenserkennung in der jeweiligen Sprache benötigt. Diese Notwendigkeit wird im letzten Abschnitt dieses Beitrags diskutiert, als eine Motivation für die Schaffung einer europäischen Service-Plattform für Sprachtechnologien.

Zum anderen müssen sprachübergreifende Linked Data-Quellen vorhanden sein, um Übersetzungsvorschläge zu generieren oder um als Basis für Training von NER-Tools mit Hilfe NIF-basierter Korpora zu dienen. Eine Analyse zeigt, dass die Linked Data Cloud gegenwärtig hierfür nicht gut gerüstet ist, vgl. Abbildung 17.3.

Um Linked Data und Sprachtechnologie erfolgreich zu verknüpfen, gibt es neben Tooling und Ressourcen eine dritte Herausforderung. Die Communitys der Anbieter von Linked Data-Quellen, der Entwickler sprachtechnologischer Tools, und der potentiellen Anwender (im obigen Beispiel Inhaltsersteller und Übersetzer), sind zur Zeit kaum

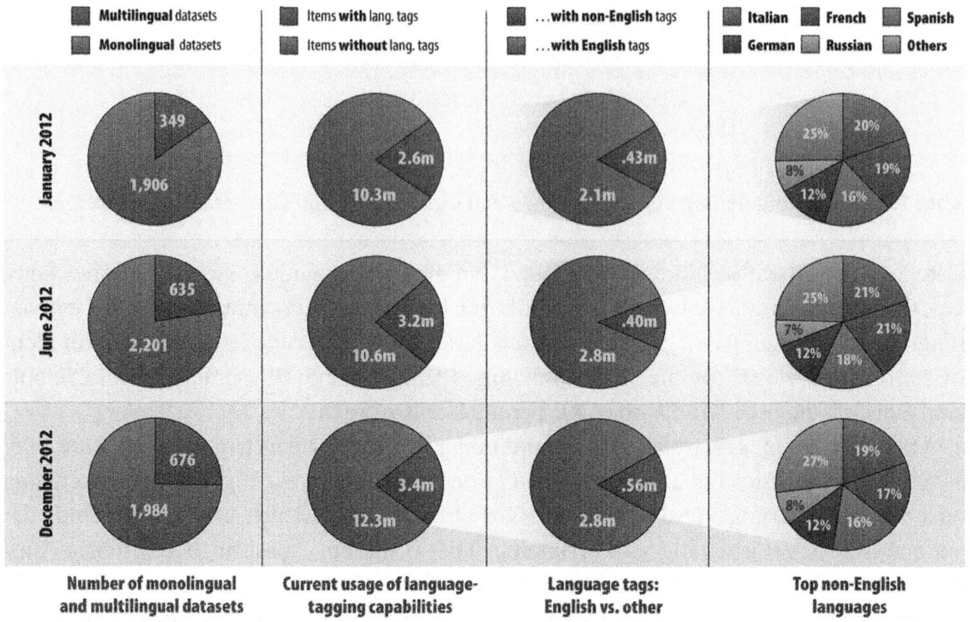

Abb. 17.3 Mehrsprachigkeit in linked data

miteinander verzahnt. Das Projekt LIDER[4] arbeitet daran, diese derzeit noch weitestgehend separat agierenden Communitys näher zusammen zu bringen. Projektteilnehmer sind führende Forschungseinrichtungen aus Sprachtechnologie und Linked Data.

Über Workshops sammelt LIDER Feedback zu Anwendungsszenarien und zu Anforderungen, diese zu realisieren. LIDER fokussiert dabei zwei Industriebereiche: Die Lokalisierungsindustrie[5] und den Bereich Multimedia. Das oben beschriebene Anwendungsszenario ist unmittelbar durch Input von Entwicklern und Nutzern aus der Lokalisierungsindustrie entstanden.

17.3 The Big Picture: Auf dem Weg zur europäischen, mehrsprachigen Informationsgesellschaft

Die europäische Informationsgesellschaft steht angesichts der zunehmenden Dominanz digitaler Technologien in sämtlichen Bereichen des privaten, gesellschaftlichen und geschäftlichen Alltags vor immensen Herausforderungen. In diesem Zusammenhang verursachen Sprachbarrieren, die zwar gelegentlich thematisiert, auf Grund ihrer Komplexität aber nicht systematisch adressiert werden, zahlreiche Probleme. Sie stellen schier unüber-

[4] Vgl. http://lider-project.eu/.

[5] Diese Industrie ist u. a. im Verband GALA organisiert, vgl. http://www.gala-global.org/

windbare Grenzen dar und verhindern Wachstum. Sprachbarrieren sind dafür verantwortlich, dass Ideen, Innovationen, Wissen, Güter, Dialoge und Debatten nicht ungehindert über Sprachgrenzen hinweg fließen können.

Wenn sich Europa auf eine Währung einigen kann, sollte es sich nicht auch auf eine Sprache einigen können? Tatsächlich ist es so, dass die Europäische Union mit ihren derzeit 27 Mitgliedsstaaten über 24 offizielle Sprachen verfügt, im geografischen Europa werden mehr als 80 Sprachen gesprochen; hinzu kommen zahlreiche weitere Sprachen von Immigranten, Diplomaten und Handelspartnern. Die Gründungsdokumente der EU betrachten unsere Sprachen als integralen Bestandteil unseres gemeinsamen Kulturerbes, der geschützt und gefördert werden muss. Die politisch gewollte Dominanz einer bestimmten Sprache bedeutete die Unterdrückung zahlreicher anderer Sprachen und Kulturen – ein unvorstellbarer Gedanke, basiert doch Europa auf dem Prinzip der Einigkeit durch Vielfalt, auch in sprachlicher Hinsicht.

In vielen Bereichen des Lebens nimmt das Englische die Position einer lingua franca ein. In der Tat ist es jedoch so, dass nur etwa die Hälfte der 500 Mio. Europäer Englischkenntnisse besitzt, viele von ihnen auf geringem Niveau [6]. Die eigentlichen Probleme liegen auch nicht beim Bestellen eines Kaffees im Ausland oder dem Verhandeln eines Preises auf einem Flohmarkt während des Urlaubs.

Die europäischen Institutionen betreiben weltweit die größte Übersetzungsabteilung – Parlament, Kommission und die anderen Organe der EU geben jährlich mehr als eine Milliarde Euro für Übersetzungsdienstleistungen aus. Das Volumen ist schon jetzt so immens, dass die eigenen, Mehrsprachigkeit favorisierenden Regularien nicht mehr vollständig befolgt werden können. Statt *jedes* erstellte Dokument in *jede* offizielle Sprache der EU zu übersetzen, werden mittlerweile nur noch selektiv Beschlüsse, Vorlagen, Ausschreibungen, Broschüren und weitere Dokumente in eine oder mehrere andere Sprachen überführt.

Den Bürgern Europas steht ein solch mächtiger Übersetzungsapparat leider nicht zur Verfügung. Er wäre sicher hilfreich, um zur Verständigung, gegenseitigem Verständnis und zu Länder und Sprachgrenzen übergreifenden Debatten beizutragen. Ebenfalls hilfreich wäre er, um beispielsweise kommerzielle Webangebote, die bislang nur in einer Sprache angeboten werden, möglichst effizient in andere Sprachen zu lokalisieren, um ihre Reichweite zu erhöhen und neue Märkte zu eröffnen. Aktuelle Studien zeigen, dass nur ein geringer Prozentsatz der europäischen Bürger bereit ist, in einer anderen Sprache als der eigenen Muttersprache Waren oder Dienstleistungen digital zu ordern [7, 8].

Der von der Europäischen Kommission beschworene Traum eines gemeinsamen digitalen Marktes [5] liegt also noch in ferner Zukunft. Technologien wie META-SHARE, LEMON, NIF und ITS helfen jedoch schon jetzt in praktischen Anwendungen, um dieser Zukunft ein Stück näher zu kommen.

Darüber hinaus werden wir im Gebiet Maschinelle Übersetzung im Rahmen der neuen EU-Projekte QT21 und CRACKER in den nächsten drei Jahren in einem großen, die besten Forschungszentren in diesem Bereich versammelnden Verbund substantielle Fortschritte im Bereich der hochqualitativen maschinellen Übersetzung erarbeiten. Unser Ziel ist nicht weniger, als für einen Quantensprung bei der Qualität mehrsprachiger Technologien zu sorgen.

Literatur

1. Piperidis, Stelios, Harris Papageorgiou, Christian Spurk, Georg Rehm, Khalid Choukri, Olivier Hamon, Nicoletta Calzolari, Riccardo del Gratta, Bernardo Magnini, und Christian Girardi. 2014. META-SHARE: One year after. In Proceedings of the 9th Language Resources and Evaluation Conference (LREC 2014), Reykjavik, Island, Mai 2014.
2. META-NET White Paper Series: Europe's Languages in the Digital Age. 2012. 31 Bände zum Stand der Sprachtechnologie für 30 europäische Sprachen. In Hrsg. Georg Rehm und Hans Uszkoreit. Heidelberg: Springer. http://www.meta-net.eu/whitepapers.
3. META-NET Strategic Research Agenda for Multilingual Europe. 2020. In Hrsg. Georg Rehm und Hans Uszkoreit. Heidelberg: Springer. 2013. http://www.meta-net.eu/sra.
4. Rehm, Georg, Hans Uszkoreit, Ido Dagan, Vartkes Goetcherian, Mehmet Ugur Dogan, Coskun Mermer, Tamás Váradi, Sabine Kirchmeier-Andersen, Gerhard Stickel, und Meirion Prys Jones. 2014. Stefan Oeter und Sigve Gramstad. An update and extension of the META-NET study "Europe's languages in the digital age". In Proceedings of the workshop on collaboration and computing for under-resourced languages in the linked open data era (CCURL 2014), Reykjavik, Island, Mai 2014.
5. European Commission. 2010. A digital agenda for Europe. http://ec.europa.eu/information_society/digital-agenda/publications/.
6. Special Eurobarometer 386/77.1. 2012. Europeans and their Languages, June 2012. http://ec.europa.eu/languages/languages-of-europe/eurobarometer-survey_en.htm.
7. Directorate-General Information Society and Media of the European Commission. 2011.User Language Preferences Online, 2011. http://ec.europa.eu/public_opinion/flash/fl_313_en.pdf.
8. European Commission. 2009. Report on cross-border e-commerce in the EU. http://ec.europa.eu/consumers/strategy/docs/com_staff_wp2009_en.pdf.

Dr. Georg Rehm ist Wissenschaftler am Deutschen Forschungszentrum für Künstliche Intelligenz (DFKI) in Berlin, Leiter des Deutsch/Österreichischen Büros des World Wide Web Consortiums (W3C) und Manager des EU-geförderten Exzellenznetzwerks META-NET, das aus 60 Forschungszentren in 34 Ländern besteht. Georg Rehm hat an der Universität Osnabrück Computerlinguistik und Künstliche Intelligenz, Informatik und Sprachwissenschaft studiert und an der Universität Gießen mit einer Arbeit über semantische Suchmaschinen promoviert. Er beschäftigt sich seit über 20 Jahren mit semantischen Verfahren und Auszeichnungssprachen.

Dr. Felix Sasaki arbeitete von 2005 bis 2009 im World Wide Web Consortium (W3C), Bereich Internationalisierung. Seit 2012 ist er im W3C als Fellow im Auftrag des DFKI (Deutsches Forschungszentrum für künstliche Intelligenz) tätig. Er war Co-Chair der MultilingualWeb-LT Arbeitsgruppe und ist Co-Editor der Internationalization Tag Set (ITS) 2.0 Spezifikation. Sein Hauptinteresse gilt der Repräsentation und Verarbeitung mehrsprachiger Daten im Web.

Linked Data im digitalen Tanzarchiv der Pina Bausch Foundation

18

Bernhard Thull, Kerstin Diwisch und Vera Marz

Teile des Textes wurden bereits in [8] veröffentlicht. Die entsprechenden Absätze sind jeweils am Ende durch einen Quellenhinweis kenntlich gemacht.

Kernaussagen

1. Eine wesentliche Anforderung für das digitale Archiv war sowohl die Beschreibung des bereits von Pina Bausch gesammelten, physischen Materials, als auch die Archivierung von Erinnerungen an ihr Werk. Material und Erinnerungen sollten erfasst und beliebige Beziehungen zwischen ihnen repräsentiert werden können.
2. Die Datenmodellierung mit Linked Data bietet eine Flexibilität, die weit über die Möglichkeiten relationaler Datenmodellierung hinausgeht. Neben der Möglichkeit, sowohl formal stringente Modelle als auch weniger stringente Modellierungen zu implementieren, ist für Anwender insbesondere die Aussicht attraktiv, mithilfe von Ontologien neue Perspektiven auf die Daten zu entwickeln.
3. Die bisherige Erfahrung aus dem Projekt hat gezeigt, dass sich mit Hilfe von Linked Data Daten aus den unterschiedlichsten Quellen und Perspektiven zusammenfassen und zu einem konsistenten Gesamtbild zusammenfügen lassen.

B. Thull (✉) · K. Diwisch
Hochschule Darmstadt, Darmstadt, Deutschland
E-Mail: bernhard.thull@h-da.de

V. Marz
Pina Bausch Foundation, Wuppertal, Deutschland

B. Ege et al. (Hrsg.), *Corporate Semantic Web,* X.media.press,
DOI 10.1007/978-3-642-54886-4_18

18.1 Motivation und Ausgangspunkt

Das Werk der international anerkannten Choreografin Pina Bausch umfasst mehr als 50 Stücke, die weltweit aufgeführt worden sind. Nach ihrem Tod im Jahre 2009 hat es sich die Pina Bausch Foundation zur Aufgabe gemacht, ihr Werk zu bewahren. Es ist durch umfangreiches Material z. B. im Archiv der Pina Bausch Foundation dokumentiert. Vielleicht noch wichtiger ist aber die Erinnerung von vielen Menschen in der ganzen Welt an ihr Werk. Das Werk von Pina Bausch zu bewahren bedeutet daher sowohl Material als auch Erinnerungen zu erfassen und zu erhalten [8, S. 59, 9].

Das Material im Archiv der Pina Bausch Foundation umfasst Stück- und Aufführungslisten, Tonaufnahmen und ihre Transkriptionen, Regiebücher, Dokumentationen der Bühnenbilder, Fotografien und Videoaufnahmen, Kostüme, Manuskripte, Requisiten, Tänzeraufzeichnungen und vieles mehr. So gibt es beispielsweise etwa 7500 Videoaufnahmen von Aufführungen und vermutlich mehr als 60.000 Fotos. Dieses Material enthält Informationen und inhaltliche Beziehungen z. B. über Personen, Stücke und ihre Aufführungen, Besetzungen oder Rollen und ihre Entwicklung. Obwohl der größte Teil des Materials im Archiv der Pina Bausch Foundation eingelagert ist, ist weiteres Material in Tanzarchiven weltweit verteilt oder sogar überhaupt nicht Teil eines Tanzarchivs wie z. B. ein Zeitungsartikel über die Aufführung eines Stücks. Auch Kommentare und Meinungen von Personen, die sich an bestimmte Aufführungen oder Begegnungen erinnern, sind eines Tages als Teil eines verteilten digitalen Archivs vorstellbar [8, S. 59].

Erinnerungen sind mit Personen, Aufführungen, Szenen, oder vielleicht mit einem Bühnenbild oder mit einer bestimmten Musik verbunden und sie beziehen sich aufeinander und auf das Material in individueller Weise. Sie sind unter den Mitgliedern des Tanztheater Wuppertal Pina Bausch, aber auch unter vielen anderen Menschen weltweit verteilt. Im Vergleich zu dem gesammelten physischen Material des Archivs sind menschliche Erinnerungen von Natur aus emotional, ungenau, widersprüchlich, inkonsistent und unvollständig. Sie liefern Fragmente, die zusammen betrachtet ein Bild ergeben können [8, S. 59].

Mit dem digitalen Archiv verfolgt die Stiftung verschiedene Ziele. Das Archiv soll z. B. dem Tanztheater Wuppertal Pina Bausch dabei helfen, Stücke wieder aufzuführen, Tanzstudierenden und Tanzinteressierten das Werk von Pina Bausch vermitteln oder Wissenschaftlern als Werkzeug für ihre Forschung dienen. In einem gemeinsamen Projekt mit dem Institut für Kommunikation und Medien (IKuM) der Hochschule Darmstadt haben wir die Architektur des digitalen Archivs der Pina Bausch Foundation entwickelt.

18.2 Anforderungen und Randbedingungen

Welche Werkzeuge unterstützen die Sammlung von Material und von Erinnerungsfragmenten und erlauben dann, daraus größere Bilder entstehen zu lassen? Die wesentlichen Anforderungen im Detail [8, S. 60]:

- Beschreibung des physischen Materials, das von Pina Bausch gesammelt worden ist. Dieses Material sollte erfasst und Beziehungen zwischen diesem Material repräsentiert werden können. Das Material sollte leicht wiederzufinden sein.
- Abruf und Darstellung des gesamten Materials über das Werk von Pina Bausch. Dies umfasst Stücke, Aufführungen, Manuskripte, Videoaufnahmen, Fotografien und vieles mehr.
- Sammlung von Erinnerungen sowie jegliche gesprochenen oder aufgeschriebenen Anmerkungen über jede Art von Material des Archivs. Beispielsweise sollte eine Tänzerin in der Lage sein, eine bestimmte Szene eines Stücks mündlich zu kommentieren, ein Zuschauer sollte seine Erfahrungen mit einer bestimmten Aufführung beschreiben oder ein Fotograf etwas über eine seiner Aufnahmen sagen können.
- Beliebiges Material miteinander verbinden. Beispielsweise sollte es möglich sein, eine bestimmte Requisite mit einem Manuskript zu verbinden und festzuhalten, dass die Gestaltung dieser Requisite in diesem Manuskript beschrieben worden ist. Oder ein Zuschauer hat einen seltenen Zeitungsartikel aus den siebziger Jahren gefunden und möchte ihn mit der Aufführung verbinden, von der dieser Artikel berichtet.
- Aggregation, Sortierung, Klassifikation oder eine andere Art der Verarbeitung des Materials, um es für die Entwicklung von Interpretationen, Visualisierungen oder interaktive Erfahrungen aufzubereiten. Dies könnten Untersuchungen im Rahmen von Forschungsarbeiten sein, Websites für ein bestimmtes Publikum wie z. B. Kinder, oder interaktive Installationen im Rahmen von Ausstellungen.

Neben diesen eher technischen Anforderungen hatte dieses Projekt spezifische organisatorische und personelle Randbedingungen:

- Die Stiftung hat als eine sehr kleine Organisation keine eigene IT-Abteilung. Als Einrichtung mit hauptsächlich archivarisch und kulturell ausgerichteten Aktivitäten hatten ihre Mitarbeiterinnen und Mitarbeiter bis zum Beginn des Projekts über die heute verbreitete typische Alltagserfahrung mit Rechnern hinaus kaum eigene Erfahrung z. B. im Umgang mit Datenbanken.
- Erste Versuche einer konventionellen Datenmodellierung zu Beginn des Projekts schlugen fehl, weil sich die beteiligten Domänenexperten (Tänzerinnen und Tänzer, Regie, Bühnenbildner, usw.) für so gut wie keine der diskutierten Entitäten auf verbindliche Attribute zu ihrer Beschreibung einigen konnten. Immer wieder tauchten zu modellierende Spezialfälle auf, die aber nicht ignoriert werden konnten.
- Aus organisatorischen Gründen hatte die Digitalisierung des Materials des Archivs (Videobänder, Fotografien, Manuskripte, Programmhefte, usw.) bereits vor Beginn des Projekts begonnen und wurde auch während der Laufzeit des Projekts kontinuierlich und intensiv fortgesetzt. Daher war es notwendig, Daten ohne Modellierung zu erfassen und gleichzeitig eine Modellierung dieser Daten anzulegen.

18.3 Ansatz

18.3.1 Konventionelle Datenbanken

Bei der Entwicklung von konventionellen Datenbanken geschieht genau das Gegenteil davon, Fragmente zu sammeln. Durch eine *topdown*-Analyse einer gegebenen und hoffentlich genau definierten Anwendungsdomäne identifiziert und beschreibt man alle Teile dieser Anwendungsdomäne, die dann in Datenmodelle überführt und anschließend mit Daten gefüllt werden. Ein Beispiel für eine solche Anwendungsdomäne sind Geschäftsprozesse einer Versicherungsgesellschaft. Solche Datenmodelle werden also *a priori* definiert. Obwohl es theoretisch möglich ist, hat der praktische Einsatz gezeigt, dass es nicht einfach ist, solche Datenmodelle dynamisch an wechselnde Situationen anzupassen. Darüber hinaus fokussieren konventionelle Datenbanken auf Entitäten, wie z. B. Stücke und ihre Aufführungen, und ihre Attribute, wie z. B. Aufführungsdatum oder Besetzung. Beziehungen zwischen Entitäten können dagegen nur sehr eingeschränkt modelliert werden. Nicht zuletzt werden konventionelle Datenbanken als isolierte Welten modelliert, die in proprietären Datenbankmanagementsystemen implementiert werden. Dies macht es schwer, Daten mit anderen Institutionen zu teilen oder sie mit anderen Datenbanken zu verbinden, und behindert die Einrichtung größerer und verteilter Sammlungen von Fragmenten und damit die Möglichkeit, größere Bilder z. B. eines Werkes wie das von Pina Bausch zu generieren. Daher werden sie manchmal als *Silos* bezeichnet. Es ist also möglich, das physische Material der Pina Bausch Foundation mit Hilfe von konventionellen Datenbanken zu modellieren und zu erfassen, aber menschliche Erinnerungen in all ihren Formen und mit all ihren Assoziationen erscheinen konventionell schwer fassbar, genauso wie es schwierig ist, ein konventionell entwickeltes Archiv zu öffnen und mit anderen Ressourcen zu verbinden. Der Einsatz konventioneller Datenbanken scheint nicht der beste Lösungsansatz für das digitale Archiv der Pina Bausch Foundation zu sein [8, S. 60].

18.3.2 Linked Data

Die zu erfüllenden Anforderungen erinnern an die Situation im *World Wide Web*. Das Web ist ein verteiltes System von miteinander verbundenen Websites. Einige Bereiche des Web sind aufgeräumt, gut strukturiert und organisiert, andere Bereiche eher spontan und chaotisch. Und alles ist miteinander verbunden. Jeder kann Inhalte beisteuern, die letztendlich ein riesiges Netz von Dokumenten (*Web of Documents*)[1] bilden, das das Wissen und die

[1] Das *Web of Documents* verstehen wir in diesem Zusammenhang als ein Web, das im Kern durch HTML-Dokumente aufgebaut wird und insbesondere auf diese Weise auch die Inhalte im Web vorwiegend menschenlesbar repräsentiert. Diese HTML-Dokumente können, wie im frühen Web, statisch und wenig interaktiv sein (Web 1.0) oder z. B. mit Hilfe von Javascript-Komponenten hochinteraktiv eine reiche Nutzungserfahrung erlauben und damit das so genannte Mitmach-Web

Meinung vieler Menschen widerspiegelt. Der Ansatz der *Linked Data*[2] erlaubt es, das *Web of Documents* in ein *Web of Data* umzuwandeln, ohne die offene und dynamische Natur des Webs aufzugeben. Es erscheint sinnvoll zu untersuchen, inwieweit sich das *Linked Data*-Paradigma als Ansatz für das digitale Archiv der Pina Bausch Foundation eignet [8, S. 61].

18.4 Szenarien

18.4.1 Material sammeln

Da zur Beschreibung der Daten *a priori* kein Datenmodell notwendig ist, können Daten so erfasst werden, wie sie auftreten. Um z. B. Daten über ein Stück, eine Aufführung oder eine Videoaufnahme einer Aufführung zu erfassen, ist es lediglich notwendig, eine neue URI zu erzeugen, die die neue Ressource repräsentiert, und dann diese Ressource mit Hilfe von Attributen wie z. B. Datum, Format, o.ä. angemessen zu beschreiben. Im Unterschied zu relationalen Datenbanken können *Linked Data*-Entitäten jeweils unterschiedliche Attributsätze erhalten. Daher ist es möglich, jeden einzelnen Eintrag in die Datenbank in ausreichendem bzw. angemessenem Detailgrad zu beschreiben. Darüber hinaus dienen diese URIs als Anker für Verbindungen zu anderen Ressourcen, Annotationen oder Kommentaren.

Ein *Linked Data*-Archiv kann verteilt sein. Es könnte daher viele verschiedene Orte umfassen, wie z. B. das Archiv in Wuppertal, Material in der *Brooklyn Academy of Music*[3] oder sogar Material aus Wim Wenders Recherche für seinen Film „Pina“ [8, S. 68].

18.4.2 Material annotieren

Eine wichtige Grundidee von *Linked Data* ist, dass jeder zu jedem Thema etwas sagen darf („*Anyone can say anything about any topic.*“, [1, S. 6]). Jede Entität des digitalen Archivs ist mit Hilfe einer weltweit eindeutigen URI identifiziert. Auf diese Ressourcen kann jeder im Web verweisen und sie mit Daten anreichern. Jeder weltweit könnte daher diese URIs dazu verwenden, um seine oder ihre Annotationen zu Entitäten festzuhalten und so zum digitalen Archiv beitragen. Da der *Triple Store* die Herkunft von Daten protokolliert, bleibt immer klar, wer welche Aussagen beigetragen hat.

Nehmen wir an, eine Zuschauerin oder ein Zuschauer möchte ihre oder seine Eindrücke von einer bestimmten Aufführung von Danzón, z. B. der Aufführung vom 17.7.1995

begründen (Web 2.0). Die Einführung von *Linked Data* bedeutet im Vergleich dazu einen Paradigmenwechsel, den wir zum Ausdruck bringen möchten.

[2] www.w3.org/standards/semanticweb/data

[3] www.bam.org

(URI: ‚pba:danz_19950717') festhalten. Mit Hilfe eines geeigneten und vermutlich webbasierten Werkzeugs könnte sie oder er einen Kommentar zu dieser Aufführung verfassen. Dieser Kommentar würde als Datei (d. h. ein *Kontext* aus der Sicht des *Triple Store*) abgelegt, die dieser Zuschauerin oder diesem Zuschauer zugeordnet wird und die z. B. das Tripel ‚pba:danz_19950717 rdfs:comment „Was ich beim Besuch dieser Aufführung von Danzón empfunden habe…"' enthält. Dieses Tripel würde vom *Triple Store* des Archivs aggregiert und so Teil des Archivs werden können, das auf diese Weise möglicherweise viele verschiedene Server umfasst. Aus der Sicht des digitalen Archivs ist dieser Zuschauerkommentar einfach ein weiteres Teil eines verteilten Archivs.

Dieses Szenario zeigt, wie es möglich ist, Wissen und Kommentare über das Werk von Pina Bausch weltweit zu sammeln und zu einem Datennetz zusammenzufügen. Dabei bleibt gewährleistet, dass die Pina Bausch Foundation kontrollieren kann, welche Daten wem in welchem Kontext gezeigt werden sollen [8, S. 68].

18.4.3 Verschiedene Meinungen, Inkonsistenzen und Widersprüche erhalten

Das Konzept der Kontexte macht es möglich, verschiedene Meinungen, Inkonsistenzen und Widersprüche zu erhalten. Sie verbleiben einfach in ihren Kontexten, können aber nebeneinander gestellt werden. Beispielsweise herrscht kein Konsens, was eine Uraufführung bezogen auf die Stücke von Pina Bausch ist: Zum einen wird die Meinung vertreten, dass eine Uraufführung die erste Aufführung eines Stückes ist. Zum anderen wird in Frage gestellt, ob es überhaupt eine Uraufführung geben kann, wo doch auch der Veränderungsprozess ein wesentlicher Teil der Stücke ist. Diese unterschiedlichen Auffassungen könnten in verschiedenen Kontexten abgebildet werden, so dass es dem Leser dieser Daten überlassen würde, wie er mit diesen unterschiedlichen Aussagen umgehen möchte [8, S. 68].

18.4.4 Immergente Bilder

Welche Daten über eine bestimmte Aufführung von Danzón kann man also im Archiv finden? Es gibt erschlossene Daten über diese Aufführung, die vom Material des Pina Bausch Archivs stammen, wie z. B. Datum, Spielstätte, Tänzeraufzeichnungen, aber auch Poster, Programmhefte, Manuskripte oder Zeitungsartikel. Es gibt Verbindungen zum Stück Danzón, zur Besetzung und zu weiteren Personen, die an der Aufführung beteiligt waren, Verbindungen zu Fotografien und Videoaufnahmen der Aufführung, und selbst Verbindungen zu einzelnen Szenen und zu Videoclips, die diese Szenen zeigen, zusammen mit Manuskriptseiten, die diese Szenen beschreiben. Darüber hinaus findet man vielleicht Annotationen und Erinnerungen von Tänzerinnen und Tänzern und anderen Mitgliedern des Tanztheaters, von Zuschauern, aber vielleicht auch Kommentare von Kritikern oder

Theaterwissenschaftlern, die interessante Besonderheiten genau dieser speziellen Aufführung herausgefunden haben. Erkunden, Betrachten und Lesen dieses Materials über diese Aufführung mit Hilfe geeigneter Visualisierungen werden helfen, ein Bild davon entstehen zu lassen, wie die Aufführung stattgefunden hat, wie sie entstanden ist, wie sie wahrgenommen wurde, was Tänzer und Zuschauer über sie dachten, und vielleicht auch, wie sie von vorhergehenden Aufführungen beeinflusst wurde und nachfolgende Aufführungen beeinflusst hat [8, S. 69].

18.5 Stand des Archivs

18.5.1 Experimenteller Aufbau

Um zu untersuchen, ob der *Linked Data*-Ansatz als Basis für das digitale Archiv der Pina Bausch Foundation geeignet ist, haben wir eine entsprechende Systemarchitektur entwickelt (siehe Abb. 18.1).

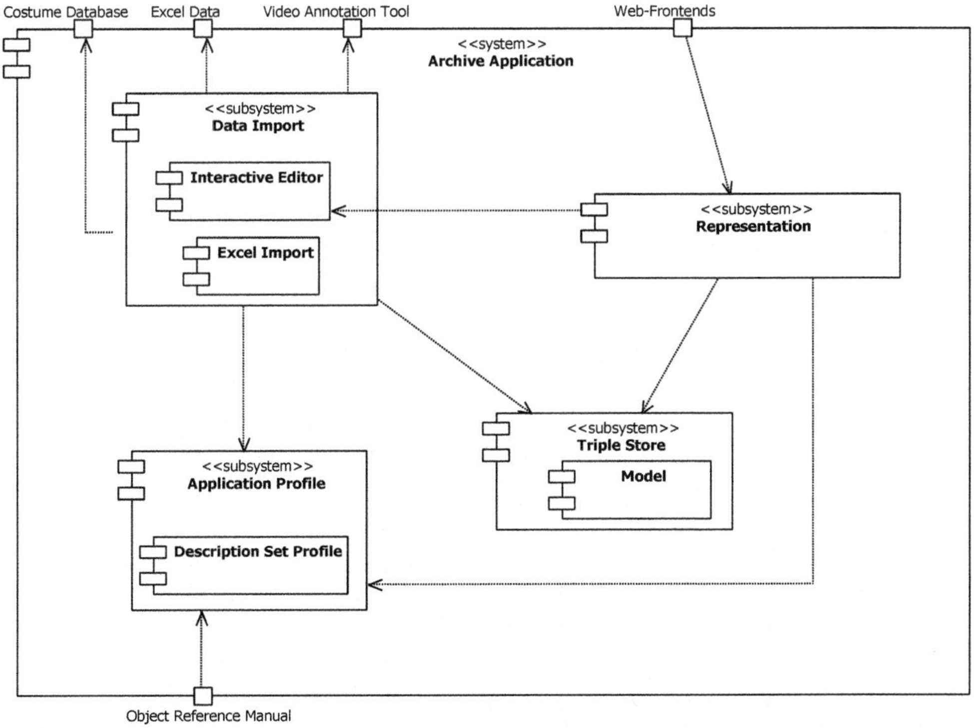

Abb. 18.1 Grundlegende Architektur des Systems. Daten werden aus verschiedenen Datenquellen (*Costume Database, Excel Data, Video Annotation Tool*) gesammelt und zu *Linked Data* übersetzt. Mit Hilfe eines Modells werden die gesammelten Daten klassifiziert und dann mit Hilfe von HTML in einem Browser angezeigt. Ein so genanntes *Application Profile* unterstützt sowohl die Übersetzung als auch die Anzeige der Daten

Daten werden aus vielen verschiedenen Quellen gesammelt, wie z. B. aus einer vorhandenen Filemaker *Bento*-Datenbank mit Daten über Kostüme, Microsoft *Excel*-Tabellen oder einem speziell entwickelten Videoannotationswerkzeug. Das Modell liegt in RDF(S) bzw. OWL im *Triple Store* vor. Der *Triple Store* selbst ist mit Hilfe des OWLIM lite[4] *Triple Store* in Verbindung mit der OpenRDF Sesame Workbench[5] implementiert. Sämtliche Komponenten der Architektur greifen über die REST-API online (z. B. Browser) oder in Batch-Prozessen mit Hilfe von Python-Skripten auf den *Triple Store* zu. Der Import der Daten verwendet das Applikationsprofil, um das Mapping von den externen Quellen zum genutzten Modell herzustellen.

Die Entscheidung für die Unterstützung einer Dateneingabe mit Hilfe von Microsoft *Excel*-Tabellen fiel aus verschiedenen Gründen:

- Das Microsoft Office-Paket ist verbreitet und damit leicht verfügbar.
- Den meisten PC-Nutzern ist das Microsoft Office-Paket soweit geläufig, dass Grundkenntnisse über *Excel* vorausgesetzt oder zumindest mit vertretbarem Aufwand erreicht werden können.
- Auf Basis von *Excel*-Tabellen lässt sich eine „maschinenlesbare" Formatierung von Dokumenten erreichen, wenn man sich auf eine bestimmte Aufbereitung der Tabellen einigen kann.
- Insbesondere für die Erhebung von Massendaten bringt die Eingabe von Daten mit Hilfe von *Excel*-Tabellen zumindest für geübte Nutzer sogar Effizienzvorteile im Vergleich zu beispielsweise formularbasierten Eingaben in einem Browser.

HTML-Seiten werden über einen einfachen Datenbrowser erzeugt, der im Rahmen des Projekts entwickelt worden ist (siehe Abb. 18.2). Mit Hilfe dieses Browsers kann man Daten des Archivs sehen, Daten in das Archiv einlesen und Daten aus dem Archiv löschen. Er dient als Werkzeug für den internen Gebrauch und soll dazu dienen, die Korrektheit der Daten und ihrer Verlinkung mit anderen Daten zu überprüfen.

Neben diesem einfachen Datenbrowser wurden eine ganze Reihe weiterer, experimenteller Anwendungen zur Untersuchung verschiedener Interaktivitäten, z. B. zur Annotation von Videos, oder verschiedener Informationsvisualisierungen entwickelt.

18.5.2 Modellierungs- und Datenerfassungsprozess

Da der *Linked Data*-Ansatz kein *a priori*-Datenmodell benötigt, um Daten zu erfassen, kann man die Prozesse der Datenerfassung und der Datenmodellierung – wie gefordert – trennen. Die Eingabe von Massendaten über das Material des Archivs erfolgt zurzeit mit Hilfe von Microsoft *Excel*-Tabellen. Innerhalb des *Triple Store* werden diese Datensätze

[4] www.ontotext.com/owlim

[5] www.openrdf.org

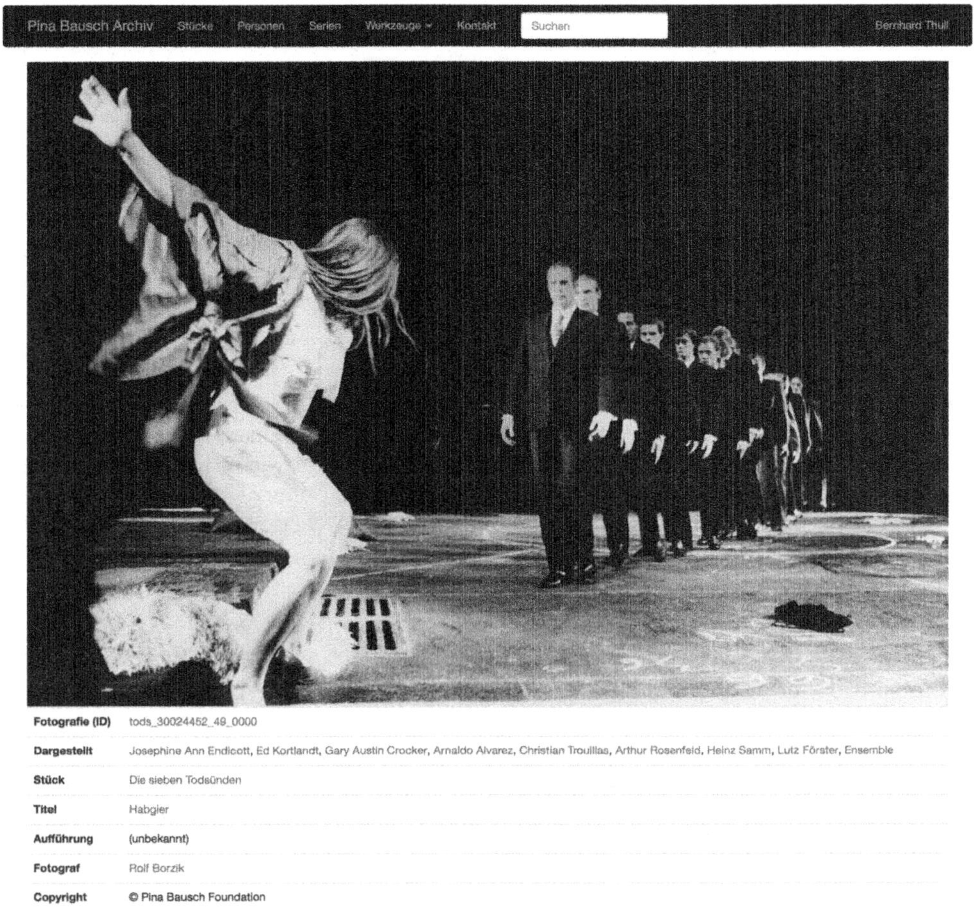

Abb. 18.2 Datenbrowser für das digitale Archiv mit einer Webseite mit Daten über eine Fotografie. Durch Anklicken der entsprechenden Links kann man mehr über die Fotografie selbst, über die dargestellten Personen, das Stück *Die sieben Todsünden*, den Titel oder die Szene *Habgier*, oder den Fotografen *Rolf Borzik* erfahren

dann in unterschiedlichen Kontexten gehalten. Technisch entsprechen diese Kontexte *named graphs*, die im *Triple Store* mithilfe von Quadrupel gespeichert werden. In unserer Architektur repräsentiert jeder Kontext daher einen bestimmten Datensatz, den ein bestimmter Autor mit Hilfe einer *Excel*-Tabelle in die Datenbank geladen hat [8, S. 71].

Die Einigung auf eine bestimmte Aufbereitung von *Excel*-Tabellen und die klare Trennung von Datenerfassung und –modellierung wird mit Hilfe eines so genannten Applikationsprofils erreicht (siehe z. B. *Dublin Core Application Profile*, DCAP[6]). Das Applikationsprofil beschreibt, welche Objekte (Fotografien, Videos, Programme, usw.) mit Hilfe

6 Siehe dublincore.org

	A	B	C	D	E
1	URI	Videoaufnahme	Notiz Digitalisierung	Notiz Aufnahme	Benennung des Digitalisats
2	:bamb_20070516_01_0001_500	:bamb_20070516_01_0001_500	Digitalisiert mit Schnittcomputer 1 Pina Bausch Foundation durch Ismaël Dia am 04.06.2012	Etwas unscharfes Bild, Ton gut	Probenvideo zu "Bamboo Blues" in Wuppertal am 16. Mai 2007 (1/1) (mov, unkomprimiert)@de
3	:bamb_20070516_01_0002_500	:bamb_20070516_01_0002_500	Digitalisiert mit Schnittcomputer 1 Pina Bausch Foundation durch Ismaël Dia am 03.04.2012	Übersprechende oder sehr dunkle Farbe, aufgefressenes Weiß, Ton okay	Probenvideo zu "Bamboo Blues" in Wuppertal am 16. Mai 2007 (1/1) (mov, unkomprimiert)@de
4	:bamb_20070518_01_0001_500	:bamb_20070518_01_0001_500	Digitalisiert mit Schnittcomputer 1 Pina Bausch Foundation durch Ismaël Dia am 03.04.2012	Bild gut, Ton gut	Aufführungsvideo zu "Bamboo Blues" in Wuppertal am 18. Mai 2007 (1/2) (mov,
5	:bamb_20070518_01_0002_500	:bamb_20070518_01_0002_500	Digitalisiert mit Schnittcomputer 1 Pina Bausch Foundation durch Ismaël Dia am 03.04.2012	Bild gut, Ton gut	Aufführungsvideo zu "Bamboo Blues" in Wuppertal am 18. Mai 2007 (2/2) (mov,
6	:bamb_20070518_01_0003_500	:bamb_20070518_01_0003_500	Digitalisiert mit Schnittcomputer 1 Pina Bausch Foundation durch Ismaël Dia am 03.04.2012	Bild gut, Ton gut	Aufführungsvideo zu "Bamboo Blues" in Wuppertal am 18. Mai 2007 (1/1) (mov,

Abb. 18.3 Ausschnitt aus einer Excel-Tabelle zur Datenerfassung. Die erste Spalte enthält jeweils die URIs des zu erfassenden Objekts. Die erste Zeile enthält die Attribute, die zu den Objekten erfasst werden sollen. Die Felder enthalten die entsprechenden Werte, wie sie für diese Objekte und Attribute im Referenzhandbuch festgelegt wurden. Die Einhaltung dieser Vorgaben wird beim Einlesen mit Hilfe des Applikationsprofils überprüft. Die manuelle Vergabe sprechender URIs ist eine Anforderung der Nutzer

welcher Attribute erfasst werden sollen und darüber hinaus, wie diese Attribute später im Einleseprozess der *Excel*-Tabellen in die Ontologie übersetzt werden (*mapping*). Dabei bleibt einerseits die Wahl und Benennung der Attribute für einzelne Objekte den Nutzern überlassen, als auch andererseits die Übersetzung dieser Attribute in die Ontologie flexibel und jederzeit änderbar. Gleichzeitig beziehen sich alle Angaben innerhalb einer Tabelle nur auf die Daten selbst; es gibt keine Abhängigkeit zur Modellierung. Die Modellierung ist stattdessen im Applikationsprofil hinterlegt.

Nutzern wird der für sie relevante Teil des Applikationsprofils in Form eines Referenzhandbuchs zur Verfügung gestellt. Das Handbuch stellt im Detail dar, wie Objekte erfasst und beschrieben werden können. Abbildung 18.3 zeigt eine daraus resultierende *Excel*-Tabelle.

Die eigentliche Modellierung erfolgt also erst beim Einlesen der Tabellen in die Datenbank. Dieses Vorgehen erlaubt es, das Modell jederzeit zu überarbeiten. Dazu wird entweder die Ontologie selbst oder das *Mapping* im Applikationsprofil überarbeitet. Ein überarbeitetes Modell wird angewandt, indem erst das neue Modell und danach alle Datentabellen erneut in die Datenbank eingelesen werden. Auf diese Weise kann das Datenmodell weiterentwickelt werden, ohne bereits erfasste Daten wieder zu verlieren.

18.5.3 Daten im Archiv

Bis jetzt wurden insgesamt mehr als 104.000 Entitäten in über 200 *Excel*-Tabellen erfasst und mit etwas mehr als 2 Mio. Tripel beschrieben, darunter 600 Personen, 54 Stücke mit insgesamt 3.010 Szenen, knapp 3.100 Aufführungen in 355 Spielstätten sowie 3.300

Videos und knapp 27.000 Fotografien von Aufführungen. Es sind noch einige Objekte in Arbeit wie z. B. Bühnenbilder, Regiebücher, Inspizienzen, Ton, mündliche Überlieferung, Presse, Verwaltungsunterlagen und Preise.

18.5.4 Aktuelles Modell

Der wichtigste Anwendungsfall für das digitale Archiv ist, jedem Objekt des Archivs einen Platz zu geben, und es leicht wieder zu finden. Daher haben wir zunächst eine Bibliotheks- oder Archivperspektive implementiert. Diese Perspektive wurde mit Hilfe des Modells der *Functional Requirements of Bibliographic Records* (FRBR, [5]) realisiert. Das FRBR-Modell unterscheidet vier Ebenen zur Beschreibung von intellektuellen oder künstlerischen Werken. Auf der Werkebene (*work*) wird das Werk selbst beschrieben, in unserem Fall die Stücke von Pina Bausch. Auf der zweiten Ebene werden Ausdrucksformen (*expression*) des Werks beschrieben. Stücke von Pina Bausch drücken sich z. B. in Form von Aufführungen aus. Die dritte Ebene beschreibt Manifestationen solcher Ausdrucksformen (*manifestation*), wie z. B. eine Videoaufnahme einer Aufführung. Die vierte und letzte Ebene beschreibt Exemplare (*item*), wie z. B. ein physisches Videoband, das eine Aufnahme einer bestimmten Aufführung enthält, oder das Digitalisat dieses Videobandes. Das FRBR-Modell hilft uns dabei, eine klare Struktur aufrecht zu erhalten, wohin jedes einzelne Objekt und seine Attribute im digitalen Archiv der Pina Bausch Foundation gehören. Daher haben wir das FRBR-Modell als Ausgangspunkt für die Entwicklung der *Pina Bausch Archive Ontology* gewählt, das wir nach Bedarf instanziieren und ergänzen (Abb. 18.4 zeigt den Kern der *Pina Bausch Archive Ontology*).

Dabei versuchen wir etablierte Vokabulare wiederzuverwenden, um die Einhaltung von *Linked Data*-Prinzipien sicherzustellen (siehe Tab. 18.1). Etwa zwei Drittel der Tripel des Archivs werden auf Basis der *Pina Bausch Archive Ontology* durch den Inferenzprozess des *Triple Stores* hinzugefügt [8, S. 71].

18.6 Diskussion

18.6.1 Was wir gelernt haben

Die Ergebnisse des Projekts lassen einige Schlussfolgerungen zu. Wir haben genügend Daten erfasst, um die Machbarkeit und die Sinnhaftigkeit des *Linked Data*-Ansatzes für das digitale Archiv der Pina Bausch Foundation zu zeigen. Insbesondere das FRBR-Modell konnte sein Versprechen bis jetzt halten und erlaubte uns, in allen bisher bearbeiteten Fällen, einen geeigneten Ort zu finden, um Daten über Material zu speichern. Allerdings stoßen wir zunehmend an die Grenzen von FRBR, wenn es z. B. um die Modellierung der Zusammensetzung der Stücke von Pina Bausch oder die Modellierung von Prozessen

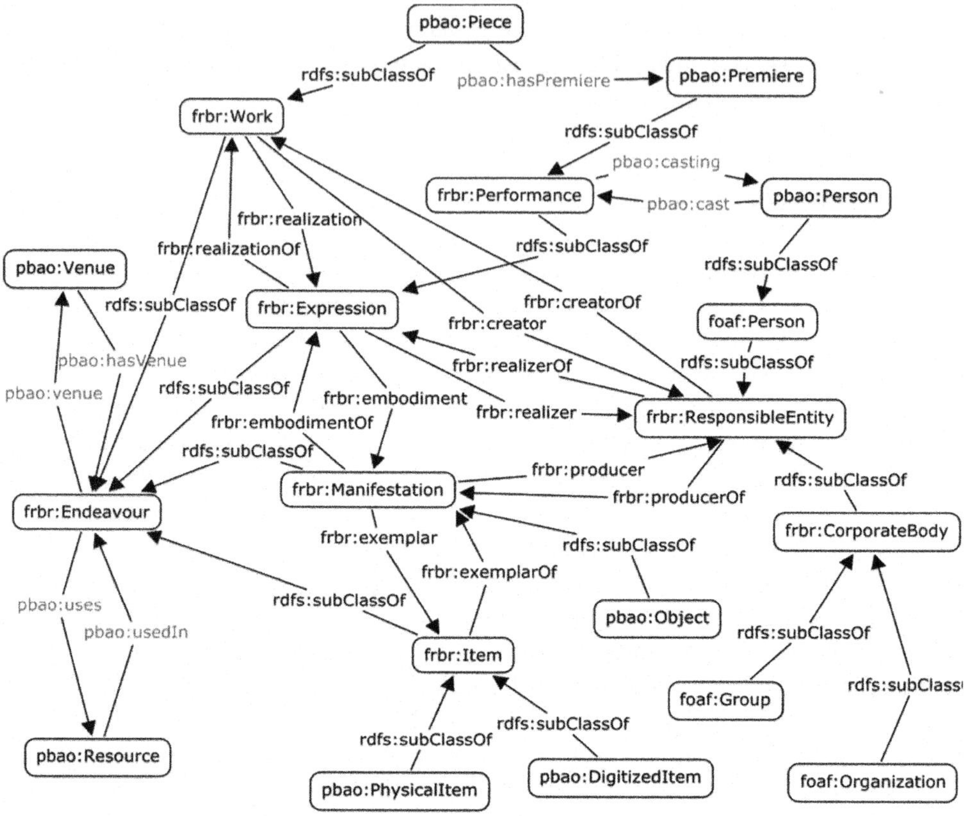

Fig. 18.4 Kern der *Pina Bausch Archive Ontology*. Weiß hinterlegte Entitäten entstammen dem FRBR-Vokabular, grau hinterlegte Entitäten sind eigene Erweiterungen, die mit Hilfe von Unterklassen weiter ausdifferenziert werden

rund um die Stückentstehung geht. Dies spricht für einen Einsatz der weiter entwickelten Version FRBRoo [2, 4].

Auch wenn die verwendete Technologie des *Triple Store* (OWLIM lite *Triple Store* in Verbindung mit der OpenRDF Sesame Workbench) und der dazugehörigen Werkzeuge noch relativ jung im Vergleich zu relationalen Datenbanken ist, zeigte sie sich ausreichend gereift und stabil. Dieser experimentelle Aufbau war daher ein erster wertvoller Schritt zur Entwicklung des digitalen Archivs [8, S. 72].

Im Laufe der ersten inzwischen drei Jahre Entwicklungszeit haben sich aber auch spezifische Schwachstellen und Herausforderungen gezeigt:

- Die Benutzungsschnittstelle und die Visualisierung sowohl zur Eingabe von Daten als auch zur Erkundung von Daten hat sich als eine wesentliche Herausforderung herausgestellt. Der *Linked Data*-Ansatz widersetzt sich üblichen Methoden des *User Interface Designs*, wie wir im Projekt an vielen Stellen gelernt haben. Dies hängt mit der

Tab. 18.1 Aufstellung der neben RDF(S) und OWL verwendeten Vokabulare

Vokabular	Beschreibung	URL
Functional requirements for bibliographic records (FRBR)	Vokabular zur Organisation von Daten über Werke in Bibliotheken und Archiven	http://purl.org/vocab/frbr/core#
Simple knowledge organization system (SKOS)	Vokabular zur Organisation von Wissen, das typischerweise in Thesauren, Klassifikationsschemata oder Taxonomien enthalten ist	http://www.w3.org/2004/02/skos/core#
Friend of a friend (FOAF)	Vokabular zur Verlinkung von Personen und Informationen über sie	http://xmlns.com/foaf/0.1/
Gemeinsame Normdatei der Deutschen Nationalbibliothek (GND)	Beschreibung von Personen und Institutionen	http://d-nb.info/standards/elementset/gnd#
vCard	Standard zur Beschreibung von Visitenkarten	http://www.w3.org/2006/vcard/ns#
Dublin core (DC, DCT)	Beschreibung von Dokumenten	http://purl.org/dc/elements/1.1/, http://purl.org/dc/terms/
Media	Beschreibung von Multimedia-Dokumenten, baut auf DCT auf	http://purl.org/media#
Places	Beschreibung von Orten und ihren Relationen zueinander	http://purl.org/ontology/places#
Geonames (GN)	Vokabular mit offiziellen geographischen Namen	http://www.geonames.org
WGS84 geo positioning (GEO)	Vokabular zur standardisierten Angabe von geodätischen Positionen (Längen, Höhen und Breiten)	http://www.w3.org/2003/01/geo/wgs84_pos#
Timeline ontology	Vokabular zur Beschreibung von Zeitpunkten und Zeiträumen	http://purl.org/NET/c4dm/timeline.owl#
Event ontology	Vokabular zur Beschreibung zeitlicher Ereignisse	http://purl.org/NET/c4dm/event.owl#

Dynamik von *Linked Data*-Archiven zusammen, wo eine Ressource mit nur ein paar anderen Ressourcen verbunden sein kann, wohingegen eine andere Ressource der gleichen Art mit Hunderten anderen Ressourcen verbunden sein kann, wie z. B. Stücke und ihre Aufführungen (siehe auch [6]). Weitere Arbeiten werden einen starken Fokus auf diesen Teil des digitalen Archivs legen müssen [8, S. 72].

- Während die Batch-Prozesse zur Pflege des Archivs über die REST-API gut funktionieren, ist die Anbindung der Datenbrowser über diese API zumindest zurzeit nicht skalierbar. Insbesondere die Versuche mit verschiedenen Informationsvisualisierungen haben gezeigt, dass sich mit immer mehr Tripel im *Triple Store* und immer aufwändige-

ren Darstellungen in den Browsern, die entsprechend komplexe SPARQL-Abfragen erfordern, die Laufzeit so verlängert, dass für Nutzer unzumutbare Wartezeiten entstehen.
- Die Nutzung von Inferenz innerhalb des *Triple Store*, wie im Fall des eingesetzten *OWLIM*, schließt die Entwicklung einer nutzbaren interaktiven Anwendung, z. B. zur Pflege der Daten in diesem Store, aus.[7]

Diese Erkenntnisse haben eine unmittelbare Konsequenz für die Weiterentwicklung der Architektur:

- Die Eingabe und Pflege von Massendaten über *Excel*-Tabellen und andere Quellen wie z.B: Filemaker *Bento*-Datenbanken, sowie das Einlesen dieser Daten in den *Triple Store* mit Hilfe von Batch-Prozessen haben sich bewährt und werden so fortgeführt.
- Zur interaktiven Pflege einzelner Ressourcen werden zurzeit versuchsweise Arbeitsplätze mit Hilfe von *Callimachus*[8] konfiguriert, einem webbasierten Framework zur Entwicklung von Linked Data-Anwendungen. Die so erzeugten und gepflegten Daten sollen dann wieder über die REST-API in den *Triple Store* des eigentlichen Archivs überführt werden.
- Die Endanwendungen zur Sichtung der Daten, wie z. B. der hier verwendete Datenbrowser, wird nicht mehr direkt über die REST-API an den Store angebunden, sondern über einen eigenen geeigneten Zwischenspeicher (*Cache*) bedient, in dem sämtliche für diese Anwendung notwendigen Daten z. B. im JSON-Format zwischengespeichert werden. Der Cache selbst kann wieder über Batch-Prozesse erzeugt werden. Ein Vorteil dieses Vorgehens ist, dass neben einem Gewinn an Performanz auch z. B. Suchmaschinen wie Apache Solr[9] eingesetzt werden können. Dieses Vorgehen ist für ein Archiv zulässig, da Eingaben in das Archiv vergleichsweise selten und zu kontrollierten Zeitpunkten erfolgen. Dem steht eine permanente Nutzung dieser Daten z. B. über Browser gegenüber.

Damit lässt sich die Rolle von *Linked Data* und des *Triple Store* für das Archiv wie folgt zusammenfassen: Mit Hilfe von *Linked Data* lassen sich Daten aus den unterschiedlichsten Quellen und Perspektiven zusammenfassen und zu einem konsistenten Gesamtbild zusammenfügen. Diese Daten werden in einem *Triple Store* mit Inferenzmöglichkeiten gesammelt, erzeugt und gehalten. Für spezielle Anwendungen notwendige Daten werden dem *Triple Store* entnommen und in einem *Cache* hinterlegt, d. h. produktive Anwendungen kommunizieren nicht unmittelbar mit dem *Triple Store*.

---

[7] Eine Alternative bietet *Stardog* (Clark & Parsia, http://stardog.com), das neue Tripel erst zum Zeitpunkt der Abfrage inferiert.

[8] callimachusproject.org

[9] http://lucene.apache.org/solr

18.6.2 Was andere machen

Zurzeit untersuchen viele Initiativen und Institutionen den Einsatz von *Linked Data* im Kontext kulturellen Erbes (siehe z. B. [4, 7]), und hier insbesondere auch die Frage, wie die so genannte *performance art* mit Hilfe dieser Technologie bewahrt werden kann.

Eine sehr einflussreiche Plattform ist *Europeana*[10]. Sie ist gedacht als zuverlässige Quelle für das kulturelle Erbe Europas und wird durch die Europeana Stiftung sowie eine große Zahl von Europäischen Kultureinrichtungen, Projekte und Partnern finanziert. Die Plattform enthält Millionen von Einträgen aus einer Reihe von Europas führenden Gallerien, Bibliotheken, Archiven und Museen. Das gehört auch der Bereich der *performing arts*, der durch die spezialisierte Plattform *eclap*[11] (e-library for performing arts) unterstützt wird. Beide Plattformen basieren auf *Linked Data*.

Der *Digitale Tanzatlas*[12] informiert über Persönlichkeiten, Werke und die Geschichte des Tanzes in Deutschland, ermöglicht den Online-Zugang zu vielen Quellen und Verweisen, dokumentiert die aktuelle Entwicklung im Tanz und skizziert ein zukünftiges Wissensnetz für Tanz. Gegenstände im *Tanzatlas* sind mit einer URI ausgestattet und mit Hilfe von Tripel beschrieben (siehe z. B. das Stück *La Chute*[13] von *Susanne Linke*[14]).

Der *Dachverband Tanz Deutschland*[15] hat kürzlich eine Studie zur Machbarkeit der Entwicklung ihres Archivs mit Hilfe von *Linked Data* abgeschlossen [3].

Dies sind nur einige prominente Beispiele und soll keine vollständige Aufzählung sein. Da die Idee von *Linked Data* letztendlich zu einer Kombination dieser Initiativen und Archive führen soll, müssen die verwendeten Vokabulare und Ontologien in Zukunft zusammengeführt und konsolidiert werden [8, S. 72].

18.7 Zusammenfassung

Das *Web of Documents* wandelt sich zu einem *Web of Data*. Wie im *Web of Documents* werden auch im *Web of Data* einige Teile aufgeräumt, gut strukturiert und organisiert, andere Teile eher spontan und chaotisch sein. Es ist also möglich, ein formal sauber strukturiertes *Web of Data* zu entwickeln, das in seiner strengen Struktur an relationale Datenbanken erinnert, aber eben auch eine eher halb- oder unstrukturierte Sammlung von Daten. Wir wollen gezielt beide Gestaltungsvarianten nutzen, um das digitale Archiv der Pina Bausch Foundation zu entwickeln.

[10] europeana.eu

[11] www.eclap.eu

[12] tanz2.tanzatlas-deutschland.de

[13] http://tanz1.tanzatlas-deutschland.de/xmlui/handle/10886/202?show=full

[14] http://tanz1.tanzatlas-deutschland.de/xmlui/handle/10886/164

[15] www.dachverband-tanz.de

Nach drei Jahren Projektlaufzeit lässt sich zusammenfassend feststellen, dass der *Linked Data*-Ansatz die Anforderungen an das digitale Archiv der Pina Bausch Foundation bisher erfüllt hat. Durch den Einsatz von *Linked Data* und die Fähigkeit des *Triple Store*, fehlende Verbindungen herzustellen, ist es möglich, lokales und verteiltes Wissen zu einer Sicht zusammenzuführen. Mit Hilfe von Vokabularen und Ontologien, die zwischen verschiedenen Vokabularen vermitteln können, ist es möglich, verschiedenen Sichten auf und Interpretationen des Materials zu entwickeln. Das Konzept der Kontexte erlaubt es, Autorenschaft nachzuhalten und somit Widersprüche selbst auf der Ebene von Fakten darzustellen. Die Möglichkeit, Daten ohne *a priori*-Modellierung zu erfassen, erlaubt es auch, sich dynamisch an veränderte Anforderungen und Randbedingungen anzupassen. Und als ein letzter, wichtiger Punkt stellt die Einhaltung der *Linked Data*-Prinzipien[16] sicher, dass das Archiv zukünftig leicht mit anderen *Linked Data*-Archiven verbunden werden kann [8, S. 73].

18.7.1 Hinweis

Diese Arbeit entstand im Rahmen einer Forschungskooperation der Pina Bausch Foundation und der Hochschule Darmstadt, in Zusammenarbeit mit dem Tanztheater Wuppertal Pina Bausch, gefördert mit Mitteln der Kulturstiftung des Bundes, des Ministeriums für Familie, Kinder, Jugend, Kultur und Sport des Landes Nordrhein-Westfalen und der Dr. Werner Jackstädt-Stiftung.

Literatur

1. Allemang. D., und J. Hendler. 2011. Semantic web for the working ontologist – Effective modeling in RDFS and OWL, 2nd ed. Morgan Kaufmann Pub.
2. Bekiari, C., M. Doerr, und P. Le Boeuf. FRBR object-oriented definition and mapping to FRBR. http://www.ifla.org/files/assets/cataloguing/frbrrg/frbr-oo-v9.1_pr.pdf.
3. Christen, M. 2012. Konzept zur Institutsübergreifenden Vernetzbarkeit, Dachverband Tanz Deutschland. http://www.dachverband-tanz.de/pdf/MChristen-Bestandsanalyse-Tanzfilmarchive%2020120420.pdf.
4. Doerr, M. 2009. Ontologies for cultural heritage. In *Handbook on Ontologies*, Hrsg. S. Staab und R. Studer, 463–488. Springer.
5. IFLA Study Group on the Functional Requirements for Bibliographic Records. 2009. Functional requirements for bibliographic records, Final report, International Federation of Library Associations and Institutions.
6. Janik, M., A. Scherp, und S. Staab. 2011. The semantic web: Collective intelligence on the web. *Informatik Spektrum* 35(5):469–483
7. Marden, J., C. Li-Madeo, N. Whysel, und J. Edelstein. 2013. Linked open data for cultural heritage: evolution of an information technology. In Proceedings of the 31st ACM international conference on design of communication (SIGDOC'13), ACM, New York, NY, USA, 107–112.

[16] www.w3.org/DesignIssues/LinkedData.html

8. Thull, B. 2014. Das digitale Pina Bausch Archiv. In *Tanz erben - Pina lädt ein*, Hrsg. M. Wagenbach, 59–73. Bielefeld: Transcript.
9. Walter, N., und S. Bausch, eds. 2011. Progress Report No. 1, Pina Bausch Foundation. http://www.pinabausch.org/assets/Progress_Report_PBF_2011_web.pdf.

Prof. Dr. Bernhard Thull ist Professor für Wissensmanagement und Informationsdesign an der Hochschule Darmstadt. Seine Forschungsschwerpunkte liegen in den Bereichen Informationsdesign, Entwicklung webbasierter Informationsdienste und Informationsräume und Semantic Web. Prof. Thull arbeitete 11 Jahre zunächst als wissenschaftlicher Mitarbeiter und später als Leiter einer Arbeitsgruppe am Helmholtz-Institut für Biomedizinische Technik an der RWTH Aachen. Er studierte Informatik an der RWTH Aachen und an der Hebräischen Universität Jerusalem. Seine an der Fakultät für Elektrotechnik der RWTH Aachen eingereichte Dissertation erhielt den Förderpreises 1996 der Deutschen Gesellschaft für Biomedizinische Technik e.V. (DGBMT). Weitere Angaben, insbesondere zur Publikationstätigkeit, finden Sie unter http://www.researchgate.net/profile/Bernhard_Thull.

Kerstin Diwisch arbeitet als Software-Entwicklerin und beschäftigt sich dabei vor allem mit semantischen Netzen. Schon während ihres Studiums der Informationswissenschaften war sie an zahlreichen Forschungsprojekten im Bereich Semantic Web und Linked Data beteiligt.

Vera Marz studierte von 2008 bis 2014 Informationswissenschaften an der Hochschule Darmstadt. Seit 2012 ist sie als an der Entwicklung einer Datenbank für das Pina Bausch Archiv im Bereich Datenmodellierung beteiligt und mittlerweile eine feste Mitarbeiterin in Wuppertal. In ihrer Masterarbeit „Development of a Content Standard for the Digital Pina Bausch Archive" beschäftigte sie sich mit der inhaltlich Erschließung der Materialien des Tanzarchivs mithilfe einer Linked Data Datenbank.

Mobile semantische P2P Anwendungen bauen

19

Ein Framework und seine Anwendung in der Sportwissenschaft

Thomas Schwotzer

1. Viele reale Anwendungen lassen sich bereits mit einfachen semantischen Strukturen realisieren bzw. optimieren.
2. Tools zum Bau semantischer Anwendungen sollten einen schnellen Einstieg erlauben.
3. Semantische Strukturen verbessern die Interoperabilität von Social Network Anwendungen deutlich.
4. Dezentrale Anwendungen sollten Semantik explizit behandeln.

19.1 Einleitung

Das BMBF-Projekt *Salto* (FKZ 01PF07051A) wird 2015 nach drei Jahren Laufzeit enden. Ein Teilprojekt bestand im Bau eines dezentralen *social networks* für Sporttrainer. Die Projektleitung hat das Institut für Angewandte Trainingswissenschaften (IAT) Leipzig inne. Exemplarisch dienen als erste Zielgruppe Trainer des Spitzensportbereiches.

An der HTW Berlin beschäftigen wir uns seit 2008 mit dezentralen und semantischen Systemen. Das Interesse an serverfreien Lösungen wuchs sprunghaft ab dem Jahr 2013 nach den Enthüllungen von Mr. Snowden bzgl. der NSA-Praktiken. Davor schien eine Debatte über Alternativen zum Client-Server-Modell eher akademischer Natur. Uns erstaunte die explizite Forderung des IAT nach Dezentralität, weil sie bereits in 2012 aus einem eher IT-fernen Umfeld kam. Auch ohne die Kenntnisse über globale staatliche Überwachung

T. Schwotzer (✉)
Hochschule für Technik und Wirtschaft Berlin, Berlin, Deutschland
E-Mail: thomas.schwotzer@htw-berlin.de

B. Ege et al. (Hrsg.), *Corporate Semantic Web*, X.media.press,
DOI 10.1007/978-3-642-54886-4_19

gab es bereits damals Bedenken bei der Anwendergruppe: Das IAT unterstützt Trainer bei der Analyse von Trainingsmethoden und bietet dafür ausgewähltes Equipment. Die Erarbeitung optimaler Trainingsmethoden ist ein langjähriger Prozess. Das Kopieren solcher Methoden ist dagegen sehr einfach. Trainer befinden sich in einer ähnlichen Situation wie viele Kultur- und Wissen-Schaffende: Ihre Arbeit ist kosten- und zeitintensiv. Ihre Arbeit beinhaltet außerdem den Austausch über Trainingsmethoden, was wiederum das Kopieren genau dieser Methoden ermöglicht. Trainer wollen sich vernetzen, sie wollen Informationen austauschen, aber sie wollen wenigstens das Gefühl haben, immer Oberhoheit über ihre Daten zu haben. Das Speichern ihrer Daten auf einem Server wurde grundsätzlich abgelehnt.

Dezentralität ermöglicht, dass nachvollziehbar ist, wann und an wen Daten geschickt wurden. Eine Trainerin Alice könnte eine interessante Analyse erfassen und sie an ihren Kollegen Bob senden. Dieser Austausch soll verschlüsselt und signiert erfolgen. Natürlich kann Bob die Daten ebenfalls weitergeben und so z. B. gegen ein Schweigegebot von Alice verstoßen. Sollte Alice allerdings ihre Daten an unpassender Stelle finden, weiß sie, dass Bob der Schuldige war. Und Bob weiß, dass Alice das wissen wird. Liegen unverschlüsselte Daten auf einen Server gibt es deutlich mehr denkbare Wege der unerlaubten Weitergabe.

Ein zweiter positiver Effekt kann ein direkter Austausch von Daten sein. Videos spielen eine wichtige Rolle bei der Analyse sportlicher Leistungen. Sie werden nicht selten bereits vor Ort ausgewertet und kommentiert. Die so kommentierten Informationen werden nicht selten aber auch bereits vor Ort weitergegeben. Smartphones und Tablets erfreuen sich auch im Trainerbereich großer Beliebtheit. Die Daten könnten damit auch direkt z. B. mittels Wifi-Direct – und damit ohne Nutzung des mobilen Internet– weiter gegeben werden. Das spart in jedem Fall Kosten, geht schneller und hinterlässt deutlich weniger Datenspuren.

Im Folgenden werden die wesentlichen Funktionen der Anwendung Salto vorgestellt. Danach wird beschrieben wie die Umsetzung mittels des Frameworks Shark erfolgte. Dabei wird gezeigt, wie effektiv sich bereits einfache semantische Konzepte für die Realisierung einer solchen Anwendung eignen.

19.2 Salto Funktionen

Trainer sollen über ein **Profil** verfügen. Das Profil beinhaltet Kontaktdaten, berufliche Interessen und optional einen Lebenslauf. Die Interessen sind vorrangig sportliche Teildisziplinen wie z. B. *Leichtathletik* oder *Muskelaufbau für Oberschenkel*. Grundsätzlich existiert eine Begriffsliste (Vokabular), die hier zum Einsatz kommt. Sie wird allerdings nicht von allen Trainern als vollständig akzeptiert. Gleichzeitig besteht ein nennenswerter formaler Aufwand, neue Begriffe zum offiziellen Vokabular hinzuzufügen.

Das führte zu der Entscheidung, dass die bereits definierten Begriffe im System vordefiniert sein sollen. Trainer sollen aber auch eigene Begriffe definieren können. Begriffe sollen im System lediglich in einer hierarchischen Beziehung stehen können, d. h. es soll definierbar sein, dass ein *10 km Lauf* eine Disziplin der *Leichtathletik* ist. Da Trainer außerdem autonom eigene Begriffe definieren können, entsteht eine *Folksonomie*. Das schließt die Aufgabe ein, dass es möglich sein muss zu ermitteln, dass zwei Trainer mit anderen Worten den gleichen Begriff bezeichnen. Auf diesen Punkt wird weiter unten bei der Realisierung eingegangen werden.

Salto soll eine Form eines **Chatraumes** unterstützen können. Prinzipiell kann jeder Trainer einen solchen virtuellen Raum erzeugen und beliebig viele Trainer einladen. Im Raum lassen sich Textnachrichten veröffentlichen, aber auch beliebige digitale Dokumente. Der Erzeuger eines Raumes kann neue Mitglieder einladen aber auch existierende entfernen.

Jeder Trainer soll **beliebige digitale Daten speichern** und direkt an andere **senden** können. Sie sollen in Chaträumen veröffentlicht werden können.

Alles in allem sind das übliche Funktionen von kollaborativen Plattformen. Das wundert wenig, denn die Anforderungen ergaben sich auch aus den Erfahrungen der Anwender mit webbasierten Anwendungen. Profil, Chaträume und das Speichern und Versenden von Informationen sind seit Jahren Standardfunktionen von virtuellen Teams, die auch Trainer nutzen wollen. Die Dezentralität und der Wunsch nach einem verteilten Fachvokabular macht das System interessant für die Forschungsförderung.

Im folgenden Abschnitt sollen kurz die wesentlichen Eigenschaften des Programmierframeworks Shark vorgestellt werden auf dessen Basis das System realisiert wird. Danach wird die Implementierung von Salto mit Shark vorgestellt.

19.3 Programmierframework Shark

Shark ist ein Acronoym und steht für **Shar**ed **K**nowledge[1]. Shark ist ein Java-Framework zum Bau dezentraler semantischer Anwendungen. Es entstand im gleichnamigen BMBF-Projekt von 2009–2012 (FKZ 17 N3209). Im Folgenden sollen die für Salto wesentlichen Shark-Funktionen erläutert werden.

19.3.1 Wissensbasis

Shark erlaubt das Speichern von beliebigen digitalen Informationen in einer Wissensbasis (KB). Die Informationen in der KB können (und sollen) semantisch annotiert werden. Die Annotation erfolgt mittels **Semantic Tags (ST)**. Diese Datenstruktur hat lediglich zwei Teile: einen Namen und eine beliebige Anzahl von **Subject Identifiern (SI)**. Der Name dient lediglich zur Anzeige für die Anwender. Das Konzept der SI wurde aus dem ISO Standard 13250 Topic Maps adaptiert. Ein Semantic Tag repräsentiert einen Begriff. Der

[1] http://www.sharksystem.net

Name benennt diesen und die SIs dienen dazu, dessen Bedeutung (Semantik) zu repräsentieren. In Shark sind es URI, die auf eine Ressource verweisen, die den Begriff möglichst unmissverständlich beschreibt. In der Regel ist das eine Webseite – ideal ist ein Wiki.

Als Beispiel soll das Framework Shark selbst mittels eines Semantic Tags beschrieben werden: *Name*: Shark, *SI*: http://www.sharksystem.net. Wahlweise könnte man aber auch auf den Wikipedia-Artikel von Shark verweisen. Tatsächlich wird empfohlen, so viele SIs in einem Semantic Tag zu sammeln wie möglich.

Zwei Semantic Tags gelten als gleich, wenn sich ein Paar SIs finden lässt, die gleich sind. Semantic Tags sind tatsächlich eine reduzierte Variante der Topics aus dem ISO Standard.

Semantic Tags lassen sich in Shark in beliebigen semantischen Netzen strukturieren. Diese Netze werden durch eine reduzierte Variante der RDF-Tripel realisiert. Das Salto Vokabular lässt sich damit ohne Weiteres realisieren.

Für Salto relevant sind **Peer Semantic Tags (PST)**. Diese Tags beschreiben Peers. Das sind in Salto meistens Personen, seltener Gruppen von Personen. PST erben die Eigenschaften von Semantic Tags fügen aber noch beliebig viele Adressen der Peers hinzu, z. B. E-Mailadressen oder TCP-Adressen. Die **Spatial Semantic Tags (SST)** zur Georeferenzierung von Daten wurden in Salto nicht benötigt. Mit einem **Time Semantic Tag (TST)** lassen sich Zeiträume beschreiben.

Für die semantische Annotation der Informationen stehen sieben Facetten (Dimensionen) zur Verfügung:

Topic beschreibt den Inhalt der Information.

Peer beschreibt den Peer, das diese Information besitzt.

Remote Peer beschreibt ein Peer von dem diesen Information erhalten wurde bzw. zu dem die Information potentiell gesendet werden soll.

Originator beschreibt ein Peer, dass das Topic definiert hat. Dieser Aspekt erscheint anfangs eigenartig und soll kurz erläutert werden. Irgendein Peer – und in diesem Fall ist das mit hoher Wahrscheinlichkeit ein Mensch - ordnet einer Information ein Thema zu. Das bedingt, dass der Peer die Information gelesen und verstanden hat.

Informationen werden ausgetauscht. Peers steht es frei, die Überprüfung des Inhaltes zu wiederholen. Einfacher gesagt:Menschen können (und sollen) erhaltene Dokumente lesen und prüfen, ob sie tatsächlich zum genannten Thema (Topic) passen. Ist das der Fall, tragen sie sich selber als Originator ein. Sie behaupten damit *nicht*, Autor der Information zu sein, sondern dass das Topic die Information korrekt beschreibt. Peers steht es aber auch frei die Informationen ungeprüft zu speichern. Anhand des Originators ist es immer möglich zu erkennen, wer behauptet hat, dass die Information zu einem bestimmten Topic gehört.

Location erlaubt die Georeferenzierung einer Information.

Time erlaubt die Definition von Zeitspannen z. B. um festzulegen, wann eine Information ausgetauscht werden soll.

Direction erlaubt die Beschreibung, ob eine Information anderen Peers gesendet werden soll bzw. ob weitere Informationen zum gleichen Thema von anderen Peers bezogen werden sollen. Es gibt lediglich vier mögliche Werte:IN, OUT, INOUT, NO – der Peer will Daten senden, empfangen, beides oder wünscht keinen Austausch.

19.3.2 P2P Austausch

Shark erlaubt den Bau von Peer-to-Peer Systemen. Dazu existiert ein eigenes P2P Protokoll namens Knowledge Exchange Protocol (KEP). KEP verfügt über lediglich zwei Kommandos: *Expose* und *Insert*.

Expose sendet ein Shark-**Interesse** an einen anderen Peer. Ein Shark Interesse verfügt über die genannte sieben Facetten. Ein Peer kann damit Bedingungen beschreiben, unter denen es Informationen austauschen will. Er kann eine Reihe von Topics definieren und eine Reihe von Peers mit denen ein Austausch erfolgen soll. Er kann auch einschränken, welche Originators er akzeptiert usw. Auf Einschränkungen kann auch verzichtet werden. Formal wurde dazu ein Semantic Tag namens ANY definiert. Ein ANY Tag hat keine explizite Semantik und dient als Joker-Tag, dass zu jedem anderen Tag identisch ist. Ein ANY Tag in der Topic Facette beschreibt, dass der Peer sich für jedes Thema interessiert.

Will nun ein Peer beispielsweise mitteilen, dass er Informationen zum Thema *Shark* schicken will und zwar unabhängig von Empfänger, Zeit und Ort, so kann er das Interesse wie folgt beschreiben: *Topic: Shark, Peer: ANY, Remote Peer: ANY, Originator: ANY, Location: ANY, Time: ANY, Direction: OUT.*

Das Shark Protokoll legt nicht fest wie ein Peer auf den Erhalt eines Interesses reagieren soll. Konkrete Anwendungen wie Salto können aber konkretere Vorgaben machen. Einige Möglichkeiten werden weiter unten diskutieren.

Interest sendet eine Information inklusive ihrer semantischen Annotationen von einem Peer zum anderen. Auch hier schränkt Shark die Reaktionsmöglichkeiten des empfangenen Peers nicht ein.

Auf weitere Details des Protokolls kann hier verzichtet werden. Wichtig ist lediglich, dass KEP über E-Mail und TCP aber auch in spontanen Netzen wie Wifi-Direct und Bluetooth arbeiten kann. Die Kommunikation erfolgt optional verschlüsselt und signiert.

19.4 Implementierung

19.4.1 Profil

Basierend auf Shark wurde 2012 begonnen, Salto zu implementieren. Zunächst soll das Profil eines Trainers in der Salto Anwendung diskutiert werden: Es umfasst wenigstens Kontaktdaten, einen Lebenslauf und sportliche Interessen. Beide stellen für Shark Informationen dar, die in der Wissensbasis gespeichert werden. Die semantische Annotation ist dabei diese: *Topic: Profil, Peer und Originator: Besitzer des Profils, Remote Peer: ANY, Location und Time: ANY, Direction: OUT.*

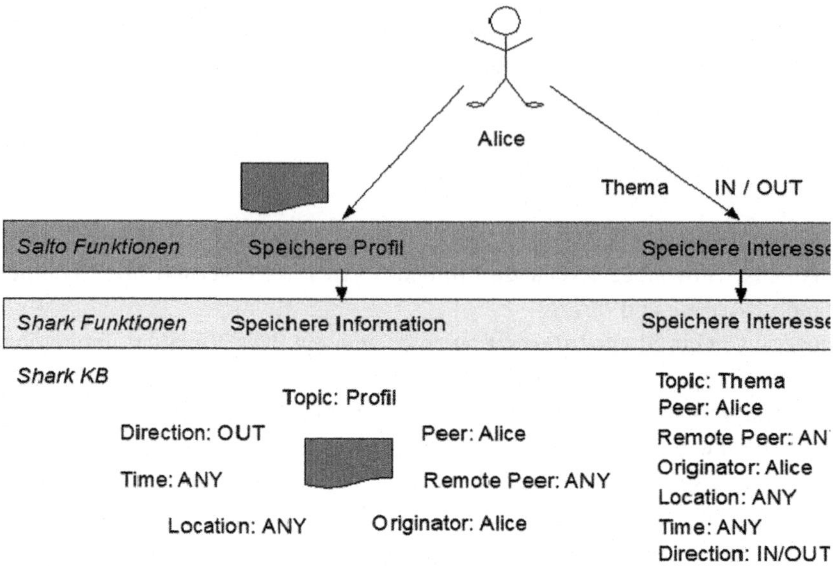

Abb. 19.1 Software-Schichtung: Salto nutzt Shark

Das Topics des Profiles muss nicht erläutert werden. Das Peer, das seine Daten speichert, hinterlegt sich auch als Peer und Originator. In Salto wurden Remote Peer, Location und Time mit ANY belegt. Damit wird ausgedrückt, dass prinzipiell alle anderen Peers das Profil erhalten können, unabhängig von Zeit und Ort. Die Richtung wird mit OUT definiert – man will lediglich eigene Profildaten senden, aber keine Ergänzungen zum eigenen Profil erhalten. Abbildung 19.1 illustriert die Implementierung. Peer Alice hinterlegt lediglich Profil-Daten über die Salto-Schnittstelle. Salto speichert diese Daten als Informationen in der Shark KB mit den genannten Facetten.

Das Salto-Profil soll aber auch Interessen beschreibbar machen, d. h. Trainer sollen die sie interessierenden Sportarten festlegen können. Hierzu wurde keine neue Struktur erfunden, sondern das Shark-Interesse genutzt. Das Shark-Interesse hat allerdings sieben Facetten für die in Salto lediglich zwei relevant sind: Topic und Peer. Will also Trainerin Alice ihr Interesse in Leichtathletik beschreiben, so definiert sie ein Interesse: Topic: *Leichtathletik, Peer: Alice, Direction: IN/OUT, alle anderen Facetten: ANY.*

Mit der Direction Facette der Interessen wird in Salto prinzipiell als INOUT definiert, d. h. es wird angesetzt, dass Trainer sich prinzipiell Informationen suchen und anbieten.

Außerdem kann jedes Salto-Peer das Interesse an anderen Profilen mitteilen. Alice würde definieren: Topic: *Profil, Peer: Alice, Direction: IN/OUT, alle anderen Facetten: ANY*, siehe Abb. 19.1.

Zwei Salto-Peers tauschen nach Kontaktaufbau Interessen aus. Mögen sich beispielsweise Bob und Alice treffen. Bob würde erkennen, dass Alice sich für sein Profil

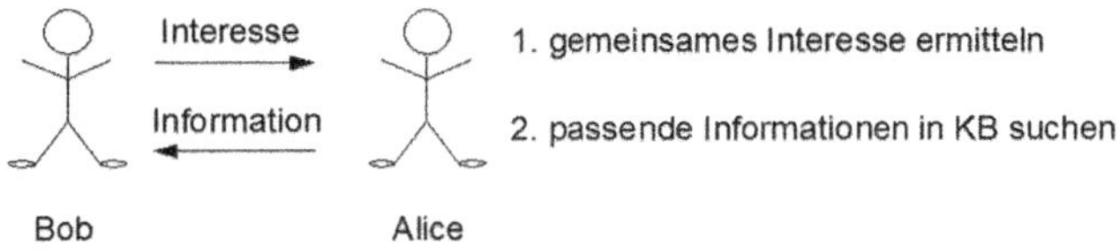

Abb. 19.2 P2P Austausch zwischen Shark Peers

interessiert. Im Standardfall würde er sein Profil an Alice senden. Bob würde aber auch weitere Interessen des Peers empfangen. Er würde das Interesse an *Leichtathletik* sehen. Hier kommt die Datenspeicherung in Salto ins Spiel, die im folgenden zusammen mit dem Austausch diskutiert werden soll.

19.4.2 Datenhaltung und -austausch

Trainer sollen beliebige digitale Daten speichern können. Die Shark-Wissensbasis erlaubt die Speicherung beliebiger Daten, die zusätzliche mit den uns bereits bekannten sieben Facetten annotiert werden. Das Topic wird nach eigenem Ermessen gewählt (bspw. *Leichtathletik*). Peer und Originator sind das erzeugende Peer (z. B. *Alice*). Bei der Speicherung kann auch definiert werden, ob die Daten prinzipiell austauschbar sein sollen; wenn ja: Direction: OUT, wenn nein: Direction: NO. Empfänger der Daten können mittels der Remote Peer Facette eingeschränkt werden. Zeitliche oder örtliche Einschränkungen sind in Salto nicht relevant und werden daher nicht angeboten, siehe Abb. 19.1: Unten in der Mitte ist eine Informationen in der Shark-KB mit ihren sieben Facetten dargestellt.

Nun kann geklärt werden, wie ein Peer reagiert, wenn es ein Interesse eines anderen Peers erhält, siehe Abb. 19.2. Bob möge Alice als erster ein Interesse gesendet haben. Sie ermittelt zunächst (Schritt 1), ob sie über ein passendes Interesse verfügt. Will Bob Informationen über 10 km Lauf, so muss Alice ein Interesse am Senden von Informationen dieses Themas oder verwandter Themen haben. Die Suche im Vokabular soll hier nicht vertieft werden, daher nur kurz: In Salto kann Alice ein Interesse am Senden von Informationen bspw. zum Thema *Leichtathletik* definieren, das auch ein Interesse an *10 km Lauf* einschließt, wenn beide Themen in einer Relation zueinander stehen. Shark bietet die übliche Suche in Begriffshierarchien an und ist sehr einfach zu programmieren: Tatsächlich ist Schritt 1 in Salto in einer einzigen Java-Programmierzeile realisierbar.

Ist ein gemeinsames Interesse gefunden, so wird geprüft, ob es passende Informationen dazu in der Wissensbasis gibt, die auch gesendet werden sollen. Auch diese Funktion wird direkt von Shark angeboten – sie nennt sich *Extraktion*. Auch Schritt 2 ist lediglich eine Zeile Programmcode in Salto. Diese gefundenen Informationen werden an den anfragenden Peer gesendet.

Neben dem Austausch von Daten werden auch (neue) Teile des gemeinsamen Vokabulars ausgetauscht. Dieser Aspekt des Systems wird im folgenden Abschnitt vorgestellt.

19.4.3 Dezentrales Vokabular/Folksonomie

Topics spielen sowohl beim Austausch von Daten als auch bei der Beschreibung von Interessen eine wesentliche Rolle. Salto ist ein dezentrales System in der Form, dass ein Peer sämtliche Topics lokal speichert, die es zur Annotation der Informationen und zur Definition von Interessen benutzt.

In Salto existiert aber gleichzeitig die Forderung nach einer Kombination eines kontrollierten Vokabulars mit einer Folksonomie. Die Erzeugung eigener Semantic Tags lässt sich einfach realisieren: Jedes Salto-Peer kann jederzeit ein Semantic Tag anlegen, lokal speichern und mit anderen Tags verbinden. Es entsteht ein verteiltes und damit zunächst unkontrolliertes Vokabular. Wie geht man aber mit dem kontrollierten Vokabular um?

Im Projekt wurde folgender Weg gewählt: Das Institut für Angewandte Trainingswissenschaften (IAT) wird ein Peer mit einer besonderen Rolle betreiben. Dieser Peer wird das offizielle Vokabular pflegen. Alle weiteren Peers werden bei der ersten Aktivierung eine Initialisierung vornehmen, die u. a. darin besteht, ein Interesse an den IAT-Peer zu senden mit folgendem Inhalt: *Topic: ANY, Peer: peer, Remote Peer: IAT, Originator: IAT, Location/Time: ANY, Direction: NO*. Formal ist dieses Interesse korrekt aber auch eigenartig. Ein Peer teilt sein Interesse an jedem Topic (ANY) mit dem IAT-Peer mit. Gleichzeitig wird erklärt, dass ein Informationsaustausch nicht erwünscht ist (Direction: NO). Diese Eigenart lässt sich semantisch aber gut deuten: Das Peer will tatsächlich keine Informationen, sprich Dokumente. Es interessiert sich aber für alle Topics des IAT-Peer. Dieser antwortet seinerseits mit dem Senden eines Interesses der Form: *Topic: komplettes offizielles Vokabular, Peer/Originator: IAT, Direction: NO, alle anderen Facetten: ANY*. Auch der IAT-Peer zeigt an, dass er keine Informationen über alle Themen austauschen will, übermittelt aber das komplette offizielle Vokabular.

Außerdem wird in Salto folgende Regel implementiert: Sobald ein Peer ein neues Semantic Tag erzeugt, sendet der Peer ein Interesse an den IAT-Peer mit eben jenem neuen Tag und Relationen zu anderen Teilen des bisherigen Vokabulars. Damit wird der IAT-Peer über Erweiterungen auf dem Laufenden gehalten und kann ggf. von Zeit zu Zeit das offizielle kontrollierte Vokabular erweitern.

Als Verwalter des kontrollierte Vokabulars spielt der IAT-Peer eine Sonderrolle im System. Er stellt damit eine zentrale Komponente dar. Die Erweiterung des kontrollierten Vokabular ist ohne ihn nicht mehr möglich. Ebenfalls können neue Peer das initiale Vokabular nicht erhalten. Die Kommunikation zwischen den Peers wird durch einen Ausfall des IAT-Peers aber nicht beeinträchtigt. Auch das Vokabular kann dezentral weiterhin erweitert werden. Salto stellt damit kein pures, sondern ein hybrides P2P System dar.

Peers können aber auch direkt untereinander neue Topics austauschen. In dem Fall können sie die neuen Tags speichern, vermerken aber auch, von welchem Peer sie erzeugt wurden. Damit entsteht eine Folksonomie, ein dezentrales unkontrolliertes Vokabular.

Die Subject Identifier ermöglichen das dezentrale Vokabular. Die SIs verweisen auf Wikis, die das neue Tag erläutern. Das sind in der Regel einfache Erklärungen wie „10 km Lauf – Mittelstreckendisziplin der Leichtathletik". Es kann sein, dass zwei Trainer den gleichen Begriff getrennt voneinander erzeugen. Erkennt ein Trainer, dass der Begriff eines anderen identisch zum eigenen ist, fügt er einfach sein SI dem anderen Tag hinzu und definiert beide damit als identisch. Dieser Tag verteilt sich im Netz und andere Trainer erfahren von der Identität beider Begriffe. Der gleiche Effekt kann eintreten, wenn eine neue Version des offiziellen Vokabulars verteilt wird. Es ist möglich, dass dezentral erzeugte Begriffe Teil des offiziellen Vokabulars wurden. Mittels der SIs kann die Gleichheit erkannt werden.

19.4.4 Makan

Die größte Herausforderung war tatsächlich die Realisierung eines Chat in dem P2P System. Die Teilfunktionen sollen noch einmal genannt werden: Eine Menge von Peers sollen eine Gruppe bilden können. Peers der Gruppe sollen neue Informationen allen Peers der Gruppe kommunizieren können. Peers sollen die Gruppe verlassen können, andere Peers sollen der Gruppe beitreten können.

Aus Anwendungssicht ähnelt die Aufgabe einem Wiki-System: Viele teilen gemeinsame Ressource an denen alle arbeiten können. Allerdings existiert kein zentraler Server auf dem alle Daten liegen. Im Zuge der Implementierung wurde eine allgemeine – also auch jenseits von Salto – nutzbare Komponente für Shark entwickelt, die den Namen *Makan* erhielt und Anleihen aus dem Bereich der Publish-Subscribe-Systeme enthält.

Abbildung 19.3 illustriert das Prinzip. Ein Peer (Alice) kann einen Makan anlegen (1). Technisch ist ein Makan eine eigene Wissensbasis. Alice lädt initial andere Peers ein (2). Das erfolgt durch das Versenden eines Interesses mittels Expose. Im Topic des Interesses

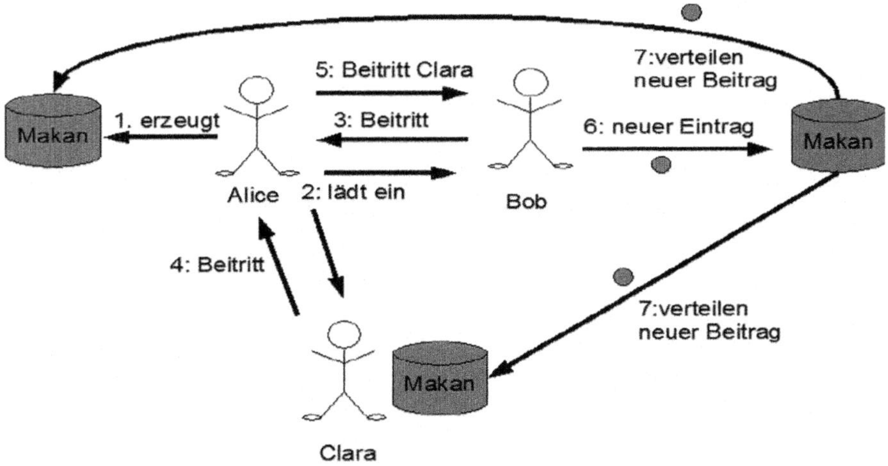

Abb. 19.3 Peer Kommunikation im Makan

wird der Makan und dessen Inhalte beschrieben und in den Peer-Dimensionen die Teilnehmer des Makan.

Peers können auf diese Einladung reagieren und dem Makan beitreten (3, 4). Lokal legen die Peers nun eine Wissensbasis für den Makan an. Im Folgenden wird diese Wissensbasis mit allen anderen Peers der Gruppe synchron gehalten. Technisch erfolgt das dadurch, dass der beitretende Peer allen anderen Peers ein Interesse sendet. Dieses nennt den Makan als Topic und zeigt mit Direction IN an, dass der beitretende Peer Daten empfangen will. Die Peers des Makan speichern dieses Interesse.

Peers können neue Informationen in den Makan einstellen. Diese Informationen werden in die lokale Wissensbasis eingetragen. Außerdem wird sie an alle Peers gesendet, die ein Interesse daran gesendet hatten. So werden die Makan-Wissensbasen synchron gehalten. In einem lose gekoppelten System kann es vorkommen, dass die Übermittlung der Informationen längere Zeit in Anspruch nimmt oder gar scheitert. Das System kann darauf reagieren, indem Peers Informationen wiederholt an andere weitergeben.

Peers melden sich von einem Makan ab, indem sie allen anderen Peers ein Interesse senden. Das Topic des Interessen nennt den Makan im Topic. Mit der Direction NO wird anzeigt, dass der Peer keinen Austausch mehr wünscht. Dieses Interesse wird in der Gruppe verteilt. Es ist möglich, dass Peers Nachrichten an ein austretendes Peer senden, weil sie dessen Abmeldung noch nicht erhalten haben. In dem Fall trifft die ankommende Nachricht aber auf kein aktives Interesse mehr beim Peer und wird verworfen.

In Salto entscheidet der den Makan erzeugende Peer, welche Peers dem Makan beitreten dürfen. In Salto werden dazu alle Beitritte an den erzeugenden Peer gesendet – in der Abb. 19.3 ist das Alice. Alice verteilt diese Nachrichten an die bereits teilnehmenden Peers. Salto-Peers akzeptieren Teilnahmemitteilungen nur vom Makan erzeugenden Peer. Da Nachrichten verschlüsselt und signiert verschickt werden, ist das Konzept sicher. In Shark wird in dem Fall von einem *geschlossenen Makan* gesprochen. Im Gegensatz dazu existiert in Shark ein *offener Makan*, in dem der erzeugende Peer diese zentrale Funktion nicht mehr hat. Diese Variante soll hier aber nicht diskutiert werden.

19.5 Zusammenfassung und Fazit

Dieses Kapitel hat das Projekt Salto vorgestellt, in dem ein dezentrales *social network* für Trainer im Spitzensport entsteht. Die Dezentralität hat den expliziten Umgang mit Semantik erzwungen. Ein existierendes Agentensystem hätte bei Projektbeginn als technische Basis für Salto gewählt werden können. Das hätte aber auch bedeutet, die (wenigen) Mitarbeiter/innen in die eher komplexe Thematik der Agentensysteme einzuarbeiten. Eine Alternative war Shark, ein deutlich einfacher zu erlernendes Framework, das allerdings die üblichen Kinderkrankheiten junger Open Source Projekt zeigte. Vor dieser Wahl stehen Praktiker häufig. In Salto fiel die Entscheidung zugunsten der schnellen Einarbeitung. Der Projektfortschritt hat diese Entscheidung nie bereuen lassen.

Wie in jedem sozialen Netzwerk existiert auch in Salto ein Vokabular, mit dem umgegangen werden muss. In Salto beinhaltet das Vokabular Sportarten und Trainingsmethoden. In allgemeinen sozialen Netzwerken finden sich im Vokabular nicht selten unterschiedliche Sprachen inklusive Slang-/Fach- und Jugendsprachen. Zentrale Systeme können das semantische Problem in aller Regel ignorieren und tun das auch: Ein Interesse auf einem server-basierten sozialen Netz ist oft nur durch ein Wort manifestiert. Je nach Fähigkeit und Interesse der Serverbetreiber werden die Interessen anderer Teilnehmer des Netzes auch unter Maßgabe von Mehrsprachigkeit, Synonymen und Tippfehlern untersucht. Semantik muss nicht explizit annotiert werden. Das System kann die Eindeutigkeit der Worte mittels syntaktischer Mittel sicherstellen.

Dezentrale Systeme können die Semantik nicht ignorieren. Zwei Peers können unabhängig voneinander beispielsweise das Wort *Shark* benutzen. Der eine beschreibt damit den Knorpelfisch, von dem leider einige Unterarten als gefährdet gelten. Der andere Peer mag das beschriebene Java-Framework meinen. Zwei unabhängige Peers können die Bedeutung nicht ohne Weiteres ermitteln. Die Semantik muss deshalb explizit beschrieben sein. Dazu dienen die Subject Identifier, die aus dem ISO Topic Maps Standard übernommen sind. Bei der Strukturierung der Begriffe werden gerichtete Graphen wie in RDF eingesetzt. Sie sind in der praktischen Arbeit einfacher zu behandeln (und auch zu erklären) als die Assoziationen von Topic Maps.

Unsere Erfahrung aus IT-Firmen und Hochschulen ist identisch: Die Einarbeitungszeit in neue Technologien und Frameworks muss kurz sein. Die Erkenntnis mag aus akademischer Sicht betrüblich sein, ist aber aus praktischer Sicht relevant. In Salto hat vor allem das IAT die Entscheidung getroffen, auf Shark zu setzen und nicht auf ein Agentensystem. Die Entwickler hatten bisher keinen Kontakt zu semantischen Systemen. Trotz allem entstanden schnell Anfangserfolge. Diese Erfahrung kann der Autor nahezu täglich an der Fachhochschule sammeln. Die Studierenden sind an praktischen Fähigkeiten interessiert. Mit Shark gelingt es schnell, Anfangserfolge zu erzielen und die praktische Nutzbarkeit semantischer Strukturen erlebbar zu machen. Die Lernkurve wird damit am Anfang deutlich abgeflacht. Sollte Shark an seine technischen Grenzen stoßen, ist der Schritt zu Agentensystemen nicht mehr so groß.

Das Framework genügt offenbar nicht nur in der Lehre, sondern war auch solide Basis, um ein dezentrales soziales Netzwerk für Trainer zu bauen, das auf stationären Systemen und Android-Geräte arbeitet und das 2015 in Betrieb geht. Unter dem Label **SharkNet** ist geplant eine Open Source Version zu implementieren und wie das Framework unter einer GPL Version zu publizieren.

Prof. Dr. Thomas Schwotzer studierte Informatik an der TU Chemnitz. Danach war er Softwareentwickler, Projektleiter und Produktmanager in IT-Firmen in München und Berlin.

Später kehrte er in die Forschung zurück und promovierte 2006 an der TU Berlin. Während dieser Zeit entstand die Idee zu Shark. Danach war er Leiter der Forschung und Entwicklung eines IT-Unternehmens mit den Schwerpunkt Suchmaschinen in Berlin. Seit 2008 ist er Professor an der HTW in Berlin und lehrt und forscht im Bereich mobiler dezentraler und semantischer Anwendungen.

Intelligente Wissenswiederverwendung in internationalen Logistik-Projekten

20

Stephan Zelewski, Martin Kowalski und Daniel Bergenrodt

1. Semantic-Web-Techniken ermöglichen, beim Projektmanagement auch solches Erfahrungswissen computergestützt wiederverwenden zu können, das in qualitativer, überwiegend natürlichsprachlicher Form vorliegt.
2. Der Engpass der Wissensakquisition lässt sich in der betrieblichen Praxis effektiv bewältigen, indem Experten in Form von „narrativen Stories" frei über ihre Domäne berichten.
3. Für die Erstellung eines „wissensbasierten" Projektmanagementsystems, das Techniken des „Semantic Web" wie Ontologien und Case-based Reasoning nutzt, muss die Anwendungsdomäne sorgfältig abgegrenzt werden, indem festgelegt wird, welche Aspekte berücksichtigt und welche Aspekte ausgeblendet werden sollen. Hierfür können sogenannte „Competency Questions" behilflich sein, die von erfahrenen Praktikern formuliert werden sollten.
4. Die Übertragung des Erfahrungswissens von Praktikern in eine computerverarbeitbare Darstellungsform (Ontologien und Cases) stellt eine anspruchsvolle und kreative Aufgabe dar, die sich nicht vollständig automatisieren lässt.

S. Zelewski (✉) · M. Kowalski · D. Bergenrodt
Institut für Produktion und Industrielles Informationsmanagement, Universität Duisburg-Essen, Universitätsstraße 9, 45141 Essen, Deutschland
E-Mail: stephan.zelewski@pim.uni-due.de

B. Ege et al. (Hrsg.), *Corporate Semantic Web*, X.media.press,
DOI 10.1007/978-3-642-54886-4_20

20.1 Wiederverwendung von projektbezogenem Erfahrungswissen

20.1.1 Projektmanagement als Wissensmanagement

Das Management von Projekten erstreckt sich überwiegend auf das Management von projektbezogenem Erfahrungswissen. Daher erweist sich das Projektmanagement in der betrieblichen Praxis als eine besonders wissensintensive Managementaufgabe. In diesem Zusammenhang wird zuweilen von einem „Projektwissensmanagement" oder „project knowledge management" gesprochen.

Dieser Beitrag befasst sich speziell mit dem Management internationaler Logistik-Projekte, wie sie beispielsweise im Rahmen des „globalen" Supply Chain Managements und bei großen internationalen Transportprojekten vorliegen. Beim Management solcher Projekte muss das Erfahrungswissen über Einflussgrößen beachtet werden, das aus einer besonders großen Vielfalt von heterogenen Wissensquellen stammt. Erschwerend kommt hinzu, dass es sich oftmals um qualitatives, lediglich natürlichsprachlich repräsentiertes Erfahrungswissen handelt, das von den „gewöhnlichen" quantitativen Techniken der Betriebswirtschaftslehre für Aufgaben des Projektmanagements nicht bewältigt werden kann. Zu diesen überwiegend qualitativen Einflussgrößen mit hoher Relevanz für das Projektwissensmanagement internationaler Logistik-Projekte gehören z. B. folgende Aspekte:

- Charakterisierung der Logistik-Dienstleister, die an der Durchführung des Logistik-Projekts maßgeblich beteiligt sind, beispielsweise hinsichtlich der Unternehmensgröße und der Hauptleistungen, die am Logistikmarkt offeriert werden;
- Charakterisierung des Logistik-Projekts hinsichtlich der hauptsächlich zu erbringenden logistischen Dienstleistungen, der zu transportierenden Güterarten sowie der Start- und Zielorte der zu bedienenden Lieferkette;
- Projektvolumen, z. B. hinsichtlich des Auftragswerts (Umsatz) für den Logistik-Dienstleister, des Personaleinsatzes (z. B. in Personenmonaten) und der Projektdauer (z. B. in Monaten);
- detaillierte Beschreibung der zu transportierenden Güter: Güterart (z. B. gemäß Zolltarifkatalog), Gütermenge, Gütergröße (Abmessungen, Gewicht oder Volumen), Güterverpackung, eventuell eingesetzte Container, alles z. B. gemäß Angaben in Lieferscheinen;
- speziell für Güterverpackungen sollten Packmittel (z. B. Holzkiste, Karton, Palette), Packhilfsmittel (z. B. Knautschpapier, Styropor-Zwischenlagen, Nägel), Packstück (Transporteinheit, deren Packmittel das Produkt und diverse Packhilfsmittel umschließt), Verpackung (Verpackungsarbeit, die aus einem unverpackten Produkt ein Packstück macht) berücksichtigt werden;
- eingesetzte Transportmittel (Verkehrsmittel wie Lastkraftwagen, Güterzug, Frachtschiff oder Verkehrsträger wie Straße, Schiene, Wasserstraße) einschließlich ihrer Kombinationsmöglichkeiten (kombinierte Verkehre);
- bediente (Transport- oder Verkehrs-)Relationen;

- Zollformalitäten und Zollpräferenzregeln;
- HS-Codes (EU-Zolltarif, Auslands-Zolltarif) für Verzollungszwecke;
- Exportkontrollvorschriften und Compliance-Anforderungen einschließlich daraus folgender Verbote und Beschränkungen;
- Sicherheitsvorkehrungen, die im Hinblick auf Güter, Verkehr, Bevölkerung, Staat, Umwelt und Daten einzuhalten sind;
- Kompetenzen (Mitarbeiterqualifikationen), die für die Projektdurchführung besonders wichtig und beim Logistik-Dienstleister vorhanden sind;
- Kompetenzen (Mitarbeiterqualifikationen), die bei der Durchführung eines ähnlichen Logistik-Projekts in der Zukunft in verstärktem Ausmaß zur Verfügung stehen sollten (z. B. als Anforderung an die eigene Personalentwicklung oder als Anforderungsprofil für zukünftige Kooperationspartner);
- Probleme, die bei der Zusammenarbeit mit den Kooperationspartnern aufgetreten sind;
- betriebswirtschaftliche, technische und ökologische Kennzahlen zur Beschreibung des Logistik-Projekts einschließlich Kennzahlen zur Beurteilung des Projekterfolgs (z. B. Einhaltung des Termins für die Projektfertigstellung, Projektkosten, Projektgewinn, Projektdeckungsbeitrag, Projektrendite);
- zusätzliche rechtliche, ökologische und gesellschaftliche Einflussgrößen, die sich auf die Gestaltung des Logistik-Projekts – wie z. B. auf die Konfiguration der Lieferkette oder die auszuführenden Transportprozesse – ausgewirkt haben (beispielsweise Klimapolitik, Green Logistics, Carbon-Footprint-Diskussion, Unternehmensethik und Corporate Social Responsibility);
- kritische Erfolgsfaktoren oder „Key Performance Indicators" (KPI) oder „Lessons Learned", die sich für die entweder erfolgreiche oder aber missglückte Projektdurchführung als besonders wichtig herausgestellt haben;
- Beschreibung von Aspekten, die bei der Durchführung eines ähnlichen Logistik-Projekts in der Zukunft auf jeden Fall verbessert werden sollten.

Anhand dieser exemplarischen Auflistung wird deutlich, dass für das Management internationaler Logistik-Projekte umfangreiches und komplexes Wissen aus heterogenen Wissensquellen benötigt wird sowie angewendet werden muss. Angesichts einer derartigen Herausforderung wird im Rahmen des betrieblichen Wissensmanagements immer wieder empfohlen, Erfahrungswissen wiederzuverwenden, das bei einem Logistik-Dienstleister über bereits durchgeführte Logistik-Projekte vorliegt.

20.1.2 Probleme der Wiederverwendung von Erfahrungswissen

Die Wiederverwendung von projektbezogenem Erfahrungswissen findet in der betrieblichen Praxis kaum statt. Dieser Mangel beruht auf mehreren, oftmals miteinander verschränkten Gründen.

Wissen über bereits ausgeführte oder zukünftig auszuführende Logistik-Projekte lässt sich nur zu einem kleinen Teil in wohlstrukturierter, in der Regel quantitativer und formalsprachlicher Weise als sogenanntes explizites Wissen repräsentieren. Das explizite Erfahrungswissen erstreckt sich großenteils auf quantitative Aspekte, wie beispielsweise auf die Ausführungszeiten einzelner Vorgänge oder Arbeitspakete, sowie auf die Kosten und Kapazitätsbedarfe der Vorgangs- bzw. Arbeitspaketausführungen, insbesondere im Hinblick auf die erforderlichen Personal-, Maschinen- und Transportmittelressourcen. Dieses explizite Projektwissen lässt sich in wohlstrukturierter Weise organisieren, archivieren und auch wiederverwenden, vor allem mit der Hilfe von Projektdatenbanken. Zur erstmaligen oder wiederholten Anwendung dieses expliziten Projektwissens stehen ausgereifte betriebswirtschaftliche Planungstechniken zur Verfügung. Sie erlauben es, das explizite Projektwissen im Hinblick auf „harte" betriebswirtschaftliche Ziele zeitlicher oder monetärer Art, wie etwa die Einhaltung von Lieferterminen oder die Minimierung der Projektkosten, ohne prinzipielle Schwierigkeiten zu managen. Insbesondere existiert zur Unterstützung des Wissensmanagements im Hinblick auf explizites Projektwissen und in Bezug auf „harte" Projektziele ausgereifte Projektmanagementsoftware.

Das explizite, zumeist quantitative Projektwissen reicht für ein erfolgreiches Projektmanagement jedoch in der Regel bei Weitem nicht aus. Vielmehr wirkt sich auf den Projekterfolg auch eine Fülle von Einflüssen qualitativer Art aus, die zumeist – wenn überhaupt (z. B. lassen sich Einflüsse wie „persönliche Harmonie" nur schwer präzise artikulieren) – nur in natürlichsprachlicher Weise ausgedrückt werden können. Beispielsweise wirken sich auf den Projekterfolg oftmals die Qualifikationen des eingesetzten Projektpersonals stark aus, d. h., es kommt erheblich auf die vorhandenen Kompetenzen im Sinne von handlungsbefähigendem Wissen an. Darüber hinaus kann der Projekterfolg ebenso durch die Zuverlässigkeit, insbesondere die Vertragstreue, der in einem Projekt mitwirkenden Akteure – einzelne Personen, Personengruppen (wie z. B. Montagetrupps) oder auch ganze Unternehmen – beeinflusst werden. Zur Beurteilung des Projekterfolgs spielen aus betriebswirtschaftlicher Sicht auch „weiche" Ziele eine wichtige Rolle, wie z. B. die Qualität der Projektdurchführung aus der Kundenperspektive, die als „Reputationstreiber" die spätere Akquisition weiterer Projektaufträge maßgeblich zu beeinflussen vermag. Ebenso gilt es gesellschaftliche Erwartungen an so vage Größen wie Corporate Social Responsibility oder Good Governance sowie komplexe juristische Rahmenbedingungen, wie z. B. Zoll- und Exportvorschriften, zu berücksichtigen. Einflussgrößen der letztgenannten Art können bei internationalen Logistik-Projekten eine große Bedeutung erlangen.

Das zuvor skizzierte projektbezogene, vornehmlich qualitative Erfahrungswissen wird im Rahmen des Wissensmanagements zumeist als implizites oder tazites Wissen erörtert, weil es sich nicht – zumindest nicht unmittelbar – in expliziter Form in Projektdatenbanken einbringen lässt. So lange, wie das qualitative Erfahrungswissen in den „Köpfen" von Projektmanagern „eingesperrt" bleibt, kann es zwar von den Projektmanagern als Wissensinhabern angewendet und auch persönlich wiederverwendet werden. Aber es erweist sich als unmöglich, dieses qualitative Erfahrungswissen von prinzipiell allen Mitgliedern eines Unternehmens, das ein Projekt plant, durchführt oder kontrolliert, gemeinsam – sei es erstmals oder sei es zum wiederholten Male – nutzen zu lassen. Für diese gemeinsame, vor allem die wiederholte Wissensnutzung ist eine Explizierung und Kommunizierung des qualitativen Erfahrungswissens erforderlich.

Diese beiden Anforderungen stellen allerdings nur eine „conditio sine qua non" im Sinne einer notwendigen, aber noch nicht hinreichenden Bedingung für die Wiederverwendung von Erfahrungswissen dar. Denn es reicht nicht aus, das verfügbare Erfahrungswissen explizit bereitzustellen und an Personen, die es Erfolg versprechend wiederverwenden könnten, zu kommunizieren. Vielmehr bedarf es auch der „Durchsetzung" der Wissenswiederverwendung im betrieblichen Alltag. Dies kann sowohl durch Anordnung oder – besser – Motivation seitens des Projektmanagements als auch durch entsprechende Bereitschaft auf der Seite der „wissensverarbeitenden" Projektmitarbeiter (zu denen streng genommen auch das Projektmanagement selbst zählt) unterstützt werden. Hierbei handelt es sich allerdings um personalwirtschaftliche Aspekte, die außerhalb des Fokus „Techniken des Semantic Web" dieses Beitrags liegen.

Die Explizierung qualitativen Projektwissens mittels Quantifizierung oder zumindest Formalisierung scheidet aus den bereits genannten Gründen in der Regel aus. Stattdessen wird qualitatives Erfahrungswissen aus dem Management früherer Projekte – sofern überhaupt (siehe oben: implizites Wissen „in den Köpfen der Mitarbeiter", „persönliche Harmonie" usw.) – zumeist auf natürlichsprachliche Weise repräsentiert. Es befindet sich kaum in konventionellen Datenbanken, sondern bestenfalls in der Gestalt von natürlichsprachlichen Dokumenten. Typische Beispiele hierfür sind die „Debriefings", „Lessons Learned" und „Post-Project Reviews". Sie werden nach der Durchführung eines Projekts von den maßgeblichen Projektmitarbeitern angefertigt, um Wissen über wesentliche Erfolgs-, aber auch Misserfolgsfaktoren für die Wiederverwendung in künftigen Projekten zu sichern. Solche Dokumente umfassen allenfalls im Dokumentkopf einige wohlstrukturierte Informationen. Dazu gehören beispielsweise Informationen über Projektauftraggeber, Projektbranche, Projektdauer und Projektkosten. Der größte Dokumentteil besteht jedoch aus weitgehend unstrukturiertem „Fließtext". Daher wird das Erfahrungswissen über bereits durchgeführte Projekte, das in solchen Dokumenten „codifiziert" ist, als schlecht strukturiertes Wissen bezeichnet.

Die große Herausforderung des Projektwissensmanagements besteht darin, schlecht strukturiertes, qualitatives und überwiegend natürlichsprachlich repräsentiertes Erfahrungswissen über bereits durchgeführte alte Projekte – neben dem unproblematischen, weil wohl strukturierten, quantitativen und formalsprachlich repräsentierten Wissen, das z. B. in Projektdatenbanken vorgehalten wird, – so aufzubereiten und den Mitarbeitern eines Projekts so zugänglich zu machen, dass es in neuen Projekten erfolgreich wiederverwendet werden kann.

20.2 Techniken des „Semantic Web" für die computergestützte Wiederverwendung von projektbezogenem Erfahrungswissen

Techniken des „Semantic Web“[1], die in jüngerer Zeit für Zwecke der Wissensexploration (als Erkundung von Wissen, das in computergestützten Netzwerken zur Verfügung steht) und der Wissensnutzung (als Anwendung – und auch Wiederverwendung – des verfügbaren Wissens zur Lösung von Problemen) entwickelt worden sind, eignen sich dazu, die erläuterten Schwierigkeiten bei der computergestützten Wiederverwendung von projektbezogenem Erfahrungswissen zu überwinden, zumindest deutlich zu reduzieren. Diese Techniken zeichnen sich im Wesentlichen dadurch aus, dass sie ein inhaltliches, d. h. „semantisches“ Verständnis und eine computergestützte Verarbeitung desjenigen Wissens ermöglichen, das in Computer-Netzwerken grundsätzlich zugänglich ist.

Aus der Erforschung Künstlicher Intelligenz (KI) stammt die Technik des „Case-based Reasoning“ (CBR)[2]. Die CBR-Technik ist darauf ausgelegt, Wissen wiederzuverwenden, indem Wissen, das bei der Bearbeitung früher gelöster Probleme („Cases“) erworben wurde, mittels computergestützter Analogieschlüsse auf die Bearbeitung neuer, „hinreichend“ ähnlicher Probleme übertragen wird. In diesem Anwendungskontext ist es lediglich erforderlich, die allgemeine Rede von „Problemen“ auf den Spezialfall von internationalen Logistik-Projekten als jeweils zu bewältigende logistische Probleme zu fokussieren.

Für die hier betrachteten internationalen Logistik-Projekte muss die CBR-Technik um die Fähigkeit erweitert werden, auch qualitatives, insbesondere natürlichsprachlich repräsentiertes und schlecht strukturiertes Wissen computergestützt zu verarbeiten. Zu diesem Zweck bietet sich die Wissensrepräsentationstechnik der Ontologien[3] an, die sich bereits in zahlreichen anderen Forschungs- und Transferprojekten hinsichtlich der Aufgabe bewährt hat, vornehmlich natürlichsprachlich repräsentiertes Wissen „begrifflich“ so zu strukturieren, dass es sich in computergestützter Weise systematisieren und wiederverwenden lässt. Ontologien stellen daher den zentralen Ansatzpunkt dar, um das computergestützte Management von Erfahrungswissen über internationale Logistik-Projekte im Rahmen eines CBR-Systems zu ermöglichen.

Das Verbundprojekt „Organisatorische Innovationen mit Good Governance in Logistik-Netzwerken“ (OrGoLo), das im Spitzencluster „EffizienzCluster LogistikRuhr“ vom Bundesministerium für Bildung und Forschung (BMBF) gefördert wurde, diente dazu, einen praxistauglichen Ansatz dafür zu entwickeln, Case-based Reasoning und Ontologien so miteinander zu kombinieren, dass sie sich gemeinsam („synergetisch“) zur computergestützten Wiederverwendung von Erfahrungswissen über internationale Logistik-Projekte nutzen lassen. In diesem Spitzencluster-Projekt entwickelte das Essener Institut für Produktion und Industrielles Informationsmanagement ein prototypisches CBR-System

[1] Vgl. zu einem Überblick über Semantik-Web-Techniken z. B. [4].

[2] Vgl. [3], S. 32 ff.; [15], S. 1 ff.; [2], S. 51 ff.; [5], S. 26 ff.; [18], S. 15 ff.; [1], S. 39 ff.; [10], S. 3 ff.; [16], S. 1 ff.

[3] Vgl. [20], S. 158 ff.; [17], S. 155 ff.; [9], S. 1 ff.; [8], S. 293 ff.; [7], S. 908 ff.

mit der Bezeichnung „SCM Project Recommender". Dieser Prototyp wurde in der ersten Entwicklungsphase darauf zugeschnitten, in Kooperation mit den Praxispartnern des Verbundprojekts OrGoLo – darunter vor allem die Duisburger Hafen AG (duisport) mit ihrer Tochtergesellschaft „duisport packing logistics" (dpl), die relamedia GmbH, die TraffGo HT GmbH und die zubIT GmbH – deren Erfahrungswissen über komplexe, vor allem internationale Logistik-Projekte zu sammeln sowie auf der Grundlage einer umfassenden Logistik-Ontologie in der speziellen Wissensrepräsentationsform von „Fällen" aufzubereiten. Im Zentrum der Entwicklungsarbeiten standen reale Projekte der Praxispartner, die das Management internationaler Supply Chains betrafen. Dazu gehörten beispielsweise die verschiffungstaugliche Verpackung der Bestandteile einer Polarforschungsstation und deren Seetransport von Duisburg in die Antarktis[4] sowie der multi-modale Transport von Heimwerker-Produkten von ihrer Produktionsstätte im Innern Chinas bis zu den Distributionszentren einer namhaften Handelskette in Deutschland[5].

20.3 Entwicklung des ontologie-basierten CBR-Systems „SCM Project Recommender"

Die folgenden Ausführungen vermitteln einen Überblick, wie bei der Entwicklung des CBR-Systems „SCM Project Recommender" konkret vorgegangen wurde, um es zu einem Werkzeug an der Schwelle des praktischen Einsatzes ausreifen zu lassen. Hier wird vor allem auf Aspekte der Ontologie-Erstellung eingegangen, weil Ontologien besonders enge Bezüge zum „Semantic Web" aufweisen.

20.3.1 Auswahl der Softwarekomponenten

Im Rahmen der Entwurfsphase galt es, eine Entscheidung bezüglich der beiden zentralen Komponenten eines ontologie-basierten CBR-Systems – dem CBR-Tool und dem Ontologie-Tool – zu treffen. Zunächst stellte sich die Frage, ob die Komponenten individuell programmiert werden sollten oder ob auf Software-Werkzeuge zurückgegriffen werden konnte. Die Entscheidung fiel aus Gründen der Zeitersparnis und der Vielfalt verfügbarer Softwareprodukte auf den Einsatz von Software-Werkzeugen, und zwar sowohl für die Ontologie-Erstellung als auch für die Komponente, die das Case-based Reasoning übernimmt.

Die marktführenden und frei erhältlichen Tools wurden zu Beginn des Verbundprojekts OrGoLo im Rahmen eines Dissertationsprojekts anhand der Kriterien Funktionalität, Zu-

[4] Vgl. [11], S. 8 ff.

[5] Vgl. [13], S. 22 ff.

verlässigkeit und Benutzbarkeit miteinander verglichen und bewertet.[6] In dieser Untersuchung wurden die Ontologie-Tools Apollo, OntoStudio, OntoTrack, Protégé und Swoop sowie die CBR-Tools CASPIAN, CBR-Shell, Induce-It und MyCBR berücksichtigt. Die Vergleiche wurden mithilfe der Software „Expert Choice" durchgeführt, die den „Analytic Hierarchy Process" (AHP) als ein anspruchsvolles betriebswirtschaftliches Bewertungsverfahren verwendet.

Die AHP-Analyse führte bei den Ontologie-Tools zu folgenden Bewertungsergebnissen im relativen Vergleich: Protégé 38,0 %, OntoStudio 23,2 %, Swoop 21,0 %, OntoTrack 11,0 % und Apollo 6,7 %. Der deutliche „Sieger" Protégé hob sich vor allem hinsichtlich des Hauptbewertungskriteriums – der Funktionalität bei der Ontologie-Erstellung – deutlich von der Konkurrenz ab. Ebenso schnitt Protégé im Hinblick auf die Anwendungsfreundlichkeit der grafischen Benutzerschnittstelle (GUI) eindeutig besser ab als alle Konkurrenten.

Beim Vergleich der CBR-Tools fiel das Ergebnis der AHP-Analyse deutlich knapper aus: MyCBR 40,1 %, Induce-It 35,7 %, CBR-Shell 17,4 % und CASPIAN 6,8 %. MyCBR punktete vor allem durch die umfangreiche Unterstützung beim Import von Ontologien sowie durch die größte Benutzerfreundlichkeit im Vergleich zur Konkurrenz.

Aufgrund dieser Resultate wurden für die Entwicklung des ontologie-basierten CBR-Systems „SCM Project Recommender" die beiden Tools Protégé und MyCBR verwendet. Ein zusätzlicher Vorteil dieser Entscheidung bestand darin, dass MyCBR auch in einer Version mit einem Plug-In für Protégé erhältlich ist und somit eine relativ einfache Integration der beiden Softwarekomponenten erwarten ließ.

20.3.2 Vorgehen zur Ontologie-Erstellung

Im Gegensatz zur Softwareentwicklung existieren zur Ontologie-Erstellung noch keine allgemein akzeptierten Vorgehensmodelle.[7] Es sind aber einige Ansätze vorhanden[8], wie beispielsweise die „Cyc-Methode", die „Methontology" sowie der „KACTUS-Ansatz". Die Vorgehensweise, die im Verbundprojekt OrGoLo verwendet wurde, lehnte sich an folgende sieben Entwicklungsschritte[9] an:

1. Beschreibung der Ontologie-Domäne,
2. Wiederverwendung bestehender Ontologien,
3. Identifikation relevanter Begriffe,
4. Festlegung der Klassen und der Klassenhierarchie,
5. Definition der Slots (Attribute und Relationen),

[6] Vgl. [3], S. 85 ff.
[7] Vgl. [17], S. 158.
[8] Vgl. [6], S. 113 ff.
[9] Vgl. [14], S. 4 ff.

6. Definition der Slot-Eigenschaften und
7. Erstellen von Instanzen.

Die Erstellung einer Logistik-Ontologie für das Verbundprojekt OrGoLo wird im Folgenden nur hinsichtlich der ersten fünf Schritte skizziert.[10]

20.3.3 Beschreibung der Ontologie-Domäne

Die Ontologie-Domäne ist das Anwendungsgebiet für ein CBR-System. Für das hier betrachtete CBR-System „SCM Project Recommender" handelt es sich bei dieser Anwendungsdomäne um das Supply Chain Management im Rahmen internationaler Logistik-Projekte. Vor der eigentlichen Erstellung einer Ontologie muss die Anwendungsdomäne sorgfältig abgegrenzt werden, indem festgelegt wird, welche Aspekte berücksichtigt und welche Aspekte ausgeblendet werden sollen. Diese Abgrenzung ist von entscheidender Notwendigkeit. Es sollte ein „ausgewogener" Detaillierungsgrad angestrebt werden, der zum einen den Aufwand für die Ontologie-Erstellung begrenzt und zum anderen eine möglichst aussagekräftige Konzeptualisierung des betrachteten Realitätsausschnitts zulässt.

Ein bewährtes Instrument zur Fokussierung einer Ontologie auf relevante Aspekte einer speziellen Anwendungsdomäne sind die sogenannten „Competency Questions"[11]. Sie stellen Fragen dar, deren Beantwortung von der zu entwickelnden Ontologie ermöglicht werden soll. Die Fragen dienen neben der Fokussierung der Anwendungsdomäne später ebenso zum Test, ob die erstellte Ontologie genug Informationen bietet, um die Fragen zu beantworten, und ob der gewählte Detaillierungsgrad ausreichend ist, um die betrachtete Anwendungsdomäne „angemessen" zu strukturieren. Die „Competency Questions" sind lediglich als Ausgangspunkt für die Erstellung einer Ontologie anzusehen. Während der weiteren Ontologie-Erstellung lassen sie sich aufgrund zwischenzeitlich gewonnener Erkenntnisse anpassen, insbesondere auch erweitern. Die wichtigsten kompetenzorientierten Fragen für eine Logistik-Ontologie lauteten:

- Wie ist eine Supply Chain, die von einem Logistikauftrag ausgelöst wurde, aufgebaut?
- Welche Eigenschaften hat ein einzelner Transportprozess?
- Welche Akteure wirken bei der Gestaltung von Supply Chains und ihrer Nutzung für die Durchführung von Transportprozessen mit?
- Welche Faktoren beeinflussen die Entscheidung zur Beauftragung von Logistikdienstleistern?
- Welche Faktoren beeinflussen die Entscheidung zur Auswahl einer bestimmten Relation und der genutzten Verkehrsträger?

---

[10] Vgl. stattdessen beispielsweise vertiefend [12], S. 21 ff.

[11] Vgl. [17], S. 159 f., und [14], S. 4.

- Wie lassen sich die verschiedenen Arten von Sachgütern und Dienstleistungen voneinander unterscheiden und kategorisieren?

20.3.4 Wiederverwendung bestehender Ontologien

Um wiederverwendbare Komponenten für die Entwicklung einer Logistik-Ontologie zu finden, wurde auf diversen Internetplattformen recherchiert[12]. Die Suchergebnisse überschnitten sich teilweise mit der hier betrachteten Anwendungsdomäne. Es ließ sich aber keine Ontologie finden, die den konkreten Anforderungen des Verbundprojekts OrGoLo gerecht wurde. Zusätzlich stellten die in der Online-Recherche gefundenen Ergebnisse hauptsächlich Ontologien dar, die in der Ontologie-Sprache OWL erstellt worden waren und sich deshalb nicht problemlos in die bereits ausgewählte Kombination der beiden Tools Protégé und MyCBR integrieren ließen.

Hinzu kam die Überlegung, dass selbst bei wiederverwendbaren Teilen von bestehenden Ontologien ein großes Risiko besteht, dass der zusätzliche Aufwand für Anpassung, Integration und Validierung der bestehenden Ontologie-Bausteine den grundsätzlichen Mehrwert einer solchen Wiederverwendung erheblich schmälern, ja sogar in sein Gegenteil verkehren kann. Aus den genannten Gründen wurde auf die Wiederverwendung bereits bestehender Ontologien oder ihrer Komponenten verzichtet.

20.3.5 Identifikation relevanter Begriffe

Die in einer Ontologie enthaltenen Klassen, Attribute, Relationen und Instanzen gilt es in Form von Begriffen der Anwendungsdomäne zu identifizieren und in den folgenden Schritten zu spezifizieren. Um den Realweltausschnitt internationaler Logistik-Projekte im Kontext des Supply Chain Managements zu ergründen, wurden zwei Arten von Wissensquellen verwendet.

Den Kern der begrifflichen Wissensakquisition bildeten informelle Interviews mit Experten aus der Logistikbranche in der Gestalt des sogenannten „Storytelling". Die Methode des „Storytelling" sieht vor, einen Experten nicht – wie es sonst bei „wissenschaftlichen" Interviews häufig der Fall ist – durch gezielte Fragen eines strukturierten Interviewleitfadens zu einem bestimmten Antwortverhalten zu veranlassen. Vielmehr geht es darum, einem Experten die Gelegenheit zu geben, in freier Rede „Geschichten" aus seinem betrieblichen Alltag – hier also über die Planung, Durchführung und Kontrolle internationaler Logistik-Projekte – zu „erzählen". Der Experte soll hierbei bewusst seine

[12] Die Online-Recherche wurde im DAML-Ontologieverzeichnis („http://www.ai.sri.com/ daml/ontologies/") und mit der Semantic-Web-Suchmaschine Swoogle („http://swoogle. umbc.edu") durchgeführt. Dabei wurde u. a. mit folgenden Suchbegriffen gearbeitet: „Supply Chain", „Logistics", „Transport", „Distribution" und „Shipment".

eigene Redeweise wählen, um aus seinen Erzählungen zu erfahren, mit welchen Begriffen er, sein Unternehmen und seine Geschäftspartner Geschäftsvorfälle aus der Anwendungsdomäne beschreiben. Die Gesprächsprotokolle werden in einer typischen 2-Spalten-Form dokumentiert. In der linken Protokollspalte werden die Äußerungen des interviewten Experten möglichst wortgetreu notiert. Bei hohen Ansprüchen kann auch auf Hilfsmethoden des Transkribierens aus der sozialwissenschaftlichen Forschung zurückgegriffen werden. Die rechte Protokollspalte dient dazu, die wesentlichen Begriffe für Klassen, Attribute, Relationen und Instanzen zu notieren, die sich aus dem protokollierten Wortlaut der linken Protokollspalte extrahieren lassen. Dieser Extrahierungsprozess stellt eine kreative Aufgabe dar, die vom Entwickler einer Ontologie geleistet werden muss. Sie setzt einerseits große Vertrautheit mit den Fachbegriffen und Geschäftsvorfällen in der Anwendungsdomäne internationaler Logistik-Projekte voraus. Andererseits muss der Ontologie-Entwickler auch über die nötige „Empathie" verfügen, um aus dem Redefluss des interviewten Experten diejenigen Begriffe „herauszuhören", die vom Experten vermutlich gemeint waren. Des Öfteren bedürfen die Protokolle über eine Storytelling-Sitzung auch noch eines Feedbacks, in dem geklärt („validiert") wird, ob der Ontologie-Entwickler den befragten Experten zutreffend interpretiert hat.

Zusätzlich zu den in Interviews gewonnenen Informationen wurde in der Fachliteratur und in frei verfügbaren Internetressourcen nach weiterem relevantem Wissen über internationale Logistik-Projekte recherchiert. Dies betrifft z. B. umfangreiches transport- und zollrechtliches Wissen, wie etwa über Incoterms und HS-Codes.

Die Begriffe für Klassen, Attribute, Relationen und Instanzen, mit deren Hilfe Erfahrungswissen über internationale Logistik-Projekte von Experten in der betrieblichen Praxis überwiegend ausgedrückt wird, wurden abschließend in einer umfangreichen Begriffsliste dokumentiert. Sie bildete die Grundlage für die anschließende Ausarbeitung einer domänenspezifischen Logistik-Ontologie. Die Erfahrungen des Verbundprojekts OrGoLo lassen erkennen, dass die systematische Akquisition von begrifflichen Ausdrucksmitteln der Anwendungsdomäne mithilfe von „Storytelling" und ergänzender Erschließung umfangreicher Fachliteratur zu den aufwändigsten Phasen der Entwicklung eines ontologiebasierten CBR-Systems gehört.

20.3.6 Festlegung der Klassenhierarchie

Die Überleitung der identifizierten relevanten Begriffe in eine für Computer „verständliche" Struktur stellt den wesentlichen Schritt bei der Erstellung der Ontologie dar. Hierbei muss einerseits die Semantik natürlichsprachlicher Begriffe bewahrt, andererseits aber auch das Ausmaß an formalsprachlicher Rigidität hergestellt werden, die den Einsatz von Computern erst ermöglicht. Diese Überleitung bedeutet eine „Kunstfertigkeit", die auf einem schmalen Grat zwischen dem inhaltlichen Verständnis für natürlichsprachige Begriffe der betrieblichen Praxis und dem Einfühlungsvermögen für die Explizitheits- und Präzisionsanforderungen computergestützter CBR-Systeme wandelt. Diese „Kunstfertigkeit“ erfordert ein hohes Ausmaß vom Entwickler einer Ontologie und kann daher mittels konventioneller Algorithmen nicht automatisiert werden.

Der erste Schritt der Überleitung von identifizierten relevanten Begriffen in eine „computerverständliche“ Struktur, d. h. eine Ontologie, besteht in der Festlegung einer hierarchischen Anordnung von Klassen. Es gilt zu entscheiden, welche Begriffe als Klassen dargestellt werden und welche Begriffe in der Form eines Attributs für eine Klasse oder einer Relation zwischen (mindestens) zwei Klassen erfasst werden sollen. Daher fließen manche der zuvor identifizierten Begriffe vorerst nicht in die Klassenhierarchie ein, da sie erst später als Attribute oder Relationen Berücksichtigung finden.

Aus der Menge der Begriffe, die für internationale Logistik-Projekte als relevant erkannt wurden, floss zunächst nur eine kleine Anzahl in die Konstitution jeweils einer begriffsspezifischen Klasse ein. Hierfür wurden folgende Begriffe bzw. identisch benannte Klassen ausgewählt: Supply Chain, Versandprozess, Akteur, Unternehmen, Person, Ware sowie Ort. Zwischen diesen Begriffen wurde eine flache Hierarchie mit wenigen Stufen entworfen, in der z. B. die beiden Klassen Unternehmen und Person als Unterklassen der Klasse Akteur konzeptualisiert wurden.

Grund für die relativ flache Struktur der Klassenhierarchie war die Tatsache, dass der Großteil der zuvor identifizierten Begriffe sich eher eignet, als das Attribut einer Klasse oder als die Relation zwischen zwei Klassen erfasst zu werden. Beispielsweise übernehmen die bei Versandprozessen beteiligten Akteure verschiedene Rollen, etwa als Spediteur, Frachtführer, Versender oder Empfänger. Jedoch lässt sich keiner der Akteure strikt als Akteur einer Klasse (wie etwa die Klasse der Versender) beschreiben, weil er in einem anderen oder sogar im selben Logistik-Projekt zugleich als Empfänger, Frachtführer oder ein sonstiger Rollenträger auftreten kann. Die Rolle, die von einem Akteur in einem Versandprozess eingenommen wird, kann von Fall zu Fall unterschiedlich sein und lässt sich daher in einer Ontologie geschickter als eine Relation zwischen Akteur und Versandprozess darstellen.

20.3.7 Definition der Slots (Attribute und Relationen)

Im nächsten Entwicklungsschritt geht es darum, die zuvor erstellten Klassen und ihren inhaltlichen Zusammenhang genauer zu beschreiben. Hierfür dienen in einer Ontologie gewöhnlich die klassenintern definierten Attribute einerseits sowie die klassenübergreifenden Relationen andererseits.

Zur Beschreibung der Attribute von Klassen und der Relationen zwischen Klassen stehen in der Syntax des Ontologie-Tools Protégé sogenannte Slots zur Verfügung. Es gibt drei verschiedene Arten von Attributen, die jeweils als ein Slot einer Klasse zugeordnet werden können:

- Intrinsische Attribute drücken Eigenschaften von individuell unterscheidbaren Objekten („Instanzen“) aus, die für diese Objekte insofern essenziell sind, als diese Attribute die Zugehörigkeit der Objekte zu einer bestimmten Klasse bestimmen, also die Objekte einer Klasse zu dem machen, „was sie sind".

- Extrinsische Attribute besitzen nur akzidentiellen Charakter, weil sie den Objekten einer Klasse zwar im Sinne von beobachtbaren Eigenschaften zukommen, aber ihre Ausprägungen verändert werden können, ohne die Zugehörigkeit eines Objekts zu einer Klasse in Frage zu stellen.
- Relationen zwischen Klassen drücken Beziehungen aus, in denen die Objekte aus unterschiedlichen Klassen zueinander stehen können.

Die Spezifizierung von Attributen sowie Relationen stellt abermals einen kreativen Akt dar, der vom Ontologie-Entwickler ein hohes Ausmaß an Fingerspitzengefühl für die Realitätsnähe und Praktikabilität einer Ontologie erfordert. So gibt es keine objektiven Maßstäbe, anhand derer sich zwischen intrinsischen und extrinsischen Attributen eindeutig entscheiden ließe. Stattdessen muss der Ontologie-Entwickler nicht nur, aber auch in dieser Hinsicht subjektive Gestaltungsentscheidungen treffen. Hinsichtlich der Spezifizierung von Relationen treten mitunter noch größere praktische Schwierigkeiten auf. Diese treten spätestens dann auf, wenn seitens des gesunden Menschenverstandes mindestens dreistellige (oder sogar vierstellige) Relationen benötigt werden, wie z. B. für die Repräsentation des Wissens, dass bestimmte Akteure eine bestimmte Kompetenz in einem bestimmten Ausmaß besitzen (und diese Kompetenz aufgrund von Lern- oder auch Verlernprozessen nur in einem bestimmten Zeitabschnitt vorliegt). Denn gewöhnliche Ontologie-Tools – wie auch Protégé – gestatten lediglich die Formulierung zweistelliger Relationen.

20.4 Fazit und Ausblick

Im vorliegenden Beitrag wurde skizziert, dass zur Unterstützung des Wissensmanagements im Bereich internationaler Logistik-Projekte neuartige Softwaresysteme nötig sind, die Techniken aus dem Umfeld des „Semantic Web" nutzen. Diese Techniken stellen einen praktikablen Ansatz dar, um primär qualitatives, natürlichsprachlich repräsentiertes und weitgehend unstrukturiertes Erfahrungswissen über bereits durchgeführte Logistik-Projekte bei der Akquisition, Planung, Durchführung und Kontrolle neuer Logistik-Projekte computergestützt wiederverwenden zu können. In exemplarischer Weise wurde das ontologie-basierte CBR-System „SCM Project Recommender" vorgestellt, das im Verbundprojekt OrGoLo gemeinsam mit Partnern aus der Logistikpraxis entwickelt wurde.

Als wichtigste Empfehlungen aus den Projekterfahrungen für die betriebliche Praxis sind festzuhalten: die Abgrenzung der für relevant erachteten Aspekte aus der Anwendungsdomäne mit der Hilfe von „Competency Questions", die Akquisition von Experten-Erfahrungswissen durch „Storytelling" sowie die sorgfältige Strukturierung des domänenrelevanten Erfahrungswissens über die Identifizierung der einschlägigen Begriffe, ihrer taxonomischen Abhängigkeiten, ihrer Attribute und ihrer Relationen untereinander. Darüber hinaus gilt es zu beachten, dass es nicht „die" richtige Wissensstrukturierung mit

Ontologien und Fallbeschreibungen (Cases) gibt, sondern eine solche Strukturierung stets einen kreativen Akt darstellt. Seine Güte kann in der Regel erst „ex post", d. h. bei der praktischen Anwendung eines ontologie-basierten CBR-Systems, beurteilt werden, wenn seine Benutzerfreundlichkeit von Projektteams internationaler Logistik-Projekte geprüft wird.

Bislang handelt es sich beim ontologie-basierten CBR-System „SCM Project Recommender" um ein prototypisches CBR-System.[13] Es steht derzeit an der Schwelle zum praktischen Einsatz. Für die nun anstehende Kommerzialisierung des Prototyps werden zwei Einflüsse eine maßgebliche Rolle spielen.

Erstens muss in selbstkritischer Weise eingeräumt werden, dass die Füllung der Wissensbank des CBR-Systems mit Erfahrungswissen über bereits durchgeführte internationale Logistik-Projekte bei Beginn des Verbundprojekts OrGoLo in zweifacher Hinsicht unterschätzt wurde. Einerseits benötigen die Akquisition und die systematische Aufbereitung dieses projektspezifischen Erfahrungswissens weitaus mehr personelle und zeitliche Ressourcen, als den Partnern im Rahmen des Verbundprojekts zur Verfügung standen. Daher umfasst die Wissensbank des Prototyps „SCM Project Recommender" weit weniger „Cases" zur Beschreibung internationaler Logistik-Projekte, als es für ein kommerziell einsatzfähiges CBR-System erforderlich wäre. Andererseits bestehen auf der Seite potenzieller betrieblicher Anwender erhebliche Akzeptanzbarrieren, ihr wertvolles Erfahrungswissen in ein solches CBR-System einzubringen. Es wird oftmals der „Wissensabfluss" an Dritte, vor allem an Konkurrenten befürchtet. In Zeiten weit verbreiteter Wirtschaftsspionage dürfen solche Befürchtungen nicht als abwegig abgetan werden.

Zweitens besteht für die Weiterentwicklung des Prototyps eines ontologie-basierten CBR-Systems zu einem kommerziellen Softwareprodukt ein Ansatzpunkt, der speziell für die Bedürfnisse der betrieblichen Praxis etabliert wurde. Im Zusammenwirken von drei Verbundprojekten aus dem „EffizienzCluster LogistikRuhr" (CoReLo, OrGoLo und WiWeLo) wurde das Forum „DIALOGistik Duisburg" mit Sitz im Umfeld des Duisburger Hafens gegründet, um Erkenntnisse und Prototypen aus den drei Verbundprojekten interessierten Logistik-Dienstleistern zwecks kritischer Erprobung und nachhaltiger Weiterentwicklung zur Verfügung zu stellen.[14]

Förderhinweis Das Verbundprojekt Organisatorische Innovationen mit Good Governance in Logistik-Netzwerken (OrGoLo) wurde im Rahmen des Spitzenclusters „EffizienzCluster LogistikRuhr" mit Finanzmitteln des deutschen Bundesministeriums für Bildung und Forschung (BMBF) gefördert (Förderkennzeichen: 01IC10L20A) und vom Projektträger im Deutschen Zentrum für Luft- und Raumfahrt e. V. (DLR) – Software-

[13] Ein Demonstrationsexemplar des prototypischen CBR-Systems „SCM Project Recommender" kann auf einer Website mit der URL „http://cbrtool.pim.uni-due.de/Cbrgui/" aufgerufen werden; siehe auch „www.orgo-logistik.wiwi.uni-due.de/downloads/".

[14] Zu den Angeboten des Forums „DIALOGistik Duisburg" siehe „http://www.dialogistik-duisburg.de/".

systeme und Wissenstechnologien (PT-SW) begleitet. Die Projektpartner danken für die großzügige Unterstützung ihrer Forschungs-, Entwicklungs- und Transferarbeiten.

Literatur

1. Aamodt, A., und E. Plaza. 1994. Case-based reasoning: Foundational issues, methodological variations, and system approaches. *AI Communications (AICOM)* 7(1):39–59.
2. Avramenko, Y., und A. Kraslawski. 2008. *Case based design—Applications in process engineering*. Berlin: Springer.
3. Beißel, S. 2011. *Ontologiegestütztes Case-Based Reasoning - Entwicklung und Beurteilung semantischer Ähnlichkeitsindikatoren für die Wiederverwendung natürlichsprachlich repräsentierten Projektwissens*. Wiesbaden: Springer.
4. Dengel, A. Hrsg. 2012. *Semantische Ontologien: Grundlagen - Konzepte - Anwendungen*. Heidelberg: Spektrum Akademischer Verlag.
5. Freudenthaler, B. 2008. *Case-based reasoning (CBR): Grundlagen und ausgewählte Anwendungsgebiete des fallbasierten Schließens*. Saarbrücken: VDM Verlag.
6. Gomez-Perez, A., M. Fernandez-Lopez, und O. Corcho-Garcia. 2004. *Ontological Engineering: With examples from the areas of Knowledge Management, e-Commerce and the Semantic Web*, 2. Aufl., London: Springer.
7. Gruber, T. R. 1995. Toward principles for the design of ontologies used for knowledge sharing. *International Journal of Human-Computer Studies* 43:907–928.
8. Guarino, N. 1997. Understanding, building and using ontologies. *International Journal of Human-Computer Studies* 46 (2/3): 293–310.
9. Guarino, N., D. Oberle, und S. Staab. 2009. What is an Ontology? In *Handbook on ontologies*, Hrsg. S. Staab und R. Studer, 1–17, 2. Aufl., Dordrecht: Springer.
10. Kolodner, J. 1993. *Case-based reasoning*. San Mateo: Morgan Kaufmann.
11. Kowalski, M., und M. Heffe. 2014. Erstellung eines Falls für das Case-based Reasoning am Praxisbeispiel eines Logistikprojekts der duisport packing logistics (dpl). OrGoLo-Projektbericht Nr. 24 (2. Aufl. von Nr. 14). Essen.
12. Kowalski, M., und D. Kater. 2011. Case-based reasoning in supply chains—Qualitatives case retrieval. OrGoLo Projektbericht Nr. 9. Essen.
13. Kowalski, M., und C. Thomas. 2013. Beschreibung eines internationalen Logistik-Projekts für ein ontologiegestütztes Case-based-Reasoning-System. OrGoLo-Projektbericht Nr. 17. Essen.
14. Noy, N. F., und D. L. McGuinness. 2001. *Ontology development 101: A guide to creating your first ontology*. Stanford: Stanford University.
15. Prentzas, J., und I. Hatzilygeroudis. 2011. Case-based reasoning integrations: Approaches and applications. In *Case-based reasoning: processes, suitability and applications*, Hrsg. A.M. Leeland, 1–28. New York: Nova Science publishers.
16. Riesbeck, C., und R. Schank. 1989. *Inside case-based reasoning*. Hillsdale: L. Erlbaum.
17. Stuckenschmidt, H. 2011. *Ontologien: Konzepte, Technologien und Anwendungen*, 2. Aufl., Heidelberg: Springer.
18. Watson, I. 1997. *Applying case-based reasoning*. San Francisco: Techniques for Enterprise Systems.
19. Zelewski, S., Y. Alan, A. Alparslan, L. Dittmann, und T. Weichelt., Hrsg. 2005. *Ontologiebasierte Kompetenzmanagementsysteme - Grundlagen, Konzepte, Anwendungen*. Berlin: Logos.

20. Zelewski, S., A. Bruns, und M. Kowalski. 2012. Ontologies for guaranteeing the interoperability in e-business: A business economics point of view. In *Handbook of research on e-business standards and protocols: Documents, data and advanced web technologies*, Hrsg. E. Kajan, F.-J. Dorloff, und I. Bedini, 154–184. Hershey: IGI Global.

Stephan Zelewski ist Inhaber einer Professur für Betriebswirtschaftslehre und Direktor des Instituts für Produktion und Industrielles Informationsmanagement an der Fakultät für Wirtschaftswissenschaften der Universität Duisburg-Essen. Er studierte Betriebs- und Volkswirtschaftslehre (Dipl.-Kfm., Dipl.-Volksw.) an den Universitäten Münster sowie Köln. 1985 wurde er an der Universität zu Köln mit einer Arbeit über betriebswirtschaftliche Anwendungspotenziale der Künstlichen Intelligenz promoviert. Nach der Habilitation zur Strukturalistischen Produktionstheorie war er von 1993 bis 1998 Inhaber einer Professur für Betriebswirtschaftslehre sowie Direktor des Instituts für Produktionswirtschaft und Industrielle Informationswirtschaft an der Universität Leipzig. Im Rahmen seiner aktuellen Lehr- und Forschungstätigkeit an der Universität Duisburg-Essen ist er Mitglied des Zentrums für Logistik und Verkehr (ZLV), des Institute of Business and Economic Studies (IBES) sowie des Institute for Computer Science and Business Information Systems (ICB). Seine Hauptarbeitsgebiete bilden einerseits Fragestellungen des computergestützten Produktionsmanagements an der Nahtstelle zwischen Betriebswirtschaftslehre und Wirtschaftsinformatik mit Schwerpunkten im Bereich der Logistik sowie der Produktionsplanung und -steuerung. Andererseits befasst er sich intensiv mit dem Transfer von Erkenntnissen aus der Erforschung Künstlicher Intelligenz auf ökonomische Probleme, insbesondere im Hinblick auf Wissensbasierte Systeme, Ontologien und Case-based Reasoning. Nebenarbeitsgebiete erstrecken sich auf die Bereiche Operations Research (quantitative Modellierung ökonomischer Probleme), Spieltheorie (insbesondere faire Verteilung von Effizienzgewinnen in Supply Webs) sowie Produktions- und Wissenschaftstheorie.

Martin Kowalski ist wissenschaftlicher Mitarbeiter am Institut für Produktion und Industrielles Informationsmanagement der Universität Duisburg-Essen. Er studierte an der TU Dortmund Informatik mit Nebenfach Betriebswirtschaftslehre. Herr Kowalski wirkte an der Universität Duisburg-Essen vor allem in den zwei BMBF-Verbundprojekten MAEKAS und OrGoLo mit, die Schwerpunkte in den Bereichen Güterverkehrslogistik und Supply Chain Management aufwiesen. Seine Arbeitsschwerpunkte erstreckten sich hierbei auf betriebswirtschaftliche Markt- und Wirtschaftlichkeitsanalysen sowie auf die Entwicklung und Evaluation von modernen Software-Werkzeugen unter Einbeziehung von Erkenntnissen aus der Erforschung Künstlicher Intelligenz. Derzeit konzentriert er sich auf sein Dissertationsprojekt zum Thema „Ontologiegestütztes Case-based Reasoning (CBR) – Entwicklung eines CBR-Systems mit einer lernfähigen Wissensbank zur Wiederverwendung von Erfahrungswissen in internationalen Logistik-Projekten".

Daniel Bergenrodt ist Masterstudent der Betriebswirtschaftslehre mit der Vertiefungsrichtung „Business Analytics“ an der Universität Duisburg-Essen. Seit 2012 arbeitet er als wissenschaftliche Hilfskraft am Institut für Produktion und Industrielles Informationsmanagement der Universität Duisburg-Essen. Im Rahmen des BMBF-Verbundprojekts OrGoLo beschäftigte er sich insbesondere mit der informationstechnischen Realisierung von Software-Werkzeugen im Bereich „Wissensmanagement mit Ontologien und Case-based Reasoning“.

Ontologien für klinische Studien

21

Wie sich Top-Level-Ontologien und Domänen-Ontologien ergänzen

Heinrich Herre und Alexandr Uciteli

1. Top-Level-Ontologien können für die semantische Fundierung von Metadaten für klinische Studien verwendet werden.
2. Top-Level-Ontologien bilden einen Rahmen für die Integration von Domänen-Ontologien und Task-Ontologien.
3. Die Trennung von Domänen- und Task-Ontologien ermöglicht eine flexible Anpassung der domänenspezifischen Metadaten an die Zielstellung einer klinische Studie.

21.1 Einleitung

Eine Ontologie kann als ein System organisierten Wissens verstanden werden, das verschiedene Grade der Formalisierung aufweisen kann. In der strengsten Form ist ein solches Wissenssystem eine axiomatisierte und formal repräsentierte Theorie, die im Folgenden axiomatisierte Ontologie genannt sei.

Ontologien können, je nach Abstraktionsgrad, in Top-Level-Ontologien, Domänen-Kern-Ontologien und Domänen-Ontologien unterschieden werden. Top-Level-Ontologien lassen sich auf jedes Gebiet der Welt anwenden, während *Domänen-Kern-Ontologien und Domänen-Ontologien* auf spezielle Bereiche der Welt eingeschränkt sind. Eine Top-Level-Ontologie kann als ein Rahmensystem für die Repräsentation und Integration von Wissen verwendet werden. Im Mittelpunkt dieses Abschnitts steht die Top-Level-On-

H. Herre (✉) · A. Uciteli
Institut für Medizinische Informatik, Statistik und Epidemiologie
Universität Leipzig Härtelstrasse 16-18 04107 Leipzig
E-Mail: heinrich.herre@imise.uni-leipzig.de

B. Ege et al. (Hrsg.), *Corporate Semantic Web*, X.media.press,
DOI 10.1007/978-3-642-54886-4_21

tologie GFO (General Formal Ontology), die an der Universität Leipzig (Institut IMISE/ Abteilung Onto-Med) entwickelt wurde und ständig weiter vertieft wird. GFO ist eine Komponente von ISFO (Integrated System of Foundational Ontologies/Top Level Ontologies), und ISFO ist Teil eines Integrierten Rahmensystems für die Entwicklung und Anwendung von Ontologien (IFDAO) (Integrated Framework for Development and Application of Ontologies) (Herre). Ein Kernstück von IFDAO ist eine Methode für die Entwicklung von Ontologien.[2]

Die vorliegende Arbeit ist wie folgt strukturiert. In Abschn. 2 geben wir einen Überblick über den Begriff der formalen Ontologie, insbesondere wird skizzenhaft die Top-Level-Ontologe GFO (General Formal Ontologe) beschrieben. In Abschn. 3 betrachten wir eine methodische Anwendung der formalen Ontologie, die auf drei Ontologien beruhende ontologie-basierte Software-Entwicklung. Diese Methode wurde für die Entwicklung eines Werkzeugs OntoStudyEdit mit Anwendungen im Bereich der klinischen Studien genutzt. Der OntoStudyEdit wird detaillierter dargestellt. Dieses System befindet sich in der Testphase.

21.2 Grundbegriffe der formalen Ontologie

Kernkomponenten eines formalen-ontologischen Rahmens sind eine Top-Level-Ontologie, sowie eine Methodik für die Entwicklung speziellerer Ontologien. In diesem Abschnitt geben wir einen Überblick über eine Top-Level-Ontologie, die *General Formal Ontology* (notiert durch GFO), die an der Universität Leipzig entwickelt wurde und ständig weiter vertieft wird [3]. Der allgemeinste Begriff von GFO ist Entity, der alle Dinge erfasst, die einen Modus der Existenz besitzen, wobei der Begriff der Existenz in einen möglichst oder hinreichend umfassenden Sinn aufgefasst wird. GFO orientiert sich hierbei an R. Ingarden [5] und N. Hartmann [1]

Nach dieser Auffassung gibt es vier große ontologische Regionen, die materielle Region, die Gegenstand vor allem der Naturwissenschaft, wie Physik, Chemie, u.s.w, ist, die mental-psychologische ontologische Region, die sich mit den mentalen und psychologischen Phänomenen befasst, die Region der idealen Entitäten, die u. a. die mathematischen Entitäten umfasst, und schließlich die ontologische Region der sozio-systemischen Entitäten, die Gegenstand der Soziologie, teils der Ökonomie, aber auch der Geisteswissenschaften darstellt

Für die weitere Beschreibung von GFO wird die Klasse „Entity“ in die Klassen Set (Menge) und Item unterteilt. Die Ontologie der Mengen enthält nach diesem Aufbau die ganze Mathematik, während die Klasse „Item“ alle Entitäten umfasst, die keine Mengen sind. Die Items zerfallen in die Klasse der Kategorien und die Klasse der Individuen.

[2] Das vollständige Forschungsprogramm der Abteilung Onto-Med (Ontologien in der Medizin und den Lebenswissenschaften) findet sich unter http://www.onto-med.de [2]

Kategorien sind instantiierbar; sie werden unterteilt in Universalien (platonische Universalien, immanente Universalien), Konzepte, und Symbolstrukturen.

Die wichtigste Kategorienart bilden die Konzepte (oder Begriffe), die kognitive Konstruktionen des Menschen sind. Ein weiteres Merkmal von GFO ist die Existenz von Kategorien höherer Ordnung. So heißt eine Kategorie einfach, wenn ihre Instanzen Individuen sind. Kategorien höherer Ordnung sind dadurch charakterisiert, dass unter ihren Instanzen selbst wieder Kategorien vorkommen. Ein klassisches Beispiel einer Kategorie zweiter Ordnung ist der Artbegriff, der als Instanzen die (konkreten) Arten enthält. So ist z. B. „Igel" eine Art, also eine Kategorie, die selbst Instanz des Artbegriffs ist. Aber auch Begriffe wie „Mathematik" oder „Biologie" lassen sich als Begriffe höherer Ordnung auffassen. Die Mathematik z. B. kann als Instanzen alle mathematischen Begriffe haben, wobei eine mathematische Theorie als eine besonders komplexe Form eines mathematischen Begriffs aufgefasst werden kann.

Auf der Seite der Individuen (innerhalb von GFO) unterscheiden wir Raum/Zeit-Entitäten, sowie konkrete und abstrakte Individuen. Konkrete Individuen haben einen Bezug zu der Zeit oder zum Raum-Zeitkontinuum. Die raumzeitlichen Entitäten lassen sich in der materiellen ontologischen Region verorten. Bei der Beschreibung der konkreten Entitäten werden zwei Dimensionen für ihre Klassifikation unterschieden, nämlich die Art ihres Bezugs zu Raum und Zeit, und der Grad der Komplexität und der existentiellen Unabhängigkeit. In Bezug auf Raum und Zeit werden in GFO folgende Klassen von Individuen unterschieden: Präsentiale, Kontinuanten, und Prozesse. Ein materieller Gegenstand, z. B. eine Vase aus Ton, zu einem Zeitpunkt betrachtet, ist ein Präsential. Ein Präsential hat die Eigenschaft zu einem Zeitpunkt vollständig präsent zu sein. Wenn man z. B. die Gegenwart als einen ausdehnungslosen Zeitpunkt betrachtet (gewissermaßen die absolute Gegenwart), dann sind diejenigen Gegenstände, die wir zu diesem Zeitpunkt vorfinden und erkennen können, Präsentiale.

Den Gegensatz zu den Präsentialen bilden die Prozesse, die zu keinem Zeitpunkt vollständig präsent sind. Ein Prozess ereignet sich und entwickelt sich in der Zeit, er ist aber nie zu einem Zeitpunkt vollständig präsent. Eine besondere Art von konkreten Individuen bilden die Kontinuanten, die durch die Zeit persistieren, d. h. die über die Zeit identisch sind; sie zeigen aber zu verschiedenen Zeitpunkten verschiedene Eigenschaften. Ein Kontinuant besitzt eine Lebenszeit und repräsentiert zu jedem Zeitpunkt seiner Lebenszeit ein Präsential. Für die Beschreibung der Beziehung zwischen einem Kontinuanten und den zu Zeitpunkten repräsenierten Entitäten wird der Terminus technicus „exhibiert" eingeführt. Ein Kontinuant exhibiert zu jedem Zeitpunkt seiner Lebenszeit ein konkretes Individuum, das, da es zu diesem Zeitpunkt vollständig präsent ist, ein Präsential sein muss.

Eine Ontologie als geordnetes Wissenssystem kann in verschiedenen formalen Sprachen implementiert sein, z. B. durch semantische Netze, in der First Order Logic (FOL), in der Description Logic (als Teil der FOL), in OWL und RDF, als logisches Programm, durch Regelsysteme, wie sie bei Expertensystemen verwendet werden, aber auch durch diagrammatische Sprachen, wie z. B. UML [8], oder SysML [7].

Die Anwendungen der formalen Ontologie als Wissenschaft lassen sich, wie bei jeder anderen Wissenschaft, in verschiedene Abstraktionsstufen untergliedern. Wir unterscheiden die Methodenebene, die Systemebene, und die Nutzerebene. Die Anwendung der Theorie auf der Methodenebene führt zur Spezifikation einer Methode, die ihrerseits für die Entwicklung von Systemen (Systemebene) eingesetzt werden kann. Die entwickelten Systeme sind auf eine praktische Anwendung durch einen Nutzer ausgerichtet, der an der Lösung konkreter Probleme in einer speziellen Domäne interessiert ist.

Bei dem in dieser Arbeit beschriebenen Fall bildet der OntoStudyEdit ein System (lokalisiert auf der System-Ebene), das mittels der 3-Ontologie-Methode entwickelt wurde (Methoden-Ebene) und das für eine konkrete Aufgabe, nämlich für die Erfassung, die Repräsentation und für da Management von Metadaten für klinische Studien genutzt werden kann (Nutzer-Ebene). Die Nutzer sind also Datenmanager und Studienärzte, die das Werkzeug für das Studiendesign und für die Auswertung von Studien verwenden können.

21.3 Die Drei-Ontologie-Methode (3OM)

Moderne Methoden der Software-Entwicklung orientieren auf eine modular aufgebaute und wiederverwendbare Software. Die Entwicklung einer solchen Software erfordert ein präzises Verständnis der Aufgaben, die die Software zu lösen hat, sowie die Kenntnis des Wissens über die Domäne, in der die Software angewandt wird. Softwaremodelle stellen Mittel zur Verfügung, um diese Charakteristiken zu spezifizieren. Sie erfordern eine Methode, das Domänenwissen zu explizieren und das Domänenwissen mit dem konzeptuellen Modell der Software zu integrieren. Gegenwärtige Methoden sind in dieser Beziehung ziemlich beschränkt, da sie die Trennung des konzeptuellen Modells von den Domänenmodellen unzureichend unterstützen. Folglich kann eine Software, die nach den gegenwärtigen Prinzipien implementiert ist, nicht auf verschiedenen Domänen übertragen werden, ohne das konzeptuelle Modell und damit das gesamte Software-Modell zu ändern.

Wir beschreiben im Folgenden eine in [4] eingeführte Methode für die Software-Entwicklung, genannt 3-Ontologie-Methode (3OM), die auf der Interaktion von drei verschiedenen Typen von Ontologien beruht: einer Task-Ontologie, die gleichbedeutend mit dem konzeptuellen Modell ist, einer Domänen-Ontologie und einer Top-Level-Ontologie. Die Task-Ontologie ist eine Ontologie für den Problembereich, d. h. für das Problem, das die Software lösen soll. Die Domänen-Ontologie stellt domänen-spezifisches Wissen zur Verfügung, das von der Software verwendet wird. Die Software kann die Domänen-Ontologie verwenden, um die ontologische Adäquatheit der zu verarbeitenden Daten zu verifizieren. Die Top-Level-Ontologie integriert die Task- und die Domänen-Ontologien und erlaubt einen Informationsfluss zwischen beiden. Diese Methode wurde in einer Case-Studie für die Entwicklung eines semantischen Wikis angewandt, das den Nutzer darin unterstützt, für eine Domäne das Wissen auf korrekte Weise zu erfassen.

Üblicherweise werden Modellierungssprachen, wie z. B. UML, auf der Grundlage erfolgreicher Anwendungen evaluiert, wobei das unterliegende Meta-Modell nicht weiter

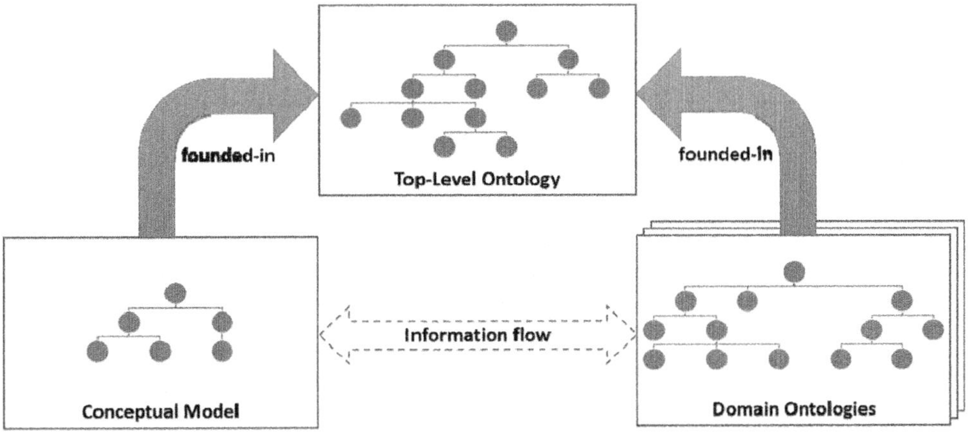

Abb. 21.1 Interaktion zwischen Ontologien

analysiert und evaluiert wird. Eine ontologische Fundierung geht einen Schritt weiter: sie zielt ab auf eine semantische Fundierung eines konzeptuellen Modells durch eine Top-Level-Ontologie und ihre Erweiterung in einer systematischen Weise. Top-Level-Ontologien können verwendet werden, um die Korrektheit eines konzeptuellen Modells zu evaluieren und Prinzipien für den Entwurf konzeptueller Modelle zu entwickeln. Abbildung 21.2 illustriert die Interaktion zwischen diesen Ontologien.

Neuere Entwicklungen im Bereich der Software-Entwicklung orientieren auf den Gebrauch und die Entwicklung von Modellen (modell-getriebene Software-Entwicklung). Modell-getriebene Methoden, wie z. B. Model-Driven Engineering (MDE), Model-Driven Architecture (MDA) [6] and Model-Driven Software Development (MDSD) [9] zielen ab auf die Entwicklung formaler konzeptueller Modelle für die Software und für ihre Benutzung um Kode für die Software-Anwendung zu erzeugen. In MDE werden Software-Modelle spezifiziert, die formale Sprachen wie UML benutzen. Es gibt eine Vielzahl von Werkzeugen, die die Erzeugung von Kode aus diesen Modellen unterstützen. Die in diesem Kapitel vorgeschlagene Methode ist in Bezug auf einige Aspekte ähnlich wie bei der MDE. Bei beiden Methoden, dem MDE und der 3O-Methode, spielt die konzeptuelle Modellierung eine wichtige Rolle bei dem Entwurf und der Entwicklung von Software-Systemen. Diese können in beiden Fällen dazu genutzt werden, auf automatische Weise Code für die entworfene Anwendung zu erzeugen. Jedoch benutzen wir Ontologiesprachen als unser Meta-Modell, während MDE im Rahmen von UML ausgeführt wird. Die folgenden Merkmale der 3O-Methode bieten gegenüber dem MDE die folgenden Vorteile:

1. sie stellt eine ontologische Fundierung des konzeptuellen Modells und der Domänenmodelle zur Verfügung und erlauben eine Konsistenz-Verifikation;
2. sie erzwingt eine strenge Teilung zwischen dem konzeptuellen und den Domänenmodellen;
3. sie erlauben Queries und Konsistenz-Checks zur Laufzeit.

Zusammenfassend lässt sich einschätzen, dass die 3O-Methode die Wiederverwendbarkeit gegenüber Methoden des modellgetriebenen Engineerings (MDE/Model Driven Engineering) verbessert. Die Transformation des Modells eines Online-Shops, z. B., in eine Online-Bibliothek erfordert nur eine Änderung der Domänen-Ontologie und ihre Abbildung auf die anderen Elemente der Methode.

21.4 OntoStudyEdit-ein Werkzeug für die Repräsentation und das Management von Metadaten in klinische Studien

21.4.1 Metadaten für klinische Studien

Es gibt eine Vielzahl von klinischen Forschungsprojekten, die sehr unterschiedliche Metadaten verwenden, die definiert und präzisiert werden müssen, um die nötigen Instanzdaten korrekt zu erfassen und zu beschreiben [10]. Eine klinische Studie ist ein geplantes Experiment, das Patienten/Probanden einbezieht und das entworfen wurde, um Erkenntnisse über die Ätiologie und die Progression von Krankheiten zu gewinnen, oder um neue diagnostische Methoden und Therapien und Medikamente zu testen. Die Spezifikation der Daten und ihre Dokumentation in klinischen Studienprojekten ist sehr aufwändig und kostenintensiv. Für die Erfassung der nötigen Daten sind computer-basierte Werkzeuge entwickelt worden, die fixierte Datenformate verwenden (z. B. CDISC, ODM) und mit einem fixierten rigiden Metamodell arbeiten.

Das in der herkömmlichen Methode verwendete Metamodell macht keine klare Unterscheidung zwischen der Taskkomponente und der domänenspezifischen Komponente. Um eine größere Flexibiltät zu erreichen, wurde für die Entwicklung des OntoStudyEdits (OSE) die 3-Ontologie-Methode verwendet. Dabei wird das Meta-Modell durch eine Task-Ontologie und eine Domänen-Ontologie spezifiziert. Die Task-Ontologie ist fixiert und wird nicht verändert, während die Domänen-Ontologie modifiziert werden kann, und sich leicht an die entsprechende Domäne oder Situation anpassen lässt. Ferner enthält OSE einen Editor, der es erlaubt, in ontologischer Weise arithmetische und logische Formeln zu definieren, um Regeln zu spezifizieren, die auf Metadaten angewandt werden können.

21.4.2 Die ontologische Architektur des OSE

Die ontologische Architektur des OSE folgt den Prinzipien der 3-Ontologie-Methode (Abb. 21.2 und 21.3)

Die Task-Ontologie, notiert durch TaskO, ist eine Upper-Ontologie bezüglich der betrachteten Domänontologien (DomO), und die GFO dient als semantische Fundierung für die Task-Ontologie TaskO und die DomO, indem die Kategorien von TaskO und DomO in spezielle GFO-Kategorien als extensionale Unterkategorien eingeordnet werden. Der Begriff „Kategorie“ wird direkt der Top-Level-Ontologie GFO entnommen.

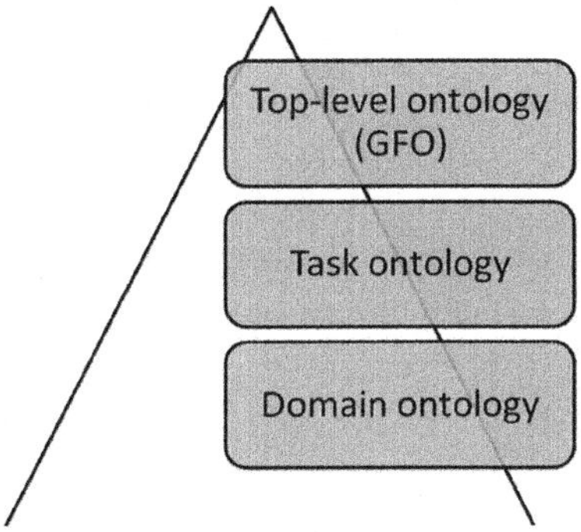

Abb. 21.2 Ontologische Architektur

Die Task-Ontologie wird verwendet, um diejenigen Funktionen zu implementieren, die das System realisieren soll. Die Domänen-Ontologie wird durch ein System DomClass von Domänenklassen und Domänenrelationen spezifiziert, die in unserer Anwendung extensionale Unterklassen der Klassen TaskClass der Task-Ontologie sind. In Abb. 21.3 ist ein Überblick über die Klassenarchitektur angegeben.

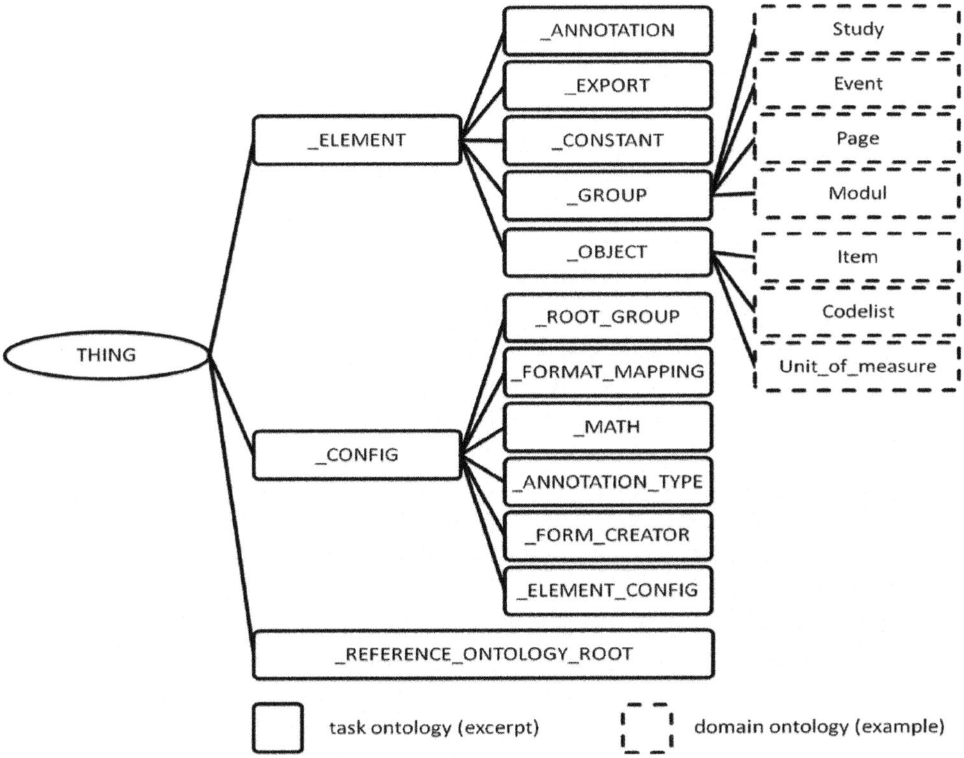

Abb. 21.3 Klassenarchitektur

Durch Verwendung eines Ontologieeditors wie z. B. Protégé ist es möglich, weitere Ontologien in ein laufendes Ontologie-Projekt zu importieren. Man kann z. B. eine Referenzontologie (z. B. LOINC) aufnehmen und deren Kategorien verwenden, um Annotationen von Instanzen der Domänen-Ontologie von OSB zu realisieren. Um diese Funktionalität zu unterstützen, werden in die TaskO folgende Klassen aufgenommen, die sich auf die Annotationen beziehen.

- _ANNOTATION_TYPE (subclass of _CONFIG). Innerhalb von DomO kann man verschiedene Annotationstypen defnieren und einführen; diese sind Instanzen der Klasse _ANNOTATION_TYPE (z. B., *annotated_with, risk_factor_of, symptom_of*).
- _ANNOTATION (subclass of _OBJECT). Diese Klasse hat drei Slots: *_annotated_elements, _annotation_type* und *_annotating_concepts*. Unter Verwendung von OSE lassen sich konkrete Annotationen als Instanzen der Klasse _ANNOTATION einführen. Das wird realisiert, indem zu annotierende Elemente und ein Annotationstyp ausgewählt und geeignete Klassen aus der Referenzontologie festgelegt werden.
- _REFERENCE_ONTOLOGY_ROOT. Unter diesen Knoten wird eine Referenzontologie eingefügt
- _REFERENCE_ONTOLOGY_METACLASS (subclass of:STANDARD-CLASS). Das ist eine Meta-Klasse, die alle Klassen der Referenzontologie als Instanzen enthält. Diese Klasse hat einen zusätzlichen Slot, bezeichnet durch *_annotations* der als der inverse Slot zu *_annotating_concepts* definiert ist.

Damit lassen sich nicht nur einzelne Instanzen annotieren, sondern auch Mengen von Instanzen. So ist es z. B. nicht ausreichend, das Item ITEM:DYSPNEA_AT_REST durch „congestive heart failure" (entnommen der HPO (Human Phenotype Ontology)) zu annotieren, weil wir auch den Wert „Yes" der Code-Liste betrachten müssen. Nur wenn „Yes" als Antwort auf die Frage „dyspnea at rest?"ausgewählt wurde, trifft dieses Symptom zu. Wenn ein Item keine Code-Liste besitzt, dann können auch Ranges annotiert werden. Ein Beispiel ist die Annotation des Items ITEM:SYSTOLIC_BLOOD_PRESURE zusammen mit dem Range [121;] mit dem Konzept „Elevated systolic blood pressure" (aus der HPO=Human Phenotype Ontology), Abb. 21.4.

Unter Verwendung des inversen Slots *_annotations* für Klassen aus der Referenzontologie lässt sich die folgende wertvolle Funktionalität realisieren: Für ein gegebenes Konzept werden alle seine Annotationen gezeigt. Diese Funktionalität kann sehr wichtig sein, wenn man während der Planungsphase für eine Studie nach Items sucht.

Wenn man z. B. eine Studie zur Herzinsuffienz plant, könnte man nach allen Annotationen der Klasse „Congestive heart failure" fragen. Diese Annotationen können angezeigt werden, und auf diese Weise hat man einen schnellen Zugriff auf Items, die verwendet werden können, um die Symptome oder Risikofaktoren der Herzinsuffienz abzufragen (Abb. 21.5).

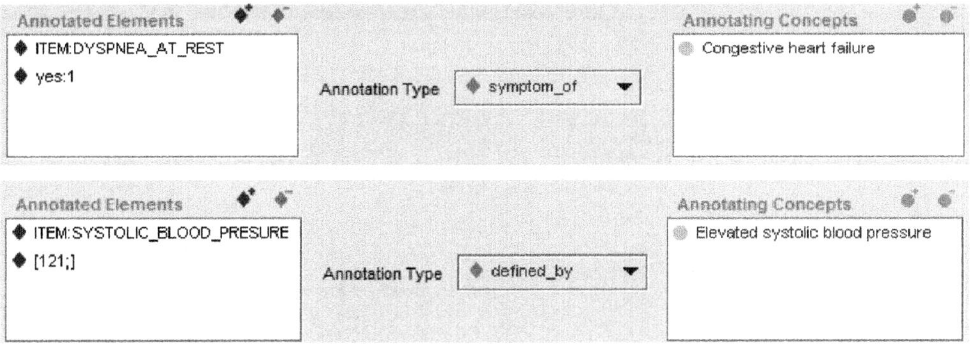

Abb. 21.4 Annotationsinstanz (Beispiel)

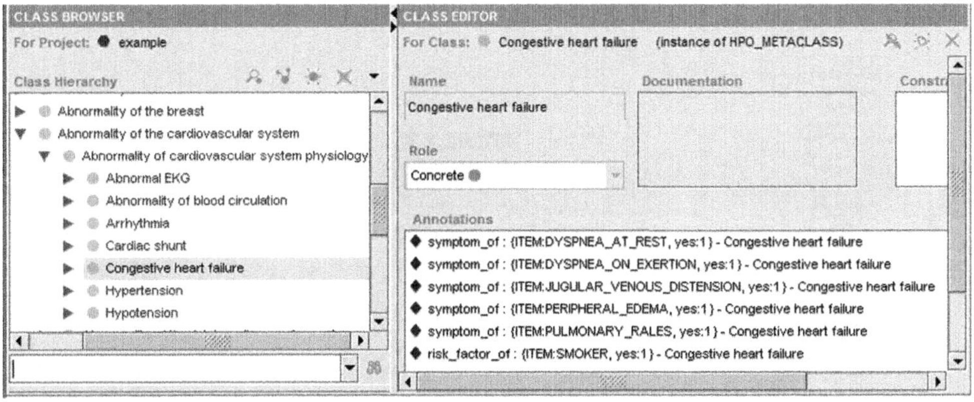

Abb. 21.5 Konzept-Annotationen (Beispiel)

21.5 Das graphische User-Interface des OntoStudyEdit (GUI)

OSE ist als Plugin für Protege entwickelt worden und unterstützt das Verwalten von einzelnen Items oder kompletten Assessments (z.B. Fragebögen, Interviews; auch Item Collections genannt) für Studien aus verschiedenen Institutionen, aber auch von Items aus standardisierten Terminologien. Diese Items werden auf gemeinsamer Grundlage strukturiert und auf eine modell-adäquate Weise abgelegt. Auf diese Weise können gespeicherte Items und Item-Collections auf effiziente Weise wiederverwendet werden. Nachfolgend wird das grapische User Interface (GUI) beschrieben. Basisfunktionen des Management sind das Speichern, die Suche und die Navigation. Für die Suche wird die in in Protege integrierte Suchfunktion verwendet. Navigation ist ein anderes Prinzip. Man folgt den Links in der Hierarchie einer Studie und erhält als Output eine Liste aller Module, die in der Liste enthalten sind. Ein Klick auf das gewünschte Modul erzeugt als Output alle Items, die in dem Modul enthalten sind.

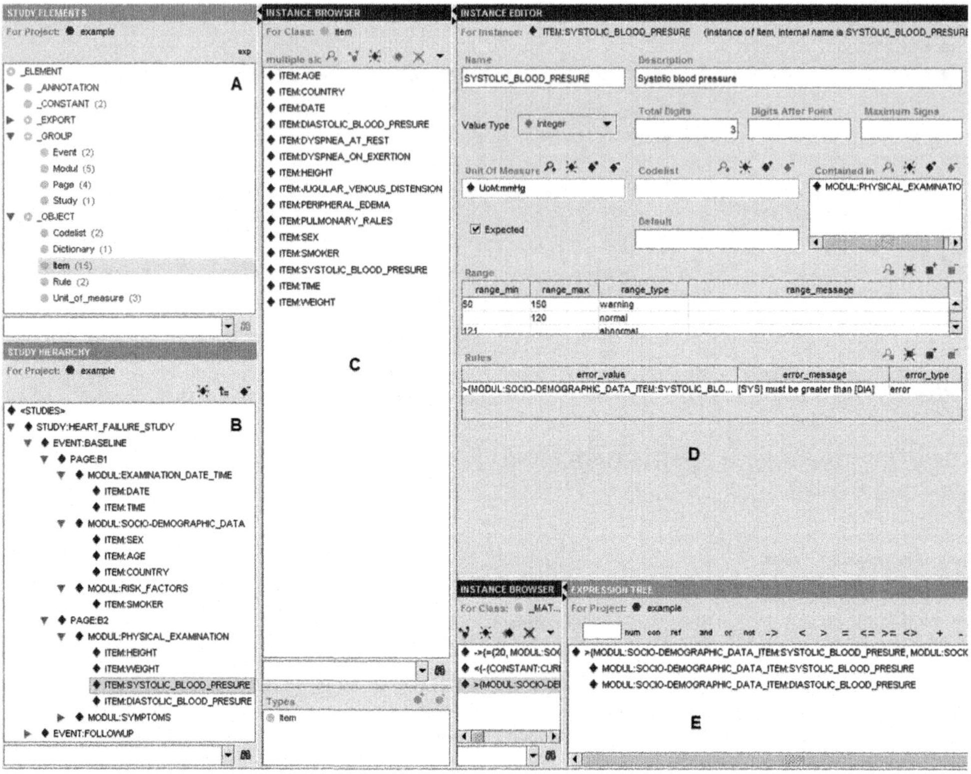

Abb. 21.6 Die GUI des OSE

Die GUI ist in fünf Arbeitsbereiche aufgeteilt. Im Bereich A werden alle Studienelemente, die als Klassen repräsentiert sind, angezeigt. Der Bereich B stellt die hierarchische Struktur einer Studie dar; diese Hierarchie wird durch Instanzen gebildet, die mittels der contains-Relation verbunden sind. Im Arbeitsbereich C werden die Instanzen der im Bereich A ausgewählten Klasse angezeigt. Der Bereich D stellt ein Formular dar, das der Akquisition der attributiven Werte der in den Bereichen B/C ausgewählten Instanzen dient. Der Bereich E unterstützt das Editieren von Formeln, die als Baum dargestellt werden. Die Figur 21.6 zeigt eine visuelle Darstellung der verschiedenen Bereiche der GUI.

21.6 Diskussion und Ausblick

In dieser Arbeit haben wir ein computer-basiertes Werkzeug- genannt OSE (OntoStudyEdit) beschrieben, das für die Spezifikation und das Management von Metadaten für klinische Studien Verwendung findet. Die Flexibilität des Metamodells des OSE, die durch die Anwendung der 3-Ontologie-Methode ermöglicht wird, erlaubt es, dass die Software flexibel an die gewünschten Anwendungsziele und Bedürfnisse angepasst werden kann.

Diese Anpassung kann leicht realisiert werden, da geeignete Domänen-Ontologien in modularer Weise integriert werden können.

Der OntoStudyEdit ist ein TabWidget-Plugin für Protégé; dadurch können alle Funktionen von Protégé genutzt werden. Von besonderem Interesse ist die leichte Anpassung die automatische Erstellung und der Input-Formulare. Ferner können weitere Plugins implementiert werden, die damit die Funktionalitäten des OSE erweitern. Gegenwärtig arbeiten wir an weiteren Import/Export-Funktionen, die sich auf annotierte CRF (Case Report Forms) im PDF-Format beziehen, sowie Spezifikationen für den Import in Studien-Management-Software berücksichtigen.

Literatur

1. Hartmann, N. 1959. *Philosophie der Natur*. Berlin: Walter de Gruyter.
2. Herre. 2008. http://www.onto-med.de.
3. Herre, H. 2010. General formal ontology (GFO): A foundational ontology for conceptual modeling. In *Theory and application of ontology: Computer applications*, Hrsg. R. Poli, 297–345. Heidelberg: Springer.
4. Hoehndorf, R. 2009. Developing consistent and modular software models with ontologies. In *New trends in software methodologies*, Hrsg. H. Fujita, 399–421. Amsterdam: IOS-Press.
5. Ingarden, R. 1964. *Der Streit um die Existenz der Welt, Bd. 1 (Existentialontologie)*. Tübingen: Niemeyer Verlag.
6. Mellor, S. 2004. *MDA distilled: Principles of model-driven architecture*. Boston: Addison-Wesley.
7. OMG. 2012. OMG systems modeling language. http://www.omg.org/spec/SysML/1.3/.
8. Rumbaugh, I. e. 1999. *The unified modeling language reference manual*. Reading: Addison-Wesley.
9. Stahl, T. 2006. *Model-driven software development*. Hoboken: Wiley.
10. Uciteli, A. 2011. An ontlogically founded architecture for information systems in clinical and epidemiological research. *BMC Biomedical Semantics* 2:S1.

Heinrich Herre studierte Mathematik an der Humboldt-Universität zu Berlin. Er wurde 1972 zum Dr. rer. nat promoviert und habilitierte sich im Jahre 1976. Von 1972- 1989 war er an dem Karl-Weierstrass-Institut der Akademie der Wissenschaften der DDR tätig und beschäftige sich in dieser Zeit mit der Modelltheorie, der Metatheorie formalisierte Theorien und mit Anwendungen der mathematischen Logik in der Informatik und in der Künstlichen Intelligenz. Seit 1989 ist er an der Universität Leipzig tätig und wurde 1993 zum Professor für formale Konzepte (Fakultät Mathematik und Informatik) berufen. Seit 2000 beschäftigt er sich mit der formalen Ontologie und ihren Anwendungen und entwickelte seit dieser Zeit mit seinem Team die Top Level Ontologie GFO (General Formal Ontology). Seit 2007 leitet er die Forschungsgruppe „Ontologien und wissensbasierte Systeme" an dem Institut für medizinische Informatik, Statistik und Epidemiologie an der Medizinischen Fakultät der Universität Leipzig. Schwerpunkte seiner Forschung sind die axiomatische Grundlegung formalisierter Theorien, die Künstliche Intelligenz, sowie die Ontologie und Wissensrepräsentation mit Anwendungen in der Medizin, Biomedizin und Bioinformatik.

Alexandr Uciteli absolvierte an der Universität Leipzig ein Informatikstudium, das er 2008 mit dem Grad eines Diplom-Informatikers abschloss. Anschließend war er als Softwareentwickler am Max Plank Institut für evolutionäre Anthropologie in Leipzig tätig, und seit August 2008 ist er wissenschaftlicher Mitarbeiter an dem IMISE (Institut für Medizininformatik, Statistik und Epidemiologie) der Universität Leipzig. Seit dieser Zeit leistete er Beiträge zur systematischen Entwicklung von Ontologien und zur Entwicklung neuer semantischer Methoden für die Verarbeitung von Text-Dokumenten. Schwerpunkte seiner Forschung sind die Ontologie-Entwicklung, das Semantic Web, sowie die ontologie-basierte Software-Entwicklung.

Die Rolle der Anfragesprache SPARQL im Kontext von Linked Data

22

Kann man das Web anfragen als wäre es eine einzige große Datenbank?

Markus Luczak-Rösch

1. SPARQL ist die RDF-Anfragesprache, die seit geraumer Zeit zum Kern der Semantic-Web-Standards gehört und mittlerweile auch Anfragen gegen verteilte Datenquellen als Kernfunktionalität unterstützt.
2. Obwohl es zur Erfüllung der Linked-Data-Prinzipien nicht notwendig ist, bieten manche öffentliche Datenquellen auch eine SPARQL-Schnittstelle an, was sich gut zur Datensatz-Exploration und zur Überprüfung von Anwendungsanforderungen eignet.
3. Die Notwendigkeit und auch die Eignung von SPARQL für Produktivsysteme muss sorgfältig geprüft werden, denn insbesondere öffentliche Endpunkte zeigen reale Verfügbarkeits- und Skalierbarkeitsprobleme.
4. Derzeit gibt es keine Alternative zu SPARQL, wenn Daten auch auf Basis impliziter Schlussfolgerungen über Anfragen bezogen werden sollen.

22.1 Hintergrund

Das World Wide Web – oder kurz einfach nur das Web – konnte sich dank einfacher Prinzipien zum plattformunabhängigen Verteilen und Beziehen verknüpfter Dokumente zu einem globalumspannenden Informationsraum entwickeln. Doch schon zur Zeit der

M. Luczak-Rösch (✉)
University of Southampton, Building 32, University Road, Southampton SO17 1BJ, UK
E-Mail: mail@markus-luczak.de

B. Ege et al. (Hrsg.), *Corporate Semantic Web,* X.media.press,
DOI 10.1007/978-3-642-54886-4_22

Erfindung des Web gehörte dessen Evolution in ein Web of Data zum Kern der Vision von Tim Berners-Lee. Die Architektur dieses Hypermedia-Systems, die erst nach dessen Instantiierung wirklich formal als das heute bekannte REST[1] dokumentiert wurde, eignet sich also nicht nur für Hypertextdokumente, sondern kann auch zur Repräsentation, zum Austausch und zur Verknüpfung reiner Daten ausgenutzt werden. Auch hierfür wurden im Laufe der Zeit einfache Prinzipien entwickelt – die sogenannten Linked-Data-Prinzipien [1]. Diese empfehlen die Verwendung stabiler HTTP URIs als eindeutige Idenfikatoren für jede denkbare Entität, die Repräsentation von Informationen in Form von RDF-Aussagen, sowie das Setzen zusätzlicher RDF-Links (RDF Aussagen, die URIs aus unterschiedlichen Namensräumen miteinander in Beziehung setzen).

Die wohl prominenteste Anwendung finden die Linked-Data-Prinzipien im Rahmen der Veröffentlichung von offenen Daten im Web. Hunderte Datenquellen sind in den letzten Jahren geschaffen worden, die *Linked Open Data* anbieten. Das bedeutet, dass nicht nur jede Quelle für sich Daten einer Domäne zur freien Verwendung bereitstellt, sondern zudem die zuvor angesprochenen RDF-Links zu relevanten Daten in anderen offenen Quellen, die diese Prinzipien einhalten. Ein vollständiges Datenbild ergibt sich somit durch die Zusammenführung der Daten unterschiedlicher Quellen indem diese Links verfolgt werden. Dies ermöglich leichtgewichtige Datenintegration einfach durch Veröffentlichen zusätzlicher RDF-Links und im Rahmen der Nutzung deren Traversierung, ohne die Notwendigkeit der a priori Schema-Angleichung, wie es beim klassischen Data Warehousing der Fall ist.

Aufgrund der zuvor beschriebenen Charakteristika ist Linked Data eine vielversprechende Technologie für die Veröffentlichung und Integration von Daten in großem Maßstab und stetig wachsender Diversität, die zu keiner Zeit verlässlich abgeschätzt werden kann und auch nicht (unbedingt) von einer zentralen Instanz kontrolliert wird. Wir konzentrieren uns in diesem Kapitel generell darauf, wie Linked Data konsumiert werden kann und im Speziellen auf die Rolle der RDF-Anfragesprache SPARQL [4]. SPARQL ist seit Jahren Teil der Familie der Semantic-Web-Standards als Technologie für die effiziente Ausführung komplexer Anfragen in Umgebungen mit vielen verteilten Datenquellen, analog zu SQL im Kontext relationaler Datenbanken. Es stellt sich jedoch die Frage, in wie weit wir das Web anfragen können als wäre es eine Datenbank und welche Relevanz dies für Unternehmensanwendungen hat.

[1] REST ist die Abkürzung für Representational State Transfer und bezeichnet sechs Charakteristika netzbasierter Informationssysteme, die förderlich sind, damit solche Systeme dynamisch sehr stark wachsen können. Das Web ist das bekannteste Beispiel eines Systems, das man als RESTful bezeichnet.

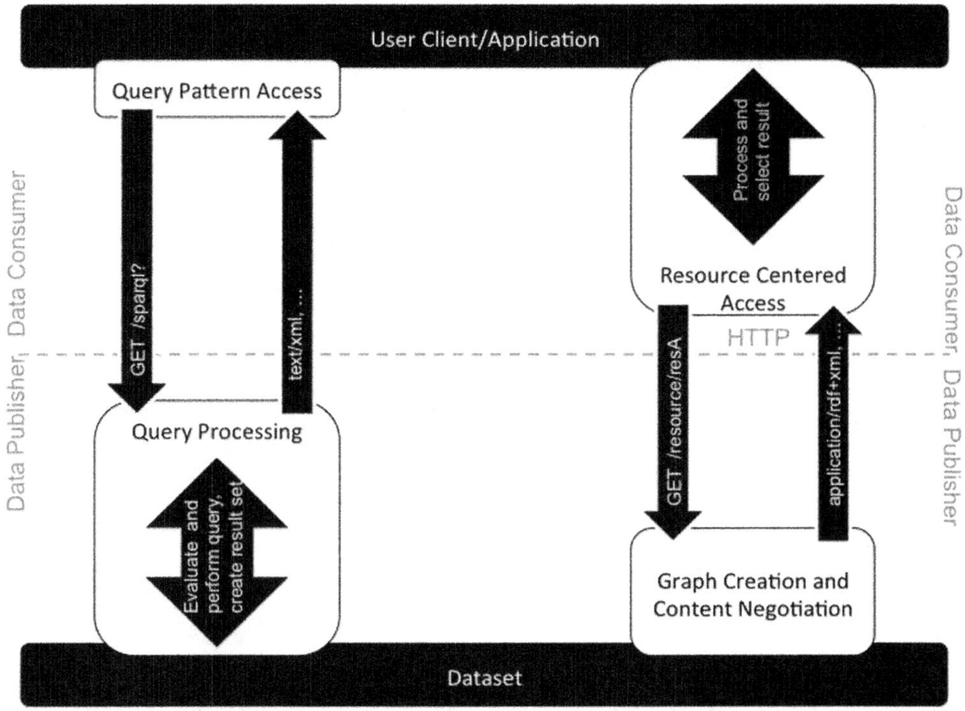

Abb. 22.1 Gegenüberstellung des Zugriffs auf eine Linked-Data-Quelle mittels SPARQL-Anfragen, was den größten Verarbeitungsaufwand auf die Serverseite verlagert (links), beziehungsweise Dereferenzierung, bei der komplexere Verarbeitungsschritte auf der Client-Seite auszuführen sind (rechts)

22.2 Über die Nutzung von Linked Data

Linked-Data-Datenquellen werden typischerweise auf zwei Arten genutzt, die in Abb. 22.1 gegenübergestellt sind. Die individuellen, durch URIs identifizierten Ressourcen, die Teil einer Datenquelle sind, können direkt über das HTTP-Protokoll abgerufen werden (in der Abbildung als Resource Centered Access bezeichnet aber auch unter dem Begriff Dereferenzierung bekannt). Ein Standard Linked-Data-Endpunkt implementiert hierfür die sogenannte *Content Negotiation* und liefert eine Repräsentation der angefragten Ressource im vom Klienten im HTTP-Kopf spezifizierten Format (z. B. RDF/XML, N3, HTML). Die zweite Möglichkeit ist das Anbieten eines Anfrageendpunkts, über den Datenkonsumenten SPARQL-Anfragen ausführen können (in der Abbildung als Query Pattern Access bezeichnet).

Die RDF-Anfragesprache SPARQL arbeitet nach dem Prinzip des Graph-Pattern-Matching [4]. Die kleinste Einheit hierbei ist das Tripel Pattern (TP) aus Subjekt, Prädikat und Objekt, wobei jedes dieser drei Primitive eine Variable sein kann, die dann im Rahmen der Ausführung der Anfrage an alle Ressourcen gebunden wird, welche zur Erfüllbarkeit des Patterns führen. Einfache TP können durch Operatoren zu komplexeren Basic Graph Pattern (BGP) verknüpft werden. SPARQL unterstützt die SELECT Direktive, die als Resultat die Menge der gebundenen Ressourcen pro angefragte Variable serialisiert. Es gibt auch Direktiven, die als Resultat einen RDF-Graphen (z. B. CONSTRUCT) oder einen boolschen Wert für die Erfüllbarkeit einer Anfrage (ASK) liefern. Für eine detaillierte Einführung in SPARQL möchten wir an dieser Stelle auf [3, 8] und [9] verweisen.

Neben den beiden geschilderten Nutzungsparadigmen ist es auch üblich, ein Abbild der gesamten Datenquelle als Download anzubieten, damit Datenkonsumenten dieses dann in einer eigenen Infrastruktur ausbringen und analysieren oder mit anderen Daten verbinden können. Nicht nur die meisten Anwendungsbeispiele in diesem Buch, nutzen Linked Data genau auf diese Weise, da ein Zugriff auf die aktuellsten Daten einer Quelle in Echtzeit über das Web gar nicht benötigt, sondern gut mit einer iterativen Aktualisierung als Batch-Job gearbeitet wird.

22.2.1 Mehrwert durch Nutzen von Daten unterschiedlicher Quellen

Steht nicht die reine Integration und nachträgliche Analyse von Daten im Vordergrund, ist die Anreicherung von Zusatzinformationen und Querverweisen zu Primärinhalten der wohl typischste Anwendungsfall von Linked Data [7, 11]. Dies geschieht meist durch Erkennung von Entitäten in den Primärinhalten und deren Abbildung auf eindeutige URIs in Linked-Data-Quellen. Ausgehend von diesen URIs können dann Daten verteilter Quellen bezogen, fusioniert und visualisiert werden. Entwickler sind dabei zunächst damit konfrontiert, Datenquellen zu identifizieren, die potenziell nutzbringende Zusatzinformationen enthalten. Dies setzt entweder bereits detaillierte Kenntnisse über passende Datenquellen voraus oder bedingt einen explorativen Ansatz, bei dem nach dem Best-Effort-Prinzip von so vielen Quellen wie möglich Daten bezogen werden. Im ressourcenzentrierten Ansatz bedeutet das, dass ausgehend von einer oder mehrerer bekannter Ressourcen, iterativ die RDF-Graphen aller von dieser aus erreichbaren weiteren Ressourcen bezogen und die Ergebnisse in einem gesamten RDF-Graphen zusammengeführt werden. Im anfragezentrierten Ansatz wird entweder eine Menge an SPARQL-Anfragen jeweils individuell gegen eine Menge an SPARQL-Endpunkten ausgeführt und die Ergebnisse auf Klientseite zusammengeführt oder man macht sich die SERVICE-Direktive des SPARQL 1.1 Standards zu nutze und implementiert eine verteilte Anfrage deren Resultat bereits zusammengeführt ist.

Welchen Effekt die Entscheidung für den ressourcenzentrierten oder anfragezentrierten Ansatz haben kann wird deutlich, betrachtet man das Fusionieren und Visualisieren im

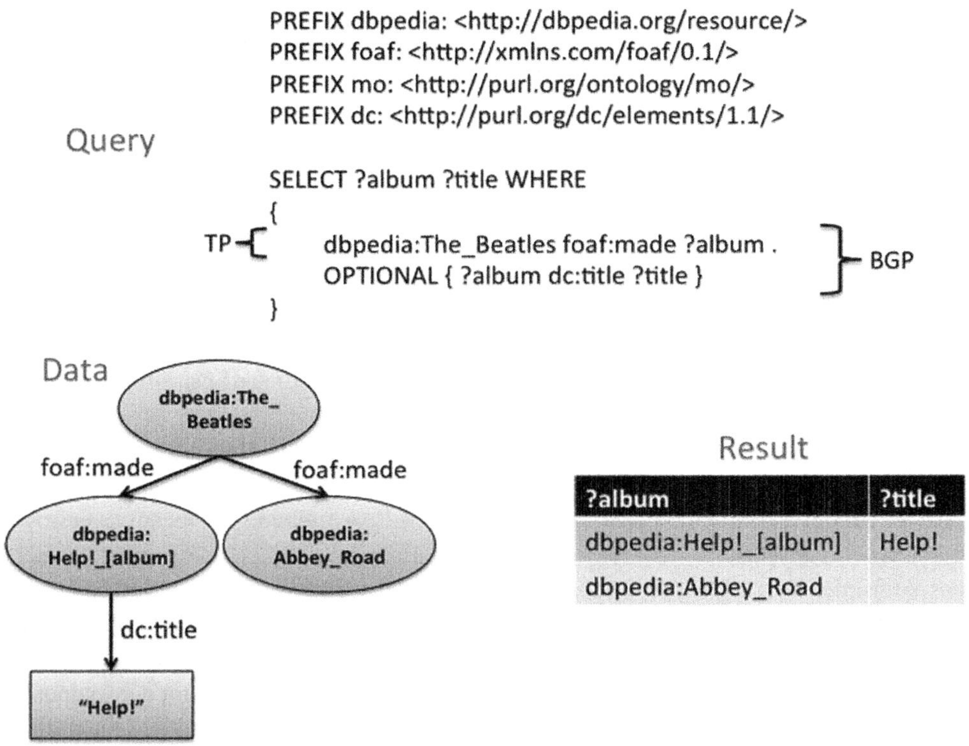

Abb. 22.2 Beispiel einer SPARQL-Anfrage (*Query*) mit einem optionalen Graph-Pattern und das Resultat der Anfrage (*Result*), wenn diese gegen den dargestellten einfachen RDF-Graphen (*Data*) ausgeführt wird

Anschluss an das Beziehen der Daten. Diese Aufgaben werden vereinfacht, wenn klar spezifiziert ist, welche Eigenschaften bezogen werden sollen. Dies kann in SPARQL-Anfragen ganz explizit der Fall sein, denn diese sind selbst RDF-Graph-Pattern.

Abbildung 22.2 verdeutlicht an einem einfachen Beispiel einer SPARQL-Anfrage und der entsprechenden Ergebnismenge, wie komplexe Pattern aus einfacheren Pattern zusammengesetzt werden und wie sich die Unerfüllbarkeit eines Tripel-Patterns auf die gesamte Anfrage auswirken kann, wenn dies nicht, wie im Beispiel, durch die OPTIONAL-Direktive abgefangen wird.

Der gezielte Einsatz von OPTIONAL in SPARQL kann nützlich sein Minimalanforderungen zu definieren, wenn (noch) nicht bekannt ist, ob spezifische Eigenschaften einer Ressource in Datensätzen enthalten sind. Obwohl dies vielversprechend klingt müsste der Entwickler mit dem Aufwand belastet werden jedes einzelne Pattern als optional zu deklarieren, um sicherzustellen, dass Anfragen nicht aufgrund fehlender Daten für einzelne Tripel-Pattern vollständig unerfüllbar sind. Beim ressourcenzentrierten Ansatz werden generell zunächst alle Eigenschaften einer Ressource bezogen und es muss dann in der Anwendungslogik implementiert werden, welche Teile des für eine Ressource bezogenen

RDF-Graphen als relevant erachtet werden. In letzterem Fall ist der Client für das Verwerfen irrelevanter Informationen verantwortlich, was bei SPARQL durch den SPARQL-Prozessor auf der Serverseite erfolgt (siehe dazu erneut Abb. 22.1).

22.3 Fallstricke für SPARQL im Linked-Data-Kontext

Der letzte Abschnitt hat deutlich gemacht, dass in der Verwendung von SPARQL als komplexe Anfragesprache für Linked Data ein interessantes Potenzial liegt, um Anforderungen auf der Datenebene von Anwendungslogik zu trennen. Doch bedeutet das auch, dass dieses Nutzungsparadigma bereit für den Produktiveinsatz in Linked-Data-Anwendungen ist?

Die Zuverlässigkeit öffentlicher SPARQL-Endpunkte[2] hinsichtlich ihrer Bestimmbarkeit, Interoperabilität, Performanz und Verfügbarkeit war Kern einer Studie im Jahr 2013 [10]. Bestimmbarkeit befasst sich mit Methoden zur Beschreibung der technischen sowie inhaltlichen Fähigkeiten von Datensets wie zum Beispiel das VoID-Vokabular[3], welche das Auffinden von SPARQL-Endpunkten unterstützen oder es erlauben Informationen über die verwendeten Vokabulare zu beziehen ohne selbst den Datenbestand zu explorieren. Interoperabilität bezeichnet in diesem Kontext, in wie weit Endpunkte konsistent den SPARQL-Standards unterstützen und Performanz ist die Effizienz, mit der Endpunkte Anfragen bearbeiten. Verfügbarkeit als viertes von der Studie erfasstes Kriterium ist die Betriebszeit öffentlicher SPARQL-Endpunkte, die in einer 27-monatigen Überwachung gemessen werden konnte. Die Ergebnisse der Studie werden in [10] folgendermaßen zusammengefasst:

- Bestimmbarkeit: Nur ein Drittel aller Endpunkte veröffentlicht Metadaten, die es erlauben SPARQL-Endpunkte zu lokalisieren und Informationen über Art und Repräsentation der Inhalte zu beziehen.
- Interoperabilität: Die Unterstützung des SPARQL-Standards ist sehr fragmentiert, wobei die Basisdirektiven des SPARQL 1.0 Standards grundsätzlich unterstützt werden (mit Ausnahme von ORDER BY). SPARQL 1.1 hat noch keine hinreichende Verbreitung.
- Performanz: Rund 16 % aller Endpunkte limitieren Ergebnismengen, um Ressourcen zu schonen, erlauben also nicht alle Daten zu beziehen. Insgesamt variiert die Per-

[2] Im Jahr 2013 waren 427 öffentliche SPARQL-Endpunkte im Datenkatalog DataHub unter der Rubrik Linked Open Data (http://datahub.io/group/lod) gespeichert. Eine eine aktuellere Studie (http://data.dws.informatik.uni-mannheim.de/lodcloud/2014/ISWC-RDB/) zeigt hingegen, dass nur zu 4,5 % der offiziell bekannten Linked-Open-Data-Quellen ein SPARQL-Endpunkt gefunden werden kann, was auf stark veraltete Daten im DataHub-Katalog hinweist und den Einsatz anderer Methoden zur Aufspürung von SPARQL-Endpunkten erfordert.

[3] http://www.w3.org/TR/void/

formanz um 3–4 Größenordnungen und ist in den meisten Fällen nicht für Produktivanwendungen akzeptabel.
- Verfügbarkeit: Weniger als ein Drittel der observierten Endpunkte erreicht die übliche Betriebszeit von 99–100 % und 30 % fallen sogar in die Kategorie von nur 0 %–5 % Betriebszeit.

In [5] wird diese Studie durch eine weitere experimentelle Untersuchung der Auffindbarkeit von SPARQL-Endpunkten komplementiert. Die Autoren kommen zu dem Ergebnis, dass sogar für 85 % aller Linked-Data-Quellen kein SPARQL-Endpunkt gefunden werden kann.

Während beide Studien wie erwähnt die Situation öffentlicher SPARQL-Endpunkte bekannter Linked-Open-Data-Quellen erfassen, lassen sich dennoch auch generische Rückschlüsse über die Einsatzfähigkeit von SPARQL in produktiven Anwendungen ziehen. Die meisten Endpunkte werden mittels Open Source Bibliotheken oder der SPARQL-Unterstützung von RDF-Datenbanken betrieben. Es ist also insbesondere die fragmentierte Interoperabilität als ein Problem hervorzuheben, das man auch in kontrollierten Umgebungen produktiver Anwendungen unbedingt berücksichtigen muss, indem man Klient- und Serverfähigkeiten sorgsam aufeinander abstimmt. Produktive Anwendungen, die direkt mit den öffentlichen Endpunkten arbeiten, werden verständlicherweise am stärksten von der mangelhaften Verfügbarkeit beeinträchtigt.

Wir möchten zum Abschluss dieses Abschnitts, der ein eher düsteres Bild über die Einsatzfähigkeit von SPARQL für produktive Linked-Data-Anwendungen zu zeichnen scheint, gegenüberstellen, dass es auch Beispiele gibt in denen SPARQL zentraler Bestandteil einer performanten Architektur ist. DBpedia, als Flaggschiffprojekt der Linked-Data-Forschung, ist über Jahre zu einer komplexen Infrastruktur gewachsen, die den kompletten Linked-Data-Lebenszyklus abdeckt von der Datenextraktion aus einer Primärquelle (Wikipedia), über die Vernetzung auf Schema und Instanzebene mit externen Linked-Open-Data-Quellen bis zur Veröffentlichung dereferenzierbarer Ressourcen, eines SPARQL-Endpunkts und versionierter Datensatz-Abbilder. Sowohl die Instanziierung eines exakten Abbildes von DBpedia wie auch die Verwendung der Architektur für vergleichbare Anwendungsfälle auf Basis anderer Primärdaten ist dank der guten Dokumentation und frei verfügbarer Software möglich.

22.4 Fazit

Die Stärke von Linked Data liegt im Veröffentlichen und Konsumieren verteilter und heterogener jedoch in Beziehung stehender Daten in Umgebungen, in denen weder eine einzelne Instanz vollständige Kontrolle über alle Datenquellen hat noch eine a priori Integration auf Schema- und Instanzebene möglich ist. Datenanbieter und -Konsument können maximal von den Eigenschaften der Technologie profitieren, wenn auch tatsächlich feingranular auf die Daten an ihrer Ursprungsquelle mittels SPARQL oder dem ressourcenzentrierten Ansatz zugegriffen wird. Dies hat jedoch diverse Effekte, die zum Teil ihren Ursprung in den technischen Gegebenheiten der Web-Architektur haben zum Teil aber auch von zur Verfügung stehenden Bibliotheken und Werkzeugen abhängen.

SPARQL kommt bei der Entwicklung realer Anwendungen in verteilten Umgebungen in Frage, wenn die folgenden Fragen positiv beantwortet werden:

- Datenangebot und Anwendungsentwicklung sind weitestgehend unabhängig voneinander. Neue Anwendungen können mit **Antworten nach dem Best-Effort-Prinzip umgehen**.
- Anwendungen verhalten sich eher **explorativ**.
- Es gibt einen **Konsens über die verwendeteten Merkmale einer Version des SPARQL-Standards** zwischen Datenanbietern und -Konsumenten. Gibt es keinen Konsens, so sollten Datenkonsumenten die Merkmale von SPARQL 1.0 nicht überschreiten.

Fakt ist, dass es zu SPARQL derzeit keine Alternative gibt, wenn Daten auch auf Basis impliziter Schlussfolgerungen über Anfragen bezogen werden sollen. Es ist durchaus auch möglich in kontrollierten Umgebungen skalierbare Systeme unter Verwendung von SPARQL zu entwickeln. Bei Anwendungen im Linked-Open-Data-Kontext jedoch, kann SPARQL derzeit nicht die erste Wahl für das Konsumieren von Daten direkt von deren Ursprungsquelle sein.

22.4.1 Alternativen und Perspektiven

Dieses Kapitel hat einen Eindruck über das Potenzial gegeben, das im Einsatz von SPARQL liegt, um ein agiles Ökosystem aus verteilt verwalteten Anwendungen und Datenquellen zu implementieren. Es wurde jedoch auch dargestellt, dass die Realität im öffentlichen Web derzeit die Favorisierung anderer Ansätze zur Nutzung von Linked Open Data nahelegt, wenn mehr als nur Datenset-Exploration durchgeführt wird und welche Aspekte beim Entwurf produktiver Anwendungen in kontrollierten Umgebungen berücksichtigt werden müssen.

Die wohl prominenteste Alternative, die auch in fast allen in diesem Buch beschriebenen Anwendungen beschrieben wird, ist der Bezug der Daten als komplettes Abbild und das Laden in einen lokalen Speicher. Dies kann ein RDF-Tripel-Store sein, der SPARQL unterstützt. Doch auch hier zeigt nicht nur die in diesem Buch vorgestellte Praxis, dass häufig eher klassische Datenbanktechnologie und Indexierung zum Einsatz kommt, die sich durch klare Performanzvorteile gegenüber SPARQL auszeichnet.

Um sich der Vision, das Web wie eine Datenbank anzufragen, dennoch weiter anzunähern gibt es unterschiedliche forschungsnahe Ansätze. Zum Einen wären hier verteilte Anfragen zu erwähnen, die auf ressourcenzentrierter Link-Traversierung basieren und klientseitig SPARQL gegen den iterativ erweiterten RDF-Graphen ausführen [2]. Diese sind weder zu den ressourcenzentrierten noch zu den anfragebasierten Ansätzen zu zählen, sondern kombinieren die Vorteile beider Ansätze [6]. So is es nicht notwendig, Kenntnis über die URIs und Kompatibilität vieler SPARQL-Endpunkte zu erlangen jedoch bleiben die Vorteile gut spezifizierter Graph-Pattern erhalten. Mit dem SQUIN-Projekt existiert eine Open-Source-Implementierung dieses neuartigen Anfrageansatzes[4]. Auch das Konzept der Linked Data Fragments [12] gehört zu den neuen alternativen Ansätzen und konzentriert sich auf die Verlagerung der berechnungsintensiven Aufgaben wie das Auswerten komplexer Anfragepattern vom Server zum Klienten. Allerdings geht die Reduktion der Serverlast bei Linked Data Fragments in ihrer derzeitigen Realisierung auf Kosten von Funktionalität, die im SPARQL-Standards unterstützt wird.

Literatur

1. Berners-Lee, T. 2006. Linked data—Design issues web page. http://www.w3.org/DesignIssues/LinkedData.html. Zugegriffen: 1. Aug 2014.
2. Bizer, C., T. Heath, und T. Berners-Lee. 2009. Linked data-the story so far. *International journal on semantic web and information systems* 5(3): 1–22.
3. Buil-Aranda, C., Hogan, A., Umbrich, J., und P. Y. Vandenbussche. 2013. Sparql web-querying infrastructure: Ready for action?. In *The Semantic Web -ISWC 2013*, 277–293. Springer Berlin Heidelberg.
4. Du Charme, B. 2013. *Learning SPARQL*. O'Reilly Media, Inc., 1005 Gravenstein Highway North, Sebastopol, CA 95472, United States.
5. Learning Materials. 2013. EUCLID. http://www.euclid-project.eu/resources/learning-material.
6. Hartig, O., und A. Langegger. 2010. A database perspective on consuming linked data on the web. *Datenbank-Spektrum* 10(2): 57–66.
7. Heath, T., und C. Bizer. 2011. Linked data: Evolving the web into a global data space, 1st edn. *Synthesis lectures on the semantic web: Theory and technology* 1(1): 1–136. (Morgan & Claypool).
8. Hitzler, P., M. Krötzsch, und S. Rudolph. 2010. *Foundations of semantic web technologies*. Chapman & Hall/CRC, Taylor & Francis Group, 6000 Broken Sound Parkway, NW, Suite 300, Boca Raton, FL 33487–2742, U.S.
9. Kobilarov, K., T. Scott, Y. Raimond, S. Oliver, C. Sizemore, M. Smethurst, C. Bizer, und R. Lee. 2009. Media meets semantic web—How the BBC uses DBpedia and linked data to make connections. In Proceedings of the 6th European semantic web conference on the semantic web: research and applications (ESWC 2009). Springer-Verlag, Berlin, Heidelberg, 723–737.
10. Paulheim, H., und S. Hertling. 2013. Discoverability of SPARQL endpoints in linked open data. International semantic web conference (Posters & Demos).
11. SPARQL Query Language for RDF. 2014. W3C recomendation. http://www.w3.org/TR/rdf-sparql-query/. Zugegriffen: 9. Juni 2014.
12. Verborgh, R., M. Vander Sande, P. Colpaert, S. Coppens, E. Mannens, und R. Van de Walle. 2014. Web-scale querying through linked data fragments. In Proceedings of the 7th workshop on linked data on the web.

[4] http://squin.sourceforge.net/index.shtml

Dr. Markus Luczak-Rösch ist Senior Research Fellow an der Universität Southampton in der Arbeitsgruppe Web and Interner Science (WAIS). Im Projekt „SOCIAM – The Theory and Practice of Social Machines“ ist er verantwortlich für den Arbeitsbereichs Social Computation und befasst sich mit der Analyse von Daten und Interaktionen in sozio-technischen Systemen. Hervorzuheben ist hierbei insbesondere der Schwerpunkt im Bereich Citizen Science, der zu Kooperationen mit der Universität Oxford und dem Massachusetts Institute of Technology (MIT) im Rahmen der Citizen Science-Plattformen Zooniverse sowie EyeWire führte. Markus Luczak-Rösch erhielt im Jahr 2014 die Promotion zum Doktor der Naturwissenschaften an der FU Berlin. Die Dissertation befasste sich mit der Wartung von Linked Data Repositorien auf Basis von Nutzungsdaten. Die Forschungsschwerpunkte Semantic Web und Linked Data führt er kontinuierlich fort und ist Betreiber eines Forschungsdatensatzes für den Bereich Web Usage Mining im Kontext von Linked Data. Sein Diplom erhielt Markus Luczak-Rösch im Jahr 2007 ebenfalls von der FU Berlin für eine Diplomarbeit zum Thema der argumentationsbasierten Ontologieentwicklung. Von 2008 bis 2012 war er Gründer und Geschäftsführer der lumano – intelligent systems GbR, die sich mit der Überführung forschungsnaher Technologien in Produkte beschäftigte.

Umbenennungen im Unternehmensalltag 23

... wenn aus Raider Twix wird

Thomas Hoppe

1. Umbenennungen von Produkten, Organisationseinheiten, Organisationen und Adressbestandteilen sind der Alltag in Unternehmen.
2. Umbenennungen behindern das Wiederfinden und Zusammenstellen von Informationen.
3. Namen gelten nicht für ewig, sondern nur in bestimmten Gültigkeitszeiträumen.
4. Durch die Erfassung der Gültigkeitszeiträume werden historische Benennungen maschinell auswertbar und verarbeitbar.
5. Gültigkeitszeiträume von Namen ermöglichen Rückschlüsse auf Entstehungszeiträume von Informationen.

23.1 Hintergrund

Im Jahr 1758 wurde das Buch „Systema Naturae" von Karl von Linné veröffentlicht, in dem er seine Klassifikation der Naturreiche der Tiere, Pflanzen und Mineralien darstellt. Er unterteilte darin die Primaten in *Homo, Simia, Lemur* und *Vespertillo*. Die Klasse *Homo* umfasste die Menschen, *Lemur* umfasste vier Lemurenarten und einen Riesengleiter und *Vespertillo* die Fledermäuse, die später in eine andere Klasse verschoben wurden. *Simia* kann aus heutiger Sicht als Sammelbecken bezeichnet werden und umfasste den Rest der Primaten, insbesondere alle verbleibenden Affen.

T. Hoppe (✉)
Datenlabor Berlin, Berlin, Deutschland
E-Mail: thomas.hoppe@datenlabor.berlin

B. Ege et al. (Hrsg.), *Corporate Semantic Web*, X.media.press,
DOI 10.1007/978-3-642-54886-4_23

Im Lauf der Zeit wurde Linnés Klassifikation verändert und Gattungen, Arten und Unterarten verschoben. Viele der Artenbezeichnungen der *Simia* wurden darüber hinaus im Lauf der Zeit umbenannt, insbesondere wurde 1929 der Name *Simia* durch die International Commission on Zoological Nomenclature in seiner Opinion 114 suspendiert (http://en.wikipedia.org/wiki/Simia).

Forscher die heutzutage alte Expeditionsaufzeichnungen auswerten, um beispielsweise die Entwicklung des Verbreitungsgebiets des Philippinen-Koboldmakies (*Carlito syrichta*) zu untersuchen, müssen auch die zwischen 1758 und 1929 gebräuchliche Bezeichnung „*Simia syrichta*" kennen, um die richtige Zuordnung zum heutigen Verbreitungsgebiet des „*Carlito syrichta*" vornehmen zu können.

Nicht nur in der Zoologie sind solche Umbenennungen Gang und Gebe, auch in der Botanik scheint jeder Botaniker darauf aus zu sein, im Lauf seiner Karriere mindestens eine Gattung umzubenennen. So trug z. B. das heute offiziell unter der Bezeichnung *Leontopodium alpinum* oder *Leontopodium nivale* bekannte *Edelweiß*; früher die Bezeichnung *Gnaphalium leontopodium*.[1] In der Chemie und Medizin finden sich ebenfalls für viele Chemikalien und Erkrankungen unterschiedliche Bezeichnungen, die zu unterschiedlichen Zeiten gebräuchlich waren.

Auch in unserem alltäglichen Leben begegnen uns solche Umbenennungen. Das folgende Beispiel kennen Sie unter Umständen abgewandelt in der einen oder anderen Form: Sie heiraten. Ihr Partner oder ihre Partnerin nimmt Ihren Nachnamen an und trägt seit dem einen Doppelnamen. Später lässt er/sie sich von Ihnen scheiden und nimmt ihren/seinen ursprünglichen Namen an, bis er/sie erneut heiratet und wiederum einen neuen Namen annimmt.

Offensichtlich handelt sich immer noch um dieselbe Person, die zu unterschiedlichen Zeiten unter unterschiedlichen Namen bekannt ist. Wenn diese Person unter diesen unterschiedlichen Namen etwas veröffentlicht, sind dies immer noch Werke von ein und derselben Person. Im alltäglichen Leben erscheint im Zusammenhang mit offiziellen Dokumenten der Zusatz „geborene/r …", der ggf. auch wieder entfallen kann, im Unternehmenskontext wird in der Personaldatenbank dann einfach der Name geändert.

Länder wurden im Lauf der Zeit umbenannt: *Rhodesien* in *Simbabwe, Ceylon* in *Sri Lanka, Birma* in *Myanmar*. Städte wurden umbenannt: *Chemnitz* in *Karl-Marx-Stadt* und wieder zurück in *Chemnitz, St. Petersburg* in *Petrograd* (1914–1924), dann in *Leningrad* (1924–1991) und wieder zurück in *St. Petersburg*. Kreise, Gemeinden, Orte oder Ortsteile werden zusammengelegt und ebenso wie Straßen, Plätze, U-Bahn-Stationen oder Haltestellen umbenannt. Veranstaltungsorte wie Konzerthallen, Fußballstadien und Arenen ändern oft mit jedem neuen Betreiber oder Hauptsponsor Ihren Namen. Einher mit diesen Umbenennungen gehen veraltete Adressen und Ortsangaben, die sich negativ auf die Qualität von Adressdatenbanken auswirken, die Rückläufer bei Versand oder bei Mailing-Aktionen nach sich ziehen oder die fehlerhafte Verortungen für mobile Anwendungen erzeugen.

[1] Pers. Kommunikation, Dr. Rita Gudermann, http://quagga-media.de/.

Ich selber war nach meiner Promotion Mitarbeiter bei der *Deutschen Telekom Berkom*, die später umfirmierte in *T-Berkom*. Später wurde sie mit anderen Einheiten der Deutschen Telekom AG zur *T-Nova Deutsche Telekom Innovationsgesellschaft* fusioniert, dann in *T-Systems Nova* umbenannt, die wiederum in den beiden Einheiten T-*Systems International* und *T-Systems Enterprise Services* aufging. Viele Abteilungen blieben über diesen Prozess erhalten, wechselten jedoch ihren Namen. Andere Abteilungen wurden fusioniert, aufgeteilt oder zerschlagen. Die archivierten Dokumente der einzelnen Einheiten blieben jedoch unverändert mit der jeweiligen Bezeichnung der damaligen Organisationseinheit erhalten.

> „In unserem Intranet finden sich immer noch Dokumente mit der Bezeichnung Bayer" pers. Komm., Mitarbeiterin der LanXess AG

Es existieren viele weitere Beispiele von Umbenennungen von Produkten, Veranstaltungen und Organisationen, die uns im Lauf der Zeit begegnen: Aus *Raider* wurde *Twix*, um das Produkt der Bezeichnung auf dem internationalen Markt an zu gleichen. Das Spülmittel *Fairy* wurde zu *Dawn*, das wieder zurück benannt wurde in *Fairy*. Aus dem *Grand Prix Eurovision de la Chanson* wurde der *Eurovision Song Contest*. Aus der *Citibank* wurde die *Targobank*, aus *VIAG Interkom* wurde O_2, aus *EADS Airbus*, usw.[2] Das *Bundesministerium für Atomfragen* wurde 1955 gegründet, nach diversen Umbenennungen u. a. in *Bundesministerium für Forschung und Technologie* erhielt es vor kurzem seinen heutigen Namen *Bundesministerium für Bildung und Forschung*.

23.2 Problemstellung

Aus den Beispielen wird ersichtlich, dass uns Umbenennungen permanent begleiten, nicht nur im privaten, auch im geschäftlichen Bereich. Während wir uns schnell an die neuen Bezeichnungen gewöhnen, enthalten Informationsquellen alte Informationen oder Dokumente, die immer noch die zum Entstehungszeitpunkt gebräuchliche Bezeichnung verwenden. Als Menschen kommen wir in vielen Fällen mit diesen alten Bezeichnungen klar, da wir oft den Umbenennungsprozess begleitet oder mitbekommen haben, oder uns irgendwann später klar wird, dass zwei Namen ein und dasselbe bezeichnen. Computersysteme jedoch kommen damit aber nicht ohne weiteres zu Rande.

> Aus Raider wird Twix, … sonst ändert sich nix.

Wenn es doch immer so einfach wäre. Die obigen Beispiele zeigen darüber hinaus, dass mit Namensänderungen oft auch Veränderungen in der Identität der benannten Individuen einhergehen, Unternehmen und Abteilungen werden zusammengelegt und erhalten einen

[2] http://www.news.de/wirtschaft/855140290/so-hiessen-happy-meal-und-co-frueher/1/.

neuen Namen oder behalten den Namen einer der Organisationseinheiten bei. Insbesondere bei der Zusammenstellung von Informationen ergeben sich hierdurch Herausforderungen. Hierzu ein zwar konstruiertes, aber durchaus denkbares Beispiel: Frau Müller wird gebeten, die Entwicklung der Auslastung einer Abteilung über die letzten fünf Jahre zusammen zu stellen, um zu untersuchen, ob und welche Auswirkungen der Zusammenschluss mit einem anderen Unternehmensteil in diesem Zeitraum hatte. Stellen Sie sich nun vor, dass die Abteilung zweimal umbenannt wurde. Falls Frau Müller damals schon dabei war, kann man nur hoffen, dass sie sich an die Umbenennungen noch erinnert oder Informationen darüber hat. Wenn Frau Müller aber erst später ins Unternehmen eintrat, muss sie explizit mit dieser Information versorgt werden.

Während im Bereich der Wissensrepräsentation und des Semantic Webs Repräsentationsformalismen und Techniken für den Umgang mit Synonymen und Begriffsverfeinerungen entwickelt wurden, wurden – meiner Kenntnis nach – Fragen bzgl. der Repräsentation und des Umgangs mit Umbenennungen noch nicht adressiert.

23.3 Analyse: Identitätsänderungen vs. Bezeichnungsänderungen

Offensichtlich können wir unterscheiden zwischen der Veränderung von Bezeichnungen – sprich den Namen – von Entitäten und Veränderungen der Identität der bezeichneten Entitäten. Betrachten wir mögliche, im Unternehmenskontext relevante Arten und Weisen, wie sich die Identität von Entitäten und deren Namen verändern können.

23.3.1 Arten von Identitätsveränderungen

Ohne weiteres Zutun ändert sich die Identität jeder einzelnen, für sich genommenen Entität nicht – solange sie überhaupt existiert. D.h. Identitätsveränderungen können nur eintreten, wenn in den Veränderungsprozess mindestens zwei Entitäten involviert sind.

23.3.1.1 Incorporation

Zum Zeitpunkt t existieren n > 1 unterschiedliche Entitäten mit n Namen, von denen n − 1 Entitäten in die n-te Entität eingegliedert werden, die ihre Identität und ihren Namen beibehält. Die n − 1 eingegliederten Entitäten verlieren ihre eigenständige Identität, so dass zum Zeitpunkt t + 1 nur noch die n-te Entität existiert (Abb. 23.1).

23.3.1.2 Spin-off

Diese Situation ist zur vorhergehenden invers. Zum Zeitpunkt t existiert eine Entität. Aus ihr werden $n > 0$ Entitäten ausgegliedert oder abgespalten, so dass zum Zeitpunkt t + 1 n + 1 neue Entitäten mit neuen Namen existieren und die n-te Entität die Identität und den Namen der Ursprungsentität beibehält (Abb. 23.2).

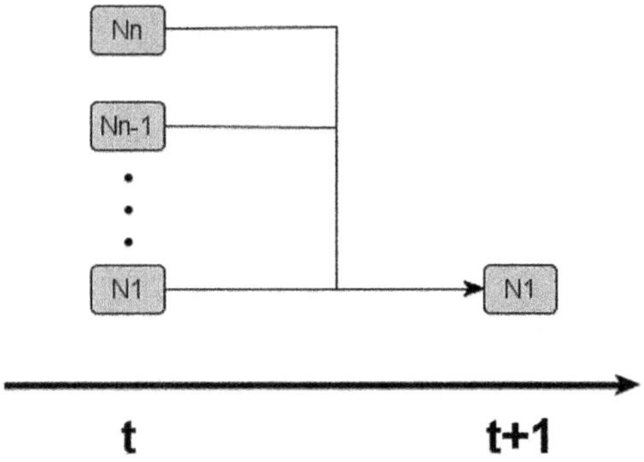

Abb. 23.1 Incorporation

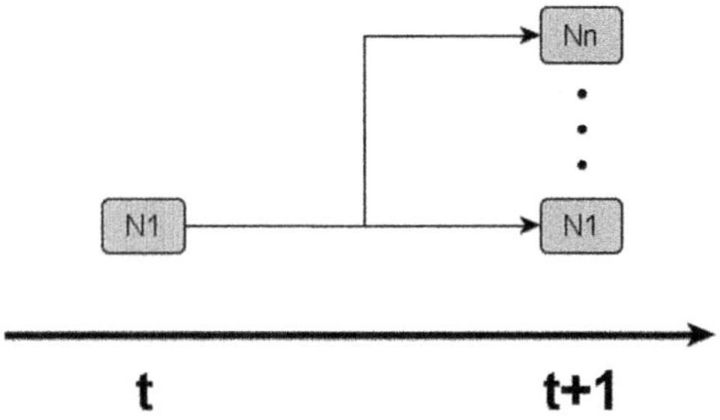

Abb. 23.2 Spin-off

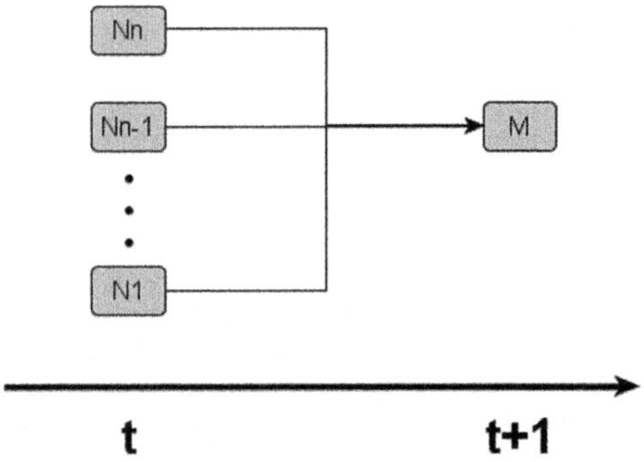

Abb. 23.3 Merger

23.3.1.3 Merger

Bei dieser Situation werden n zum Zeitpunkt t existierende Entitäten zu einer einzigen zusammen gelegt. Die n Entitäten verlieren ihre Identität. Zum Zeitpunkt t+1 existiert nur noch eine neue Entität, die im Gegensatz zu *incorporation* einen neuen Namen trägt (Abb. 23.3).

23.3.1.4 Split

Diese Situation ist zur vorhergehenden invers. Eine zum Zeitpunkt t existierende Entität wird in n Teile aufgeteilt. Die Identität der Ursprungsentität erlischt und alle n, zum Zeit-

Abb. 23.4 Split

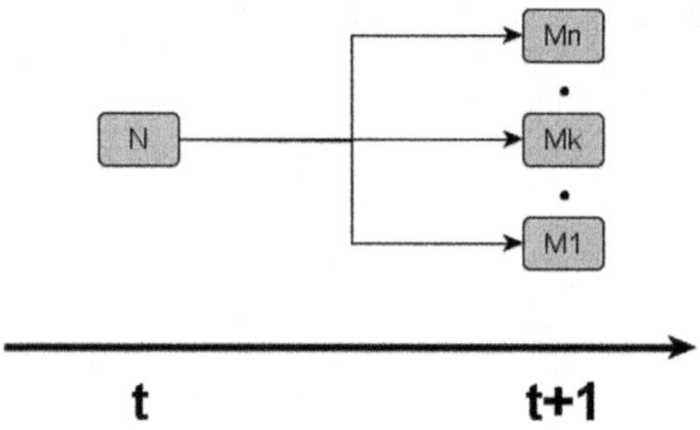

Abb. 23.5 Partial Fusion

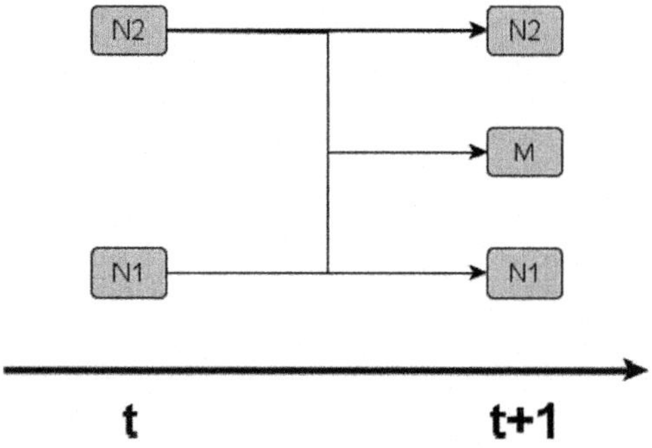

punkt t+1 existierenden Entitäten besitzen eine neue Identität und tragen einen neuen Namen (Abb. 23.4).

23.3.1.5 Partial Fusion

Zum Zeitpunkt t existieren n Entitäten, aus denen jeweils ein Teil ausgegliedert wird. Die ausgegliederten Teile fusionieren zu einer neuen Entität mit neuen Namen. Zum Zeitpunkt t+1 existieren n+1 Entitäten. Von diesen sind n mit den ursprünglichen n Entitäten identisch und behalten ihren Namen. Eine neue Entität ist entstanden, die einen neuen Namen trägt (Abb. 23.5).[3]

23.3.2 Gültigkeit von Bezeichnungen

Offensichtlich erfolgen Umbenennungen zu bestimmten Zeitpunkten. Bis zu diesem Zeitpunkt trägt eine Entität den einen Namen, nach ihm einen anderen. Eine Bezeichnung ist

[3] Wie Hermann Bense korrekterweise anmerkte könnte „Partial Fusion" auch durch mehrere „Spin-offs" und einen „Merger" konstruiert werden. Da es mir aber darum geht die möglichen Umbenennungsszenarien zu charakterisieren und nicht darum einen minimalen Satz von Operatoren, die wiederum die Anzahl der temporär zu erzeugenden und zu benennenden Entitäten erhöhen würde, zu finden, behalte ich „Partial Fusion" zunächst bei.

damit nur für einen bestimmten Zeitraum Name einer Entität. Oder anders ausgedrückt: Eine Entität besitzt einen bestimmten Namen nur für einen bestimmten Zeitraum.[4]

Im Gegensatz zu Synonymen die unabhängig von Zeiträumen ein und dieselbe Entität bezeichnen, sind die Namen von Entitäten zeitabhängig. Korrekterweise müsste jeder Name einer Entität mit einem Gültigkeitszeitraum annotiert werden. Bei diesen Gültigkeitszeiträumen kann es sich entweder um geschlossene Zeitintervalle „von-bis“ oder um offene Intervalle „bis oder vor“ oder „nach oder ab“ handeln, oder der Name ist solange gültig, wie die Entität existiert. Für die Beschreibung des Gültigkeitszeitraums wären daher zwei, ein oder kein Zeitpunkt zu repräsentieren.

In welchem Format die Zeitpunkte zu repräsentieren sind, ob eine Sekunden-, Stunden-, Tages-, Jahresgenauigkeit notwendig ist oder ob Jahrhundert- oder Epochenangaben ausreichen, ist offenbar anwendungsabhängig. Es sollte jedoch möglich sein, Gültigkeitsangaben mit unterschiedlichen Genauigkeiten miteinander zu vergleichen bzw. zu verrechnen.

23.4 Repräsentation von Bezeichnungsänderungen

Wie können solche Bezeichnungsänderungen repräsentiert werden, um sie für Such- und Inferenzprozesse zu nutzen?

23.4.1 Explizite Modellierung als Instanzennetz

Wenn es darum geht Namensänderungen von einzelnen Individuen zu repräsentieren, wie z. B. von Organisationen, Unternehmen, Organisationseinheiten, Abteilungen, Personen, Produkten oder Orten, die in einer semantischen Anwendung als Individuen oder Instanzen repräsentiert werden, könnten Namensänderungen einfach durch das Einführen zusätzlicher Individuen, die den geänderten Namen tragen, abgebildet werden. Ohne weitere Vorkehrungen und unter der – sogenannten – unique names assumption – würde es sich jedoch bei dem Individuum vor der Namensänderung und bei dem Individuum nach der Namensänderung, um zwei Individuen mit unterschiedlicher Identität handeln. Dass beide Individuen ein und dieselbe Entität repräsentieren, muss durch eine Zusatzinformation (wie z. B. die *sameAs*-Beziehung OWLs) explizit repräsentiert werden. Unterschiedliche Gültigkeitszeiträume der Namen könnten dann durch entsprechende Zeitangaben an den Individuen repräsentiert werden.

[4] Wie aus dem vorausgegangenen Abschnitt klar sein dürfte, sind Namen von Entitäten – im Gegensatz zur unveränderlichen Identität – veränderlich. Eine alleinige Identifizierung einer Entität über ihren Namens ist daher im Allgemeinen nicht eindeutig, sie muss jedoch möglich sein, da Menschen nun mal zur Kommunikation Namen und keine URIs oder IDs nutzen.

Diese Art und Weise Namensänderungen zu repräsentieren hat jedoch einige Nachteile:

- Das Instanzennetz würde – in Abhängigkeit von der Häufigkeit von Namensänderungen – anwachsen.
- Um Inferenzen über die Entitäten zu ziehen, müssten jeweils alle Ausprägungen eines Individuums, i. E. alle Instanzen die über die *sameAs*-Beziehung als identisch identifiziert wurden, berücksichtigt werden.
- Namensänderungen auf Instanzenebene können so zwar repräsentiert werden, Namensänderungen auf Konzeptebene – wie z. B. von Gattungen in Biologie und Zoologie, von Chemikalien oder Krankheiten – erfordern jedoch weiteren zusätzlichen Aufwand.[5]

23.4.2 Annotation durch Meta-Daten

Bei der voraus gegangenen Variante wurde die Gültigkeit von Namen als Information auf der Objektebene der Instanzen repräsentiert. Genaugenommen handelt es sich dabei jedoch um eine Meta-Information, die nicht dem Objekt selber zu gewiesen werden kann, sondern die sich auf den Namen des Objekts bezieht, also auf der Meta-Ebene angesiedelt ist, da mit ihr Aussagen über Bezeichnungen getroffen werden.

Mit OWL Full können solche Annotationen, die auf eine Prädikatenlogik höherer Stufe zurückgeführt werden können, zwar repräsentiert werden, diese große Ausdrucksstärke muss jedoch teuer erkauft werden: Aussagen in diesem Formalismus sind im Allgemeinen unentscheidbar, daher können lediglich einfachste Retrieval-Anfragen über die Annotationen verarbeitet werden.

Durch Annotationen kann die Repräsentation der Gültigkeitszeiträume von Namen sowohl auf der Konzept-, als auch auf der Instanzenebene erfolgen, ohne zusätzliche, artifizielle Instanzen einführen zu müssen. Inferenzen über die Gültigkeitszeiträume sind aber unentscheidbar.

23.4.3 Aspekt-orientierte Modellierung

Schäfermeier und Paschke argumentieren in ihren Publikationen [1, 2], das Konzept der Aspekt-Orientierung auch auf die Modellierung von Ontologien zu übertragen, um unterschiedliche Sichtweisen auf die repräsentierten Entitäten zur ermöglichen. Zwar zielt dieses Konzept in erster Linie darauf ab, eine einzige Modellierung in unterschiedlichen Anwendungsgebieten, die unterschiedliche Sichtweisen auf die gleichen Entitäten der Welt erfordern, nutzbar zu machen, dieser Ansatz scheint prinzipiell jedoch auch auf den Aspekt der Benennung von Entitäten zu unterschiedlichen Zeitpunkten übertragbar zu sein.

[5] Für jedes Konzept müssten auf Instanzenebene Repräsentanten angelegt werden, um die unterschiedlichen Namen und Gültigkeitszeiträume auf der Instanzenebene zu repräsentieren.

Auch die aspektorientierte Modellierung zielt auf eine Annotation der Entitäten bezogen auf unterschiedliche Aspekte ab. Um jedoch dem Problem der Nutzung einer unentscheidbaren Repräsentationssprache zu entgehen, wird zwischen der Repräsentation und den daran anschließenden Inferenzen ein Vorverarbeitungsschritt geschaltet. Dieser Verarbeitungsschritt dient dazu die für den betrachteten Aspekt „richtige" Sichtweise auf die Entitäten aus der Repräsentation vor dem eigentlichen Inferenzprozess zu extrahiert und so eine Abbildung in einen ausdrucksschwächeren, dafür aber entscheidbaren Formalismus zu erzeugen.

Inwiefern aspektorientierte Modellierung für die Abbildung von Namensänderungen nutzbar ist, wird derzeit im Kontext des Projektes CSC[6] untersucht.

23.4.4 Pragmatische Erweiterung von Triple-Stores

Wenn es die derzeit verwendeten Repräsentationsformalismen schon nicht erlauben Gültigkeitszeiträume von Namen zu modellieren und für Inferenzen zugänglich zu machen, bestünde ein „quick fix" darin, die genutzten Speichersysteme, die sogenannten triple stores[7] zu erweitern. Anstelle von RDF-Triplen könnten sie zur Speicherung von RDF-Quadrupeln, i.E. RDF-Triple, die um ein weiteres Objekt zur Beschreibung von Gültigkeitseinschränkungen erweitert werden, modifiziert werden. Dies würde jedoch eine vom jeweiligen triple-store Anbieter abhängige proprietäre Erweiterung darstellen, die für herstellerübergreifende Lösungen auf jeden Fall eine Erweiterung des existierenden RDF-Standards voraussetzen würde.

23.4.5 Erweiterung existierender Standards

Die obigen Ansätze stellen nur „work arounds" für ein Manko in den entsprechenden W3C Standards von OWL, RDFS und RDF dar. Jeder in RDF repräsentierten Entität kann pro Sprache ein Name (sprich eine Bezeichnung) in Form eines „Labels" zugewiesen werden. Hierzu erlaubt der Standard jedes Label mit einem „language tag" zu annotieren. Im Grunde stellt dies eine Annotation des Gültigkeitsbereichs (hier des Sprachraums) des Labels dar. Offensichtlich, kann die Gültigkeit von Labeln jedoch von weiteren Kriterien abhängen, wie z. B. einem „geografischen" oder „organisatorischen" Gültigkeitsbereich oder wie in diesem Kapitel skizzierten Problem von einem „zeitlichen" Gültigkeitsbereich, sprich einem Gültigkeitszeitraum.

Um auch solche zusätzlichen Spezifikationen von Gültigkeitsbereichen von Bezeichnungen modellieren zu können, müssten die existierenden Standards entsprechend erweitert bzw. ergänzt werden.

[6] http://www.unternehmen-region.de/de/7923.php, (Letzter Zugriff: 1.4.2014).

[7] Speicher für RDF-Triple.

23.5 Nutzen der expliziten Modellierung

Wir haben gesehen, dass Umbenennungen von Entitäten zu unserer Realität und insbesondere zur Realität von Unternehmen gehören. Die jeweils gültigen Namen der Entitäten können zum heutigen Zeitpunkt bisher nur unbefriedigend durch „work arounds“ repräsentiert werden, da entsprechende Ausdrucksmittel in den gängigen Repräsentationsformalismen des Semantic Webs entweder zu unhandlich sind oder schlichtweg fehlen. Natürlich drängt sich die Frage auf, was wir gewinnen, wenn wir die Möglichkeit haben mit Entitäten umzugehen, deren Namen zeitabhängig repräsentiert werden?

23.5.1 Nutzung historischer Bezeichnungen

Die Notwendigkeit zum Umgang mit unterschiedlichen Bezeichnungen ist insbesondere bei der Verarbeitung historischer Informationen gegeben.

Bei der Umsetzung der „Augmented Reality“ Anwendung (besser des „Augmented Reality“ Kanals) „Zerstörtes jüdisches Gewerbe“[8] zum 75. Jahrestag der Reichspogromnacht am 9.11.2013 waren dies insbesondere historische Straßennamen, die auf die heute gebräuchlichen Namen abzubilden waren (Abb. 23.6).

Bei dieser Anwendung wird die Lage der von Dr. Kreutzmüller, einem Geschichtswissenschaftler (ehemals Humboldt Universität zu Berlin), zusammengetragenen Daten von mehr als 8.000, jüdischen kleinen und mittelständigen Berliner Unternehmen, die von Nationalsozialisten im Dritten Reich vernichtet wurden, visualisiert [3]. Neben Namen, Inhaber-, Branchen- und Zeitinformationen über deren Vernichtung, beinhaltet jeder Eintrag historische Adressangaben über das jeweilige Unternehmen. Um diese Adressen überhaupt für eine AR-Anwendung zu verorten, mussten die historischen Ortsangaben zunächst in die heutigen Bezeichnungen übersetzt werden. Während dies für Ortsteile und Bezirke sehr einfach über eine Look-Up Tabelle möglich war, war die Übersetzung alter Straßennamen aufwändiger. Hierfür stellte uns die kaupert media GmbH dankenswerter Weise eine Tabelle mit den Umbenennungen historischer Straßennamen zur Verfügung. Im Rahmen der Aufbereitung des nicht-standardisierten Formats wurde klar, dass insbesondere für Straßen die mehrfach umbenannt wurden, eine Standardisierung, die Rücksicht auf die Identität der einzelnen Straßenentitäten nimmt und welche die Gültigkeitszeiträume der Benennung standardisiert repräsentiert, eine Arbeitserleichterung dargestellt hätte.

Die Eingangsbeispiele aus Zoologie und Botanik, ebenso wie Beispiele aus Chemie und Medizin, zeigen, dass über die explizite Repräsentation der historischen Namen zusammen mit ihren Gültigkeitszeiträumen, sowohl die Identifikation einer bestimmten Entität anhand ihrer unterschiedlichen Bezeichnungen, als auch Rückschlüsse auf den Entstehungszeitpunkt der Information möglich werden.

[8] http://www.zerstoertes-juedisches-gewerbe.de/.

Abb. 23.6 Abbildung historischer Straßennamen als Voraussetzung für die Geocodierung

23.5.2 Einfachere Suche

Wie bereits in den Kap. 4 und 9 dargestellt, erlaubt die explizite Erfassung und Repräsentation der unterschiedlichen Synonyme eines Begriffs eine Vereinfachung des Retrievals von Informationen.

Das Eingangs zwar konstruierte, dennoch realistische Beispiel von Frau Müller und das Zitat der LanXess-Mitarbeiterin belegen, dass durch die explizite Repräsentation der unterschiedlichen Namen von Produkten, Organisationseinheiten und Organisationen das Retrieval von Informationen nicht nur vereinfacht, sondern auch vervollständigt werden kann.

23.5.3 Inferenz von impliziten Zeitangaben

In Unternehmen die ihre Dokumente elektronisch speichern und archivieren, stellt sich die Frage nach dem Erfassungszeitpunkt einer Information in der Regel nicht, da dieser entweder explizit dokumentiert oder aus Dateiattributen ableitbar ist. Zu mindestens in zwei Kontexten jedoch ist die Ableitung des Erfassungszeitpunktes aus impliziten Zeitangaben auch für Unternehmen relevant: im Rahmen der Verarbeitung historischer Inhalte und im Rahmen forensischer Untersuchungen.

In beiden Fällen könnte durch die explizite Repräsentation der Gültigkeitszeiträume von Namen anhand der verwendeten Bezeichnungen innerhalb eines Dokuments oder eines Textes auf den Entstehungszeitpunkt der Information geschlossen werden. Im ersten Fall um der Information die korrekte Entstehungszeit zu zuweisen, im zweiten Fall um Inkonsistenzen in Dokumenten, Aussagen und Informationen zu identifizieren.

23.6 Resümee

In diesem Kapitel haben wir gesehen, dass Umbenennungen von benannten Entitäten in Anwendungen, sowohl für die Verarbeitung und zeitliche Zuordnung als auch für die Recherche und weitergehende Inferenzen eine Rolle im Unternehmenskontext spielen. Derzeit unterstützen die im Bereich des Semantic Web verwendeten Repräsentationsformalismen sowohl eine zeitliche Beschränkung der Gültigkeit von Namen als auch temporale Inferenzen über diese Gültigkeiten nur unzulänglich. Für Unternehmensanwendungen die Gebrauch von temporalen Inferenzen über Namensgültigkeiten machen, muss daher im jeweilige Einzelfall untersucht und entschieden werden, wie diese Gültigkeiten für die konkrete Anwendung zu repräsentieren sind.

Literatur

1. Schäfermeier, R., und A. Paschke. 2013. Towards a unified approach to modular ontology development using the aspect-oriented paradigm. 7th international workshop on modular ontologies, September 15, 2013, Corunna, Spain.
2. Schäfermeier, R., und A. Paschke. 2014. Aspect-oriented ontologies: Dynamic modularization using ontological metamodelling. Draft, submitted to FOIS 2014.
3. Kreutzmüller, Christoph. 2012. *Ausverkauf. Die Vernichtung der jüdischen Gewerbetätigkeit in Berlin 1930–1945*. Berlin: Metropol Verlag.

Dr. Thomas Hoppe studierte Informatik an der Technischen Universität Berlin und promovierte an der Universität Dortmund. Er ist geschäftsführender Gesellschafter der Ontonym GmbH und Inhaber des Datenlabor Berlin. Seit mehr als 20 Jahren arbeitet er als Data Scientist und Knowledge Engineer in den Bereichen Maschinelles Lernen, Data Mining, Wissensrepräsentation, Suchmaschinen, Wissensmanagement und semantische Technologien. 2008 gründete er mit drei Partnern die Ontonym GmbH die innovative semantische Verarbeitungsmethoden entwickelt und vermarktet, und das dafür notwendige Wissen über den gelebten Sprachgebrauch von Nutzern modelliert. 2014 gründete er das Datenlabor Berlin, welches kundenspezifische Datenprodukte für KMUs entwickelt und die Qualität von semantischen Anwendungen und Vorhersagemodellen begutachtet und bewertet.

Verteilte und agile Ontologieentwicklung 24

Wie Sie mit dynamischen Anforderungen und verstreuten Teams umgehen können

Ralph Schäfermeier und Adrian Paschke

1. Agile Vorgehensmodelle zur Ontologieentwicklung bieten sich in Projekten mit anfangs schwach spezifizierten oder dynamischen Anforderungen an.
2. Verwendbare agile Vorgehensmodelle sind vorhanden und können eingesetzt werden. Hierbei besteht die Auswahl zwischen leichtgewichtigen prinzipienbasierten Modellen (z. B. RapidOWL) sowie konkreten agilen Lebenszyklusmodellen (z. B. COLM).
3. Ebenso existiert der notwendige Toolsupport für die verteilte und agile Ontologieentwicklung, z. B. semantische Versionierung, Ontologie-Lebenszyklusmanagement auf der Basis von Maven und dynamische Modularisierung durch aspektorientierte Ontologieentwicklung.

24.1 Einleitung

Das (Corporate Semantic) Web ist hochgradig heterogen – verfügbare Informationen variieren in Sprache, Fachdomäne, der der Veröffentlichung zu Grunde liegenden Intention, Urheber- und Zielgruppen, Granularität, sowie Strukturierungs- und Formalisierungsgrad.

Ontologien stellen ein effektives Mittel zur Normalisierung von Termini und den Relationen zwischen den durch die Terminologie beschriebenen Konzepten dar[1]. Mit

[1] Unter Konzepten sind hierbei Begriffe im Sinne von Hoppe im Kap. 4 zu verstehen.

R. Schäfermeier (✉) · A. Paschke
AG Corporate Semantic Web, Institut für Informatik, Freie Universität Berlin, Königin-Luise-Str. 24/26, 14195 Berlin, Deutschland
E-Mail: schaef@inf.fu-berlin.de

A. Paschke
E-Mail: paschke@inf.fu-berlin.de

B. Ege et al. (Hrsg.), *Corporate Semantic Web*, X.media.press,
DOI 10.1007/978-3-642-54886-4_24

Ontologien lassen sich Annahmen über eine Fachdomäne formal beschreiben und somit explizit machen. Ontologien können darüber hinaus mit der Öffentlichkeit geteilt werden, so dass diese explizit formalisierten Annahmen für andere zugänglich werden und gegebenenfalls erweitert oder verändert werden können, so dass sie im Endergebnis einen Konsens der beteiligten Akteure darstellen.

Die Entwicklung von Ontologien stellt einen Prozess dar, an dem meist mehrere Gruppen von Akteuren beteiligt sind, in der Regel sind dies Ontologieexperten mit Erfahrungen in den zu verwendenden Wissensrepräsentationssprachen, Tools und Methoden, sowie Domänenexperten, die das nötige Wissen über die relevanten Sachverhalte der zu modellierenden Fachdomäne mitbringen. Insofern ist der Prozess der Ontologieentwicklung an sich kollaborativer Natur (siehe auch Kap. 7, Abschn. 7.3 als ein Beispiel dafür, wie solch ein kollaborativer Entwicklungsprozess aussehen kann).

Fachwissen ist zudem nicht statisch sondern, einer steten Fortentwicklung unterzogen. Methoden der Ontologieentwicklung müssen diesem Umstand Rechnung tragen und die Notwendigkeit der Fortentwicklung (Evolution) berücksichtigen.

Die Herausforderung besteht darin, den beteiligten Fachgruppen Methoden und Werkzeuge an die Seite zu stellen, die Kollaboration und Evolution möglichst effizient gestalten.

24.2 Ontology Engineering – ein Überblick

Ontology Engineering beschreibt eine Reihe der Aktivitäten, die den Ontologie-Erstellungsprozess und -Lebenszyklus betreffen, außerdem Methodiken für die Ontologie-Erstellung sowie unterstützende Werkzeuge und Sprachen.

24.2.1 Erste Generation: Ontologieentwicklung als Expertenkunst

Zu Anfang der 90er Jahre gab es keine genau definierten Richtlinien für die Erstellung von Ontologien, nur einige allgemeine Designprinzipien. T. Gruber schlägt beispielsweise in [9] folgende „vorläufige Design-Kriterien für Ontologien" vor: Deutlichkeit (clarity), Zusammenhang (coherence), Erweiterbarkeit (extendibility), möglichst allgemeingültige Kodierung (minimal encoding bias) und minimale ontologische Verpflichtung (minimal ontological commitment).

Grubers Kriterien geben noch keine Handlungsstrategien vor, stellen aber einen Satz an Anforderungen an das zu erzielende Ergebnis dar. Gruber betrachtet Ontologien somit erstmalig als *Artefakte*, die, wie in der verwandten Disziplin der Softwaretechnik, das Produkt eines Entwicklungsprozesses darstellen. Spätere Arbeiten übertrugen diesem Gedanken folgend Prinzipien aus der Softwaretechnik auf die Ontologieentwicklung und begründeten somit die Disziplin des *Ontology Engineering*.

24.2.2 Zweite Generation: statische Vorgehensmodelle

Die ersten Methodologien konzentrierten sich vorwiegend auf den Prozess des Ontologie-Entwurfs (z. B. Methode von Uschold und King [22]). Weite Verbreitung fanden „native“ Modellierungsmethoden wie On-To-Knowledge [20] oder METHONTOLOGY [8], die Richtlinien für die Konstruktion einzelner Ontologien „from scratch“ (also von Null) lieferten.

Ontologieentwicklung wurde somit von der Expertenkunst zu einer Ingenieursdisziplin. Die typische Abfolge eines Ontology-Engineering-Zyklus stellten Simperl und Tempich in [6] dar (siehe Abb. 24.2).

24.2.3 Dritte Generation: Dynamische und kollaborative Vorgehensmodelle

Einen umfassenderen methodischen Ansatz stellt die NeOn-Methodologie [19] dar. Statt einen rigiden Ablauf vorzuschreiben, bietet sie neun verschiedene Szenarien für die Ontologie-Entwicklung an. Der Schwerpunkt liegt auf der Ressourcenwiederverwendung, dem Reengineering und der Integration von Ontologien. Kollaborative, verteilte und dynamische Aspekte werden ebenso berücksichtigt. Darüber hinaus definiert NeOn ein umfassendes Mapping-Vokabular für Aktivitäten aus dem Ontology Engineering in entsprechende Aktivitäten aus der Softwaretechnik.

Leichtgewichtige, kollaborative Vorgehensmodelle legen den Fokus hingegen auf den Konsensfindungsprozess und adressieren die Evolutionsphase. Vertreter dieser Modelle sind Diligent [21], DOGMA-MESS [7] und HCOME [11].

24.3 Agile Vorgehensmodelle

In der Softwareentwicklung hat sich gezeigt, dass klassische Vorgehensmodelle in Entwicklungsprojekten mit komplexen Anforderungen oftmals unzureichend sind. Das klassische Wasserfall-Vorgehensmodell sieht einen sequenziellen Ablauf eines Softwareprojekts vor. Dieser besteht aus den Phasen Spezifikation – Entwurf – Implementierung – Verifikation – Auslieferung – Wartung.

In der initialen Spezifikationsphase werden alle Anforderungen erfasst und in einem Dokument gesammelt, welches im späteren Projektverlauf eine verbindliche Referenz für Softwarearchitekten und -entwickler darstellt. Nach dem Abschluss der Spezifikationsphase sind Änderungen an den Anforderungen sowie die Einbindung des Auftraggebers nicht vorgesehen.

In der Praxis stellt sich die Annahme, dass allen Akteuren die Anforderungen an das zu entwickelnde Produkt zu Beginn des Projekts in vollem Umfang bekannt seien, jedoch häufig als unrealistisch heraus. Auf dem Papier formulierte Anforderungen können sich

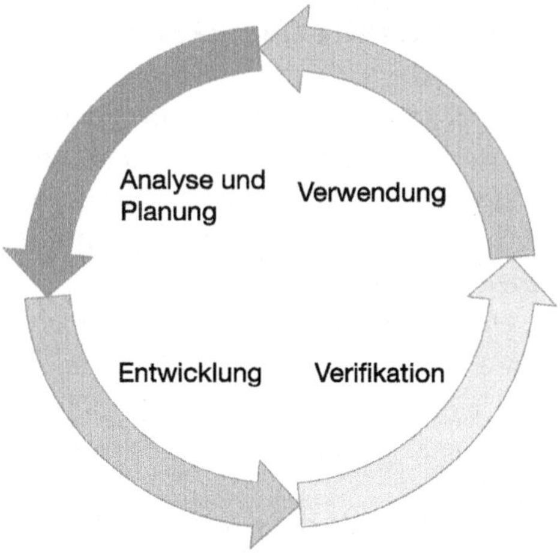

Abb. 24.1 Generischer agiler Ontologielebenszyklus

als praxisfern erweisen, der Implementierungsaufwand unrealistisch eingeschätzt worden sein, oder Anforderungen können sich aufgrund der großen Zeitspanne zwischen Spezifikation und Fertigstellung durch dynamisches Marktgeschehen ändern.

Trotzdem besitzt das Wasserfallmodell Vorteile, die sich besonders in kleinen Projekten mit klaren und überschaubaren Anforderungen und kurzen Entwicklungszeiten zeigen: Es bietet ein methodisches Rahmenwerk mit klar definierten Abläufen und Handlungsanweisungen. Boehm [3] empfiehlt beispielsweise, das Wassermodell in Projekten anzuwenden, in denen die Anforderungen überschaubar sind und spätere Änderungen im Bereich von einem Prozent liegen.

Agile Entwicklung hat deshalb zum Ziel, den Prozess zu verschlanken und flexibler zu machen. Eines der Grundprinzipien in der agilen Entwicklung besteht darin, die erste Spezifikationsphase möglichst kurz zu halten und Ad-Hoc-Änderungen an den Anforderungen über den gesamtem Prozess hinweg zu gestatten. Aus diesem Grund setzt agile Entwicklung auf kurze Entwicklungszyklen mit definierten Punkten, an denen das Zwischenergebnis überprüft wird. Da die Anforderungen durch die Kunden spezifiziert werden, werden sie in den Prozess über die gesamte Projektlaufzeit hinweg mit eingebunden.

Agile Entwicklung ist durch einen Satz von Werten, Prinzipien und Handlungsempfehlungen definiert [2]:

- Schnelle und häufige Auslieferung von Zwischenergebnissen
- Akzeptanz von sich ändernden Anforderungen
- Ein funktionierendes Produkt als wichtigstes Maß des Projektfortschritts

Der typische Handlungsablauf in agilen Projekten ist daher zyklisch im Gegensatz zum linearen Ablauf im Wasserfallmodell. Der typische generische Iterationszyklus eines agilen Projekts ist in Abb. 24.1 dargestellt. Typischerweise besteht ein Iterationszyklus aus Aktivitäten, die sich einem der vier Bereiche Analyse und Planung, Entwicklung, Verifikation

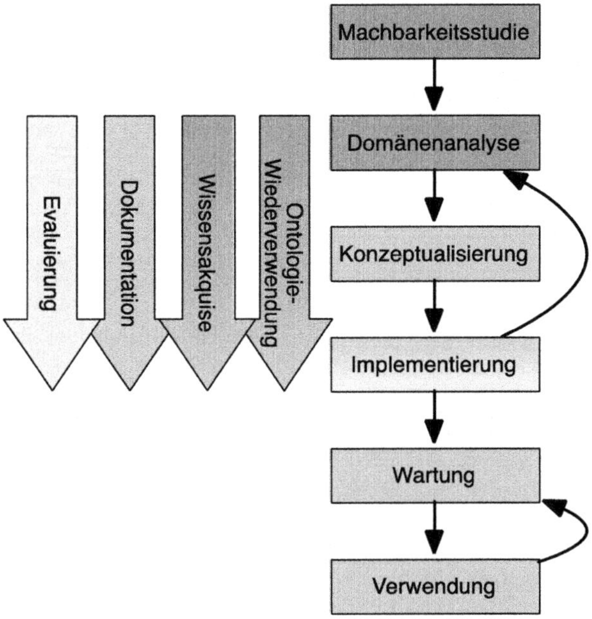

Abb. 24.2 Ontologieentwicklungsaktivitäten nach Simperl und Tempich. (Quelle: [16])

und Verwendung zuordnen lassen. Die vier Aktivitätsbereiche sind in der Abbildung farblich voneinander abgesetzt (rot, orange, gelb und grün). Die Abbildungen Abb. 24.2, 24.4 und 24.5 orientieren sich ebenfalls an diesem Farbschema und ordnen Aktivitäten in den einzelnen dort dargestellten Vorgehensmodellen ebenfalls farblich den vier Aktivitätsbereichen zu.

Die Erfassung von Anforderungen geschieht in agilen Prozessen in weniger formaler Form als in klassischen Vorgehensmodellen, beispielsweise in der Form sog. *User Stories*. Hierbei wird in kürzester (meist natürlichsprachlicher) Form der Soll-Zustand einer bestimmten Funktionalität auf einer *Story Card* festgehalten. Die sonst in einer formalen Anforderungsbeschreibung üblichen Punkte, wie z. B. Problembeschreibung oder Abnahmekriterien, entfallen. Vielmehr stellt die Story selbst ein *formloses* Kriterium für den späteren Akzeptanztest dar.

In kurzen Entwicklungzyklen werden die Stories mit der höchsten Priorität implementiert und durchlaufen anschließend, teils automatisiert, eine Reihe von Akzeptanztests. Schon nach wenigen Zyklen wird dem Kunden ein lauffähiges Zwischenprodukt ausgeliefert, an dem er die ursprünglichen Anforderungen überprüfen und ggf. korrigieren sowie neue formulieren kann.

Die Vorteile eines agilen Entwicklungsansatzes liegen, abgesehen von der Aufhebung der oben beschriebenen Nachteile der klassischen Modelle, in einem schnellen Return On Investment, da Produkte, wenn auch anfangs nicht feature-complete, frühzeitig ausgeliefert und ggf. in dieser Form schon eingesetzt werden können.

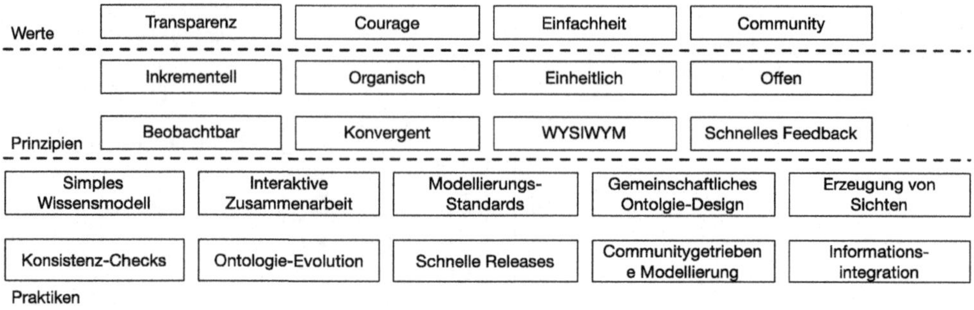

Abb. 24.3 RapidOWL Werte, Prinzipien und Handlungsempfehlungen

24.4 Agile Ontologieentwicklung

Ausgehend von den in Abschn. 24.2 und 24.3 dargestellten Ansätzen werden im Folgenden Arbeiten vorgestellt, die agile Prinzipien auf das Problem der Ontologieentwicklung übertragen.

24.4.1 RapidOWL

RapidOWL [1] stellt ein leichtgewichtiges Rahmenwerk aus Werten, Prinzipien und Handlungsempfehlungen dar, welche durch die aus der agilen Softwareentwicklung inspiriert sind (siehe Abb. 24.3). Im Gegensatz zu anderen Ansätzen definiert RapidOWL kein Ontologielebenszyklus-Modell. Die durch RapidOWL definierten Prinzipien sind bewusst unabhängig von einem möglichen Anwendungskontext der zu entwickelnden Ontologie gehalten, wodurch es sehr flexibel einsetzbar ist.

24.4.2 COLM

Die *Corporate Ontology Lifecycle Methodology (COLM)* [12] definiert im Gegensatz zu RapidOWL ein konkretes Ontologie-Lebenszyklusmodell (siehe Abb. 24.4) mit fest definierten Phasen, die zyklisch durchlaufen werden.

COLM fasst hierbei den Entwicklungszyklus als die ständige Fortentwicklung einer Ontologie auf, eine initiale Anforderungserhebungsphase wird nicht definiert, vielmehr wird auch diese in den Zyklus integriert. COLM sieht die Formulierung von Anforderungen in der Form von Feedback vor, das in den Phasen der Nutzung der Ontologie erfasst wird. Insofern definiert COLM zwei Zyklen, einen Entwicklungs-Zyklus (grün) und einen Nutzungszyklus (blau), die jeweils ineinander übergehen. Somit bindet COLM, im Gegensatz zu RapidOWL, den Anwendungskontext der Ontologie direkt ein.

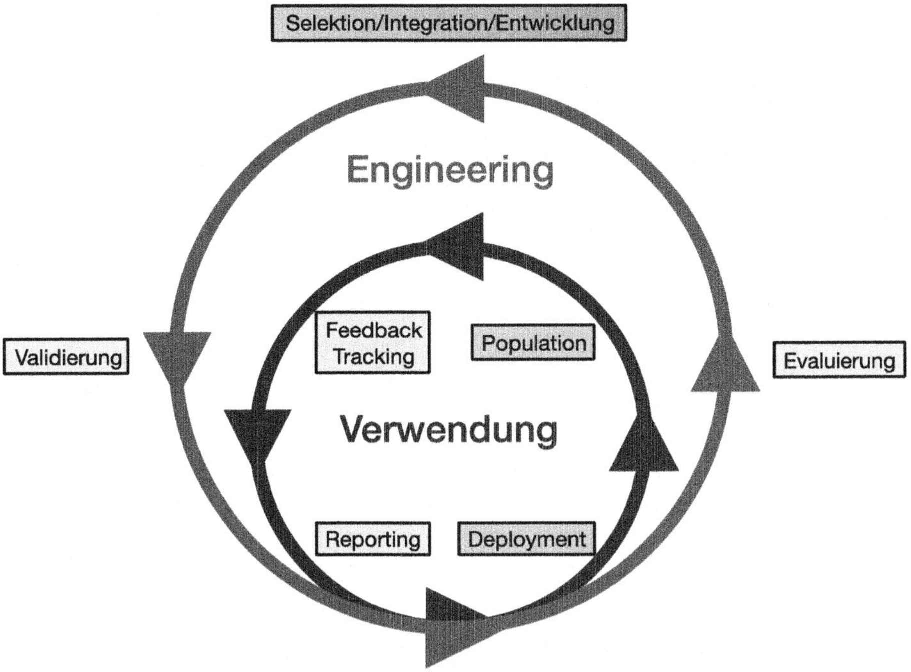

Abb. 24.4 Das agile Ontologie-Lebenszyklusmodell COLM

24.4.3 SWOP

Das Software Ontology Project (SWOP) [4] mit einer Laufzeit von 2009 bis 2011 hat erfolgreich agile Prinzipien bei der Entwicklung einer Ontologie für die Software-Domäne angewendet. Das zyklische Vorgehensmodell in SWOP ist in Abb. 24.5 dargestellt. Als Erfolgsfaktoren wurden im abschließenden Bericht folgende zwei Punkte identifiziert:

- Ein offener und transparenter Entwicklungsprozess hat zu hohem Engagement bei den beteiligten Akteuren geführt.
- Anforderungen in Form von Kompetenzfragen und die Validierung anhand definierter Testfälle haben zu einem qualitativ hochwertigen und brauchbaren Ergebnis geführt.

24.5 Sequenziell oder agil?

Die Entscheidung für eines der möglichen Vorgehensmodelle wurde in der Softwareentwicklung anfangs mangels Erfahrung mit agilen Vorgehensweisen oft zugunsten des klassischen Modells gefällt. Inzwischen kann man agile Softwareentwicklung als etabliert betrachten. Die agile Ontologieentwicklung steht hingegen wieder am Anfang, und es fehlen verlässliche Erfahrungsberichte, die als Grundlage für eine vernünftige Entscheidung

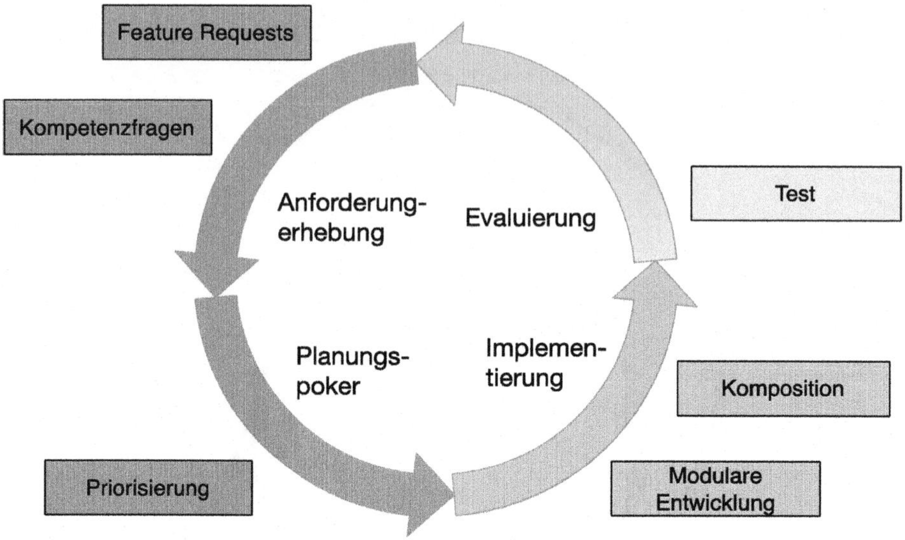

Abb. 24.5 Das Vorgehensmodell, das im Software Ontology Project (SWOP) verwendet wurde

dienen könnten. Deshalb sollen hier einige Kriterien beschrieben werden, anhand derer eine Abschätzung des Kosten-Nutzenverhältnisses bei der Wahl zwischen klassischem und agilem Vorgehen vorgenommen werden kann.

In ihrer Arbeit zur Entwicklung eines statistischen Modells zur Abschätzung von Ontologieentwicklungskosten konnten Simperl et al. [17] die wesentlichen Einflussfaktoren (Cost Drivers) ermitteln, die die Kosten eines Ontologieentwicklungsprojekts maßgeblich beeinflussen. Diese sind (in der angegebenen Reihenfolge):

- *Domain Analysis Complexity (DCPLX)* – die Komplexität der Domänenanalysephase. Hierunter werden sowohl die Analyse der zu modellierenden Fachdomäne hinsichtlich der in der späteren Konzeptualisierung perspektivisch zu verwendenden Begriffe und Beziehungen als auch die Spezifikation von Anforderungen an die zu entwickelnde Ontologie im Hinblick auf den gegebenen Anwendungskontext, in dem die Ontologie später verwendet werden soll, zusammengefasst. Hierbei werden sowohl funktionale als auch nichtfunktionale Anforderungen erfasst. Zu letzteren zählen beispielsweise technische Rahmenbedingungen sowie Anforderungen hinsichtlich der Effizienz durch die Anwendung gegebener Reasoningprobleme.
- *Evaluation Complexity (OE)* – Dieser Faktor bildet den Aufwand für die Bereitstellung und Durchführung von Tests der Ontologie anhand der spezifizierten Anforderungen während und am Ende der Entwicklungsphase ab.
- *Ontologist/Domain Expert Capability (OCAP/DECAP)* – bildet die Fähigkeiten der involvierten Akteure, sowohl der Ontologie- als auch der Domänenexperten, und die Effizienz derer Zusammenarbeit ab.

Tab. 24.1 Zuordnung wesentlicher Kostenfaktoren in der Ontologientwicklung zu Stacey's Komplexitätsdimensionen

Anforderungen	Technologie
DCPLX	OCAP/DECAP
OE	LEXP/TEXP
DOCU	PCON

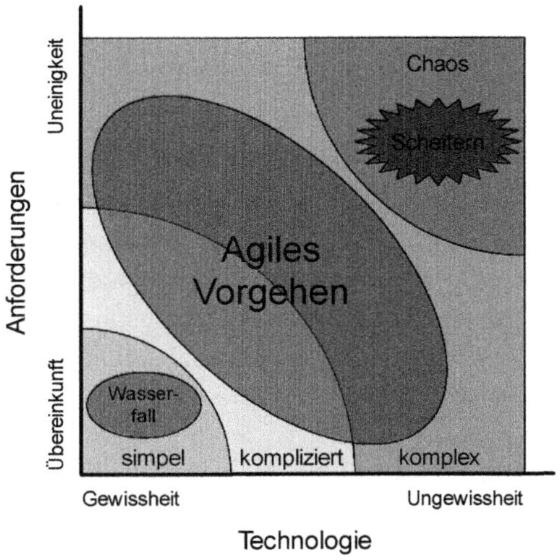

Abb. 24.6 Anwendbarkeit klassischer und agiler Vorgehensmodelle im Komplexitätsspektrum von Prozessen nach Stacey. (Quelle: [18])

- *Documentation Needs (DOCU)* – in diesem Faktor spiegelt sich der zusätzliche Aufwand für Dokumentation wider, deren Umfang durch die projektspezifischen Anforderungen definiert ist.
- *Language/Tool Experience (LEXP/TEXP)* – Dieser Einflussfaktor erfasst die im Projektteam vorhandene Erfahrung mit den zu verwendenden Wissensrepräsentationssprachen und Ontologiemanagementtools.
- *Personnel Continuity (PCON)* – spiegelt den Einfluss von Personalfluktuation auf den Aufwand für ein Ontologieprojekt wider und trägt dem Umstand Rechnung, dass mit Mitarbeitern auch deren Know-How das Projekt verlässt und die nötige Einarbeitung (und möglicherweise zunächst notwendige Akquise) neuer Mitarbeiter zusätzlichen Aufwand bedeuten und zu zeitlichen Verzögerungen führen.

Das Prozessspektrum von Stacey [18] unterscheidet zwei Dimensionen in der Komplexität von Prozessen, eine Dimension wird durch die Anforderungen vorgegeben, die andere durch technologische Gegebenheiten.

Tabelle 24.1 zeigt, wie sich die einzelnen Kostenfaktoren jeweils einer der beiden Dimensionen zuordnen lassen.

Liegt nach einer Abschätzung der Kostenfaktoren der Großteil im grünen Bereich in Staceys Diagramm (Abb. 24.6), so ist eher eines der klassischen Vorgehensmodelle angemessen. Liegen sie im gelben oder orangefarbenen Bereich, empfiehlt sich ein agiles Vorgehen.

24.6 Unterstützung durch Werkzeuge und agile Paradigmen

In diesem Abschnitt werden die oben beschriebenen Tätigkeiten, die in einem agilen Ontologieentwicklungsprozess anfallen, noch einmal aufgegriffen und Werkzeuge und Verfahren vorgestellt, die die jeweiligen Phasen eines agilen Projekts unterstützen.

24.6.1 Planung

Wie schon beschrieben findet in der Planungsphase die Spezifikation bzw. Korrektur und Ergänzung der **Anforderungen** an die Ontologie statt.

Bei der Formulierung von Anforderungen haben sich *Kompetenzfragen* als hilfreiches Mittel herausgestellt. Diese werden im agilen Kontext ähnlich der User Stories als minimalistische Beschreibungen der Erwartungen an die zu entwickelnde Ontologie festgehalten und können in der Validierungsphase für automatisierte Unit-Tests verwendet werden.

Zu Beginn des Projektes beinhaltet die Planungsphase weitere grundlegende Aktivitäten, wie:

- **Identifikation der Nutzer und ihrer Bedarfe**: Wer wird die Ontologie verwenden? Welche konkreten Fragestellungen wird die Zielgruppe aus der Ontologie beantworten lassen wollen?
- **Definition der Ziele und des Grades der Spezialisiertheit der Ontologie**: Wird eine Top-Level-, Domänen-, Applikations-, Task- oder Prozessontologie benötigt?
- **Wiederverwendbarkeit**: Soll die Ontologie wiederverwendbar und erweiterbar gestaltet werden?
- **Identifizierung von Aspekten in der zu modellierenden Domäne**: Lassen sich verschiedene Aspekte voneinander abgrenzen, anhand derer die Entwicklungsarbeit in übersichtliche Teilprobleme aufgeteilt werden kann?
- **Auswahl existierender Ontologien zur Wiederverwendung**: Existieren geeignete Ontologien bzw. externe nichtontologische Quellen, die zur Konzeptualisierung herangezogen werden können?
- **Definition des inhaltlichen Umfangs der Ontologie**: Welche der identifizierten Aspekte sind relevant und sollen modelliert werden?
- **Zuordnung der Kompetenzfragen zu den ausgewählten Aspekten**
- **Entwicklung eines Qualitätsplans**: Definition erwarteter Antworten auf die Kompetenzfragen sowie nichtfunktionaler Aspekte wie Beschränkung der Laufzeitkomplexität von Inferenzaktivitäten.

24.6.2 Entwicklung

Agile Entwicklungsprozesse sind hochdynamisch, da sie zum einen kollaborativ sind und zum anderen häufige Änderungen an dem zu entwickelnden Artefakt mit sich bringen. In der agilen Softwareentwicklung wird deshalb stark auf Versionierungssysteme gesetzt, welche die verteilte Arbeit am Code ermöglichen und Änderungen nachvollziehbar und widerrufbar machen.

24.6.2.1 SVoNt: Semantisches Versionsmanagement

Während Softwarecode eine sequenzielle Ablaufsemantik beschreibt und lokale Änderungen nur Effekte auf Code haben, der nach der geänderten Codestelle ausgeführt wird, können lokale Änderungen an Ontologien, denen formale Logik zu Grunde liegt, schwer vorhersehbare Auswirkungen auf die gesamte Ontologie haben.

Dies soll anhand eines einfachen Beispiels gezeigt werden: Eine Ontologie beinhaltet die Aussagen, dass sowohl Bonn als auch Berlin zu irgendeinem Zeitpunkt bundesdeutsche Hauptstädte waren oder sind.

hauptstadt(Berlin, BRD),
hauptstadt(Bonn, BRD)

Ein weiteres Axiom wird hinzugefügt, das besagt, dass ein Staat nur eine Hauptstadt haben kann,

InverseFunctionalObjectProperty(hauptstadt)

In der Konsequenz entsteht nun ein weiteres implizites Faktum in der Ontologie:

sameAs(Bonn, Berlin)

Durch das Einfügen eines Axioms in der TBox ändern sich, möglicherweise unbeabsichtigt, Fakten in der ABox[2].

Dasselbe Problem stellt sich bei der **Wiederverwendung** (Import) von externen Ontologien. Ein Unterschied zwischen der Wiederverwendung von Ontologiemodulen vs. Softwaremodulen besteht darin, dass Ontologien keine Black Boxes darstellen, wie es bei Softwarebibliotheken der Fall ist. Auch hier kann der Import einer simplen Ontologie globale und unter Umständen verheerende Auswirkungen auf die gesamte Wissensbasis haben. Aus diesem Grund ist es wichtig, Änderungen nicht nur auf syntaktischer Ebene *(welche Axiome wurden verändert?)*, sondern auch auf semantischer Ebene *(welche Auswirkungen hat dies auf die restlichen Axiome?)* nachvollziehen zu können.

---

[2] Die Begriffe TBox („Terminological Box") und ABox („Assertional Box") sind im Zusammenhang mit Beschreibungslogiken relevant, die einigen Ontologiesprachen, wie die in dem Beispiel verwendete Web Ontology Language (OWL) zugrunde liegen. Hierbei unterteilt man eine Ontologie in ihr terminologisches Wissen, also Wissen über Konzepte (TBox) und Wissen über konkrete Instanzen (ABox). Beispielsweise ist die Aussage „Alle Hunde sind Säugetiere" der TBox zugehörig, während die Aussage „Pluto ist ein Hund" der ABox zuzurechnen ist.

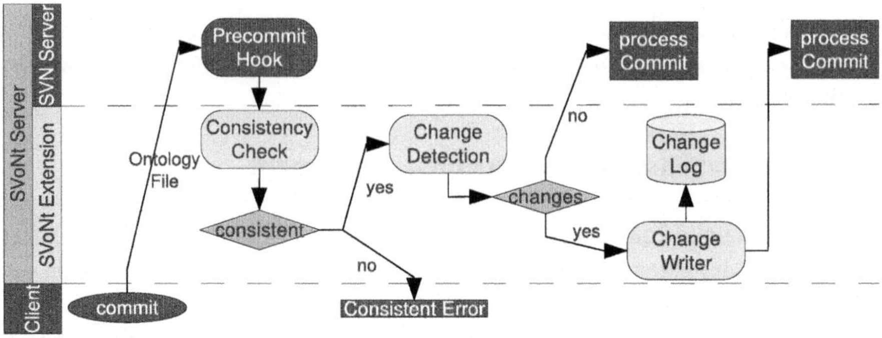

Abb. 24.7 Workflow einer SVoNt-Commit-Operation

Hierzu dient *SVoNt*[3] [13], ein semantisches Versionierungstool, welches das weitbekannte Subversion-System[4] erweitert. SVoNt erzeugt bei jeder Änderung an einer Ontologie eine semantische Änderungshistorie und stellt diese in Form des Ontology Metadata Vocabulary [10] zur Verfügung. Es existiert weiterhin ein Plugin für Eclipse, das die semantische Änderungshistorie in der Entwicklungsumgebung darstellt. Die Erweiterung muss serverseitig installiert werden und arbeitet ansonsten transparent (siehe Abb. 24.7), das Subversion-System kann also weiterhin auch für nichtontologische Dateien verwendet werden.

24.7 Modulare Entwicklung

Modulare Entwicklung von Ontologien spielt eine wesentliche Rolle im Hinblick auf potentielle Wiederverwendbarkeit, sofern dies eine der Anforderungen ist. Ein modularer Aufbau verringert die Komplexität und erhöht die Verständlichkeit. Im SWO-Projekt, welches im Abschn. 4 als Beispiel aufgeführt wurde, geschah die Entwicklung verteilt und modular. Die einzelnen Module, die in einer Iteration entstanden waren, wurden anschließend in einem Integrationsschritt zusammengefügt.

Aus der Sicht des Dritten, der eine bestehende Ontologie wiederverwenden möchte, ist die Situation jedoch nicht immer optimal wie im obigen Beispiel. Um die Integration bestehender monolithischer Ontologien (oder relevanter Teile davon) zu erleichtern oder auch als Hilfsmittel zum Zweck der Dokumentationserstellung existieren Verfahren zum thematischen Clustering großer Ontologien [5, 6], welche Metriken der sozialen Netzwerkanalyse verwenden, um zentrale Konzepte zu erkennen sowie thematisch verwandte Konzepte um diese zu gruppieren.

[3] https://github.com/ag-csw/SVoNt.

[4] http://subversion.apache.org.

24.7.1 Validierung

Die Aktivitäten in der Validierungsphase lassen sich in automatisierte und benutzergetriebene Aktivitäten unterteilen.

In der ersten Kategorie sind auf Ontologien spezialisierte Verfahren zum Unit-Testing entwickelt worden [23]. Wie schon oben erwähnt, werden hier vor allem die in der Planungsphase erhobenen und formalisierten Kompetenzfragen als Testkriterium herangezogen. Ferner schlagen Vrandečić und Gangemi vor, Domain- und Range-Deklarationen für Unit-Tests als Einschränkungen aufzufassen und als Testkriterien zu verwenden. Ebenso lassen sich mit Unit-Tests Konsistenzchecks durchführen.

Benutzergetriebene Validierung kann z. B. in der von Luczak-Rösch und Heese in [15] beschriebenen Form durchgeführt werden.

24.7.2 Distribution und phasenübergreifende Management-Werkzeuge

Zur Auslieferungsphase gehören Aktivitäten wie

- Konfigurationsmanagement,
- Distribution, aber auch
- Auslieferung von zugehörigen Artefakten wie Dokumentationen.

Die ersten beiden Punkte sind relevant, wenn die Ontologie modular aufgebaut ist bzw. externe Ontologiemodule verwendet, von denen möglicherweise verschiedene Versionen existieren. Zum Konfigurationsmanagement gehört das Sicherstellen, dass Abhängigkeiten zwischen Ontologiemodulen aufgelöst werden können. Ebenso betrifft dies Ontologien, für die eine Weiterverwendung durch Dritte vorgesehen ist.

Maven[5] ist ein weit verbreitetes Softwareprojektmanagement- und Konfigurationswerkzeug. Es bietet weitgehend automatische Unterstützung für Aufgaben in fast allen Lebenszyklusphasen eines Softwareprodukts. Diese umfassen:

- Ausführen von Software-Builds
- Auflösen von Abhängigkeiten
- Automatisierte Tests
- Automatisierte Erstellung von Dokumentation und Berichten
- Installation und Inbetriebnahme

Darüber hinaus bietet Maven eine Repositorieninfrastruktur. Die Konfiguration der einzelnen Aktivitäten erfolgt dabei deklarativ durch Mavens Projekt-Objektmodell (POM).

[5] http://maven.apache.org.

OntoMaven[6] [14] ist ein auf Maven basierender Ansatz zum deklarativen Lifecycle- und Repository-Management-Tool für Ontologien.

OntoMaven unterstützt

- die Bereitstellung von Ontologien und Ontologiemodulen zusammen mit beschreibenden Metadaten in Repositorien,
- automatisierte Abhängigkeitsauflösung durch Import von verteilten Ontologien in das lokale Repositorium,
- semantische Versionierung,
- die automatische Durchführung von Ontologie-Unittests und
- die automatische Erzeugung von Dokumentation.

24.7.3 Aspektorientierte Ontologieentwicklung

Die Wiederverwendung vorhandener Ontologien oder Module senkt Aufwand und Kosten. In der Praxis findet jedoch, im Gegensatz zu beispielsweise Softwarebibliotheken, Wiederverwendung von Ontologien nach wie vor selten statt.

Mögliche Gründe hierfür sind[7]:

- Die benötigte Ontologie existiert nicht.
- Potentielle Verwender haben Schwierigkeiten zu entscheiden, ob eine Ontologie sich für die Wiederverwendung eignet oder nicht.
- Eine potentiell verwendbare Ontologie wurde nicht im Hinblick auf Wiederverwendung entwickelt, und die Integration würde höheren Aufwand verursachen, als die Ontologie selbst zu entwickeln.
- Wiederverwendbare Ontologien existieren, sind aber schwer zu finden.
- Zu geringe Modularität.

Ansätze wie das Ontology Metadata Vocabulary (OMV) [10] bieten Möglichkeiten der Beschreibung von Ontologien unter Verwendung eines definierten Vokabulars. Dieses umfasst beispielsweise Angaben zur modellierten Domäne, der vorgesehenen Verwendung, der verwendeten Ontologiesprache, dem Formalitätsgrad und den Urhebern.

Um solche Metadaten als Auswahlkriterien für das Auffinden und die Auswahl von Ontologien mit dem Ziel der Wiederverwendung besser nutzen zu können, müssen diese eine direkte Abbildung von Anforderungen seitens der Ontologiesuchenden auf die Inhalte der Ontologie ermöglichen.

Ferner beschreiben OMV-Metadaten die Ontologie als Ganzes, während, wie schon in Abschn. 24.6.1 beschrieben, eine Ontologie mehrere Aspekte einer Domäne modellieren kann. Wird eine wiederverwendbare Ontologie gesucht, die eine Domäne aus einem bestimmten Blickwinkel modelliert, dann existiert diese unter Umständen, wird aber nicht

---

[6] http://www.corporate-semantic-web.de/ontomaven.html.

[7] http://ontolog.cim3.net/cgi-bin/wiki.pl?OntologySummit2014_Communique#nid4D1.

gefunden, da die Metadaten keinen Hinweis darauf geben, dass eine Ontologie den betreffenden Aspekt beinhaltet.

Darüber hinaus spielt Modularität eine große Rolle bei der Wiederverwendung. Sehr umfangreiche Ontologien werden schon modular entwickelt. Für bestehende monolithische Ontologien existieren automatisierte Ansätze zur nachträglichen Modularisierung. Oftmals fehlen jedoch auch hier Metainformationen über die Module sowie die Überlegungen, die der Festlegung der Modulgrenzen zugrunde liegen *(Warum ist Axiom a in Modul X und nicht Y?)*.

Ein umfassender Ansatz, Ontologieteile bis auf die axiomatische Ebene hinunter zu beschreiben, stellt der Ansatz der *aspektorientierten Ontologieentwicklung* [15] dar. Der Ansatz überträgt das Paradigma der aspektorientierten Softwareentwicklung auf Ontologien.

Aspekte in Software bestehen aus sich selbst beschreibenden Modulen. Auch Informationen darüber, in welcher Weise und an welchen Stellen das Aspektmodul in das Hauptmodul eingebunden wird, sind im Aspekt selbst gekapselt.

Das Hauptziel von Aspektorientierung ist das Erreichen eines hohen Modularisierungsgrades durch das Auftrennen von querschnittlichen Belangen in einzelne Module. Querschnittliche Belange sind dabei solche Belange, die nicht lokal im System verortet werden können, sondern das Gesamtsystem oder einen wesentlichen Teil davon betreffen, jedoch ihren Ursprung in unterschiedlichen Anforderungen haben. Ein prominentes Beispiel ist hierfür der Belang „Logging“, welcher aus einer nicht-funktionalen Anforderung resultiert. Logging-Aufrufe finden sich typischerweise an vielen Stellen des Systems und mischen sich mit dem Code, der für die eigentliche Funktionalität verantwortlich ist.

Aspektorientierte Ontologieentwicklung beruht auf der Erkenntnis, dass querschnittliche Belange auch in Ontologien existieren. Ein Beispiel ist in Abb. 24.8 dargestellt. Funktionale Anforderungen bestehen hier in der Beschreibung von Kameras als technisches Gerät sowie als Produkt. Zusätzliche nichtfunktionale Anforderungen in diesem Beispiel sind die Bereitstellung von Herkunftsinformationen von Fakten (Herkunftsaspekt), Metaninformationen über die zeitliche Gültigkeit von Fakten (Zeitaspekt) sowie die Effizienz von Inferenzaufgaben (technischer Aspekt).

Nach dem in [20] beschriebenen Ansatz kann jedes Axiom einer Ontologie einem oder mehreren Aspekten zugeordnet werden. Aspekte werden mittels einer Aspekt-Ontologie beschrieben. Diese können dann wiederum auf Anforderungen in Form von Kompetenzfragen abgebildet werden.

Somit erlauben Aspekte in Ontologien die beliebige Beschreibung von (möglicherweise überlappenden) Modulen. Die Auswahl von Modulen wird durch die ausdrucksmächtige Beschreibung erleichtert.

24.8 Zusammenfassung

Die Ontologieentwicklung hat sich im vergangenen Jahrzehnt von einer Expertenkunst zu einer Ingenieursdisziplin gewandelt. Die Forschung hat Vorgehensmodelle für alle Bedarfe hervorgebracht, von rigiden Modellen für einfache Ontologien mit klaren Anforderungen,

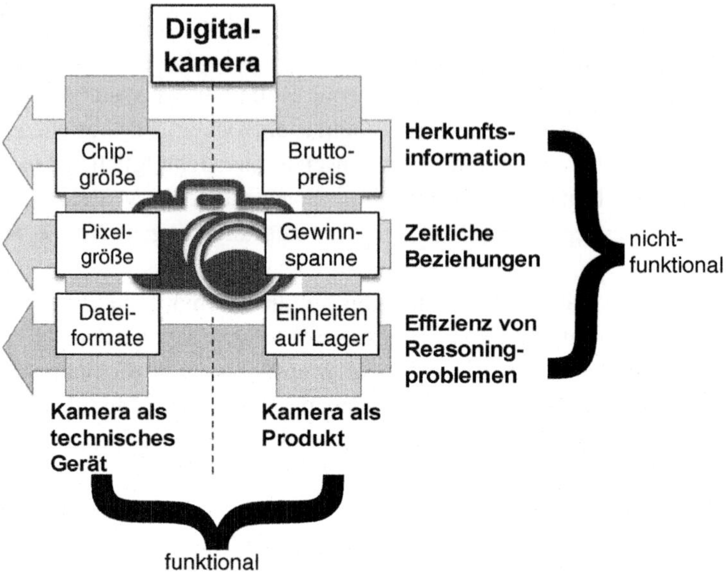

Abb. 24.8 Beispiele für querschnittliche Belange in einer Kamera-Ontologie

sowie kollaborativen und agilen Modellen, die zeitnahe adäquate Reaktionen auf komplexe und dynamische Situationen zulassen.

Erste Ansätze zur Kosten-/Nutzenanalyse zur Entwicklung existieren, und aus diesen lassen sich Handlungsempfehlungen für das passende Vorgehensmodell ableiten.

Die vorhandenen Vorgehensmodelle werden zunehmend durch neuartige Entwicklungs-, Test- und Managementwerkzeuge ergänzt.

Die aktuellen Herausforderungen sind in der nach wie vor bestehenden Barriere zur Wiederverwendung und Verknüpfung von vorhandenen Ontologien zu einem Corporate Semantic Web zu sehen. Der Hauptgrund hierfür liegt in der Schwierigkeit, adäquate Module für die Wiederverwendung zu identifizieren.

Literatur

1. Auer, Sören, und Heinrich Herre. 2007. RapidOWL—An agile knowledge engineering methodology. In *Perspectives of systems informatics*, Hrsg. von Irina Virbitskaite und Andrei Voronkov, Bd. 4378, 424–430. Springer: Berlin.
2. Beck, Kent, et al. 2001. Manifesto for agile software development.
3. Boehm, Barry. 2002. Get ready for agile methods, with care. *Computer* 35 (1): 64–69.
4. Copeland, Maria, et al. 2012. The SWO project: a case study for applying agile ontology engineering methods for community driven ontologies. Proceedings of the 3rd International Conference on Biomedical Ontology (ICBO).
5. Coskun, Gökhan, Mario Rothe, Kia Teymourian, und Adrian Paschke. 2011. Applying community detection algorithms on ontologies for indentifying concept groups. In Proceedings of the 5th International Workshop on Modular Ontologies, Ljubljana, Slowenien, Sept. 2011.

6. Coskun, Gökhan, Mario Rothe, und Adrian Paschke. 2012. Ontology content ‚at a glance'. In *Proceedings of the 7th International Conference on Formal Ontology in Information Systems*, Hrsg. Maureen Donnelly und Giancarlo Guizzardi, 147–159. IOS: Graz.
7. De Leenheer, Pieter, und Christophe Debruyne. 2008. DOGMA-MESS: a tool for fact-oriented collaborative ontology evolution. en. In *On the move to meaningful internet systems: OTM 2008 Workshops, Lecture Notes in Computer Science 5333*, Hrsg. von Robert Meersman, Zahir Tari, und Pilar Herrero, 797–806. Springer: Berlin.
8. Fernández, Mariano, Asunción Gómez-Pérez, und Natalia Juristo. 1997. METHONTOLOGY: from ontological art towards ontological engineering. In Proceedings of the AAAI97 Spring Symposium. Stanford, USA, März 1997, S. 33–40.
9. Gruber, Thomas R. 1995. Toward principles for the design of ontologies used for knowledge sharing. *International Journal of Human-Computer Studies—Special Issue: The Role of Formal Ontology in the Information Technology* 43 (5–6): 907–928.
10. Hartmann, Jens, et al. 2005. OMV –ontology metadata vocabulary. In: Workshop on Ontology Patterns for the Semantic Web, 4th International Semantic Web Conference (ISWC 2005), Hrsg. von Chris Welty. Galway.
11. Kotis, K., und Vouros G. 2006. Human-centered ontology engineering: The HCOME methodology. *International Journal of Knowledge and Information Systems (KAIS)* 10:109–131.
12. Luczak-Rösch, Markus, und Ralf Heese. 2009. Managing ontology lifecycles in corporate settings. In *Networked knowledge—networked media. Studies in computational intelligence*, Hrsg. von Tassilo Pellegrini, et al., Bd. 221, 235–248. Springer: Berlin.
13. Luczak-Rösch, Markus, et al. 2010. SVoNt—Version Control of OWL Ontologies on the Concept Level. In Informatik 2010: Service Science – Neue Perspektiven für die Informatik, Beiträge der 40. Jahrestagung der Gesellschaft für Informatik e. V. (GI), Bd. 2, 27.09. – 1.10.2010, Leipzig, Hrsg. von Klaus-Peter Fähnrich und Bogdan Franczyk, Bd. 176. LNI. GI, 79–84.
14. Paschke, Adrian. 2013. OntoMaven: maven-based ontology development and management of distributed ontology repositories. In arXiv:1309.7341 [cs].
15. Schäfermeier, Ralph, und Adrian Paschke. 2014. Aspect-oriented ontologies: dynamic modularization using ontological metamodeling. In *Proceedings of the 8th International Conference on formal ontology in information systems (FOIS 2014), frontiers in artificial intelligence and applications*, Hrsg. von Pawel Garbacz und Oliver Kutz. IOS: Graz.
16. Simperl, Elena, und Christoph Tempich. 2006. Ontology engineering: a reality check. In *On the move to meaningful internet systems 2006: CoopIS, DOA, GADA, and ODBASE*, Hrsg. Zahir Tari, 836–854. Springer: Berlin.
17. Simperl, Elena, et al. 2012. ONTOCOM: a reliable cost estimation method for ontology development projects. *Web Semantics: Science, Services and Agents on the World Wide Web* 16:1–16.
18. Stacey, Ralph D. 2011. *Strategic management and organisational dynamics: the challenge of complexity* [English]. 6. Aufl. Prentice Hall: Harlow.
19. Suárez-Figueroa, Mari Carmen, et al. Hrsg. 2012. *Ontology engineering in a networked world.* Springer: Berlin.
20. Sure, York, Steffen Staab, und Rudi Studer. 2004. On-to-knowledge methodology (OTKM). en. In *Handbook on ontologies, International handbooks on information systems*, Hrsg. PD Dr von Steffen Staab und Professor Dr Rudi Studer, 117–132. Springer: Berlin.
21. Tempich, Christoph, et al. 2007. Argumentation-based ontology engineering. *IEEE Intelligent Systems* 22 (6): 52–59.
22. Uschold, Mike, und Martin King. 1995. Towards a methodology for building ontologies. Workshop on basic ontological issues in knowledge sharing, held in conjunction with IJCAI-95.
23. Vrandečić, Denny, und Aldo Gangemi. Unit tests for ontologies. en. In *On the move to meaningful internet systems 2006: OTM 2006 Workshops. Lecture notes in computer science 4278*, Hrsg. von Robert Meersman, Zahir Tari, und Pilar Herrero. Springer: Berlin.

Dipl.-Inform. Ralph Schäfermeier ist Wissenschaftlicher Mitarbeiter an der Arbeitsgruppe Corporate Semantic Web der Freien Universität Berlin unter der Leitung von Prof. Dr. Adrian Paschke. Er studierte Informatik und Psychologie an der Technischen und der Freien Universität Berlin und schloss sein Studium an der Freien Universität ab. Er arbeitete als Softwareentwickler in zahlreichen Firmen und Projekten u. a. in den Bereichen Content Management, Credit Risk Management und Software for Life Science. Sein derzeitiger Forschungsschwerpunkt liegt im Bereich des Ontology Engineering, insbesondere in der aspekt-orientierten Ontologie-Entwicklung sowie generell in agilen Entwicklungsansätzen für Ontologien und Ontologie-Modularisierung. Frühere Arbeiten von Ralph Schäfermeier beschäftigten sich mit dem Thema der automatisierten Wissensgewinnung durch die Beobachtung von Nutzern in ihrem kollaborativen Agitationskontext und im Bereich der kollaborativen Evolution von Wissen.

Prof. Dr. rer. nat. Adrian Paschke ist seit 2008 Professor und Leiter der Arbeitsgruppe Corporate Semantic Web an der Freien Universität Berlin. Seine Forschung, u.a. im gleichnamigen BMBF Projekt „Corporate Semantic Web", hat führend zur Entwicklung und Anwendung semantischer Technologien im Unternehmensumfeld beigetragen. In über 120 wissenschaftlichen Publikationen hat er maßgeblich die Entwicklung des Corporate Semantic Web und Pragmatic Web vorangetrieben, u.a. auch in der Standardisierung semantischer Technologien, wie im W3C Semantic Web Stack (RIF), RuleML (Reaction RuleML), OMG (API4KB), OASIS (LegalRuleML) sowie EPTS (EPTS-RA) und in Open Source Projekten wie DBPedia Deutsch und Prova. Daneben war er aktiv in der Semantic Web Gemeinde in einer Vielzahl an Konferenzorganisationen (z.B. i-Semantics, ESWC, SWAT4LS, RuleML, ICPW, edBPM), Leitung technischer Standardisierungsgruppen, als Direktor von RuleML Inc. und Vizedirektor von STI Berlin, Gründer der Berlin Semantic Web Meetup Gruppe sowie in Forschungsausgründungen, wie der Klickfilm GmbH und Chariteam UG.

25 Unterstützung komplexer Entscheidungsprozesse

Entwicklung eines Konzeptes zur Betreuung alter Menschen mit GABEK

Josef Zelger

1. Um komplexe Entscheidungen in Organisationen, Gemeinden oder Unternehmen zu verbessern, wird empfohlen, offene Interviews mit betroffenen Personen zu führen und deren Ergebnisse als **semantische Netze** darzustellen.
2. Die Antworten der befragten Personen bilden die Grundlage für die Konstruktion von **Begriffsnetzen**, bei denen die Knoten Schlüsselbegriffe und die Kanten Texteinheiten sind. Sie dienen wie Landkarten der Orientierung in einer regional begrenzten Meinungslandschaft, wobei alle Einzelheiten intersubjektiv rekonstruiert und anhand von neuen verbalen Daten überprüft werden können.
3. Durch Verknüpfung mit **Bewertungen** von Sachverhalten, Zuständen, Objekten, die in den Texten zum Ausdruck kommen, werden die Begriffsnetze gewichtet. Dadurch können sie zur Auswahl von strategischen Zielen und Schwerpunkten verwendet werden.
4. Im **Aussagennetz** eines „Gestaltenbaums" werden Schwerpunkte begründet oder gerechtfertigt. Es wird gezeigt, wie strategische Ziele aus Überzeugungen, Erfahrungen, Werten und Normen der betroffenen Personen semantisch folgen.
5. Schließlich wird anhand von **Kausalnetzen** gezeigt, welche Maßnahmen zur Umsetzung der Schwerpunkte in Frage kommen. Es sind Maßnahmen, die von den betroffenen Personen akzeptiert und mitgetragen werden, wenn sie viele günstige und wenige ungünstige Folgen erwarten lassen.

J. Zelger (✉)
Klammstraße 7f, A-6020 Innsbruck, Österreich
E-Mail: Josef.Zelger@uibk.ac.at

B. Ege et al. (Hrsg.), *Corporate Semantic Web,* X.media.press,
DOI 10.1007/978-3-642-54886-4_25

25.1 Problemstellung

Die Südtiroler Dörfer Stilfs, Taufers, Graun und Mals liegen am Dreiländereck nahe an der österreichischen und schweizerischen Grenze Italiens. Sie sind gekennzeichnet durch eine überdurchschnittliche Abwanderung junger Leute, denen die beruflichen Perspektiven fehlen. Infolgedessen sinkt die Geburtenrate, alte und pflegebedürftige Personen bleiben zurück. Frühere dörfliche Unterstützungssysteme schwinden und neue professionelle Betreuungssysteme stoßen an Grenzen der Finanzierbarkeit. Im Projekt „Assistenzplattform für alte und behinderte Menschen“[1] [3], wurden mit dem Verfahren GABEK[2] (Ganzheitliche Bewältigung von Komplexität) alternative Maßnahmen vorgeschlagen, die die Betreuung von alten und pflegebedürftigen Personen durch Teilzeitarbeit von Frauen in den vier Dörfern sichern.

25.2 Begriffsnetze

Zunächst geht es in komplexen gesellschaftlichen Situationen um einen Überblick über Meinungen und Einstellungen der Betroffenen. Es wurden offene Interviews über die dörfliche Lebens- und Arbeitssituation geführt mit Expertinnen (14 Personen), pflegenden Angehörigen (15 Personen), betroffenen alten Menschen (20 Interviews) und Arbeit suchenden Frauen (13 Personen). Die verbalen Daten der Interviews wurden zunächst in kurze Aussagen aufgespaltet. Es handelt sich um Texte mit ca. 3–9 lexikalischen Schlüsselbegriffen, die für kurze Zeit im Bewusstsein behalten werden können [4]. Eine solche Texteinheit wird durch die Menge der Schlüsselbegriffe repräsentiert[3] und in Form eines vollständigen Graphen dargestellt, der die enthaltenen lexikalischen Begriffe miteinander verbindet. Die Abb. 25.1 zeigt die graphische Darstellung einer solchen Texteinheit:

Themen, die im Interview angesprochen wurden, sind hier Knoten im Netz, die Kanten stellen subjektive Sinnzusammenhänge dar, da sie für die befragte Person „Sinn machen“.

Wenn wir einen zweiten Satz darüber legen, können einzelne Sinnzusammenhänge verstärkt werden. Denn wenn eine Kante zwischen zwei Begriffen für wenigstens zwei Personen „Sinn macht“, dann sprechen wir von einem „Bedeutungszusammenhang“ für zwei Personen. So erhalten wir die Abb. 25.2 durch Hinzufügung der Interviewantwort: *„Und deshalb wäre so eine Unterstützung im Haushalt schon gut. Auch um gemeinsam zum Arzt zu fahren, oder nach Mals (Mobilität). Und auch, dass ich zu Hause nicht mehr so alleine bin. Ich kann auch nicht mehr selbständig mit dem Bus fahren, überhaupt das Einsteigen und Aussteigen in den Bus kann ich nicht mehr alleine bewältigen.*“

[1] Ein Projekt der Genossenschaft für Weiterbildung und Regionalentwicklung, Spondinig, unter Mitarbeit der Bezirksgemeinschaft Vinschgau, der Gemeinden Mals und Stilfs sowie der Stiftung Martinsheim.

[2] www.GABEK.com

[3] Diese Art der Übersetzung normalsprachlicher Texte in eine Art von „Protolanguage“ wurde von Pask, G. [2] angeregt.

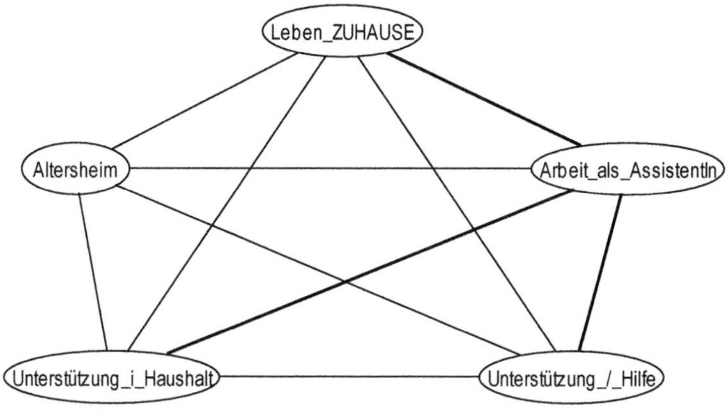

Abb. 25.1 Darstellung der Interviewantwort: „Ins Altersheim möchte ich nicht gerne, lieber daheim bleiben so lange es geht. Dann wäre ich schon froh um Unterstützung durch eine Assistentin, jemand der mir ab und zu hilft, hauptsächlich im Haushalt, ich denke mir eben Fensterputzen, oder da wo man als älterer Mensch nicht mehr hinkommt, unter oder oben „afn Kostn" (Schrank)

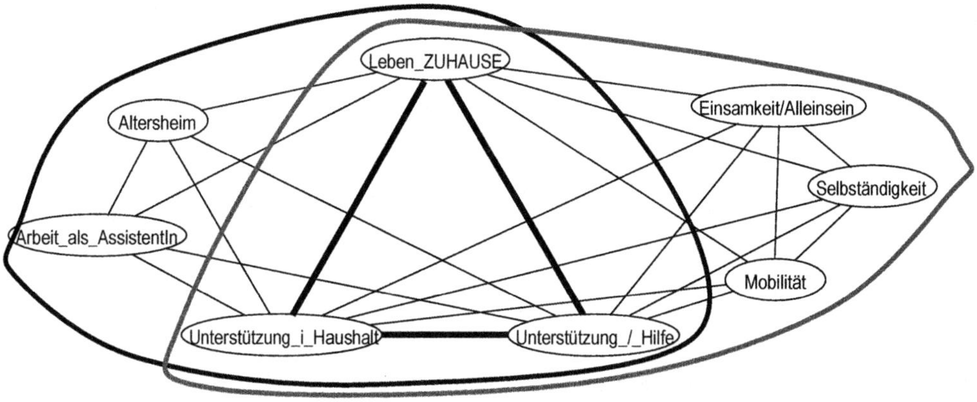

Abb. 25.2 Überlagerung zweier Texteinheiten. Die fett gezeichneten Kanten stellen in beiden Texten subjektive Sinnzusammenhänge dar

Wir legen nun alle Interviewantworten übereinander. Dadurch erhalten wir einen unübersichtlichen komplexen ungerichteten Graphen, der die verbalen Daten abbildet. Es gibt dabei viele Kanten, die nur assoziative Sinnzusammenhänge einzelner Personen angeben. Und es gibt Kanten, die ein höheres Gewicht haben, da sie durch 2, 3, 4,…, n Texte belegt sind. Zur Selektion der Kanten mit einem höheren Gewicht verwenden wir die Software WinRelan[4]. Durch Festlegung einer bestimmten Kantenbelegung m können wir mit WinRelan den Komplexitätsgrad der Graphik bestimmen. Wir wählen hier das Kantengewicht m = 9 und schalten zusätzlich noch singuläre Themen, die nur mit einer einzigen Kante mit dem Gesamtnetz verbunden sind, weg, um die Komplexität weiter einzuschränken.

[4] WinRelan wurde für GABEK-Anwendungen entwickelt. Siehe www.GABEK.com.

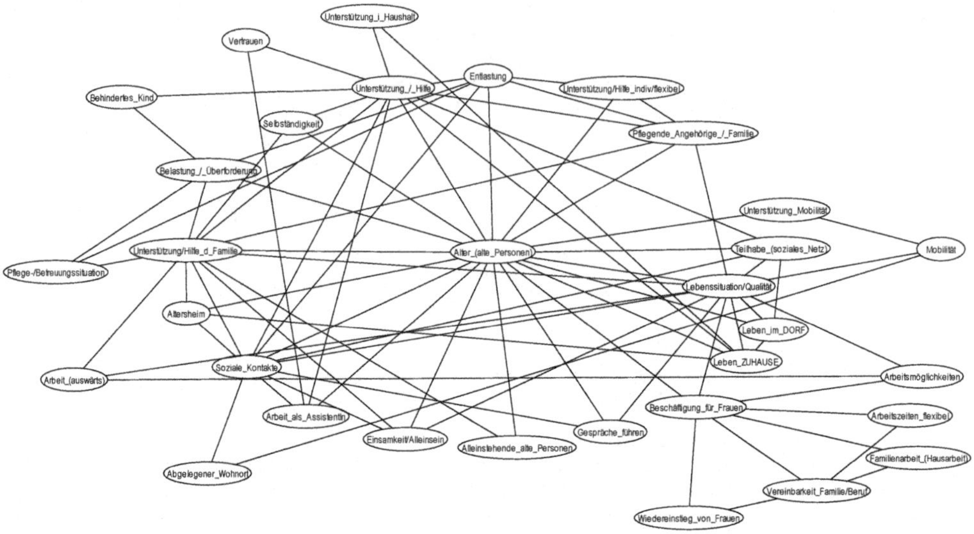

Abb. 25.3 Darstellung der 52 Interviews ohne singuläre Begriffe bei einer Komplexitätsreduktion m=9. Obwohl die Graphik nun relativ einfach aussieht, enthält sie immer noch 308 der 424 Texteinheiten des Gesamtprojekts

Begriffs-Netze dienen – in hoher Komplexität – dem Auffinden innovativer Ideen und – in reduzierter Komplexität – als Meinungslandkarten dem Überblick [10]. Wir werden die Graphik der Abb. 25.3 später zur Selektion von Schwerpunkten und zur Entscheidungsvorbereitung verwenden. Doch vorerst soll das Netz erst noch mit weiteren Informationen aufgeladen werden.

25.3 Bewertungsanalyse

Nun enthalten normalsprachliche Texte immer auch Werturteile. Welche Objekte, Zustände, Ereignisse, Prozesse werden von den interviewten Personen positiv oder negativ bewertet? Dazu werden die Interviewtexte neuerlich durchgelesen und im Hinblick auf Bewertungsurteile der Interviewpartner kodiert. Wenn wir alle positiven und negativen Einzelbewertungen aufsummieren, ergibt sich ein Gesamtbild über die Bewertungen. So drückt der Bewertungsindex den Grad der Zufriedenheit aus, die sich auf die Situation in den Dörfern bezieht. Der Bewertungsindex ist sehr zuverlässig. Angenommen wir haben p positive und n negative Bewerungen, dann liegt der Bewertungsindex oder der Grad der Zufriedenheit zwischen 0 und 100. Im Folgenden vergleichen wir die Bewertungsindizes verschiedener Personengruppen (Abb. 25.4, 25.5, und 25.6).

Die Bewertungsindizes zeigen, dass ein dringender Handlungsbedarf besteht. Wir sehen, dass alte und behinderte Menschen sich als zufriedener erweisen als Frauen im berufsfähigen Alter und pflegende Familienmitglieder. Für diese zwei Gruppen ergeben sich ausgesprochen bedrohliche Werte. Wie allgemeine Erfahrungen mit dem Bewertungsin-

Abb. 25.4 Bewertungsindex der Frauen

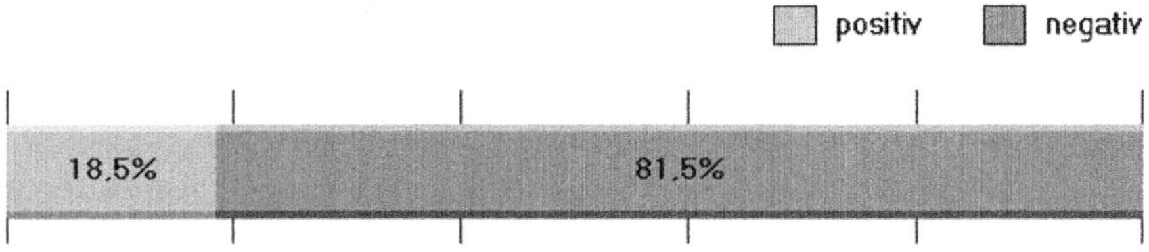

Abb. 25.5 Bewertungsindex von pflegenden Familienmitgliedern

Abb. 25.6 Bewertungsindex von alten und behinderten Menschen

dex ergeben, sollten mindestens 50 % positive Bewertungen zustande kommen, damit man von einer allgemeinen Zufriedenheit reden kann.

Der Bewertungsindex über die Ist-Situation kann dadurch erklärt werden, dass Merkmale, Zustände, Ereignisse etc. aufgezeigt werden, die häufig positiv oder negativ bewertet wurden. Dies kann in Form von Bewertungslisten, einem Bewertungsprofil oder einem Bewertungssaldo erfolgen. Auch die zugrunde liegenden Texte können zu jeder Einzelbewertung durch Mausklick aufgerufen werden.

Wir wollen hier aber vorerst die Bewertung der Ist-Situation ergänzen durch Auflistung von Wünschen und Befürchtungen der Befragten, die sich auf die Zukunft beziehen. Es werden also auch jene Sachverhalte kodiert, die die interviewten Personen zwar nicht als gegeben erachten, die sie aber für eine mögliche Zukunft wünschen oder befürchten. So legen wir neben einer Liste von Bewertungen der Ist-Situation auch eine Liste für eine Soll-Situation an – immer nach den Urteilen der befragten Personen. Auch dafür gibt es in der Software WinRelan eine Reihe unterschiedlicher Darstellungweisen [9]. Wir wollen hier nur eine Liste wiedergeben, in der die Bewertungen der Ist-Situation jener der Soll-Situation gegenübergestellt wird.

In der folgenden Liste werden die Bewertungen der Ist-Situation mit roten Balken, die einer gewünschten Soll-Situation grün wiedergegeben. Die entsprechenden Saldos der Bewertungen findet man in den Spalten ganz rechts. Die Spalte S1 gibt den Saldo der Bewertungen der Ist-Situation an (also positive Bewertungen minus negative Bewertungen der Ist-Situation). Die Spalte S2 bezieht sich auf den Saldo der Wünsche minus Befürchtungen über die Soll-Situation. Damit möchten wir vor allem auf die Unterschiede zwischen Ist- und Soll-Situation hinweisen. In manchen Fällen ist man mit der Ist-Situation allgemein zufrieden. (Balken rot geht nach rechts). Man wünscht sich aber doch auch mehr davon (Balken grün geht auch nach rechts). Oft findet man jedoch eine unbefriedigende Situation (roter Balken geht nach links) und man wünscht sich eine Verbesserung (grüner Balken geht nach rechts).

Man wird in der folgenden Liste vor allem jene Sachverhalte ins Auge fassen, bei denen die Ist-Situation überwiegend negativ bewertet wird (roter Balken geht nach links) und viele Wünsche positiv (grüner Balken geht nach rechts) geäußert werden. Damit kann man von mehreren hundert beschriebenen Objekten, Sachverhalten, Zuständen einige wenige herausfiltern, die auf jeden Fall für die befragten Personen wichtig sind.

Die folgende Liste wurde nach der Anzahl der Bewertungen geordnet. Das heißt, dass es für die Themen am Kopf der Liste auch die meisten Bewertungsurteile gibt. Dies ist ein Hinweis darauf, dass sie als besonders wichtig erachtet werden.

Ist-Situation (774 Bewertungen) Soll-Situation (725 Bewertungen)

Ausdruck	- Saldo	+ Saldo	- Diff.	+ Diff.	S1	S2
Soziale_Kontakte					-14	17
Unterstützung/Hilfe_d_Familie					8	5
Lebenssituation/Qualität					-1	5
Arbeitsmöglichkeiten					-21	1
Abgelegener_Wohnort					-18	-1
Einsamkeit/Alleinsein					-17	-1
Vereinbarkeit_Familie/Beruf					-14	19
Beschäftigung_für_Frauen					-9	33
Arbeit_im_Gastgewerbe					-13	-3
Teilhabe_(soziales_Netz)					-2	14
Gespräche_führen					-4	7
Altersheim					-10	-3
Unterstützung_/_Hilfe					-4	17
Entlastung					-7	27
Familie_(NÄHE)					7	1
Zeit_für_die_Familie					-7	8
Wiedereinstieg_von_Frauen					-8	4
Mobilität					-7	2
Sicherheit					-3	16
Leben_ZUHAUSE					-1	28
Rentenabsicherung					-3	12
Unterstützung/Hilfe_indiv/flexibel					-2	30
Unterstützung_Mobilität					-2	14

In einer differenzierteren Betrachtung, in der die Daten von alten Personen, betreuenden Familienmitgliedern und Frauen unterschieden werden, würde man sehen, dass Arbeitsmöglichkeiten, Vereinbarkeit von Familie und Beruf, Beschäftigung für Frauen die obersten Präferenzen von Frauen sind. Mehr soziale Kontakte, mehr Teilhabe am sozialen Netz und Entlastung sind die obersten Ziele von pflegenden Familienmitgliedern. Schließlich sind Unterstützung oder Hilfe durch die Familie, mehr soziale Kontakte, mehr Gespräche und die Nähe zur Familie den alten Personen am wichtigsten. (Siehe dazu: [3] S. 49–59)

Wir können nun Begriffsnetze mit den Bewertungsergebnissen gewichten, um einen Überblick über die Gesamtsituation zu gewinnen, der die Bewertungen einbezieht.

25.4 Präsentation von Zwischenergebnissen

Im Ablauf eines längeren Projekts entsteht das Bedürfnis, schon vor Projektabschluss Zwischenergebnisse zu erfahren. Es kann dazu ein Feedbackworkshop organisiert werden. Bei Anwendung von GABEK müssen dazu mindestens Begriffsnetze und Bewertungsergebnisse zur Verfügung stehen. Da die Anzahl der Bewertungen als ein erstes Kriterium für die Relevanz von Themen aufgefasst wird, gewichten wir die Knoten des Netzes der Abb. 25.3 mit den Anzahlen der verfügbaren Bewertungsurteile. Um Übersichtlichkeit zu wahren, tun wir dies nicht durch Zahlenangaben sondern durch Farben. Die Knoten der Graphik werden eingefärbt nach Häufigkeiten der Bewertungen, wobei die Farbe violett die höchste Gewichtung anzeigt. Rot, orange, gelb usw. geben dann ein jeweils geringeres Gewicht der Themen an.

Farbe	n=
	>25
	10-25
	4-9
	2-3
	1
	0

Die Gewichtung der Knoten des Netzes können wir zur weiteren Reduzierung der Komplexität verwenden. Wenn wir zunächst einmal nur Sachverhalte, Zustände oder Objekte betrachten wollen, die in wenigstens 10 Texten bewertet wurden, kommen wir zur folgenden Graphik, in der wir bloß violette und rote Knoten darstellen:

Wir können ein solches Begriffsnetz dazu verwenden, um einen Überblick über die Gesamtsituation zu vermitteln. Zugleich kann die Graphik Abb. 25.7 als begriffliche Ontologie aufgefasst werden, die der Orientierung in der Meinungslandschaft dient. Da jede Verbindung zwischen zwei Themen durch wenigstens 9 Interviewtexte begründet wird, handelt es sich um weitgehend stabile gedankliche Verknüpfungen, die als mentale Modelle in neuen Situationen zur Orientierung angewandt werden können. Es handelt sich

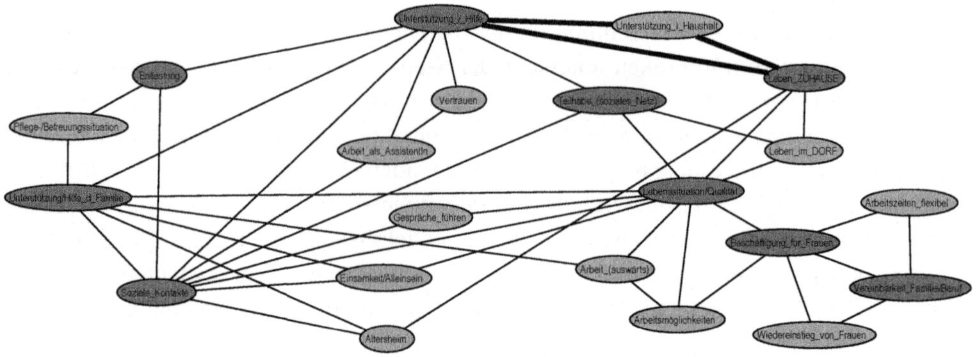

Abb. 25.7 Das Begriffsnetz über alle 52 Interviews mit dreifacher Komplexitätsreduktion: 1) durch Wahl einer hohen Kantengewichtung, hier: m=9; 2) durch Eliminierung von singulären Themen, die nur über eine Kante mit dem Netz zusammenhängen und 3) durch Selektion von violett oder rot eingefärbten Sachverhalten, die in wenigstens 10 Interviewantworten bewertet wurden. Dabei enthält das Netz immer noch 243 von den insgesamt 424 authentischen Interviewantworten

Abb. 25.8 Ein zyklischer Bedeutungszusammenhang aus Abb. 25.7, der durch 28 Originaltexte belegt wird

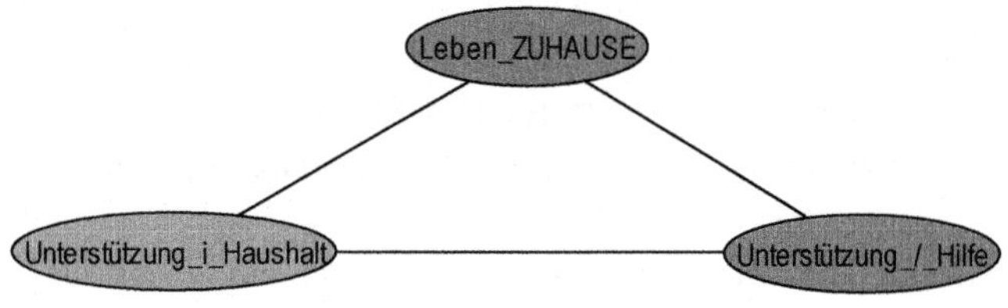

um Bedeutungszusammenhänge oder auch um empirische Zusammenhänge, die aus der Erfahrung gewonnen wurden, die von vielen Personen über einen Lebensbereich als zutreffend aufgefasst werden.

Zur Präsentation der Ergebnisse greifen wir der Reihe nach einzelne Bedeutungsmuster aus der Netzwerkgraphik heraus. Das sind zyklisch zusammenhängende Cluster von Themen, die in der Praxis häufig miteinander assoziiert werden und die vermutlich auch empirisch begründet sind. Dazu wählen wir zunächst ein wichtiges Thema (violett) und suchen dazu einen zyklischen Zusammenhang, der das Thema enthält. Dann lesen wir die zugrunde liegenden Textabschnitte und bilden eine kurze Zusammenfassung davon. Wir wählen z. B. den Zusammenhang, der oben in Abb. 25.7 durch fette Kanten hervorgehoben wurde (Abb. 25.8):

Wir lesen die zugrunde liegenden Texte und sehen, dass sie widerspruchsfrei sind. So fassen wir sie kurz zusammen. Eine mögliche Kurzzusammenfassung lautet:

Eines aber ist sicher, „das Altwerden daheim" ist der Traum eines jeden alten Menschen. „Dann wäre ich schon froh um Unterstützung, jemand der mir ab und zu hilft, hauptsächlich im Haushalt, ich denke mir eben Fensterputzen". Wichtig wäre, dass jemand vorbei kommt. „Dass man eine Abwechslung hat, dass ich mit jemandem reden kann". „Beim Kochen und Putzen, halt bei der Hausarbeit, würde ich oft schon Hilfe brauchen".

Durch Präsentation der Cluster des Netzes erhalten die Beteiligten des Feedbackworkshops einen Überblick über die Problemsituation, wie sie in den Interviews geschildert worden ist. Es werden nur Beziehungen zwischen Themen dargelegt, die durch viele Texte wohl begründet sind. Eine solche Präsentation kann im Workshop in etwa 20 min gegeben werden. Die Teilnehmer werden dort abgeholt, wo sie stehen, d. h. es gibt normalerweise auch in schwierigen Situationen Zustimmung.

25.5 Die Festlegung von Schwerpunkten

Wenn kompetente Entscheidungsträger an einem Feedbackworkshop teilnehmen, so kann der Workshop sowohl für einen Zwischenbericht als auch zur Festlegung von Schwerpunkten für zukünftige Veränderungen genutzt werden. Bei unserem Projekt nahmen ca. 20 Personen teil, nämlich die Bürgermeister der Dörfer, Vertreter von Sozialinstitutionen, der Landesverwaltung, des Altersheimes, von Vereinen usw.

Für die Festlegung von Schwerpunkten legen wir im zweiten Teil des Workshops den anwesenden Entscheidungspersonen ein wesentlich komplexeres Begriffsnetz vor, das mehr Details aufzeigt als Abb. 25.7, sodass alle handlungsrelevanten Bereiche enthalten sind. Dadurch wird eine sinnvolle Auswahl möglicher Schwerpunkte erleichtert. Der Grund für die Verwendung von Netzwerken bei strategischen Entscheidungen liegt darin, dass es bei der Umsetzung von Reformen vor allem auf sinnvolle Zusammenhänge ankommt. Diese ergeben sich im Begriffsnetz als Cluster automatisch.

Auch bei der Auswahl von Schwerpunkten gehen die Entscheidungspersonen von hoch relevanten Themen (violette oder rote Felder) aus und bestimmen dazu zyklisch zusammenhängende Begriffscluster im Netz. Sie greifen ein Bedeutungsmuster heraus, das dann auch nach eigenen Erfahrungen der Teilnehmer persönlich interpretiert werden kann. Wenn eine Diskussion über subjektive Interpretationen eines solchen Begriffsmusters entsteht, können die Originaltexte durch Anklicken der Kanten aufgezeigt werden. Das gewählte Cluster wird dann mit Filzstift markiert. Weitere Verbindungen zu anderen Themen können hinzugefügt werden. Gegen Ende des Workshops werden die vorgeschlagenen Schwerpunkte der gesamten Gruppe vorgestellt. Wesentlich bei diesem Vorgehen ist, dass Grundsatzentscheidungen vor dem Hintergrund der Gesamtsituation getroffen werden können, die durch das gewichtete Begriffsnetz vorgestellt wird.

25.6 Die Begründung von Schwerpunkten

Als Schwerpunkte haben wir wenigstens drei oder mehr zyklisch zusammenhängende Themen aufgefasst, die also ein Cluster bilden. Da Schwerpunkte im Feedbackworkshop aus dem Gesamtnetz ausgewählt worden sind und zunächst auf der Grundlage von Interessen und Erfahrungen der Teilnehmer subjektiv interpretiert wurden, so fragen wir, wie sie auf einer breiteren Basis intersubjektiv begründet werden können.

Eine Rechtfertigung oder Begründung eines Schwerpunktes ergibt sich, wenn wir zeigen können, dass der Schwerpunkt aus anderen Überzeugungen, Werten, Normen derselben Personengruppe logisch folgt. Die Basis für eine Begründung wird also wieder eine Textgruppe aus derselben verbalen Datenbasis sein, eine Textgruppe, die in sich widerspruchsfrei ist, die inhaltlich zusammenhängt, die nicht zu redundant ist und die insgesamt eine sinnvolle gedankliche Einheit bildet.

Wenn z. B. das obige Cluster der Abb. 25.8 als Schwerpunkt ausgewählt worden ist, dann wird man zunächst alle 28 Texte lesen, die ihm zugrunde liegen. Sollten wir auf Widersprüche stoßen, werden wir nicht nur versuchen, eine Textgruppe zusammenzustellen, die eine Begründung ergibt sondern auch eine zweite, die Gegenargumente enthält. Da wir hier aber auf keine Widersprüche stoßen, können wir das Verfahren abkürzen: Wir wählen automatisch von den 28 Texten eine kleinere Textgruppe aus, bei der jeder Einzeltext mit möglichst vielen anderen Texten der Gesamtgruppe zusammenhängt. In unserem konkreten Fall reduzieren wir durch „Trendanalyse" in WinRelan die Textgruppe automatisch von 28 auf 11 Texte, die die Hauptinhalte repräsentieren. Wenn wir diese 11 Texte lesen, sehen wir, dass sie noch redundant sind. Daher löschen wir einige Sätze, um die verbleibende Gruppe auf wenige relevante Argumente einzuschränken. Damit kommen wir zu einer übersichtlichen kleinen Textgruppe, die nach formalen und semantischen Regeln der „Gestaltbildung" zusammengefasst wird. (Regeln der linguistischen Gestaltbildung siehe in [6] S. 54–64 oder in [8] S. 158–176.)

Wir erhalten so eine Begründung des Schwerpunktes der Abb. 8 auf zwei Ebenen: Zuerst können wir die Zusammenfassung als Rechtfertigung des Schwerpunktes angeben, die in normalen Gesprächen als Argument akzeptiert werden kann. Wenn dies noch nicht überzeugend erscheint, können wir die authentischen Texte aufrufen, die als tieferliegende Argumente aufgefasst werden können. Die Begründung des Schwerpunktes „Unterstützung_/_Hilfe, Leben zu Hause, Unterstützung_Haushalt" lautet dann auf der Oberflächenebene:

Unterstützung_/_Hilfe (Zusammenfassung)

Alte Leute möchten nicht gern ins Altersheim, lieber wollen sie daheim bleiben so lange es geht. Man würde jemanden für ein paar Stunden in der Woche im Haushalt brauchen und auch, damit man jemanden hat für ein Gespräch. Man soll schon schauen, dass die Leute so lang wie möglich daheim bleiben können. Viele alte Leute können sich großteils noch selbst versorgen. Wenn das aber nicht der Fall ist, dann gibt es nur das Altersheim. Aber natürlich ist das auch ein riesen Schritt, die meisten wünschen sich wirklich zu Hause zu bleiben. Und deshalb wäre so eine Unterstützung (wie die Assistenzplattform) schon gut. Mancherorts geschieht das schon, dass Frauen auf freiwilliger Basis für alte Menschen einkaufen, putzen und spazierengehen. Das funktioniert gut.

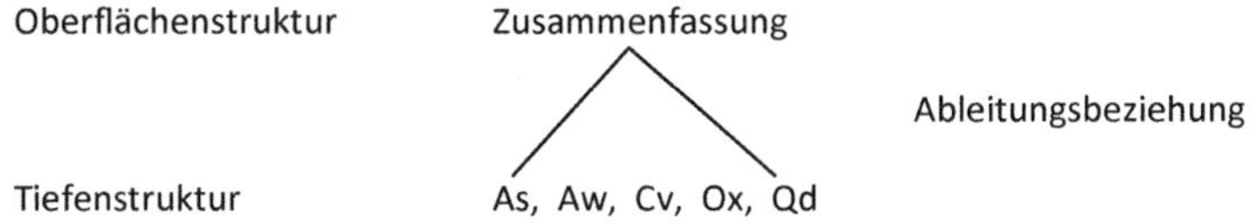

Abb. 25.9 Die formale Struktur einer linguistischen Gestalt

Auf der Tiefenebene werden zur Begründung 5 Originaltexte wiedergegeben, die inhaltlich eng zusammenhängen. Nachdem hier nur 5 Texte zur Begründung verwendet wurden, wird klar, dass auch andere, wenn auch ähnliche Begründungen desselben Schwerpunktes möglich sind. Unsere Begründung sieht rein formal wie folgt aus:

Bei Erfüllung der formalen und semantischen Regeln der Gestaltbildung (Vernetzungsregel, Differenzierungsregel, Regel der maximalen Distanz, Widerspruchsfreiheit der Textgruppe und Ableitungsrichtigkeit der Zusammenfassung aus der Textgruppe) stellt die linguistische Struktur der Abb. 25.9 eine sprachliche Gestalt dar. Da die Beziehung von der Textgruppe zur Zusammenfassung eine semantische Ableitungsbeziehung ist, sagen wir auch, dass die Zusammenfassung durch die Textgruppe erklärt wird. „Erklären ist eine kreative Leistung der Auswahl von Prämissen und der Systematisierung. Die zu erklärende Aussage wird von Prämissen semantisch impliziert" [7].

25.7 Verstehen der Gesamtsituation durch den „Gestaltenbaum"

Wenn wir alle möglichen Schwerpunkte oder alle Cluster eines Begriffsnetzes durch sprachliche Gestalten erklären, erhalten wir Zusammenfassungen, die auch untereinander über gemeinsame Begriffe zusammenhängen. In unserem Beispielprojekt ergaben sich 58 Zusammenfassungen, die im Gestaltenbaum (Abb. 25.10) ganz rechts aufscheinen. Die Zusammenfassungen auf den höheren Ebenen (Abb. 25.10, Mitte und links) werden nach denselben Regeln aus Zusammenfassungen der nächstniederen Ebenen (rechts) gebildet. Damit werden auch Zusammenfassungen einer höheren Ordnung durch Gruppen von Zusammenfassungen der darunter liegenden Ebenen erklärt.

Der Gestaltenbaum ist ein semantisches Netz zwischen Aussagen, mit dem die gesamte verbale Datenbasis logisch-hierarchisch systematisiert wird. Es handelt sich um ein Netz, bei dem es zwei Arten von Knoten gibt, nämlich Aussagengruppen und Einzelaussagen und eine Art von gerichteten Kanten, die immer von einer Aussagengruppe zu einer Einzelaussage führen. Gerichtete Kanten sind erlaubt, wenn die Aussagengruppe eine Erklärung der Zusammenfassung ist oder wenn gilt, dass die Zusammenfassung immer dann auch wahr ist, wenn alle Aussagen der Aussagengruppe wahr sind.

Die Strukturierung von verbalen Daten in Form eines Gestaltenbaumes hat zur Folge, dass jede Einzelaussage im Gestaltenbaum durch eine Aussagengruppe erklärt werden kann – mit Ausnahme der Basisaussagen, die in unserem Projekt die verbalen Interviewdaten sind. Wir verwenden hier den Begriff „erklären eines Textes" in dem Sinne, dass der zu erklärende Text aus einer Textgruppe, den Prämissen, semantisch ableitbar ist. Dabei

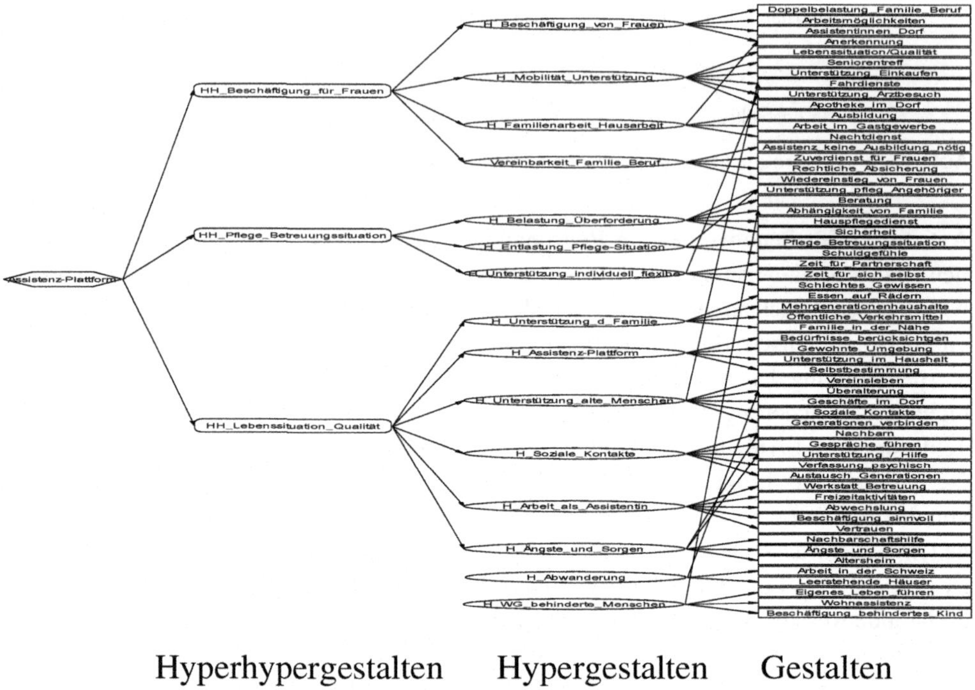

Abb. 25.10 Gestaltenbaum über die gesamte verbale Datenbasis. Jedes Textfeld ist hinterlegt durch einen Text, das ist eine Zusammenfassung einer Textgruppe, die auf der nächstunteren Ebene weiter rechts liegt. Die Originaldaten, die den Zusammenfassungen der Spalte ganz rechts zugrunde liegen, werden hier nicht wiedergegeben

kann es sich um eine Begründung oder Rechtfertigung handeln, je nach Art der Prämissen. Heißt dies aber auch, dass wir alle Einzelaussagen im Gestaltenbaum bereits verstehen?

In der analytischen Philosophie wurde Verstehen und Erklären weitgehend als synonym aufgefasst [1, 5]. Dies würde heißen, dass man einen Text immer auch versteht, wenn man ihn erklären kann. Doch möchte ich hier eine strengere Bedingung einführen: Wir verstehen einen Text, wenn wir ihn auf der Grundlage einer Textgruppe erklären können und wenn wir ihn zusätzlich in einen konsistenten Kontext einordnen können. Nun wird ein Kontext wieder durch eine Textgruppe beschrieben, die den zu verstehenden Text enthält und mit ihm sinnvoll verbunden ist. Es gelten auch für den Kontext die formalen Regeln der Gestaltbildung (Vernetzung, Differenzierung, Regel der maximalen Distanz und Widerspruchsfreiheit). Außerdem muss gelten, dass der Kontext für wenigstens eine Person oder eine Personengruppe relevant ist, so, dass ein übergeordneter, zusammenfassender Text gebildet werden kann, der für jemanden theoretisch oder praktisch von Bedeutung ist. Ich habe dies vor Jahren wie folgt dargestellt:

„Die Auffassung, dass Verstehen wesentlich mit der Einordnung in einen umfassenden größeren Kontext zu tun hat, ist mit holistisch ausgerichteten wissenschaftstheoretischen Ansichten verträglich: Wenn wir etwa aus Protokollaussagen bei einem Experiment eine

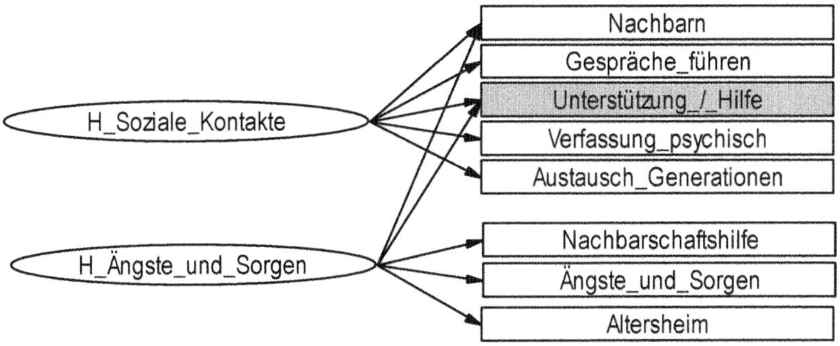

Abb. 25.11 Die zwei Kontexte erster Ordnung der Gestalt „Unterstützung/Hilfe"

Aussage ableiten, so hat diese immer nur einen Sinn auf dem Hintergrund eines ganzen Komplexes von theoretischen Annahmen, Beschreibungen über die Versuchsanordnung, von anderen Beobachtungsaussagen, Forschungszielen usw. Wenn man keinen weiteren Kontext dazu anzugeben weiß, so wird die aus den Protokollaussagen abgeleitete Aussage nicht verstanden. Der Kontext K zu einem Satz SR sichert den Sinn des Satzes SR für die Person A. .... Der Kontext K gibt nämlich Zusammenhänge mit anderen Sätzen an, die im Erfahrungssystem von A sinnvoll sind." [7] S. 62.

Ein „Kontext erster Ordnung des Satzes S_i besteht im Gestaltenbaum aus den Texten derselben Ebene, die durch eine Zusammenfassung auf der nächsthöheren Ebene verbunden sind". [7] S. 62. Dies wird im Gestaltenbaum der Abb. 25.10 nur von den drei Spitzentexten „Assistenz-Plattform", „H_Abwanderung" und „H_WG_behinderte_Menschen" (ganz links) nicht erfüllt. Ein Gestaltenbaum führt uns über bloße Erklärungen hinaus, da im Gestaltenbaum zu jedem Text mit Ausnahme der „Spitzentexte" des Gestaltenbaumes wenigstens ein minimaler Kontext aufgezeigt wird.

Für die oben angegebene Zusammenfassung der Gestalt „Unterstützung_/_Hilfe" gibt es einen minimalen Kontext durch die Gestalttexte „Nachbarn", „Gespräche_führen", „Verfassung_psychisch", „Austausch_Generationen", die alle der übergeordneten Hypergestalt „H_Soziale_Kontakte" untergeordnet sind. Wenn ein zusammenfassender Text einer Gestalt in mehreren Hypergestalten als Baustein vorkommt, dann hat er auch mehrere minimale Kontexte[5]. Dies gilt auch für unser Beispiel, denn die Gestalten „Nachbarschafthilfe", „Nachbarn", „Ängste_und_Sorgen", „Altersheim" bilden zusammen mit „Unterstützung_/_Hilfe" auch eine Hypergestalt, nämlich „H_Ängste_und_Sorgen" (Abb. 25.11).

---

[5] Ich nenne die Texte einer sprachlichen Umgebung eines Satzes S_i *Kontext erster Ordnung des Satzes S_i*, wenn es auf der nächsthöheren Ebene im Gestaltenbaum eine Zusammenfassung für sie gibt. Ich nenne eine sprachliche Umgebung eines Satzes S_i, einen *Kontext zweiter Ordnung für S_i*, wenn es für sie eine Zusammenfassung auf der übernächsten höheren Ebene im Gestaltenbaum gibt. Für unseren Beispieltext „Unterstützung_/_Hilfe" gibt es auch einen Kontext zweiter Ordnung, der 28 Texte umfasst, wie aus Abb. 25.10 ersichtlich ist. Es sind die Texte, die unter der Hyperhypergestalt „HH_Lebenssituation_Qualität" auf der Gestaltebene (rechts) liegen.

Die Frage nach dem Verstehen eines Satzes ist also auch eine Frage nach einem Kontext, in den der Satz eingebunden ist und nach den Zusammenhängen der Sätze des Kontextes untereinander. Jede Zusammenfassung bringt Zusammenhänge zum Ausdruck, die zwischen den Texten der untergeordneten Textgruppe, d. i. eines Kontextes, bestehen. Diese Zusammenhänge weisen auf wiederholt verwendete Strukturen hin, die wieder verwendet werden können.

Die Zusammenfassung eines Kontextes oder einer sprachlichen Gestalt sollte damit auch die pragmatische Forderung erfüllen, dass es jemanden gibt, der glaubt, dass sie anwendbar ist als Erklärungs-, Orientierungs- oder Handlungsmuster. Dabei wird aber nicht verlangt, dass Zusammenfassungen tatsächlich wieder verwendet werden, sondern nur, dass es wenigstens eine Person gibt, die glaubt, dass es in einer zukünftigen Situation Anwendungsmöglichkeiten für die aufgewiesenen Zusammenhänge geben könnte.

Die Forderung nach Anwendbarkeit wird nur für die Zusammenfassung des Kontextes gestellt, nicht für den ganzen Kontext und auch nicht für den zu verstehenden Satz, der im Kontext eingebunden ist. Der Grund dafür besteht darin, dass die Zusammenfassung weniger komplex ist. Daher kann sie auch in mehr Situationen angewendet werden als die ganze komplexe Satzgruppe. Denn durch ständige Veränderungen der Lebenswelt wird es kaum Situationen geben, die immer wieder gleich beschrieben werden können, wie es im Kontext geschieht. Situationen ändern sich eben.

Da es im Gestaltenbaum bei jedem Textbaustein (mit Ausnahme der Spitzentexte) möglich ist, die Sinnfrage zu beantworten, also einen relevanten Kontext und dessen Zusammenfassung anzugeben, wobei die Regeln der Gestaltbildung erfüllt werden, so ist diese Art von Wissensorganisation nicht nur relevant für das Verstehen der Situation sondern, in hohem Ausmaß auch für praktisches Entscheiden und Handeln. Der Gestaltenbaum stellt die Gesamtsituation dar, so wie sie auf der Grundlage der Datenbasis erklärt und verstanden werden kann. Erklärungen geben dabei Antworten auf die Frage nach einer Begründung (warum glaubst du das?) und Zusammenfassungen von Kontexten geben Antwort auf die Frage nach der Relevanz (Wozu ist das wichtig für dich? An welche mögliche Anwendung denkst du?).

25.8 Zur Relevanz von Variablen

Im Folgenden geht es um die Frage, welche Schwerpunkte umgesetzt werden sollen und können. Der Gestaltenbaum (Abb. 25.10) zeigt in der rechten Spalte untergeordnete Schwerpunkte an. Sie umfassen auch die Schwerpunkte, die von den Entscheidungsträgern im Feedbackworkshop ausgewählt wurden. Die Themen der mittleren Spalte können als übergeordnete mögliche Schwerpunkte aufgefasst werden. Da diese Themen besonders gut begründet werden können, spricht vieles dafür, sie zuerst ins Auge zu fassen.

Nun haben wir aber bereits ein zweites Kriterium für Relevanz von Schwerpunkten besprochen: Wenn ein Schwerpunkt sich auf Sachverhalte bezieht, die häufig bewertet

Tab. 25.1 Relevanzliste

Gestalt	Ausdruck	Relev.	Bew.	Kausalbeziehungen		
Ebene		Zahl	Summe	→o	o→	Summe
ZUS	Assistenz_(-plattform)	100	*84*	42	84	*126*
HH	Soziale_Kontakte	51	*49*	45	10	*55*
HH	Unterstützung_/_Hilfe	44	*29*	27	41	*68*
H	Unterstützung/Hilfe_d_Familie	40	*35*	24	25	*49*
HH	Beschäftigung_für_Frauen	39	*46*	16	14	*30*
H	Unterstützung/Hilfe_indiv/flexibel	38	*34*	8	37	*45*
HH	Arbeit_als_AssistentIn	37	*24*	17	40	*57*
HH	Entlastung	35	*36*	22	11	*33*
ZUS	Lebenssituation/Qualität	32	*26*	41	1	*42*
HH	Vereinbarkeit_Familie/Beruf	32	*37*	19	7	*26*
HH	Leben_ZUHAUSE	30	*33*	14	11	*25*
HH	Teilhabe_(soziales_Netz)	25	*26*	15	9	*24*
ZUS	Alter_(alte_Personen)	24	*0*	45	16	*61*
HH	Pflege-/Betreuungssituation	24	*15*	9	29	*38*
H	Sicherheit	22	*21*	18	7	*25*
HH	Arbeitsmöglichkeiten	21	*22*	10	9	*19*
G	Abgelegener_Wohnort	20	*19*		23	*23*
HH	Einsamkeit/Alleinsein	20	*18*	17	7	*24*
H	WG_(behinderte_Menschen)	20	*16*	11	16	*27*
H	Abwanderung	19	*14*	12	14	*26*
HH	Gespräche_führen	19	*19*	14	5	*19*
H	Unterstützung_Mobilität	18	*18*	8	11	*19*
H	Zeit_für_die_Familie	18	*17*	12	8	*20*
H	Altersheim	17	*13*	12	11	*23*
HH	Belastung_/_Überforderung	17	*8*	26	5	*31*
HH	Leben_im_DORF	17	*14*	11	10	*21*
G	Wiedereinstieg_von_Frauen	17	*14*	17	6	*23*
H	Arbeitszeiten_flexibel	16	*17*	2	12	*14*
H	Rentenabsicherung	16	*17*	9	5	*14*
H	Arbeit_(auswärts)	14	*11*	7	13	*20*
H	Arbeit_im_Gastgewerbe	14	*16*	2	10	*12*
G	Unterstützung_i_Haushalt	14	*15*	5	8	*13*
H	Ängste_u_Sorgen	13	*8*	16	4	*20*
H	Mobilität	13	*9*	11	8	*19*
H	Unterstützung_alte_Menschen	13	*10*	12	7	*19*
H	Vertrauen	13	*14*	7	6	*13*
G	Abhängigkeit_von_Familie	12	*10*	11	3	*14*
G	Arbeitsdruck_für_Frauen	12	*7*	8	11	*19*

wurden, sei es in Bezug auf den Ist-Zustand oder einen gewünschten Soll-Zustand, so ist dies auch ein Grund, entsprechende Sachverhalte auszuwählen, um sie umzusetzen.

Es gibt aber noch ein drittes Kriterium für Relevanz von Schwerpunkten: Wenn die Veränderung von Sachverhalten, Zuständen oder Variablen zu vielen Folgen führt, dann sind sie besonders wichtig, weil durch deren Veränderung das ganze System beeinflusst werden kann.

Wir werden deswegen alle verbalen Daten noch einmal lesen und sie neu kodieren in Bezug auf Wirkungsbehauptungen. Wenn immer jemand sagt, eine Variable würde sich günstig oder ungünstig auf eine andere auswirken, wird dies angemerkt. Damit sehen wir, für welche Schwerpunkte von den Interviewpartnern auch Einflussmöglichkeiten genannt wurden.

Wir werden nun die Ebene im Gestaltenbaum, die Anzahlen der Bewertungen und die Anzahlen der Wirkungsvermutungen für jede Variable in einer Liste zusammenstellen. Dabei sehen wir, dass für manche Schwerpunkte viele und für andere gar keine Einflussmöglichkeiten genannt werden. Da wir sowohl die Anzahlen der Bewertungen insgesamt als auch der vermuteten Einflussmöglichkeiten und Auswirkungen als Kriterien für Relevanz auffassen, geben wir auch eine Relevanzzahl an, die zu je 50 % von den Bewertungen und zu 50 % von Kausalannahmen abhängt.

Im folgenden Ausschnitt der „Relevanzliste" (Tab. 25.1) wird in der ersten Spalte die Ebene im Gestaltenbaum angegeben die ein Sachverhalt erreicht. „ZUS" bezieht sich auf die oberste Zusammenfassung, „HH" auf Hyperhypergestalten, „H" auf Hypergestalten, „G" auf Gestalten. Dann wird der Sachverhalt genannt und darauf dessen Relevanzzahl. Es folgen die Anzahlen der Bewertungen insgesamt (über die Ist- und Soll-Situation), darauf die Anzahlen der vermuteten Einflüsse, dann der angedachten Auswirkungen und schließlich die Summe der Wirkungsvermutungen.

Wir sehen in der Relevanzliste (Tab. 25.1), dass die Einrichtung einer „Assistenzplattform" die höchste Relevanz erreicht. Sie erreicht insgesamt 84 Bewertungen. Auch bei den Wirkungsvermutungen gibt es viele Einflussmöglichkeiten (42) und sehr viele erwartete Auswirkungen (84). Da die Liste nach Relevanzzahlen geordnet ist, die von 0 bis 100 laufen, werden bereits am Kopf der Liste die wichtigsten Variablen aufgeführt, sodass man nicht alle 408 Kausalvariablen des Projekts durchmustern muss. Es genügt schon, wenn man die 20–30 wichtigsten Variablen im Hinblick auf deren Umsetzbarkeit analysiert.

25.9 Von Schwerpunkten zu Maßnahmen

Nachdem im Entscheidungsprozess Schwerpunkte festgelegt worden sind, geht es überwiegend um die Auswahl konkreter Ziele und Maßnahmen. Man wählt die Variablen des Schwerpunkts und stellt die Einflüsse dar, die vermutlich zur Realisierung der Schwerpunkte führen. Jene Einflüsse, die gesteuert werden können, fassen wir als mögliche Maßnahmen auf.

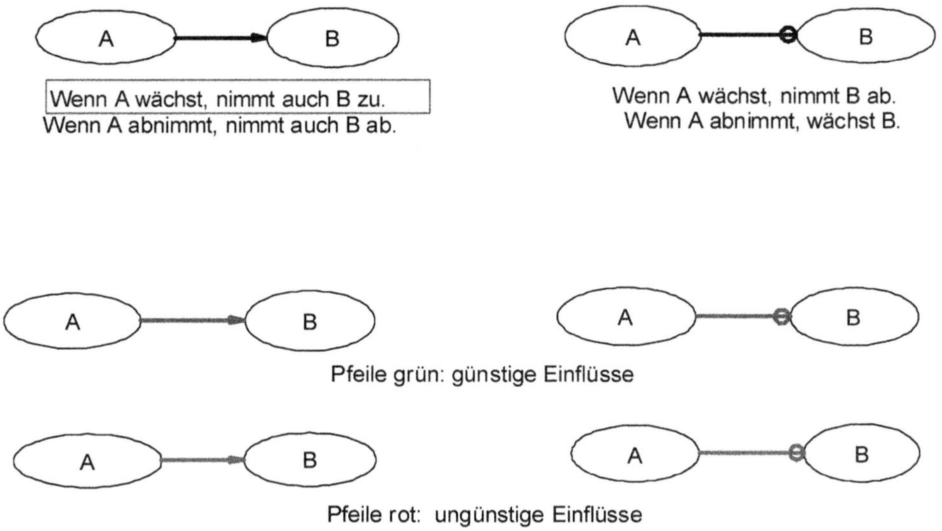

Abb. 25.12 Legende zur Darstellung der Wirkungsvermutungen

Mit der Analyse der Wirkungsvermutungen, die in den Interviews zum Ausdruck kommen, wird hier angenommen, dass sich die durch Schlüsselbegriffe bezeichneten Objekte oder Attribute verändern können und dass sie dadurch auch einen Veränderungsprozess anderer Sachverhalte nach sich ziehen können. Deswegen sprechen wir im Folgenden auch von „Variablen".

Die von den befragten Personen angenommenen Einflussbeziehungen stellen wir durch Kausalgraphiken dar (Abb. 25.12):

Wir werden uns im Folgenden beispielhaft nur mit dem allerobersten Ziel, der Einrichtung einer „Assistenzplattform" befassen und graphisch darstellen, wie eine solche gedacht und gewünscht wird. Zur Assistenzplattform werden in der Relevanzliste 42 mögliche Einflüsse genannt. Doch sind nicht alle steuerbar.

Da die Darstellung aller Kausalvermutungen unübersichtlich wäre, reduzieren wir die Komplexität dadurch, dass wir nur Kausalzusammenhänge wiedergeben, die durch wenigstens zwei Aussagen belegt sind. Außerdem schränken wir uns in der Abb. 25.13 zunächst auf reflexive Wirkungsbeziehungen ein. Insgesamt können wir sie als notwendige und hinreichende Bedingungen für die Umsetzung einer Assistenzplattform auffassen, so wie es sich die Befragten vorstellen. Variablen, die sich überwiegend auf alte Personen beziehen, werden wir in der Abb. 25.13 blau einfärben, Variablen, die die AssistentInnen betreffen, grün.

In der Abb. 25.13 werden einige grundsätzliche Merkmale angegeben, die eine Assistenzplattform prägen sollten. Es geht um eine Unterstützung bei der Grundversorgung alter Menschen, wobei deren Bedürfnisse so weit wie möglich berücksichtigt werden sollen. Als Leistungen für alte Leute ist gedacht an eine Unterstützung im Haushalt, beim Einkaufen, bei Arztbesuchen und in Bezug auf Mobilität. Dadurch könnte ihre Sorge über

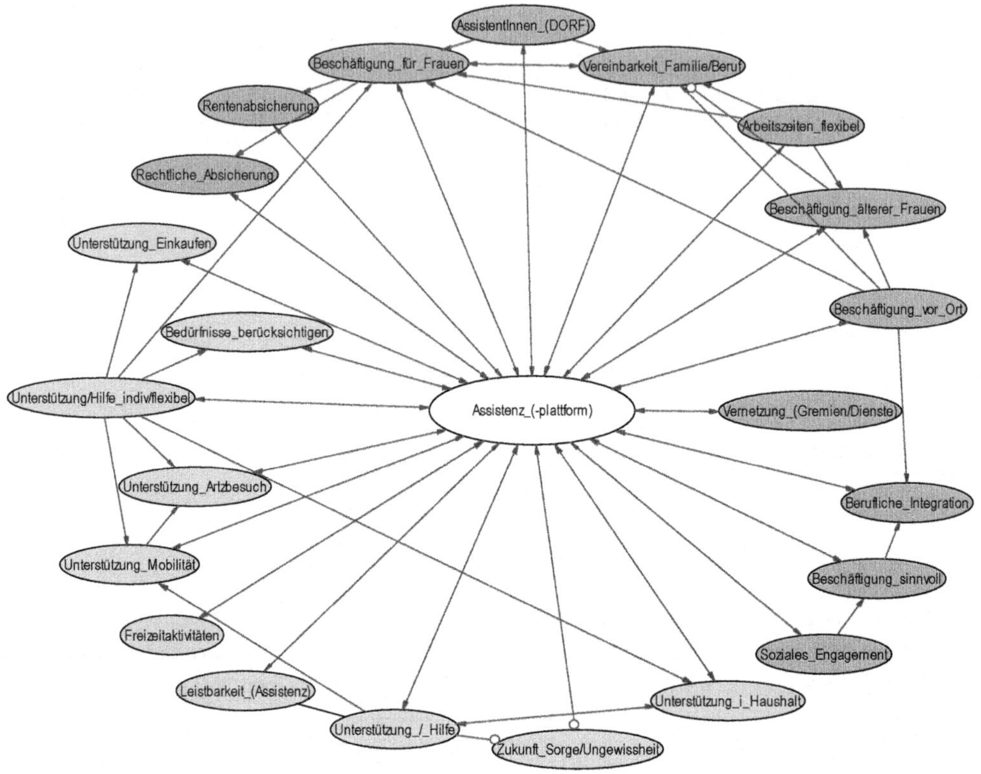

Abb. 25.13 Reflexive Kausalbeziehungen, die insgesamt als notwendige und hinreichende Bedingungen für eine Assistenzplattform gesehen werden

die Zukunft reduziert werden. Auch Freizeitaktivitäten wie das Spazierengehen mit alten Leuten sind vorgesehen.

Die Unterstützung sollte durch Frauen vor Ort geleistet werden, auch durch ältere Frauen, mit Versicherung und flexiblen Arbeitszeiten, so dass für die Frauen Arbeit und Familie vereinbar bleiben. Die Assistenzleistungen erfordern und stärken das soziale Engagement im Dorf und werden als sinnvolle Arbeit empfunden. Notwendig ist auch eine Vernetzung der Unterstützung mit anderen sozialen Diensten.

Wenn wir die Abbildung durch weitere Vorschläge der befragten Personen ergänzen, so sieht man, dass eine Assistenzplattform den Bedürfnissen entsprechend unterschiedlich ausgestaltet werden kann. Es wird in weiteren Texten darauf hingewiesen, dass Vertrauen eine Grundvoraussetzung für das Gelingen einer Assistenzplattform ist und dass die Förderung von sozialen Kontakten ein großes Anliegen ist. Im Übrigen denken die befragten Personen an Zubringerdienste, Unterstützung beim Kochen, bei der Kinderbetreuung (von Frauen, die in ihrer eigenen Familie jemanden betreuen und dadurch überfordert sind). Auch Beratung, Bereitschaftsdienst, Nachtdienst, Hilfsdienste am Abend oder am

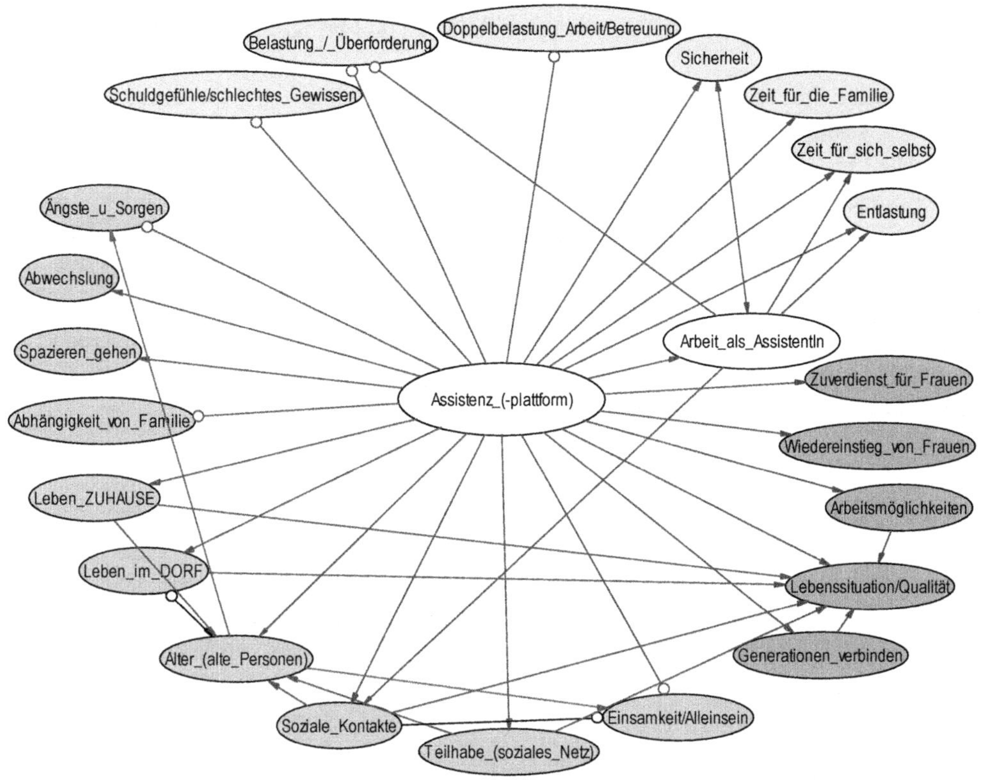

Abb. 25.14 Erwartete Folgen einer Assistenzplattform

Wochenende werden angedacht. Dabei soll für Frauen, die einen derartigen Assistenz-Dienst übernehmen, keine zusätzliche Ausbildung erforderlich sein.

Bevor man eine Entscheidung zur Umsetzung einer Maßnahme trifft, sollten wir aber auch noch die erwarteten Folgen und Nebenwirkungen betrachten, die in den Texten zum Ausdruck kommen. Da sich viele Texte mit den Auswirkungen befassen, bilden wir in der Abb. 25.14 nur jene ab, für die es wenigstens 3 Texte gibt. Auswirkungen einer Assistenzplattform, die vorwiegend alte Leute betreffen, werden in Abb. 25.14 wieder blau wiedergegeben. Auswirkungen auf Frauen grün und Folgen, die sich vor allem auf pflegende Familienmitglieder beziehen, gelb.

Wir betrachten zuerst die vermuteten Auswirkungen einer Assistenzplattform auf das Leben alter Menschen (blau). Eine Assistenzplattform würde nicht nur ein Leben Zuhause, im eigenen Dorf für längere Zeit ermöglichen und damit die Abhängigkeit von der Familie sowie Sorgen über die Zukunft vermindern, sondern kann auch soziale Kontakte unterstützen, dem Gefühl des Alleinseins entgegenwirken und mehr Abwechslung bringen.

In Bezug auf pflegende Familienmitglieder (gelb) führt eine Assistenzplattform zur Verminderung der Doppelbelastung durch Arbeit und Betreuung, zur Reduzierung der Belastung und auch des schlechten Gewissens, man hätte nicht genug getan. Eine Assistenzplattform erhöht die Sicherheit wenn man nicht da ist und bringt etwas Zeit für sich selbst und für die Familie.

Für einige Frauen im Dorf (grün) bringt die Assistenzplattform Arbeitsmöglichkeiten, einen Zuverdienst und einen teilweisen Wiedereinstieg in die Arbeit. Insgesamt wird dadurch die Lebenssituation verbessert und es entsteht ein vermehrter Kontakt zwischen den Generationen im Dorf.

Wir sind damit – bloß durch Darstellung der vermuteten Folgen einer möglichen Assistenzplattform – zu vielen positiven Auswirkungen gekommen, die von den befragten Personen bei Einrichtung einer Assistenz-Plattform erwartet werden, selbst wenn wir nur jene dargestellt haben, die durch mindestens drei Texte zum Ausdruck kamen. Damit können wir annehmen, dass die Assitenzplattform erfolgreich sein wird und zwar in einem umfassenden Ausmaß und für alle betroffenen Personengruppen.

25.10 Das Pilotprojekt

Nach Analyse der verbalen Daten mit GABEK wurde in Stilfs, einem der betroffenen Dörfer ein Pilotprojekt durchgeführt, bei dem 5 Frauen aus dem Dorf 8 alte Personen unterstützen. Nach erfolgreicher Durchführung des Pilotprojektes wurde beschlossen, das Projekt fortzusetzen.

25.11 Fazit

Anhand eines Beispiels wurde gezeigt, wie **semantische GABEK – Netze** zur Entwicklung eines Konzeptes der Betreuung alter Menschen und zur Schaffung von Teilarbeitsplätzen für Frauen in einer abgelegenen ländlichen Gegend genutzt wurden.

Auf der Grundlage offener Interviews mit betroffenen Personen wurde ein **Begriffsnetz** dargestellt, dessen Komplexität variiert werden kann. In hoher Komplexität dient es der Erkundung von Details, in niedriger Komplexität der Übersicht über die Gesamtsituation.

Durch Verknüpfung mit **Bewertungen** von Sachverhalten, Zuständen, Objekten, die in den Texten zum Ausdruck kommen, wurden die Begriffsnetze auf verschiedene Weise gewichtet. Dies führte zur Sichtung möglicher strategischer Ziele und Schwerpunkte.

Des Weiteren konnte jeder Schwerpunkt durch eine Textgruppe aus den Interviews erklärt und begründet werden. Es entstand eine logisch-hierarchische Strukturierung der zunächst ungeordneten verbalen Daten in Form eines Gestaltenbaumes. Ein solches **Aussagennetz** ist eine Systematisierung, die zum Verstehen der Gesamtsituation führt.

Da es bei Entscheidungen aber nicht nur um vernünftige Begründungen geht sondern auch um Präferenzen, wurden alle Schwerpunkte und Ziele der betroffenen Personen nach

Relevanz geordnet. Dazu dienten drei **Relevanzkriterien**, die auch zur Gewichtung von Begriffsnetzen Verwendung fanden. Infolgedessen konnten hoch relevante Schwerpunkte und Ziele ausgewählt werden.

Auf der Grundlage des reichen Erfahrungsschatzes der befragten Personen wurden außerdem alle Wirkungsvermutungen kodiert und in Form von **Kausalnetzen** wiedergegeben. Anhand von Kausalnetzen konnten Maßnahmen identifiziert werden, die nach Ansicht der befragten Personen zur Realisierung der ausgewählten Schwerpunkte und Ziele führen. Desweiteren wurden die erwarteten intendierten Folgen und nichtintendierte Nebenwirkungen für den Fall einer Umsetzung dargestellt.

Literatur

1. Hempel, C. G. 1972. Formen und Grenzen des wissenschaftlichen Verstehens. *Conceptus* VI (1–3): 5–18.
2. Pask, G. 1976. *Conversation theory*. Amsterdam: Elsevier.
3. Plangger, S., E. Knitel-Grabher, J. Stocker, und J. Zelger. 2013. Sozialraumorientierung bei der Unterstützung alter, behinderter und pflegebedürftiger Menschen im ländlichen Raum. In *GABEK VI. Sozial verantwortliche Entscheidungsprozesse. Socially responsible decision making processes*, Hrsg. J. Zelger, J. Müller, und S. Plangger, 231–266. Innsbruck: Studienverlag.
4. Sergin, V. Y. 1992. A global model of human mentality In *Cybernetics and systems research*, Hrsg. R. Trappl, Bd. 1, 882–890. Wien: World Scientific (Proceedings of the 11th. European Meeting on cybernetics and systems research.).
5. Stegmüller, W. 1969. *Wissenschaftliche Erklärung und Begründung*. Berlin: Springer.
6. Zelger, J. 1999. Wissensorganisation durch sprachliche Gestaltbildung im qualitativen Verfahren GABEK In *GABEK I. Verarbeitung und Darstellung von Wissen,* Hrsg. J. Zelger und M. Maier, 41–87. Innsbruck: Studienverlag.
7. Zelger, J. 2000. Parallele und serielle Wissensverarbeitung: Die Simulation von Gesprächen durch GABEK. In *GABEK II. Zur qualitativen Forschung. On qualitative research,* Hrsg. R. Buber und J. Zelger, 31–91. Innsbruck: Studienverlag.
8. Zelger, J. 2010. Von verbalen Daten zu regional gütigen Theorien mit GABEK. In *GABEK IV. Sprachliche Strukturen. Theorie und Anwendung. (Linguistic Structures. Theory and Practice),* Hrsg. M. Raich, P. Schober, und J. Zelger, 135–180. Innsbruck: Studienverlag.
9. Zelger, J. 2012. GABEK as a method to compaire systems of opinions, assessments, and attitudes of social groups. In *GABEK V. Werte in Organisationen und Gesellschaft. Values in organizations and society,* Hrsg. P. Schober, J. Zelger, und M. Raich, 27–80. Innsbruck: Studienverlag.
10. Zelger, J. 2013. Meaning analysis by GABEK®-Nets. In *GABEK VI. Sozial verantwortliche Entscheidungsprozesse. Socially responsible decision making processes,* Hrsg. J. Zelger, J. Müller, und S. Plangger, 25–72. Innsbruck: Studienverlag.

Josef Zelger studierte Philosophie, Psychologie, Theologie und Physik an der Universität Innsbruck. Er war 1967 Mitbegründer der philosophischen Fachzeitschrift CONCEPTUS. 1983–2005 lehrte er als Professor für Philosophie an der Universität Innsbruck. In Buchpublikationen zur „Messung der Macht", über „Konflikte und Ziele" und über „Verfahren kreativer Selbstorganisation" befasste er sich mit Prozessen der Entscheidungsfindung und Konfliktlösung in Organisationen. Seit 1990 entwickelte er das computerunterstützte qualitative Textanalyseverfahren GABEK, das er seither in vielen Projekten zur Wissensorganisation, Organisationsentwicklung, Evaluierung, Akzeptanz- und Kooperationsforschung anwendet. In sieben GABEK-Sammelbänden publizierte er Arbeiten über die theoretischen Grundlagen des Verfahrens und Berichte über Anwendungen in der Praxis.

Lizenzierung und Nutzung vernetzter Daten – Fallstricke und Empfehlungen

26

Tassilo Pellegrini

1. Vernetzte Daten in Form von Linked Data stützen zunehmend die Content-Bewirtschaftung entlang der gesamten Wertschöpfungskette. Vernetzte Datensätze und Werke, die auf diesen Datensätzen aufbauen, sind nach dem Immaterialgüterrecht vielfältig schützenswert.
2. Die Datensätze, aus denen sich Linked Data speist, bedienen sich entsprechend ihrer Offenlegungspolitik einer Vielzahl an Lizenzmodellen mit teils sehr unterschiedlichen Terminologien, Geltungs- und Gültigkeitsbereichen.
3. Bei der Wiederverwendung „offener" Daten ist auf die Kompatibilität der Lizenzbedingungen der Datensätze zu achten. Lizenzkonflikte können die Wiederverwendung einschränken und zu juristischen Folgeproblemen führen.
4. In Zukunft könnten „Rights Brokering Services" aufbauend auf maschinenlesbaren Rights Expression Languages bei der automatisierten Rechteklärung unterstützen.

26.1 Einleitung

Mit der steigenden Interoperabilität von IT-Systemen und -Plattformen sowie der damit verbundenen Portabilität von Daten rücken neben Content auch technische Artefakte wie Daten, Metadaten, Wissensmodelle und korrespondierende Services ins Zentrum der

T. Pellegrini (✉)
Österreichisches Institut für Medienwirtschaft, Fachhochschule St. Pölten, Matthias Corvinus Straße 15, 3100 St. Pölten, Österreich
E-Mail: tassilo.pellegrini@fhstp.ac.at

B. Ege et al. (Hrsg.), *Corporate Semantic Web,* X.media.press,
DOI 10.1007/978-3-642-54886-4_26

unternehmerischen Wertschöpfung. Dies zeigt sich einerseits in der wachsenden Bedeutung von Metadaten in der digitalen Wertschöpfung – speziell im Kontext der stark auf Datenanalytik, Automatismen und Co-Produktion basierenden service-orientierten Logik des eCommerce[1], andererseits in der fortwährenden Entwicklung neuer Standards und Methoden zur Bewirtschaftung von Daten unter netzökonomischen Bedingungen [24], wie etwa die Semantic Web Initiative des World Wide Web Konsortiums[2] oder die Metadateninitiative der Suchmaschinenbetreiber Google, Bing und Yahoo „schema.org"[3] belegen. Begriffe wie „Big Data" als konzeptioneller Überbau und „Linked Data" als technologisch-methodische Basis der zunehmenden Bewirtschaftung vernetzter Daten geben diesen Entwicklungen einen Namen und sind Ausdruck einer zunehmenden Professionalisierung der Datenbewirtschaftung.

Während sich in den letzten Jahren die Standards und Technologien zur Veröffentlichung und Bewirtschaftung vernetzter Daten sukzessive etabliert haben, blieb die Frage nach deren Wiederverwertbarkeit im unternehmerischen Kontext bisweilen unterbelichtet. Zwar existieren im „Web of Data" eine mittlerweile unüberschaubare Menge an verfügbaren Datenquellen, doch die jeweiligen Lizenz- und Nutzungsbestimmungen einzelner Datensätze können (teilweise stark) voneinander abweichen, was deren (kommerzielle) Wiederverwertbarkeit einschränkt und gegebenenfalls juristische Fallstricke mit sich bringt. Unter „Datensatz" sei hier jegliche schützenswerte, systematische Kompilation von Daten verstanden, die in elektronischer Form zugänglich und als eigenständiges Werk identifizierbar ist.[4]

Dieser Beitrag adressiert die Nutzung und Lizenzierung von vernetzten Daten für den unternehmerischen Einsatz. Dazu gliedert sich der Beitrag folgendermaßen: Abschnitt 26.2 stellt das technologische Konzept „Linked Data" vor und diskutiert dessen Wertschöpfungsbeitrag. Abschnitt 26.3 erläutert ausgehend von unterschiedlichen Linked Data Assets die immaterialgüterrechtlichen Aspekte des Einsatzes von Linked Data Technologien. Abschnitt 26.4 geht auf Probleme in der Wiederverwendung vernetzter Daten ein und gibt Handlungsempfehlungen für den richtigen Umgang. Abschnitt 26.5 fasst die Ergebnisse zusammen und gibt einen Ausblick auf weitere Entwicklungen.

26.2 Linked Data – Technologische Grundlagen und Wertschöpfungsbeitrag

Konventionelle Datenbereitstellungsstrategien in Form von unstrukturierten Dokumenten (z. B. MS-Word, PDF-Dateien), semistrukturierten Dokumenten (z. B. HTML, CSV-Dateien) oder proprietären Datenschnittstellen (APIs) werden nur bedingt den Ansprü-

[1] Siehe exemplarisch [9, 10, 14, 16].

[2] Für einen Überblick über Semantic Web Standards siehe http://www.w3.org/standards/semanticweb/, aufgerufen am 22. Februar 2014.

[3] Siehe http://schema.org/, aufgerufen am 22. Februar 2014.

[4] Isolierte Fakten oder Aussagen (z. B. ein singuläres RDF-Triple) gelten gemeinhin als nicht schützenswert und sind damit nicht im Zentrum dieser Betrachtung, obschon darauf hinzuweisen ist, dass selbst ein einzelnes RDF-Triple schützenswerten Content, z. B. ein Bild, enthalten kann.

chen hoch vernetzter und dynamischer Daten-Ökosysteme gerecht. Mit jeder zusätzlichen Quelle steigen die Integrationsaufwände, Veränderungen in der Datenbankstruktur gehen oftmals zu Lasten der Systemintegrität und Aktualisierungen der Datenbasis sind meist nur unter hohen Aufwänden in Echtzeit verfügbar.[5] Hier setzt der Linked Data Ansatz an, der eine höchstmögliche technische Interoperabilität anstrebt und so die kosteneffiziente und zeitkritische Integrierbarkeit, eindeutige Interpretierbarkeit und Wiederverwendbarkeit von dispersen Daten ermöglicht [2] [3]. Linked Data bedient sich sogenannter Semantic Web Standards[6] um existierende Datenbestände hoch strukturiert aufzubereiten und plattformunabhängig für die Integration und Syndizierung bereitzustellen [4]. Hierbei werden Daten mittels des normierten Datenmodells RDF (Resource Description Framework)[7] oder sogenannter Mikroformate[8] strukturiert und verfügbar gemacht. Die semantisch angereicherten Daten werden im konventionellen Sinne nicht relational sondern als Graph in Form sogenannter Ontologien[9] repräsentiert, in dem sowohl die Knoten als auch die Kanten des Graphen über http-URIs (Uniform Resource Identifiers) eindeutig identifizierbar und referenzierbar sind. Dieser semantische RDF-Graph kann mittels der normierten Abfragesprache SPARQL[10] feingranular und in hoher semantischer Tiefe abgefragt werden.

Die daraus entstehende semantische Interoperabilität erlaubt drei grundlegende Anwendungsszenarien für den Einsatz von Linked Data im Unternehmen [5]:

- *Linked Data als Datenintegrationsprinzip anwenden*
  Das Unternehmen verwendet die Linked-Data-Prinzipien und Semantic-Web Technologien unternehmensintern, um Datenintegration und Mashups, z. B. für ein Wissensportal, zu realisieren bzw. neue Möglichkeiten einer semantischen Suche zu erschließen.
- *Daten aus der Linked Data Cloud einbinden*
  Das Unternehmen konsumiert Daten aus der Linked Data Cloud, um damit z. B. interne Datenbanken oder Inhalte anzureichern.
- *Daten in die Linked Data Cloud publizieren*
  Das Unternehmen publiziert eigene Daten und Inhalte in die Linked Data Cloud und erschließt damit neue Distributionswege für digitale Assets.

---

[5] Siehe dazu etwa [7, 15].

[6] Ein Gesamtüberblick der relevanten Standards findet sich unter http://www.w3.org/standards/semanticweb/, aufgerufen am Dezember 20, 2013.

[7] Siehe http://www.w3.org/RDF/, aufgerufen am 10. Dezember 2013.

[8] Siehe dazu http://microformats.org/, aufgerufen am 10.Juli 2014.

[9] Saumure & Shiri erläutern die Funktion von Ontologien folgendermaßen: „Ontologies are being considered valuable to classifying web information in that they aid in enhancing interoperability – bringing together resources from multiple sources." [23, S. 657].

[10] Siehe http://www.w3.org/TR/rdf-sparql-query/, aufgerufen am 20. Dezember 2013.

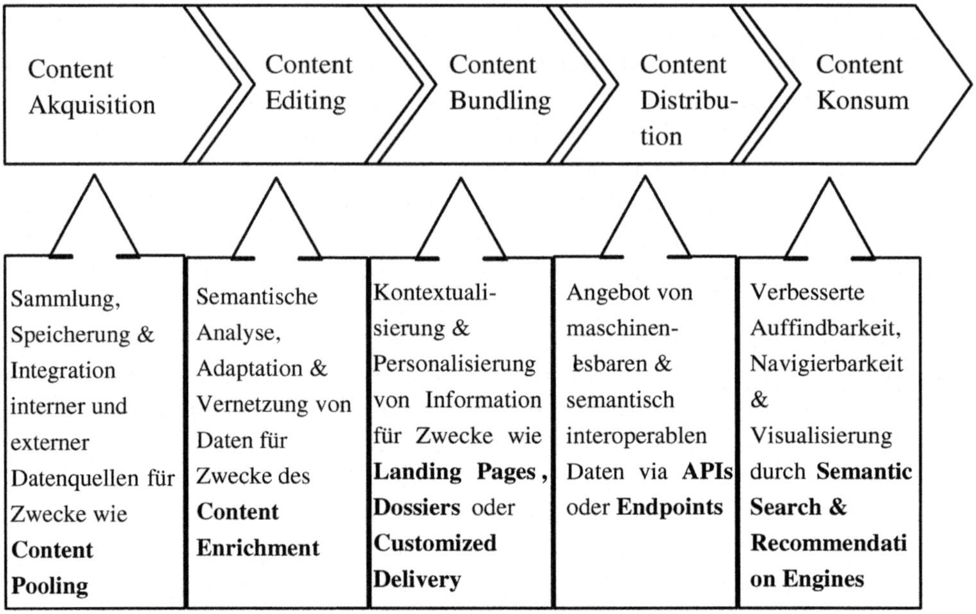

Abb. 26.1 Linked data in der content-value-chain. (Quelle: [16])

Hierbei erlaubt Linked Data die kosteneffiziente Bewirtschaftung des digitalen Contents entlang der gesamten Wertschöpfungskette.[11] Abbildung 26.1 illustriert diesen Zusammenhang am Beispiel des Einsatzes von Linked Data entlang der unterschiedlichen Stufen einer Content Value Chain.

- Die Content-Akquise umfasst alle Aktivitäten der Sammlung, Speicherung und Integration von Daten. Im Zuge dieses Prozesses werden Fakten und Information von internen und externen Quellen für die weitere Verarbeitung in Form semantischer Indices gepoolt.
- Die Stufe des Content-Editings umfasst die semantische Analyse, Adaption, Verlinkung und Qualitätssicherung von Daten für Zwecke des Content Enrichments.
- Das Content Bundling beschäftigt sich mit der Kontextualisierung und Personalisierung von Information. Es dient dem maßgeschneiderten, thematisch kohärenten Zugang zu Content-Einheiten z. B. in Form von Landing Pages oder Dossiers.
- Im Zuge der Content Distribution werden maschinen-lesbare und semantisch interoperable Daten z. B. via Programmierschnittstellen oder SPARQL-Endpoints für den internen und/oder externen Gebrauch technisch zugänglich gemacht.

[11] Für eine differenzierte Diskussion des volkswirtschaftlichen und betriebswirtschaftlichen Wertschöpfungsbeitrages von Big Data im Allgemeinen und Linked Data im Speziellen siehe [18]. Eine Schematisierung der Linked Data Value Chain findet sich bei [13].

- Die Ebene des Content Konsums umfasst alle Maßnahmen der adäquaten Präsentation und Zugänglichmachung von Content in Form von semantischer Suche, Empfehlungs- und Filterdiensten mit dem Ziel die Auffindbarkeit, Navigierbarkeit und Wiederverwendbarkeit zu erhöhen.

Als konkrete Manifestation des Linked Data Paradigmas lässt sich die seit 2007 stetig wachsende „Linked Open Data Cloud"[12], eine dezentrale und kollaborativ gewachsene Infrastruktur aus RDF-Daten, anführen. Diese Data Cloud umfasste mit Stand 2013 mehrere hundert Milliarden Fakten aus unterschiedlichsten Themenfeldern und mittlerweile hunderten Datenquellen.[13] Diese Daten sind vorwiegend offen lizenziert und werden durch Medienunternehmen bereits aktiv kommerziell genutzt wie etwa Fallbeispiele der BBC, NY Times, Reuters, Reed Elsevier, Wolters Kluwer, Pearson Publishing, Springer Verlag, ACM, Agence France Press, Google, Facebook dokumentieren.[14]

Doch die Linked Open Data Cloud stellt nur einen Teilbereich des „Web of Data" dar, um das sich bereits ein reger Markt etabliert hat. Diverse öffentliche Stellen veröffentlichen etwa im Rahmen von Open Government Data Initiativen große Mengen an Daten im Netz.[15] Und auch private und stiftungsgetragene Datenanbieter wie etwa datahub.io[16], Wikipedia[17], Musicbrainz[18] oder Geonames[19]veröffentlichen ihre Daten u. a. als Linked Data im World Wide Web. In beiden Fällen haben sich dafür tragfähige Geschäftsmodelle etabliert.[20] Zusätzlich bieten spezialisierte Aggregatoren wie Socrata[21], Factual[22] oder Datamarket[23] Dienstleistungen rund um deren kommerzielle Nutzung an.

[12] Siehe http://linkeddata.org/, aufgerufen am 26. Dezember 2013.

[13] Einen Überblick über verfügbare Datenquellen bietet z. B. http://datahub.io, aufgerufen am 31. Dezember 2013. Eine aktuelle Diskussion zu Entwicklung und Perspektiven der Linked Open Data Cloud findet sich bei [12].

[14] Vertiefende Fallbesprechungen finden statt z. B. bei [22] für die BBC oder [8] für guardian.co.uk. Weitere Anwendungsbeispiele finden sich bei [6, 23, 24]. Siehe auch die Use Case Sammlung des W3C: http://www.w3.org/2001/sw/sweo/public/UseCases/, aufgerufen am 22. Februar 2014.

[15] Siehe dazu etwa [1]. Und die Open Data Guidelines der Sunlight Foundation unter http://sunlightfoundation.com/opendataguidelines/, aufgerufen am 10. Juli 2014.

[16] Sieh dazu http://datahub.io/, aufgerufen am 10. Juli 2014.

[17] Siehe auch www.wikipedia.org,aufgerufen am 10. Juli 2014.

[18] Siehe auch http://classic.musicbrainz.org/, aufgerufen am 10. Juli 2014.

[19] Siehe auch http://www.geonames.org/, aufgerufen am 10. Juli 2014.

[20] Einen Überblick zu Geschäftsmodellen für Open Government Data bietet [1]. Eine systematische Analyse von Linked Data Business Models bietet [20].

[21] Siehe auch http://www.socrata.com/, aufgerufen am 10. Juli 2014.

[22] Siehe auch http://www.factual.com/, aufgerufen am 10. Juli 2014.

[23] Siehe auch http://datamarket.com/, aufgerufen am 10. Juli 2014.

Die Geschäftsgrundlage für die Datenbewirtschaftung im „Web of Data" bilden Lizenzvereinbarungen zwischen Datenanbieter und Datennutzer. Diese leiten sich aus diversen Schutzrechten des Immaterialgüterrechts ab, die im Zuge der Datengenerierung und -verwaltung geltend gemacht werden können.

26.3 Immaterialgüterschutz von Linked Data

26.3.1 Rechtsschutz von Linked Data

Die Lizensierungsfrage von Linked Data ist nicht trivial, zumal unterschiedliche Bestandteile eines semantischen Ordnungssystems (sog. Assets) mit unterschiedlichen Rechtsinstrumenten geschützt werden können.[24] Als wichtigste Schutzinstrumente kommen das Urheberrecht, das Datenbankrecht und das Wettbewerbsrecht zum Einsatz.

Nach europäischer Rechtsprechung[25] schützt das Urheberrecht den kreativen Gehalt eines Werkes aus den Bereichen Literatur, Kunst oder Wissenschaft vor unerlaubter Nachahmung, Zugänglichmachung und Verbreitung. Darunter fallen auch Datensammlungen in Form von Datenbanken, sofern diese über eine minimale Ordnungsstruktur verfügen und grundsätzlich zugänglich sind.

Spezielle Schutzaspekte von Datenbanken werden nach dem Datenbankrecht[26] geregelt, welches im Vergleich zu den USA und Asien eine europäische Besonderheit darstellt. Als Datenbank gilt laut Art. 1 Abs. 2 eine Sammlung von Werken, Daten oder anderen unabhängigen Elementen, die systematisch oder methodisch angeordnet und einzeln mit elektrronischen Mitteln oder auf andere Weise zugänglich sind. Im Gegensatz zum Urheberrecht schützt das Datenbankrecht nicht den kreativen Gehalt einer Datensammlung sondern den Investitionsaufwand, der im Zuge der Sammlung, Verwaltung und Zurverfügungstellung der Datenbank anfällt. Damit ermöglicht das Datenbankrecht einen Leistungsschutz, der schlagend wird, sobald eine Investition erheblicher menschlicher, technischer und finanzieller Mittel nachgewiesen werden kann.

Das europäische Wettbewerbsrecht ist kein einzelner Rechtsakt sondern eine Sammlung von rechtlichen Verbindlichkeiten, die auf Art. Art. 101–109 des Vertrages über die Arbeitsweise der Europäischen Union (AEUV) basieren und in unterschiedliche Rechtsakte ausstrahlen. Es regelt vor allem verhaltensbezogene Aspekte unternehmerischen Handelns, insbesondere Fragen von Unternehmenszusammenschlüssen, Fusionen, Kartellbildungen

[24] Eine detaillierte Darstellung der unterschiedlichen Asset-Typen findet sich bei [19]. Da eine ausführliche Diskussion der unterschiedlichen Rechtsprechungen im internationalen Vergleich den Rahmen dieser Arbeit sprengen würde, wird im Folgenden nur die europäische Rechtssituation erläutert.

[25] Siehe Directive 2001/29/EC of the European Parliament and of the Council of 22 May 2001 on the harmonisation of certain aspects of copyright and related rights in the information society.

[26] Siehe Directive 96/9/EC of the European Parliament and of the Council of 11 March 1996 on the legal protection of databases.

und diverser Formen des Machtmissbrauchs. Einen wichtigen Bestandteil bilden Aspekte der unlauteren Vorteilsnahme im Wettbewerb etwa durch die ungerechtfertigte Aneignung von Fremdleistungen oder den Missbrauch einer marktbeherrschenden Stellung.

In Anlehnung an Sonntag [25] lassen sich folgende Schutzobjekte unterscheiden (Tab. 26.1):

Tab. 26.1 Rechtsschutz von linked data. (in Anlehnung an [25])

	Urheberrecht	Datenbankrecht	Wettbewerbsrecht
Instanzdaten	NEIN	JA	TEILWEISE
Metadaten	NEIN	JA	JA
Ontologie	JA	JA	JA
Content	JA	NEIN	JA
Services	JA	NEIN	JA
Technologie (code)	JA	NEIN	JA

Die Tabelle offenbart ein dicht gewobenes Schutzregime. Während das Urheberrecht den kreativen Werkcharakter schützt, stellt das Datenbankrecht einen Leistungs- bzw. Investitionsschutz dar. Fragestellungen zum missbräuchlichen Gebrauch geschützter Assets werden meist im Wettbewerbsrecht behandelt. Diese drei Rechtsbereiche spielen in Folge die wichtigste Rolle in der Spezifizierung von Licensing Policies für Linked Data und darauf aufbauender Verwertungsmodelle.

26.3.2 Rechtsschutz unter netzökonomischen Bedingungen

Während Metadaten bisher aufgrund ihrer oftmals proprietären Strukturen und Repräsentationsstandards nicht dazu geeignet waren, auf Basis netzökonomischer Prinzipien bewirtschaftet zu werden, ändert sich dies mit Linked Data grundlegend. Asset Creation durch Linked Data bedeutet, die werthaltigen Artefakte differenziert mit Lizenzen zu versehen, welche die skalenökonomischen Effekte von Netzgütern stützen oder beschränken. Hierbei gilt, dass die traditionell vorherrschende Philosophie „starker Eigentumsrechte" mit dem viralen, selbstorganisierenden und dezentralen Charakter des World Wide Web nur eingeschränkt kompatibel ist. Deshalb kommen unter dem Label „Open" vermehrt Commons-basierte bzw. offene Lizenzmodelle – oft in Kombination mit geschlossenen Lizenzmodellen in Form eines Dual Licensings – zum Einsatz.[27]

[27] Viele der heute verfügbaren Daten firmieren unter dem Label „Open", erlauben ihre Wiederverwendung allerdings nur unter mehr oder weniger restriktiven Auflagen. Entsprechend der „Open Definition" der Open Knowledge Foundation gelten nur jene Daten als „offen", die folgenden Kriterien entsprechen: „A piece of data or content is open if anyone is free to use, reuse, and redistribute it – subject only, at most, to the requirement to attribute and/or share-alike." Siehe auch http://opendefinition.org/#sthash.ncpX8ZmW.dpuf, aufgerufen am 12. Juli 2014.

Im Bereich des Urheberrechts hat sich mit Creative Commons[28] eine tragfähige Alternative für den Schutz von Dokumenten etabliert. So ermöglicht es die CC0-Lizenz, auf alle Urheber- und Urheberpersönlichkeitsrechte sowie all ihre verwandten Schutzrechte an dem betreffenden Werk zu verzichten und auf diesem Weg Nutzungsrechte an den Daten der Öffentlichkeit zu übertragen. Ergänzend steht ein Lizenzbaukasten zur Verfügung, der die feingranulare Definition von Nutzungsrechten mit unterschiedlichen Freiheitsgraden auch für kommerzielle Nutzung zulässt.

Im Bereich des Datenbankrechts arbeiten unterschiedliche Initiativen parallel zu Creative Commons an sogenannten Data Commons[29], einem Set von Lizenzen, das für die Spezifika der Datenlizenzierung optimiert ist. Mit aktuellem Stand werden zusätzlich zur GNU Documentation License drei Lizenzmodelle angeboten: Die Lizenz ODBL (Open Data Commons Open Database License) bringt vergleichbar der CC0-Lizenz einen völligen Verzicht auf alle Nutzungsrechte mit sich. Die Lizenz Open Data Commons Attribution License verlangt nach einer Nennung des Urhebers. Die Lizenz PDDL (Open Data Commons Public Domain Dedication and License) erlaubt die offene Definition von Nutzungsrestriktionen.

26.4 Probleme und Empfehlungen in der rechtssicheren Nutzung vernetzter Daten

Der modulare Charakter von Linked Data begünstigt deren Wiederverwendbarkeit. Daten können aus rein technisch-funktionaler Perspektive von unterschiedlichen Quellen bezogen und miteinander kombiniert werden, um etwa bestehende Prozesse zu unterstützen oder neue Produkte und Dienstleistungen auf Basis der erschlossenen Daten zu generieren. Doch neben der technischen Machbarkeit sind es vor allem juristische Sachverhalte, die die Nutzung und Wiederverwendung von vernetzten Daten beeinflussen. Denn neben finanziellen Aufwänden, die im Zuge der technischen Integration vernetzter Daten entstehen, sind es vor allem Aufwände in Form von Such-, Verhandlungs-, Vertragserstellungs- und Sanktionskosten (auch bekannt als Transaktionskosten), die im Zuge der Datenbewirtschaftung entstehen und mit jeder zusätzlichen Quelle ansteigen. Diese Transaktionskosten können im Falle eines Rechtsstreites mitunter erheblich ausfallen.

Im Folgenden sollen deshalb einige Problemlagen identifiziert und Handlungsempfehlungen gegeben werden.

26.4.1 Problem 1: Unzureichende Informationslage

Viele der vorhandenen Quellen enthalten keine eindeutige bzw. ausreichende Information zu Nutzungsbedingungen. Eine Erhebung der Ontology Engineering Group der Uni-

[28] Siehe http://creativecommons.org, aufgerufen am Dezember 5, 2013.

[29] Siehe http://www.opendatacommons.org, aufgerufen am Dezember 5, 2013.

Tab. 26.2 Überblick Lizenzen auf http://datahub.io (Stand Juli 10, 2013)

License	Number of datasets
License not specified	251
Creative commons attribution	135
Creative Commons CCZero	72
Creative commons attribution share-alike	71
Creative commons non-commercial (any)	49
Other (attribution)	38
UK open government licence (OGL)	36
Open data commons open database license (ODbL)	28
Open data commons public domain dedication and licence (PDDL)	27
Other (not open)	26
Other (open)	25
Other (public domain)	25
Open data commons attribution license	14
GNU free documentation license	9
Other (non-commercial)	9
Ukcrown-withrights	6
W3C	1
Apache	1
gpl-2.0	1
gpl-3.0	1

versität Madrid[30] zur Verfügbarkeit von Lizenzinformationen in der Linked Data Cloud ergab, dass etwa 40 % aller Datensätze gar keine Angaben zu den Nutzungsbedingungen enthielten. Und in etwa 30 % der Fälle die verfügbare Lizenzinformation nicht das volle Schutzspektrum vor allem im Zusammenspiel aus Urheber- und Datenbankrecht bediente. Tabelle 26.2 veranschaulicht die Lizenzmodelle jener Linked Data Sets, die über das Datenportal http://datahub.io zur Verfügung gestellt werden [18].[31]

Diese Situation kann mehrere Gründe haben. Zum einen können die nötigen Lizenzinformationen schlichtweg fehlen, weil der Datenanbieter keine Erfahrung mit bzw. keine Kenntnis von Lizenzierungspraxis hat oder aber die nötige Information nicht adäquat im Datensatz hinterlegt hat. So zeigt sich, dass die nötigen Lizenzinformationen an unterschiedlichsten Stellen und in unterschiedlichsten Formaten – von einem Statement auf der Webseite, über ein eingebettetes XML-Kommentar, bis zu alleinstehenden txt-Files – verfügbar gemacht werden. Zum anderen können abweichende nationale Regelungen unterschiedliche Lizenzierungskonventionen bedingen. Während nämlich in den

[30] Siehe auch http://oeg-dev.dia.fi.upm.es/licensius/static/observatory/#/step−1,aufgerufen am Juli 13, 2014.

[31] Eine vergleichbare Erhebung und kritische Reflexion findet sich bei auch bei [11].

USA Datensätze ohne Lizenzinformation automatisch als gemeinfrei gelten, bedarf es in der Europäischen Union der expliziten Freigabe von Datensätzen für die Public Domain.

In Summe zeigt dieser Umstand, dass sich erhebliche Rechtsunsicherheiten in der Wiederverwendung von unzureichend lizenzierten Datensätzen auftun, die im Falle einer kommerziellen Verwertungsstrategie eine nachhaltige Nutzung und Verwertung der extern bezogenen Daten entweder gar nicht möglich oder nur unter der Inkaufnahme erheblicher Rechtsunsicherheiten von statten gehen kann. Grundsätzlich gilt in diesem Zusammenhang der geflügelte Satz: Wo kein Kläger, da kein Richter, zumal vor allem bei substituierbaren Datensätzen (wie etwa Geodaten) oftmals ein eindeutiger Quellennachweis nur schwer möglich ist. Dennoch sei an dieser Stelle auf den Umstand des sich ausweitenden Abmahnwesens zur Abwehr des Rechtemissbrauchs hingewiesen, der für den Datennutzer – manchmal wider besseren Wissens – mit hohen Folgekosten einhergehen kann.

Handlungsempfehlung Entsprechend den in Kap. 3 diskutierten Rechtsschutzaspekten sollte eine Linked Data Licensing Policy aus drei Komponenten bestehen: 1) eine maschinenlesbare Lizenz, die die urheberrechtlichen Aspekte abdeckt; 2) eine maschinenlesbare Lizenz, die die datenbankrechtlichen Aspekte abdeckt; und 3) eine Community Norm, welche die verwendeten Lizenzen und Nutzungsrechte für den Human User leicht verständlich aufbereitet und im Sinne des Gesetzes gegen unlauteren Wettbewerb transparente Nutzungsbedingungen und „Good Conduct“ definiert.[32]

26.4.2 Problem 2: Abweichende und sich ausschließende Lizenzbedingungen

Viele der Datensätze sind zwar unter einer „offenen Lizenz“ verfügbar, jedoch gehen diese teilweise mit Nutzungsbedingungen einher, die sich gegenseitig ausschließen können. Entsprechend ist bei der Zusammensetzung eines Datensatzes aus unterschiedlich lizenzierten Teildatensätzen Vorsicht geboten, insbesondere wenn der neue Datensatz selbst weiterlizensiert werden soll. Abbildung 26.2 veranschaulicht am Beispiel von Creative Commons, welche Lizenzen miteinander kompatibel sind bzw. sich gegenseitig ausschließen.

Einschränkungen in der Wiederverwendung ergeben sich bei Creative Commons insbesondere bei jenen Lizenzen, die mit den Bedingungen „non-derivative“ (ND) und/oder „non-commercial“ (NC) ausgestattet sind.[33] Diese beiden Lizenzen sind etwa nicht mit der

[32] Eine Empfehlung zur Ausgestaltung von Linked Data Licensing Policies wurde unter Einbindung von Industriepartnern im Rahmen des EU-Projektes LOD2 (www.lod2.eu) entwickelt. Siehe [18].

[33] Der Ausdruck „non-derivative“ verbietet eine Veränderung des Datensatzes. Der Ausdruck „non-commercial“ verbietet die Verwendung des Datensatzes für kommerzielle Zwecke. Darunter versteht Creative Commons: „A commercial use is one primarily intended for commercial advantage or monetary compensation.” Siehe auch http://wiki.creativecommons.org/Frequently_Asked_Questions#Does_my_use_violate_the_NonCommercial_clause_of_the_licenses.3F, aufgerufen am 20. Juli 2014.

	CC no©	CC 0	CC BY	CC BY-SA	CC BY-NC	CC BY-NC-SA	CC BY-ND	CC BY-ND-NC
CC no©	Ja	Ja	Ja	Ja	Ja	Ja	Nein	Nein
CC 0	Ja	Ja	Ja	Ja	Ja	Ja	Nein	Nein
CC BY	Ja	Ja	Ja	Ja	Ja	Ja	Nein	Nein
CC BY-SA	Ja	Ja	Ja	Ja	Nein	Nein	Nein	Nein
CC BY-NC	Ja	Ja	Ja	Nein	Ja	Ja	Nein	Nein
CC BY-NC-SA	Ja	Ja	Ja	Nein	Nein	Ja	Nein	Nein
CC BY-ND	Nein	Nein	Nein	Nein	Nein	Nein	Nein	Nein
CC BY-ND-NC	Nein	Nein	Nein	Nein	Nein	Nein	Nein	Nein

Abb. 26.2 Kompatibilitätsmatrix von Creative Commons Lizenzen (Siehe auch http://wiki.creativecommons.org/File:CC_License_Compatibility_Chart.png, aufgerufen am 20. Juli 2014.) (eigene Darstellung in Anlehnung an Creative Commons)

„share-alike"-Klausel (SA) kompatibel, welche besagt, dass ein Datensatz seine Lizenzbedingungen auf einen neuen Datensatz überträgt. Hierbei kann es zu Konflikten in den Lizenzbedingungen kommen, die eine kombinierte Nutzung ausschließen.

Dazu ein kleines Beispiel: Lizenzgeber A stellt seinen Datensatz unter CC BY-NC-SA zur Verfügung. Diese besagt, dass bei jeder Verwendung 1) der Urheber A genannt werden muss (BY), 2) die Daten nur für nicht-kommerzielle Zwecke verwendet werden dürfen (NC) und 3) die Daten und alle darauf aufbauenden Werke zu genau diesen Lizenzbedingungen weitergegeben werden müssen (SA). Lizenzgeber B stellt seine Daten unter CC BY-NC zur Verfügung. Diese Lizenz unterscheidet sich nur durch die SA-Klausel von der ersten, d. h. Lizenzgeber B will zwar in allen aufbauenden Werken als Urheber des Originals aufscheinen, verlangt aber nicht, dass diese zu denselben Bedingungen weitergegeben werden muss. I. a. W. im Gegensatz zum Original könnten aufbauende Werke auch für kommerzielle Zwecke Verwendung finden. Der Konflikt liegt darin, dass Lizenzgeber A dem Lizenzgeber B eine strengere Lizenz aufbürden würde, als dieser bereit ist zu akzeptieren. Denn während Lizenzgeber A auch für aufbauende Werke ein Kommerzialisierungsverbot intendiert hat, möchte Lizenzgeber B sicherstellen, dass die Urheber der neuen Werke selbst über deren Weiterverwendung befinden können (Abb. 26.2).

Ein Blick auf die Lizensierungspraxis der BBC veranschaulicht den kombinierten Einsatz unterschiedlicher Lizenzmodelle im Zuge des Content-Enrichments und der Generierung von Landing Pages. So bediente sich die BBC (mit Stand Februar 2014) neben dem klassischen Urheberrecht folgender Lizenzmodelle: GNU Free Documentation Licence für Content, der aus der Wikipedia bezogen wird, Creative Commons Public Domain and Attribution-NonCommercial-ShareAlike für Content, der aus der MusicBrainz Datenbank bezogen wird, und Attribution-NonCommercial-ShareAlike 3.0 Unported für die Besprechungen der Musikalben der BBC. Zusätzlich wird die Verwendung der Datenschnittstel-

Tab. 26.3 Dual licensing Strategie der BBC

Datensatz	Lizenz	Quelle der Lizenzinformation
BBC content	©	Automatischer Schutz (nicht kennzeichnungspflichtig)
BBC music reviews	CC BY NC SA	Webseite des Reviews
Wikipedia	CC BY SA	http://en.wikipedia.org/wiki/Wikipedia:Reusing_Wikipedia_content
Musicbrainz	CC BY NC SA	https://musicbrainz.org/doc/About/Data_License

len über Geschäftsbedingungen geregelt, die eine uneingeschränkte, nichtkommerzielle Nutzung der BBC Music Beta-Daten erlauben.[34]

Da die BBC jeden Datensatz einzeln ausweist und nicht als gemeinsamen Datensatz weiterverbreitet, ist eine Nutzung der unterschiedlichen Quellen für die Zwecke des Content Enrichments zulässig. Eine Vermengung dieser vier Datensätze und die Kompilation eines neuen Datensatzes daraus sind jedoch unter Berücksichtigung der Restriktionen von BBC Music Reviews und MusicBrainz nicht zulässig (Tab. 26.3).

Handlungsempfehlung Bei der Kombination unterschiedlicher Lizenzen ist auf deren Kompatibilität zu achten. Grundsätzlich gilt, dass eine Wiederverwendung von verfügbaren Daten immer der vorherigen Rechteklärung bedarf. Sollte diese Information durch den Datenanbieter nicht eindeutig expliziert worden sein, ist der Datennutzer verpflichtet mit dem Datenanbieter Rücksprache zu halten und die Nutzungsbedingungen gegebenenfalls in Form einer individuellen Vereinbarung zu klären. Sollte dies nicht restlos zu bewerkstelligen sein, sollte von einer Nutzung des Datensatzes abgesehen werden.

26.4.3 Problem 3: Maschinelle Erschließung von Lizenzinformation

Während sich die Rechtslage zu einem einzelnen Datensatz noch relativ einfach und kostengünstig klären lässt, etwa durch eine bilaterale Vereinbarung zwischen Datenanbieter und Datennutzer, steigen die Aufwände mit jeder hinzukommenden Quelle quadratisch. Es stellt sich daher die Frage, welche Maßnahmen seitens eines Datenanbieters getroffen werden können, um die Aufwände der Rechtsklärung so gering wie möglich zu halten und gleichzeitig die Widerverwendbarkeit von offenen Daten zu erhöhen. Eine zentrale Rolle spielen hierbei sogenannte Lizenztechnologien und darauf aufbauende Filter- und Reasoning-Mechanismen, die mit steigender Systeminteroperabilität und Datenportabilität zunehmende Bedeutung für das automatisierte Rechtemanagement erlangen. Diese Applikationen können dabei helfen in relativ kurzer Zeit einen differenzierten Überblick über die unterschiedlichen Nutzungsbedingungen – im Sinne von Ge- und Verboten – einzelner Datensätze zu erlangen und mittels logischer Operationen den kleinsten gemeinsa-

[34] Siehe http://backstage.bbc.co.uk/archives/2005/01/terms_of_use.html, aufgerufen am 20. Februar 2014.

men Nenner zu erheben, unter dem die kombinierte Nutzung unterschiedlicher Datensätze möglich ist. Lizenztechnologien können damit einen wesentlichen Beitrag zur Herstellung von Rechtssicherheit in der Nutzung offener Daten leisten und gleichzeitig als nötige Basistechnologie für die Bewirtschaftung vernetzter Daten gesehen werden.

Handlungsempfehlung Zur maschinellen Auszeichnung von Licensing Policies wurden seit den 1990er Jahren sogenannte Rights Expression Languages (RELs) entwickelt, die dem Bereich der Digital Rights Management Technologien zuzurechnen sind [21]. RELs unterstützen die Identifikation, Filterung, Syndizierung und Modifikation von Content, der sich aus mehreren Quellen unterschiedlicher Rechteinhaber speist, und sie bilden die Grundlage für eine differenzierte automatische Prozessierung von Content z. B. im Rahmen von eContracting- und eProcurement-Maßnahmen. RELs sind damit eine zentrale technologische Komponente in service-orientierten, hoch automatisierten, vernetzten Verwertungsstrukturen.

Seit dem Jahr 2011 entwickelt die ODRL Arbeitsgruppe der W3C Community and Business Group[35] ein hoch expressives RDF/XML Vokabular zur Auszeichnung von Policies für die automatisierte Interaktion mit Online Content. ODRL eignet sich aufgrund seiner hohen Expressivität ideal zur Definition von Nutzungsbedingungen entlang unterschiedlicher Assets, Nutzertypen und Szenarien. Jedoch die hohe Expressivität und damit verbundene Implementierungskomplexität des ODRL-Vokabulars hemmte bisher die Adaption des Standards für kommerzielle Zwecke. Im Jahr 2013 begann das International Press and Telecommunications Council (IPTC) unter der Bezeichnung RightsML[36] an einer leichtgewichtigen Adaption von ODRL für Zwecke der Lizenzierung von News-Content zu arbeiten.[37]

Komplementär zu ODRL hat sich die Creative Commons Rights Expression Language (CCREL)[38] für urheberrechtsrelevante Schutzaspekte etabliert. Sie ist das Ergebnis einer W3C Arbeitsgruppe, die ihre RDF-Spezifikationen im Jahr 2008 veröffentlichte und seither von der Creative Commons Foundation als Standard für die maschinelle Auszeichnung von Creative Commons Lizenzen empfohlen wird. Eine Kombination von ODRL mit CCREL ist nicht zwingend. Die semantische Expressivität von CCREL ist ausreichend für die simple Annotation von digitalen Assets mit CC Lizenzinformationen.

26.5 Fazit und Ausblick

Noch hat sich keine Konvention zur Deklarierung von Policies, die das vollständige Rechtsspektrum von Linked Data abdecken, ausgebildet. Bisher werden hauptsächlich urheberrechtlich relevante Aspekte lizenziert. Die Verwendung von datenbankrelevanten Lizenzmo-

[35] Siehe http://www.w3.org/community/odrl/, aufgerufen am 02. Jänner 2014.

[36] Siehe http://dev.iptc.org/RightsML, aufgerufen am 02. Jänner 2014.

[37] Ein Überblick über existierende Use Cases aus der Nachrichtenbranche findet sich unter http://dev.iptc.org/RightsML-Use-Cases, aufgerufen am 02. Jänner 2014.

[38] Siehe http://www.w3.org/Submission/ccREL/, aufgerufen am 02. Jänner 2014.

dellen hat sich noch kaum etabliert. Allerdings ist zu berücksichtigen, dass mit der Creative Commons Version 4.0 auch datenbankrechtliche Aspekte stärker in der CC-Lizenzierung Berücksichtigung finden und dadurch eine bessere Rechtsabdeckung gewährleistet ist. Die Situation wird weiterhin durch regional abweichende Rechtsregime kompliziert. Während das Datenbankrecht ein EU-Spezifikum darstellt, werden in den USA datenbankrechtliche Sachverhalte durch den Copyright Act gedeckt. Hinzu kommt, dass in den USA Datensätze, die über keine Lizenz verfügen, automatisch der Public Domain zugerechnet werden, wohingegen dies in Europa explizit deklariert werden muss. Ein Blick auf verfügbare Community Normen zeigt, dass diese in Umfang, Formulierung und Zugänglichkeit stark voneinander abweichen. Auch hat sich die Verwendung von Rights Expression Languages kaum etabliert, wodurch nur eingeschränkte Möglichkeiten existieren, Datensätze auf Basis ihrer maschinenlesbaren Lizenzinformation einer automatischen Prozessierung zuzuführen, etwa für Zwecke der Aggregation, Versionierung und Servicierung von Content.

Während Metadaten bisher aufgrund ihrer oftmals proprietären Strukturen und Repräsentationsstandards nicht dazu geeignet waren, auf Basis netzökonomischer Prinzipien bewirtschaftet zu werden, ändert sich dies durch Linked Data radikal. Der Schlüssel zu gewerblichen Diversifikation ist eine Strategie der Rechtediversifikation, die im Sinne der Versionierung sowohl die Bedienung des Web-Ökosystems als auch des Corporate Marktes ermöglicht und dadurch Rechtssicherheit für neue Geschäftsmodelle schafft. Die notwendige Kulturtechnik im Sinne der maschinellen Bereitstellung von interoperablen Lizenzinformationen mittels Rights Expression Languages entlang des Urheber- und Datenbankrechts ist allerdings noch schwach ausgeprägt, was zum einen auf eine fehlende technische Infrastruktur in Form leicht bedienbarer, systemisch integrierten Tools zur Kompilation und Annotation von Lizenzen, zum anderen auf fehlende ökonomische Incentives zur Veröffentlichung von Linked Data zurückzuführen ist. Vor dem Hintergrund der weiteren technologischen Ausdifferenzierung von Linked Data Technologien zur maschinellen Datenbewirtschaftung ist jedoch von der inkrementellen Herausbildung einer Kulturtechnik der Linked Data Lizenzierung auszugehen. Die technologischen und juristischen Voraussetzungen dafür sind geschaffen.

Literatur

1. Archer, Phil, Max Dekkers, Stijn Goedertier, und Nikolaos Loutas. 2013. Study on business models for linked open government data (BM4LOGD-SC6DI06692). Prepared for the ISA programme by PwC EU Services See also: http://ec.europa.eu/isa/documents/study-on-business-models-open-government_en.pdf. Zugegriffen: 10. Mai 2014.
2. Auer, Sören. 2011. Creating knowledge out of interlinked data. Proceedings of WIMS'11, May 25–27, 2011, S. 1–8.
3. Auer, Sören, Lorenz Bühmann, Christian Dirschl, Orri Erling, Michael Hausenblas, Robert Isele, Jens Lehmann, Michael Martin, Pablo N. Mendes, Bert van Nuffelen, Claus Stadler, Sebastian Tramp, und Sebastian Williams. 2012. Managing the life-cycle of linked data with the LOD2 stack. In: The semantic web – ISWC 2012. Proceedings of the 11th International Semantic Web Conference, Boston, MA , USA, November 11–15, 2012, Lecture Notes in Computer Science, Bd. 7650, S. 1–16.

4. Berners-Lee, Tim. (2006). Linked data design issues. http://www.w3.org/DesignIssues/LinkedData.html. Zugegriffen: 25. Mai 2013.
5. Blumauer, Andreas. (2014). Linked Data in Unternehmen. Methodische Grundlagen und Einsatzszenarien. In *Linked enterprise data,* Hrsg. Tassilo Pellegrini, Harald Sack, und Sören Auer. Berlin: Springer.
6. Cardoso, Jorge, Martin Hepp, und Miltiadis Lytras. 2008. *The semantic web: Real-world applications from industry (semantic web and beyond)*. New York: Springer.
7. Cranford, Steve. 2009. Spinning a data web. In *Technology forecast,* Hrsg. Price Waterhouse Coopers. Spring 2009. http://www.pwc.com/us/en/technology-forecast/spring2009/index.jhtml. Zugegriffen: 20. Sept. 2013.
8. Dodds, Leigh, und Ian Davis. 2009. MP Data SPARQL Editor. http://www.guardian.co.uk/open-platform/apps-mp-data-sparql-editor. Zugegriffen: 20. April 2013.
9. Graube, Markus, Johannes Pfeffer, Jens Ziegler, und Leon Urbas. 2011. Linked data as integrating technology for industrial data. 2011 Int. conference on network-based information systems, 7–9 Sept. 2011, S. 162–167.
10. Haase, Kenneth. 2004. Context for semantic metadata. Proceedings of MM'04, October 10–16, 2004, New York, USA. ACM.
11. Jain, Prateek, Pascal Hitzler, Krzysztof Janowicz, und Chitra Venkatramani. 2013. There's no money in linked data. http://knoesis.wright.edu/faculty/pascal/pub/nomoneylod.pdf. Zugegriffen: 18. Dez. 2013.
12. Jentzsch, Anja. 2014. Linked open data cloud. In *Linked enterprise data,* Hrsg. Tassilo Pellegrini, Harald Sack, und Sören Auer. Berlin: Springer.
13. Latif, Atif, Anwar Us Saeed., Patrick Höfler, Alexander Stocker, und Claudia Wagner. 2009. The linked data value chain: A lightweight model for business engineers. In Proceedings of I-Semantics 2009, the 5th International Conference on Semantic Systems. *Graz: Journal of Universal Computer Science* 568–577.
14. Lusch, Robert F., und Stephen L. Vargo. 2006. Service-dominant logic: Reactions, reflections and refinements. *Marketing Theory* 6 (3): 281–288.
15. Mitchell, Ian, und Mark Wilson. 2012. Linked data. Connecting and exploiting big data. Fujitsu White Paper, March 2012. http://www.fujitsu.com/uk/Images/Linked-data-connecting-and-exploiting-big-data-%28v1.0%29.pdf. Zugegriffen: 12. Sept. 2013.
16. Pellegrini, Tassilo. 2012. Semantic metadata in the news production process. Achievements and challenges. In *Proceeding of the 16th international academic mindtrek conference 2012,* Hrsg. Artur Lugmayr, et al., 125–133. New York: ACM.
17. Pellegrini, Tassilo. 2013. The economics of big data: a value perspective on state of the art and future trends. In *Big data computing,* Hrsg. Rajendra Akerkar, 343–371. New York: Chapman and Hall/CRC.
18. Pellegrini, Tassilo. 2014. Linked data licensing – Datenlizenzierung unter netzökonomischen Bedingungen. In *Transparenz. Tagungsband des 17. Internationalen Rechtsinformatik Symposium IRIS 2014,* Hrsg. Erich Schweighofer, Franz Kummer, Walter Hötzendorfer, 159–168. Wien: Verlag der Österreichischen Computergesellschaft.
19. Pellegrini, Tassilo, und Ivan Ermilov. 2013. Guide and best practices to licensing interlinked data. public deliverable 7.4. EU-Project LOD 2. Grant Agreement No: 257943. Siehe auch http://svn.aksw.org/lod2/WP7/D7.4/public.pdf. Zugegriffen: 3. Jan. 2014.
20. Pellegrini, Tassilo, Christian Dirschl, und Katja Eck. 2014. Linked data business cube – A systematic approach to semantic web business models. In *Proceedings of the 14th international mindtrek conference*. New York: ACM.
21. Prenafeta, Javier. 2010. Protecting copyright through semantic technology. *Publishing Research Quarterly* 26 (4): 249–254.

22. Rayfield, Jem. 2012. Sports refresh: dynamic semantic publishing. In BBC Internet Blog. http://www.bbc.co.uk/blogs/bbcinternet/2012/04/sports_dynamic_semantic.html. Zugegriffen: 5. Mai 2013.
23. Saumure, Kristie, und Ali Shiri. 2008. Knowledge organization trends in library and information studies: A preliminary comparison of pre- and post-web eras. *Journal of Information Science* 34 (5): 651–666.
24. Shy, Oz. 2001. *The economics of network industries*. Cambridge: Cambridge University Press.
25. Sonntag, Michael. 2006. Rechtsschutz für Ontologien. In *e-Staat und e-Wirtschaft aus rechtlicher Sicht,* Hrsg. Erich Schweighofer, Doris Liebwald, Matthias Drachsler, und Anton Geist, 418–425. Stuttgart: Richard Boorberg Verlag.
26. Wood, David., Hrsg. 2010. *Linking enterprise data*. New York: Springer.
27. Wood, David., Hrsg. 2011. *Linking government data*. New York: Springer.

Tassilo Pellegrini studierte Handelswissenschaften, Kommunikationswissenschaft und Politologie an den Universitäten Linz, Salzburg und Malaga. Er forscht an der Schnittstelle von Medienökonomie, -technologie und -regulierung unter besonderer Berücksichtigung digitaler Wertschöpfungsformen. Seit 2007 lehrt und forscht er am Österreichischen Institut für Medienwirtschaft der Fachhochschule St. Pölten. Er ist Mitgründer der Semantic Web Company in Wien, wo er von 2004 bis 2012 den Bereich Research and Development leitete, Herausgeber mehrerer Grundlagenwerke zu semantischen Technologien und Mitgründer der SEMANTICS Konferenz-Reihe, die seit 2005 jährlich ausgetragen wird.

Sachverzeichnis

B. Ege et al. (Hrsg.), *Corporate Semantic Web*, X.media.press,
DOI 10.1007/978-3-642-54886-4

N

O

P

Printed by Printforce, the Netherlands